Günter Ilg 8/95

Technische Mechanik und Festigkeitslehre

von
Dipl.-Ing. Hans-Georg Mayer
Dipl.-Gewl. Wolfgang Schwarz
Dipl.-Ing. Werner Stanger

4., bearbeitete Auflage

HANDWERK UND TECHNIK · HAMBURG

HT 2511

Vorwort

Das vorliegende Lehrbuch „Technische Mechanik und Festigkeitslehre" bildet mit den Büchern „Aufgaben und Lehrbeispiele zur Technischen Mechanik und Festigkeitslehre" (HT 2512) und „Formel- und Tabellensammlung zur Technischen Mechanik und Festigkeitslehre" (HT 2513) ein Unterrichtswerk, welches besonders für die Fachschulen für Technik – Maschinenbau konzipiert wurde. Einsetzbar ist das Werk aber auch an Technischen Gymnasien, Fachoberschulen und beruflichen Fortbildungseinrichtungen sowie zur Vorbereitung auf ein Studium. Durch die Entwicklung des Stoffes anhand von Aufgaben und die Vielzahl von Lehrbeispielen ist das Unterrichtswerk auch vorzüglich zum Selbststudium geeignet.

Lehrbuch, Aufgabensammlung und Formelsammlung können sowohl als Unterrichtswerk, aber auch unabhängig voneinander benutzt werden. Inhalte und Lösungsverfahren werden anhand von Beispielen, Versuchsbeschreibungen und Aufgaben entwickelt. Durch insgesamt 135 Lehrbeispiele wird der behandelte Stoff vertieft; die darauffolgenden Übungsaufgaben dienen der Anwendung und Festigung. Die Ergebnisse zu den Übungsaufgaben befinden sich am Schluß des Buches.

Für Anregungen und Verbesserungsvorschläge sind Autoren und Verlag jederzeit dankbar.

Die Verfasser

Das Lehrbuch

Technische Mechanik und Festigkeitslehre

wird ergänzt durch die von denselben Autoren entwickelten Bände:

Aufgaben und Lehrbeispiele
Best. Nr. 2512

Formel- und Tabellensammlung
Best. Nr. 2513

Inhaltsverzeichnis

ISBN 3.582.0 **2511**. X

Verlag Handwerk und Technik G.m.b.H., Lademannbogen 135, 2000 Hamburg 63
Gesamtherstellung: Pustet, Regensburg 1990

1 KINEMATIK

Die **Kinematik** behandelt die Bewegung von Punkten bzw. von Körpern. Dabei werden die Kräfte, die die Bewegung verursachen, nicht berücksichtigt. Bei der Vorschubbewegung eines Fräsmaschinentisches werden pro Zeiteinheit gleich große Wege zurückgelegt (Bild 1 a), die Geschwindigkeit ist konstant. Eine Bewegung mit **gleichbleibender Geschwindigkeit** nennt man **gleichförmige Bewegung.** Gleichförmige Bewegung tritt auf bei den meisten Haupt- und Vorschubbewegungen an Werkzeugmaschinen, bei der Bandbewegung eines Tonbandes. In Wirklichkeit sind diese Bewegungen nicht ganz gleichförmig (An- und Auslauf des Motors, Drehzahländerung bei Belastung), sie werden aber in der Praxis als gleichförmig behandelt, da die Abweichung meist gering ist und die Bewegungen dann einfacher zu berechnen sind.

Der Stößel einer Waagrechtstoßmaschine legt pro Zeiteinheit unterschiedlich große Wege zurück (Bild 1 b); die **Geschwindigkeit ändert sich laufend,** die **Bewegung ist ungleichförmig.** Ungleichförmig sind z. B. die Bewegungen der Kolben von Kolbenmaschinen, der Stößel von Pressen und die Bewegungen von Kraftfahrzeugen.

Gleichförmige Bewegung	**= Bewegung mit gleichbleibender Geschwindigkeit**
Ungleichförmige Bewegung	**= Bewegung mit veränderlicher Geschwindigkeit**

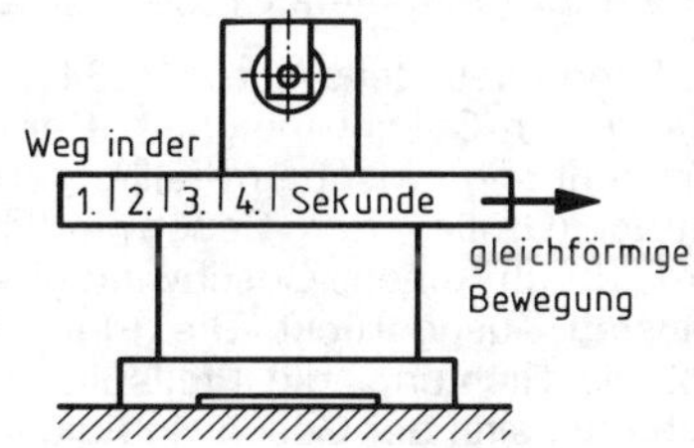

a) Gleichförmige Bewegung bei einer Fräsmaschine:
pro Zeiteinheit werden gleich große Wege zurückgelegt.

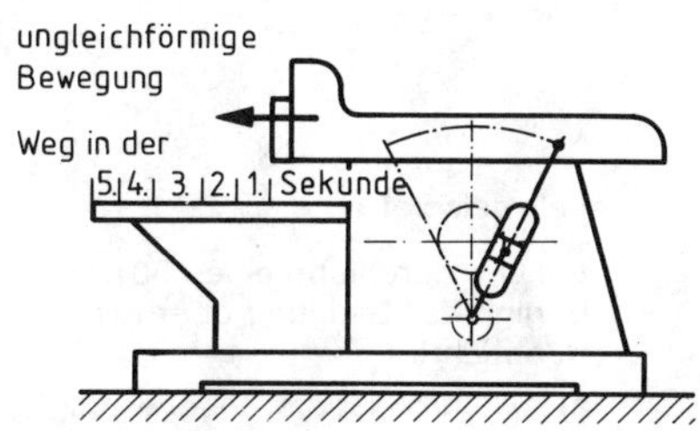

b) Ungleichförmige Bewegung bei einer Waagrechtstoßmaschine:
pro Zeiteinheit werden unterschiedlich große Wege zurückgelegt.

Bild 1 Gleichförmige und ungleichförmige Bewegung

1.1 Gleichförmige Bewegung auf gerader Bahn

1.1.1 Geschwindigkeit

Eine Bewegung kann langsam oder schnell erfolgen. Ein Maß dafür, wie schnell eine Bewegung erfolgt, ist der pro Zeiteinheit Δt zurückgelegte Weg Δs. Den Quotienten aus Weg und Zeit bezeichnet man als **Geschwindigkeit** $v = \Delta s/\Delta t$.

Bei **gleichförmiger Bewegung** ist die **Geschwindigkeit:**

① $$v = \frac{s}{t}$$

v Geschwindigkeit in m/s
s Weg in m
t Zeit in s

Aus der Gleichung $v = s/t$ kann nur die Größe (der Betrag) der Geschwindigkeit ermittelt werden, wichtig ist aber auch, in welcher Richtung die Bewegung erfolgt. So kann sich z. B. ein Maschinentisch in 3 Koordinatenrichtungen, längs, quer und senkrecht, bewegen. Führt der Maschinentisch eine Längsbewegung aus, so kann diese nach rechts oder links erfolgen. Außer der Richtung muß man also auch den Richtungssinn der Bewegung kennen.

Zur vollständigen Kennzeichnung einer Geschwindigkeit sind demnach außer dem **Betrag** noch Angaben über **Richtung** und **Richtungssinn** erforderlich[1]. Eine solche physikalische Größe bezeichnet man als **Vektor** (gerichtete Größe). Ein Vektor wird durch einen Pfeil dargestellt (Bild 1).

Die Länge des Pfeils ist ein Maß für den Betrag der Geschwindigkeit. Der Zusammenhang zwischen Pfeillänge und Betrag (Größe) der Geschwindigkeit wird durch einen Geschwindigkeitsmaßstab ausgedrückt. Die Pfeilachse gibt die Richtung, die Pfeilspitze den Richtungssinn der Geschwindigkeit an.

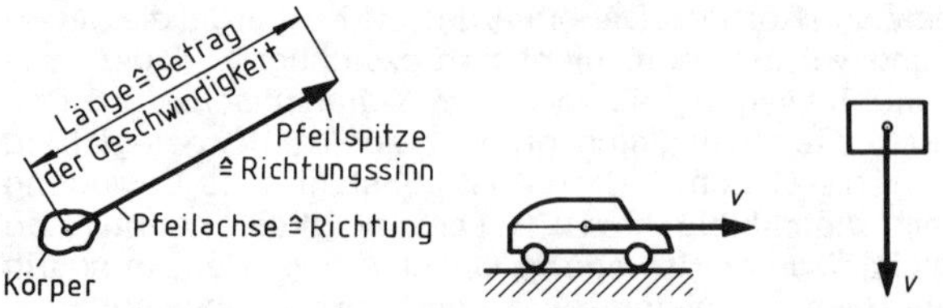

a) allgemeine Darstellung **b)** fahrendes Auto **c)** fallender Körper

Bild 1 Beispiele für die Vektordarstellung von Geschwindigkeiten unterschiedlicher Größe und Richtung

Lehrbeispiel 1:

Ein Lkw durchfährt eine 700 m lange Steigung mit der konstanten Geschwindigkeit $v = 40$ km/h. Am Beginn der Steigung überholt ihn ein Pkw, welcher die Steigung in der Zeit $t = 40$ s gleichförmig durchfährt.

a) Wie groß ist die Geschwindigkeit des Pkw in km/h?

b) Wieviel Minuten benötigt der Lkw zum Durchfahren der Steigung?

c) Wie groß ist der Abstand s_a zwischen Lkw und Pkw, wenn der Pkw die Steigung durchfahren hat?

Lösung:

a) Die Geschwindigkeit des Pkw beträgt:

$$v = \frac{s}{t} = \frac{700\,\text{m}}{40\,\text{s}} = 17{,}5\,\frac{\text{m}}{\text{s}} = 17{,}5\,\frac{\frac{1}{1\,000}\,\text{km}}{\frac{1}{3\,600}\,\text{h}} = 17{,}5\,\frac{3\,600}{1\,000}\,\frac{\text{km}}{\text{h}}$$

$$v = 17{,}5 \cdot 3{,}6\,\frac{\text{km}}{\text{h}} = \underline{63\,\frac{\text{km}}{\text{h}}}$$

b) Aus $v = s/t$ folgt für die Fahrzeit des Lkw:

$$t = \frac{s}{v} = \frac{700\,\text{m}}{40\,\text{km/h}} = \frac{700\,\text{m}}{\frac{40\,000\,\text{m}}{60\,\text{min}}} = \frac{700 \cdot 60}{40\,000}\,\text{min} = \underline{1{,}05\,\text{min}}$$

c) In der Zeit $t = 40$ s, die der Pkw zum Durchfahren der 700 m langen Steigung benötigt, legt der Lkw folgenden Weg zurück:

$$s_{\text{Lkw}} = v_{\text{Lkw}} \cdot t = 40\,\frac{\text{km}}{\text{h}} \cdot 40\,\text{s} = 40 \cdot \frac{1\,000\,\text{m}}{3\,600\,\text{s}} \cdot 40\,\text{s} = 444\,\text{m}$$

Damit beträgt der Abstand zwischen Pkw und Lkw:

$$s_a = s_{\text{Pkw}} - s_{\text{Lkw}} = 700\,\text{m} - 444\,\text{m} = \underline{256\,\text{m}}$$

[1] Vielfach beinhaltet der Begriff Richtung auch gleich den Richtungssinn, dann müssen von der Geschwindigkeit Größe und Richtung bekannt sein.

Wie Lehrbeispiel 1 zeigt, ist es bei Fahrzeugbewegungen oft notwendig, m/s in km/h umzurechnen. Die Umrechnung von m/s in km/h und umgekehrt ergibt sich aus folgendem Zusammenhang:

$$1\,\frac{\mathrm{m}}{\mathrm{s}} = \frac{\frac{1}{1000}\,\mathrm{km}}{\frac{1}{3600}\,\mathrm{h}} = \frac{3600\,\mathrm{km}}{1000\ \ \mathrm{h}} = 3{,}6\,\mathrm{km/h}$$

$$1\,\frac{\mathrm{km}}{\mathrm{h}} = \frac{1000\,\mathrm{m}}{3600\,\mathrm{s}} = \frac{1}{3{,}6}\,\mathrm{m/s}$$

Für die Umwandlung von m/s in km/h gilt also der Faktor 3,6.

Umwandlung von m/s in km/h: mit 3,6 malnehmen!
Umwandlung von km/h in m/s: durch 3,6 teilen!

Lehrbeispiel 2:

Durch ein kurzes Rohr mit 200 mm Nennweite fließt eine Flüssigkeit mit der mittleren Geschwindigkeit $v = 2$ m/s. Welche Zeit wird für den Durchfluß von 100 m^3 Flüssigkeit benötigt?

Lösung:

Die 100 m^3 Flüssigkeit entsprechen einer Flüssigkeitssäule der Länge l (Bild 1).

Aus der Gleichung für das Volumen $V = A \cdot l$ folgt für die Länge der Flüssigkeitssäule:

$$l = \frac{V}{A} = \frac{100\,\mathrm{m}^3 \cdot 4}{0{,}2^2 \cdot \pi\,\mathrm{m}^2} = 3183\,\mathrm{m}$$

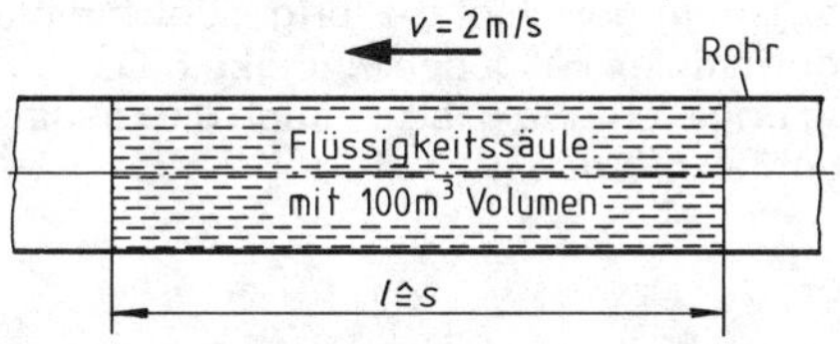

Bild 1 Skizze zur Ermittlung der Beziehungen zwischen Rohrquerschnitt, Durchflußgeschwindigkeit, -zeit und -menge

Die Durchflußzeit ist die Zeit, die die Flüssigkeitssäule von $l = 3183$ m benötigt, um das Rohr mit einer Geschwindigkeit von $v = 2$ m/s zu durchfließen.

Aus $v = \frac{s}{t}$ folgt für die Zeit: $t = \frac{s}{v} = \frac{3183\,\mathrm{m}}{2\,\frac{\mathrm{m}}{\mathrm{s}}} = 1592\,\mathrm{s} = \underline{26{,}5\,\mathrm{min}}$

Die Aufgabe kann auch anders gelöst werden. Die pro Sekunde ausfließende Flüssigkeitsmenge beträgt:

$$V' = A \cdot v = 0{,}0314\,\mathrm{m}^2 \cdot 2\,\frac{\mathrm{m}}{\mathrm{s}} = 0{,}0628\,\frac{\mathrm{m}^3}{\mathrm{s}}$$

Die Durchflußzeit wird dann: $t = \frac{V}{V'} = \frac{100\,\mathrm{m}^3}{0{,}0628\,\mathrm{m}^3/\mathrm{s}} = 1592\,\mathrm{s} = 26{,}5\,\mathrm{min}$

Übungsaufgaben:

1. Ein Laufkran durchfährt eine 27 m lange Strecke in 6 s.
   a) Wie groß ist die Geschwindigkeit des Krans?
   b) Wie groß ist der Weg, den der Kran in 8,5 s zurücklegt?
   c) Wie lange braucht der Kran zum Durchfahren einer 88 m langen Halle?
2. Wieviel Sekunden braucht ein Pkw für den Weg $s = 34$ m, wenn er mit der Geschwindigkeit $v = 85$ km/h fährt?
3. Ein Verkehrsflugzeug benötigt für die 450 km lange Flugstrecke Frankfurt–Berlin 38 min. Berechnen Sie die mittlere (durchschnittliche) Geschwindigkeit in m/s.

1.1.2 Zusammenfassen von Geschwindigkeiten

Beim Drehen eines Kegels werden 2 Bewegungen überlagert. Die Bewegung des Längsschlittens mit der Geschwindigkeit v_{fl}[1] und die dazu senkrechte Bewegung des Planschlittens mit der Geschwindigkeit v_{fq} ergeben als resultierende Bewegung des Drehmeißels eine Bewegung entlang der Kegelmantellinie mit der Geschwindigkeit v_{fr} (Bild 1).

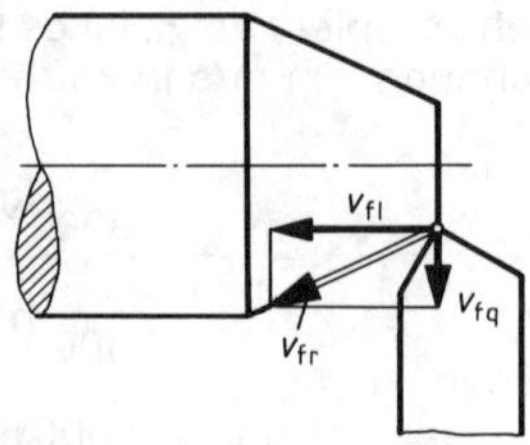

Bild 1 Überlagerung von geradlinigen Bewegungen beim Kegeldrehen
Die Vorschubgeschwindigkeit V_{fl} überlagert sich der Vorschubgeschwindigkeit V_{fq} des Querschlittens zur resultierenden Vorschubgeschwindigkeit V_{fr}

Beim Zusammenfassen von Geschwindigkeiten müssen außer dem Betrag auch Richtung und Richtungssinn der Geschwindigkeiten berücksichtigt werden. Geschwindigkeiten werden wie Kräfte **geometrisch zusammengesetzt;** dies kann zeichnerisch mit Hilfe des **Parallelogramm-Verfahrens** erfolgen (s. Abschnitt 2.4.2.2).

Ein weiteres Beispiel für das Zusammenfassen von Geschwindigkeiten zeigt Bild 2. Beim waagrechten Wurf ist die zusammengesetzte Geschwindigkeit die Resultierende aus waagrecht gerichteter Wurfgeschwindigkeit und senkrecht gerichteter Fallgeschwindigkeit. Da die reine Fallbewegung ungleichförmig ist, ist auch die resultierende Bewegung ungleichförmig.

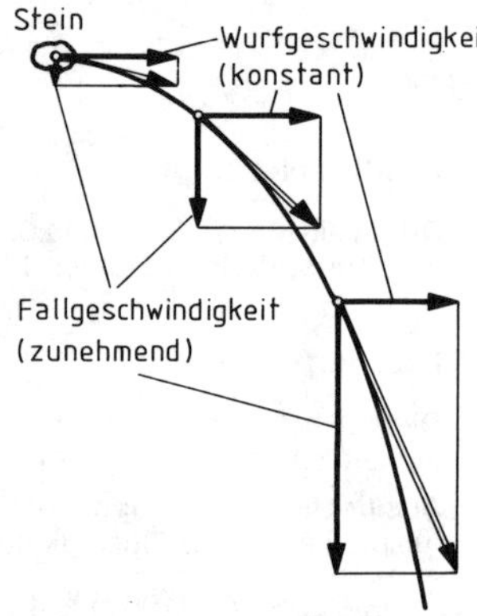

Bild 2 Überlagerung von geradlinigen Bewegungen beim Wurf
Die waagrechte Wurfgeschwindigkeit (gleichförmig) überlagert sich der senkrechten Fallgeschwindigkeit (zunehmend); die dauernde Richtungsänderung der resultierenden Geschwindigkeit führt zu einer Parabel als Wurfbahn

Lehrbeispiel 3:

Bei einem Koordinatenbohrwerk fährt der Längsschlitten mit der Eilganggeschwindigkeit v_1 = 6,4 m/min, während sich der Quersupport mit v_2 = 3,0 m/min bewegt.

Berechnen Sie:

a) die resultierende Geschwindigkeit v_r,

b) die Koordinaten x_2 und y_2 des Punktes P_2, der nach t = 2,8 s erreicht wird, wenn die Bewegung bei Position P_1 mit x_1 = 125 mm und y_1 = 72,5 mm beginnt.

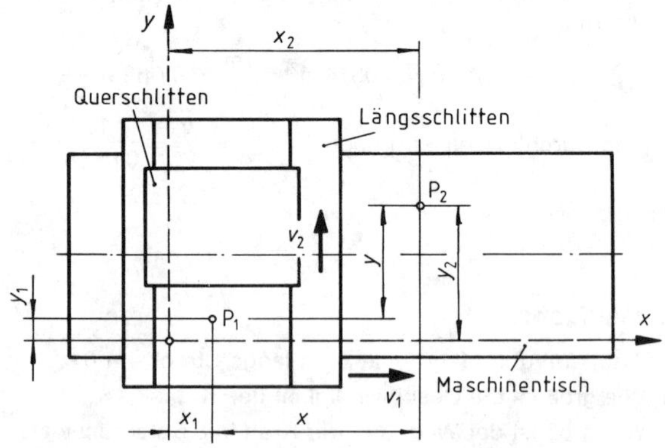

Bild 3 Längs- und Querbewegung bei einem Koordinatenbohrwerk

[1] Vorschubgeschwindigkeiten werden mit v_f bezeichnet, Index f von feed (engl.) = Vorschub

Lösung:

a) Die Bewegungen erfolgen rechtwinklig zueinander. Die Lösung kann zeichnerisch oder rechnerisch durchgeführt werden.

zeichnerisch:

Nach dem Parallelogramm-Verfahren ergibt sich:

$$v_r = 3{,}5\,\text{cm} \cdot 2\,\frac{\text{m/min}}{\text{cm}} = 7\,\text{m/min}$$

Geschwindigkeitsmaßstab:
GM: 1 cm ≙ 2 m/min

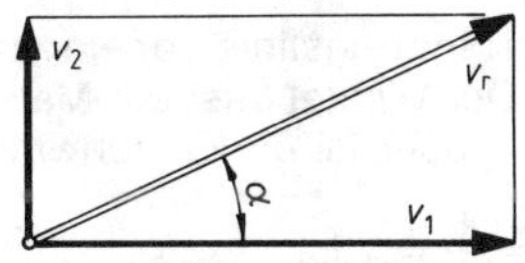

Bild 1 Zeichnerische Lösung

Nach Bild 1 kann die resultierende Geschwindigkeit nach dem Satz von Pythagoras berechnet werden:

$$v_r = \sqrt{v_1^2 + v_2^2} = \sqrt{(3{,}0\,\text{m/min})^2 + (6{,}4\,\text{m/min})^2} = \underline{7{,}07\,\text{m/min}}$$

b) Zunächst werden die Wegstrecken x und y, die in 2,8 s zurückgelegt werden, berechnet.

Aus $v = \frac{s}{t}$ folgt für den Weg $s = v \cdot t$. Ersetzt man s durch x bzw. y und v durch v_1 bzw. v_2, so wird:

$$x = v_1 \cdot t = 6{,}4\,\frac{\text{m}}{\text{min}} \cdot 2{,}8\,\text{s} = \frac{6\,400\,\text{mm}}{60\,\text{s}} \cdot 2{,}8\,\text{s} = 298{,}67\,\text{mm}$$

$$y = v_2 \cdot t = 3{,}0\,\frac{\text{m}}{\text{min}} \cdot 2{,}8\,\text{s} = \frac{3\,000\,\text{mm}}{60\,\text{s}} \cdot 2{,}8\,\text{s} = 140{,}00\,\text{mm}$$

Die Koordinaten des Punktes P_2 sind dann:

$$x_2 = x_1 + x = 125\,\text{mm} + 298{,}67\,\text{mm} = \underline{423{,}67\,\text{mm}}$$

$$y_2 = y_1 + y = 72{,}5\,\text{mm} + 140\,\text{mm} = \underline{212{,}50\,\text{mm}}$$

Übungsaufgabe:

1. Auf einer Brennschneidemaschine ist ein Blech unter 30° gegenüber der Längsrichtung abzutrennen. Wie hoch müssen die Vorschubgeschwindigkeiten in Längs- und Querrichtung (v_{fl} und v_{fq}) sein, wenn die resultierende Vorschubgeschwindigkeit $v_{fr} = 600$ mm/min betragen soll?

1.1.3 Zeichnerische Darstellung einer gleichförmigen Bewegung

Um die Anschaulichkeit eines Bewegungsvorgangs zu erhöhen, kann man den Zusammenhang zwischen den Größen v, s und t zeichnerisch darstellen. Wie diese Darstellung erfolgt, soll an folgender Aufgabe gezeigt werden.

Aufgabe:

Ein Förderband bewegt sich 4 Sekunden lang gleichförmig mit einer Geschwindigkeit von $v = 1{,}5$ m/s. Stellen Sie den Zusammenhang zwischen v, s und t zeichnerisch dar.

Lösung:

Für die zeichnerische Darstellung gibt es zwei Möglichkeiten:

1. Darstellung im **Weg-Zeit-Diagramm(s, t-Diagramm)**
In einem Koordinatenkreuz (Bild 2) wird auf der waagrechten Achse die Zeit t, auf der senkrechten Achse der Weg s abgetragen.

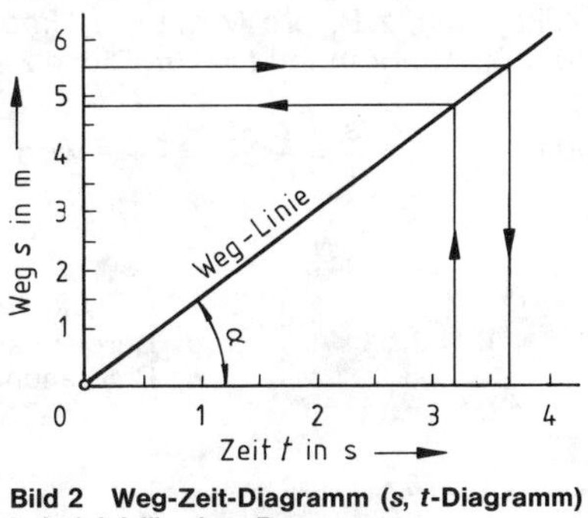

Bild 2 Weg-Zeit-Diagramm (s, t-Diagramm) bei gleichförmiger Bewegung

Es wird der nach jeder Sekunde zurückgelegte Weg eingezeichnet:

nach $t = 1\,s$ ist $s = 1{,}5\,m$,

nach $t = 2\,s$ ist $s = 3{,}0\,m$ usw.

Die Verbindungslinie der eingezeichneten Punkte ist eine ansteigende Gerade, die sogenannte **Weg-Linie.** Der Winkel α ist ein Maß für die Größe der Geschwindigkeit. Je steiler die Weg-Linie verläuft, desto größer ist die Geschwindigkeit, da

$$\tan \alpha = \frac{s}{t} = v \text{ ist.}$$

Aus dem Weg-Zeit-Diagramm kann für eine bestimmte Zeit der zurückgelegte Weg und für einen bestimmten Weg die dazu benötigte Zeit abgelesen werden.

Ablesebeispiel: nach $t = 3{,}2\,s$ ist $s = 4{,}8\,m$, für $s = 5{,}5\,m$ ist $t = 3{,}7\,s$.

2. Darstellung im **Geschwindigkeits-Zeit-Diagramm (*v*, *t*-Diagramm)**

Auf der waagrechten Achse wird die Zeit t, auf der senkrechten Achse die Geschwindigkeit v abgetragen (Bild 1).

Da die Geschwindigkeit zu jedem Zeitpunkt gleich groß ist (gleichförmige Bewegung), ergibt sich eine Parallele zur Zeit-Achse, die sogenannte **Geschwindigkeitslinie.**

Die zwischen der Geschwindigkeits-Linie und der Zeitachse liegende Rechtecks-Fläche hat die Seiten v und t. Der Flächeninhalt $A = v \cdot t$ entspricht dem zurückgelegten Weg $s = v \cdot t$.

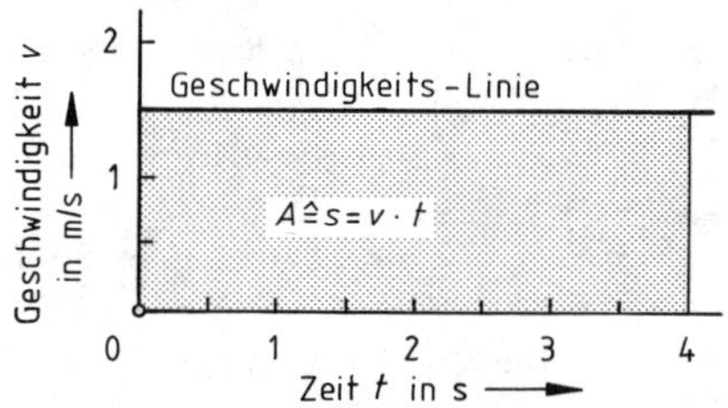

Bild 1 Geschwindigkeits-Zeit-Diagramm (*v*, *t*-Diagramm) bei gleichförmiger Bewegung

Im *v*, *t*-Diagramm entspricht die Fläche unter der Geschwindigkeits-Linie dem zurückgelegten Weg.

Diese Erkenntnis wird zur Berechnung des Wegs bei der ungleichförmigen Bewegung verwendet.

1.2 Gleichförmige Bewegung auf Kreisbahn

1.2.1 Umfangs- und Winkelgeschwindigkeit

Bewegt sich ein Punkt P auf einer Kreisbahn, z. B. ein Schleifkorn am Umfang einer Schleifscheibe (Bild 2), so führt er eine **Drehbewegung** aus. Seine Geschwindigkeit bezeichnet man als **Umfangsgeschwindigkeit,** sie ist **tangential** gerichtet.

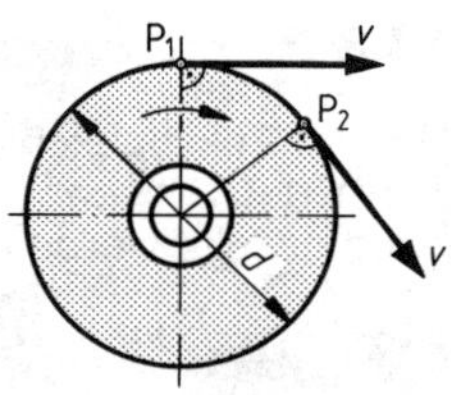

Bild 2 Gleichförmige Bewegung eines Punktes auf einer Kreisbahn

Der zurückgelegte Weg bei einer Umdrehung ist $s = d \cdot \pi$. Werden pro Zeiteinheit, z. B. pro Minute, n Umdrehungen ausgeführt, so ist die Zeit für eine Umdrehung $t = 1/n$. Diese Zeit wird als Umlaufdauer T bezeichnet.

Mit $v = \frac{s}{t} = \frac{d \cdot \pi}{T} = \frac{d \cdot \pi}{\frac{1}{n}}$ wird bei **gleichförmiger Bewegung** die **Umfangsgeschwindigkeit:**

(2) $v = d \cdot \pi \cdot n$

v Umfangsgeschwindigkeit in m/min
d Durchmesser in m
n Umdrehungsfrequenz (Drehzahl)[1] in min^{-1}

[1] Für „Umdrehungsfrequenz" wird im folgenden immer das allgemein übliche Wort „Drehzahl" verwendet.

Lehrbeispiel 4:

Ein Pkw mit einem Reifendurchmesser von $d = 560\,\text{mm}$ fährt mit einer Geschwindigkeit von $v = 120\,\text{km/h}$.

Wie groß ist die Drehzahl der Räder?

Lösung:

Die Fahrgeschwindigkeit ist gleich der Umfangsgeschwindigkeit der Räder.

Aus $v = d \cdot \pi \cdot n$ folgt für die Drehzahl:

$$n = \frac{v}{d \cdot \pi} = \frac{120 \dfrac{1000}{60} \dfrac{\text{m}}{\text{min}}}{0{,}56\,\text{m} \cdot \pi} = \underline{1137\,\text{min}^{-1}}$$

Um Berechnungen bei Bewegungen auf Kreisbahnen zu vereinfachen, verwendet man anstatt der Drehzahl n als Maß für die Größe einer Drehbewegung den Winkel $\Delta\varphi$, den ein Punkt des Drehkörpers pro Zeitabschnitt Δt durchläuft. Die Umfangsgeschwindigkeit eines Punktes auf einem Radius ist zwar um so größer, je größer sein Abstand vom Mittelpunkt ist (Bild 1). Trotzdem durchlaufen die Punkte P_1 und P_2 in gleichen Zeitabschnitten Δt gleiche Drehwinkel $\Delta\varphi$, also muß auch der Quotient konstant sein. Diesen Quotienten nennt man **Winkelgeschwindigkeit** $\omega = \Delta\varphi / \Delta t$

Bei **konstanter Umfangsgeschwindigkeit** wird die **Winkelgeschwindigkeit:**

③ $$\omega = \frac{\varphi}{t}$$

ω Winkelgeschwindigkeit in $\frac{rad}{s} = \frac{1}{s}$
s Drehwinkel in rad = 1
t Zeit in s

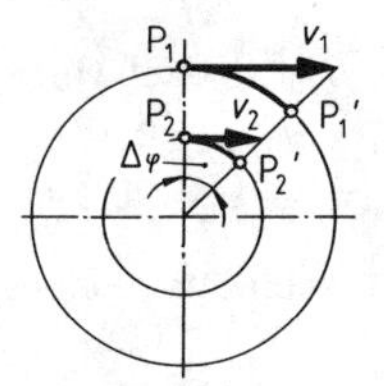

Es ist $v_1 > v_2$
aber $\omega_1 = \omega_2$

Bild 1 Umfangs- und Winkelgeschwindigkeit

Der Betrag des durchlaufenden Winkels $\Delta\varphi$ bzw. φ wird nicht in „Grad", sondern durch die Länge des zugehörigen Kreisbogens, bezogen auf den Radius des Bogens, angegeben. Dieses Zahlenverhältnis – Bogen in m zu Radius in m – ergibt die SI-Einheit Radiant (rad). So hat z. B. der Vollwinkel (360°)

$$\varphi = \frac{\text{Bogen}}{\text{Radius}} = \frac{2\pi r}{r} = 2\pi\,\text{rad}.$$

In den Gleichungen für die Drehbewegung kann aber 1 rad = 1 gesetzt werden. Davon wird im folgenden Gebrauch gemacht. Die in der Technik übliche Winkeleinheit Grad ist hierbei zunächst in rad umzurechnen. Hierfür lassen sich aus obiger Angabe für den Vollwinkel folgende Beziehungen ableiten:

$$\mathbf{1\,rad} = \frac{360°}{2\pi} = 57{,}295° \approx 57{,}3°$$

$$\mathbf{1°} = \frac{2\pi\,\text{rad}}{360} = 0{,}017453\,\text{rad} \approx 0{,}0175\,\text{rad}$$

Bei einer Umdrehung ist $\varphi = 2\pi$ und $t = T = \frac{1}{n}$. Damit folgt aus $\omega = \frac{\varphi}{T} = \frac{2\pi}{\frac{1}{n}}$ für die

Winkelgeschwindigkeit:

④ $$\omega = 2\pi \cdot n$$

ω Winkelgeschwindigkeit in s^{-1}
n Drehzahl in s^{-1}

Aus $\omega = 2\pi \cdot n$ folgt $n = \frac{\omega}{2\pi}$. Damit wird aus $v = d \cdot \pi \cdot n = d \cdot \pi \cdot \frac{\omega}{2\pi} = \frac{d}{2} \cdot \omega$ die

Umfangsgeschwindigkeit:

(5) $v = r \cdot \omega$

v Umfangsgeschwindigkeit in m/s
r Radius in m
ω Winkelgeschwindigkeit in s^{-1}

Mit Hilfe der Winkelgeschwindigkeit ω können die Umfangsgeschwindigkeiten für verschiedene Punkte mit unterschiedlichem Radius r einfach berechnet werden.

Lehrbeispiel 5:

Die Planscheibe einer Karusselldrehmaschine rotiert mit der Drehzahl $n = 22\ \text{min}^{-1}$.

Berechnen Sie:

a) die Winkelgeschwindigkeit ω,

b) die Schnittgeschwindigkeit v bei den Drehdurchmessern $d_1 = 680$ mm und $d_2 = 1\,800$ mm.

Lösung:

a) Die Winkelgeschwindigkeit beträgt:

$$\omega = 2\pi\, n = 2\pi \frac{22}{60}\ s^{-1} = \underline{2{,}30\ s^{-1}}$$

b) Aus der Winkelgeschwindigkeit ergibt sich für die Schnittgeschwindigkeit:

$$v_1 = r_1 \cdot \omega = 0{,}34\ \text{m} \cdot 2{,}3\ s^{-1} = 0{,}78\ \text{m/s} = 0{,}78 \cdot 60\ \text{m/min} = \underline{47\ \text{m/min}}$$

$$v_2 = r_2 \cdot \omega = 0{,}9\ \text{m} \cdot 2{,}3\ s^{-1} = 2{,}07\ \text{m/s} = 2{,}07 \cdot 60\ \text{m/min} = \underline{124\ \text{m/min}}$$

Die Schnittgeschwindigkeit kann auch mit der Gleichung $v = d \cdot \pi \cdot n$ errechnet werden.

Übungsaufgaben:

1. Die Spindel einer Schleifmaschine läuft mit einer Drehzahl von $n = 1\,500\ \text{min}^{-1}$.
   a) Welcher maximale Schleifscheibendurchmesser ist zulässig, wenn die Umfangsgeschwindigkeit höchstens 30 m/s betragen darf?
   b) Wie groß ist die Umfangsgeschwindigkeit bei einem Schleifscheibendurchmesser von $d = 200$ mm?
   c) Welche Drehzahl muß die Schleifscheibe bei $d = 200$ mm Schleifscheibendurchmesser haben, wenn $v =$ 20 m/s nicht unterschritten werden soll?

2. Bei einer Fräsarbeit soll ein Vorschub von 0,15 mm/Zahn nicht überschritten werden. Der Fräser hat 120 mm Durchmesser und 12 Zähne; die Schnittgeschwindigkeit beträgt 22 m/min.
   Berechnen Sie:
   a) die einzustellende Vorschubgeschwindigkeit,
   b) die Fräszeit für 125 mm Fräslänge.

3. Eine Langspielplatte rotiert mit 33 Umdrehungen pro Minute
   Berechnen Sie:
   a) die Winkelgeschwindigkeit ω,
   b) die Gleitgeschwindigkeit des Saphirs auf den außen liegenden Rillen ($d = 290$ mm) und auf den innen liegenden Rillen ($d = 125$ mm).

1.2.2 Übersetzungen

Häufig ist die vom Antriebsmotor einer Maschine gelieferte Drehzahl für den gewünschten Verwendungszweck ungeeignet. Dann muß die gegebene Drehzahl in eine niedrigere oder höhere umgewandelt werden. Dies erfolgt durch Getriebe; diese übertragen die Drehbewegung durch Reibung (Riementrieb, Reibradtrieb) oder Formschluß (Zahnradtrieb) von der Antriebs- auf die Abtriebswelle.

Das Verhältnis der Drehzahl der ersten Welle (Anfangsdrehzahl n_a) zur Drehzahl der letzten Welle (Enddrehzahl n_e) bezeichnet man als **Übersetzungsverhältnis.**

Das **Übersetzungsverhältnis** ist:

⑥ $$i = \frac{n_a}{n_e}$$

i Übersetzungsverhältnis
n_a Anfangsdrehzahl in min^{-1}
n_e Enddrehzahl in min^{-1}

Bei Übersetzungen ins Langsame (Untersetzungen), also bei $n_e < n_a$, ist $i > 1$, z. B. $i = \frac{2{,}5}{1} = 2{,}5:1 = 2{,}5$.

Bei Übersetzungen ins Schnelle, also bei $n_e > n_a$, ist $i < 1$, z. B. $i = \frac{1}{3} = 1:3 = 0{,}333$

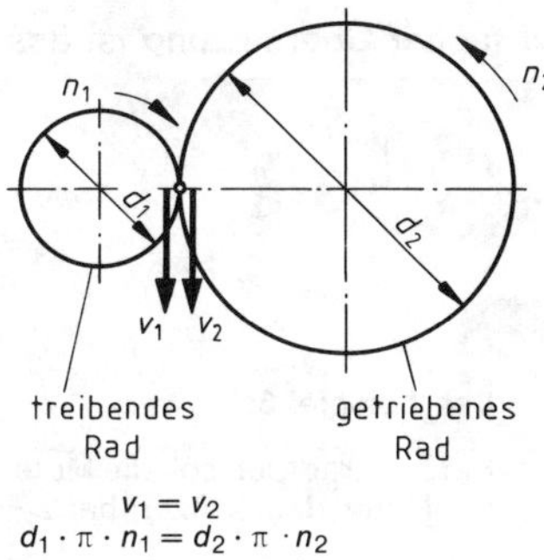

Bild 1 Reibradgetriebe

Bei einem einfachen Reibradgetriebe (Bild 1) oder Riementrieb sind die Umfangsgeschwindigkeiten der beiden Räder bzw. Scheiben ohne Schlupf gleich groß.

Mit $v = d \cdot \pi \cdot n$ wird:

$$v_1 = v_2$$
$$d_1 \cdot \pi \cdot n_1 = d_2 \cdot \pi \cdot n_2$$

und damit das Übersetzungsverhältnis: $i = \frac{n_1}{n_2} = \frac{d_2}{d_1}$

Setzt man beim Zahnrad für den Teilkreisdurchmesser $d = m \cdot z$ ein (m = Modul), so ist das Übersetzungsverhältnis: $i = \frac{d_2}{d_1} = \frac{m \cdot z_2}{m \cdot z_1} = \frac{z_2}{z_1}$

Bei **einfacher Übersetzung** ist das **Übersetzungsverhältnis:**

⑦ $$i = \frac{n_1}{n_2} = \frac{d_2}{d_1} = \frac{z_2}{z_1}$$

i Übersetzungsverhältnis
n_1, n_2 Drehzahl in min^{-1}
d_1, d_2 Durchmesser in mm
z_1, z_2 Zähnezahl

Index 1 gilt für die treibende Welle,
Index 2 für die getriebene Welle.

Bei einer doppelten Übersetzung (Bild 2) ist das Übersetzungsverhältnis:

$$i = \frac{n_a}{n_e} = \frac{n_1}{n_4}$$

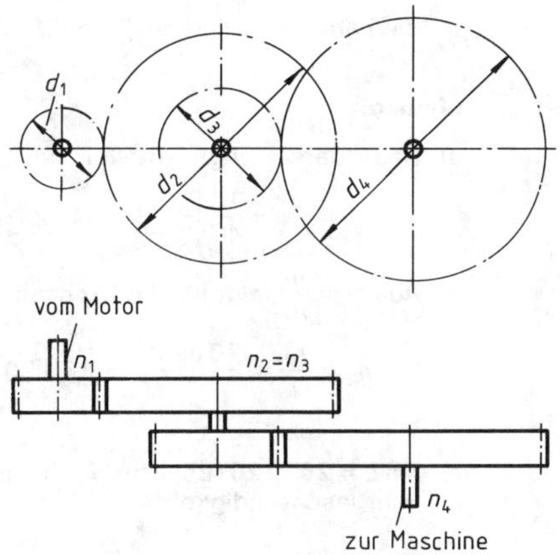

Bild 2 Doppelte Zahnradübersetzung

Mit den Teilübersetzungsverhältnissen $i_1 = \frac{n_1}{n_2} = \frac{d_2}{d_1}$ und $i_2 = \frac{n_3}{n_4} = \frac{d_4}{d_3}$ sowie $n_3 = n_2$ wird das Gesamtübersetzungsverhältnis:

$$i = \frac{n_1}{n_4} = \frac{n_1}{n_2} \cdot \frac{n_2}{n_4} = i_1 \cdot i_2 \qquad \text{und} \qquad i = \frac{d_2}{d_1} \cdot \frac{d_4}{d_3}$$

Bei **doppelter Übersetzung** ist das **Übersetzungsverhältnis:**

(8a) $$i = \frac{n_1}{n_4}$$

(8b) $$i = i_1 \cdot i_2$$

(8c) $$i = \frac{d_2 \cdot d_4}{d_1 \cdot d_3} = \frac{z_2 \cdot z_4}{z_1 \cdot z_3}$$

i	Übersetzungsverhältnis
n_1, n_4	Drehzahl in min^{-1}
i_1, i_2	Teilübersetzungsverhältnis
d_1, d_3	Durchmesser der treibenden Räder in mm
d_2, d_4	Durchmesser der getriebenen Räder in mm
z_1, z_3	Zähnezahl der treibenden Zahnräder
z_2, z_4	Zähnezahl der getriebenen Zahnräder

Bei ***n*-facher Übersetzung** ist das **Übersetzungsverhältnis:**

(9) $$i = i_1 \cdot i_2 \cdot \ldots i_n$$

i	Übersetzungsverhältnis
$i_1, i_2 \ldots i_n$	Teilübersetzungsverhältnis

Lehrbeispiel 6:

Ein Zahnradtrieb soll die Motordrehzahl $n_0 = 1\,400\ \text{min}^{-1}$ auf $n = 530\ \text{min}^{-1}$ herabsetzen. Das Zahnrad am Motor (Motorritzel) hat $z_1 = 20$ Zähne.

Berechnen Sie:

a) das Übersetzungsverhältnis i,
b) die erforderliche Zähnezahl z_2.

Lösung:

a) Das Übersetzungsverhältnis ist:

$$i = \frac{n_1}{n_2} = \frac{n_0}{n} = \frac{1\,400\ \text{min}^{-1}}{530\ \text{min}^{-1}} = \underline{\underline{2{,}64}}$$

b) Aus $i = \frac{z_2}{z_1}$ folgt $z_2 = i \cdot z_1 = 2{,}64 \cdot 20 = 52{,}8$

ausgeführt: $z_2 = \underline{\underline{53}}$

Lehrbeispiel 7:

Das Kettenrad eines Fahrrads hat 46 Zähne, der hintere Zahnkranz 17 Zähne. Der Radfahrer führt an der Tretkurbel 70 Umdrehungen je Minute aus.

Berechnen Sie:

a) das Übersetzungsverhältnis,
b) die Drehzahl des Hinterrades,
c) die Fahrgeschwindigkeit bei 26″-Rädern.

Lösung:

a) Das Übersetzungsverhältnis ist:

$$i = \frac{z_2}{z_1} = \frac{17}{46} = \underline{\underline{0{,}37 = 1:2{,}7}} \text{ (Übersetzung ins Schnelle)}$$

b) Aus $i = \frac{n_1}{n_2}$ folgt für die Drehzahl des Hinterrades:

$$n_2 = \frac{n_1}{i} = \frac{70\ \text{min}^{-1}}{\frac{1}{2{,}7}} = 2{,}7 \cdot 70\ \text{min}^{-1} = \underline{\underline{189\ \text{min}^{-1}}}$$

c) Mit $d = 26'' = 26 \cdot 25{,}4\ \text{mm} \approx 660\ \text{mm}$ wird die Umfangsgeschwindigkeit des Rades und damit die Fahrgeschwindigkeit:

$$v = d \cdot \pi \cdot n = 0{,}66\ \text{m} \cdot \pi \cdot 189\ \text{min}^{-1} = 392\ \text{m/min} = 392\ \frac{\frac{1}{1\,000}\ \text{km}}{\frac{1}{60}\ \text{h}}$$

$$v = \frac{392 \cdot 60}{1\,000}\ \frac{\text{km}}{\text{h}} = \underline{\underline{23{,}5\ \text{km/h}}}$$

Lehrbeispiel 8:

Ein Hubwerk (Bild 1) soll Lasten mit einer Geschwindigkeit von $v = 1{,}4$ m/s heben. Die Motordrehzahl beträgt $n_1 = 1\,400\ \text{min}^{-1}$.

Wieviel Zähne muß das Zahnrad 3 haben?

Lösung:

Aus $v = d \cdot \pi \cdot n_4$ folgt für die Drehzahl der Seilrolle:

$$n_4 = \frac{v}{d \cdot \pi} = \frac{1{,}4\ \text{m/s}}{0{,}285\ \text{m} \cdot \pi} = 1{,}56\ \text{s}^{-1} = 93{,}8\ \text{min}^{-1}$$

Daraus folgt für die erforderliche Gesamtübersetzung:

$$i = \frac{n_1}{n_4} = \frac{1\,400\ \text{min}^{-1}}{93{,}8\ \text{min}^{-1}} = 14{,}9:1$$

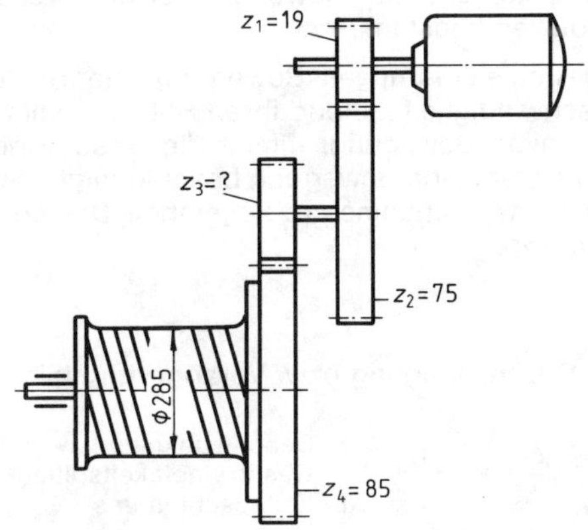

Bild 1 Hubwerk

Zur Ermittlung von z_3 sind zwei Lösungswege möglich.

1. Weg:

Mit $i_1 = \frac{z_2}{z_1} = \frac{75}{19} = 3{,}95$ folgt aus $i = i_1 \cdot i_2$:

$$i_2 = \frac{i}{i_1} = \frac{15}{3{,}95} = 3{,}8$$

Aus $i_2 = \frac{z_4}{z_3}$ folgt:

$$z_3 = \frac{z_4}{i_2} = \frac{85}{3{,}8} = 22{,}4$$

2. Weg:

Aus $i = \frac{z_2 \cdot z_4}{z_1 \cdot z_3}$ folgt:

$$z_3 = \frac{z_2 \cdot z_4}{z_1 \cdot i} = \frac{75 \cdot 85}{19 \cdot 15} = 22{,}4$$

ausgeführt: $z_3 = \underline{\underline{22}}$

Übungsaufgaben:

1. Ein Maschinentisch soll mit einer Vorschubgeschwindigkeit von $v_f = 350$ mm/min fahren. Der Antrieb des Tisches erfolgt über eine Spindel mit Trapezgewinde Tr 20 × 4. Diese Spindel wird über ein einfaches Zahnradgetriebe angetrieben ($n_1 = 355\ \text{min}^{-1}$ und $z_1 = 17$ Zähne) (Bild 2).
   a) Welche Zähnezahl z_2 muß das Zahnrad auf der Vorschubspindel haben?
   b) Welche Übersetzung hat das Zahnradgetriebe?

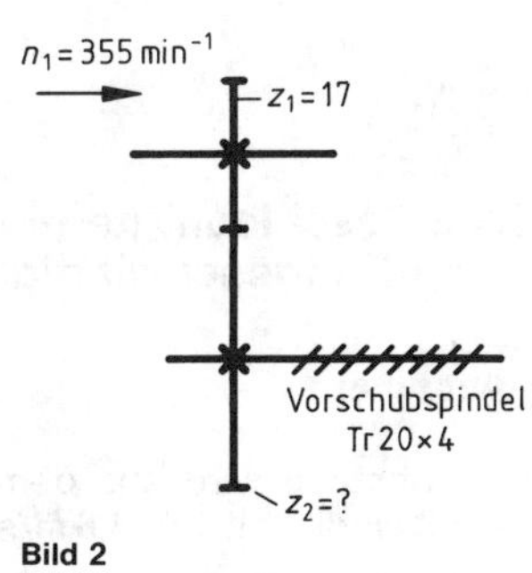

Bild 2

2. Ein doppelter Zahnradtrieb hat folgende Zähnezahlen:

   $z_1 = 18$ $z_3 = 17$
   $z_2 = 71$ $z_4 = 86$

   Die Motordrehzahl beträgt $n_0 = 1\,400\ \text{min}^{-1}$.
   a) Wie groß ist die Abtriebszahl n des Getriebes?
   b) Wie groß ist die Gesamtübersetzung?

1.3 Gleichmäßig beschleunigte bzw. verzögerte Bewegung auf gerader Bahn

1.3.1 Beschleunigung und Verzögerung

Bei der gleichförmigen Bewegung ist der pro Zeitabschnitt zurückgelegte Weg und damit die Geschwindigkeit konstant.

Bei der ungleichförmigen Bewegung ändern der pro Zeitabschnitt zurückgelegte Weg und damit die Geschwindigkeit laufend ihren Betrag. Nimmt die Geschwindigkeit zu, so handelt es sich um eine beschleunigte Bewegung, nimmt die Geschwindigkeit ab, um eine verzögerte Bewegung. Ein Maß dafür, wie stark eine Bewegung beschleunigt bzw. verzögert wird, ist die Größe der Geschwindigkeitszunahme bzw. -abnahme pro Zeiteinheit. Diesen Quotienten bezeichnet man als **Beschleunigung** bzw. **Verzögerung**.

Für die **Beschleunigung** bzw. **Verzögerung** gilt:

(10) $$a = \frac{\Delta v}{\Delta t}$$

a Beschleunigung bzw. Verzögerung in m/s²
Δv Geschwindigkeitsdifferenz (Geschwindigkeitszunahme bzw. -abnahme) in m/s
Δt Zeitabschnitt in s

Ist die Geschwindigkeitsänderung Δv konstant, so handelt es sich um eine **gleichmäßig** beschleunigte bzw. verzögerte Bewegung.

Gleichmäßig beschleunigte (verzögerte) Bewegung = Bewegung mit gleichbleibender Geschwindigkeitszunahme (-abnahme)

Bei der Berechnung eines beschleunigten Bewegungsvorganges muß beachtet werden, ob die Beschleunigung aus dem Stand heraus erfolgt (Anfangsgeschwindigkeit $v_a = 0$) oder ob schon eine bestimmte Anfangsgeschwindigkeit vorhanden ist. Entsprechend kann bei der Verzögerung ein Abbremsen bis zum Stillstand erfolgen (Endgeschwindigkeit $v_e = 0$) oder nach Beendigung des Bremsvorganges noch eine bestimmte Endgeschwindigkeit vorhanden sein.

Bei einem Kraftfahrzeug im Straßenverkehr treten diese verschiedenen Bewegungsvorgänge auf. So ist z. B. das Abbremsen vor einer Ampel bis zum Stillstand eine verzögerte Bewegung ohne Endgeschwindigkeit, das Beschleunigen nach dem Verlassen einer Ortschaft eine beschleunigte Bewegung mit Anfangsgeschwindigkeit. Allerdings sind Beschleunigung und Verzögerung beim Kraftfahrzeug in der Regel nicht gleichmäßig.

1.3.2 Beschleunigte (verzögerte) Bewegung ohne Anfangsgeschwindigkeit (Endgeschwindigkeit)

Aufgabe:

Ein Fahrzeug wird aus dem Stand gleichmäßig beschleunigt und erreicht nach 3 Sekunden eine Geschwindigkeit von 4,8 m/s.

a) Zeichnen Sie das v, t-Diagramm.

b) Ermitteln Sie die Beschleunigung a

c) Ermitteln Sie den während der Beschleunigung zurückgelegten Weg s.

Lösung:

a) Die Beschleunigung $a = \Delta v / \Delta t$ ist bei einer gleichmäßig beschleunigten Bewegung konstant, also ergibt sich im *v, t*-Diagramm eine ansteigende Gerade. Da die Bewegung mit $v = 0$ beginnt, geht die Geschwindigkeitslinie durch den Ursprung der Koordinatenachsen (Bild 1).

Im *v, t*-Diagramm erscheint die gleichmäßig beschleunigte Bewegung als ansteigende Gerade.

Je größer der Winkel α, desto größer die Beschleunigung.

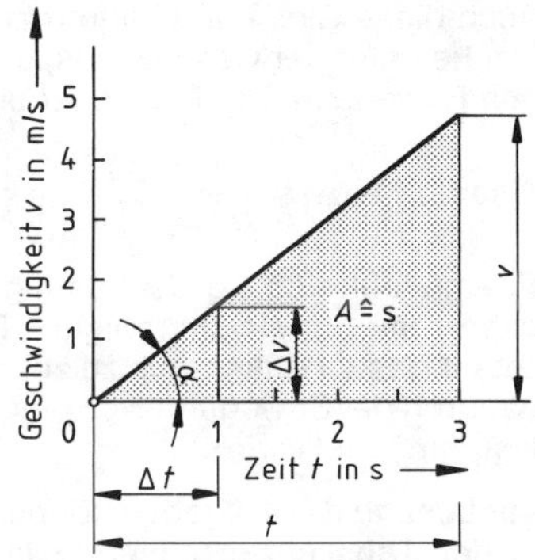

Bild 1 ***v, t*-Diagramm für eine gleichmäßig beschleunigte Bewegung mit $v_a = 0$**

b) Die Geschwindigkeitszunahme beträgt 1,6 m/s in jeder Sekunde, also ist die Beschleunigung:

$$a = \frac{\Delta v}{\Delta t} = \frac{1{,}6\,\text{m/s}}{1\,\text{s}} = \underline{1{,}6\,\frac{\text{m}}{\text{s}^2}}$$

Da die Geschwindigkeitszunahme konstant ist, kann bei der Ermittlung von *a* mit Hilfe der Gleichung ⑩ Δv durch *v* und Δt durch *t* ersetzt werden.

Dann ergibt sich für **gleichmäßige Beschleunigung bzw. Verzögerung:**

⑪ $$a = \frac{v}{t}$$

a Beschleunigung bzw. Verzögerung in m/s²
v End- bzw. Anfangsgeschwindigkeit in m/s
t Zeit in s

Damit ist: $a = \frac{v}{t} = \frac{4{,}8\,\text{m/s}}{3\,\text{s}} = 1{,}6\,\text{m/s}^2$.

Die Gleichung $a = v/t$ läßt sich auch aus dem *v, t*-Diagramm entwickeln. Aufgrund ähnlicher Dreiecke läßt sich folgende Beziehung aufstellen (Bild 1):

$$\frac{\Delta v}{\Delta t} = \frac{v}{t}$$

$$a = \frac{v}{t}$$

c) Bei der Ermittlung des Weges kann man so rechnen, als ob es sich um eine gleichförmige Bewegung mit einer mittleren Geschwindigkeit v_m handeln würde.

Bei $v_a = 0$ und $v_e = v$ ist $v_m = \frac{v_a + v_e}{2} = \frac{0 + v}{2} = \frac{v}{2}$

Mit $s = v_m \cdot t = \frac{v}{2} \cdot t$ gilt für den **Weg**:

⑫ $$s = \frac{v \cdot t}{2}$$

s Weg in m
v Geschwindigkeit in m/s
t Zeit in s

In dieser Aufgabe ist also: $s = \frac{4{,}8\,\frac{\text{m}}{\text{s}} \cdot 3\,\text{s}}{2} = \underline{7{,}2\,\text{m}}$

Auch diese Gleichung kann man aus dem *v, t*-Diagramm herleiten. Wie bereits gezeigt, entspricht die Fläche unter der Geschwindigkeitslinie dem zurückgelegten Weg. Dies gilt auch bei der ungleichförmigen Bewegung. Die Fläche ist eine Dreiecksfläche mit den Seiten *t* und *v*.

Also ist: $A \mathrel{\hat{=}} s = \frac{v \cdot t}{2}$

Es empfiehlt sich, bei der Lösung einer Aufgabe mit ungleichförmiger Bewegung zuerst das *v, t*-Diagramm zu zeichnen, weil dadurch der Bewegungsvorgang anschaulich dargestellt wird.

Zur Lösung der Aufgaben können auch die in der Tabelle zusammengestellten Gleichungen verwendet werden.

bekannt	gesucht	
v, t	$a = \frac{v}{t}$	$s = \frac{v \cdot t}{2}$
a, t	$v = a \cdot t$	$s = \frac{a \cdot t^2}{2}$
v, a	$t = \frac{v}{a}$	$s = \frac{v^2}{2a}$
a, s	$v = \sqrt{2a \cdot s}$	$t = \sqrt{\frac{2s}{a}}$
v, s	$a = \frac{v^2}{2s}$	$t = \frac{2s}{v}$
s, t	$a = \frac{2s}{t^2}$	$v = \frac{2s}{t}$

Tabelle: Gleichungen für Beschleunigung ohne Anfangsgeschwindigkeit bzw. für Verzögerung ohne Endgeschwindigkeit

Lehrbeispiel 9:

Ein Fahrzeug wird aus dem Stand mit $a = 0{,}8\ \text{m/s}^2$ konstant beschleunigt.

a) Welche Geschwindigkeit hat es nach 7 s erreicht?

b) Welchen Weg hat es bis dahin zurückgelegt?

Lösung:

Es handelt sich um eine gleichmäßig beschleunigte Bewegung ohne Anfangsgeschwindigkeit

a) Aus $a = \frac{v}{t}$ folgt für die Geschwindigkeit:

$$v = a \cdot t = 0{,}8\,\frac{\text{m}}{\text{s}^2} \cdot 7\,\text{s} = \underline{5{,}6\ \text{m/s}}$$

b) Der Weg beträgt nach dem *v, t*-Diagramm:

$$s = \frac{v \cdot t}{2} = \frac{5{,}6\,\frac{\text{m}}{\text{s}} \cdot 7\,\text{s}}{2} = \underline{19{,}6\ \text{m}}$$

oder mit den gegebenen Größen: $s = \frac{a \cdot t^2}{2} = \frac{0{,}8\,\text{m} \cdot 7^2\,s^2}{s^2 \cdot 2} = \underline{19{,}6}$

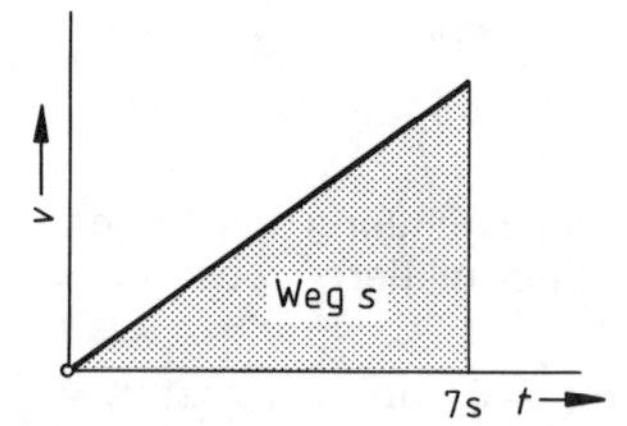

Bild 1 Beschleunigung im *v, t*-Diagramm

Lehrbeispiel 10:

Ein Pkw mit einer maximal möglichen Bremsverzögerung von $5{,}3\ \text{m/s}^2$ führt bei einer Geschwindigkeit von $v = 120\ \text{km/h}$ eine Vollbremsung aus.

Wie groß ist der Bremsweg bis zum Stillstand?

Lösung:

Bild 1 zeigt den Bewegungsablauf im *v, t*-Diagramm.

Bei verzögerter Bewegung ist *v* die Geschwindigkeit beim Beginn des Bewegungsvorgangs (Bremsvorgangs).

Aus $a = \frac{v}{t}$ folgt $t = \frac{v}{a}$

Mit $v = 120\,\text{km/h} = \frac{120}{3{,}6}\,\text{m/s} = 33{,}3\,\text{m/s}$ wird der Bremsweg:

$$s = \frac{v \cdot t}{2} = \frac{v \cdot \frac{v}{a}}{2} = \frac{v^2}{2\,a} = \frac{(33{,}3\,\text{m/s})^2}{2 \cdot 5{,}3\,\text{m/s}^2} = \underline{105\,\text{m}}$$

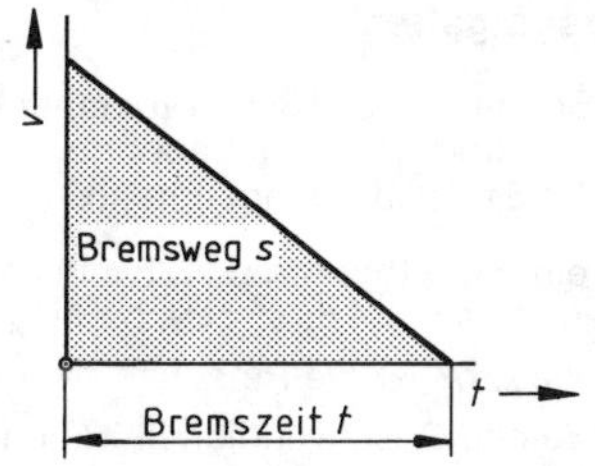

Bild 1 Verzögerung im *v, t*-Diagramm

Lehrbeispiel 11:

Ein Fahrzeug mit einer Bremsverzögerung von $a = 6\,\text{m/s}^2$ hinterläßt eine Bremsspur von 48 m.

a) Wie groß war die Geschwindigkeit des Fahrzeugs vor dem Bremsen?

b) Wie groß war die Bremszeit?

Lösung:

a) Das *v, t*-Diagramm des Bremsvorgangs entspricht dem von Bild 1.
Nach Tabelle, Seite 14 gilt für die Anfangsgeschwindigkeit:

$$v = \sqrt{2\,a \cdot s} = \sqrt{2 \cdot 6\,\frac{\text{m}}{\text{s}^2} \cdot 48\,\text{m}} = \underline{24\,\text{m/s}}$$

b) Nach Tabelle ist die Bremszeit:

$$t = \sqrt{\frac{2\,s}{a}} = \sqrt{\frac{2 \cdot 48\,\text{m}}{6\,\text{m/s}^2}} = \underline{4\,\text{s}}$$

1.3.2.1 Der freie Fall

Der freie Fall ist eine beschleunigte Bewegung mit der **Fallbeschleunigung *g*** $\approx 9{,}81\,\text{m/s}^2$. Es handelt sich um eine **gleichmäßig beschleunigte Bewegung,** also gelten die Gleichungen aus Tabelle, Seite 14. Anstelle des Weges *s* ist die Fallhöhe *h*, anstelle der Beschleunigung *a* die Fallbeschleunigung *g* einzusetzen.

Lehrbeispiel 12:

Bei einem Versuch zur Ermittlung der Fallbeschleunigung werden gemessen:
Fallhöhe $h = 16{,}5\,\text{m}$, Fallzeit $t = 1{,}83\,\text{s}$.

Berechnen Sie:

a) die Fallbeschleunigung *g*,

b) die Auftreffgeschwindigkeit *v*.

Lösung:

a) Entsprechend $a = \frac{2\,s}{t^2}$ wird die Fallbeschleunigung:

$$g = \frac{2\,h}{t^2} = \frac{2 \cdot 16{,}5\,\text{m}}{(1{,}83\,\text{s})^2} = \underline{9{,}85\,\text{m/s}^2}$$

b) Entsprechend $v = \frac{2\,s}{t}$ wird die Auftreffgeschwindigkeit

$$v = \frac{2\,h}{t} \quad \frac{2 \cdot 16{,}5\,\text{m}}{1{,}83\,\text{s}} = \underline{18{,}0\,\text{m/s}}$$

Übungsaufgaben:

1. Ein Schnellzug soll 300 m vor einer Weiche zum Halten gebracht werden. In welcher Entfernung l vor der Weiche muß mit dem Bremsen begonnen werden, wenn der Zug mit $v = 100$ km/h fährt und eine Bremsverzögerung von $a = 0{,}35\ \text{m/s}^2$ aufbringen kann?
2. Auf einer Gleitbahn von 1175 mm Länge zur Beschickung einer Maschine werden die Werkstücke nach dem Einlegen mit $a = 1{,}4\ \text{m/s}^2$ gleichmäßig beschleunigt.
   a) Wie groß ist die Rutschzeit?
   b) Welche Geschwindigkeit haben die Werkstücke am Ende der Gleitbahn?
3. In einer Maschine fällt ein Werkstück 0,8 m tief in eine Auffangvorrichtung.
   Berechnen Sie:
   a) die Auftreffgeschwindigkeit,
   b) die Fallzeit.

1.3.3 Beschleunigte (verzögerte) Bewegung mit Anfangsgeschwindigkeit (Endgeschwindigkeit)

Besteht vor dem Beschleunigen eine Anfangsgeschwindigkeit v_a bzw. herrscht nach dem Abbremsen noch eine Endgeschwindigkeit v_e, so dürfen die Gleichungen $a = v/t$, $s = v \cdot t/2$ und die Gleichungen nach Tabelle, Seite 14 nicht verwendet werden.

Die für diesen Bewegungsfall geltenden Gleichungen werden in der folgenden Aufgabe entwickelt.

Aufgabe:

Ein Triebwagen fährt mit der Anfangsgeschwindigkeit $v_a = 27$ km/h und beschleunigt 15,6 s lang. Dabei wird die Endgeschwindigkeit $v_e = 45$ km/h erreicht.

a) Stellen Sie den Bewegungsvorgang im v, t-Diagramm dar.

b) Ermitteln Sie die Beschleunigung a.

c) Ermitteln Sie den während der Beschleunigung zurückgelegten Weg s.

Lösung:

a) (Bild 1)

b) Für die Beschleunigung gilt:

$$a = \frac{\Delta v}{\Delta t}$$

Mit $\Delta v = v_e - v_a$ und $\Delta t = t$ ist die **Beschleunigung:**

$$⑬ \quad a = \frac{v_e - v_a}{t}$$

a Beschleunigung in m/s^2
v_e Endgeschwindigkeit in m/s
v_a Anfangsgeschwindigkeit in m/s
t Zeit in s

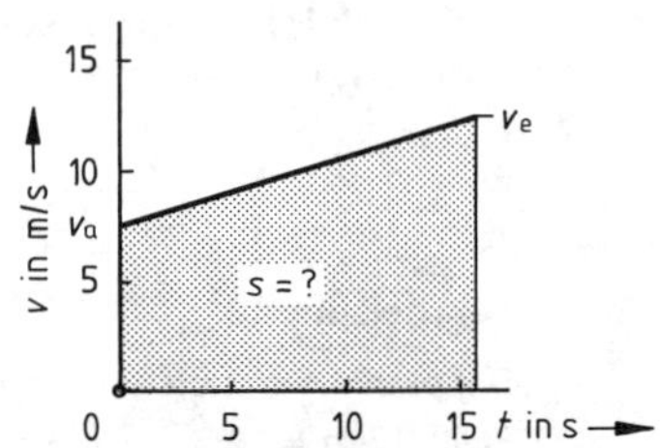

Bild 1 v, t-Diagramm für eine beschleunigte Bewegung mit Anfangsgeschwindigkeit v_a

Gleichung ⑬ gilt auch für verzögerte Bewegungen. Da dann $v_a > v_e$ ist, wird die Differenz $v_e - v_a$ und damit a negativ. Verzögerung kann also als negative Beschleunigung dargestellt werden.

Bei dieser Aufgabe ist:

$$v_a = 27\ \frac{\text{km}}{\text{h}} = 7{,}5\ \frac{\text{m}}{\text{s}} \text{ und } v_e = 45\ \frac{\text{km}}{\text{h}} = 12{,}5\ \frac{\text{m}}{\text{s}}$$

Damit ist die Beschleunigung:

$$a = \frac{v_e - v_a}{t} = \frac{(12{,}5 - 7{,}5)\ \text{m/s}}{15{,}6\ \text{s}} = \underline{0{,}32\ \text{m/s}^2}$$

c) Bei der Ermittlung des Weges geht man von der während der Zeit t vorhandenen mittleren Geschwindigkeit v_m aus und betrachtet die Bewegung als gleichförmig.

Aus $s = v_m \cdot t$ folgt mit $v_m = \frac{v_a + v_e}{2}$ für den **Weg:**

⑭ $$s = \frac{v_a + v_e}{2} \cdot t$$

s Weg in m
v_a Anfangsgeschwindigkeit in m/s
v_e Endgeschwindigkeit in m/s
t Zeit in s

Gleichung ⑭ läßt sich auch aus dem v, t-Diagramm entwickeln (Bild 1, Seite 16). Der während der Beschleunigung zurückgelegte Weg erscheint im v, t-Diagramm als Trapezfläche.

Der Flächeninhalt eines Trapezes ist $A = \frac{l_1 + l_2}{2} \cdot b$

Also gilt für den Weg: $s = \frac{v_a + v_e}{2} \cdot t$

Bei dieser Aufgabe ist: $s = \frac{7{,}5\,\frac{\text{m}}{\text{s}} + 12{,}5\,\frac{\text{m}}{\text{s}}}{2} \cdot 15{,}6\,\text{s} = \underline{156\,\text{m}}$

Zur Lösung der Aufgaben können die in folgender Tabelle zusammengestellten Gleichungen verwendet werden.

Tabelle: Gleichungen für Beschleunigung mit Anfangsgeschwindigkeit bzw. Verzögerung mit Endgeschwindigkeit.
Bei verzögerter Bewegung ist a negativ oder sind v_a und v_e zu vertauschen.

gegeben	gesucht	
v_a, v_e, t	$a = \frac{v_e - v_a}{t}$	$s = \frac{v_a + v_e}{2} \cdot t$
v_a, a, t	$v_e = v_a + a \cdot t$	$s = v_a \cdot t + \frac{a \cdot t^2}{2}$
v_e, a, t	$v_a = v_e - a \cdot t$	$s = v_e \cdot t - \frac{a \cdot t^2}{2}$
v_a, v_e, a	$t = \frac{v_e - v_a}{a}$	$s = \frac{v_e^2 - v_a^2}{2a}$
v_a, v_e, s	$t = \frac{2s}{v_a + v_e}$	$a = \frac{v_e^2 - v_a^2}{2s}$
s, a, t	$v_a = \frac{s}{t} - \frac{a \cdot t}{2}$	$v_e = \frac{s}{t} + \frac{a \cdot t}{2}$
a, s, v_a	$v_e = \sqrt{v_a^2 + 2as}$	$t = -\frac{v_a}{a} + \sqrt{\left(\frac{v_a}{a}\right)^2 + \frac{2s}{a}}$
a, s, v_e	$v_a = \sqrt{v_e^2 - 2as}$	$t = \frac{v_e}{a} - \sqrt{\left(\frac{v_e}{a}\right)^2 - \frac{2s}{a}}$
v_a, s, t	$a = \frac{2}{t}\left(\frac{s}{t} - v_a\right)$	$v_e = \frac{2s}{t} - v_a$
v_e, s, t	$a = \frac{2}{t}\left(v_e - \frac{s}{t}\right)$	$v_a = \frac{2s}{t} - v_e$

Lehrbeispiel 13:

Ein Fahrzeug mit $v_a = 5$ m/s wird mit $a = 1{,}6$ m/s² 4 Sekunden lang beschleunigt, fährt dann 2,5 Sekunden lang mit gleichbleibender Geschwindigkeit und wird schließlich mit $a = 3$ m/s² solange abgebremst, bis die Geschwindigkeit $v = 1{,}5$ m/s (Endgeschwindigkeit der Verzögerung) erreicht ist.

Stellen sie zunächst den Bewegungsvorgang im v, t-Diagramm dar und ermitteln Sie dann:

a) die nach 4 Sekunden Beschleunigung erzielte Geschwindigkeit (Endgeschwindigkeit der Beschleunigung),

b) den während der Beschleunigung zurückgelegten Weg,

c) den Bremsweg,

d) die Bremszeit,

e) den Gesamtweg während des Bewegungsvorgangs.

Lösung:

Bild 1 zeigt den Bewegungsvorgang im v, t-Diagramm. Die gerasterten Flächen zeigen, daß der Gesamtweg aus dem Weg s_I während der Beschleunigungsphase, einem Weg s_{II} in der Phase gleichförmiger Bewegung und dem Abbremsweg s_{III} besteht.

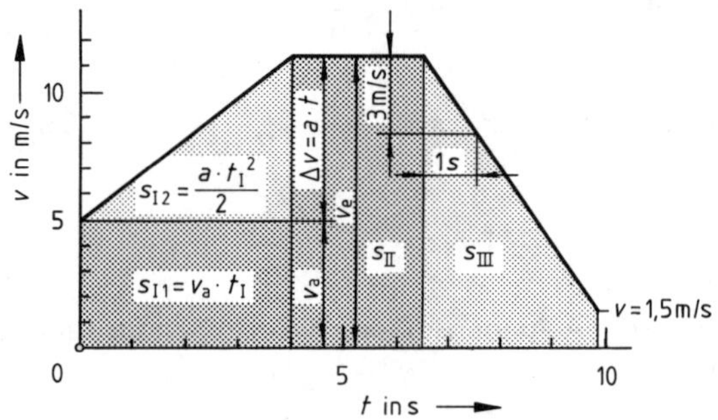

Bild 1 v, t-Diagramm

a) Aus $a = \frac{v_e - v_a}{t}$ folgt für die Geschwindigkeit am Ende des Beschleunigungsvorgangs:

$$v_e = v_a + a \cdot t_I = 5\,\text{m/s} + 1{,}6\,\frac{\text{m}}{\text{s}^2} \cdot 4\,\text{s} = \underline{11{,}4\,\text{m/s}}$$

b) Der während der Beschleunigung zurückgelegte Weg ist:

$$s_I = \frac{v_a + v_e}{2} \cdot t_I = \frac{(5 + 11{,}4)\,\text{m/s}}{2} \cdot 4\,\text{s} = \underline{32{,}8\,\text{m}}$$

Eine andere Gleichung zur Berechnung des Weges ergibt sich aus dem v, t-Diagramm (Bild 1). Der Weg s_I (≙ Trapezfläche) setzt sich zusammen aus dem bei gleichbleibender Geschwindigkeit zurückgelegten Weg $s_{I_1} = v_a \cdot t_I$ (Rechtecksfläche) und dem durch den Geschwindigkeitszuwachs erzielten Weg $s_{I_2} = \frac{a \cdot t_I^2}{2}$ (Dreiecksfläche).

Der Weg beträgt:

$$s_I = s_{I_1} + s_{I_2} = v_a \cdot t_I + \frac{a \cdot t_I^2}{2} = 5\,\frac{\text{m}}{\text{s}} \cdot 4\,\text{s} + \frac{1{,}6\,\frac{\text{m}}{\text{s}^2} \cdot (4\,\text{m})^2}{2}$$

$$s_I = 20\,\text{m} + 12{,}8\,\text{m} = \underline{32{,}8\,\text{m}}$$

c) Aus $v = v_e - a \cdot t$ folgt für die Bremszeit:

$$t_{III} = \frac{v_e - v}{a}$$

Der Bremsweg s_{III} entspricht der Trapezfläche:

$$s_{III} = \frac{v_e + v}{2} \cdot t_{III} = \frac{v_e + v}{2} \cdot \frac{v_e - v}{a} = \frac{v_e^2 - v^2}{2\,a}$$

$$s_{III} = \frac{(1{,}5\,\text{m/s})^2 - (11{,}4\,\text{m/s})^2}{2\,(-3\,\text{m/s}^2)} = \underline{21{,}3\,\text{m}}$$

d) Aus $a = \frac{v_e - v}{t}$ folgt für die Bremszeit:

$$t_{III} = \frac{v_e - v}{a} = \frac{(11{,}4 - 1{,}5)\,\text{m/s}}{3\,\text{m/s}^2} = \underline{3{,}3\,\text{s}}$$

e) Der Gesamtweg ist, wie die Fläche unter der Geschwindigkeitslinie (Bild 1, S. 18) zeigt, die Summe der Einzelwege:

$$s = s_I + s_{II} + s_{III}$$

Mit $s_{II} = v \cdot t_{II} = 11{,}4\,\frac{\text{m}}{\text{s}} \cdot 2{,}5\,\text{s} = 28{,}5\,\text{m}$ (gleichförmige Bewegung) ist der Gesamtweg:

$$s = s_I + s_{II} + s_{III} = 32{,}8\,\text{m} + 28{,}5\,\text{m} + 21{,}3\,\text{m} = \underline{82{,}6\,\text{m}}$$

Lehrbeispiel 14:

Ein Personenzug beschleunigt von einer Geschwindigkeit $v = 22$ km/h mit $a = 0{,}14\,\text{m/s}^2$ auf einer Strecke von 1,2 km.
Ermitteln Sie die Beschleunigungszeit.

Lösung:

Weg 1:

Aus dem v, t-Diagramm folgt:

$$v_e = v_a + a \cdot t \text{ (I)} \quad \text{und } s = \frac{v_a + v_e}{2} \cdot t \text{ (II)}$$

Man setzt (I) in (II) ein und erhält:

$$s = \frac{v_a + (v_a + a \cdot t)}{2} \cdot t = \frac{2\,v_a \cdot t}{2} + \frac{a \cdot t^2}{2}$$

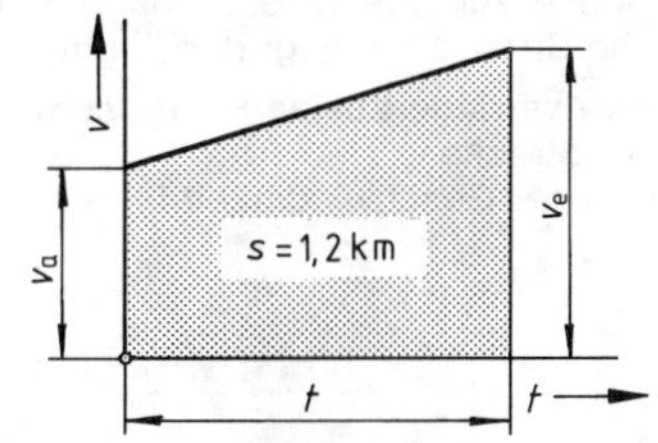

Bild 1 v, t-Diagramm

Aus $s = v_a \cdot t + \frac{a \cdot t^2}{2}$ folgt für die Beschleunigungszeit die quadratische Gleichung:

$$t^2 + \frac{2 \cdot v_a}{a} \cdot t - \frac{2\,s}{a} = 0 \quad \text{und damit:}$$

$$t = -\frac{v_a}{a} \pm \sqrt{\left(\frac{v_a}{a}\right)^2 + \frac{2\,s}{a}}$$

In diesem Beispiel ist:

$$t = -\frac{6{,}1\,\text{m/s}}{0{,}14\,\text{m/s}^2} \pm \sqrt{\left(\frac{6{,}1\,\text{m/s}}{0{,}14\,\text{m/s}^2}\right)^2 + \frac{2 \cdot 1\,200\,\text{m}}{0{,}14\,\text{m/s}^2}}$$

$$t = -43{,}6\,\text{s} \pm 138\,\text{s}$$

Es sind zwei Ergebnisse möglich:

$$t_1 = -43{,}6\,\text{s} + 138\,\text{s} = \underline{94{,}4\,\text{s}}$$

$$t_2 = -43{,}6\,\text{s} - 138\,\text{s} = -181{,}6\,\text{s} \text{ (unbrauchbar)}$$

Von den zwei mathematischen Ergebnissen ist hier nur das positive verwendbar; eine negative Zeit ist nicht möglich.

Weg 2:

Man kann die Aufgabe auch lösen, indem man zunächst die Endgeschwindigkeit v_e berechnet und die Zeit t dann aus $t = \frac{v_e - v_a}{a}$ erhält.

Aus $s = \frac{v_e^2 - v_a^2}{2a}$ folgt:

$$v_e = \sqrt{v_a^2 + 2a \cdot s} = \sqrt{(6{,}1\,\text{m/s})^2 + 2 \cdot 0{,}14\,\frac{\text{m}}{\text{s}^2} \cdot 1\,200\,\text{m}}$$

$$v_e = 19{,}32\,\text{m/s} = 69{,}5\,\text{km/h}$$

Aus $a = \frac{v_e - v_a}{t}$ folgt für die Beschleunigungszeit:

$$t = \frac{v_e - v_a}{a} = \frac{(19{,}32 - 6{,}1)\,\text{m/s}}{0{,}14\,\text{m/s}^2} = 94{,}4\,\text{s}$$

Übungsaufgaben:

1. Ein Werkstück wird mit einer Geschwindigkeit von $v = 0{,}5$ m/s aus einer Maschine ausgestoßen und wird auf einer 3,8 m langen Rutsche auf $v = 1{,}7$ m/s beschleunigt.
   Berechnen Sie Beschleunigungszeit und Beschleunigung.
2. Ein Schnellzug beschleunigt mit $a = 0{,}30$ m/s² von $v_a = 18$ km/h auf $v_e = 108$ km/h.
   Welche Strecke benötigt der Zug für den Beschleunigungsvorgang?
3. Ein Pkw verringert seine Fahrgeschwindigkeit von 85 km/h durch Abbremsen mit $a = 3{,}2$ m/s² auf einer 16 m langen Strecke.
   Mit welcher Geschwindigkeit fährt der Pkw nach dem Bremsen weiter?

1.4 Gleichmäßig beschleunigte bzw. verzögerte Bewegung auf Kreisbahn

1.4.1 Winkelbeschleunigung und Tangentialbeschleunigung

Dreht eine Schwungscheibe gleichförmig, so werden in jedem Zeitabschnitt Δt gleiche Drehwinkel $\Delta\varphi$ durchlaufen. Die Winkelgeschwindigkeit $\omega = \Delta\varphi/\Delta t$ ist konstant.

Wird die Schwungscheibe dagegen beschleunigt oder verzögert, werden pro Zeitabschnitt verschieden große Drehwinkel durchlaufen. Die Winkelgeschwindigkeit ω ändert sich laufend. Dabei erhält ein Punkt mit dem Abstand r von der Drehachse die **Tangentialbeschleunigung** $a_t = \Delta v/\Delta t$ (Bild 1).

In Bild 1 besitzt Punkt P_1 mit Radius r_1 einen größeren Abstand von der Drehachse als Punkt P_2. Je weiter ein Punkt von der Drehachse entfernt ist, desto größer ist seine Umfangsgeschwindigkeit. Beim Beschleunigen erfährt dieser Punkt auch die größere Zunahme der Umfangsgeschwindigkeit. Damit ist auch die Tangentialbeschleunigung a_t für den weiter außenliegenden Punkt größer, also $a_{t1} > a_{t2}$.

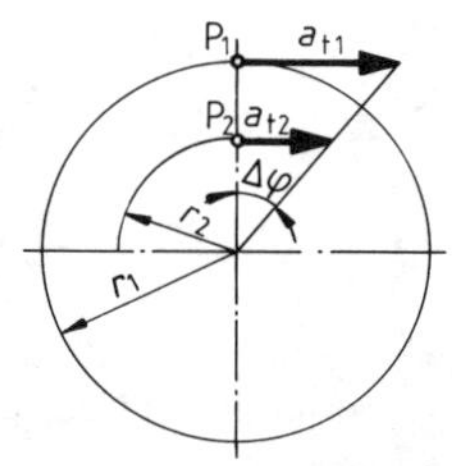

Bild 1 Tangentialbeschleunigung a_t: Je größer der Abstand eines Punktes von der Drehachse, um so größer wird die Umfangsgeschwindigkeit v und die Tangentialbeschleunigung

$$a_t = \frac{\Delta v}{\Delta t}$$

Ersetzt man in der Gleichung $a_t = \Delta v/\Delta t$ die Umfangsgeschwindigkeit Δv durch $\Delta v = \Delta\omega \cdot r$, so wird die Tangentialbeschleunigung $a_t = \frac{\Delta\omega}{\Delta t} \cdot r$. Darin bedeutet der Quotient $\Delta\omega/\Delta t$ die Änderung der Winkelgeschwindigkeit je Zeitabschnitt und ist damit eine Beschleunigung.

Diesen Quotienten nennt man **Winkelbeschleunigung** $\alpha = \Delta\omega/\Delta t$

Wird die Schwungscheibe aus dem Stillstand in der Zeit t gleichmäßig auf die Winkelgeschwindigkeit ω beschleunigt, so wird die **konstante Winkelbeschleunigung:**

⑮ $$\alpha = \frac{\omega}{t}$$

α Winkelbeschleunigung in s^{-2}
ω Winkelgeschwindigkeit in s^{-1}
t Zeit in s

Ersetzt man in der Gleichung $a_t = \frac{\Delta\omega}{\Delta t} \cdot r$ den Quotienten $\frac{\Delta\omega}{\Delta t}$ durch die Winkelbeschleunigung α, dann

wird die **Tangentialbeschleunigung:**

⑯ $$a_t = \alpha \cdot r$$

a_t Tangentialbeschleunigung in m/s^2
α Winkelbeschleunigung in s^{-2}
r Abstand von der Drehachse in m

Für die gleichmäßig beschleunigte oder verzögerte Kreisbewegung ist die Winkelbeschleunigung konstant. Im ω, t-Diagramm steigt die Winkelgeschwindigkeit linear an. Die Fläche unter der ω-Linie entspricht dem Drehwinkel φ (Bild 1).

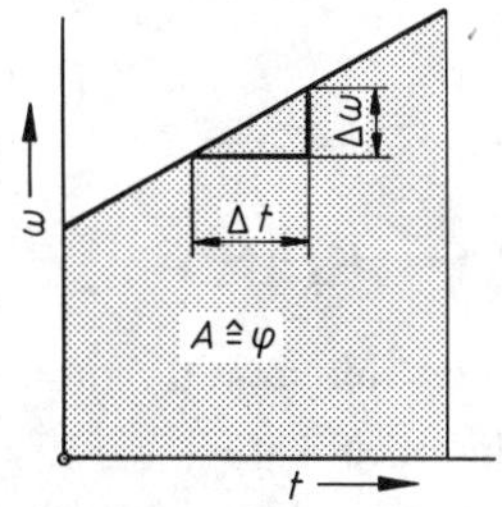

Bild 1 ω, t-Diagramm einer gleichmäßig beschleunigten Drehbewegung

Winkelbeschleunigung $\alpha = \frac{\Delta\omega}{\Delta t}$

Lehrbeispiel 15:

Ein Motor wird in 10 Sekunden aus dem Stillstand gleichmäßig auf $n = 1\,400\ \text{min}^{-1}$ beschleunigt.

Ermitteln Sie:

a) die Winkelbeschleunigung α,

b) die Tangentialbeschleunigung an 2 Punkten der Schwungscheibe, die $r_1 = 50$ mm und $r_2 = 120$ mm Abstand von der Drehachse haben.

Lösung:

a) Die Winkelgeschwindigkeit beträgt:

$$\omega = 2\pi \cdot n = \frac{2\pi \cdot 1\,400}{60}\ s^{-1} = 147\ s^{-1}$$

und damit die Winkelbeschleunigung:

$$\alpha = \frac{\omega}{t} = \frac{147\ s^{-1}}{10\ s} = \underline{14{,}7\ s^{-2}}$$

b) Die Tangentialbeschleunigung beträgt:

$$a_{t1} = \alpha \cdot r_1 = 14{,}7\ \frac{1}{s^2} \cdot 0{,}05\ m = \underline{0{,}735\ m/s^2}\ \text{bzw.}$$

$$a_{t2} = \alpha \cdot r_2 = 14{,}7\ \frac{1}{s^2} \cdot 0{,}12\ m = \underline{1{,}76\ m/s^2}$$

2 STATIK

Die **Statik** ist die Lehre von den Kräften, die bei Körpern (z. B. Bauteilen) im Zustand der Ruhe oder der gleichförmigen Bewegung auftreten. Dabei stehen die am Bauteil angreifenden **Kräfte im Gleichgewicht.** Mit Hilfe der statischen Gleichgewichtsbedingungen können unbekannte Kräfte ermittelt werden.

Ein Träger (Bild 1) wird durch seine Eigengewichtskraft G und die Kraft F belastet. G und F bezeichnet man als **Belastungskräfte.** Diese Kräfte verursachen im Seil und im Lager **Gegen- oder Stützkräfte.** Mit Hilfe der Statik können diese unbekannten Stützkräfte ermittelt werden.

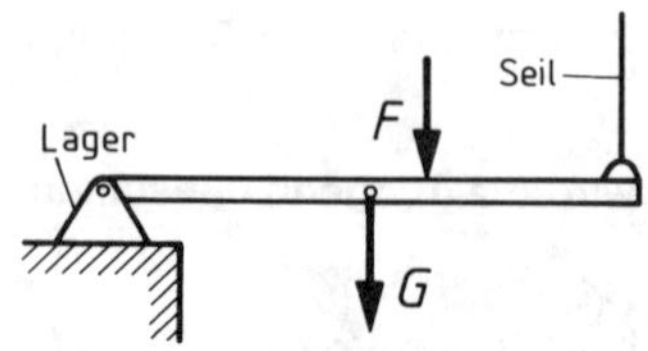

Bild 1 Ausleger mit Belastungskräften

2.1 Kraft

Eine Kraft kann an ihren Wirkungen erkannt werden.

Eine Kraft kann:

a) einen Körper, z. B. ein Werkstück, beschleunigen bzw. verzögern (Bild 2a) oder seine Bewegungsrichtung ändern (Bild 2b); allgemein: den Bewegungszustand eines Körpers ändern,

b) ein Schmiedeteil verformen oder eine Feder spannen; allgemein: Formänderungen und Spannungen hervorrufen (Bild 2c).

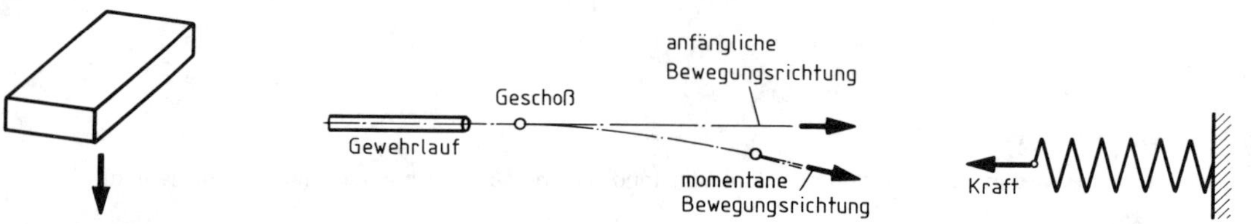

a) Beschleunigung durch die Erdanziehungskraft

b) Änderung der Bewegungsrichtung durch die Erdanziehungskraft

c) Verformung einer Feder durch eine Kraft

Bild 2 Auswirkungen einer Kraft

> **Kräfte sind Ursache von:**
> **a) Änderungen des Bewegungszustandes,**
> **b) Spannungen und Formänderungen.**

Die Kraft wird mit dem Buchstaben F bezeichnet[1], die Einheit ist Newton[2].

1 Newton (N) ist diejenige Kraft F, die einem Körper der Masse $m = 1$ kg die Beschleunigung $a = 1\ \text{m/s}^2$ erteilt. Auf einen Körper mit der Masse $m = 1$ kg wirkt bei einer Fallbeschleunigung von $g = 9{,}81\ \text{m/s}^2$ die Gewichtskraft $G = m \cdot g = 1\ \text{kg} \cdot 9{,}81\ \text{m/s}^2 = 9{,}81 \frac{\text{kgm}}{\text{s}^2} = 9{,}81\ \text{N}$ (siehe Abschnitt 3.2).

> **Die Einheit für die Kraft F ist das Newton (N). Weitere Einheiten sind:**
> **1 kN (Kilonewton) = 1000 N**
> **1 MN (Meganewton) = 1000000 N**

---

[1] F von force (engl.) = Kraft

[2] Newton, engl. Naturforscher (1643–1727)

Lehrbeispiel 1:

Ein Werkstück hat die Masse $m = 4\,\text{kg}$.
Wie groß ist die Gewichtskraft?

Lösung:

Die Gewichtskraft beträgt:

$$G = m \cdot g = 4\,\text{kg} \cdot 9{,}81\,\text{m/s}^2 = 39{,}2\,\frac{\text{kgm}}{\text{s}^2} = \underline{39{,}2\,\text{N}}$$

Um die Wirkungen verschiedener Kräfte miteinander vergleichen zu können, genügt es nicht, nur die Größen der Kräfte (Betrag in N) zu kennen. Dies soll folgende Aufgabe zeigen.

Aufgabe:

An einem Wagen greift eine gleich große Kraft F entweder als F_1, F_2, F_3 oder als F_4 an (Bild 1), also an unterschiedlichen Punkten oder in verschiedenen Richtungen.

Welche Wirkung übt die Kraft jeweils auf den Wagen aus?

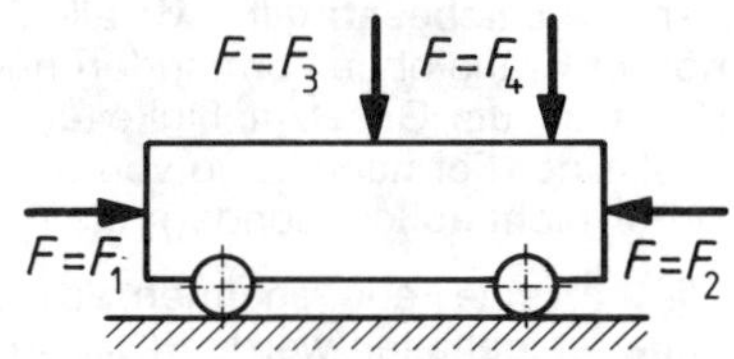

Bild 1 Unterschiedliches Angreifen der Kraft F

Lösung:

Wirkt die Kraft F als:

a) F_1, so bewegt sich der Wagen nach rechts,
b) F_2, so bewegt sich der Wagen nach links,
c) F_3, so bleibt der Wagen in Ruhe,
d) F_4, so bleibt der Wagen in Ruhe oder kippt.

Die betragsmäßig gleichbleibende Kraft F hat je nach ihrer Lage am Wagen und nach ihrem Richtungssinn unterschiedliche Wirkung (F_1 und F_2 haben gleiche Lage, aber unterschiedlichen Richtungssinn, F_3 und F_4 haben gleichen Richtungssinn, aber unterschiedliche Lage).

Eine Kraft ist eindeutig gekennzeichnet durch:
a) den Betrag (die Größe) der Kraft in N,
b) die Lage der Kraft am Körper und
c) den Richtungssinn der Kraft.

Die Kraft ist ebenso wie die Geschwindigkeit ein **Vektor** (gerichtete Größe) und kann zeichnerisch durch einen Pfeil dargestellt werden (Bild 2).

Angriffspunkt und Richtung der Kraft ergeben die **Wirklinie** der Kraft, d. h. die **Lage** der Kraft am Körper.

Die Länge des Pfeils ist ein Maß für den **Betrag** (die Größe) der Kraft. Der Zusammenhang zwischen Pfeillänge und Kraftgröße wird durch den **Kräftemaßstab** KM ausgedrückt, z. B. KM: 1 cm ≙ 50 N.

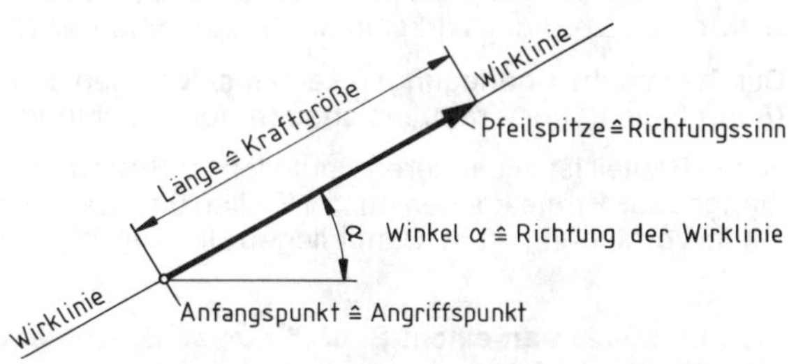

Bild 2 Zeichnerische Darstellung einer Kraft

Die Richtung des Pfeils, die durch den Winkel α angegeben wird, gibt die Richtung der Wirklinie an, in der die Kraft wirkt. Der Anfangspunkt des Pfeils wird normalerweise in den **Angriffspunkt** der Kraft gelegt.

Die Wirklinie der Kraft, gegeben durch α und einen Punkt der Wirklinie, legt die Lage der Kraft am Körper fest.

Die Pfeilspitze gibt den **Richtungssinn** der Kraft an.

Die Wirkung der Kraft bleibt gleich, ob sie als Druckkraft F_1 oder als Zugkraft F_1' direkt oder als Zugkraft F_1'' über ein Seil am Wagen angreift (Bild 1). Maßgebend für die Wirkung der Kraft ist die Lage der Wirklinie, nicht jedoch der Angriffspunkt. Angriffspunkt kann jeder Punkt der Wirklinie sein.

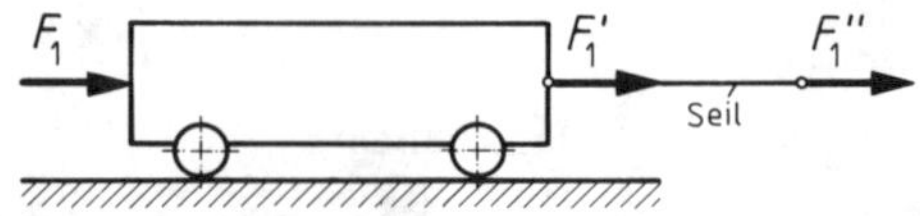

Bild 1 Gleiche Wirkung der Kräfte trotz unterschiedlichem Angriffspunkt

Eine Kraft kann längs ihrer Wirklinie beliebig verschoben werden, ohne daß sich die Wirkung der Kraft ändert (Verschiebesatz).

Der **Verschiebesatz** gilt – wie alle Gesetze der Statik – nur für starre Körper. Obwohl in Wirklichkeit kein Körper Kräfte ohne Formänderungen aufnehmen kann, werden in der Statik die Körper als starr angenommen, um Gesetzmäßigkeiten einfacher ableiten zu können. Bei deformierbaren Körpern ist die Größe der Formänderung von der Lage des Angriffspunktes abhängig. Greift z. B. die Kraft F_2 an der Feder nicht außen, sondern als F_2' in der Mitte an, ist die Verlängerung nur halb so groß (Bild 2).

Will man eine Feder spannen, so muß sie an einem Ende festgehalten werden (Bild 2c, Seite 22).

Zur Spannkraft F_1 muß zusätzlich eine Gegenkraft F_2 aufgebracht werden (Bild 2).

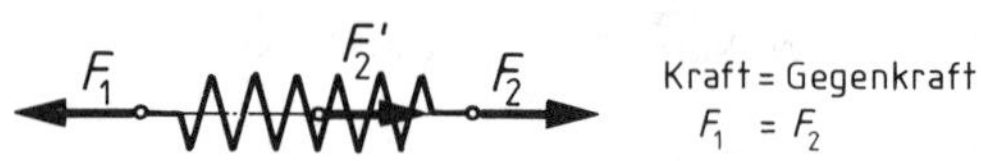

Bild 2 Spannen einer Feder

Eine Kraft erzeugt immer eine Gegenkraft.

Kraft und Gegenkraft sind gleich groß, besitzen dieselbe Wirklinie und sind entgegengesetzt gerichtet, d. h. Kraft gleich Gegenkraft (actio = reactio)

2.2 Freimachen von Bauteilen

Eine wichtige Aufgabe der Statik ist es, unbekannte Kräfte zu ermitteln. Von jeder dieser Kräfte ist der Betrag, die Lage der Wirklinie am Bauteil und der Richtungssinn zu ermitteln.

Durch einfache Überlegungen kann man von den unbekannten Kräften immer einen Punkt der Wirklinie (Angriffspunkt der Kraft), meist auch noch Richtung und Richtungssinn der Kraft bestimmen.

Jedes Bauteil ist mit anderen Bauteilen zu Systemen (Baugruppen, Vorrichtungen, Maschinen) zusammengebaut. Kräfte können nur an Stellen übertragen werden, an denen das Bauteil mit anderen Bauteilen in Verbindung steht. Damit liegen die Angriffspunkte der unbekannten Kräfte fest.

Kräfte können an einem Bauteil nur an Stellen angreifen, an denen es mit anderen Bauteilen in Verbindung steht.

Ein Träger (Bild 1a), der durch die Kraft F belastet wird, ist bei A gelagert und bei B durch ein Seil festgehalten. Wie können Wirklinie und Richtungssinn der am Träger angreifenden Kräfte ermittelt werden?

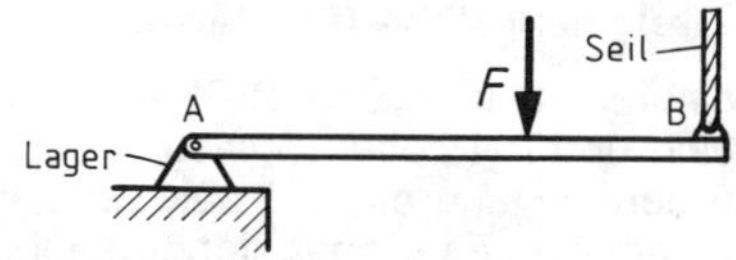

a) Träger mit Seil und Lager

Der Träger steht bei A und B mit anderen Bauteilen in Verbindung, also können nur dort Kräfte am Träger angreifen. Wirklinie und Richtungssinn der unbekannten Kräfte F_A und F_B ergeben sich, wenn man die Verbindung mit den anderen Bauteilen löst und dafür die Kräfte einzeichnet, die von den weggenommenen Bauteilen auf den Träger ausgeübt werden.

Löst man die Verbindung zum Seil, so kippt der Träger rechts nach unten (Bild 1b), bei B muß also das Seil eine senkrecht nach oben wirkende Kraft F_B auf den Träger ausüben, um diesen im Gleichgewicht zu halten.

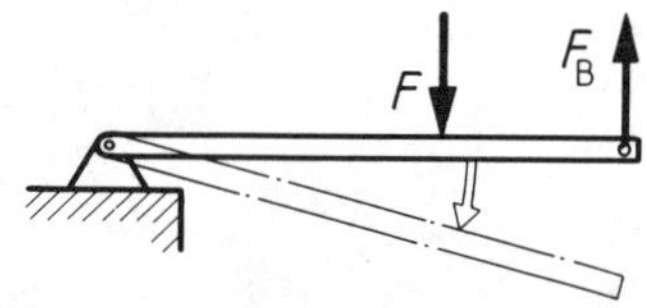

b) Ermittlung von Lage und Richtungssinn der Kraft F_B

Löst man die Verbindung zum Lager, so kippt der Träger links nach unten (Bild 1c), bei A muß das Lager eine senkrecht nach oben wirkende Kraft F_A auf den Träger ausüben. Wirklinie und Richtungssinn der unbekannten Kräfte F_A und F_B liegen damit fest.

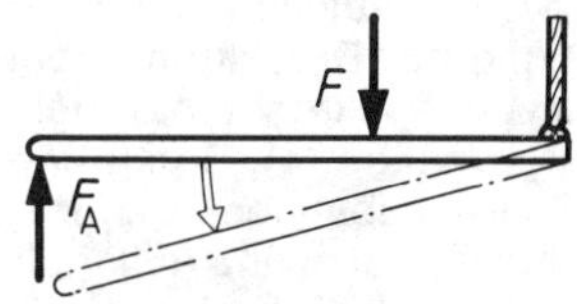

c) Ermittlung von Lage und Richtungssinn der Lagerkraft F_A

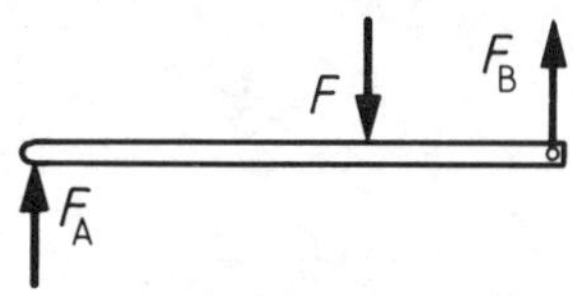

d) Freigemachter Träger

Bild 1 Freimachen eines Trägers

Dieses Verfahren zur Ermittlung von Wirklinie und Richtungssinn unbekannter Kräfte nennt man **Freimachen,** da das untersuchte Bauteil von der Verbindung mit anderen Bauteilen freigemacht wird.

Wirklinie und Richtungssinn unbekannter Kräfte erhält man durch Freimachen des Bauteils von der Verbindung mit anderen Bauteilen. Dabei denkt man sich das zu untersuchende Bauteil von der Verbindung mit anderen Bauteilen „befreit“ und zeichnet die Kräfte ein, die das weggedachte Bauteil auf das zu untersuchende ausübt (Reaktionskräfte).

Bei vielen Bauteilen kann die Wirklinie der zu übertragenden Kraft nur eine ganz bestimmte Lage haben, dies soll an einigen typischen Bauteilen gezeigt werden. Die Wirklinien der Kräfte müssen so verlaufen, daß sich das Bauteil unter dem Einfluß der Kräfte nicht bewegt (Statik). Die Reibkräfte werden im allgemeinen nicht berücksichtigt, ebenso Kräfte, die durch Verformungen hervorgerufen werden; die Bauteile werden als starr betrachtet.

Seile, Ketten, Spanndrähte, Zugfedern

und ähnliche Bauteile können nur **Zugkräfte** übertragen. Die Wirklinie der Zugkraft ist die Seilachse. Das Seil stellt sich immer in die Richtung der wirkenden Kraft ein (Bild 2).

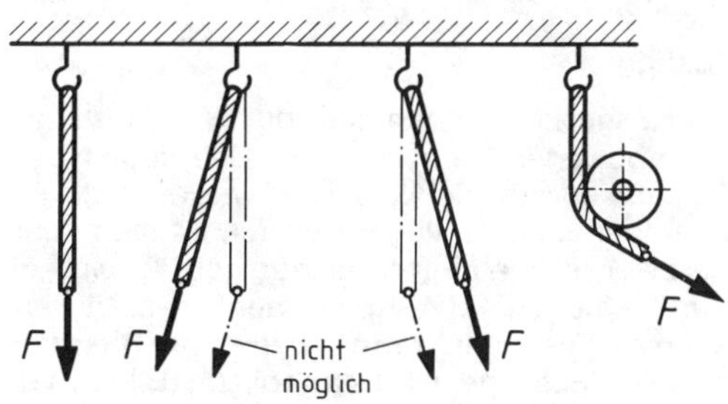

Bild 2 Kraftübertragung durch Seile

Zweigelenkstäbe (Pendelstützen)

sind Bauteile, die an 2 Stellen gelenkig gelagert sind und bei denen Belastungskräfte nur an den Gelenken angreifen. Zweigelenkstäbe sind z. B. Pleuelstangen, Schubstangen, Querlenker u. ä.

Zweigelenkstäbe können wie Seile nur Kräfte in Längsrichtung des Stabes übertragen, es können jedoch **Zug- oder Druckkräfte** sein (Bild 1).

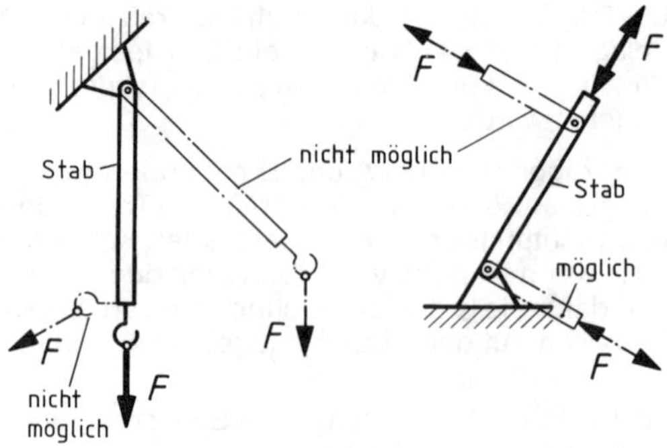

Bild 1 Kraftübertragung bei Zweigelenkstäben

An den **Berührungsflächen**

zweier Bauteile können bei Vernachlässigung der Reibung nur Druckkräfte übertragen werden, deren Wirklinien senkrecht auf den Berührungsflächen stehen **(Normalkräfte).** Berührung zwischen Bauteilen tritt bei Führungsbahnen, Lagern oder zwischen Rollkörper (Kugel, Rolle) und Auflagefläche auf (Bild 2). Bei Rollkörpern greift die Kraft im Berührungspunkt an, die Wirklinie muß also durch den Berührungspunkt und den Rollenmittelpunkt verlaufen.

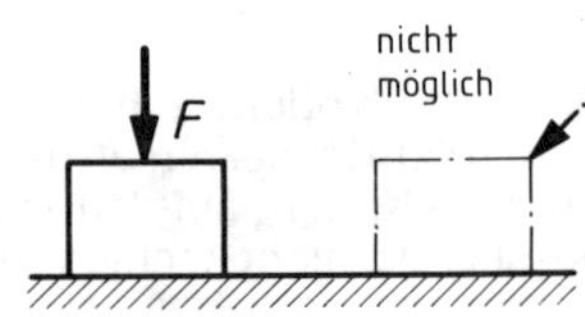

ebene Berührungsfläche

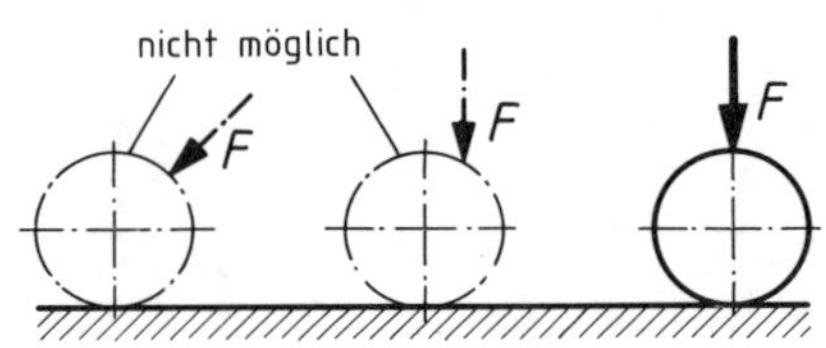

punktförmige Berührungsfläche

Bild 2 Kraftübertragung an Berührungsflächen

Loslager

sind Lager, bei denen die Welle in Längsrichtung frei verschiebbar (lose) gelagert ist. Welle und Lager berühren sich, also kann das Loslager nur **Druckkräfte in Normalrichtung** übertragen (Bild 3a).

Da Loslager nur Kräfte in einer Richtung übertragen können, werden sie auch als **einwertige Lager** bezeichnet. Für die verschiedenartigen Ausführungsformen der Loslager wird in der Technischen Mechanik die symbolische Darstellung (Bild 3a) verwendet.

a) Symbol und Beispiel für Loslager

Festlager

sind Lager, bei denen sich die Welle in Längsrichtung nicht bewegen kann. (Bild 3b). Das Kugellager aus Bild 3b kann sowohl die Axialkraft F_x als auch die Radialkraft F_y aufnehmen. Festlager bezeichnet man deshalb auch als **zweiwertige Lager.** Da jede schräg wirkende Kraft F durch eine F_x- und F_y-Komponente ersetzt werden kann, kann ein Festlager **Kräfte in beliebiger Richtung** übertragen. Das Festlager wird symbolisch (Bild 3b) dargestellt.

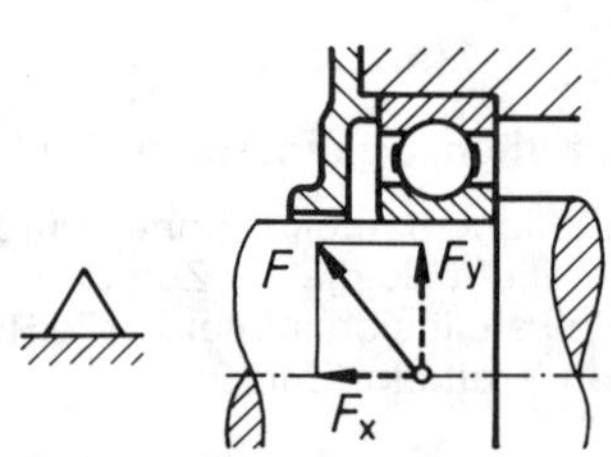

b) Symbol und Beispiel für Festlager

Bild 3 Loslager und Festlager

Bei folgenden Bauteilen gilt für Wirklinie und Richtungssinn der zu übertragenden Kraft:

Seil:	**Zugkraft in Seilrichtung**
Zweigelenkstab:	**Zug- oder Druckkraft in Stabrichtung**
Berührungsfläche:	**Druckkraft in Normalrichtung**
Loslager:	**Druckkraft in Normalrichtung**
Festlager:	**Kraft in beliebiger Richtung**

Lehrbeispiel 2:

Bei einer Werkzeugmaschine belastet der Schlitten das Bett mit der Gewichtskraft G.

Der Schlitten und der obere Teil des Bettes sind freizumachen.

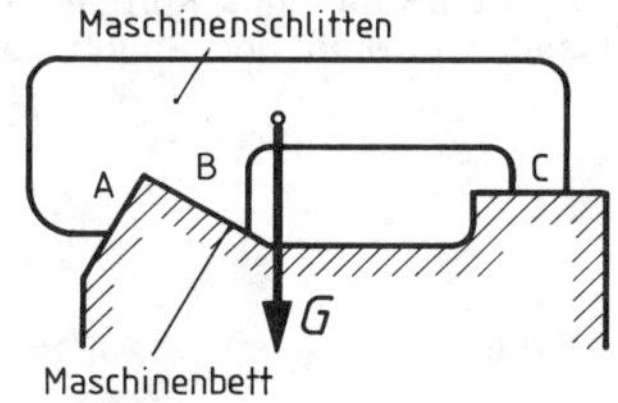

Bild 1 Führung eines Maschinenschlittens

Lösung:

Der Schlitten ist an den Führungsflächen A, B und C mit dem Bett in Verbindung. Die vom Bett auf den Schlitten wirkenden Kräfte werden vereinfacht als Einzelkräfte F_A, F_B und F_C behandelt, die jeweils in der Mitte der Berührungsfläche angreifen. Da Berührungsflächen nur Druckkräfte in Normalrichtung übertragen können, liegen Wirklinie und Richtungssinn von F_A, F_B und F_C fest (Bild 2).

Am Maschinenbett sind die Kräfte einzutragen, die vom Schlitten auf das Bett ausgeübt werden, es sind dies die Gegenkräfte zu F_A, F_B und F_C (Bild 2).

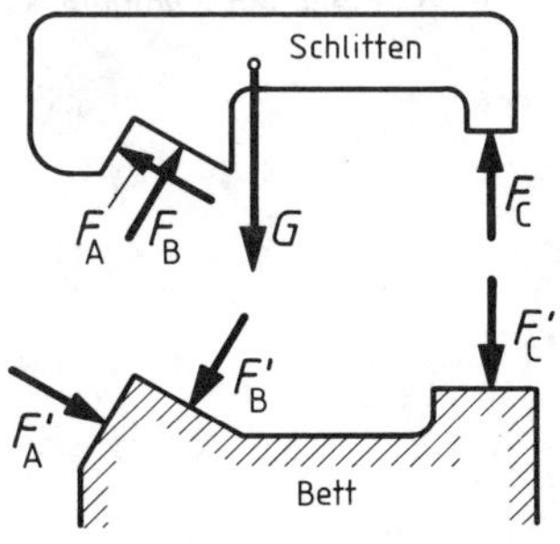

Bild 2 Maschinenschlitten und Maschinenbett, freigemacht

Lehrbeispiel 3:

Ein Kran trägt eine Last mit der Gewichtskraft G.

Die Wirklinien der am Ausleger angreifenden Kräfte sind zu bestimmen.

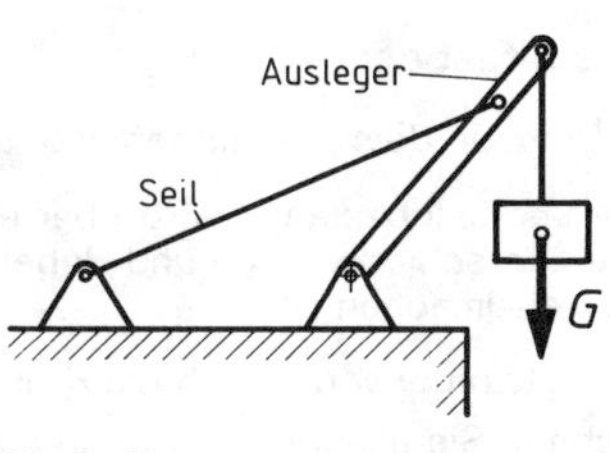

Bild 3 Kran

Lösung:

Der Ausleger ist kein Zweigelenkstab, da die Seilkraft nicht an einem der beiden Gelenke angreift. Das Seil kann nur eine Zugkraft F_s in Seilrichtung auf den Ausleger ausüben. Das Festlager kann eine Lagerkraft F_L mit beliebiger Richtung auf den Ausleger ausüben. Statt F_L werden die Komponenten F_{Lx} und F_{Ly} mit ihrem voraussichtlichen Richtungssinn eingetragen.

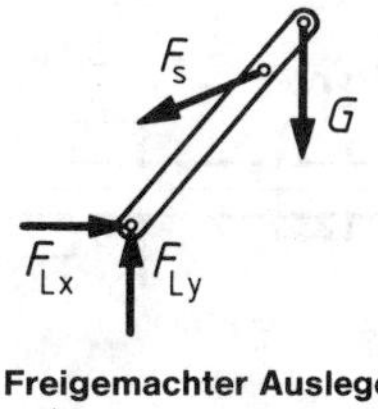

Bild 4 Freigemachter Ausleger

Lehrbeispiel 4:

Ein Wagen auf schiefer Ebene ist freizumachen.

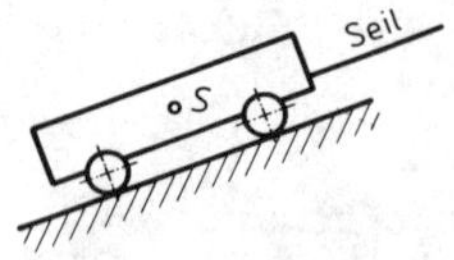

Bild 1 Wagen auf schiefer Ebene

Lösung:

Die Belastungskraft ist die Eigengewichtskraft G des Wagens. Das Seil überträgt die Kraft F_1 in Seilrichtung. Anstelle der schiefen Ebene sind die Normalkräfte F_2 und F_3 anzubringen.

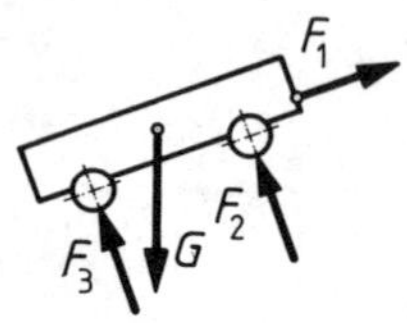

Bild 2 Freigemachter Wagen

Lehrbeispiel 5:

Der Kreuzkopf eines Kurbeltriebs wird durch die Kraft F belastet. Kreuzkopf und Schubstange sind freizumachen.

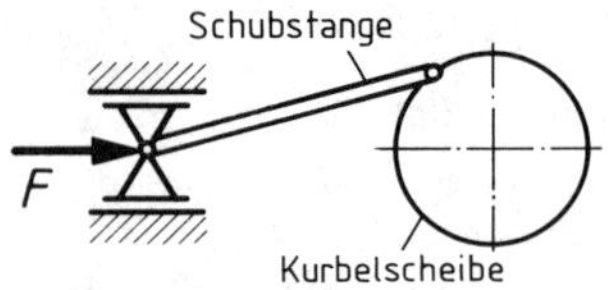

Bild 3 Kurbeltrieb

Lösung:

Auf den Kreuzkopf wirken neben der Belastungskraft F die Normalkraft F_N von der unteren Stützfläche und die Druckkraft F_D von der Schubstange. F_D muß in Richtung der Schubstange wirken, da diese ein Zweigelenkstab ist.

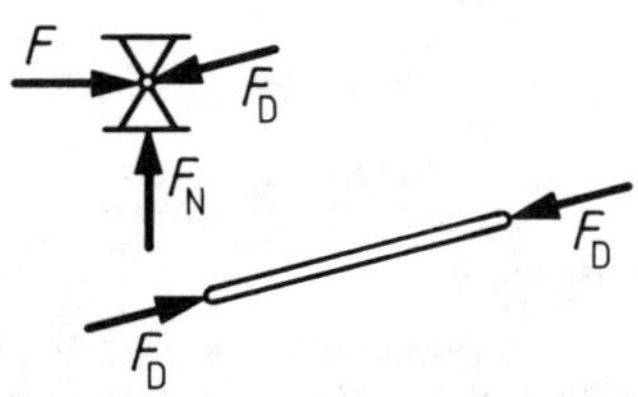

Bild 4 Kreuzkopf und Schubstange freigemacht

Übungsaufgaben:

1. Ein Ring, an dem 3 Seile befestigt sind, ist freizumachen (Bild 7).
2. Eine Verschiebestange wird über einen Hebel durch die Kraft F belastet. Verschiebestange und Hebel sind als ein Bauteil zu behandeln und freizumachen (Bild 5).
3. Ein Stützträger wird durch die Kräfte F_1 und F_2 belastet (Bild 6). Zeichnen Sie alle am Träger angreifenden Kräfte ein.

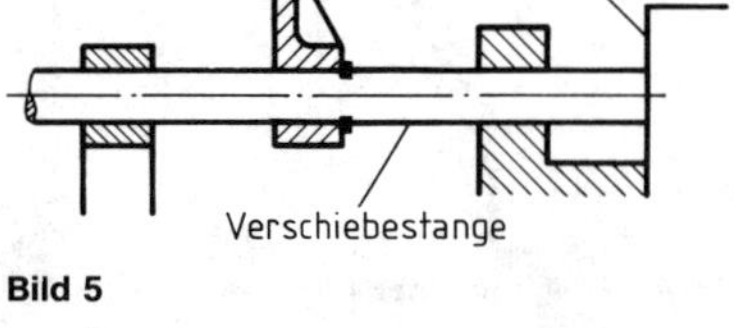

Bild 5

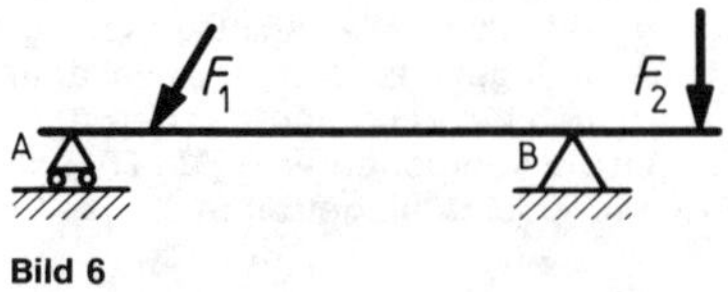

Bild 6

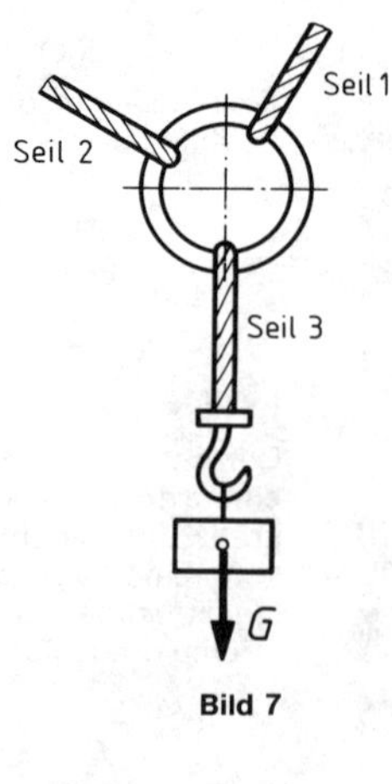

Bild 7

2.3 Zentrales Kräftesystem

Die Summe der an einem Bauteil angreifenden Kräfte (Belastungs- und Reaktionskräfte) bezeichnet man als Kräftesystem oder Kräftegruppe. Schneiden sich die Wirklinien der Kräfte in **einem** Punkt, so handelt es sich um ein **zentrales Kräftesystem** (Bild 1a), schneiden sich die Wirklinien der Kräfte in **mehreren** Punkten oder gar nicht (parallele Kräfte), so handelt es sich um ein **allgemeines Kräftesystem** (Bild 1b).

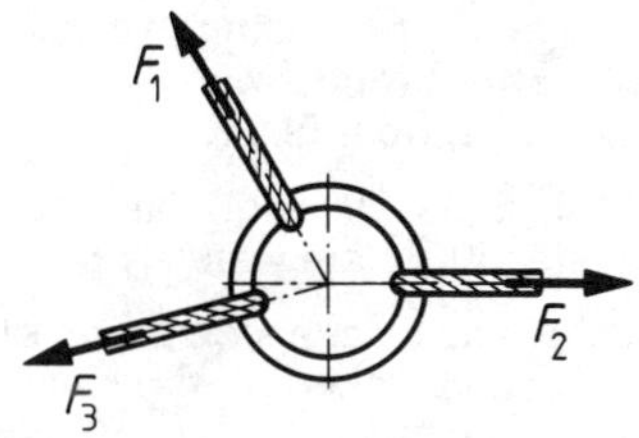

a) Zentrales Kräftesystem
Die Wirklinien der Kräfte schneiden sich in einem Punkt

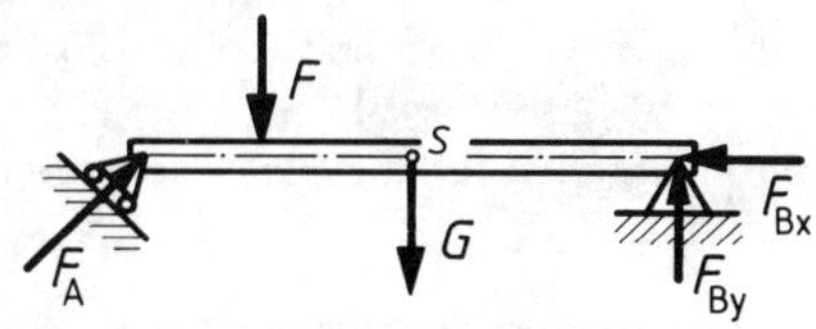

b) Allgemeines Kräftesystem
Die Wirklinien der Kräfte schneiden sich in mehreren Punkten bzw. schneiden sich gar nicht

Bild 1 Zentrales und allgemeines Kräftesystem

2.3.1 Zusammenfassen von Kräften im zentralen Kräftesystem (Ermittlung der resultierenden Kraft)

2.3.1.1 Zusammenfassen von Kräften mit gemeinsamer Wirklinie

Aufgabe:

An einem Wagen wirken die Kräfte $F_1 = 800\,\text{N}$, $F_2 = 500\,\text{N}$ und $F_3 = 1700\,\text{N}$.

a) Welche Gesamtzugkraft F_r wirkt am Wagen und in welcher Richtung bewegt er sich?

b) Was geschieht, wenn die Kraft $F_3 = 1300\,\text{N}$ beträgt?

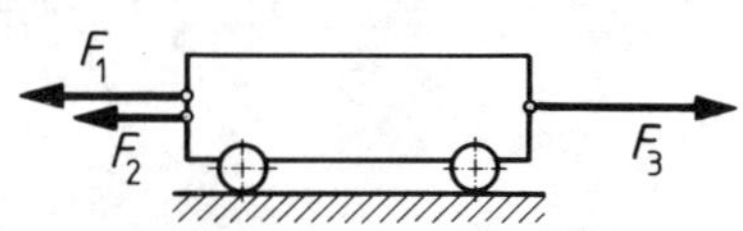

Bild 2 Kräfte mit gemeinsamer Wirklinie

Lösung:

a) Die Kräfte F_1, F_2 und F_3 haben eine gemeinsame Wirklinie. Die Gesamtzugkraft F_r ist die Summe der Einzelkräfte. Die Kräfte F_1 und F_2 werden addiert (gleicher Richtungssinn) und von der Kraft F_3 subtrahiert, die in entgegengesetzter Richtung wirkt. Werden die nach rechts wirkenden Kräfte mit positivem und die nach links wirkenden Kräfte mit negativem Vorzeichen in die Rechnung eingesetzt, so gilt:

$$F_r = +F_3 - (F_1 + F_2) = F_3 - F_1 - F_2 \qquad F_r = 1700\,\text{N} - 800\,\text{N} - 500\,\text{N} = \underline{+400\,\text{N}}$$

Das positive Vorzeichen bedeutet, daß die Gesamtzugkraft F_r den Wagen nach rechts zieht.

Kräfte mit gemeinsamer Wirklinie dürfen zahlenmäßig addiert bzw. subtrahiert werden.

Die Kräfte lassen sich auch zeichnerisch zusammenfassen.

Zeichnerisch addieren heißt: Strecken zusammensetzen;
Zeichnerisch subtrahieren heißt: Strecken voneinander abziehen.

Die Kräfte F_1 und F_2 werden also zusammengesetzt (aneinandergehängt); an die Pfeilspitze von F_2 wird dann die Kraft F_3 in entgegengesetzter Richtung angehängt (Bild 3).

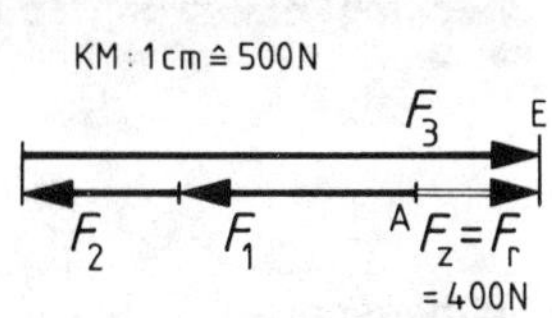

Bild 3 Zeichnerische Addition und Subtraktion von Kräften durch Bildung eines Kräftezugs

Dabei müssen die Längen der Kraftpfeile den Beträgen der Einzelkräfte entsprechen, also ein Kräftemaßstab verwendet werden. In dieser Aufgabe wurde KM: 1 cm ≙ 500 N gewählt, also 1 cm Kraftpfeillänge entspricht 500 N.

Bild 3, Seite 29 zeigt: Der Pfeil F_3 ist um 0,8 cm länger als F_1 und F_2 zusammen, d. h. F_3 ist um $0{,}8\,\text{cm} \cdot 500\,\text{N/cm} = 400\,\text{N}$ größer als $F_1 + F_2$.

Die 3 Kräfte lassen sich durch die von A nach E gerichtete Kraft ersetzen; dieser Kraftpfeil stellt also die Gesamtzugkraft F_z nach Betrag, Richtung und Richtungssinn dar.

Die ermittelte Gesamtzugkraft F_z übt die gleiche Wirkung aus, führt also zum gleichen Ergebnis (Resultat) wie die 3 Einzelkräfte; man nennt sie deshalb **Resultierende** F_r. Da sie die Einzelkräfte ersetzt, bezeichnet man sie auch als **Ersatzkraft.**

Eine Kraft, welche mehrere Einzelkräfte ersetzt und dabei die gleiche Wirkung ausübt, heißt Resultierende (Ersatzkraft) F_r.

Ein nach allen Richtungen frei beweglicher Körper bewegt sich in Richtung der Resultierenden.

Die aneinandergereihten Kräfte F_1, F_2 und F_3 bezeichnet man als **Kräftezug.** Die Resultierende F_r verläuft vom Anfangspunkt A der ersten Kraft zum Endpunkt E der letzten Kraft. Die Reihenfolge der Kräfte kann dabei beliebig sein, das Ergebnis bleibt – wie Bild 1 zeigt – immer gleich.

Kräfte mit gleicher Wirklinie werden zeichnerisch addiert bzw. subtrahiert, indem man sie als Pfeile zu einem Kräftezug zusammensetzt.

Die Reihenfolge der Kräfteanordnung ist beliebig.

Die Resultierende verläuft vom Anfangspunkt A der ersten Kraft zum Endpunkt E der letzten Kraft.

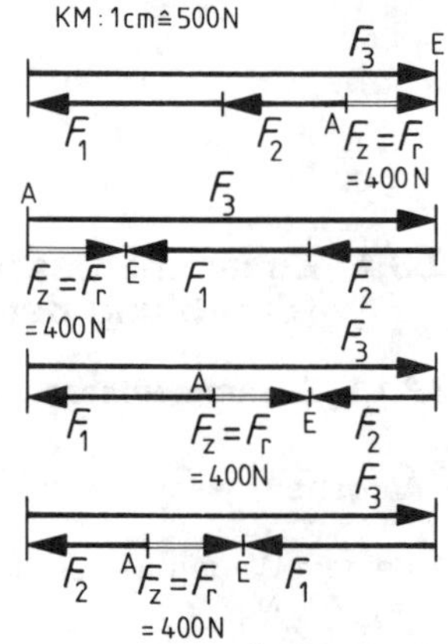

Bild 1 Zusammensetzen von Kräften mit gemeinsamer Wirklinie. Die Reihenfolge der Kräfte im Kräftezug ist beliebig. Die Resultierende F_r verläuft vom Anfangspunkt A der ersten Kraft zum Endpunkt E der letzten Kraft

b) rechnerisch: Die Resultierende wird in der gleichen Weise ermittelt wie unter a) gezeigt.

$$F_r = F_3 - F_1 - F_2 = 1300\,\text{N} - 800\,\text{N} - 500\,\text{N} = \underline{0\,\text{N}}$$

Das Ergebnis $F_r = 0$ besagt, daß sich die am Wagen angreifenden Kräfte gegenseitig aufheben. Der Wagen bleibt entweder stehen oder bewegt sich mit gleichbleibender Geschwindigkeit weiter, falls er vorher bereits in Bewegung war. Es herrscht Gleichgewicht der Kräfte.

Stehen die an einem Körper angreifenden Kräfte im Gleichgewicht, so verharrt der Körper im Zustand der Ruhe oder bewegt sich mit gleichbleibender Geschwindigkeit weiter.

Überwiegt eine Kraft, so wird er beschleunigt oder verzögert.

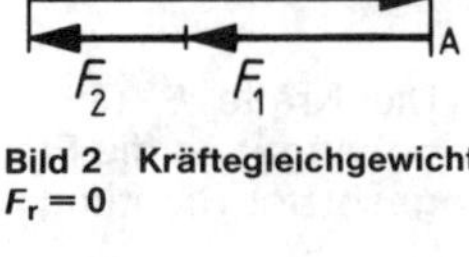

Bild 2 Kräftegleichgewicht, $F_r = 0$

zeichnerisch:

Anfangspunkt A und Endpunkt E des Kräftezugs fallen zusammen, damit ist $F_r = 0$ (Bild 2).

2.3.1.2 Zusammenfassen von Kräften ohne gemeinsame Wirklinie

Aufgabe:

An einem Ring greifen die beiden Kräfte $F_1 = 300$ N und $F_2 = 500$ N an. Welche Resultierende F_r (Ersatzkraft) übt auf den Ring die gleiche Wirkung aus wie die beiden Einzelkräfte?

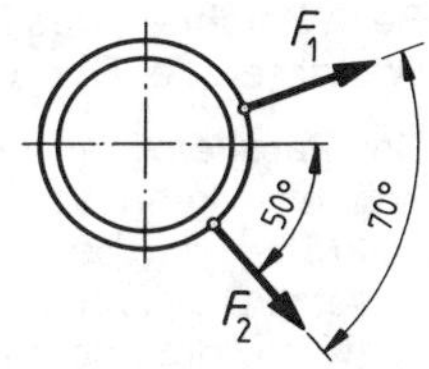

Bild 1 Kräfte mit nicht gemeinsamer Wirklinie

Lösung:

Betrag, Richtung und Richtungssinn der Resultierenden werden durch einen Versuch ermittelt. In der in Bild 2 skizzierten Versuchsanordnung wird die von F_1 und F_2 ausgeübte Zugkraft durch den Kraftmesser 3 gemessen.

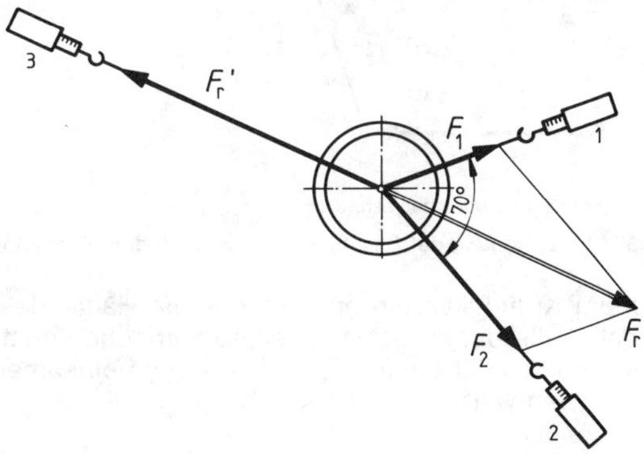

Bild 2 Versuchsanordnung zur Messung der Resultierenden bei Kräften mit nicht gemeinsamer Wirklinie

Versuchsergebnis:

Der Kraftmesser 3 zeigt eine Kraft von $F_r' = 665$ N an und stellt sich in Richtung der Diagonalen des Parallelogramms ein, welches aus F_1 und F_2 gebildet wird. Die Kräfte F_1 und F_2 können auf ihren Wirklinien bis zum gemeinsamen Schnittpunkt verschoben werden, es handelt sich um ein zentrales Kräftesystem. Die gemessene Kraft F_r' ist die Gegenkraft zur Resultierenden F_r aus F_2 und F_1. F_r' hat gleichen Betrag und gleiche Wirklinie, aber entgegengesetzten Richtungssinn wie F_r.

Der Versuch zeigt:

1. Die **Richtung** (die Wirklinie) der Resultierenden ist die **Diagonale** des aus den beiden Einzelkräften gebildeten **Parallelogramms.**
2. Der **Betrag** der Resultierenden entspricht der **Länge der Diagonalen.**
3. Kräfte ohne gemeinsame Wirklinie dürfen **nicht** einfach zahlenmäßig (algebraisch) addiert werden, sondern müssen **geometrisch,** d. h. unter Beachtung von Betrag, Richtung und Richtungssinn zusammengesetzt werden.

Kräfte müssen geometrisch, d. h. unter maßstäblicher Beachtung von Betrag, Richtung und Richtungssinn zusammengesetzt werden.

Wird der Versuch mit Kräften durchgeführt, die andere Beträge und Richtungen besitzen, so ergibt sich die Resultierende aus zwei Einzelkräften immer als **Parallelogramm-Diagonale,** die vom Angriffspunkt der beiden Einzelkräfte ausgeht.

Das Verfahren, eine Resultierende aus 2 Kräften übers **Kräfteparallelogramm** zu ermitteln, heißt **Parallelogramm-Verfahren.**

Beim Parallelogramm-Verfahren ist die Resultierende zweier Kräfte die Diagonale, welche im Kräfteparallelogramm vom Angriffspunkt der Einzelkräfte ausgeht (Parallelogrammsatz).

Beim Zeichnen des Parallelogramms kann das Kräftesystem gedreht werden, wie z. B. in Bild 1 F_2 in die Waagerechte. Dabei muß aber der Winkel zwischen F_1 und F_2 (70°) beibehalten werden.

Das **Parallelogrammverfahren** ist bei mehreren Kräften zeichnungstechnisch aufwendig. Einfacher und schneller kann die Resultierende durch das **Krafteckverfahren** ermittelt werden. Dabei werden die Einzelkräfte – wie bei Kräften mit gemeinsamer Wirklinie – als Pfeile zu einem Kräftezug (Bild 1) zusammengesetzt. Die Reihenfolge der Kräfte ist dabei beliebig. Das Dreieck aus F_1, F_2 und F_r bezeichnet man als Krafteck, die aneinandergereihten Kräfte als Kräftezug.

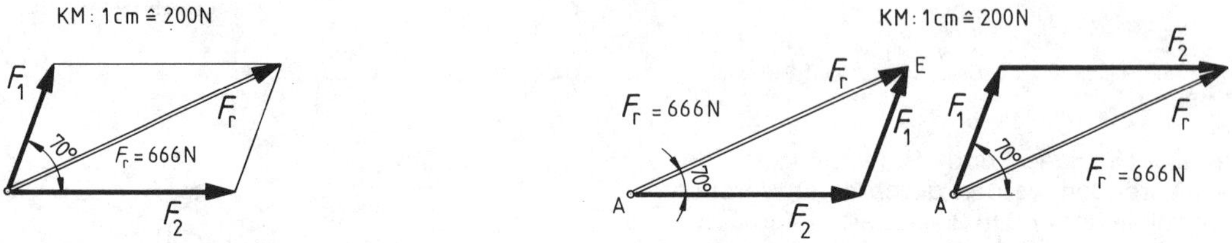

a) Parallelogrammverfahren **b)** Krafteckverfahren

Bild 1 Ermittlung der Resultierenden F_r nach dem Parallelogramm- und dem Krafteckverfahren

Beim Krafteckverfahren wird nur die Hälfte des Kräfteparallelogramms gezeichnet. Es handelt sich dabei allerdings nur um eine geometrische Konstruktion, bei der F_1 bzw. F_2 parallel verschoben werden. In Wirklichkeit greifen F_1 und F_2 im gemeinsamen Angriffspunkt A an. Kräfte dürfen nicht parallel verschoben werden.

Beim Krafteckverfahren ist die Resultierende die Verbindungslinie vom Angriffspunkt A der ersten Kraft bis zum Endpunkt E der letzten Kraft des Kräftezugs.

Die Reihenfolge der Kräfte ist beliebig.

Die Ermittlung der Resultierenden kann auch rechnerisch erfolgen. In den Angriffspunkt der Kräfte F_1 und F_2 wird ein Koordinatensystem gelegt (Bild 2). Die Rechnung wird einfacher, wenn eine Kraft mit einer Koordinatenachse zusammenfällt, hier F_2 mit der x-Achse.

So wie zwei Kräfte mit dem Parallelogrammverfahren zu einer Kraft zusammengefaßt werden können, kann auch umgekehrt eine Kraft in zwei Kräfte **zerlegt** werden, die zusammen die gleiche Wirkung haben wie die zerlegte Kraft. Die schräg wirkende Kraft F_1 wird in eine x- und eine y-Komponente zerlegt (Bild 2a).

Mit $\cos\alpha = \frac{F_{1x}}{F_1}$ und $\sin\alpha = \frac{F_{1y}}{F_1}$ sind die Komponenten der Kraft F_1:

$$F_{1x} = F_1 \cdot \cos\alpha = 300\,\text{N} \cdot \cos 70° = 103\,\text{N}$$

$$F_{1y} = F_1 \cdot \sin\alpha = 300\,\text{N} \cdot \sin 70° = 282\,\text{N}$$

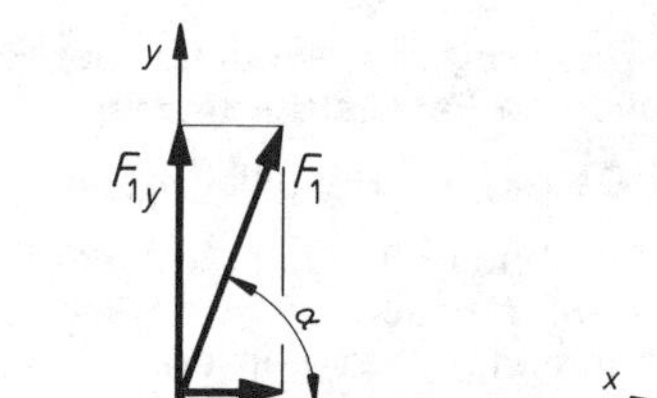

a) Zerlegen in x- und y-Komponenten

Die x-Komponenten der Einzelkräfte haben eine gemeinsame Wirklinie, können also algebraisch addiert werden. Die Summe der x-Komponenten ist:

$$F_{rx} = \Sigma F_x = F_{1x} + F_{2x} = 103\,\text{N} + 500\,\text{N} = 603\,\text{N}$$

Die Summe der y-Komponenten beträgt:

$$F_{ry} = \Sigma F_y = F_{1y} = 282\,\text{N}$$

Die Kräfte F_{rx} und F_{ry} haben zusammen die gleiche Wirkung wie die beiden Kräfte F_1 und F_2. F_{rx} und F_{ry} werden zur Resultierenden F_r zusammengefaßt. Nach Bild 2b ist:

$$F_r = \sqrt{F_{rx}^2 + F_{ry}^2} = \sqrt{(603\,\text{N})^2 + (282\,\text{N})^2} = \underline{666\,\text{N}}$$

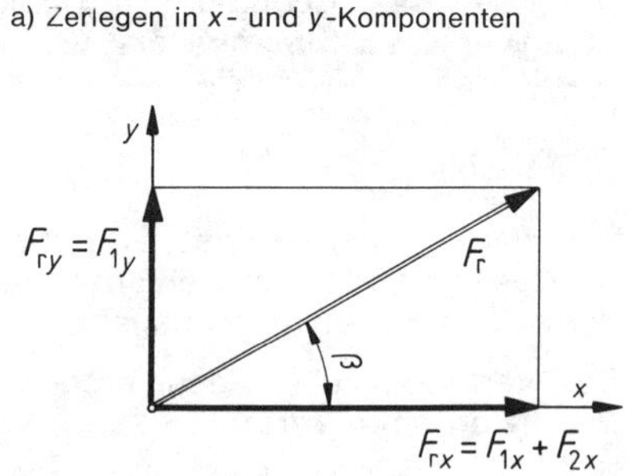

b) Zusammenfassen von F_{rx} und F_{ry} zu F_r

Bild 2 Skizzen zur rechnerischen Ermittlung der Resultierenden F_r

Ist auch die Richtung von F_r gesucht, so ist folgender Rechenweg möglich:

Mit $\tan \beta = \frac{F_{ry}}{F_{rx}} = \frac{282\,N}{603\,N}$ wird $\underline{\beta = 25{,}1°}$

$$F_r = \frac{F_{ry}}{\sin \beta} = \frac{282\,N}{\sin 25{,}1°} = \underline{666\,N}$$

Mehrere Kräfte im zentralen Kräftesystem werden rechnerisch folgendermaßen zusammengefaßt:

1. Zerlegen der schräg wirkenden Kräfte in *x*- und *y*-Komponenten

2. Addieren der *x*- bzw. *y*-Komponenten zu F_{rx} und F_{ry}

3. Zusammenfassen von F_{rx} und F_{ry} zu F_r
a) mit Hilfe der Winkelfunktionen oder
b) mit Hilfe des Satzes von Pythagoras

Für die Ermittlung der **Resultierenden** gilt **im zentralen Kräftesystem:**

Zerlegung in Komponenten

① $F_x = F \cdot \cos \alpha$
$F_y = F \cdot \sin \alpha$

Zusammenfassung zu Teilresultierenden

② $F_{rx} = \Sigma F_x$
$F_{ry} = \Sigma F_y$

Ermittlung der Gesamtresultierenden

③ $F_r = \sqrt{F_{rx}^2 + F_{ry}^2}$

$\beta = \arctan \frac{F_{ry}}{F_{rx}}$

$F_r = \frac{F_{ry}}{\sin \beta}$

F_x *x*-Komponente einer Einzelkraft F in N
F_y *y*-Komponente einer Einzelkraft F in N
F Einzelkraft in N
α spitzer Winkel zwischen F und *x*-Achse
F_r resultierende Kraft in N
F_{rx} *x*-Komponente von F_r in N
F_{ry} *y*-Komponente von F_r in N
β spitzer Winkel zwischen F_r und der *x*-Achse

Lehrbeispiel 6:

Zwei Kräfte $F_1 = 4\,500\,N$ und $F_2 = 2\,400\,N$ bilden einen Winkel von 90°.

a) Wie groß ist der Betrag der Resultierenden aus F_1 und F_2?

b) Wie groß ist der Winkel zwischen F_1 und der Resultierenden?

Lösung:

zeichnerisch: Durch Anwendung des Parallelogramm-Verfahrens

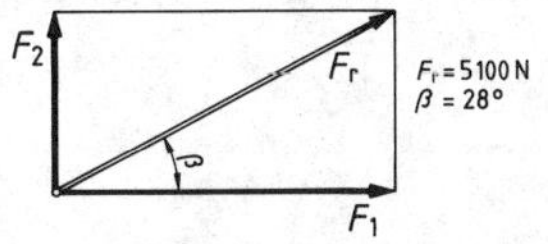

Bild 1 Zeichnerische Lösung

rechnerisch:

Die Resultierende ist:

$$F_r = \sqrt{F_1^2 + F_2^2} = \sqrt{(4\,500\,N)^2 + (2\,400\,N)^2} = \underline{5\,100\,N}$$

Der Winkel zwischen F_1 und F_2 beträgt:

$$\beta = \arctan \frac{F_2}{F_1} = \arctan \frac{2\,400\,N}{4\,500\,N} = \underline{28{,}1°}$$

Lehrbeispiel 7:

An einem Wagen greifen die beiden Kräfte $F_1 = F_2 = 300\,\text{N}$ an. Ermitteln Sie Größe und Richtung der Resultierenden aus F_1 und F_2.

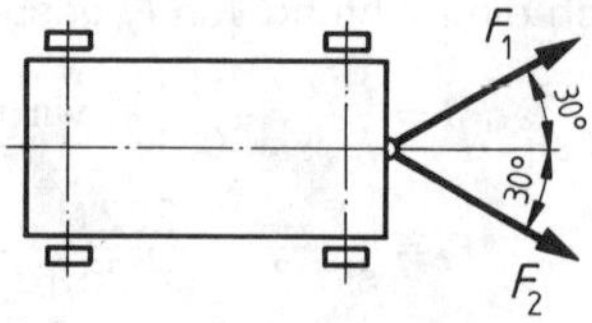

Bild 1 Wagen mit zwei gleich großen Kräften F_1 und F_2

Lösung:

zeichnerisch: Durch Anwendung des Parallelogrammverfahrens

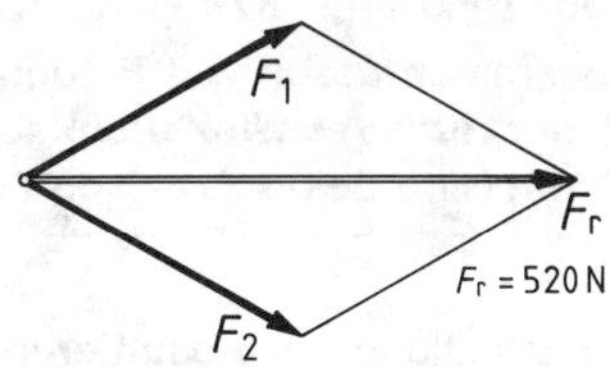

Bild 2 Zeichnerische Lösung

rechnerisch:

Die Wirklinie von F_r halbiert den Winkel zwischen F_1 und F_2.

Nach Bild 3 wird die Resultierende:

$$\cos\alpha = \frac{F_r/2}{F_1}$$

$$F_r = 2\,F_1 \cdot \cos\alpha = 2 \cdot 300\,\text{N}\,\cos 30° = \underline{520\,\text{N}}$$

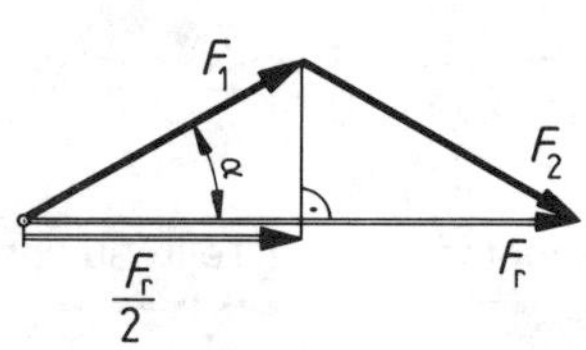

Bild 3 Skizze zur rechnerischen Lösung

Lehrbeispiel 8:

An einem Mast greifen die 3 Seilkräfte $F_1 = 1\,400\,\text{N}$, $F_2 = 500\,\text{N}$ und $F_3 = 800\,\text{N}$ an.

Wie groß ist die Gesamtbelastungskraft für den Mast und in welcher Richtung wirkt sie?

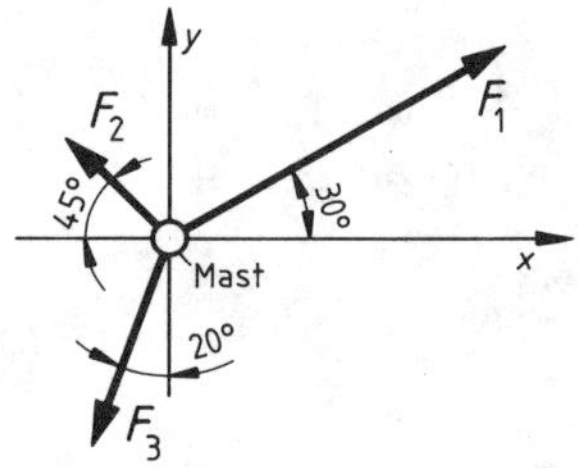

Bild 4 Mast mit drei Seilkräften

Lösung:

zeichnerisch:

Nach dem Parallelogrammverfahren werden zuerst die Kräfte F_1 und F_2 zu einer Resultierenden $F_{r\,1,2}$ vereint, welche mit F_3 zur Resultierenden F_r zusammengesetzt wird (Bild 5).

KM: 1 cm ≙ 500 N

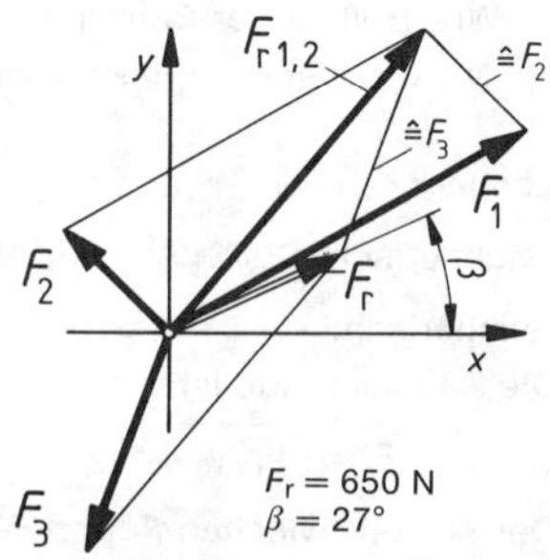

Bild 5 Zeichnerische Lösung mit wiederholter Parallelogrammkonstruktion

Einfacher ist das Krafteckverfahren. Um die Lösung übersichtlicher zu gestalten, werden meist die Wirklinien der Kräfte in einen **Lageplan** eingezeichnet. Im **Kräfteplan** werden die Kräfte maßstäblich eingetragen (Bild 1).

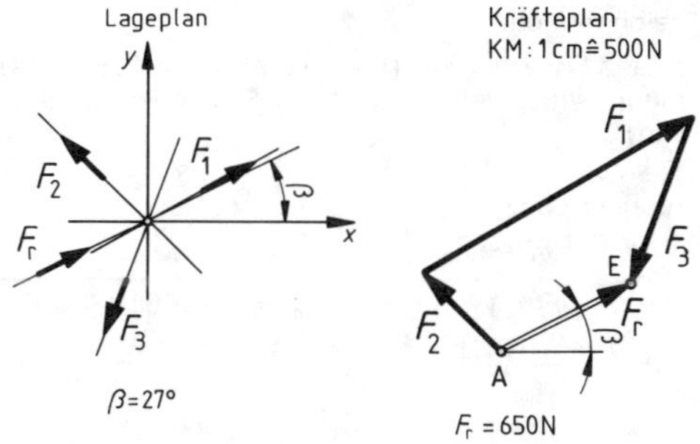

Bild 1 Zeichnerische Lösung mit Krafteckverfahren

rechnerisch:

Die schräg wirkenden Kräfte werden in ihre Komponenten zerlegt (Bild 2):

$$F_{1x} = F_1 \cdot \cos 30°$$
$$F_{1y} = F_1 \cdot \sin 30°$$
$$F_{2x} = F_2 \cdot \cos 45°$$
$$F_{2y} = F_2 \cdot \sin 45°$$
$$F_{3x} = F_3 \cdot \cos 70°$$
$$F_{3y} = F_3 \cdot \sin 70°$$

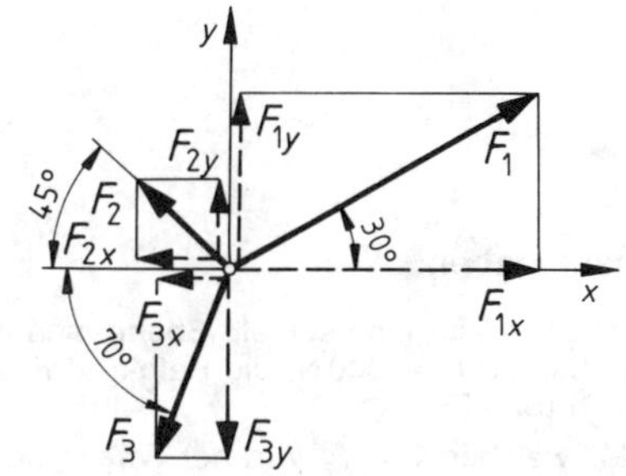

Bild 2 Skizze zur rechnerische Lösung

Die x-Komponenten werden zu F_{rx}, die y-Komponenten zu F_{ry} zusammengefaßt:

$$F_{rx} = F_{1x} - F_{2x} - F_{3x} = 1\,400\,\text{N} \cdot \cos 30° - 500\,\text{N} \cdot \cos 45° - 800\,\text{N} \cdot \cos 70° = \underline{585\,\text{N}}$$
$$F_{ry} = F_{1y} + F_{2y} - F_{3y} = 1\,400\,\text{N} \cdot \sin 30° + 500\,\text{N} \cdot \sin 45° - 800\,\text{N} \cdot \sin 70° = \underline{302\,\text{N}}$$

Damit wird die Gesamtbelastungskraft:

$$F_r = \sqrt{F_{rx}^2 + F_{ry}^2} = \sqrt{585^2 + 302^2}\,\text{N} = \underline{658\,\text{N}}$$

Für die Richtung der Resultierenden gilt:

$$\beta = \text{arc tan}\,\beta = \text{arc tan}\,\frac{F_{ry}}{F_{rx}} = \text{arc tan}\,\frac{302\,\text{N}}{585\,\text{N}} = \underline{27{,}3°}$$

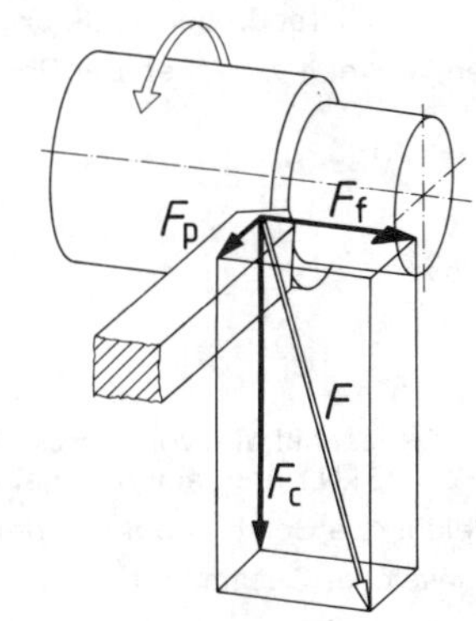

Bild 3 Kräfte am Drehmeißel

Lehrbeispiel 9:

An der Schneide eines Drehmeißels wirken folgende Kräfte: Schnittkraft $F_c = 4\,400$ N, Vorschubkraft $F_f = 2\,000$ N, Passivkraft $F_p = 800$ N.
Welche Zerspankraft F wirkt auf die Meißelschneide?

Lösung:

Die Zerspankraft F ist die Resultierende aus den Kräften F_c, F_f und F_p.

Bei der rechnerischen und zeichnerischen Lösung werden zunächst 2 Kräfte, die in einer Ebene liegen, zu einer Teilresultierenden zusammengefaßt. Diese Teilresultierende, die mit der 3. Kraft in einer Ebene liegt, wird mit dieser zur Gesamtresultierenden zusammengefaßt (Bild 4).

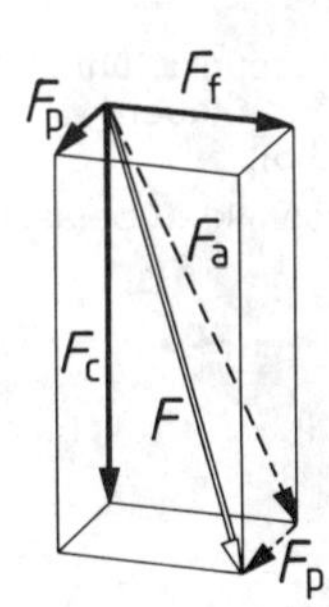

Bild 4 Skizze zur zeichnerischen und rechnerischen Lösung

zeichnerisch:

F_c und F_f werden zur Teilresultierenden F_a (= Aktivkraft) zusammengesetzt, welche dann mit F_p zur Zerspankraft F vereinigt wird.

rechnerisch:

Mit $F_a^2 = F_c^2 + F_f^2$

wird $F = F_r = \sqrt{F_c^2 + F_f^2 + F_p^2} = \sqrt{4\,400^2 + 2\,000^2 + 1\,600^2}\ \text{N}$

$F = \underline{5\,090\ \text{N}}$

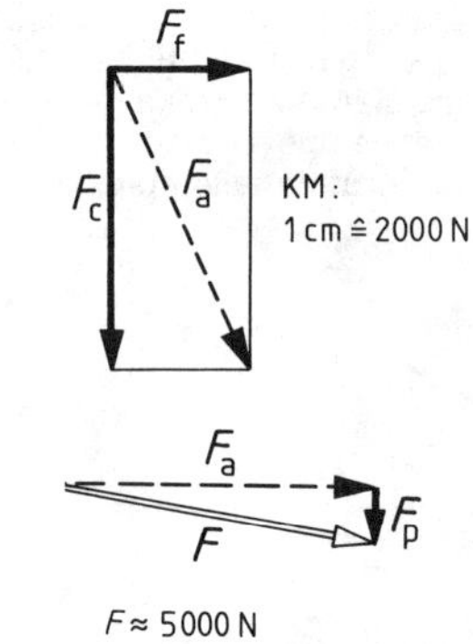

Bild 1 Zeichnerische Lösung

Übungsaufgaben:

1. Ein Wagen fährt eine schiefe Ebene hinauf. Am Wagen wirken die Hangabtriebskraft $F_1 = 800$ N, die Reibkraft $F_2 = 500$ N und die Zugkraft $F_z = 1600$ N (Bild 2).
   a) Mit welcher Kraft F_r wird der Wagen nach oben bewegt?
   b) Was geschieht, wenn die Zugkraft nur $F_z = 1300$ N beträgt?

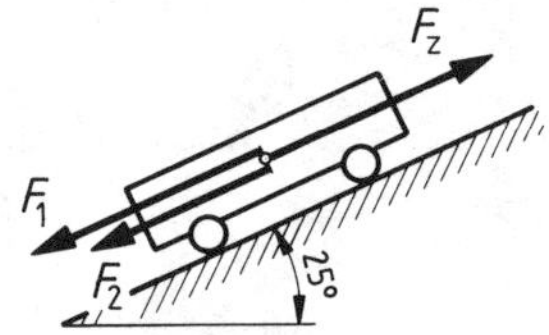

Bild 2

2. An der skizzierten Halterung wirken die 2 Kräfte $F_1 = 370$ N und $F_2 = 520$ N. Ermitteln Sie:
   a) die Resultierende der beiden Kräfte,
   b) den Winkel α zwischen der Resultierenden und der Kraft F_1.

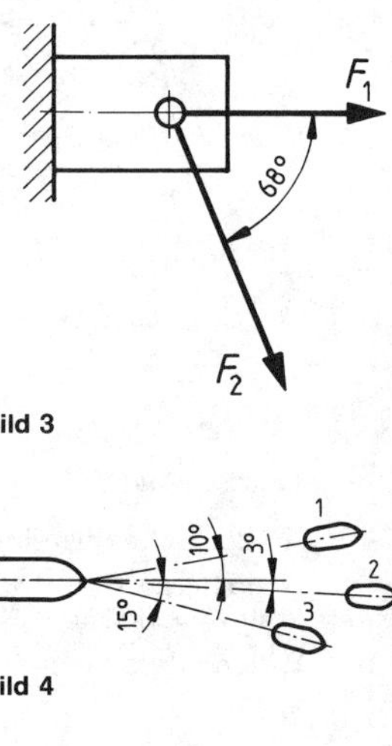

Bild 3

3. Ein Hochseeschiff wird von drei Schleppdampfern mit $F_1 = 60$ kN, $F_2 = 40$ kN und $F_3 = 35$ kN durch einen Kanal gezogen (Bild 4).
   a) Weicht das Schiff dabei von der Mitte der Fahrrinne ab?
   b) Mit welcher Gesamtkraft wird das Schiff gezogen?

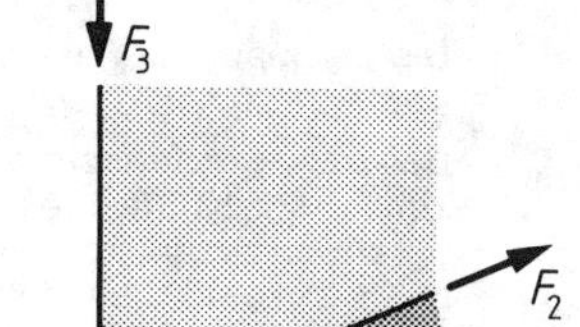

Bild 4

4. An einem Knotenpunkt führen 3 Stäbe jeweils rechtwinklig zueinander zusammen. In den Stäben wirken die 3 Kräfte $F_1 = 68$ kN, $F_2 = 14$ kN und $F_3 = 22$ kN (Bild 5).
   Mit welcher Gesamtkraft belasten diese drei Kräfte das Lager?

Bild 5

2.3.2 Ermittlung unbekannter Kräfte im zentralen Kräftesystem (Gleichgewicht im zentralen Kräftesystem)

Befindet sich ein Bauteil im Zustand der Ruhe oder bewegt es sich mit gleichbleibender Geschwindigkeit, so müssen die am Bauteil angreifenden Kräfte im **Gleichgewicht** stehen. Diese Bedingung gibt die Möglichkeit, Betrag und Lage **unbekannter** Kräfte zu ermitteln.

Greift an einer Zugfeder eine Kraft F_1 an (Bild 1), so bleibt die Feder nur dann im Ruhezustand, wenn zusätzlich eine Gegenkraft F_2 angreift, die dieselbe Wirklinie und denselben Betrag hat, aber in entgegengesetzter Richtung wirkt. Die beiden Kräfte F_1 und F_2 sind im Gleichgewicht; ist F_1 bekannt, so kann F_2 ermittelt werden.

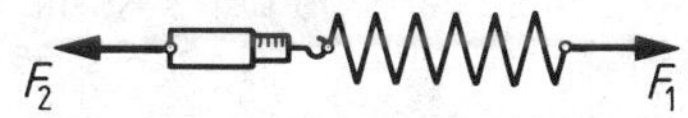

Bild 1 Gleichgewicht zweier Kräfte, $F_2 = F_1$

Zwei Kräfte sind im Gleichgewicht, wenn sie:
a) eine gemeinsame Wirklinie haben,
b) denselben Betrag besitzen und
c) entgegengesetzt gerichtet sind.

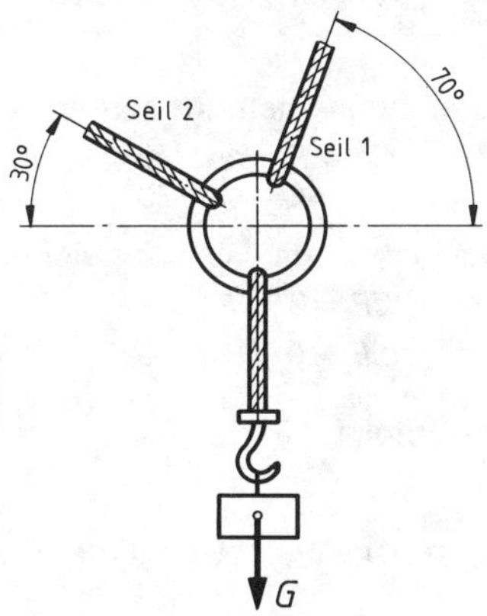

Bild 2 Ring mit zwei unbekannten Seilkräften

Aufgabe:

An einem Ring, der durch 2 Seile gehalten wird, übt eine Last die Gewichtskraft $G = 15$ kN aus.

Ermitteln Sie die Seilkräfte F_1 und F_2.

Lösung:

Der Ring ist freizumachen. Ein Seil kann nur Zugkräfte in Seilrichtung übertragen, damit sind Richtung und Richtungssinn der Kräfte G, F_1 und F_2 bekannt (Bild 3)

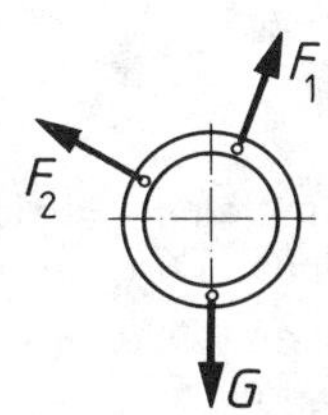

Bild 3 Freigemachter Ring

zeichnerisch:

Soll der Ring im Gleichgewicht sein, so muß die Resultierende aller an ihm angreifenden Kräfte gleich Null sein. Dies heißt, daß beim Krafteck aus G, F_1 und F_2 Anfangs- und Endpunkt zusammenfallen müssen. Die Kräfte G, F_1 und F_2 müssen ein geschlossenes Krafteck mit gleichem Umlaufsinn ergeben (Bild 4).

Im Lageplan werden die Wirklinien der Kräfte eingetragen. Im Kräfteplan beginnt man mit der nach Größe und Richtung bekannten Kraft G.

Durch Anfangs- bzw. Endpunkt von G zieht man Parallelen zu den Wirklinien von F_1 bzw. F_2 bis zum Schnitt. Der Richtungssinn von F_1 und F_2 ergibt sich aus der Forderung, daß das Krafteck mit gleichbleibendem Umlaufsinn durchlaufen werden muß.

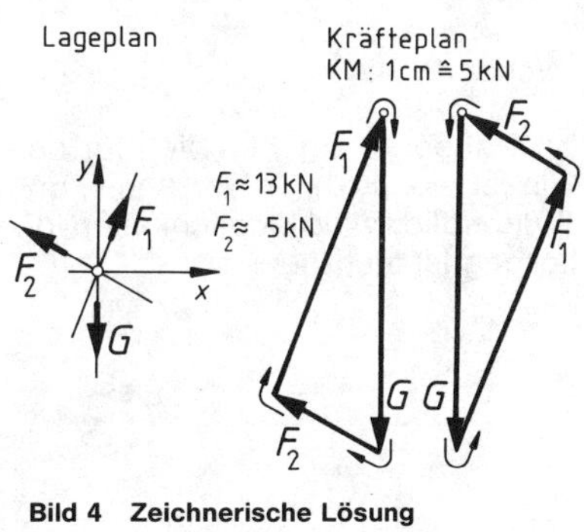

Bild 4 Zeichnerische Lösung

Im zentralen Kräftesystem sind Kräfte im Gleichgewicht, wenn sie ein geschlossenes Krafteck mit gleichem Umlaufsinn bilden.

rechnerisch:

Da die Resultierende der 3 Kräfte G, F_1 und F_2 gleich Null sein muß, müssen auch die Komponenten $F_{rx} = \Sigma F_x = 0$ und $F_{ry} = \Sigma F_y = 0$ sein.

Im **zentralen Kräftesystem** gelten die **rechnerischen Gleichgewichtsbedingungen:**

④ $\Sigma F_x = 0$
$\Sigma F_y = 0$

F_x x-Komponente einer Einzelkraft in N
F_y y-Komponente einer Einzelkraft in N

Im zentralen Kräftesystem sind Kräfte im Gleichgewicht, wenn die rechnerischen Gleichgewichtsbedingungen $\Sigma F_x = 0$ und $\Sigma F_y = 0$ erfüllt sind.

Die Komponenten der schräg wirkenden Kräfte sind (Bild 1):

$F_{1x} = F_1 \cdot \cos 70°$ $\quad F_{2x} = F_2 \cdot \cos 30°$
$F_{1y} = F_1 \cdot \sin 70°$ $\quad F_{2y} = F_2 \cdot \sin 30°$

Damit lauten die Gleichgewichtsbedingungen:

$\Sigma F_x = 0 \Rightarrow F_{1x} - F_{2x} = 0 \Rightarrow F_1 \cdot \cos 70° = F_2 \cdot \cos 30° \quad \text{(I)}$

$\Sigma F_y = 0 \Rightarrow F_{1y} + F_{2y} - G = 0 \Rightarrow F_1 \cdot \sin 70° + F_2 \cdot \sin 30° = 15\,\text{kN} \quad \text{(II)}$

Aus (I) folgt: $F_1 = \dfrac{F_2 \cdot \cos 30°}{\cos 70°} = 2{,}532 \cdot F_2 \quad \text{(Ia)}$

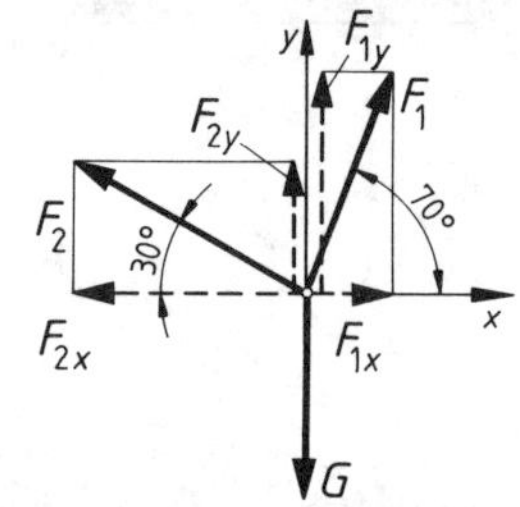

Bild 1 Skizze zur rechnerischen Lösung

(Ia) in (II) eingesetzt: $2{,}532 \cdot F_2 \cdot \sin 70° + F_2 \cdot \sin 30° = 15\,\text{kN}$

$2{,}88 \cdot F_2 = 15\,\text{kN}$

$F_2 = \underline{5{,}21\,\text{kN}}$

Aus (Ia) folgt: $F_1 = 2{,}532 \cdot 5{,}21\,\text{kN} \Rightarrow F_1 = \underline{13{,}2\,\text{kN}}$

Aufgabe:

Ein Bauteil mit einer Gewichtskraft von $G = 3\,000\,\text{N}$ wird durch 2 Seile gehalten.

Unter welchem Winkel α muß Seil 2 wirken und wie groß sind die Seilkräfte F_1 und F_2?

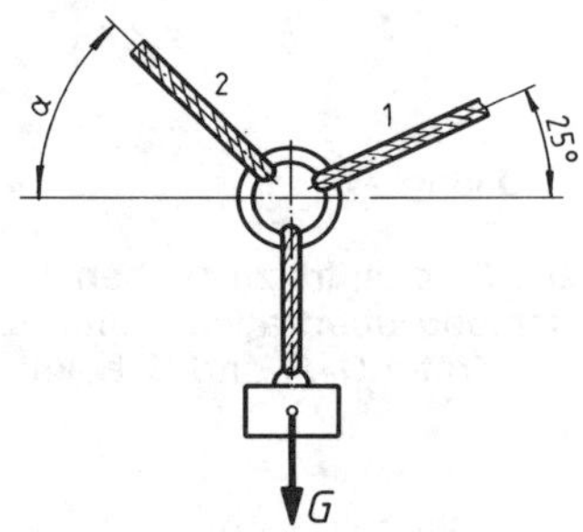

Bild 2 Ring mit Gewichtskraft und zwei Seilkräften

Lösung:

zeichnerisch:

Im Kräfteplan ergeben sich für den Winkel α und die Größen von F_1 und F_2 unendlich viele Möglichkeiten, die Lösung ist mehrdeutig.

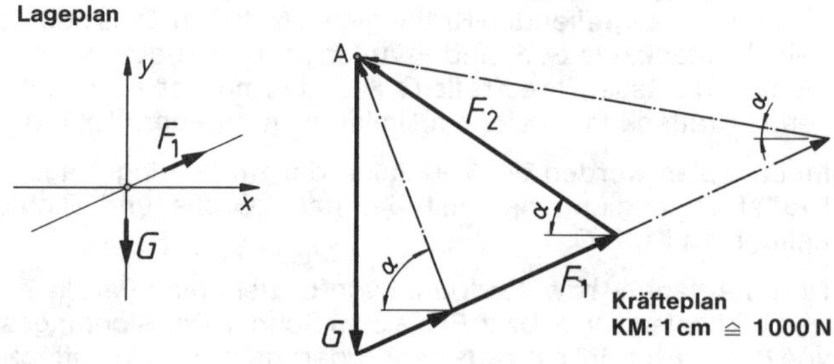

Bild 3 Zeichnerische Lösung (mehrdeutig)

rechnerisch:

Die Komponenten der schräg wirkenden Kräfte sind:

$F_{1x} = F_1 \cdot \cos 25°$
$F_{1y} = F_1 \cdot \sin 25°$
$F_{2x} = F_2 \cdot \cos \alpha$
$F_{2y} = F_2 \cdot \sin \alpha$

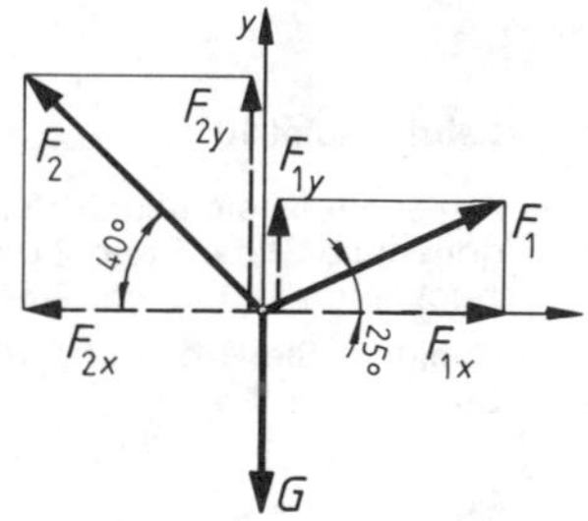

Bild 1 Skizze zur rechnerischen Lösung

Die rechnerischen Gleichgewichtsbedingungen lauten:

$\Sigma F_x = 0 \Rightarrow F_{1x} - F_2 = 0 \Rightarrow F_1 \cdot \cos 25° = F_2 \cdot \cos \alpha$ (I)

$\Sigma F_y = 0 \Rightarrow F_{1y} + F_{2y} - G = 0 \Rightarrow F_1 \cdot \sin 25° + F_2 \cdot \sin \alpha = 3000\,\text{N}$ (II)

Die 2 Gleichungen enthalten die 3 Unbekannten F_1, F_2 und α; es sind unendlich viele Lösungen möglich.

Aufgabe:

Ermitteln Sie für die Gewichtskraft $G = 3000\,\text{N}$ die in den Seilen 1 bis 3 auftretenden Seilkräfte F_1, F_2 und F_3.

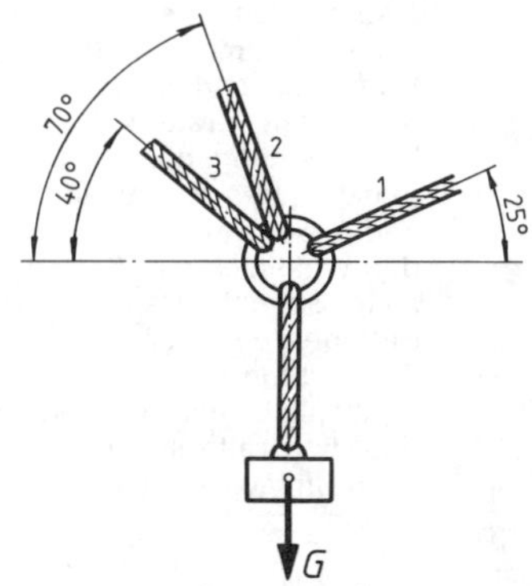

Bild 2 Ring mit Gewichtskraft und 3 Seilkräften

Lösung:

Im Kräfteplan (Bild 3) ergeben sich für die Größen der 3 Kräfte F_1, F_2 und F_3 unendlich viele Lösungen. Die rechnerische Lösung zeigt ebenfalls unendlich viele Lösungsmöglichkeiten.

Die beiden vorhergehenden Aufgaben sind nicht eindeutig lösbar, die behandelten Kräftesysteme sind **statisch unbestimmt.**

Im zentralen Kräftesystem ist eine Aufgabe nur dann statisch bestimmt, d. h. mit den statischen Gleichgewichtsbedingungen lösbar, wenn 2 Größen unbekannt sind. Die beiden Größen können die Beträge zweier Kräfte oder die Richtungen zweier Kräfte oder Betrag und Richtung je einer Kraft sein.

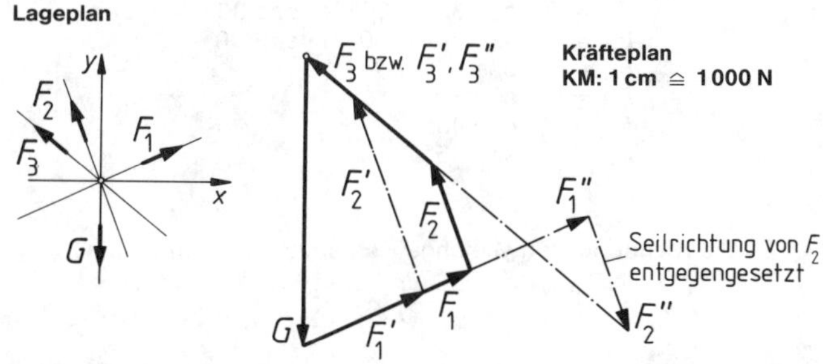

Bild 3 Zeichnerische Lösung (mehrdeutig)

Im zentralen Kräftesystem können mit Hilfe der statischen Gleichgewichtsbedingungen nur 2 unbekannte Größen ermittelt werden. Eine unbekannte Größe kann der Betrag oder die Richtung (Winkel α) einer Kraft sein.

Enthält das Kräftesystem mehr als 2 unbekannte Größen, so ist das System statisch unbestimmt.

Um statisch unbestimmte Systeme lösen zu können, müssen zusätzlich elastische Verformungen der Bauteile bekannt sein, aus denen die Beträge von unbekannten Kräften ermittelt werden können.

Lehrbeispiel 10:

An einem Knotenblech führen vier Stäbe zusammen, von denen die Stäbe 1 und 2 die Kräfte F_1 und F_2 in den eingezeichneten Richtungen übertragen.

Ermitteln Sie Größe und Richtungssinn der Kräfte in den Stäben 3 und 4

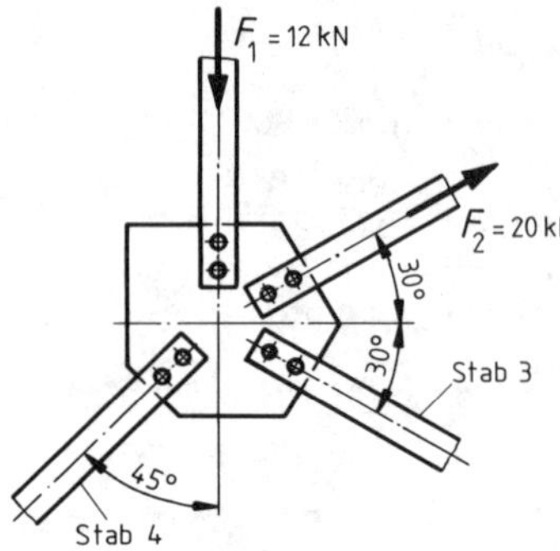

Bild 1 Knotenblech

Lösung:

zeichnerisch:

Da die Stäbe nur Kräfte in Längsrichtung übertragen[1], sind die Wirklinien aller Kräfte bekannt. Es sind nur die Beträge der beiden Kräfte F_3 und F_4 unbekannt, also handelt es sich um ein statisch bestimmtes System. Im Kräfteplan beginnt man mit den bekannten Kräften F_1 und F_2. Durch Anfangspunkt A und Endpunkt E des Kräftezugs aus F_1 und F_2 zieht man die Parallelen zu den Wirklinien von F_3 und F_4 bis zum Schnitt. Damit sind die Beträge von F_3 und F_4 ermittelt. Der Richtungssinn von F_3 und F_4 ergibt sich aus der Bedingung, daß die Kräfte im Krafteck gleichen Umlaufsinn haben müssen.

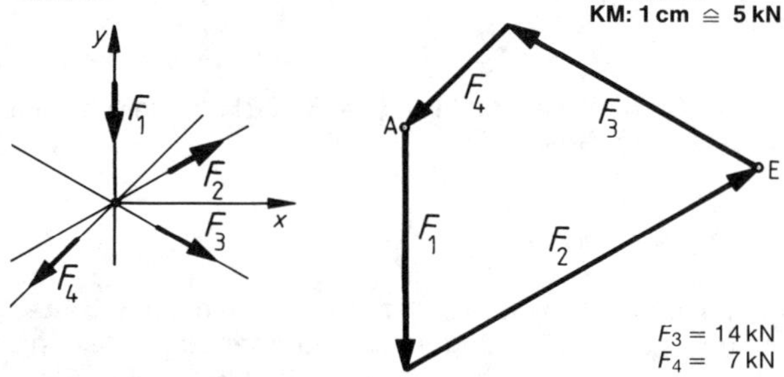

Bild 2 Zeichnerische Lösung

rechnerisch:

Die Komponenten der schräg wirkenden Kräfte sind (Bild 3):

$$F_{2x} = F_2 \cdot \cos 30° = 20\,\text{kN} \cdot \cos 30°$$
$$F_{2y} = F_2 \cdot \sin 30° = 20\,\text{kN} \cdot \sin 30°$$
$$F_{3x} = F_3 \cdot \cos 30°$$
$$F_{3y} = F_3 \cdot \sin 30°$$
$$F_{4x} = F_4 \cdot \cos 45°$$
$$F_{4y} = F_4 \cdot \sin 45°$$

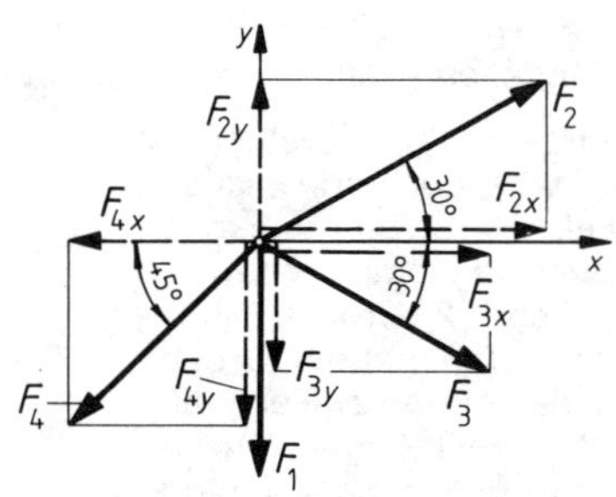

Bild 3 Skizze zur rechnerischen Lösung

Die rechnerischen Gleichgewichtsbedingungen lauten:

$$\Sigma F_x = 0 \Rightarrow F_{2x} + F_{3x} - F_{4x} = 0 \qquad \text{(I)}$$
$$\Sigma F_y = 0 \Rightarrow F_{2y} - F_{3y} - F_{4y} - F_1 = 0 \qquad \text{(II)}$$

Aus (I) folgt: $20\,\text{kN} \cdot \cos 30° + F_3 \cdot \cos 30° = F_4 \cdot \cos 45°$

$$F_3 = \frac{F_4 \cdot \cos 45° - 20\,\text{kN} \cdot \cos 30°}{\cos 30°} = 0{,}8165 \cdot F_4 - 20\,\text{kN} \qquad \text{(Ia)}$$

[1] Siehe Kapitel 2.5 Fachwerke

(Ia) in (II) eingesetzt:

$$\begin{aligned}
20\,\text{kN} \cdot \sin 30^\circ - F_3 \cdot \sin 30^\circ - F_4 \cdot \sin 45^\circ - 12\,\text{kN} &= 0\\
10\,\text{kN} - (0{,}8165 \cdot F_4 - 20\,\text{kN}) \cdot \sin 30^\circ - F_4 \cdot \sin 45^\circ &= 12\,\text{kN}\\
10\,\text{kN} - 0{,}4082\,F_4 + 10\,\text{kN} - F_4 \cdot 0{,}7071 &= 12\,\text{kN}\\
-1{,}115 \cdot F_4 &= -8\,\text{kN}\\
F_4 &= \underline{7{,}17\,\text{kN}}
\end{aligned}$$

Aus (Ia) folgt: $F_3 = 0{,}8165 \cdot 7{,}17\,\text{kN} - 20\,\text{kN} = \underline{-14{,}15\,\text{kN}}$

Das Ergebnis $F_3 = -14{,}15$ kN besagt, daß der Richtungssinn von F_3 falsch angenommen wurde, F_3 wirkt als Druckkraft.

Übungsaufgaben:

1. Eine Aufhängevorrichtung wird durch die Masse m mit $G = 720$ N belastet.
   Wie groß sind die Kräfte in den Stäben 1 und 2?

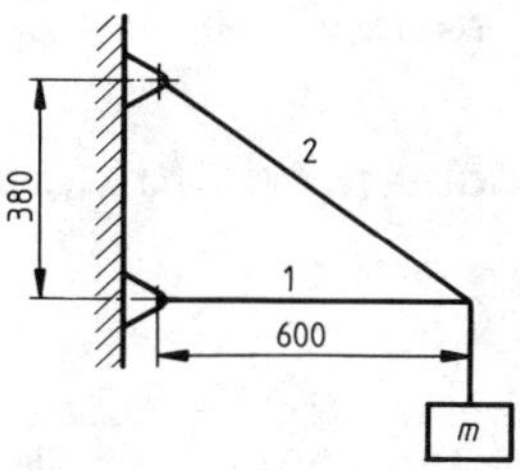

Bild 1

2. Eine Spannrolle spannt ein Magnetband mit der Kraft $F = 0{,}6$ N.
   Ermitteln Sie:
   a) die Lagerkraft F_A,
   b) die Federkraft F_B.

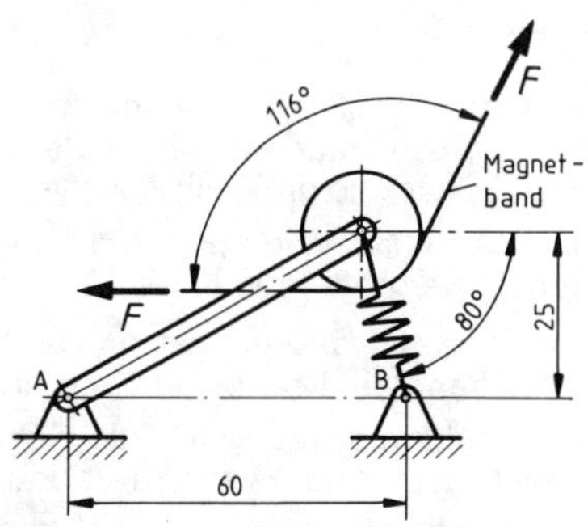

Bild 2

3. An einem Mast greifen 5 Seile an. In den Seilen 1 bis 3 wirken die Kräfte $F_1 = 7$ kN, $F_2 = 4$ kN und $F_3 = 5$ kN.
   a) Ermitteln Sie die Seilkräfte F_4 und F_5.
   b) Ist der Richtungssinn der Kraft F_5 richtig angenommen?
   c) Wäre die Aufgabe lösbar, wenn die Größe von F_3 nicht bekannt wäre?

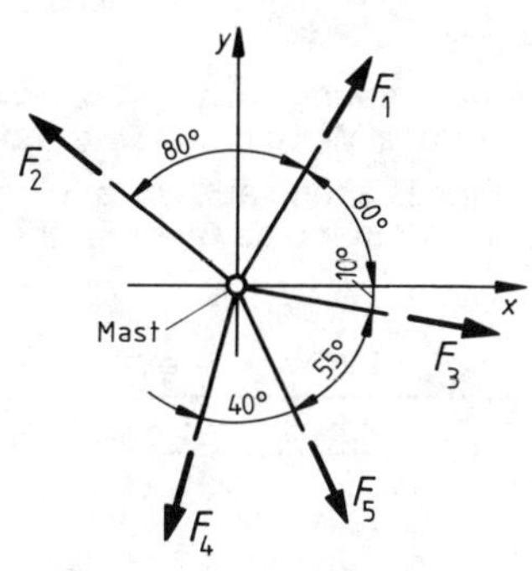

Bild 3

2.4 Allgemeines Kräftesystem

Ein **allgemeines Kräftesystem** liegt vor, wenn die Kräfte – auch wenn sie auf ihrer Wirklinie verschoben werden – keinen gemeinsamen Schnittpunkt bilden, also keinen gemeinsamen Angriffspunkt haben (Bild 1a).

Schon zwei parallele Kräfte (Bild 1b) bilden ein allgemeines Kräftesystem, weil ihr Schnittpunkt im Unendlichen liegt. Bild 1c zeigt, wie ein Träger mit nur einer Belastungskraft und dazu parallelen Reaktionskräften ein allgemeines Kräftesystem bildet.

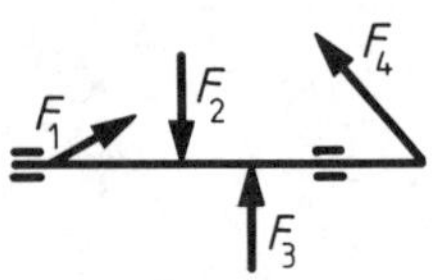

a) Welle mit vier verschieden gerichteten Belastungskräften

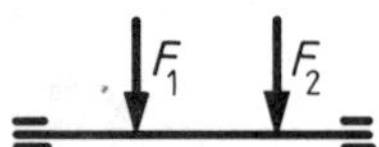

b) Welle mit zwei parallelen Belastungskräften

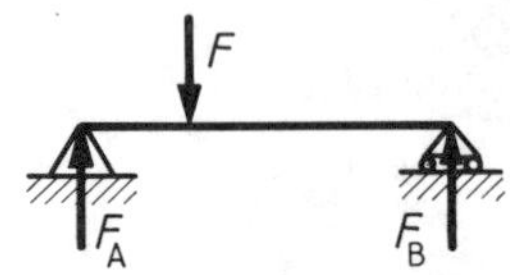

c) Träger mit einer Belastungskraft und dazu parallelen Reaktionskräften

Bild 1 Beispiele für allgemeine Kräftesysteme

2.4.1 Moment und Kräftepaar

Aufgabe:

Eine schwergängige Schraube soll mit einem Gabelschlüssel gelöst werden. Wie kann die Drehwirkung erhöht werden?

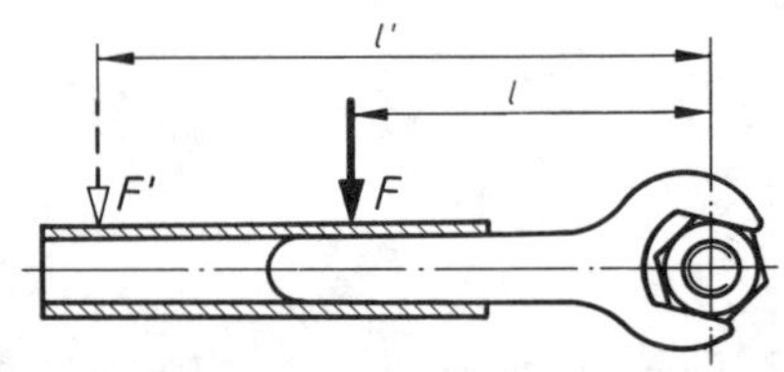

Bild 2 Gabelschlüssel mit aufgestecktem Rohr zur Erzeugung einer großen Drehwirkung

Lösung:

Entweder greift man mit beiden Händen an (Vergrößerung von F), oder man steckt ein Stück Rohr auf den Griff des Schlüssels und greift am Rohrende an (Vergrößerung von l).

Die **Drehkraftwirkung** auf die Schraube ist also um so größer, je größer die Kraft F und der Abstand l sind.

Den Abstand l bezeichnet man als **Wirkabstand.** Es ist der senkrecht gemessene, also kürzeste Abstand zwischen dem Drehpunkt (Schraubenmitte) und der Wirklinie der Kraft F.

Die Drehkraftwirkung auf die Schraube bezeichnet man als **Moment** M**.** Die Größe des Moments ist gleich dem Produkt aus Kraft und Wirkabstand. Damit wird das **Moment:**

(5) $$M = F \cdot l$$

M Moment in Nm
F Kraft in N
l Wirkabstand in m

Tritt eine Drehung auf, wie z. B. bei einem Kettenrad, einer Kurbel (Bild 4) oder einem Motor, so bezeichnet man das Moment als **Drehmoment** M.

Tritt keine Drehung auf, wie z. B. bei dem eingespannten Träger in Bild 3, dann bezeichnet man das auftretende Moment als **Biegemoment** M_b (b = Biegung) oder allgemein als statisches Moment M.[1]

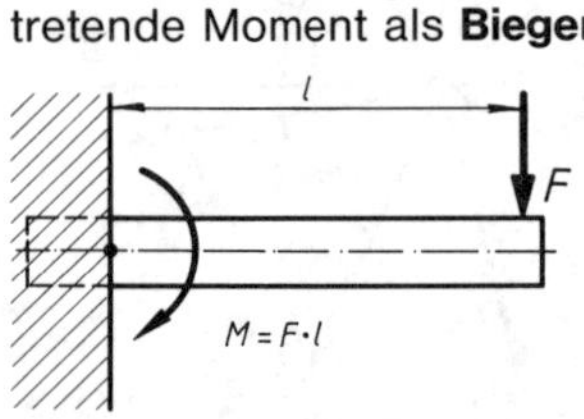

Bild 3 Statisches Moment bei einem eingespannten Träger

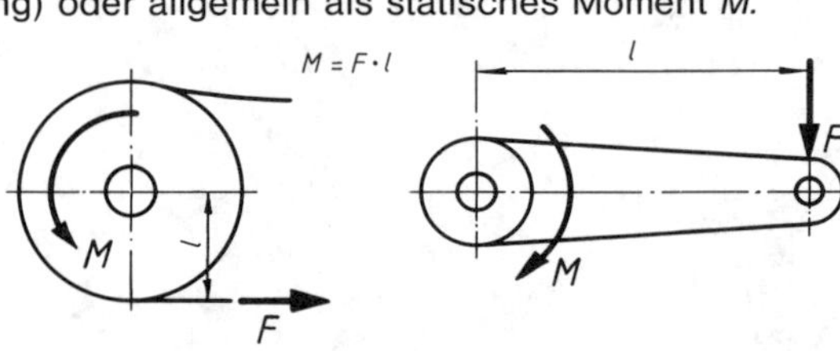

Bild 4 Drehmoment bei Kettenrad und Kurbel

[1] Vielfach benutzt man den Ausdruck Drehmoment auch für statische Momente. Dies ist möglich, weil zwischen beiden in der Ursache und in der Berechnung kein Unterschied besteht.

Wird ein Bauteil auf Torsion beansprucht (z. B. Welle, Torsionsstab) so spricht man vom **Torsionsmoment *T*.**

Eigentlich müßte sich der Gabelschlüssel nach Bild 2, S. 42 in Richtung der wirkenden Einzelkraft verschieben und sich nicht um die Schraubenmitte drehen. Der Grund für die Drehung ist, daß der Gabelschlüssel an der Schraube einen Widerstand (Gegenkraft) findet. Nur beim Wirken dieser Gegenkraft kann eine Drehbewegung auftreten (Bild 1).

Die Gegenkraft ist meist eine Lagerkraft; da sie immer vorhanden ist, wird sie im allgemeinen nicht eingezeichnet.

Kraft und Gegenkraft bezeichnet man als **Kräftepaar,** wenn sie keine gemeinsame Wirklinie haben.

Zum gleichen Ergebnis kommt man, wenn man im Lager zwei gleichgroße entgegengesetzt wirkende Kräfte F_1 und F_2 anbringt (keine Änderung des Gleichgewichtszustandes).

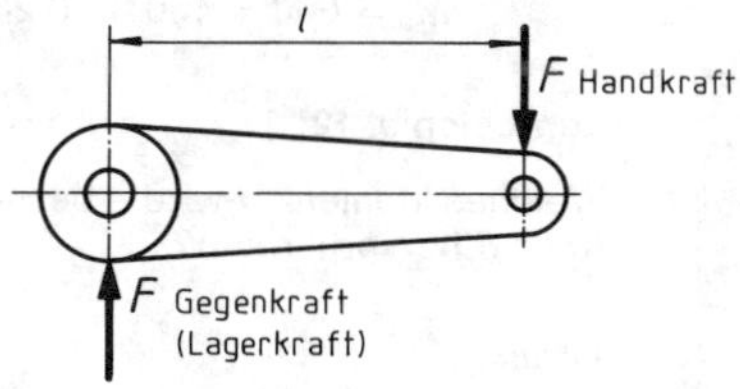

Bild 1 Kräftepaar als Ursache eines Drehmoments

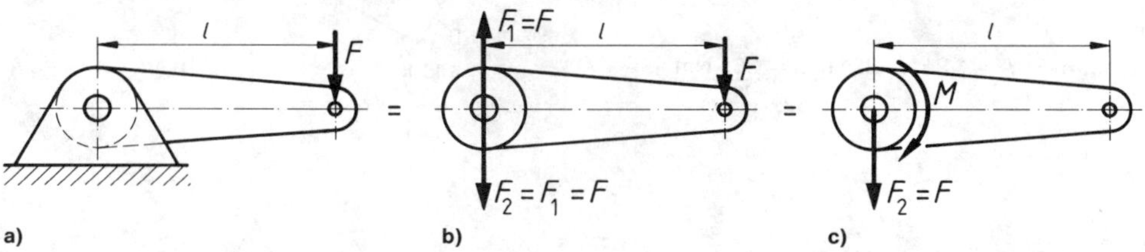

Bild 2 Die Belastungskraft *F* (Bild a) erzeugt das Moment $M = F \cdot l$ und die Lagerkraft $F_2 = F$ (Bild c)

F_1 und F bilden ein Kräftepaar, welches durch das Moment $M = F \cdot l$ ersetzt werden kann. $F_2 = F$ bleibt als Lagerkraft übrig.

Ein Kräftepaar besteht aus zwei gleich großen, parallelen, aber entgegengesetzt wirkenden Kräften.

Ursache einer Drehwirkung (eines Moments) ist immer ein Kräftepaar. Die Größe des Moments ist gleich dem Produkt aus einer Kraft *F* und dem senkrechten Abstand *l* der beiden Kräfte.

Ein Kräftepaar kann eine Rechtsdrehung (↻ = Uhrzeigerdrehsinn) oder eine Linksdrehung (↺ = mathematischer Drehsinn) bewirken. Man spricht dann von rechtsdrehenden und linksdrehenden Momenten. Um bei einer Rechnung den Drehsinn auszudrücken, bezeichnet man im allgemeinen rechtsdrehende Momente mit + (positiv), linksdrehende mit − (negativ).

Lehrbeispiel 11:

Am Hebel eines Schraubstocks wirkt eine Handkraft von $F = 400$ N.

a) Wie groß ist das Moment auf die Schraubstockspindel?

b) Wie groß ist die Lagerkraft?

c) Welches Biegemoment herrscht im Schnitt A – B?

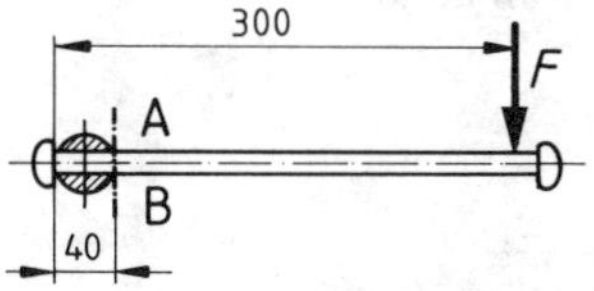

Bild 3 Hebel am Schraubstock

Lösung:

a) Maßgebend ist der Abstand zur Spindelmitte.

Der Wirkabstand ist:

$$l = (300 - 20)\ \text{mm} = 280\ \text{mm} = 0{,}28\ \text{m}$$

Damit ist das Moment:

$$M = F \cdot l = 400\ \text{N} \cdot 0{,}28\ \text{m} = \underline{112\ \text{Nm}}$$

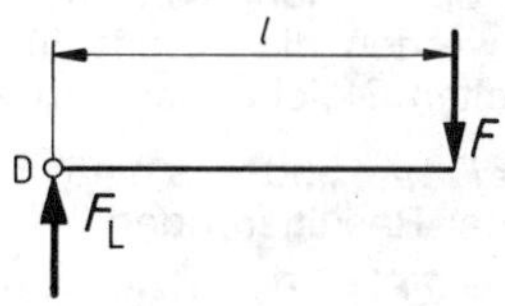

Bild 4 Prinzipskizze

b) Die Lagerkraft beträgt:

$F_L = F = \underline{400\,N}$

c) Die Reaktionskraft wirkt an der Schnittstelle. Maßgebend ist also der Abstand vom freien Ende bis zur Schnittstelle.

$M_b = F \cdot l = 400\,N \cdot 0{,}26\,m = \underline{104\,Nm}$

Lehrbeispiel 12:

Welches Moment M wird – bezogen auf Drehpunkt D – durch die Kraft F hervorgerufen?

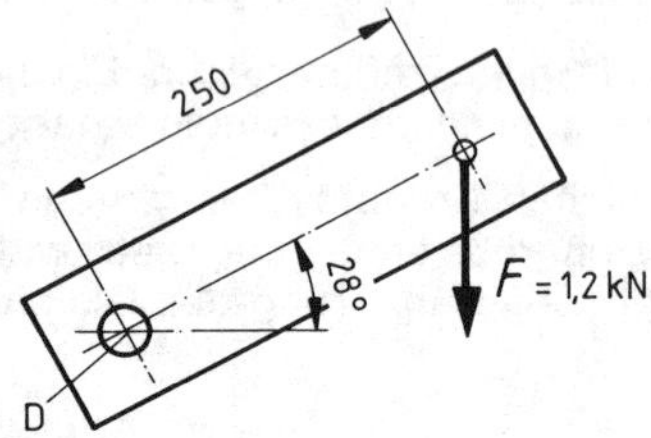

Bild 1

Lösung:

Maßgebend für den Betrag von M ist der Wirkabstand

$l' = l \cdot \cos\alpha = 250 \cdot \cos 28° = 221\,mm$

Damit ist

$M = F \cdot l' = 1{,}2\,kN \cdot 221\,mm = \underline{265\,Nm}$

2.4.2 Zusammenfassen von Kräften im allgemeinen Kräftesystem (Ermittlung der resultierenden Kraft)

2.4.2.1 Rechnerisches Verfahren (Momentensatz)

Aufgabe:

Ein Ausleger wird durch die beiden Kräfte $F_1 = 1500\,N$ und $F_2 = 2000\,N$ belastet. Außerdem wirkt eine Eigengewichtskraft von $G = 1200\,N$ als Belastungskraft.

a) Durch welche Einzelkraft (Resultierende F_r) können die drei Belastungskräfte ersetzt werden?

b) Wie groß ist der Wirkabstand l_0 der Wirklinie der Resultierenden vom Lager?

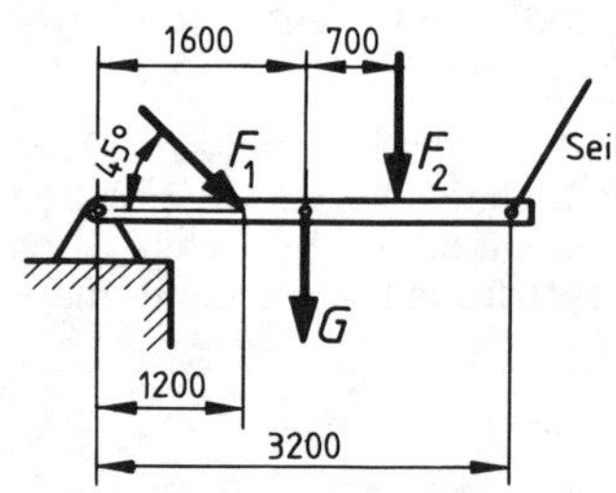

Bild 2 Ausleger mit drei Belastungskräften (allgemeines Kräftesystem)

Lösung:

a) Die Aufgabe kann rechnerisch und zeichnerisch gelöst werden. Zur Berechnung von Größe und Richtung der Resultierenden werden die bereits für das zentrale Kräftesystem entwickelten Gleichungen verwendet.

Mit $F_{1x} = F_{1y} = 1500\,N \cdot \sin 45° = 1060\,N$ werden die Komponenten der Resultierenden:

$F_{rx} = \Sigma F_x = F_{1x} = 1060\,N$ (nach rechts wirkend)

$F_{ry} = \Sigma F_y = F_{1y} + G + F_2 = 1060\,N + 1200\,N + 2000\,N = 4260\,N$ (nach unten wirkend)

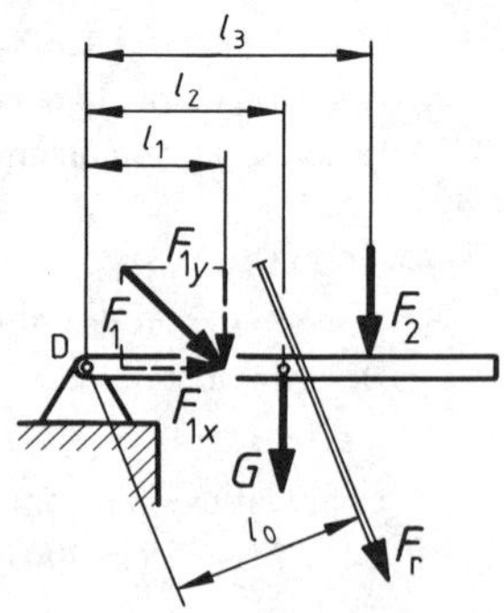

Bild 3 Skizze zur rechnerischen Lösung

Damit wird die Größe der Resultierenden (Bild 1):

$$F_r = \sqrt{F_{rx}^2 + F_{ry}^2} = \sqrt{(1060\,\text{N})^2 + (4260\,\text{N})^2} = \underline{4390\,\text{N}}$$

Der Winkel zwischen F_r und der Waagrechten wird

$$\text{mit } \tan\alpha = \frac{F_{ry}}{F_{rx}} = \frac{4260\,\text{N}}{1060\,\text{N}} \qquad \alpha = \underline{76{,}0°}$$

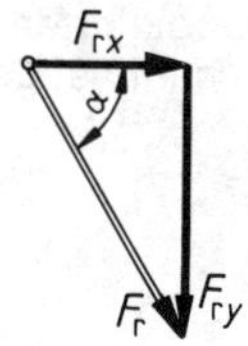

Bild 1 Skizze zur rechnerischen Lösung

b) Wie erhält man die Lage der Resultierenden, also den Abstand l_0?

Die Resultierende muß die gleiche Wirkung wie die Einzelkräfte F_1, F_2 und G haben. Also muß auch das Moment der Resultierenden bezüglich eines beliebigen Drehpunktes gleich groß sein wie die Summe der Momente der Einzelkräfte.

Das Moment der Resultierenden ist gleich der Summe der Momente der Einzelkräfte.

Bei n Einzelkräften lautet der **Momentensatz:**

$$M_r = M_1 + M_2 + \ldots + M_n = \Sigma M$$

(6) a

$$M_r = F_r \cdot l_0 = F_1 \cdot l_1 + F_2 \cdot l_2 + \ldots + F_n \cdot l_n = \Sigma(F \cdot l)$$

Daraus folgt für den **Wirkabstand der Resultierenden:**

(6) b

$$l_0 = \frac{\Sigma\,(F \cdot l)}{F_r} = \frac{M_r}{F_r}$$

l_0 Wirkabstand der Resultierenden F_r vom gewählten Drehpunkt in m
F Einzelkraft in N
l Wirkabstand der Einzelkraft F in m
F_r resultierende Kraft in N
M_r Moment der Resultierenden in Nm

In dieser Aufgabe gilt für den gewählten Drehpunkt D:

$$l_0 = \frac{\Sigma\,(F \cdot l)}{F_r} = \frac{F_{1x} \cdot 0 + F_{1y} \cdot l_1 + G \cdot l_2 + F_2 \cdot l_3}{F_r} =$$

$$= \frac{1060\,\text{N} \cdot 1{,}2\,\text{m} + 1200\,\text{N} \cdot 1{,}6\,\text{m} + 2000\,\text{N} \cdot 2{,}3\,\text{m}}{4400\,\text{N}} = \underline{1{,}77\,\text{m}}$$

2.4.2.2 Zeichnerische Verfahren

Für die zeichnerische Ermittlung der Resultierenden werden je nach Anzahl und Lage der Kräfte verschiedene Lösungsverfahren angewandt.

Parallelogramm-Verfahren (wiederholte Parallelogrammkonstruktion)

Aufgabe: siehe S. 44.

Lösung:

Ebenso wie beim zentralen Kräftesystem kann auch beim allgemeinen Kräftesystem die **wiederholte Parallelogrammkonstruktion** angewandt werden, um zeichnerisch die Resultierende aus mehreren Einzelkräften zu ermitteln.

In einem kombinierten Lage- und Kräfteplan werden zunächst die Kräfte F_1 und G zu einer Teilresultierenden F_r' zusammengefaßt, dann wird F_r' mit der 3. Einzelkraft F_2 zur Gesamtresultierenden F_r vereinigt (Bild 1a).

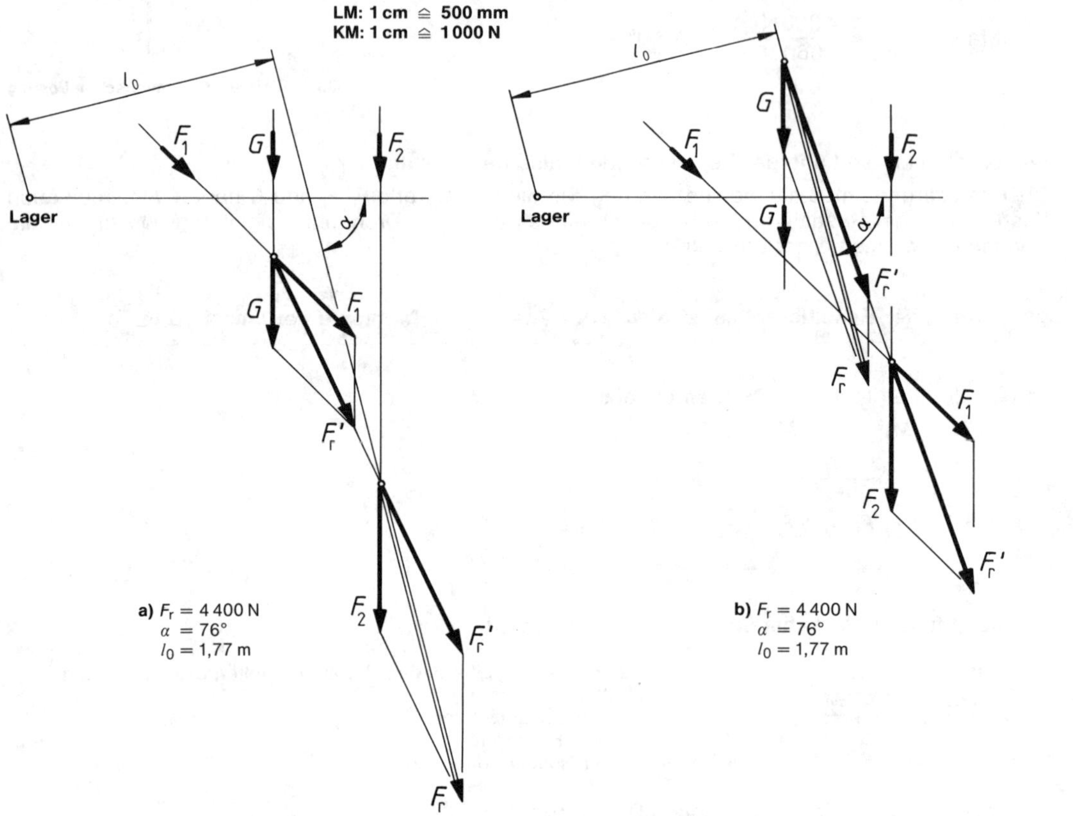

Bild 1 Wiederholte Parallelogrammkonstruktion zur Ermittlung der Resultierenden im allgemeinen Kräftesystem. Ausführung b) zeigt, daß eine andere Zusammenfassung der Einzelkräfte zum gleichen Ergebnis führt.

Bild 1 zeigt, daß es gleichgültig ist, welche zwei Kräfte zu einer Teilresultierenden zusammengefaßt werden. Es können jedoch nur solche Kräfte zusammengefaßt werden, deren Wirklinien sich auf dem Zeichenblatt schneiden. Das Verfahren der wiederholten Parallelogrammkonstruktion versagt also, wenn nur parallele oder annähernd parallele Kräfte zusammengefaßt werden müssen.

Wie können nun aber parallele Kräfte zeichnerisch zu einer Resultierenden zusammengefaßt werden?

Für diesen Fall werden an der folgenden Aufgabe zwei neue zeichnerische Lösungsverfahren entwickelt.

Hilfskräfte-Verfahren

Aufgabe:

Ein Ausleger wird durch die Kraft $F = 2000$ N und die Eigengewichtskraft $G = 1200$ N belastet.

a) Durch welche Resultierende F_r können die beiden Belastungskräfte ersetzt werden?

b) Wie groß ist der Abstand l_0 dieser Resultierenden zur Kraft F?

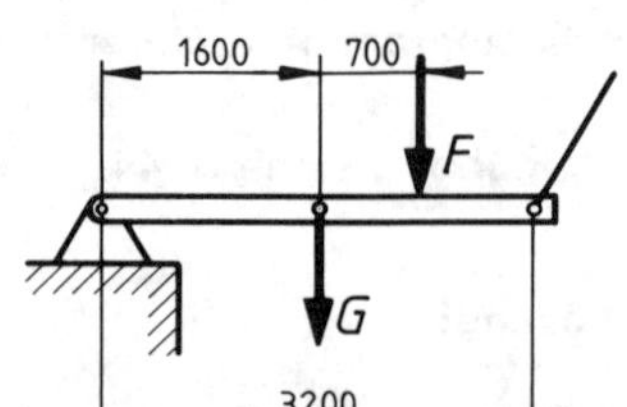

Bild 2 Ausleger mit zwei parallelen Belastungskräften

Lösung:

Geeignete Längen- und Kräftemaßstäbe werden festgelegt und die beiden Kräfte F und G in einen kombinierten Lage- und Kräfteplan eingezeichnet (Bild 1).

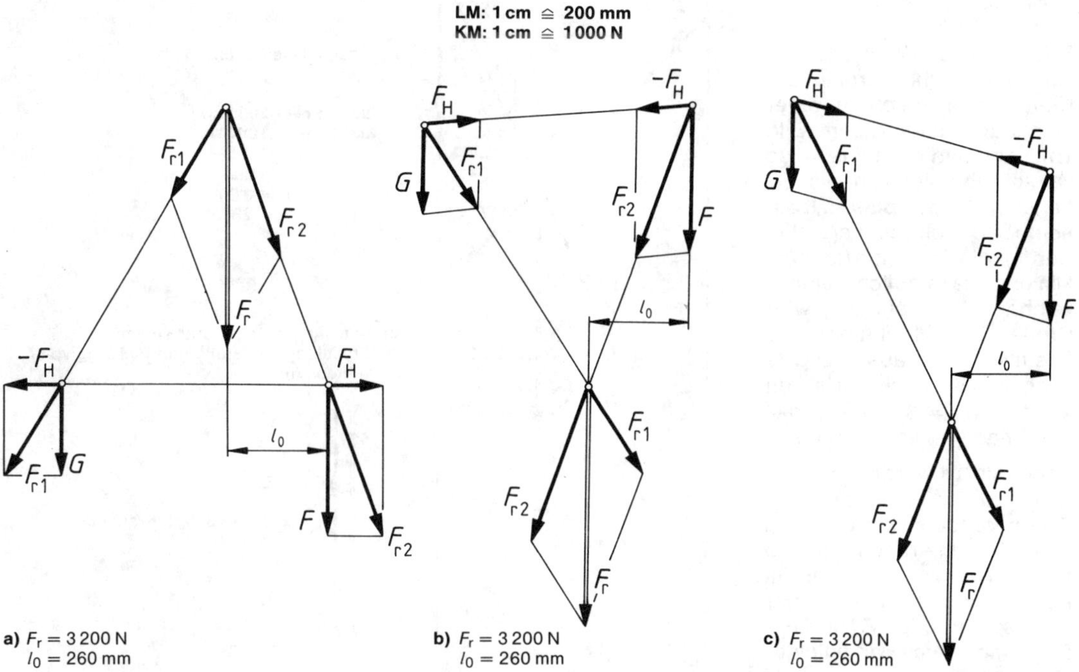

Bild 1 Zeichnerische Ermittlung der Resultierenden mit dem Hilfskräfteverfahren bei unterschiedlichen Hilfskräften

Um die zwei parallelen Kräfte F und G zusammenfassen zu können, werden zwei beliebig große, aber gleich große **Hilfskräfte** F_H und $-F_H$ hinzugefügt. F_H und $-F_H$ liegen auf derselben Wirklinie, sind aber entgegengesetzt gerichtet. Da sich die beiden Hilfskräfte gegenseitig aufheben, können sie zu einem Kräftesystem hinzugefügt werden, ohne die Wirkung des Kräftesystems zu ändern.

F mit F_H und G mit $-F_H$ werden zu den Teilresultierenden F_{r1} und F_{r2} zusammengefaßt, deren Wirklinien sich in einem Punkt schneiden (zentrales Kräftesystem). Die Teilresultierenden werden längs ihrer Wirklinie verschoben und zur Gesamtresultierenden F_r vereinigt.

Bild 2 zeigt, daß Größe, Lage und Richtungssinn der Hilfskräfte beliebig sein können, das Ergebnis ist immer dasselbe. Entscheidend ist, daß beide Hilfskräfte auf einer gemeinsamen Wirklinie liegen, gleich groß und entgegengesetzt gerichtet sind. Dieses zeichnerische Lösungsverfahren wird als **Hilfskräfte-Verfahren** bezeichnet.

Durch das Hilfskräfte-Verfahren lassen sich zwei parallele bzw. annähernd parallele Kräfte zu einer Resultierenden zusammenfassen.

Durch das Hilfskräfte-Verfahren lassen sich auch drei und mehr parallele Kräfte zu einer Resultierenden vereinigen. Dabei müssen zunächst jeweils zwei Kräfte zu einer Teilresultierenden zusammengefaßt werden, um dann durch nochmalige Anwendung des Hilfskräfte-Verfahrens die Gesamtresultierende zu erhalten. Die Lösung muß in mehreren Schritten erfolgen, ist also umständlich und zeitraubend. Außerdem wird die Zeichnung unübersichtlich, weil Lage- und Kräfteplan zusammengelegt sind.

Deshalb wird – anhand der gleichen Aufgabe – ein weiteres zeichnerisches Lösungsverfahren entwickelt, welches, besonders bei drei und mehr Kräften, dem Hilfskräfte-Verfahren überlegen ist.

Seileck-Verfahren

Aufgabe: siehe S. 46.

Lösung:

Beim Hilfskräfte-Verfahren sind Lage und Größe der Kräfte maßstäblich in einer Zeichnung aufgetragen (Bild 1b), Lage und Kräfteplan also vereint. Übersichtlicher ist es, **Lage- und Kräfteplan zu trennen** (Bild 1c). Im Lageplan werden die Abstände der Wirklinien maßstäblich eingezeichnet. Im Kräfteplan wird Größe und Richtung der Resultierenden aus F und G nach dem Krafteck-Verfahren ermittelt ($F_r = 3200$ N, senkrecht nach unten wirkend).

Nach Bild 1d werden im Kräfteplan zusätzlich die zu G und F gehörenden Hilfskräfte F_H und $-F_H$ eingetragen. Mit Hilfe des Krafteckverfahrens erhält man Größe und Richtung der Teilresultierenden F_{r1} und F_{r2}. Die gemeinsame Wirklinie der Hilfskräfte F_H und $-F_H$ wird durch Parallelverschieben in den Lageplan übertragen, wobei die Lage des Schnittpunktes I oder II beliebig gewählt werden kann.

Die Kräfte G, F_H und F_{r1} bzw. F, $-F_H$ und F_{r2} bilden jeweils ein zentrales Kräftesystem, also müssen im Lageplan die Wirklinien von F_{r1} durch Punkt I und von F_{r2} durch Punkt II verlaufen. Damit können die im Kräfteplan ermittelten Richtungen von F_{r1} und F_{r2} in den Lageplan übertragen werden.

Die Kräfte F_{r1}, F_{r2} und F_r bilden ebenfalls ein zentrales Kräftesystem, also müssen sich auch deren Wirklinien im Lageplan in einem Punkt schneiden. Folglich muß die Wirklinie von F_r, deren Richtung im Kräfteplan ermittelt wurde, durch den Schnittpunkt der Wirklinien von F_{r1} und F_{r2} verlaufen. Damit ist auch die Lage von F_r bestimmt (Abstand $l_0 = 260$ mm).

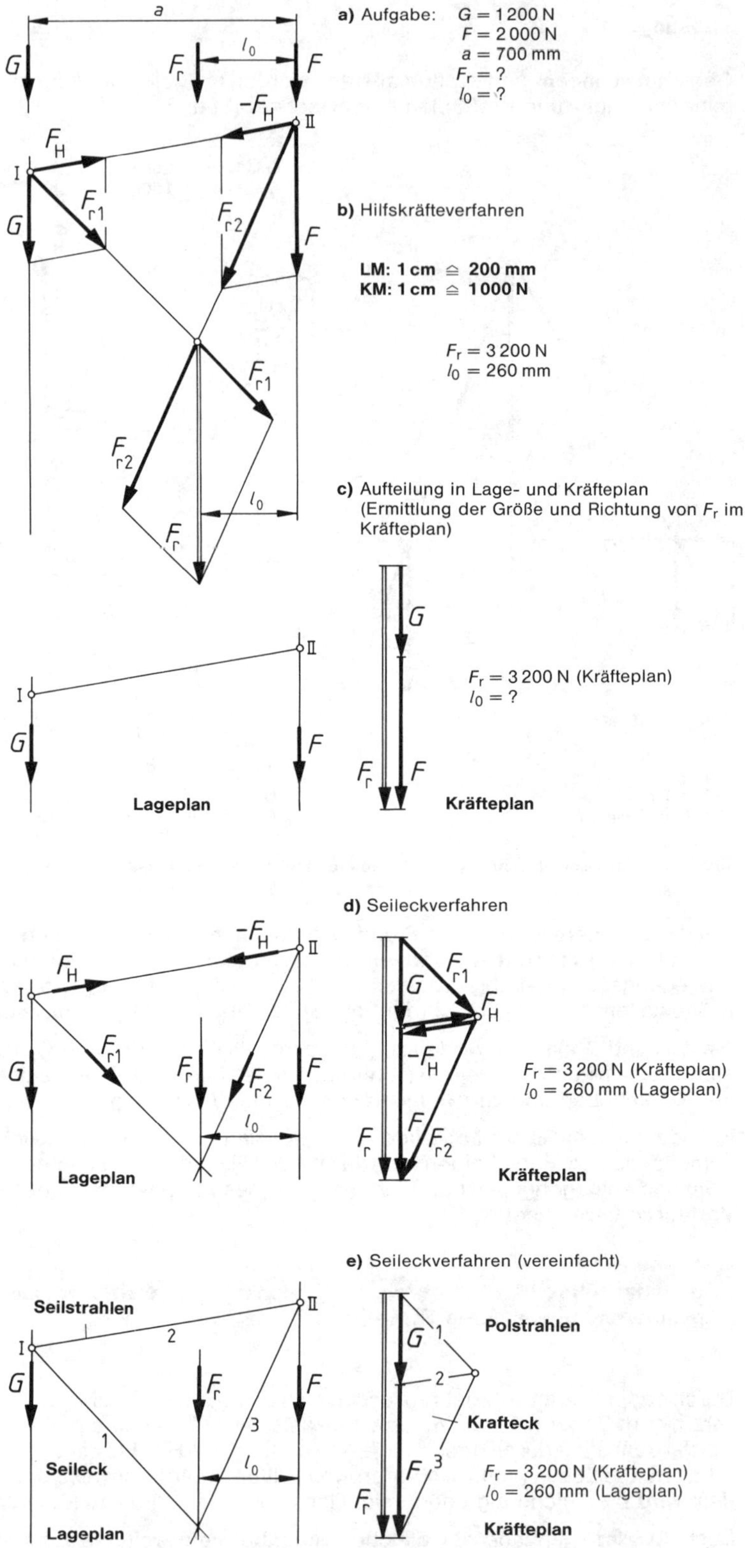

Bild 1 Entwicklung des Seileckverfahrens aus dem Hilfskräfteverfahren

Die zeichnerische Ausführung kann noch vereinfacht werden:

Im Kräfteplan werden anstelle der Kräfte F_H, $-F_H$, F_{r1} und F_{r2} nur noch Strahlen gezeichnet, die vom **Polpunkt P** ausgehen. Diese sogenannten **Polstrahlen,** von oben bei 1 beginnend durchnumeriert, werden durch Parallelverschieben in den Lageplan übertragen (Bild 1e, S. 48); dort heißen sie **Seilstrahlen.** Der Linienzug aus den Seilstrahlen wird als **Seileck** bezeichnet, das Verfahren selbst als **Seileckverfahren.**

Beim Seileckverfahren gilt:

Betrag und Richtung der Resultierenden ergeben sich aus dem Krafteck, die Lage der Resultierenden ergibt sich aus dem Seileck.

Jedem Dreieck im Kräfteplan entspricht ein Schnittpunkt im Lageplan, d. h. die Kräfte, deren Wirklinien sich im Lageplan in einem Punkt schneiden, bilden im Kräfteplan ein Dreieck.

Lösungsgang zum Seileck-Verfahren:

1. **Lageplan und Kräfteplan zeichnen**
2. **Betrag und Richtung der Resultierenden im Kräfteplan ermitteln**
3. **Beliebigen Pol P wählen und Polstrahlen zeichnen**
4. **Parallel zu den Polstrahlen Seilstrahlen im Lageplan zeichnen: dabei Seilstrahl 1 beliebig**
5. **Anfangs- und Endseilstrahl zum Schnitt bringen**
6. **Wirklinie der Resultierenden durch den Schnittpunkt legen**

Zusammenfassung:

Für die Ermittlung der **Resultierenden im allgemeinen Kräftesystem** gilt:

rechnerische Lösung:

Betrag und Richtung der Resultierenden aus den Gleichungen (1), (2) und (3)
Lage der Resultierenden aus der Gleichung (6) b

zeichnerische Lösungen:

1. Parallelogramm-Verfahren (wiederholte Parallelogrammkonstruktion): bei sich schneidenden Kräften
2. Hilfskräfte-Verfahren: bei zwei parallelen Kräften
3. Seileck-Verfahren: bei mehreren parallelen und sich schneidenden Kräften. Das Seileck-Verfahren ist das allgemeinste zeichnerische Lösungsverfahren zum Zusammenfassen von Kräften.

Lehrbeispiel 13:

Bei einem Spezialfahrzeug werden folgende Achskräfte gemessen:

Vorderachskraft $F_v = 8\,000\,\text{N}$

Hinterachskraft $F_h = 5\,500\,\text{N}$.

Wie groß ist der Schwerpunktsabstand von der Hinterachse?

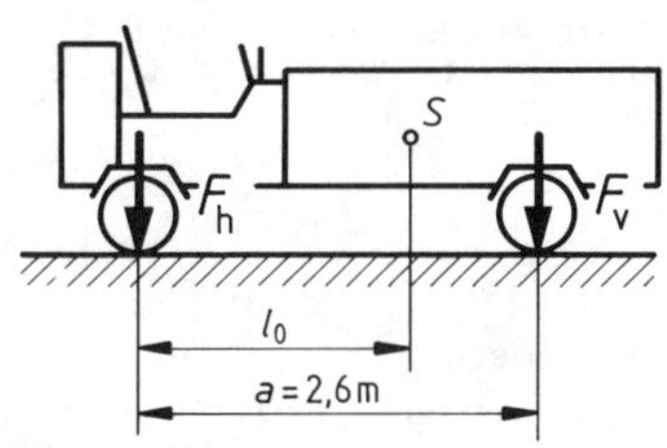

Bild 1 Spezialfahrzeug mit Achskräften

Lösung:

Die Gewichtskraft G des Fahrzeugs verteilt sich auf beide Achsen und erzeugt die Achskräfte. Die Gewichtskraft ist also die Resultierende der Achskräfte. Die Achskräfte sind zwei Komponenten der Gewichtskraft, wobei in diesem Fall die Komponenten bekannt sind, die Kraft selbst aber gesucht ist.

Aus der Größe der Achskräfte kann auf die Lage des Schwerpunkts geschlossen werden. In diesem Beispiel muß der Schwerpunkt näher bei der Vorderachse liegen, da die Vorderachskraft größer als die Hinterachskraft ist.

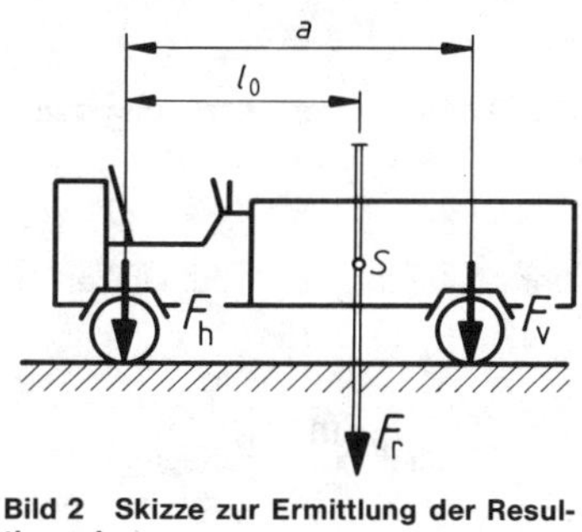

Bild 2 Skizze zur Ermittlung der Resultierenden

rechnerisch:

Wird der Drehpunkt in die Hinterachse gelegt, so ist:

$$M_r = M_{FH} + M_{Fv}$$

$$F_r \cdot l_0 = F_h \cdot 0 + F_v \cdot a$$

Mit $F_r = G = F_h + F_v = 5500\,\text{N} + 8000\,\text{N} = 13500\,\text{N}$

wird der Schwerpunktsabstand:

$$l_0 = \frac{F_v \cdot a}{F_r} = \frac{8000\,\text{N} \cdot 2{,}6\,\text{m}}{13500\,\text{N}} = \underline{1{,}54\,\text{m}}$$

zeichnerisch:

Da nur 2 parallele Kräfte vorhanden sind, erfolgt die Lösung mit den Hilfskräfteverfahren (Bild 1).

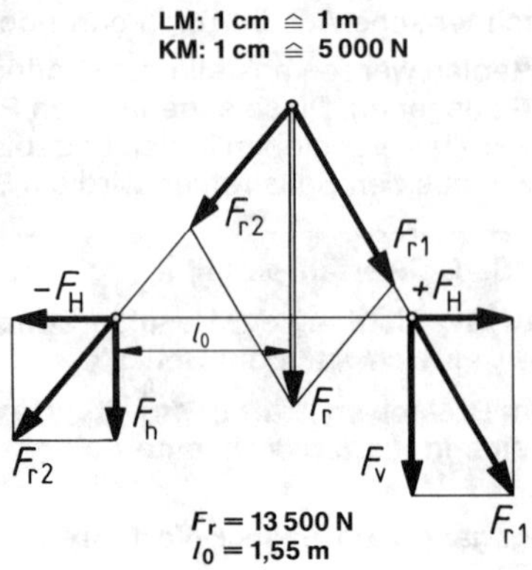

Bild 1 Zeichnerische Ermittlung der Resultierenden mit dem Hilfskräfteverfahren

Lehrbeispiel 14:

Ein Träger aus IPB-Profil DIN 1025 – St 37-2-240 wird durch die Kräfte $F_1 = 15\,\text{kN}$, $F_2 = 12\,\text{kN}$ (ausgeübt durch die Träger 1 und 2) und die Eigengewichtskraft G belastet.

Durch welche Gesamtkraft können die Einzelkräfte ersetzt werden, und wo greift diese an (Entfernung vom linken Trägerende)?

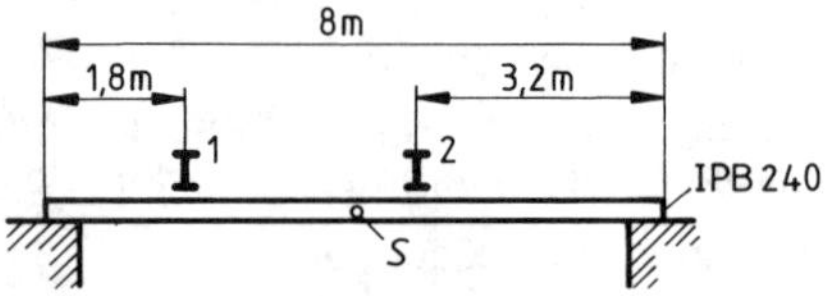

Bild 2 Träger

Lösung:

Nach DIN 1025, T 2, beträgt für den Träger PB 240 die Masse je m Trägerlänge 83,2 kg. Damit ist die in der Mitte des Trägers angreifende Gewichtskraft $G = 8\,\text{m} \cdot 83{,}2\,\text{kg/m} \cdot 9{,}81\,\text{m/s}^2 = 6530\,\text{N}$

rechnerisch:

Die Belastungskräfte F_1, F_2 und G wirken alle senkrecht nach unten, also muß auch die Resultierende F_r senkrecht nach unten wirken (Bild 3).

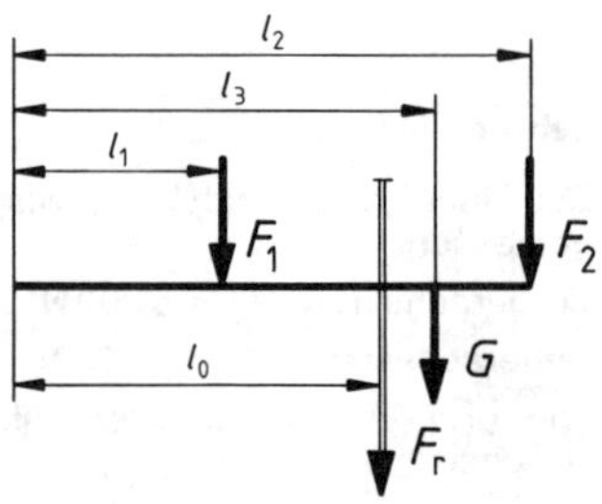

Bild 3 Skizze zur rechnerischen Ermittlung der Resultierenden

Die Größe der Resultierenden beträgt:

$$F_r = \Sigma F_v = F_1 + F_2 + G = 15\,\text{kN} + 12\,\text{kN} + 6{,}53\,\text{kN} = \underline{33{,}53\,\text{kN}}$$

Der Abstand l_0 von F_r zum linken Trägerende beträgt:

$$l_0 = \frac{\Sigma\,(F \cdot l)}{F_r} = \frac{F_1 \cdot l_1 + F_2 \cdot l_2 + G \cdot l_3}{F_r} = \frac{(15 \cdot 1{,}8 + 12 \cdot 4{,}8 + 6{,}53 \cdot 4)\,\text{kNm}}{33{,}53\,\text{kN}}$$

$$l_0 = \frac{110{,}7\,\text{kNm}}{33{,}53\,\text{kN}} = \underline{3{,}3\,\text{m}}$$

zeichnerisch:

Da mehr als zwei parallele Kräfte vorhanden sind, erfolgt die Lösung mit dem Seileckverfahren.

Im Lageplan werden die Wirklinien von F_1, F_2 und G eingezeichnet (Bild 1). Im Kräfteplan werden diese 3 Kräfte aneinandergereiht, sie bilden einen Kräftezug. Die Reihenfolge der Kräfte ist beliebig. Die übersichtlichste Anordnung ergibt sich, wenn die Kräfte in der Reihenfolge aneinandergehängt werden, wie sie – von links nach rechts – im Lageplan erscheinen. Die Resultierende verläuft vom Anfangspunkt zum Endpunkt des Kräftezugs.

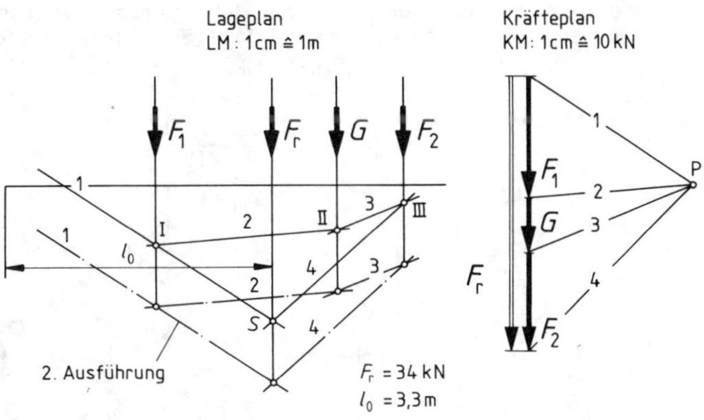

Bild 1 Zeichnerische Ermittlung der Resultierenden mit dem Seileckverfahren

Damit sind Größe und Richtung der Resultierenden bestimmt, ihre Lage wird mit Hilfe des Seileckverfahrens ermittelt (Bild 1).

Der Pol P kann beliebig gewählt werden. Eine übersichtliche Darstellung ergibt sich, wenn P so gelegt wird, daß der Kräftezug mit dem obersten und untersten Polstrahl ein annähernd gleichseitiges Dreieck bildet. Von P aus werden die Polstrahlen zu den Anfangs- und Endpunkten der Einzelkräfte gezogen. Die Polstrahlen werden, von oben nach unten mit 1 beginnend, numeriert.

Parallel zu den Polstrahlen werden in den Lageplan die Seilstrahlen eingezeichnet. Dabei ist zu beachten, daß jedem Dreieck im Kräfteplan ein Schnittpunkt im Lageplan entspricht. F_1 und die Polstrahlen 1 und 2 bilden im Kräfteplan ein Dreieck, also müssen sich im Lageplan die Wirklinie von F_1 und die Seilstrahlen 1 und 2 in einem Punkt schneiden. Der erste Schnittpunkt (I) kann beliebig auf der Wirklinie von F_1 gewählt werden, wie die 2. Ausführung in Bild 1 zeigt. Da die Polstrahlen 2 und 3 mit G im Kräfteplan ein Dreieck bilden, müssen sie sich im Lageplan in einem Punkt schneiden: Seilstrahl 2 wird bis zum Schnittpunkt mit der Wirklinie von G verlängert, durch den Schnittpunkt II wird der Seilstrahl 3 gezogen. Polstrahl 3, F_2 und Polstrahl 4 bilden im Kräfteplan ein Dreieck: Seilstrahl 3 wird bis zur Wirklinie von F_2 verlängert, durch den Schnittpunkt III wird der Seilstrahl 4 gezogen. Die Polstrahlen 1 und 4 bilden mit F_r im Kräfteplan ein Dreieck: die Seilstrahlen 1 und 4 werden miteinander zum Schnitt gebracht, der Schnittpunkt S ist ein Punkt der Wirklinie von F_r.

Lehrbeispiel 15:

In einer feinmechanischen Meßeinrichtung wird ein Kontakthebel durch die Kräfte $F_1 = 0{,}6$ N, $F_2 = 0{,}1$ N und $F_3 = 0{,}3$ N belastet. Die Abstände betragen $l_2 = 35$ mm und $l_3 = 45$ mm.

a) Welchen Abstand l_0' muß das Lager von F_1 haben, damit die beiden Kontakte nicht belastet, der Hebel also nicht gedreht wird?

b) Wie groß ist die Lagerkraft?

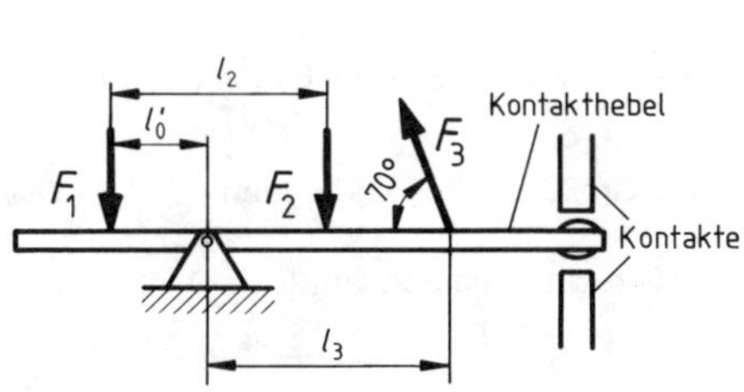

Bild 2 Kontakthebel

Lösung:

Das Lager muß so angebracht werden, daß die Wirklinie der Resultierenden F_r der 3 Kräfte F_1, F_2 und F_3 durch das Lager geht, dann ist das Moment $M_r = F_r \cdot 0 = 0$, also auch die Summe der Einzelmomente $\Sigma M = 0$.

zeichnerisch:

Größe und Lage der Resultierenden können mit dem Seileckverfahren ermittelt werden.

Die Größe von F_r und der Winkel α ergeben sich aus dem Kräfteplan. Da die Wirklinie von F_3 schräg verläuft und die gesuchte Größe l_0' auf dem Hebel gemessen wird, ist im Lageplan die Hebelachse einzuzeichnen. Bild 1 zeigt, daß auch hier der 1. Schnittpunkt (I oder I′) beliebig gewählt werden kann.

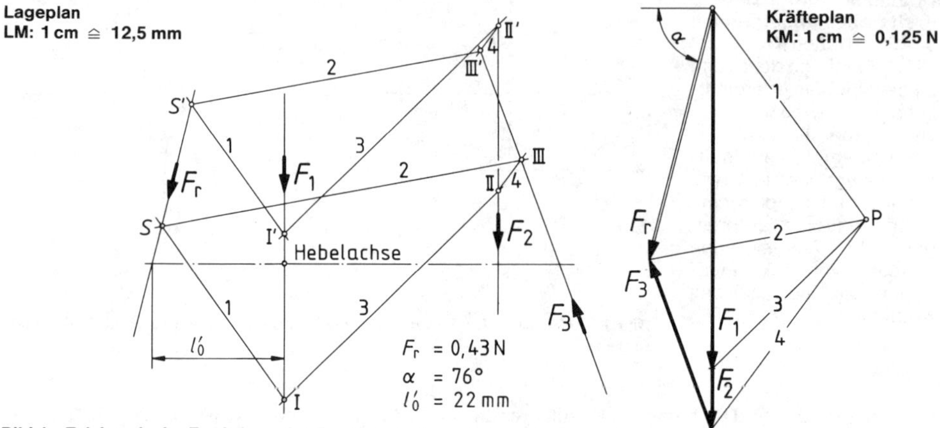

Bild 1 Zeichnerische Ermittlung der Resultierenden mit dem Seileckverfahren

rechnerisch:

Die zunächst vermutete Lage von F_r wird in die Skizze zur rechnerischen Lösung eingetragen (Bild 2).

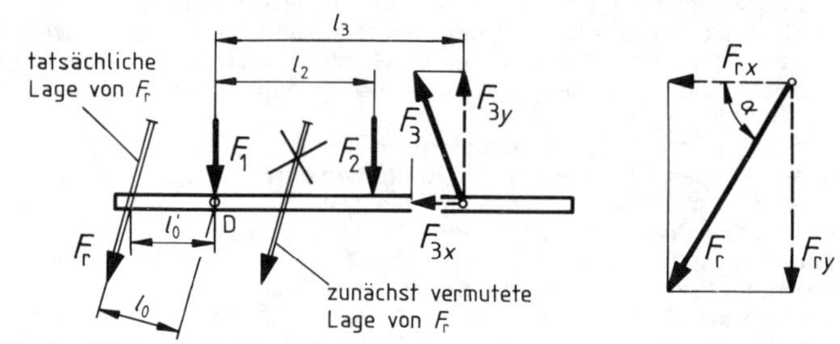

Bild 2 Skizze zur rechnerischen Lösung

Mit $F_{3x} = F_3 \cdot \cos 70° = 0{,}3\,\text{N} \cdot \cos 70° = 0{,}103\,\text{N}$ und

$F_{3y} = F_3 \cdot \sin 70° = 0{,}3\,\text{N} \cdot \sin 70° = 0{,}282\,\text{N}$ werden die Komponenten der Resultierenden:

$$F_{rx} = \Sigma F_x = F_{3x} = 0{,}103\,\text{N} \text{ (nach links)}$$

$$F_{ry} = \Sigma F_y = F_1 + F_2 - F_{3y} = 0{,}6\,\text{N} + 0{,}1\,\text{N} - 0{,}282\,\text{N} = 0{,}418\,\text{N} \text{ (nach unten)}$$

Damit wird der Winkel zwischen F_r und der Hebelachse: $\tan\alpha = \dfrac{F_{ry}}{F_{rx}} = \dfrac{0{,}418\,\text{N}}{0{,}103\,\text{N}}$ $\quad \underline{\alpha = 76{,}2°}$

und die Größe der Resultierenden: $F_r = \sqrt{F_{rx}^2 + F_{ry}^2} = \sqrt{0{,}103^2 + 0{,}418^2}\,\text{N} = \underline{0{,}431\,\text{N}}$

Der senkrechte Abstand von F_r zu D ist:

$$l_0 = \frac{\Sigma\,(F \cdot l)}{F_r} = \frac{F_2 \cdot l_2 - F_{3y} \cdot l_3}{F_r} = \frac{0{,}1\,\text{N} \cdot 35\,\text{mm} - 0{,}282\,\text{N} \cdot 45\,\text{mm}}{0{,}431\,\text{N}} = -21{,}3\,\text{mm}$$

Mit $\sin\alpha = \dfrac{l_0}{l_0'}$ wird $l_0' = \dfrac{l_0}{\sin\alpha} = \dfrac{-21{,}3\,\text{mm}}{\sin 76{,}2°} = \underline{-22{,}0\,\text{mm}}$

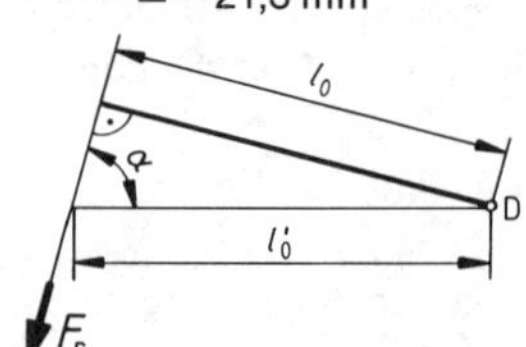

Bild 3 Skizze zur Berechnung von l_0'

Das negative Ergebnis bedeutet, daß l_0' links von D und nicht wie in Bild 2 angenommen, rechts von D abzutragen ist.

Übungsaufgaben:

1. Wie groß muß die Masse m sein, um an der Seiltrommel (Bild 1) ein Drehmoment von $M = 340$ Nm zu erzeugen?

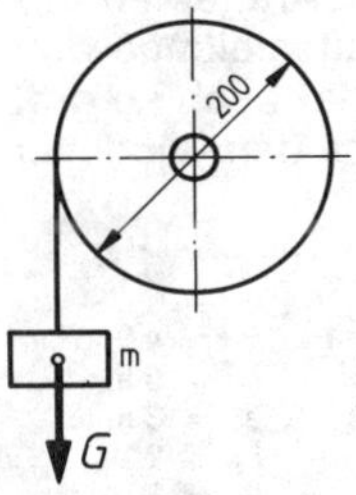

Bild 1

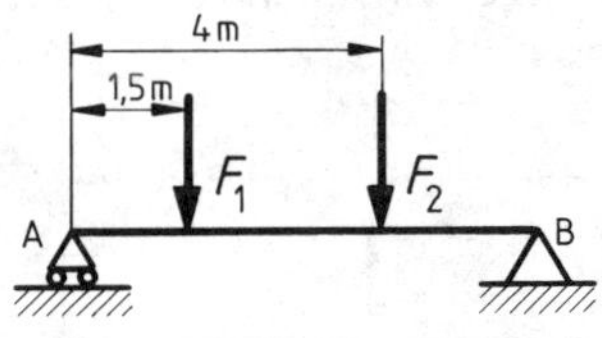

Bild 2

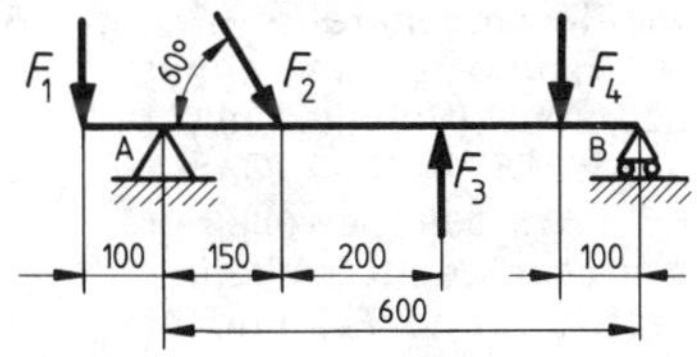

Bild 3

2. Ein Stützträger wird durch die Kräfte $F_1 = 8{,}4$ kN und $F_2 = 13$ kN belastet (Bild 2).
   a) Wie groß ist die Resultierende F_r?
   b) Welchen Abstand l_0 hat F_r vom Lager A?
3. Eine Welle wird durch die Kräfte $F_1 = 800$ N, $F_2 = 500$ N, $F_3 = 1000$ N und $F_4 = 700$ N belastet (Bild 3). Ermitteln Sie Größe und Lage der Resultierenden aus den 4 Kräften.

2.4.3 Ermittlung unbekannter Kräfte im allgemeinen Kräftesystem (Gleichgewicht im allgemeinen Kräftesystem)

Je nach Anzahl und Lage der Kräfte können bei der zeichnerischen Lösung verschiedene Lösungsverfahren angewendet werden. Man unterscheidet:

a) Gleichgewicht von parallelen bzw. überwiegend parallelen Kräften,
b) Gleichgewicht von 3 nicht parallelen Kräften,
c) Gleichgewicht von 4 nicht parallelen Kräften.

2.4.3.1 Gleichgewicht von parallelen Kräften (Schlußlinienverfahren)

Aufgabe:

Ein Träger wird durch die Kraft $F = 4000$ N belastet. Wie groß sind die Lagerkräfte bei A und B?

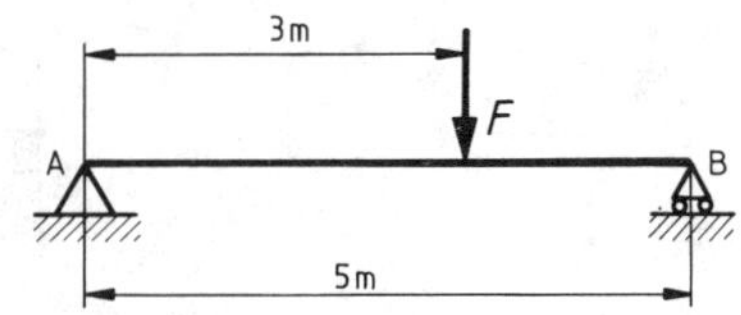

Bild 4 Stützträger

Lösung:

Erster Lösungsschritt ist das Freimachen des Trägers (Bild 5). Obwohl Lager A als Festlager beliebig gerichtete Kräfte aufnehmen kann, muß F_A senkrecht nach oben wirken, da F und F_B (Loslager) senkrecht wirken.

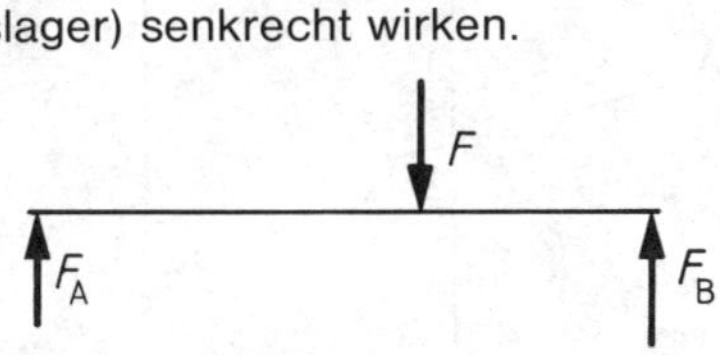

Bild 5 Freigemachter Träger

zeichnerisch:

Die zeichnerische Gleichgewichtsbedingung im zentralen Kräftesystem heißt: geschlossenes Krafteck mit gleichem Umlaufsinn. Diese Gleichgewichtsbedingung reicht für das allgemeine Kräftesystem nicht aus. Bild 6 zeigt, daß beliebig viele Lösungen möglich sind, es kann aber nur eine Lösung richtig sein.

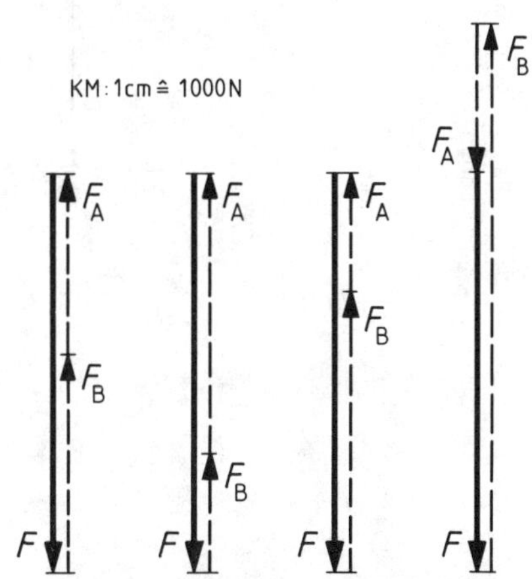

Bild 6 Lösungsversuch mit Hilfe des geschlossenen Kräftezugs: Es ergeben sich unendlich viele Lösungen für F_A und F_B

Bei einem allgemeinen Kräftesystem muß neben der **Größe** auch die **Lage** der Kräfte berücksichtigt werden.

In Bild 1 ist die Lösung mit dem Hilfskräfteverfahren gezeigt. Im kombinierten Lage- und Kräfteplan wird die Kraft F in die zwei beliebig gerichteten Kräfte F_1 und F_2 zerlegt. Soll am Träger Kräftegleichgewicht herrschen, so müssen F_A und F_B zusammen so groß sein wie die Gegenkraft zu F oder auch so groß wie die Gegenkräfte $-F_1$ und $-F_2$ zu F_1 und F_2. Die Wirklinien von F_1 und F_2 werden mit den Wirklinien von F_A und F_B zum Schnitt gebracht (Schnittpunkt I und II). Die Kräfte $-F_1$ und $-F_2$ werden jeweils in eine senkrecht wirkende Kraft (F_A und F_B) und in eine Kraft auf der Wirklinie I–II (F_H und $-F_H$) zerlegt. Da die Resultierende aus F_H und $-F_H$ gleich Null ist, sind F_A und F_B zusammen gleich groß wie $-F_1$ und $-F_2$ und damit auch gleich groß wie die Gegenkraft zu F. Um die Entwicklung eines dem Seileckverfahren entsprechenden Verfahrens abzuleiten, werden in Bild 1b die Kräfte in einen gesonderten Kräfteplan übertragen.

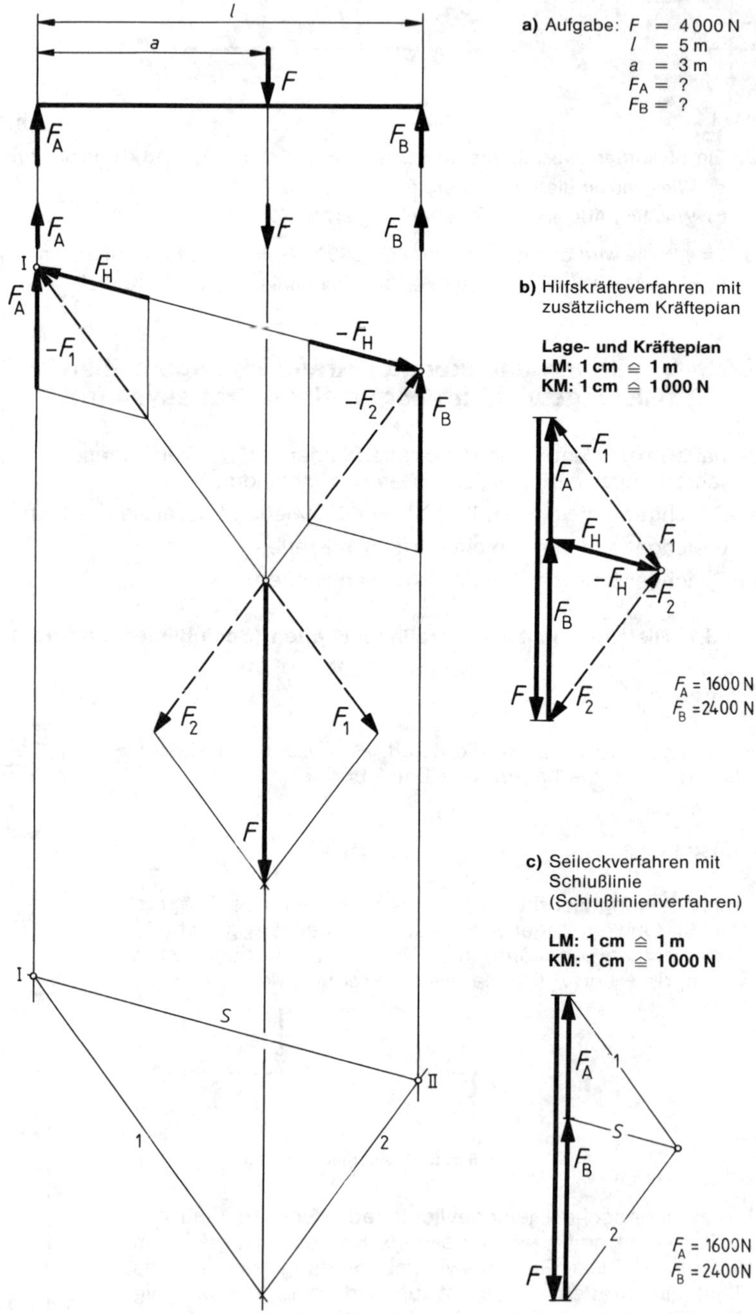

Bild 1 Entwicklung des Schlußlinienverfahrens aus dem Hilfskräfteverfahren

Bild 1c (Seite 54) zeigt das vereinfachte zeichnerische Lösungsverfahren. Im Kräfteplan werden vom Pol P zum Anfangs- und Endpunkt von F die Polstrahlen 1 und 2 gezogen. Im Kräfteplan bilden F und die Polstrahlen 1 und 2 ein Dreieck, also müssen sich im Lageplan die Wirklinie von F und die Seilstrahlen 1 und 2 in einem Punkt schneiden. Die Seilstrahlen 1 und 2 werden mit den Wirklinien von F_A bzw. F_B zum Schnitt gebracht. Die Verbindungsgerade der Punkte I und II schließt das Seileck, man bezeichnet sie als **Schlußlinie S**. Da jedem Seilstrahl ein Polstrahl entspricht, wird die Parallele zur Schlußlinie im Kräfteplan gezogen. Der Polstrahl S teilt die Gegenkraft zu F in die Lagerkräfte F_A und F_B.

Welche der beiden Kräfte ist F_A, welche F_B? Schlußlinie S, Seilstrahl 1 und F_A schneiden sich im Lageplan in einem Punkt, also muß im Kräfteplan die obere Kraft F_A sein, da sie mit den Polstrahlen S und 1 ein Dreieck bildet.

Der Richtungssinn von F_A und F_B ergibt sich aus der Forderung, daß F, F_A und F_B ein geschlossenes Krafteck mit gleichem Umlaufsinn bilden müssen (siehe Kap. 2.3.2).

Die zeichnerischen Gleichgewichtsbedingungen lauten:
1. geschlossenes Krafteck mit gleichem Umlaufsinn,
2. geschlossenes Seileck.

Das **Seileckverfahren mit Schlußlinie** zur Ermittlung unbekannter Kräfte wird als **Schlußlinienverfahren** bezeichnet.

Mit dem Schlußlinienverfahren können im allgemeinen Kräftesystem unbekannte Kräfte zeichnerisch ermittelt werden. Besonders vorteilhaft ist das Verfahren bei parallelen Kräften.

rechnerisch:

Mit den rechnerischen Gleichgewichtsbedingungen $\Sigma F_x = 0$ und $\Sigma F_y = 0$ ergibt sich nach Bild 1a (Seite 54):

$$F_A + F_B - F = 0$$

Da Kräfte in x-Richtung nicht vorhanden sind, erhält man für die beiden unbekannten Kräfte F_A und F_B nur eine Gleichung. Die Gleichgewichtsbedingungen für das zentrale Kräftesystem reichen für das allgemeine Kräftesystem nicht aus, man benötigt eine weitere Gleichgewichtsbedingung.

Die beiden Gleichgewichtsbedingungen $\Sigma F_x = 0$ und $\Sigma F_y = 0$ sagen nur aus, daß sich das Bauteil weder in x- noch in y-Richtung bewegt. Eine Drehbewegung ist damit nicht ausgeschlossen.

Denkt man sich bei dem Träger nach Bild 1a S. 54 die Lagerkraft F_B nicht vorhanden, so würde sich der Träger unter dem Einfluß der Kraft F um das Lager A drehen. Die Kraft F verursacht ein Drehmoment. F_B muß also ein gleich großes Gegenmoment verursachen, damit der Träger im Gleichgewicht bleibt. Nicht nur Kräftegleichgewicht, sondern auch Momentengleichgewicht ist erforderlich.

Es muß also sein:

$$F \cdot 3\,\text{m} = F_B \cdot 5\,\text{m}$$
$$F \cdot 3\,\text{m} - F_B \cdot 5\,\text{m} = 0 \quad \text{oder allgemein:} \quad \Sigma M_A{}^{1} = 0$$

Die Bedingung $\Sigma M = 0$ gilt nicht nur für das Lager A, sondern für jeden beliebigen Punkt innerhalb oder außerhalb des Trägers als Drehpunkt. Bei der Ermittlung unbekannter Kräfte ist es sinnvoll, den Drehpunkt auf der Wirklinie einer unbekannten Kraft zu wählen, bei dieser Aufgabe also in A oder B.

Zu den beiden Gleichgewichtsbedingungen $\Sigma F_x = 0$ und $\Sigma F_y = 0$ tritt also im allgemeinen Kräftesystem noch die Bedingung $\Sigma M = 0$ hinzu.

Bei der gestellten Aufgabe gilt

$$\Sigma F_y = 0 \quad \Rightarrow \quad F_A + F_B - F = 0 \qquad \text{(I)}$$
$$\Sigma M_A = 0 \quad \Rightarrow \quad F \cdot 3\,\text{m} - F_B \cdot 5\,\text{m} = 0 \qquad \text{(II)}$$

Da keine x-Komponenten auftreten, braucht die Gleichgewichtsbedingung ΣF_x nicht herangezogen zu werden.

Aus (II) folgt: $F_B = \dfrac{4\,000\,\text{N} \cdot 3\,\text{m}}{5\,\text{m}} = \underline{2\,400\,\text{N}}$

[1] Der Index A gibt an, auf welchen Drehpunkt die Momentengleichung bezogen ist.

Aus (I) folgt: $F_A = F - F_B = 4000\,\text{N} - 2400\,\text{N} = \underline{1600\,\text{N}}$

Die Lagerkraft F_A kann auch aus der Gleichung $\Sigma M_B = 0$ berechnet werden.

Es ist: $\Sigma M_B = 0 \quad \Rightarrow \quad F_A \cdot 5\,\text{m} - F \cdot 2\,\text{m} = 0$

$$F_A = \frac{F \cdot 2\,\text{m}}{5\,\text{m}} = \frac{4000\,\text{N} \cdot 2}{5} = \underline{1600\,\text{N}}$$

Im allgemeinen Kräftesystem gelten die **rechnerischen Gleichgewichtsbedingungen**:

(7) $\Sigma F_x = 0$
$\Sigma F_y = 0$
$\Sigma M = 0$

F_x x-Komponente einer Einzelkraft in N
F_y y-Komponente einer Einzelkraft in N
M Moment einer Einzelkraft bezüglich eines beliebigen Drehpunkts in Nm

Lehrbeispiel 16:

Ein Träger wird durch die Einzelkräfte $F_1 = 4000\,\text{N}$ und $F_2 = 3800\,\text{N}$ sowie durch die Streckenkraft $f = 800\,\text{N/m}$ belastet.

Ermitteln Sie zeichnerisch und rechnerisch die Lagerkräfte.

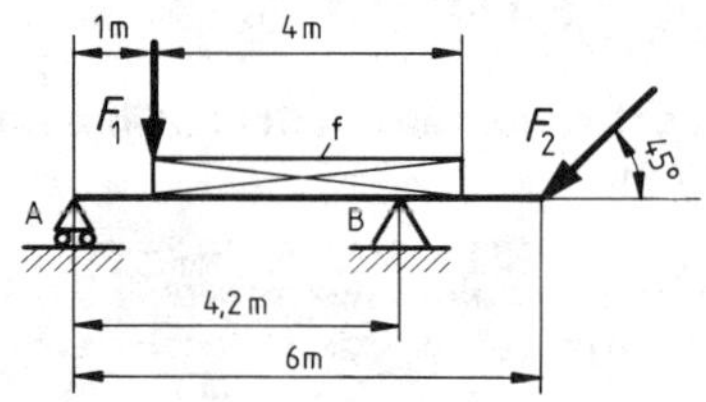

Bild 1 Träger mit Einzelkräften und Streckenkraft

Lösung:

Erster Lösungsschritt ist wieder das „Freimachen" des Trägers. Dabei kann zur Ermittlung der Lagerkräfte die gleichmäßig verteilte Streckenkraft als in der Mitte der Streckenkraft angreifende Einzelkraft behandelt werden. Die Streckenkraft beträgt:

$$F = f \cdot l = 800\,\frac{\text{N}}{\text{m}} \cdot 4\,\text{m} = 3200\,\text{N}$$

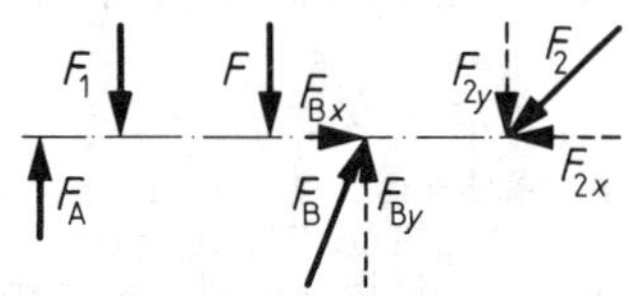

Bild 2 Freigemachter Träger

zeichnerisch:

Die Lagerkraft F_A (Loslager) kann nur senkrecht wirken. Die schräg wirkende Kraft F_2 verursacht im Festlager B eine schräg wirkende Lagerkraft F_B, von deren Wirklinie nur bekannt ist, daß sie durch den Punkt B geht. In Bild 2 sind anstelle der Lagerkraft F_B ihre beiden Komponenten eingezeichnet. Im Lageplan (Bild 3) können also nur die Wirklinien der Kräfte F, F_1, F_2 und F_A eingezeichnet werden. Einer der beiden Polstrahlen, die zum Anfangs- oder Endpunkt des Kräftezugs der Belastungskräfte führen (1 oder 4), müssen als erste durch den Festlagerpunkt B in den Lageplan übertragen werden. Wird mit Seilstrahl 4 begonnen, so ergibt sich die Reihenfolge 4–3–2–1 der Seilstrahlen aus der Bedingung: bilden 3 Kräfte im Kräfteplan ein Dreieck, so müssen sich ihre Wirklinien im Lageplan in einem Punkt schneiden.

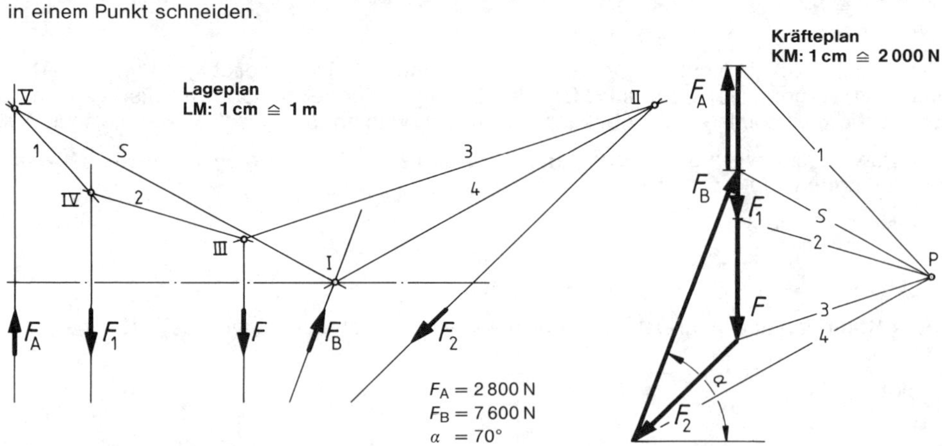

Bild 3 Schlußlinienverfahren

rechnerisch:

Die schräg wirkenden Kräfte F_2 und F_B werden in ihre x- und y-Komponenten zerlegt. Es ist:

$$F_{2x} = F_{2y} = F_2 \cdot \sin 45° = 3800\,N \cdot \sin 45° = 2687\,N$$
$$F_{Bx} = F_B \cdot \cos \alpha$$
$$F_{By} = F_B \cdot \sin \alpha$$

Zur Aufstellung der Gleichgewichtsbedingungen wird die Skizze des freigemachten Trägers (Bild 2 Seite 56) herangezogen.

Die Gleichgewichtsbedingungen lauten:

$$\Sigma F_x = 0 \Rightarrow F_{Bx} - F_{2x} = 0 \quad (I)$$
$$\Sigma F_y = 0 \Rightarrow F_A + F_{By} - F_1 - F - F_{2y} = 0 \quad (II)$$
$$\Sigma M_B = 0 \Rightarrow F_A \cdot 4{,}2\,m + F_{2y} \cdot 1{,}8\,m - F_1 \cdot 3{,}2\,m - F \cdot 1{,}2\,m = 0 \quad (III)$$

Aus (I) folgt: $F_{Bx} = F_{2x} = 2687\,N$

Aus (III) folgt: $F_A = \dfrac{F_1 \cdot 3{,}2\,m + F \cdot 1{,}2\,m - F_{2y} \cdot 1{,}8\,m}{4{,}2\,m} =$

$$= \frac{4000\,N \cdot 3{,}2\,m + 3200\,N \cdot 1{,}2\,m - 2687\,N \cdot 1{,}8\,m}{4{,}2\,m}$$

$$F_A = \underline{2810\,N}$$

Aus (II) folgt: $F_{By} = F_1 + F + F_{2y} - F_A = 4000\,N + 3200\,N + 2687\,N - 2810\,N = 7077\,N$

Damit ist $F_B = \sqrt{F_{Bx}^2 + F_{By}^2} = \sqrt{2687^2 + 7077^2}\,N = \underline{7570\,N}$

und $\alpha = \arctan \dfrac{F_{By}}{F_{Bx}} = \arctan \dfrac{7077\,N}{2687\,N} = \underline{69{,}2°}$

Übungsaufgaben:

1. An einer Welle wirken die Kräfte $F_1 = 1800\,N$, $F_2 = 1400\,N$ und $F_3 = 4000\,N$. Wie groß sind die Lagerkräfte bei A und B?

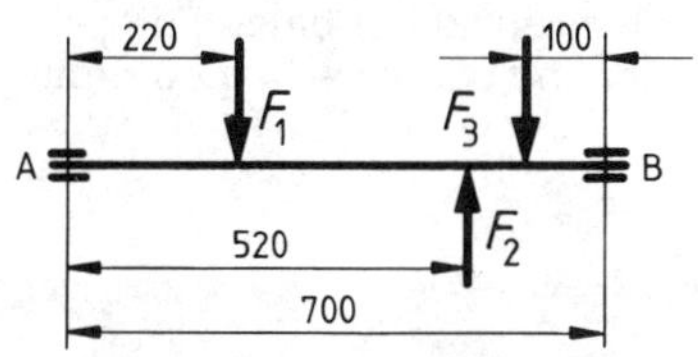

Bild 1

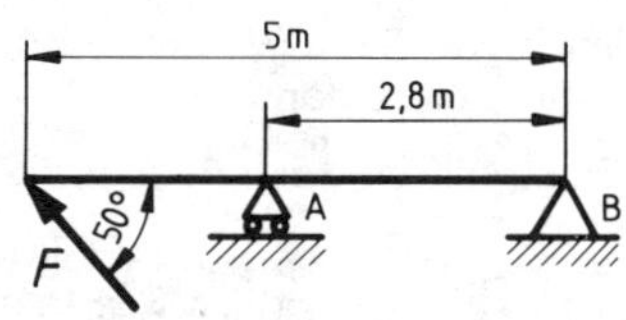

Bild 2

2. Ein Träger aus I-Profil DIN 1025 – I260 wird durch die Kraft $F = 1800\,N$ belastet. Ermitteln Sie unter Berücksichtigung der Eigengewichtskraft die Stützkräfte F_A und F_B.

2.4.3.2 Gleichgewicht von 3 nicht parallelen Kräften (Krafteckverfahren)

Aufgabe:

Eine Hebe- und Kippvorrichtung wird mit der Gewichtskraft $G = 6500\,N$ belastet.

a) Wie groß muß die Zylinderkraft F_B sein, um die Hebebühne in der gezeichneten Stellung zu halten?

b) Ermitteln Sie Betrag und Richtung der Lagerkraft F_A im Schwenklager.

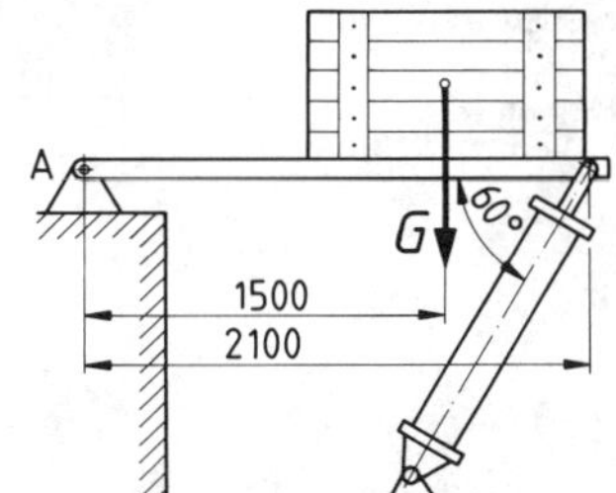

Bild 3 Hebe- und Kippvorrichtung

Lösung:

Die Lösung beginnt mit dem Freimachen der schwenkbaren Platte. Der Zylinder ist ein Zweigelenkstab, kann also nur Kräfte in Stabrichtung übertragen: F_B wirkt in Richtung der Zylinderachse. Das Lager A ist ein Festlager, von F_A ist nur bekannt, daß die Wirklinie durch den Punkt A geht. F_B und F_A lassen sich in ihre Komponenten zerlegen (Bild 1).

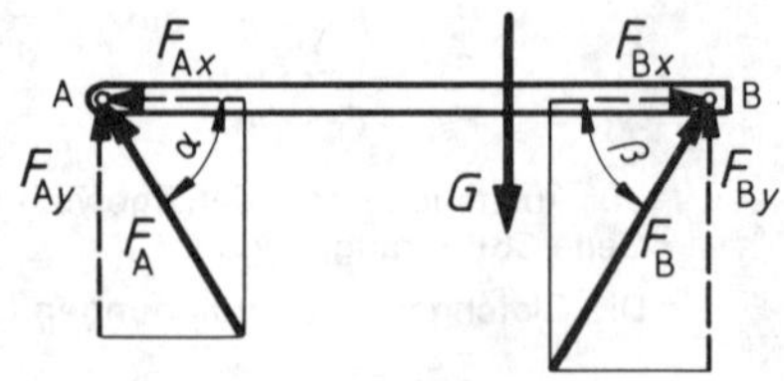

Bild 1 Freigemachtes Bauteil

zeichnerisch:

Die zeichnerische Lösung erfolgt mit dem Schlußlinien-Verfahren (Bild 2).

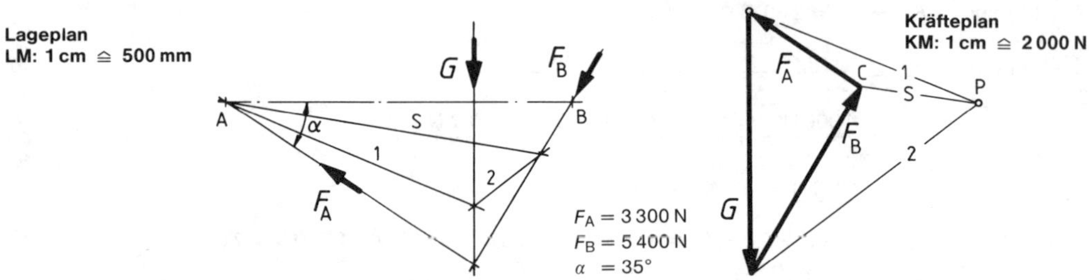

Bild 2 Schlußlinienverfahren bei drei nicht parallelen Kräften

Im Lageplan beginnt man mit dem Seilstrahl 1 durch A, der ein Punkt der noch unbekannten Wirklinie von F_A ist. Die Schlußlinie S schneidet im Kräfteplan die bekannte Wirklinie von F_B im Teilungspunkt C der unbekannten Kräfte F_B und F_A.

Wird durch Parallelverschieben die Wirklinie von F_A aus dem Kräfteplan in den Lageplan übertragen, so zeigt sich, daß sich die Wirklinien der 3 Kräfte G, F_A und F_B in einem Punkt schneiden.

Die Kräfte F_A und F_B lassen sich mit folgender Überlegung einfacher bestimmen. Die Kräfte F_A, F_B und G müssen im Gleichgewicht stehen, also ein geschlossenes Krafteck im Kräfteplan bilden. Die Wirklinien von Kräften, die im Kräfteplan ein Dreieck bilden, müssen sich aber im Lageplan in einem Punkt schneiden. Daraus folgt, daß die Wirklinie von F_A durch den Schnittpunkt der beiden bekannten Wirklinien von G und F_B laufen muß. Gleichgewicht herrscht, wenn sich die Wirklinien aller 3 Kräfte in einem Punkt schneiden.

Damit gilt als zeichnerische Gleichgewichtsbedingung:

Drei nicht parallele Kräfte sind im Gleichgewicht, wenn:
1. sich ihre Wirklinien im Lageplan in einem Punkt schneiden und
2. die 3 Kräfte im Kräfteplan ein geschlossenes Krafteck mit gleichem Umlaufsinn ergeben.

Daraus ergibt sich, daß bei der zeichnerischen Lösung anstelle des **Schlußlinienverfahrens** das einfachere **Krafteckverfahren** angewendet werden kann (Bild 3). Die Wirklinie der Kraft F_A ergibt sich im Lageplan als Verbindung von Punkt A mit dem Schnittpunkt der beiden bekannten Wirklinien von F und F_B. Da es sich um das Gleichgewicht von 3 Kräften handelt, spricht man auch oft vom **Dreikräfteverfahren**.

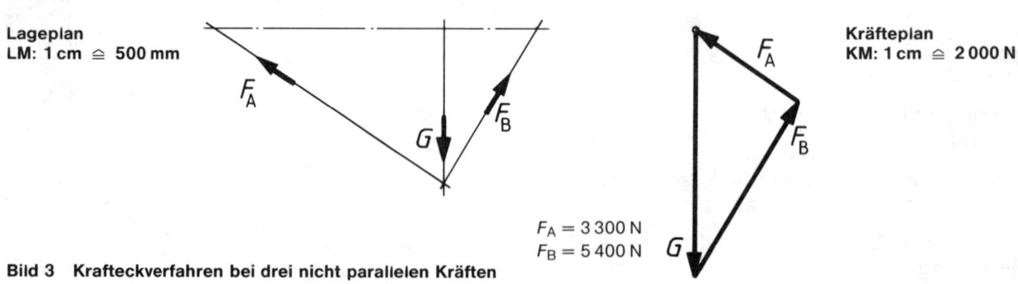

Bild 3 Krafteckverfahren bei drei nicht parallelen Kräften

rechnerisch:

Die Komponenten der schrägwirkenden Kräfte sind

$F_{Ax} = F_A \cdot \cos\alpha$
$F_{Ay} = F_A \cdot \sin\alpha$
$F_{Bx} = F_B \cdot \cos\beta = F_B \cdot \cos 60°$
$F_{By} = F_B \cdot \sin\beta \ = F_B \cdot \sin 60°$

Zum Aufstellen der Gleichgewichtsbedingungen dient die Skizze des freigemachten Bauteils (Bild 1, Seite 58).

Die Gleichgewichtsbedingungen lauten:

$\Sigma F_x = 0 \quad \Rightarrow \quad F_{Bx} - F_{Ax} = 0 \quad \text{(I)}$
$\Sigma F_y = 0 \quad \Rightarrow \quad F_{Ay} + F_{By} - G = 0 \quad \text{(II)}$
$\Sigma M_A = 0 \quad \Rightarrow \quad G \cdot 1{,}5\,\text{m} - F_{By} \cdot 2{,}1\,\text{m} = 0 \quad \text{(III)}$

Aus (III) folgt:

$F_{By} \cdot 2{,}1\,\text{m} = G \cdot 1{,}5\,\text{m}$

$F_B \cdot \sin 60° \cdot 2{,}1\,\text{m} = 6500\,\text{N} \cdot 1{,}5\,\text{m}$

$$F_B = \frac{6500\,\text{N} \cdot 1{,}5\,\text{m}}{\sin 60° \cdot 2{,}1\,\text{m}} = \underline{5361\,\text{N}}$$

Aus (I) folgt: $F_{Ax} = F_{Bx} = F_B \cdot \cos 60° = 5361\,\text{N} \cdot \cos 60° = 2681\,\text{N}$

Aus (II) folgt: $F_{Ay} = G - F_{By} = 6500\,\text{N} - 5361\,\text{N} \cdot \sin 60° = 1857\,\text{N}$

Damit ist $F_A = \sqrt{F_{Ax}^2 + F_{Ay}^2} = \sqrt{2681^2 + 1857^2}\,\text{N} = \underline{3261\,\text{N}}$

$$\alpha = \arctan\frac{F_{Ay}}{F_{Ax}} = \arctan\frac{1857\,\text{N}}{2681\,\text{N}} = \underline{34{,}7°}$$

Beim Gleichgewicht von 3 nicht parallelen Kräften liegt immer ein zentrales Kräftesystem vor, weil sich die 3 Kräfte in einem Punkt schneiden müssen. Diese Aufgabenstellung wurde als Sonderfall des allgemeinen Kräftesystems behandelt, da bei der zeichnerischen Lösung das Kräftezentrum erst bestimmt werden muß, sowie bei der rechnerischen Lösung die Gleichgewichtsbedingung $\Sigma M = 0$ benötigt wird, weil 3 Unbekannte vorliegen.

Übungsaufgaben:

1. Ein Montageschrank hat eine Gewichtskraft von $G = 850\,\text{N}$ (Bild 1).
   Wie groß sind die Lagerkräfte bei A und B?

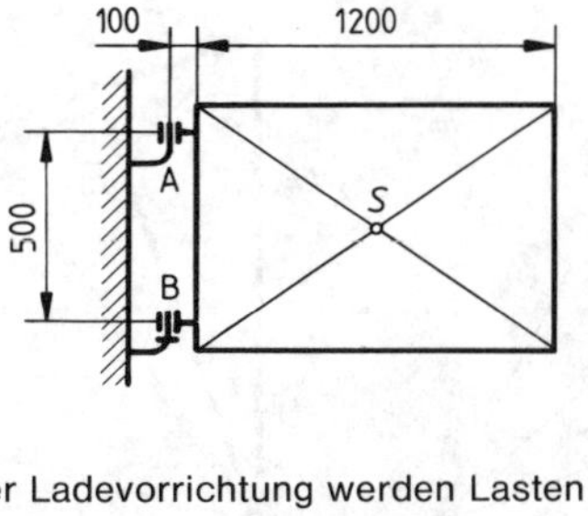

Bild 1

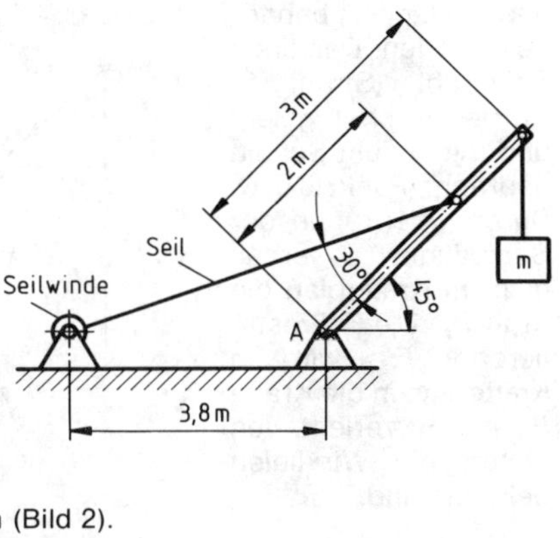

Bild 2

2. Mit einer Ladevorrichtung werden Lasten bis $m = 800\,\text{kg}$ gehoben (Bild 2).
   a) Wie groß ist die notwendige Seilzugkraft in der skizzierten Lage?
   b) Wie groß ist die Lagerkraft bei A?

2.4.3.3 Gleichgewicht von 4 nicht parallelen Kräften (Culmann-Verfahren)

Aufgabe:

Mit einer Fördereinrichtung werden Lasten bis zu einer Gewichtskraft von $G = 700\,\text{N}$ bewegt.

a) Wie groß sind die Kräfte, die die Führungsrollen bei A und B belasten?

b) Wie groß ist die Zugkraft in der Kette?

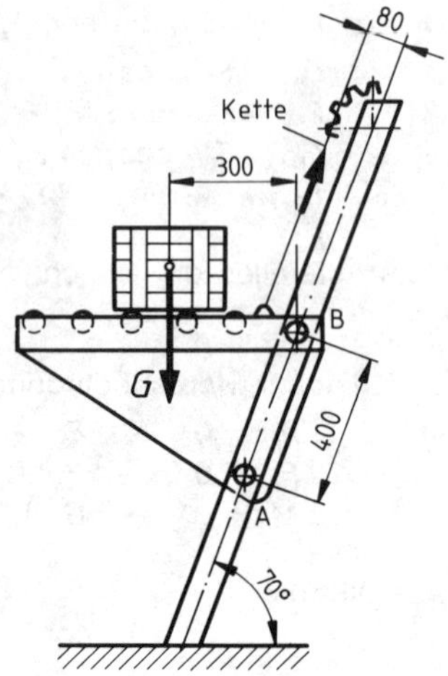

Bild 1 Fördereinrichtung

Lösung:

Der Rolltisch wird freigemacht (Bild 2). Die Kette kann nur Zugkräfte in Längsrichtung aufnehmen. Die beiden Führungsrollen können nur Normalkräfte übertragen, für F_A und F_B wird der vermutliche Richtungssinn eingetragen. Es wirken 4 nicht parallele Kräfte, deren Wirklinien bekannt sind.

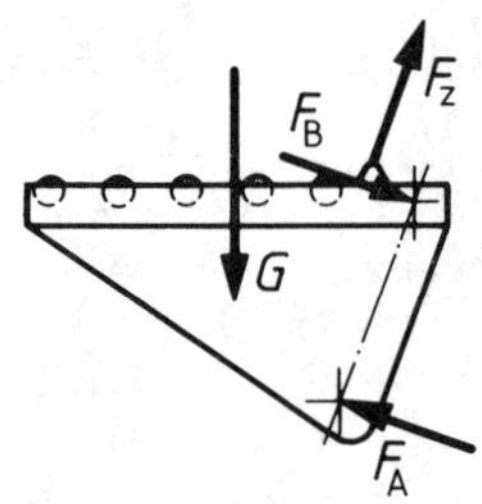

Bild 2 Freigemachter Rolltisch

zeichnerisch:

Die zeichnerische Lösung kann mit Hilfe des Schlußlinien-Verfahrens erfolgen (Bild 3). Im Lageplan werden die Wirklinien der 4 Kräfte eingezeichnet. Im Kräfteplan werden G und die Polstrahlen 1 und 2 gezeichnet. Nun denkt man sich F_z und F_B zu einer Teilresultierenden $F_{rz,B}$ zusammengefaßt, so daß Punkt I im Lageplan als Festlager zu betrachten ist. Die Platte kann als Träger mit Festlager I und Loslager A behandelt werden. Der erste Seilstrahl (Strahl 2) wurde durch I gelegt und mit G zum Schnitt gebracht (Punkt II) usw. Durch Übertragen der Schlußlinie S erhält man im Kräfteplan die Kraft F_A. Die Teilresultierende $F_{rz,B}$ wird im Kräfteplan in die Kräfte F_z und F_B zerlegt, von denen die Wirklinien bekannt sind.

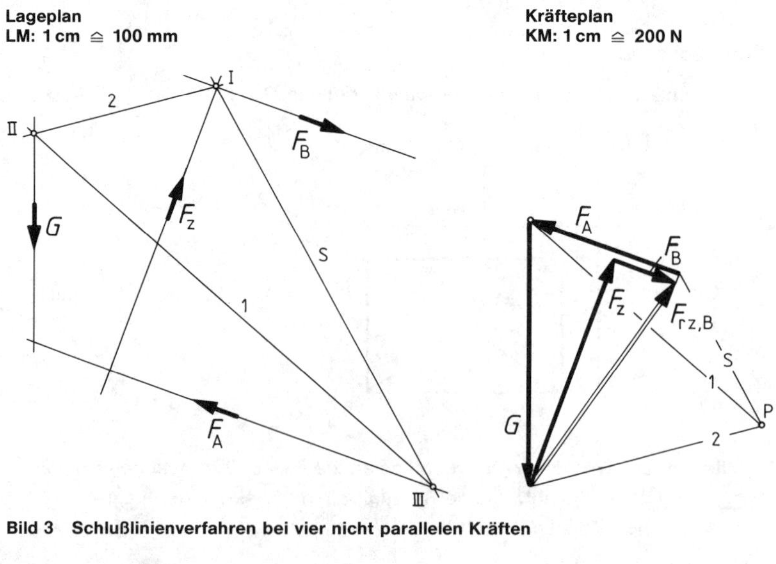

Bild 3 Schlußlinienverfahren bei vier nicht parallelen Kräften

Die zeichnerische Lösung kann vereinfacht werden.

Man faßt je zwei Kräfte zu einer Teilresultierenden zusammen. Die Kräfte G und F_A ergeben die Teilresultierende F_{r1}, F_z und F_B ergeben F_{r2} (Bild 1).

Soll der Rolltisch im Gleichgewicht sein, so müssen die beiden Teilresultierenden auf einer gemeinsamen Wirklinie liegen, gleich groß sein und entgegengesetzten Richtungssinn besitzen. Die gemeinsame Wirklinie muß durch die Schnittpunkte I und II gehen. Mit der bekannten Kraft G und den Wirklinien von F_{r1} und F_A können die Größen von F_{r1} und F_A ermittelt werden. Mit der nun bekannten Kraft F_{r2} und den Wirklinien von F_z und F_B können die Größen von F_z und F_B ermittelt werden.

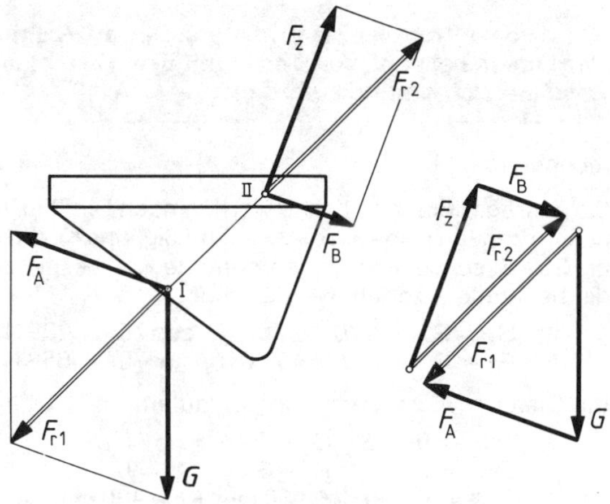

Bild 1 Entwicklung des Culmann-Verfahrens

Die Verbindungsgerade der Punkte I und II wird **Culmannsche Gerade** genannt, das Verfahren selbst als **Culmann-Verfahren** bezeichnet. Da es sich um das Gleichgewicht von 4 Kräften handelt, spricht man auch oft vom **Vierkräfteverfahren**.

Bild 2 zeigt die Lösung der Aufgabe mit dem Culmann-Verfahren.

Im Lageplan werden die Wirklinien der bekannten Kraft und der gesuchten Kräfte eingezeichnet. Je zwei Wirklinien werden zum Schnitt gebracht und die Culmannsche Gerade gezeichnet. Bild 2 zeigt hierbei 2 verschiedene Möglichkeiten.

Im Kräfteplan wird durch Anfangs- oder Endpunkt der bekannten Kraft G die Culmannsche Gerade gelegt, durch den anderen Endpunkt die Wirklinie der Kraft, mit der G im Lageplan zum Schnitt gebracht wurde. Die Wirklinien der beiden restlichen Kräfte werden durch die auf der Culmannschen Geraden entstandenen Schnittpunkte gelegt. Das Krafteck wird mit gleichem Umlaufsinn geschlossen.

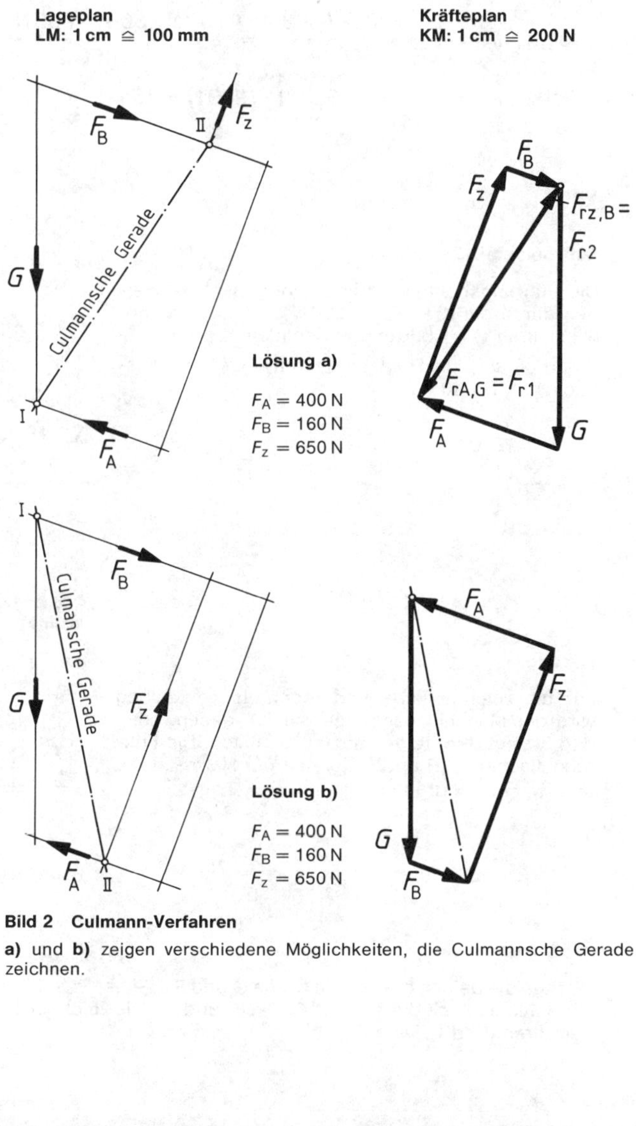

Bild 2 Culmann-Verfahren

a) und **b)** zeigen verschiedene Möglichkeiten, die Culmannsche Gerade zu zeichnen.

Sind von 4 Kräften eine Kraft nach Betrag, Richtung und Lage und von den anderen 3 Kräften die Wirklinien bekannt, so können mit dem Culmann-Verfahren die Beträge der 3 unbekannten Kräfte zeichnerisch ermittelt werden.

rechnerisch:

Die schräg wirkenden Kräfte werden nach Bild 1 in ihre Komponenten zerlegt. Dabei ist es zweckmäßig, das Koordinatenkreuz um 20° zu schwenken, da so nur eine Kraft – und zudem noch die bekannte – zerlegt werden muß.

$$G_x = G \cdot \cos 70° = 700\,\text{N} \cdot \cos 70° = 239\,\text{N}$$
$$G_y = G \cdot \sin 70° = 700\,\text{N} \cdot \sin 70° = 658\,\text{N}$$

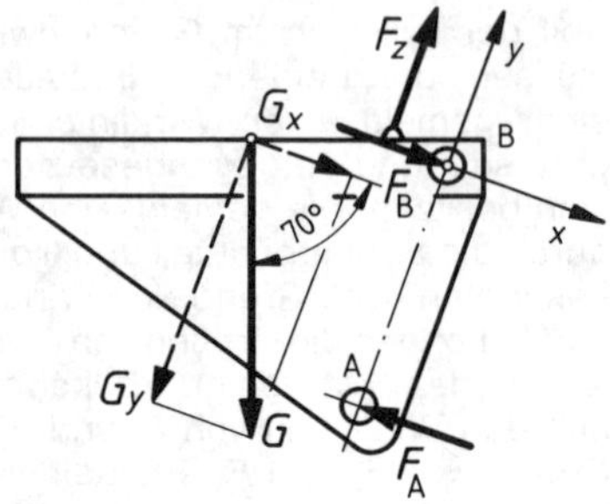

Bild 1 Skizze zur rechnerischen Lösung

Die Gleichgewichtsbedingungen lauten:

$$\Sigma F_x = 0 \Rightarrow G_x + F_B - F_A = 0 \quad \text{(I)}$$
$$\Sigma F_y = 0 \Rightarrow F_z - G_y = 0 \quad \text{(II)}$$
$$\Sigma M_B = 0 \Rightarrow F_z \cdot 80\,\text{mm} + F_A \cdot 400\,\text{mm} - G \cdot 300\,\text{mm} = 0 \quad \text{(III)}$$

Aus (II) folgt: $F_z = G_y = \underline{658\,\text{N}}$

Aus (III) folgt: $F_A = \dfrac{G \cdot 300 - F \cdot 80}{400} = \dfrac{700\,\text{N} \cdot 300 - 658\,\text{N} \cdot 80}{400} = \underline{393\,\text{N}}$

Aus (I) folgt: $F_B = F_A - G_x = 393\,\text{N} - 239\,\text{N} = \underline{154\,\text{N}}$

Lehrbeispiel 17:

Die Führungsbahnen einer Sondermaschine werden durch die Kraft $F = 5\,000\,\text{N}$ und die Eigengewichtskraft $G = 1\,500\,\text{N}$ des Schlittens belastet.

Wie groß sind die Belastungskräfte der Führungsflächen A, B und C?

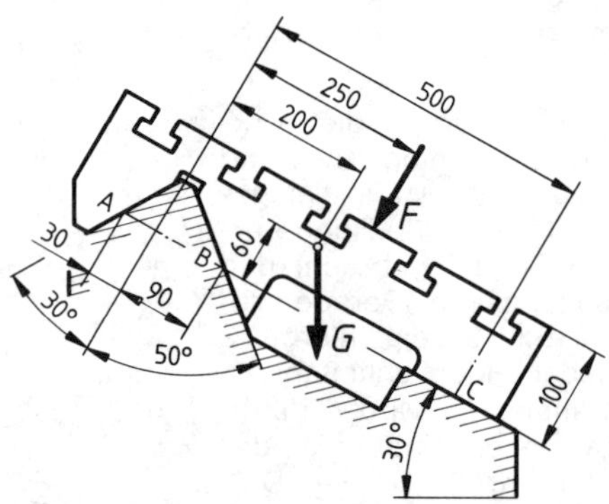

Bild 2 Maschinenschlitten einer Sondermaschine

Lösung:

Für die zeichnerische und rechnerische Lösung wird der Maschinenschlitten um 30° geschwenkt. Bild 3 zeigt den freigemachten Schlitten. Die Führungsflächen A, B und C können nur Normalkräfte (F_A, F_B, F_C) übertragen.

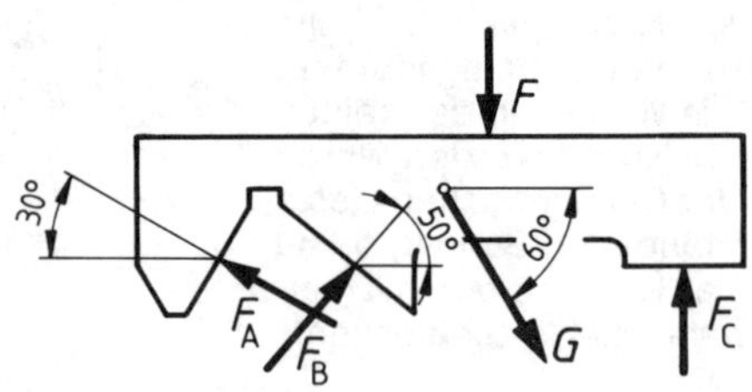

Bild 3 Freigemachter Maschinenschlitten

zeichnerisch:

Werden die beiden bekannten Kräfte G und F zu einer Resultierenden F_r zusammengefaßt, so wirken am Schlitten noch die 4 Kräfte F_r, F_A, F_B und F_C. Die zeichnerische Lösung erfolgt mit dem Culmann-Verfahren (Bild 1, Seite 63).

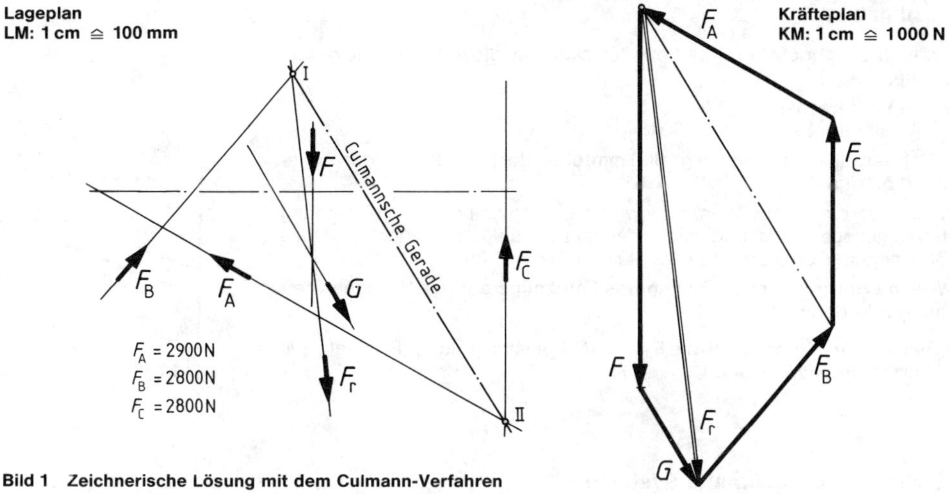

Bild 1 Zeichnerische Lösung mit dem Culmann-Verfahren

rechnerisch:

Die schräg wirkenden Kräfte werden nach Bild 2 in ihre x- und y-Komponenten zerlegt. Es ist:

$G_x = G \cdot \cos 60° = 1500\,\text{N} \cdot \cos 60° = 750\,\text{N}$

$G_y = G \cdot \sin 60° = 1500\,\text{N} \cdot \sin 60° = 1300\,\text{N}$

$F_{Ax} = F_A \cdot \cos 30° \qquad F_{Bx} = F_B \cdot \cos 50°$

$F_{Ay} = F_A \cdot \sin 30° \qquad F_{By} = F_B \cdot \sin 50°$

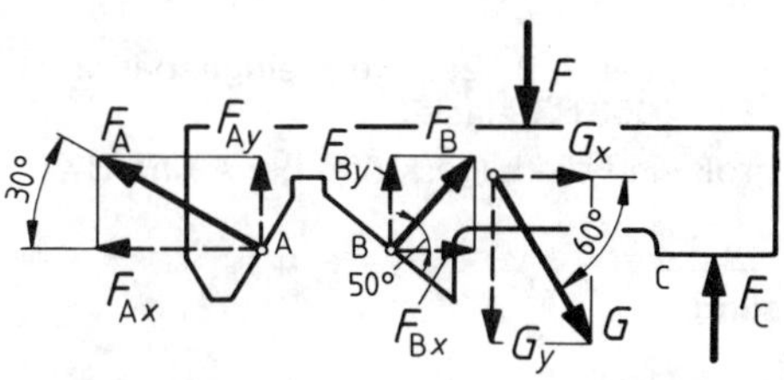

Bild 2 Skizze zur rechnerischen Lösung

Die Gleichgewichtsbedingungen lauten:

$$\Sigma F_x = 0 \Rightarrow F_{Bx} + G_x - F_{Ax} = 0 \quad \text{(I)}$$

$$\Sigma F_y = 0 \Rightarrow F_{Ay} + F_{By} + F_C - F - G_y = 0 \quad \text{(II)}$$

$$\Sigma M_A = 0 \Rightarrow F \cdot 28\,\text{cm} + G_y \cdot 23\,\text{cm} + G_x \cdot 6\,\text{cm} - F_C \cdot 53\,\text{cm} - F_{By} \cdot 12\,\text{cm} = 0 \quad \text{(III)}$$

Der Drehpunkt für die Gleichung $\Sigma M = 0$ soll in den Schnittpunkt der Wirklinien möglichst vieler unbekannter Kräfte gelegt werden, so daß diese Kräfte nicht in der Gleichung erscheinen. Bei diesem Lehrbeispiel sind dies die Punkte A und B.
In jeder der 3 Gleichungen sind mindestens 2 unbekannte Kräfte enthalten.

Aus (I) folgt: $F_A \cdot \cos 30° = F_B \cdot \cos 50° + G_x$

$$F_A = \frac{F_B \cdot \cos 50° + 750\,\text{N}}{\cos 30°} = 0{,}7422\,F_B + 866\,\text{N} \quad \text{(Ia)}$$

Aus (II) folgt: $F_C = F + G_y - F_A \cdot \sin 30° - F_B \cdot \sin 50°$

(Ia) in (II) eingesetzt: $F_C = 5000\,\text{N} + 1300\,\text{N} - (0{,}7422 \cdot F_B + 866\,\text{N}) \cdot \sin 30° - F_B \cdot \sin 50°$

$$F_C = 5867\,\text{N} - 1{,}137\,F_B \quad \text{(IIa)}$$

(IIa) in (III) eingesetzt: $F_{By} \cdot 12\,\text{cm} = F \cdot 28\,\text{cm} + G_y \cdot 23\,\text{cm} + G_x \cdot 6\,\text{cm} - 5867\,\text{N} \cdot 53\,\text{cm} + 1{,}137\,F_B \cdot 53\,\text{cm}$

$$F_B\,(\sin 50° \cdot 12 - 1{,}137 \cdot 53) = 5000\,\text{N} \cdot 28 + 1300\,\text{N} \cdot 23 + 750\,\text{N} \cdot 6 - 5867\,\text{N} \cdot 53$$

$$F_B = \frac{5000\,\text{N} \cdot 28 + 1300\,\text{N} \cdot 23 + 750\,\text{N} \cdot 6 - 5867\,\text{N} \cdot 53}{\sin 50° \cdot 12 - 1{,}137 \cdot 53}$$

$$F_B = \underline{2674\,\text{N}}$$

dazu $F_C = 5867\,\text{N} - 1{,}137 \cdot 2674\,\text{N} = \underline{2827\,\text{N}}$

und $F_A = 0{,}7422 \cdot 2674\,\text{N} + 866\,\text{N} = \underline{2851\,\text{N}}$

Übungsaufgaben:

1. Im Kraftfahrzeugbrief eines Pkw befinden sich über die Achskräfte folgende Angaben:

   Vorderachskraft 6500 N
   Hinterachskraft 7300 N

   Der Schwerpunkt des Pkw liegt 600 mm über dem Erdboden, der Achsabstand beträgt 2,8 m.

   a) Wie ändern sich die Achskräfte, wenn der Pkw eine 16 %ige Steigung hinaufgezogen wird und der Befestigungspunkt des Abschleppseils 380 mm über dem Erdboden liegt?

   b) Welche Seilkraft ist zum Halten des Fahrzeugs auf der 16 %igen Steigung erforderlich?

2. Ein Balken wird durch die Kraft $F = 18$ kN belastet (Bild 1). Ermitteln Sie die Stützkräfte bei A, B und C.

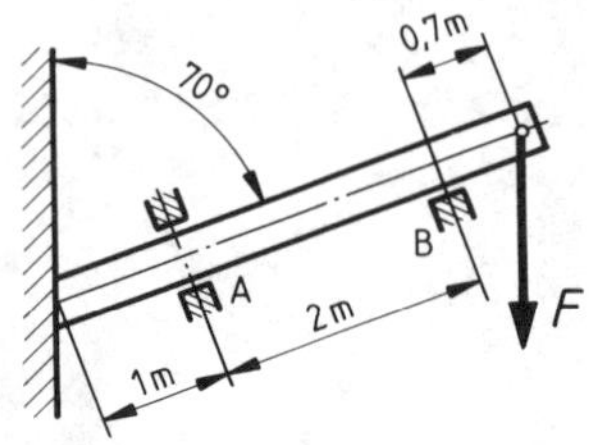

Bild 1

2.4.3.4 Statisch unbestimmte Systeme

Aufgabe:

Ein Hebel, der in 2 Festlagern eingespannt ist, wird durch die Kraft $F = 4000$ N belastet.

Wie groß sind die Lagerkräfte bei A und B?

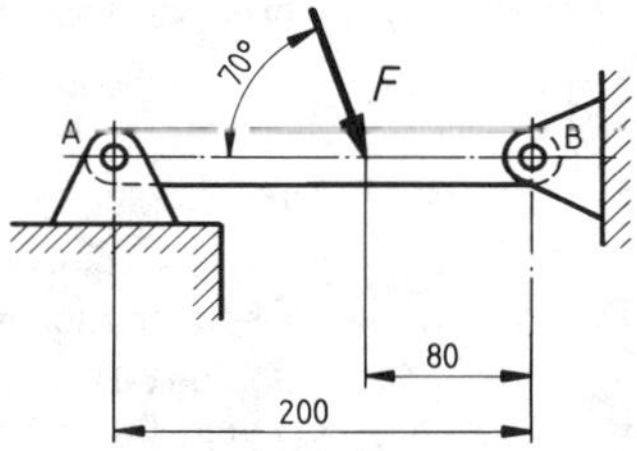

Bild 2 Hebel, 2fach eingespannt

Lösung:

zeichnerisch:

A und B sind Festlager, können also Kräfte in beliebiger Richtung aufnehmen. Bei Kräftegleichgewicht müssen sich die Wirklinien der 3 Kräfte F, F_A und F_B im Lageplan in einem Punkt schneiden, Im Kräfteplan müssen sie ein geschlossenes Krafteck ergeben. Bild 3 zeigt, daß es für F_A und F_B unendlich viele Lösungen gibt.

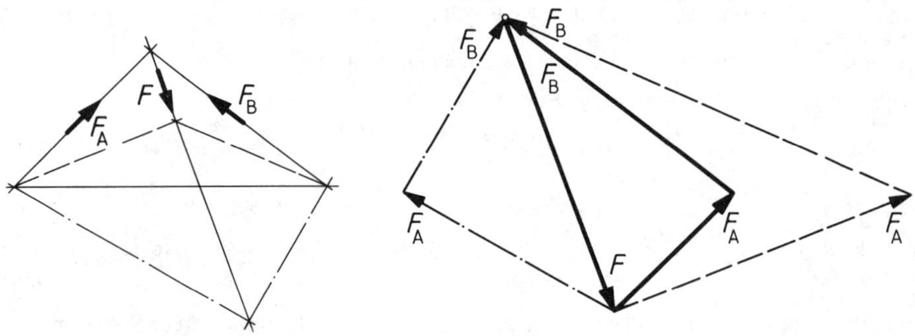

Bild 3 Die zeichnerische Lösung zeigt drei von unendlich vielen möglichen Lösungen

rechnerisch:

Die Gleichgewichtsbedingungen lauten:

$$\Sigma F_x = 0 \Rightarrow F_{Ax} + F_x - F_{Bx} = 0 \quad \text{(I)}$$
$$\Sigma F_y = 0 \Rightarrow F_{Ay} + F_{By} - F_y = 0 \quad \text{(II)}$$
$$\Sigma M_A = 0 \Rightarrow F_y \cdot 120\,\text{mm} - F_{By} \cdot 200\,\text{mm} = 0 \quad \text{(III)}$$

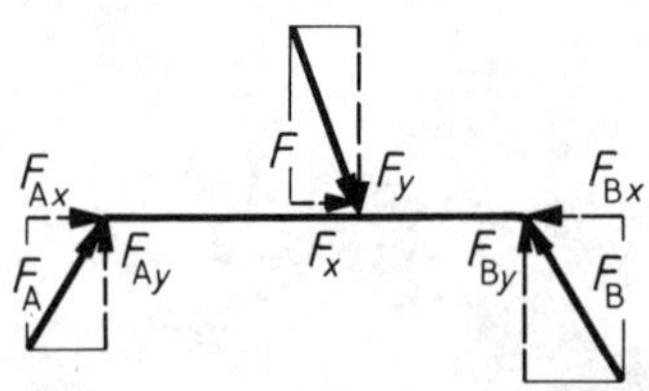

Bild 4 Skizze zur rechnerischen Lösung

Für die 4 Unbekannten F_{Ax}, F_{Ay}, F_{Bx} und F_{By} stehen nur 3 Gleichungen zur Verfügung, es gibt wiederum unendlich viele Lösungen. Weder die zeichnerische noch die rechnerische Lösung führen zu einem eindeutigen Ergebnis.

Bei Loslagern (einwertige Lager) ist nur die Größe der Lagerkraft unbekannt, es gibt also nur eine Unbekannte. Bei Festlagern (zweiwertige Lager) sind die Größe der Kraft F sowie der Winkel α bzw. die Komponenten F_x und F_y unbekannt, es gibt also zwei Unbekannte. Bei einem Träger mit je einem Los- und Festlager treten 3 Unbekannte auf, sie können mit Hilfe der 3 rechnerischen Gleichgewichtsbedingungen (oder zeichnerisch) bestimmt werden. Ein solches System nennt man **statisch bestimmt**.

Bei dieser Aufgabe hat der Hebel 2 Festlager, es handelt sich also um 4 Unbekannte, die nicht allein mit den Gleichgewichtsbedingungen ermittelt werden können. Dieses System ist **statisch unbestimmt.**

Bei der Ermittlung von unbekannten Kräften in statisch unbestimmten Systemen darf das Bauteil nicht als starr betrachtet werden, es müssen die infolge der Belastung auftretenden elastischen Formänderungen berücksichtigt werden. Diese Verformungsbedingungen liefern die fehlenden Gleichungen.

Bei statisch unbestimmten Systemen genügen die 3 Gleichgewichtsbedingungen der Statik für starre Körper nicht zur Ermittlung der unbekannten Kräfte. Die zusätzlich erforderlichen Bedingungen erhält man aus Gleichungen für die elastische Formänderung der Bauteile.

Bild 1 zeigt 3 Beispiele für statisch unbestimmte Systeme. Je nach Anzahl der überzähligen Unbekannten spricht man von ein-, zwei- oder dreifacher statischer Unbestimmtheit.

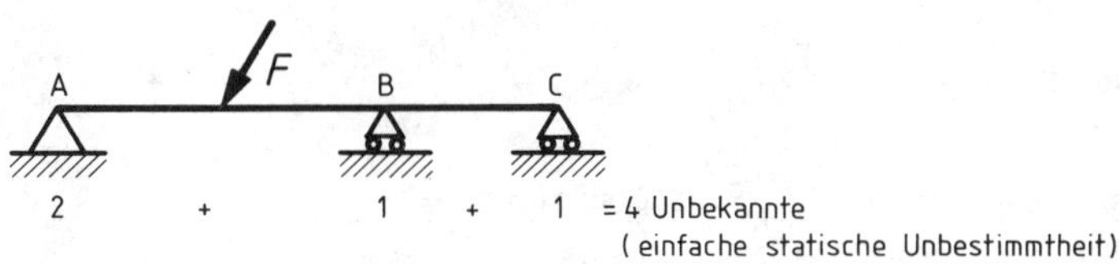

a) 3fach gelagerte Welle

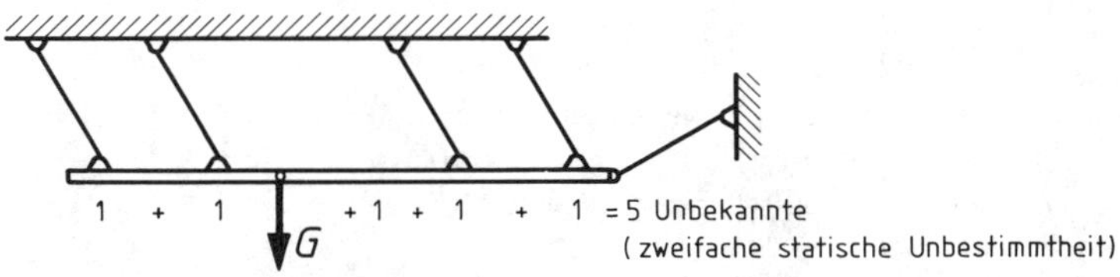

b) Aufhängung

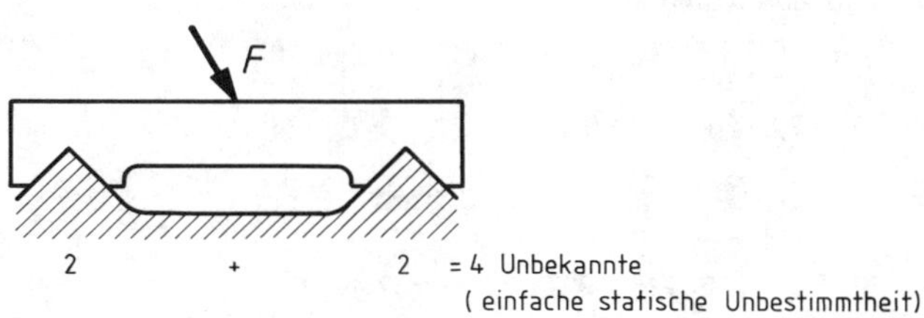

c) Tischführung

Bild 1 Beispiele für statische Unbestimmtheit

Bei der Welle nach Bild 1a ist das Lager B erforderlich, damit sich die Welle nicht zu stark durchbiegt. Mit Lager B ist das System statisch unbestimmt. Die elastische Formänderung (Durchbiegung) liefert die zur Ermittlung der Lagerkräfte notwendige vierte Gleichung. Bei der Aufhängung nach Bild 1b müssen die Formänderungen (Dehnungen) bei 2 Seilen bekannt sein, um die Seilkräfte berechnen zu können.

Bei der Tischführung nach Bild 1c würde es sich um ein statisch bestimmtes System handeln, wenn eine der beiden Prismenführungen als Flachführung ausgeführt wäre.

Lehrbeispiel 18:

Ein Ausleger wird durch die Seile 1 und 2 gehalten. Bei Belastung wird im Zugbolzen aus Stahl (d = 16 mm) der Befestigung von Seil 1 eine Dehnung von $\varepsilon = 0{,}037\,\%$ gemessen.

Wie groß sind die Seilkräfte und die Lagerkraft F_L am unteren Lager?

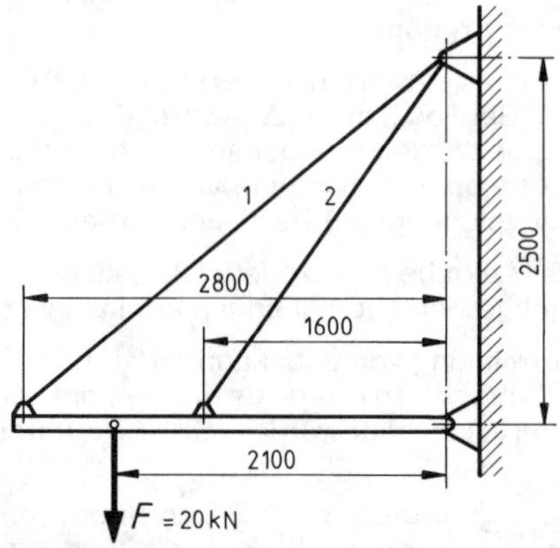

Bild 1 Ausleger

Lösung:

Bild 2 zeigt, daß 4 Unbekannte vorliegen: Die Größen von F_1, F_2 sowie F_{Lx} und F_{Ly} bzw. F_L und β. Es handelt sich um ein statisch unbestimmtes System. Aus der Formänderung von Seil 1 bzw. des Zugbolzens kann die Größe der Seilkraft F_1 errechnet werden. Das Hookesche Gesetz[1] liefert die 4. Gleichung zur Ermittlung der unbekannten Kräfte.

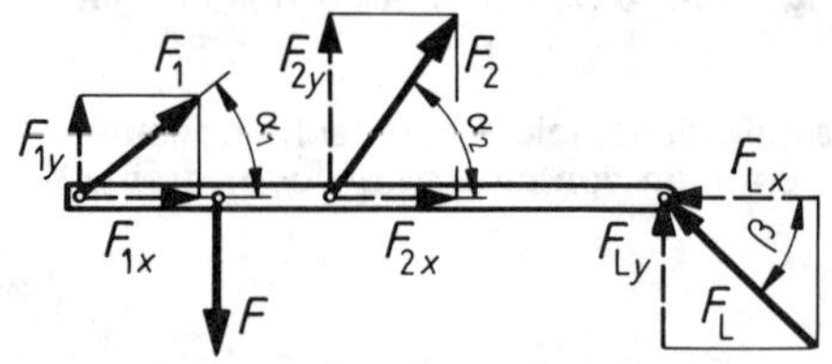

Bild 2 Freigemachter Ausleger

Aus dem Hookeschen Gesetz $E = \frac{\sigma}{\varepsilon} = \frac{F}{S \cdot \varepsilon}$ folgt für die Seilkraft F_1:

$$F_1 = S \cdot \varepsilon \cdot E = 201\,\text{mm}^2 \cdot \frac{0{,}037}{100}\,210\,000\,\text{N/mm}^2 = \underline{15\,600\,\text{N}}$$

Mit $\tan \alpha_1 = \frac{2\,500\,\text{mm}}{2\,800\,\text{mm}}$ $\quad \alpha_1 = 41{,}8°$ und

$\tan \alpha_2 = \frac{2\,500\,\text{mm}}{1\,600\,\text{mm}}$ $\quad \alpha_2 = 57{,}4°$

werden die Komponenten der schräg wirkenden Kräfte:

$$F_{1x} = F_1 \cdot \cos \alpha_1 = 15\,600\,\text{N} \cdot \cos 41{,}8° = 11\,600\,\text{N}$$
$$F_{1y} = F_1 \cdot \sin \alpha_1 = 15\,600\,\text{N} \cdot \sin 41{,}8° = 10\,400\,\text{N}$$
$$F_{2x} = F_2 \cdot \cos \alpha_2 = F_2 \cdot \cos 57{,}4°$$
$$F_{2y} = F_2 \cdot \sin \alpha_2 = F_2 \cdot \sin 57{,}4°$$

Die Gleichgewichtsbedingungen lauten:

$$\Sigma F_x = 0 \Rightarrow F_{1x} + F_{2x} - F_{Lx} = 0 \quad \text{(I)}$$
$$\Sigma F_y = 0 \Rightarrow F_{1y} + F_{2y} + F_{Ly} - F = 0 \quad \text{(II)}$$
$$\Sigma M_L = 0 \Rightarrow F_{1y} \cdot 2{,}8\,\text{m} + F_{2y} \cdot 1{,}6\,\text{m} - F \cdot 2{,}1\,\text{m} = 0 \quad \text{(III)}$$

Aus (II) folgt: $F_{2y} = \frac{F \cdot 2{,}1\,\text{m} - F_{1y} \cdot 2{,}8\,\text{m}}{1{,}6\,\text{m}}$ $\quad F_2 = \frac{20\,000\,\text{N} \cdot 2{,}1 - 10\,400\,\text{N} \cdot 2{,}8}{1{,}6 \cdot \sin 57{,}4°} = \underline{9\,560\,\text{N}}$

Aus (I) folgt: $F_{Lx} = F_{1x} + F_{2x} = 11\,600\,\text{N} + 9\,560\,\text{N} \cdot \cos 57{,}4°$
$F_{Lx} = 16\,750\,\text{N}$

Aus (II) folgt: $F_{Ly} = F - F_{1y} - F_{2y} = 20\,000\,\text{N} - 10\,400\,\text{N} - 9\,560\,\text{N} \cdot \sin 57{,}4°$
$F_{Ly} = 1\,550\,\text{N}$

Damit ist $F_L = \sqrt{F_{Lx}^2 + F_{Ly}^2} = \sqrt{16\,750^2 + 1\,550^2}\,\text{N} = \underline{16\,800\,\text{N}}$

und $\beta = \arctan \frac{F_{Ly}}{F_{Lx}} = \arctan \frac{1\,550\,\text{N}}{16\,750\,\text{N}} = \underline{5{,}3°}$

[1] Siehe Kapitel 4.2.3

2.5 Fachwerke

Wird ein Träger nach Bild 1b aus 3 Stäben zusammengesetzt, so kann er bei gleicher Belastung wesentlich materialsparender ausgeführt werden als ein Massivträger nach Bild 1a.

Die Ausführung nach Bild 1b bezeichnet man als **Fachwerk**. Bild 2 zeigt zwei andere Beispiele von Fachwerken.

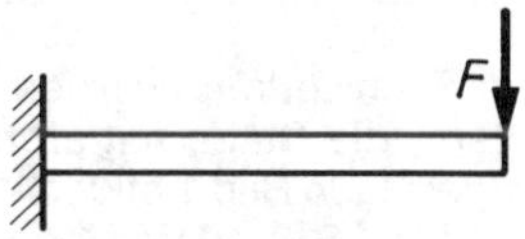

a) Massivträger

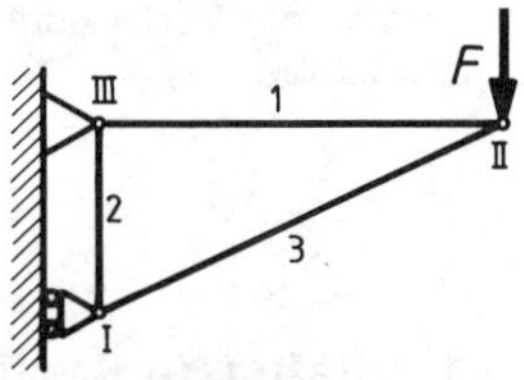

b) Fachwerkträger

Bild 1 Ausführung eines Trägers als Massiv- und Fachwerkträger. Fachwerkträger sind materialsparend

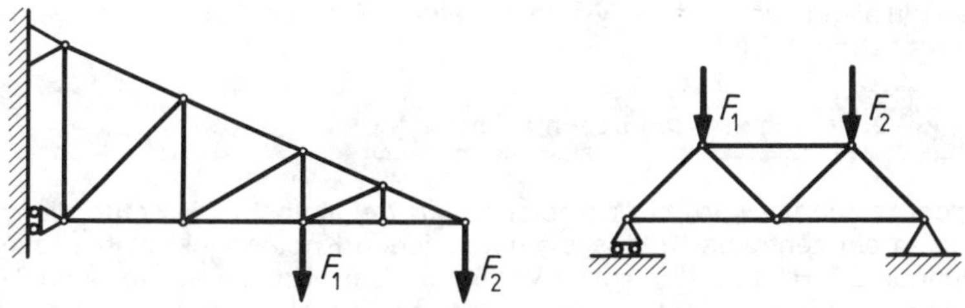

Bild 2 Zwei Beispiele für einfache Fachwerke

Ein Fachwerk ist ein aus geraden Stäben zusammengesetzter Träger. Ein Fachwerksträger erfordert weniger Material als ein Massivträger.

Die Stäbe eines Fachwerks sind miteinander verschweißt, verschraubt oder vernietet (Bild 3), können also Biegemomente übertragen. Diese übertragbaren Biegemomente sind jedoch klein gegenüber den Zug- bzw. Druckkräften, die von den Stäben übertragen werden können. Bei der Berechnung eines Fachwerks wird deshalb vereinfacht angenommen, daß die Stäbe in den Knotenpunkten gelenkig miteinander verbunden sind. Jeder Stab wird als **Zweigelenkstab** betrachtet, der **nur Zug- oder Druckkräfte** übertragen kann, aber keine Biegemomente.

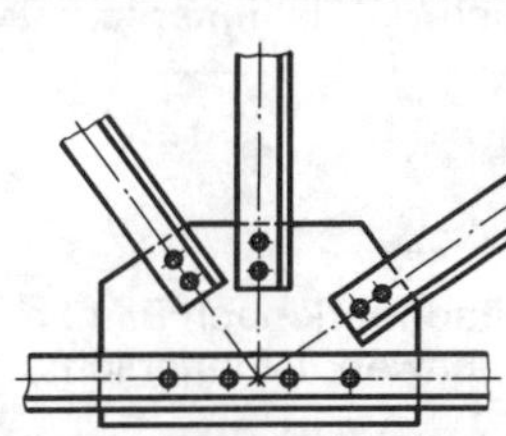

Bild 3 Knotenpunkt einer Tragkonstruktion. Die Stäbe sind nicht gelenkig miteinander verbunden, also keine Zweigelenkstäbe

Damit die Stäbe nicht zusätzlich auf Biegung beansprucht werden, dürfen Belastungskräfte nur in Knotenpunkten angreifen. Greift eine Kraft F zwischen zwei Knotenpunkten an (z. B. Eigengewichtskraft des Stabes, Windkräfte), so wird bei der Berechnung des Fachwerks die Kraft F durch die Komponenten F_1 und F_2 ersetzt, die in den benachbarten Knotenpunkten angreifen (Bild 4).

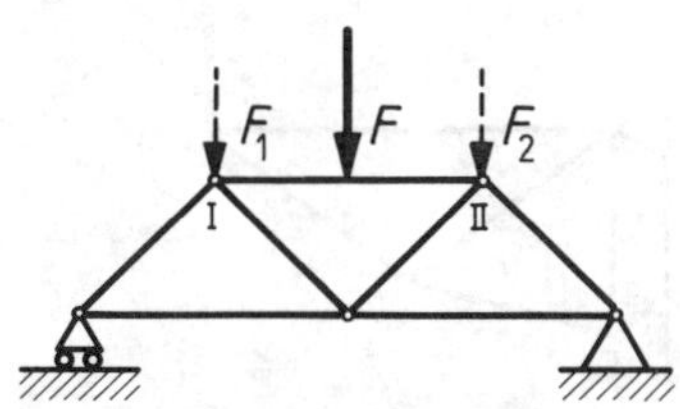

Bild 4 Ersatz einer zwischen zwei Knotenpunkten angreifenden Kraft F durch zwei in den Knotenpunkten wirkenden Kräften F_1 und F_2

Bei der Berechnung von Fachwerken wird vereinfacht angenommen:
1. Die Stäbe sind gelenkig gelagert, können also zur Zug- bzw. Druckkräfte übertragen.
2. Die Belastungskräfte greifen nur in Knotenpunkten an.

Bei Fachwerken werden die Knotenpunkte mit römischen Ziffern, die Stäbe mit arabischen Ziffern bezeichnet. Bei dem Träger nach Bild 1 bilden die Stäbe 1, 4, 8 und 13 den Obergurt, die Stäbe 2, 6, 10 und 12 den Untergurt. Die Stäbe 3, 5, 7, 9 und 11 sind Füllstäbe, dabei bezeichnet man die senkrechten Stäbe 3, 7 und 11 als Vertikalstäbe, die schrägen Stäbe 5 und 9 als Diagonalstäbe.

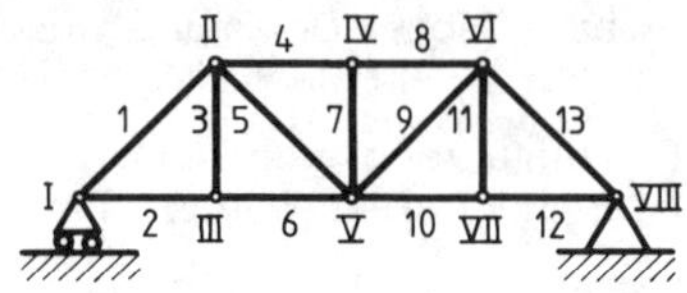

Bild 1 Bezeichnungen am Fachwerk

Knoten: I bis VIII
Obergurt: 1, 4, 8, 13
Untergurt: 2, 6, 10, 12
Füllstäbe: vertikal: 3, 7, 11
diagonal: 5, 9

2.5.1 Statische Bestimmtheit und Stabilität

Um die Stabkräfte eines Fachwerks bestimmen zu können, müssen alle äußeren Kräfte, also auch die Lagerkräfte, bekannt sein. Die Lagerkräfte können mit Hilfe der statischen Gleichgewichtsbedingungen nur dann ermittelt werden, wenn das Fachwerk äußerlich statisch bestimmt ist. Die äußeren Kräfte eines Fachwerks bilden ein allgemeines Kräftesystem, bei einem Fest- und einem Loslager ist das Fachwerk **äußerlich statisch bestimmt** (Bild 1).

Ein Fachwerk muß äußerlich statisch bestimmt sein.

Zur Berechnung der Stabkräfte werden die Knotenpunkte freigemacht. Die Kräfte, die an einem Knotenpunkt wirken, bilden ein zentrales Kräftesystem. Für jeden Knotenpunkt stehen die beiden Gleichgewichtsbedingungen $\Sigma F_x = 0$ und $\Sigma F_y = 0$ zur Verfügung, bei k Knotenpunkten also $2 \cdot k$ Gleichungen. Da die Wirklinien der Stabkräfte durch die Stabrichtungen gegeben sind, genügt zur Ermittlung einer Stabkraft eine Gleichung. Für die beiden Lagerkräfte (1 Fest- und 1 Loslager) werden zusammen 3 Gleichungen benötigt, für das Fachwerk mit s Stäben also $s + 3$ Gleichungen.

Die Anzahl der vorhandenen Gleichungen muß gleich der Anzahl der benötigten Gleichungen sein: $s + 3 = 2 \cdot k$.

Ein Fachwerk ist **innerlich statisch bestimmt**, wenn **die Anzahl der Stäbe** beträgt:

(8) $$s = 2 \cdot k - 3$$

s Anzahl der Stäbe
k Anzahl der Knotenpunkte

Beim Fachwerk nach Bild 2a ist $s = 5$ und $k = 4$, die Bedingung $s = 2 \cdot k - 3 = 2 \cdot 4 - 3 = 5$ also erfüllt. Das Fachwerk ist innerlich statisch bestimmt.

Ist die Anzahl der Stäbe $s > 2 \cdot k - 3$, so ist das Fachwerk statisch unbestimmt (Bild 2b), zur Berechnung der Stabkräfte werden Gleichungen für elastische Formänderung zusätzlich benötigt.

Ist die Anzahl der Stäbe $s < 2 \cdot k - 3$, so ist das Fachwerk **nicht stabil** (Bild 2c).

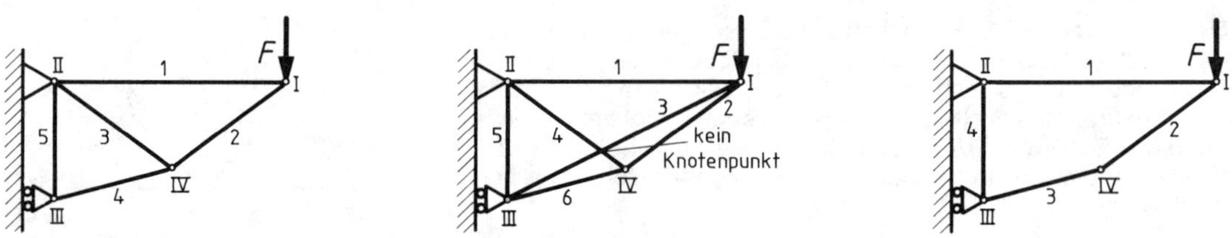

a) innerlich statisch bestimmt
$s = 2k - 3$
$5 = 2 \cdot 4 - 3$

b) innerlich statisch unbestimmt
$s > 2k - 3$
$6 > 2 \cdot 4 - 3$

c) nicht stabil
$s < 2k - 3$
$4 < 2 \cdot 4 - 3$

Bild 2 Innere statische Bestimmtheit und Stabilität bei Fachwerken

Das Fachwerk nach Bild 1a ist im Gegensatz zum Fachwerk nach Bild 1b nicht stabil, obwohl die Bedingung $s = 2 \cdot k - 3$ bei beiden Fachwerken erfüllt ist. Die Bedingung $s = 2 \cdot k - 3$ muß auch für jedes einzelne Teilfachwerk erfüllt sein.

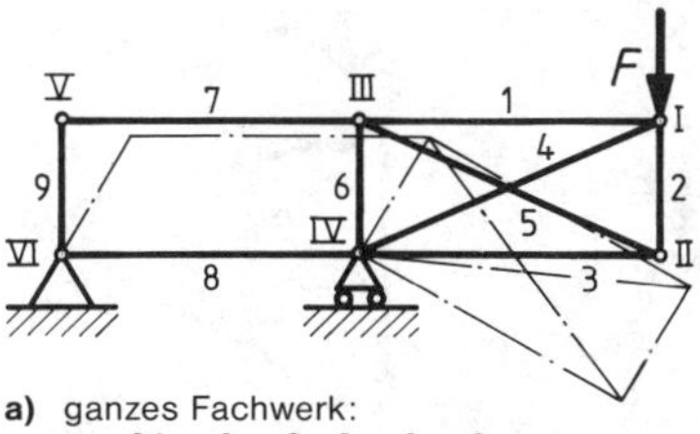

a) ganzes Fachwerk:
$s = 2k - 3 = 2 \cdot 6 - 3 = 9$
linkes Teilfachwerk:
$s = 4 < 2k - 3 = 2 \cdot 4 - 3 = 5$
Fachwerk ist nicht stabil

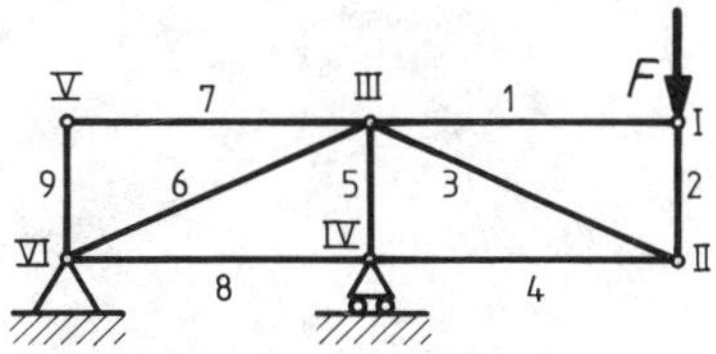

b) ganzes Fachwerk:
$s = 2k - 3 = 2 \cdot 6 - 3 = 9$
jedes Teilfachwerk:
$s = 2k - 3 = 2 \cdot 3 - 3 = 3$
Fachwerk ist stabil

Bild 1 Stabiles und nicht stabiles Fachwerk

Die Bedingung $s = 2k - 3$ ist für jedes Teilfachwerk erfüllt, wenn die Teilfachwerke **Stabdreiecke** sind. Jedes Fachwerk muß daher aus Stabdreiecken zusammengesetzt sein (Bild 2).

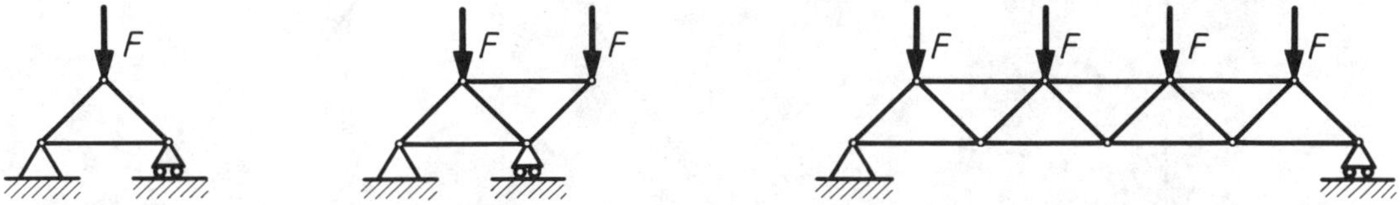

a) Stabdreieck als einfaches Fachwerk

b) zwei Stabdreiecke, zu einem Fachwerk zusammengesetzt

c) aneinandergereihte Stabdreiecke

Bild 2 Aus Stabdreiecken zusammengesetzte Fachwerke

Ein Fachwerk ist innerlich statisch bestimmt und stabil, wenn sowohl für das gesamte Fachwerk als auch für jedes Teilfachwerk die Bedingung $s = 2k - 3$ erfüllt ist.
Jedes Fachwerk muß deshalb aus Stabdreiecken zusammengesetzt sein.

2.5.2 Zeichnerische Ermittlung sämtlicher Stabkräfte (Cremona-Plan)

Aufgabe:

Ein Ausleger wird durch die Kraft $F = 4000\,\text{N}$ belastet. Wie groß sind die Kräfte in den Stäben 1 bis 5?

Lösung:

A ist ein Festlager, B (Seil) ein Loslager, also ist das Fachwerk äußerlich statisch bestimmt. Die Bedingung $s = 2k - 3 = 2 \cdot 4 - 3 = 5$ ist erfüllt, außerdem ist das Fachwerk aus Stabdreiecken zusammengesetzt. Das Fachwerk ist daher innerlich statisch bestimmt und stabil.

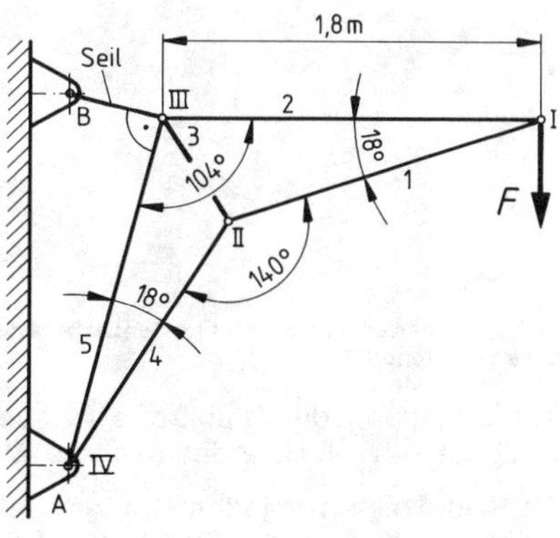

Bild 3 Ausleger

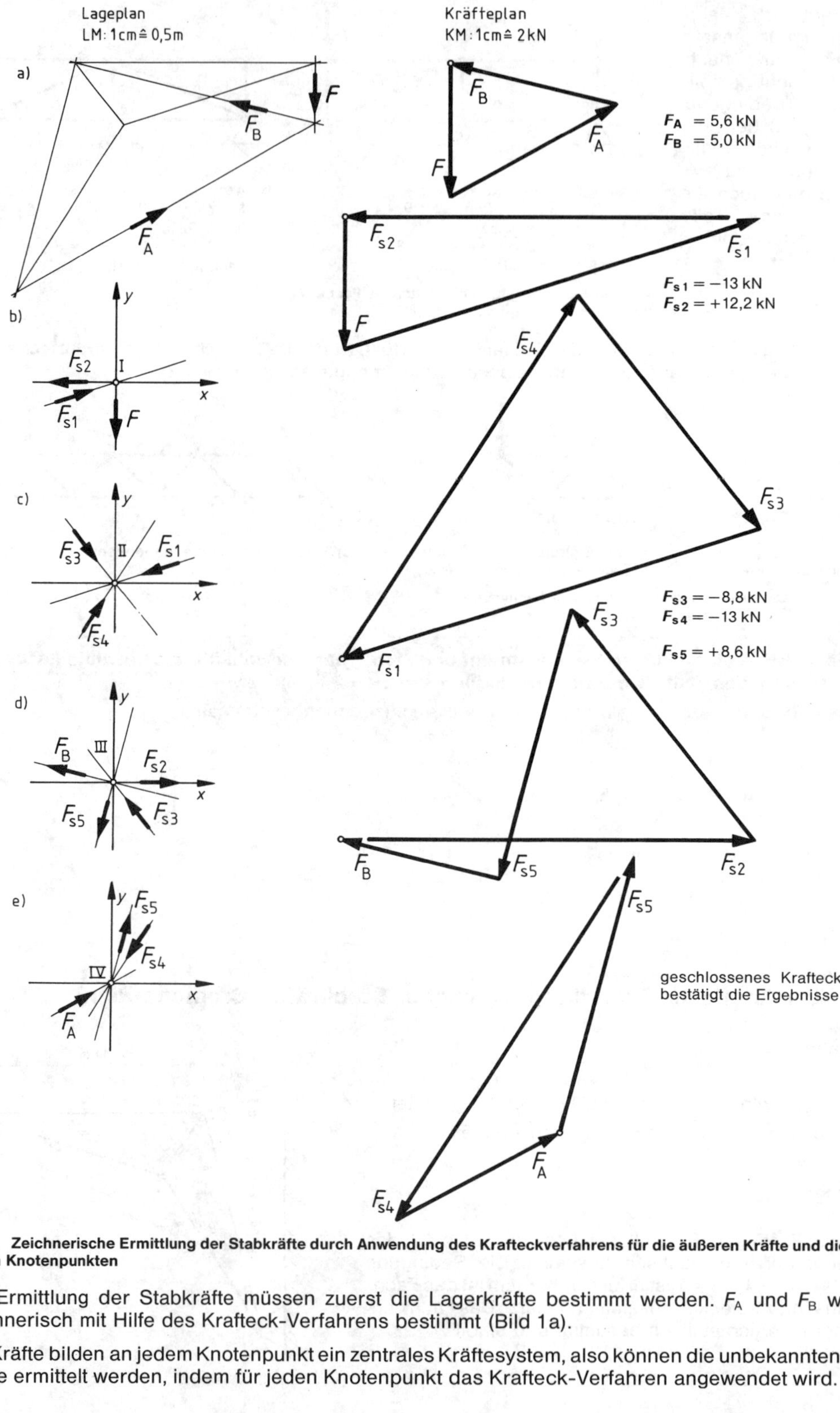

Bild 1 Zeichnerische Ermittlung der Stabkräfte durch Anwendung des Krafteckverfahrens für die äußeren Kräfte und die Kräfte in den Knotenpunkten

Zur Ermittlung der Stabkräfte müssen zuerst die Lagerkräfte bestimmt werden. F_A und F_B werden zeichnerisch mit Hilfe des Krafteck-Verfahrens bestimmt (Bild 1a).

Die Kräfte bilden an jedem Knotenpunkt ein zentrales Kräftesystem, also können die unbekannten Stabkräfte ermittelt werden, indem für jeden Knotenpunkt das Krafteck-Verfahren angewendet wird. Da im zentralen Kräftesystem mit den Gleichgewichtsbedingungen nur jeweils 2 unbekannte Kräfte bestimmt werden können, muß mit einem Knotenpunkt begonnen werden, an dem höchstens 2 Stäbe befestigt sind (Knotenpunkt I oder IV).

Das Krafteckverfahren für den freigemachten Knotenpunkt I ergibt Größe und Richtungssinn der Stabkräfte F_{s1} und F_{s2} (Bild 1b, S. 70). Stab 2 zieht am Knotenpunkt I mit der Kraft $F_{s2} = +12{,}2$ kN; der Stab 2 wird also auf Zug beansprucht, man bezeichnet ihn als Zugstab. Stab 1 drückt mit der Kraft $F_{s1} = -13$ kN auf den Knotenpunkt I; der Stab 1 wird auf Druck beansprucht, man bezeichnet ihn als Druckstab.

Der Druckstab 1 drückt mit $F_{s1} = -13$ kN auch auf den Knotenpunkt II. Am freigemachten Knotenpunkt II greifen neben der jetzt bekannten Kraft F_{s1} nur 2 unbekannte Kräfte an. F_{s3} und F_{s4} werden mit Hilfe des Krafteckverfahrens für den Knotenpunkt II ermittelt (Bild 1c, S. 70).

Von den am Knotenpunkt III angreifenden Kräften sind 3 Kräfte bekannt (F_B, F_{s2} und F_{s3}) und eine Kraft (F_{s5}) unbekannt. Das geschlossene Krafteck ergibt F_{s5} (Bild 1d, S. 70). (Zur Kontrolle: Die Richtung von F_{s5} im Kräfteplan muß mit der Wirklinie von F_{s5} im Lageplan übereinstimmen!)

Die am Knotenpunkt IV angreifenden Kräfte F_A, F_{s4} und F_{s5} sind schon bekannt. Zur Kontrolle müssen diese 3 Kräfte ein geschlossenes Krafteck mit gleichem Umlaufsinn ergeben (Bild 1e, S. 70).

Die zeichnerische Lösung kann vereinfacht werden. Da jede Kraft in 2 Kraftecken auftritt, können alle Kraftecke aneinandergehängt und zu einem Kräfteplan **(Cremonaplan)**[1] zusammengefaßt werden (Bild 1).

In den Kraftecken für die einzelnen Knotenpunkte ergibt sich folgende Reihenfolge der Kräfte:

äußere Kräfte:	F, F_A, F_B
Knotenpunkt I:	F, F_{s1}, F_{s2}
Knotenpunkt II:	F_{s1}, F_{s4}, F_{s3}
Knotenpunkt III:	F_{s2}, F_{s3}, F_{s5}, F_B
Knotenpunkt IV:	F_{s5}, F_{s4}, F_A

Die Reihenfolge der Kräfte im Kräfteplan entspricht der Reihenfolge, die sich beim Umfahren eines Knotenpunktes im Lageplan ergibt. Der Umfahrungssinn für die äußeren Kräfte und für alle Knotenpunkte ist derselbe, in diesem Fall im Uhrzeigersinn (Bild 2).

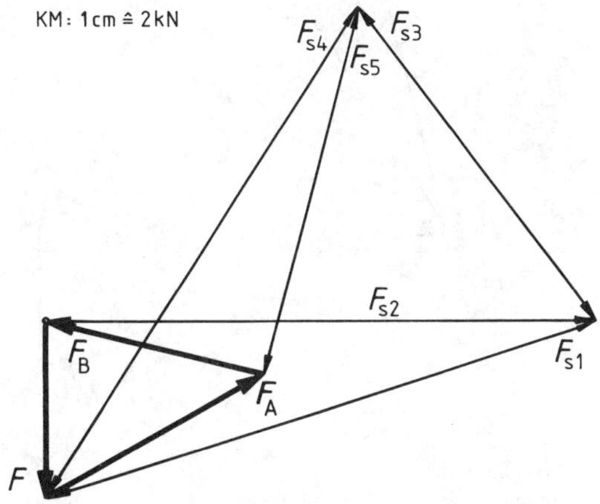

Bild 1 Zeichnerische Ermittlung der Stabkräfte durch Anwendung des Krafteckverfahrens für jeden Knotenpunkt

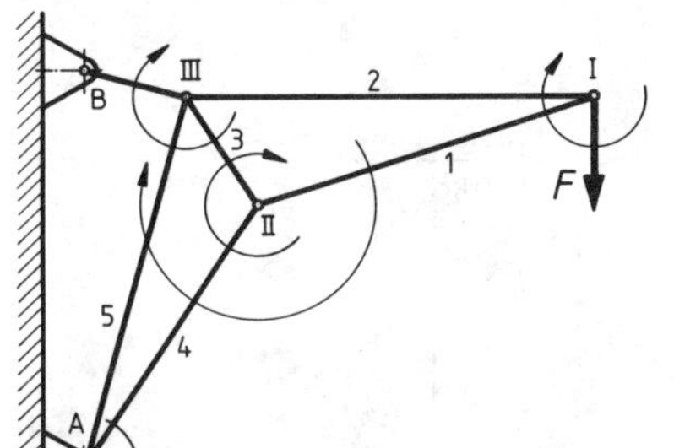

Bild 2 Reihenfolge, in der die drei äußeren Kräfte und die Kräfte in jedem Knotenpunkt im Cremonaplan aufgetragen sind. Der Umfahrungssinn ist für jeden Knotenpunkt gleich (rechtsdrehend)

Die Anwendung des Cremona-Plans empfiehlt sich, wenn bei einem Fachwerk alle oder viele Stabkräfte zu ermitteln sind.

Im Cremona-Plan müssen die Kräfte in der Reihenfolge aufgezeichnet werden, die sich beim Umfahren des Knotenpunktes ergibt.

Der Umfahrungssinn muß für alle Knotenpunkte und für das gesamte Fachwerk (äußere Kräfte) gleich sein.

[1] Luigi Cremona, italienischer Mathematiker (1830–1903)

Da im zusammengefaßten Kräfteplan (Bild 1, Seite 71) für jede Stabkraft die Pfeilspitzen für beide möglichen Richtungssinne eingetragen sind und deshalb verwirren, läßt man im Cremonaplan die Pfeilspitzen der Stabkräfte weg. Statt dessen trägt man im Lageplan den Richtungssinn der auf die Knotenpunkte wirkenden Stabkräfte ein, so daß sich dort zeigt, ob es sich um einen Zug- oder Druckstab handelt (Bild 1).

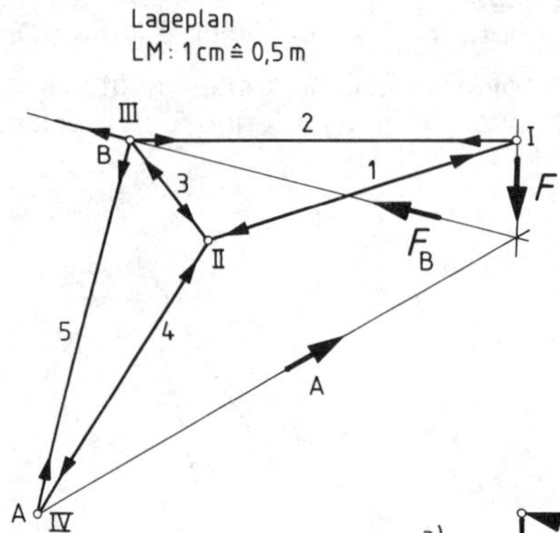

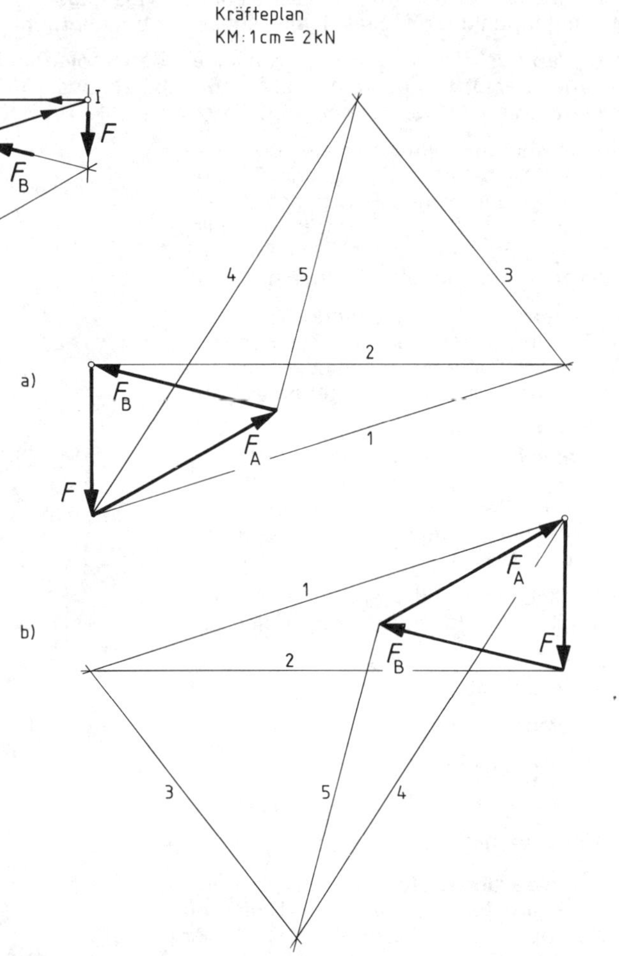

Stab	Kraft
1	– 13,0 kN
2	12,2 kN
3	– 8,8 kN
4	– 13,0 kN
5	8,6 kN
F_A	5,6 kN
F_B	5,0 kN

Bild 1 Zeichnerische Ermittlung der Stabkräfte durch Anwendung des Cremonaplans

a) mit rechtsdrehenden Umfahrungssinn **b)** mit linksdrehenden Umfahrungssinn

Die zeichnerische Ermittlung der Stabkräfte nach dem Cremona-Plan wird folgendermaßen durchgeführt (Bild 1a):

Nach dem Aufzeichnen des Lageplans beginnt man den Cremonaplan mit dem Krafteck für die äußeren Kräfte, wobei der Umfahrungssinn festgelegt werden muß. Die Lagerkräfte können zeichnerisch mit Hilfe von Krafteck-, Culmann- oder Schlußlinienverfahren oder rechnerisch ermittelt werden. Bei dieser Aufgabe empfiehlt sich das Krafteckverfahren. Für den Knotenpunkt I wird das Krafteck aus F, F_{s1} und F_{s2} mit dem gewählten Umlaufsinn gezeichnet. Die Pfeilspitzen der Stabkräfte werden nicht im Kräfteplan, dafür aber sofort in den Lageplan eingetragen. Dabei wird sogleich auch die Pfeilspitze für die Gegenkraft, die auf den benachbarten Knotenpunkt wirkt, eingezeichnet. Entsprechend werden die Kraftecke für die Knotenpunkte II, III und IV gezeichnet und die Pfeilspitzen der Stabkräfte im Lageplan eingezeichnet. Die Größen der Stabkräfte werden in eine Tabelle eingetragen. Druckkräfte werden mit einem negativen Vorzeichen versehen.

Im Bild 1 ist der Cremona-Plan für den Umfahrungssinn im (Bild 1a) und entgegengesetzt dem Uhrzeigersinn (Bild 1b) aufgezeichnet, für die Stabkräfte ergeben sich dieselben Werte.

2.5.3 Zeichnerische Ermittlung einzelner Stabkräfte (Culmann-Verfahren)

Aufgabe:

Ein Ausleger wird durch 5 Einzelkräfte mit je $F = 8\,\text{kN}$ belastet.

Ermitteln Sie zeichnerisch die Kräfte in den Stäben 10 und 11.

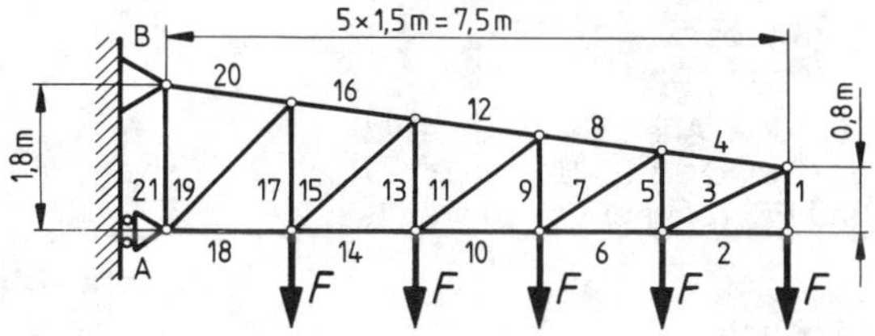

Bild 1 Ausleger

Lösung:

Damit wegen 2 Stabkräften nicht ein großer Teil des Cremonaplans aufgezeichnet werden muß, wird ein geeigneteres zeichnerisches Lösungsverfahren benützt.

Man denkt sich das Fachwerk durch einen Schnitt durch die Stäbe 10, 11 und 12 in 2 Teile geschnitten. Die Stabkräfte F_{s10}, F_{s11} und F_{s12} werden zu äußeren Kräften. Da der Richtungssinn der Stabkräfte unbekannt ist, werden in Bild 2 für das rechte Teilfachwerk die gesuchten Stabkräfte als Zugkräfte angenommen. Ob diese Annahme richtig ist, wird die Lösung zeigen.

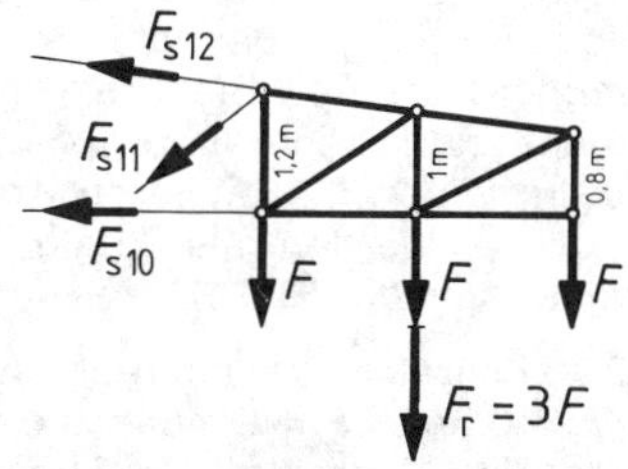

Bild 2 Freigemachtes rechtes Fachwerkteil mit insgesamt 6 äußeren Kräften (3 Belastungskräfte F und 3 Stabkräfte F_{s10}, F_{s11}, F_{s12})

Die an den Teilfachwerken angreifenden äußeren Kräfte müssen – ebenso wie am gesamten Fachwerk – im Gleichgewicht stehen, ihre Resultierende also gleich Null sein. Die 3 Belastungskräfte F werden durch die Resultierende $F_r = 3 \cdot F$ ersetzt. Es müssen die bekannte Kraft F_r und die 3 Stabkräfte, von denen nur die Wirklinien bekannt sind, im Gleichgewicht stehen. Mit Hilfe des **Culmann-Verfahrens** können zeichnerisch Größe und Richtungssinn von F_{s10}, F_{s11} und F_{s12} ermittelt werden (Bild 3). Die Lösung zeigt, daß der Richtungssinn von F_{s10} und F_{s11} falsch angenommen wurde, die Stäbe 10 und 11 sind Druckstäbe.

Lageplan
LM: 1 cm ≙ 0,5 m

Kräfteplan
KM: 1 cm ≙ 10 kN

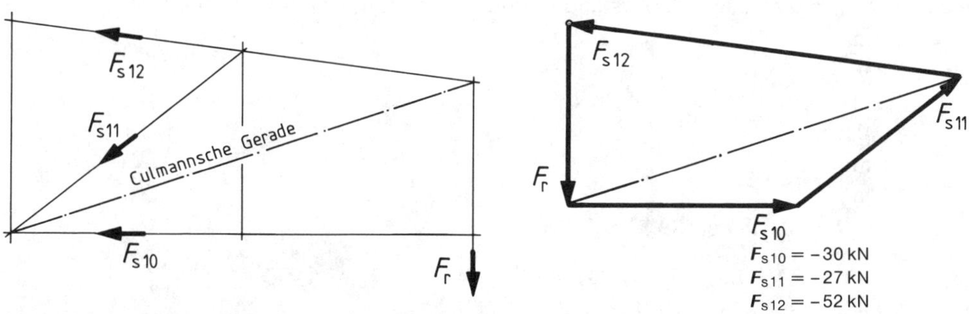

Bild 3 Zeichnerische Ermittlung einzelner Stabkräfte nach dem Culmann-Verfahren

Das Culmann-Verfahren auf das linke Teilfachwerk anzuwenden ist möglich, aber aufwendig, da zuerst die Lagerkräfte F_A und F_B ermittelt und mit $2F$ zur Resultierenden zusammengefaßt werden müssen. Da mit Hilfe des Culmann-Verfahrens nur 3 Stabkräfte ermittelt werden können, muß der Schnitt so gelegt werden, daß nicht mehr als 3 Stäbe geschnitten werden.

Das Culmann-Verfahren ist vorteilhaft anzuwenden, wenn bei einem Fachwerk höchstens 3 Stabkräfte zeichnerisch zu ermitteln sind.
Der Schnitt ist so zu legen, daß höchstens 3 Stäbe geschnitten werden.

2.5.4 Rechnerische Ermittlung einzelner Stabkräfte (Ritter-Verfahren)

Aufgabe:

Für den Ausleger nach Bild 1, S. 73 sind die Stabkräfte F_{s10}, F_{s11} und F_{s12} rechnerisch zu ermitteln.

Lösung:

Durch das Fachwerk wird ein Schnitt gelegt, der die Stäbe schneidet, deren Stabkräfte gesucht sind. Die inneren Stabkräfte werden zu äußeren Kräften, sie werden als Zugkräfte angenommen (Bild 1).

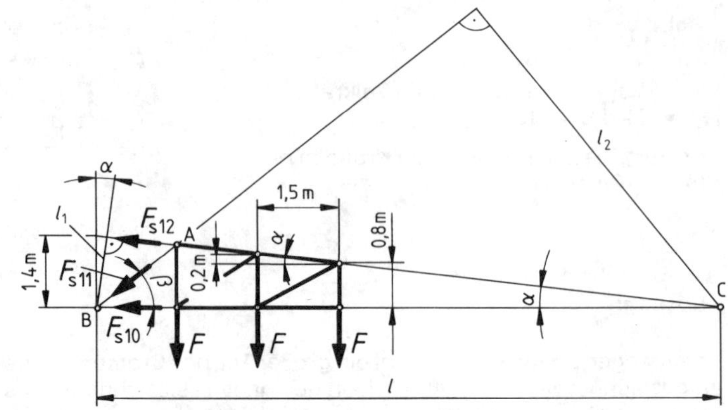

Bild 1 Lageskizze vom freigemachten rechten Fachwerksteil

Die äußeren Kräfte am rechten Teilfachwerk bilden ein allgemeines Kräftesystem. Für die Gleichungen $\Sigma F_x = 0$ und $\Sigma F_y = 0$ müssen die Kräfte in *x*- und *y*-Komponenten zerlegt werden. Günstiger ist es, mehrmals die Gleichung $\Sigma M = 0$ für verschiedene Drehpunkte anzuwenden. Als Drehpunkt wird vorteilhaft der Schnittpunkt von 2 unbekannten Kräften gewählt.

$$\Sigma M_A = 0 \quad \Rightarrow \quad F \cdot 1{,}5\,\text{m} + F \cdot 3\,\text{m} + F_{s10} \cdot 1{,}2\,\text{m} = 0$$

$$F_{s10} = -\frac{F\,(1{,}5+3)\,\text{m}}{1{,}2\,\text{m}} = -\frac{8\,\text{kN} \cdot 4{,}5\,\text{m}}{1{,}2\,\text{m}} = \underline{-30\,\text{kN}}$$

Der Richtungssinn wurde falsch angenommen, F_{s10} wirkt als Druckkraft.

Mit $\tan\alpha = \frac{0{,}2\,\text{m}}{1{,}5\,\text{m}} \qquad \alpha = 7{,}6°$

und $l_1 = 1{,}4\,\text{m} \cdot \cos\alpha = 1{,}4\,\text{m} \cdot \cos 7{,}6° = 1{,}39\,\text{m}$ wird:

$$\Sigma M_B = 0 \quad \Rightarrow \quad F \cdot 1{,}5\,\text{m} + F \cdot 3\,\text{m} + F \cdot 4{,}5\,\text{m} - F_{s12} \cdot l_1 = 0$$

$$F_{s12} = \frac{F\,(1{,}5+3+4{,}5)\,\text{m}}{l_1} = \frac{8\,\text{kN} \cdot 9\,\text{m}}{1{,}39\,\text{m}} = \underline{51{,}8\,\text{kN}} \text{ (Zugkraft)}$$

Für die Gleichung $\Sigma M_C = 0$ müssen die Abstände l und l_2 errechnet werden. Es ist:

$$\frac{l}{1{,}4\,\text{m}} = \frac{1{,}5\,\text{m}}{0{,}2\,\text{m}}$$

$$l = \frac{1{,}5\,\text{m} \cdot 1{,}4\,\text{m}}{0{,}2\,\text{m}} = 10{,}5\,\text{m}$$

$$\tan\beta = \frac{1{,}2\,\text{m}}{1{,}5\,\text{m}} \qquad \beta = 38{,}7°$$

$$l_2 = l \cdot \sin\beta = 10{,}5\,\text{m} \cdot \sin 38{,}7° = 6{,}56\,\text{m}$$

$$\Sigma M_C = 0 \quad \Rightarrow \quad -F\,(l-1{,}5\,\text{m}) - F\,(l-3\,\text{m}) - F\,(l-4{,}5\,\text{m}) - F_{s11} \cdot l_2 = 0$$

$$F_{s11} = -\frac{F \cdot (3 \cdot l - 9\,\text{m})}{l_2} = -\frac{8\,\text{kN}\,(3 \cdot 10{,}5 - 9)\,\text{m}}{6{,}56\,\text{m}} = \underline{-27{,}4\,\text{kN}} \text{ (Druckkraft)}$$

Dieses Verfahren zur rechnerischen Ermittlung der Stabkräfte wird als **Rittersches**[1] **Schnittverfahren** oder **Ritter-Verfahren** bezeichnet.

Das Ritter-Verfahren ist vorteilhaft anzuwenden, wenn bei einem Fachwerk höchstens 3 Stabkräfte rechnerisch zu ermitteln sind.

Der Schnitt wird durch die Stäbe mit den gesuchten Stabkräften gelegt.

[1] August Ritter, deutscher Phvsiker und Statiker (1826–1908)

Lehrbeispiel 19:

Ein Fachwerkträger wird durch eine gleichmäßig verteilte Streckenkraft von 35 kN belastet.

a) Ermitteln Sie mit Hilfe des Cremona-Plans die Stabkräfte F_{s1} bis F_{s17}.

b) Ermitteln Sie die Stabkräfte F_{s10}, F_{s11} und F_{s12} mit Hilfe des Culmann- und des Ritter-Verfahrens.

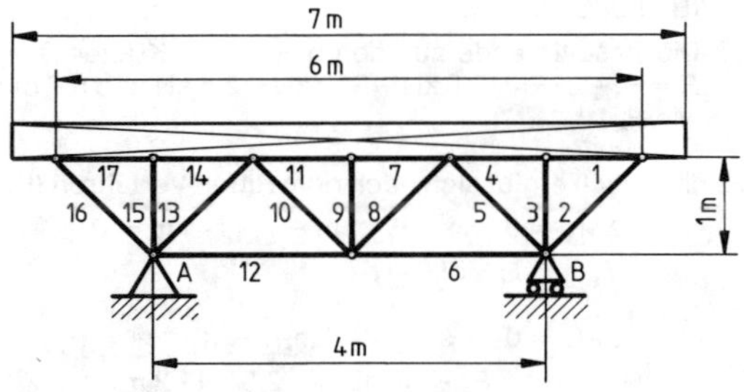

Bild 1 Fachwerkträger mit Streckenkraft

Lösung:

Mit einem Loslager und einem Festlager ist das Fachwerk äußerlich statisch bestimmt. Die Bedingung $s = 2k - 3 = 2 \cdot 10 - 3 = 17$ ist erfüllt, außerdem ist das Fachwerk aus Stabdreiecken zusammengesetzt. Das Fachwerk ist daher innerlich statisch bestimmt und stabil.

a) Um den Träger als Fachwerk berechnen zu können, wird die Streckenkraft durch Einzelkräfte F ersetzt, die in den Knotenpunkten des Obergurts angreifen. Die Einzelkräfte betragen:

$$F = \frac{35\,\text{kN}}{7} = 5\,\text{kN}$$

Die Lagerkräfte werden vorteilhafterweise rechnerisch ermittelt:

$$F_A = F_B = \frac{7 \cdot F}{2} = \frac{35\,\text{kN}}{2} = 17{,}5\,\text{kN}$$

Für einen Umfahrungssinn entgegen dem Uhrzeigersinn ergibt sich der Cremona-Plan nach Bild 2.

Da das Fachwerk symmetrisch aufgebaut und symmetrisch belastet ist, würde es genügen, den Cremona-Plan bis Stab 9 aufzuzeichnen.

Lageplan
LM: 1 cm ≙ 1 m

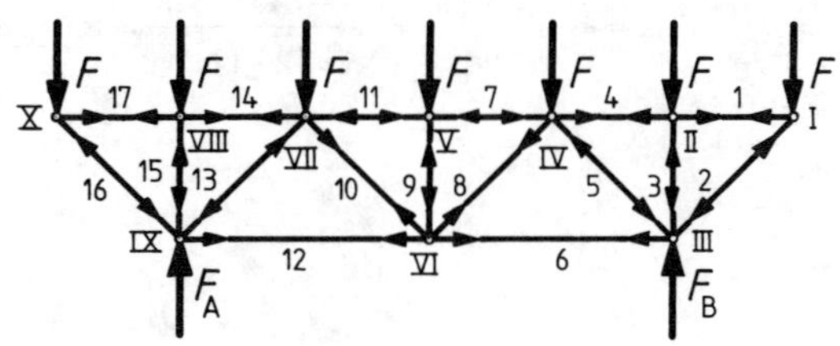

Kräfteplan
KM: 1 cm ≙ 5 kN

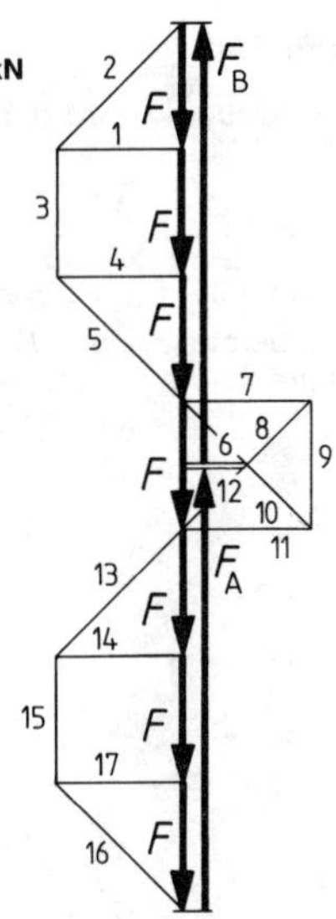

Stab	Kraft
1, 17	5,0 kN
2, 16	−7,1 kN
3, 15	−5,0 kN
4, 14	5,0 kN
5, 13	−10,6 kN
6, 12	2,5 kN
7, 11	−5,0 kN
8, 10	3,5 kN
9	−5,0 kN

Bild 2 Zeichnerische Ermittlung der Stabkräfte mit Hilfe des Cremona-Plans

Lageplan
LM: 1 cm ≙ 0,5 m

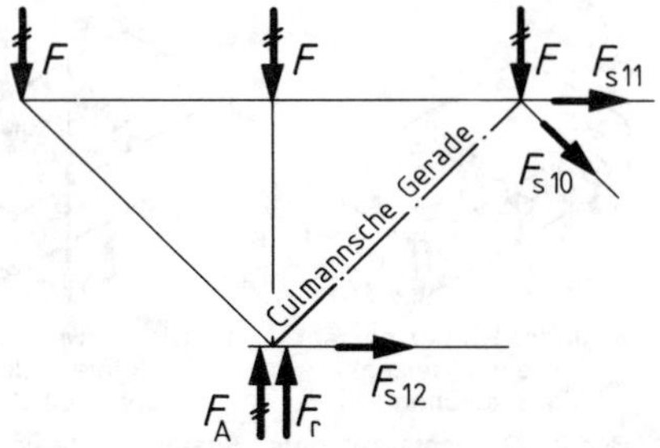

Kräfteplan
KM: 1 cm ≙ 1 kN

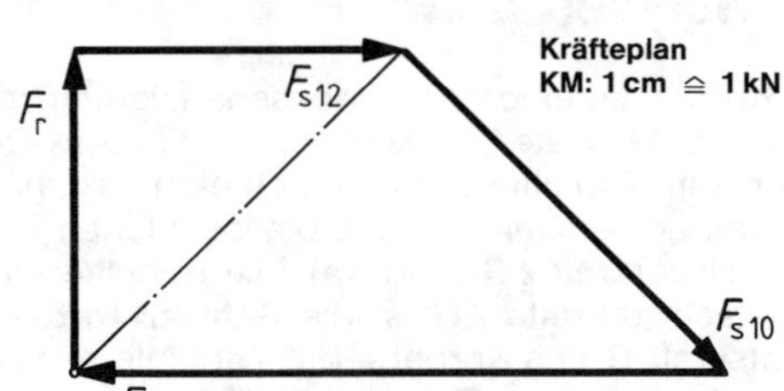

$F_{s10} = 3{,}5$ kN
$F_{s11} = -5$ kN
$F_{s12} = 2{,}5$ kN

Bild 3 Zeichnerische Ermittlung der Stabkräfte F_{s10}, F_{s11} und F_{s12} mit Hilfe des Culmann-Verfahrens

b) Für die zeichnerische Ermittlung der Stabkräfte F_{s10}, F_{s11} und F_{s12} nach dem Culmann-Verfahren wird der Schnitt durch die Stäbe 10, 11 und 12 gelegt. Freigemacht wird das linke Teilfachwerk (Bild 3, Seite 75).

Die Resultierende aus den bekannten Kräften $3 \cdot F$ und F_A beträgt $F_r = F_A - 3 \cdot F = 17{,}5\,\text{kN} - 3 \cdot 5\,\text{kN} = 2{,}5\,\text{kN}$ und hat dieselbe Wirklinie und denselben Richtungssinn wie F_A.

Rechnerisch ergibt sich nach dem Ritter-Verfahren (Bild 1):

$$\Sigma M_A = 0 \;\Rightarrow\; F_r \cdot 1\,\text{m} - F_{s12} \cdot 1\,\text{m} = 0$$

$$F_{s12} = F_r = \underline{2{,}5\,\text{kN}}$$

$$\Sigma M_B = 0 \;\Rightarrow\; F_{s12} \cdot 2\,\text{m} - F_{s11} \cdot 1\,\text{m} = 0$$

$$F_{s11} = -\frac{F_{s12} \cdot 2\,\text{m}}{1\,\text{m}} = -\frac{2{,}5\,\text{kN} \cdot 2\,\text{m}}{1\,\text{m}} = \underline{-5\,\text{kN}}$$

$$\Sigma M_C = 0 \;\Rightarrow\; F_{s10} \cdot l_1 + F_{s11} \cdot 1\,\text{m} = 0$$

$$F_{s10} = -\frac{F_{s11} \cdot 1\,\text{m}}{l_1} = -\frac{-5\,\text{kN} \cdot 1\,\text{m}}{\sqrt{2} \cdot 1\,\text{m}} = \underline{3{,}54\,\text{kN}}$$

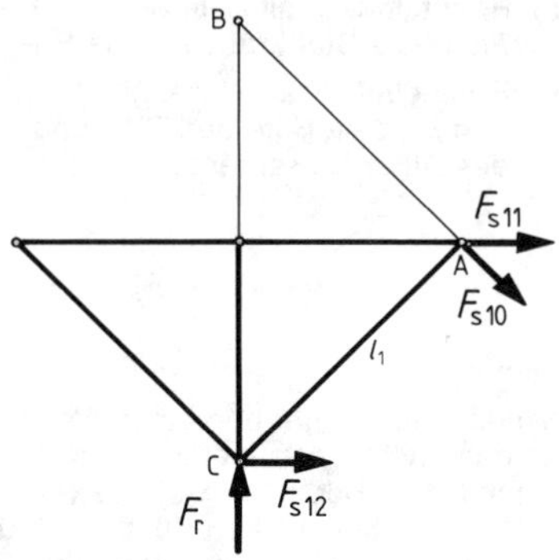

Bild 1 Skizze zur rechnerischen Lösung

Übungsaufgabe:

1. Ein Fachwerkträger wird durch die Kräfte $F_1 = 8\,\text{kN}$ und $F_2 = 5\,\text{kN}$ belastet.

   Ermitteln Sie:

   a) die Stabkräfte F_{s1} bis F_{s7} mit Hilfe des Cremona-Plans,

   b) die Stabkräfte F_{s5} und F_{s6} zeichnerisch mit Hilfe des Culmann-Verfahrens und rechnerisch mit Hilfe des Ritter-Verfahrens.

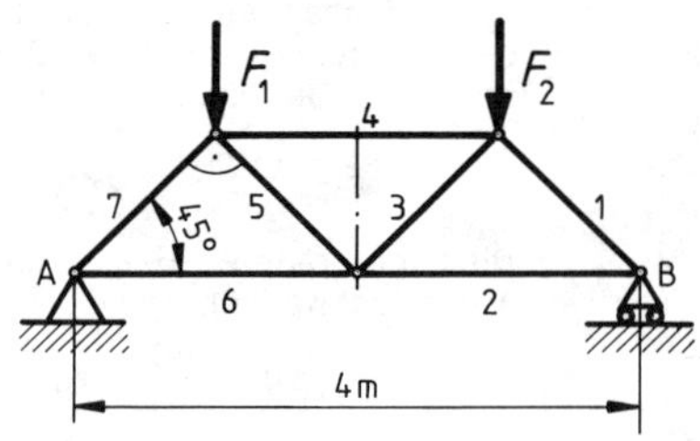

Bild 2

2.6 Schwerpunkt

Jeder Körper unterliegt der Massenanziehung der Erde. Jedes Masseteilchen Δm eines Körpers wird von der zum Erdmittelpunkt gerichteten Erdanziehungskraft angezogen, auf das Masseteilchen wirkt die Teilschwerkraft ΔG (Bild 3a). Die Resultierende aller Teilschwerkräfte ΔG ist die **Schwerkraft** oder Gewichtskraft G des Körpers. Die Wirklinie der Gewichtskraft nennt man **Schwerlinie** (Bild 3b).

Wird der Körper gedreht, so ändert sich auch die Lage der Schwerlinie (Bild 1, Seite 77). Alle Schwerlinien schneiden sich in einem Punkt, dem **Schwerpunkt** S.

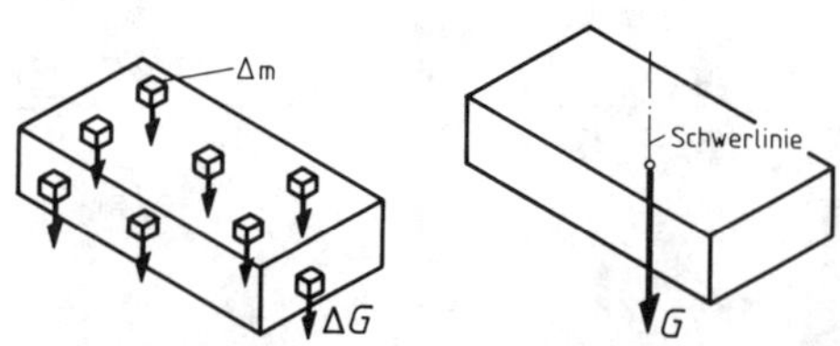

a) Jeder Körper besteht aus einer Vielzahl von Masseteilchen Δm

b) Die Schwerlinie ist die Wirklinie der Gewichtskraft G

Bild 3 Gewichtskraft als Resultierende der Teilschwerkräfte

Der Körper befindet sich im Gleichgewicht, wenn an ihm eine Gegenkraft F zur Gewichtskraft G angreift (Bild 1). Daraus folgt, daß ein Körper in jeder beliebigen Lage im Gleichgewicht ist, wenn er im Schwerpunkt S aufgehängt bzw. unterstützt wird.

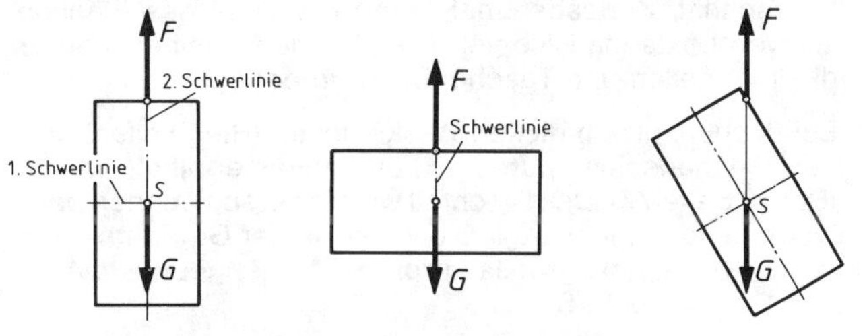

Bild 1 Schwerpunkt als Schnittpunkt der Schwerlinien

Alle Ebenen, die den Schwerpunkt enthalten, heißen **Schwerebenen**. Bei einem symmetrischen homogenen Körper sind alle Symmetrielinien gleichzeitig auch Schwerlinien, alle Symmetrieebenen gleichzeitig auch Schwerebenen (Bild 2).

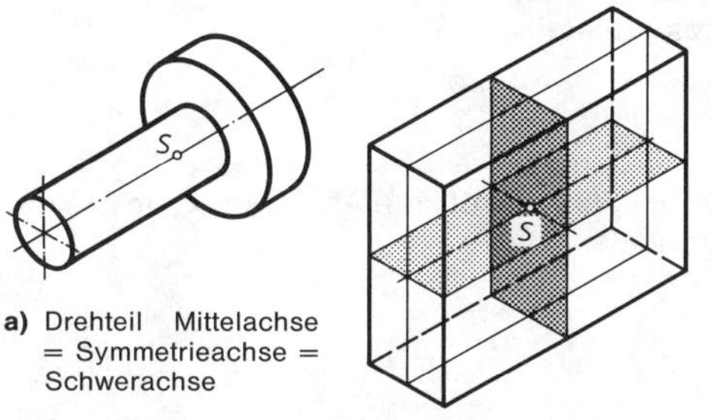

a) Drehteil Mittelachse = Symmetrieachse = Schwerachse

b) Quader mit drei Symmetrieebenen = Schwerebenen

Bild 2 Schwerpunkt bei symmetrischen Körpern

> **Alle Schwerlinien eines Körpers schneiden sich im Schwerpunkt S des Körpers.**
>
> **Die Masse eines Körpers kann man sich im Schwerpunkt vereinigt denken, der Schwerpunkt ist also der Angriffspunkt der Gewichtskraft *G* des Körpers.**
>
> **Wird ein Körper im Schwerpunkt unterstützt oder aufgehängt, so befindet er sich im Gleichgewicht.**
>
> **Alle Symmetrielinien und Symmetrieebenen eines Körpers gehen durch seinen Schwerpunkt.**

Die Lage des Schwerpunkts muß bei der Lösung vieler Aufgaben in der Technischen Mechanik bekannt sein, z. B. um die Eigengewichtskraft eines Körpers berücksichtigen zu können oder um die Standsicherheit des Körpers zu ermitteln. In der Kinetik benötigt man den Schwerpunkt, um das **Massenträgheitsmoment**, in der Festigkeitslehre, um die **Flächenmomente 2. Ordnung** bei Beanspruchung auf Biegung, Torsion und Knickung berechnen zu können. Bei der Oberflächen- und Volumenberechnung von Drehkörpern mit Hilfe der **Guldinschen Regel** muß ebenfalls die Lage des Schwerpunkts ermittelt werden. CAD-Systeme ermöglichen es, für einen Linienzug, für eine Fläche oder für ein Bauteil die Lage des Schwerpunkts zu ermitteln.

2.6.1 Schwerpunkt von Flächen

Zur Berechnung der Biege-, Knick- und Torsionsspannungen benötigt man die Lage des Schwerpunkts in der Querschnittsfläche des Bauteils, den sogenannten **Flächenschwerpunkt** (Bild 3).

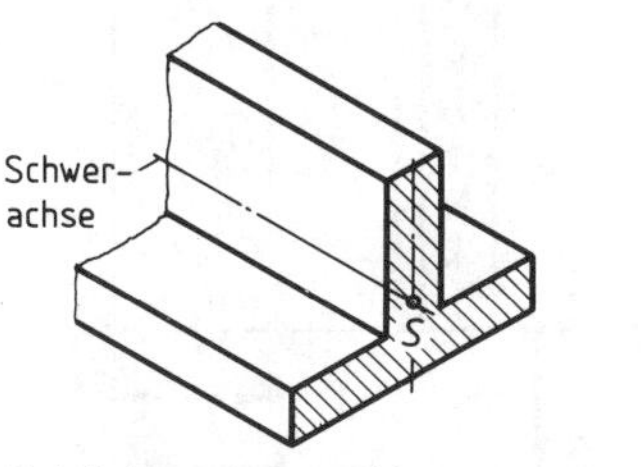

S Flächenschwerpunkt

Bild 3 Prismatischer Körper mit Schwerachse und Flächenschwerpunkt *S* der Querschnittsfläche

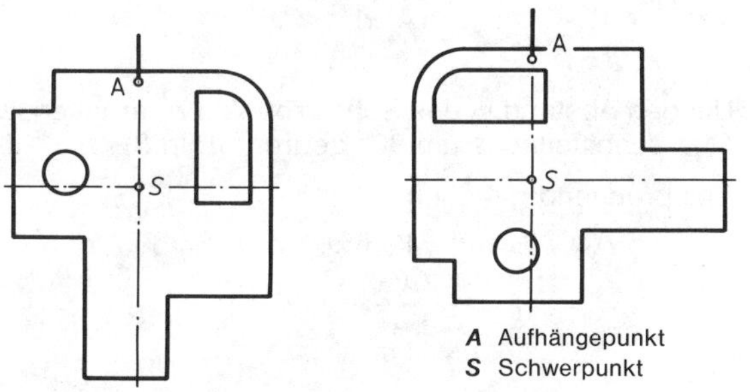

A Aufhängepunkt
S Schwerpunkt

Bild 4 Experimentelle Ermittlung des Schwerpunkts bei einem Blechteil

Bei einfachen Flächen (z. B. Rechteck, Dreieck, Kreis, Kreisausschnitt, Kreisabschnitt) kann die Lage des Flächenschwerpunkts mit Hilfe von Gleichungen ermittelt werden, die in Tabellen und Taschenbüchern angegeben sind.[1]

Bei flachen, gleich dicken Werkstücken (Blechteilen) kann der Flächenschwerpunkt experimentell ermittelt werden (Bild 4, Seite 77). Das Blechteil wird in verschiedenen beliebigen Lagen aufgehängt. Die Wirklinie der Gewichtskraft *G* (Schwerlinie) geht jeweils durch die Aufhängepunkte A und den Schwerpunkt S.

In der Praxis wird die Lage des Flächenschwerpunkts bei zusammengesetzten Flächen rechnerisch mit Hilfe des **Momentensatzes** ermittelt.

Aufgabe:

Ermitteln Sie für ein Winkelprofil die Abstände x_0 und y_0 des Flächenschwerpunkts.

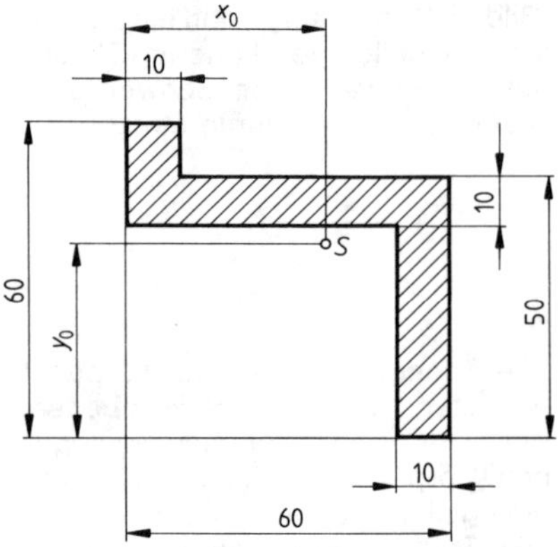

Bild 1 Winkelprofil

Lösung:

Die Querschnittsfläche kann in 3 rechteckige Teilflächen A_1, A_2 und A_3 aufgeteilt werden. Denkt man sich die Fläche als ein dünnes Blech, so üben die Teilflächen die Gewichtskräfte G_1, G_2 und G_3 aus (Bild 2).

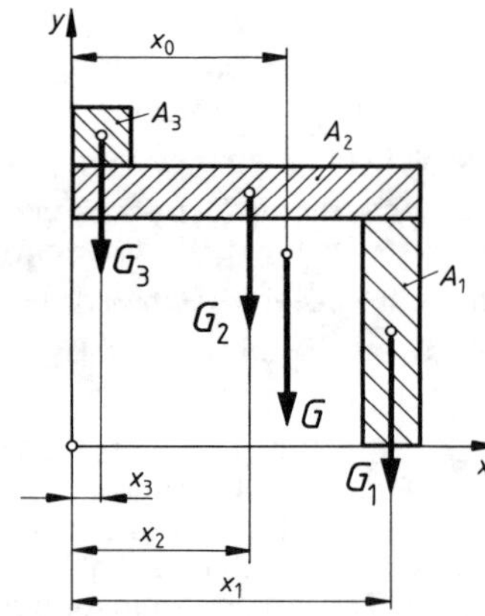

Bild 2 Skizze zur Berechnung des Schwerpunktsabstands x_0

Nach dem Momentensatz ist das Moment der Gewichtskraft *G* der Gesamtfläche gleich der Summe der Momente, die von den Gewichtskräften der Teilflächen ausgeübt werden:

$$M_r = \Sigma M = M_1 + M_2 + M_3$$

$$G \cdot x_0 = G_1 \cdot x_1 + G_2 \cdot x_2 + G_3 \cdot x_3$$

Die Gewichtskräfte entsprechen den Flächeninhalten, also gilt:

$$A_{ges} \cdot x_0 = A_1 \cdot x_1 + A_2 \cdot x_2 + A_3 \cdot x_3$$

Mit der Gesamtfläche $A_{ges} = \Sigma A$ wird der Schwerpunktsabstand:

$$x_0 = \frac{\Sigma\ (A \cdot x)}{\Sigma A}$$

Um den Abstand y_0 des Schwerpunkts zu erhalten, wird die Querschnittsfläche um 90° gedreht (Bild 3).

Entsprechend gilt dann:

$$A_{ges} \cdot y_0 = A_1 \cdot y_1 + A_2 \cdot y_2 + A_3 \cdot y_3$$

$$y_0 = \frac{\Sigma\ (A \cdot y)}{\Sigma A}$$

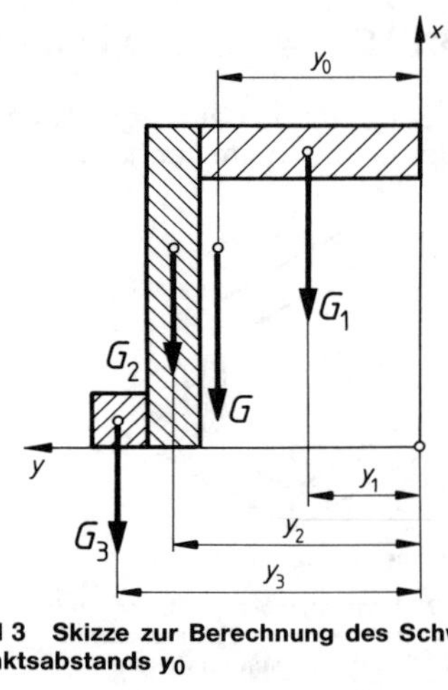

Bild 3 Skizze zur Berechnung des Schwerpunktsabstands y_0

[1] siehe hierzu auch die zu diesem Buch gehörende „Formel- und Tabellensammlung" (HT 2513)

Für den Abstand des **Flächenschwerpunkts** gilt:

(9)
$$x_0 = \frac{\Sigma (A \cdot x)}{\Sigma A}$$
$$y_0 = \frac{\Sigma (A \cdot y)}{\Sigma A}$$

x_0, y_0 Abstand des Flächenschwerpunkts
A Flächeninhalt der Teilfläche
x, y Schwerpunktsabstand der Teilfläche

Damit die rechnerische Lösung übersichtlich wird, empfiehlt es sich, die Werte in einer Tabelle zusammenzustellen:

Teilfläche	A in cm²	x in cm	$A \cdot x$ in cm³	y in cm	$A \cdot y$ in cm³
1	$4 \cdot 1 = 4$	$6 - 0{,}5 = 5{,}5$	22	$4 : 2 = 2$	8
2	$6 \cdot 1 = 6$	$6 : 2 = 3$	18	$4 + 0{,}5 = 4{,}5$	27
3	$1 \cdot 1 = 1$	0,5	0,5	$5 + 0{,}5 = 5{,}5$	5,5
Σ	11		40,5		40,5

Die Abstände des Flächenschwerpunkts sind:

$$x_0 = \frac{\Sigma (A \cdot x)}{\Sigma A} = \frac{40{,}5\,\text{cm}^3}{11\,\text{cm}^2} = 3{,}68\,\text{cm} = \underline{36{,}8\,\text{mm}}$$

$$y_0 = \frac{\Sigma (A \cdot y)}{\Sigma A} = \frac{40{,}5\,\text{cm}^3}{11\,\text{cm}^2} = 3{,}68\,\text{cm} = \underline{36{,}8\,\text{mm}}$$

Lehrbeispiel 20:

Bestimmen Sie die Schwerpunktsabstände x_0 und y_0 der skizzierten Querschnittsfläche.

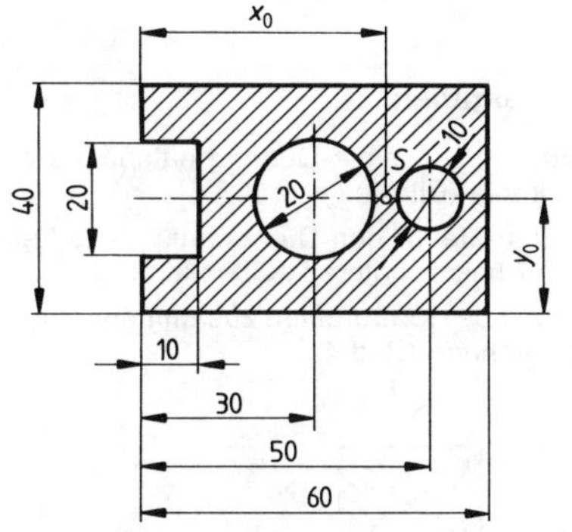

Bild 1 Profilquerschnitt

Lösung:

Die Querschnittsfläche ist symmetrisch, der Flächenschwerpunkt liegt auf der Symmetrielinie, also ist $y_0 = \underline{20\,\text{mm}}$.

Zur Berechnung von x_0 wird die Querschnittsfläche in die Teilflächen A_1 (Rechteck), A_2 (Rechteck), A_3 (Kreis) und A_4 (Kreis) aufgeteilt (Bild 2). Die ausgesparten Flächen A_2, A_3 und A_4 erhalten ein Minusvorzeichen.

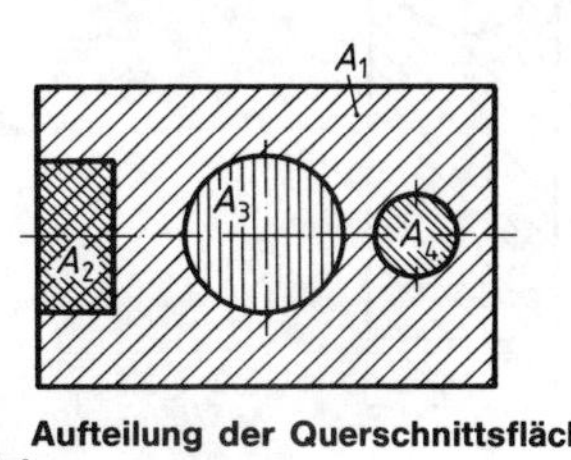

Bild 2 Aufteilung der Querschnittsfläche in Teilflächen

Teilfläche	A in cm^2	x in cm	$A \cdot x$ in cm^3
1 2 3 4	$6 \cdot 4 = 24$ $-2 \cdot 1 = -2$ $-2^2 \cdot \pi/4 = -3{,}14$ $-1^2 \cdot \pi/4 = -0{,}785$	$6 : 2 = 3$ $1 : 2 = 0{,}5$ 3 5	72 −1 −9,42 −3,93
Σ	18,075		57,65

Der Schwerpunktsabstand beträgt: $x_0 = \frac{\Sigma\,(A \cdot x)}{\Sigma A} = \frac{57{,}65\ cm^3}{18{,}075\ cm^2} = 3{,}19\ cm = \underline{31{,}9\ mm}$

Lehrbeispiel 21

Ermitteln Sie für einen aus Normprofilen zusammengesetzten Trägerquerschnitt den Schwerpunktsabstand y_0 von der Unterkante.

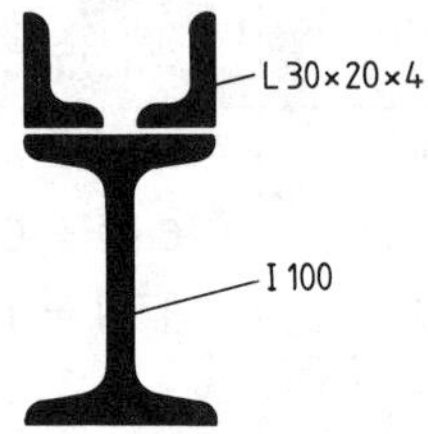

Bild 1 Trägerquerschnitt aus Normprofilen

Lösung:

Der Gesamtquerschnitt wird in die Teilflächen A_1 (T-Profil) und A_2 (L-Profil) der genormten Profile aufgeteilt.

Querschnittsfläche und Schwerpunktsabstand der Normprofile können aus Tabellen entnommen werden.

Teilfläche	A in cm^2	y in cm	$A \cdot y$ in cm^3
1 2	10,6 $2 \cdot 1{,}85 = 3{,}7$	5 $10 + 1{,}03 = 11{,}03$	53 40,8
Σ	14,3		93,8

Der Schwerpunktsabstand beträgt: $y_0 = \frac{\Sigma\,(A \cdot y)}{\Sigma A} = \frac{93{,}8\ cm^3}{14{,}3\ cm^2} = 6{,}56\ cm = \underline{65{,}6\ mm}$

Übungsaufgaben:

1. Ermitteln Sie für die Querschnittsfläche eines Auslegers den Abstand y_0 des Flächenschwerpunkts von der Unterkante (Bild 2).
2. Ermitteln Sie für den Querschnitt eines Leichtmetallprofiles die Abstände x_0 und y_0 des Flächenschwerpunkts von der linken unteren Außenkante (Bild 3).
3. Für den aus Normprofilen zusammengesetzten Querschnitt ist der Schwerpunktsabstand y_0 von der Unterkante zu berechnen (Bild 4).

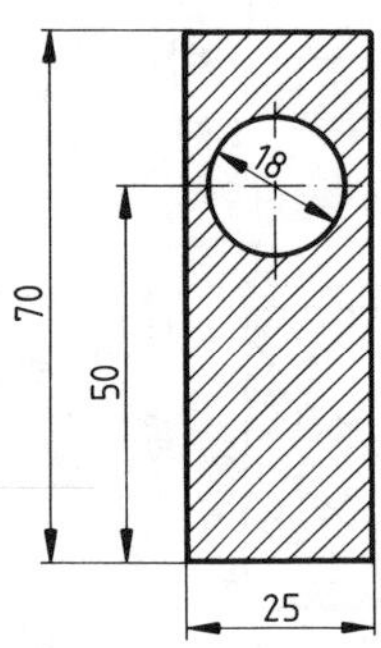

Bild 2

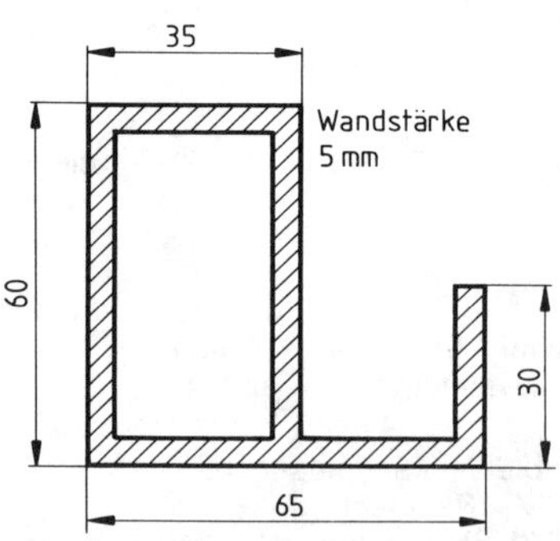

Bild 3

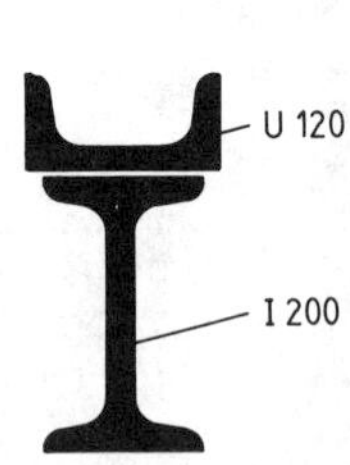

Bild 4

2.6.2 Schwerpunkt von Linien

Beim Ausschneiden eines Blechteils mit einem Schneidwerkzeug ist die Schneidkraft gleichmäßig über die Länge der Schnittkante verteilt (Bild 1). Damit der Einspannzapfen nicht auf Biegung beansprucht wird, muß seine Mitte mit der Wirklinie der Gesamtschneidkraft zusammenfallen. Die Resultierende der Schneidkraft geht durch den Schwerpunkt der gleichmäßig verteilten Einzelkräfte, d. h. durch den Schwerpunkt der Schnittkanten, den sogenannten **Linienschwerpunkt**.

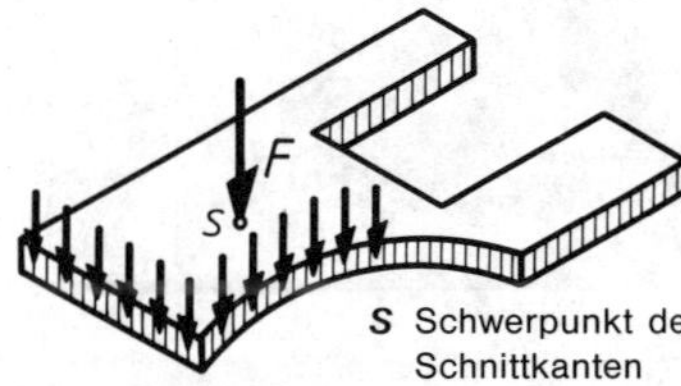

S Schwerpunkt der Schnittkanten

Bild 1 Schnitteil mit Gesamtschneidkraft *F* als Resultierende der Einzelschneidkräfte

Zur Berechnung des Linienschwerpunkts bei einfachen Linien (Gerade, Kreis, Kreisbogen, Dreieck) sind in Tabellen und Taschenbüchern Gleichungen angegeben. Bei zusammengesetzten Linienzügen wird der Linienschwerpunkt ebenso wie der Flächenschwerpunkt rechnerisch mit Hilfe des **Momentensatzes** ermittelt.

Aufgabe:

Für ein Schnitteil ist die Lage des Linienschwerpunkts der Schnittkanten bezüglich des linken unteren Eckpunkts zu bestimmen.

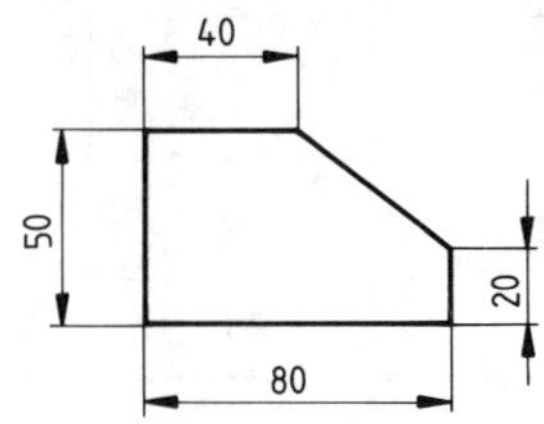

Bild 2 Schnitteil

Lösung:

Der Linienzug wird in die Teillinien $l_1 \dots l_5$ zerlegt, von denen die Lage des Linienschwerpunktes einfach zu ermitteln ist (Bild 3).

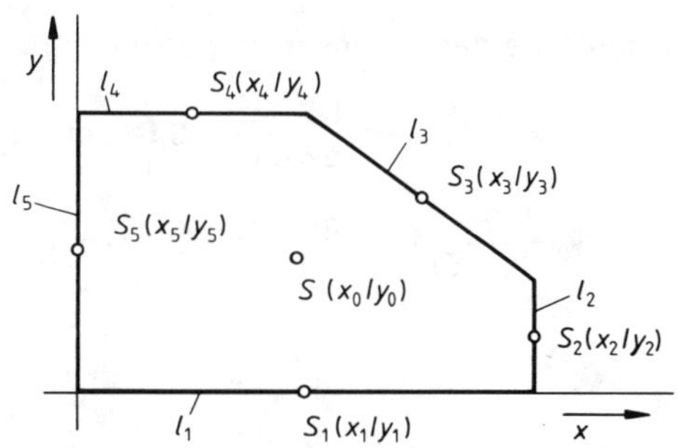

S Linienschwerpunkt des gesamten Linienzugs
x_0, y_0 Abstand des Linienschwerpunkts
$l_1 \dots l_5$ Längen der Teillinien
$x_1 \dots x_5$, $y_1 \dots y_5$ Abstände der Schwerpunkte der Teillinien

Bild 3 Unterteilung des Linienzugs in die Teillinien $l_1 \dots l_5$

Denkt man sich die Linien als dünnen Draht, so üben die Linien die Gewichtskräfte $G_1 \dots G_5$ aus.

Nach dem Momentensatz ist das Moment der Gewichtskraft *G* des gesamten Linienzugs gleich der Summe der Momente, die von den Gewichtskräften der Teillinien ausgeübt werden:

$$M_r = \Sigma M = M_1 + M_2 + M_3 + M_4 + M_5$$

$$G \cdot x_0 = G_1 \cdot x_1 + G_2 \cdot x_2 + G_3 \cdot x_3 + G_4 \cdot x_4 + G_5 \cdot x_5$$

Die Gewichtskräfte entsprechen der Länge der Linien, also gilt:

$$l_{ges} \cdot x_0 = l_1 \cdot x_1 + l_2 \cdot x_2 + l_3 \cdot x_3 + l_4 \cdot x_4 + l_5 \cdot x_5$$

Mit der Gesamtlänge $l_{ges} = \Sigma l$ wird der Schwerpunktsabstand:

$$x_0 = \frac{\Sigma\ (l \cdot x)}{\Sigma l}$$

Entsprechend gilt für den Abstand des Linienschwerpunkts in *y*-Richtung:

$$y_0 = \frac{\Sigma\ (l \cdot y)}{\Sigma l}$$

Für den Abstand des **Linienschwerpunkts** gilt:

(10)
$$x_0 = \frac{\Sigma\,(l \cdot x)}{\Sigma l}$$
$$y_0 = \frac{\Sigma\,(l \cdot y)}{\Sigma l}$$

x_0, y_0 Abstand des Linienschwerpunkts
l Länge der Teillinie
x, y Schwerpunktsabstand der Teillinie

Für die Berechnung des Linienschwerpunkts wird eine Tabelle aufgestellt:

Teillinie	l in cm	x in cm	$l \cdot x$ in cm²	y in cm	$l \cdot y$ in cm²
1	8	8 : 2 = 4	32	0	0
2	2	8	16	2 : 2 = 1	2
3	5	4 + 4 : 2 = 6	30	2 + 3 : 2 = 3,5	17,5
4	4	4 : 2 = 2	8	5	20
5	5	0	0	5 : 2 = 2,5	12,5
Σ	24		86		52

Nebenrechnung: $l_3 = \sqrt{(4\,\text{cm})^2 + (3\,\text{cm})^2} = 5\,\text{cm}$

Die Abstände des Linienschwerpunkts betragen:

$$x_0 = \frac{\Sigma\,(l \cdot x)}{\Sigma\, l} = \frac{86\,\text{cm}^2}{24\,\text{cm}} = 3{,}58\,\text{cm} = \underline{35{,}8\,\text{mm}}$$

$$y_0 = \frac{\Sigma\,(l \cdot y)}{\Sigma\, l} = \frac{52\,\text{cm}^2}{24\,\text{cm}} = 2{,}17\,\text{cm} = \underline{21{,}7\,\text{mm}}$$

Lehrbeispiel 22:

Das skizzierte Schnitteil ist mit einem Schneidwerkzeug mit Plattenführung auszuschneiden.

Ermitteln Sie die Lage des Einspannzapfens am Stempelkopf, bezogen auf den linken unteren Eckpunkt des Stempels.

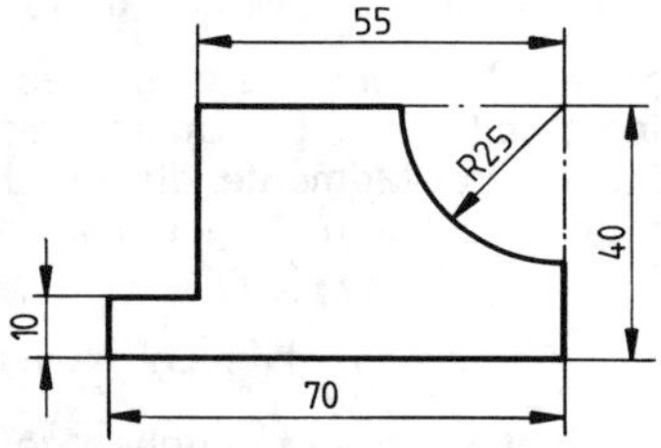

Bild 1 Schnitteil

Lösung:

Für die Lage des Einspannzapfens ist der Linienschwerpunkt maßgebend. Der Linienzug wird in die Teillinien $l_1 \ldots l_7$ zerlegt (Bild 2).

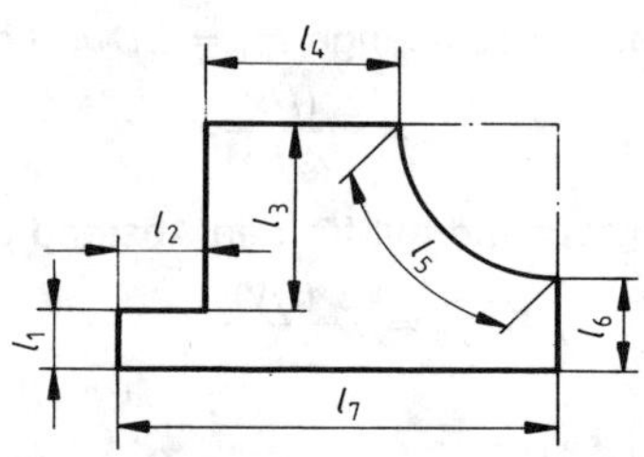

Bild 2 Unterteilung des Linienzugs in die Teillinien $l_1 \ldots l_7$

Die Schwerpunktsabstände werden vom linken unteren Eckpunkt aus ermittelt.

Teillinie	l in cm	x in cm	$l \cdot x$ in cm^2	y in cm	$l \cdot y$ in cm^2
1	1	0	0	0,5	0,5
2	$7 - 5{,}5 = 1{,}5$	$1{,}5/2 = 0{,}75$	1,1	1	1,5
3	$4 - 1 = 3$	1,5	4,5	$1 + 3/2 = 2{,}5$	7,5
4	$5{,}5 - 2{,}5 = 3$	$1{,}5 + 3/2 = 3$	9	4	12
5	$5 \cdot \pi/4 = 3{,}9$	5,41	21,1	2,41	9,4
6	$4 - 2{,}5 = 1{,}5$	7	10,5	$1{,}5/2 = 0{,}75$	1,1
7	7	$7/2 = 3{,}5$	24,5	0	0
Σ	20,9		70,7		32

Nebenrechnung:

Mit $y_0 = 0{,}900 \cdot r = 0{,}900 \cdot 2{,}5\,\text{cm} = 2{,}25\,\text{cm}$

werden für den Viertelskreis (Bild 1):

$$y_0' = x_0' = y_0 \cdot \sin 45° = 2{,}25\,\text{cm} \cdot \sin 45° = 1{,}59\,\text{cm}$$

und damit die Schwerpunktsabstände:

$$x_5 = 7\,\text{cm} - x_0' = (7 - 1{,}59)\,\text{cm} = 5{,}41\,\text{cm}$$

$$y_5 = 4\,\text{cm} - y_0' = (4 - 1{,}59)\,\text{cm} = 2{,}41\,\text{cm}$$

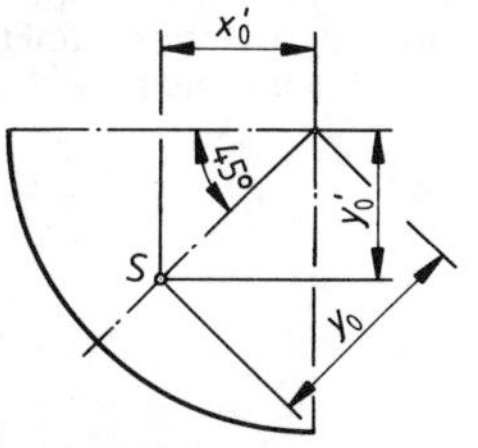

Bild 1 Abstand des Linienschwerpunkts beim Viertelskreis

Die Schwerpunktsabstände des Linienschwerpunkts betragen:

$$x_0 = \frac{\Sigma\,(l \cdot x)}{\Sigma\,l} = \frac{70{,}7\,\text{cm}^2}{20{,}9\,\text{cm}} = 3{,}38\,\text{cm} = \underline{33{,}8\,\text{mm}}$$

$$y_0 = \frac{\Sigma\,(l \cdot y)}{\Sigma\,l} = \frac{32\,\text{cm}^2}{20{,}9\,\text{cm}} = 1{,}53\,\text{cm} = \underline{15{,}3\,\text{mm}}$$

Übungsaufgaben:

1. Für eine Oberflächenberechnung mit Hilfe der Guldinschen Regel ist für den dargestellten Linienzug die Lage des Schwerpunkts zu bestimmen (Bild 2).

   Ermitteln Sie die Schwerpunktskoordinaten x_0 und y_0, bezogen auf den linken unteren Eckpunkt.

2. Ermitteln Sie für ein Schnitteil den Abstand x_0 des Linienschwerpunkts von der rechten Außenkante (Bild 3).

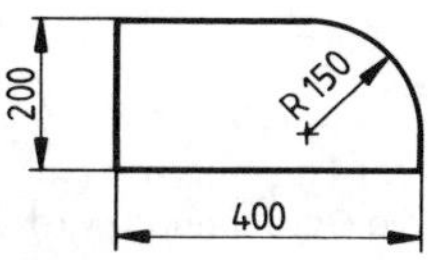

Bild 2

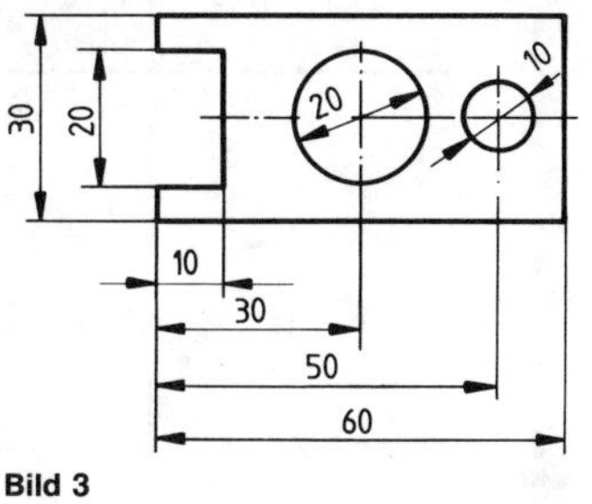

Bild 3

2.6.3 Schwerpunkt von Körpern

Bei einfachen Körpern (z. B. Zylinder, Quader, Pyramide, Kegel, Kugel, Kugelausschnitt, Kugelabschnitt) kann die Lage des **Körperschwerpunkts** mit Hilfe von Gleichungen ermittelt werden, die in Tabellen und Taschenbüchern angegeben sind.

Wie beim Flächen- und Linienschwerpunkt kann mit Hilfe des **Momentensatzes** der Schwerpunktsabstand eines aus mehreren Teilkörpern zusammengesetzten Körpers berechnet werden.

Für den Abstand des **Körperschwerpunkts** gilt:

(11)

$$x_0 = \frac{\Sigma (V \cdot x)}{\Sigma V}$$

$$y_0 = \frac{\Sigma (V \cdot y)}{\Sigma V}$$

$$z_0 = \frac{\Sigma (V \cdot z)}{\Sigma V}$$

x_0, y_0, z_0 Abstand des Körperschwerpunkts
V Volumen des Teilkörpers
x, y, z Schwerpunktsabstand des Teilkörpers

Lehrbeispiel 23:

Ermitteln Sie für einen Aufnahmedorn den Schwerpunktsabstand x_0 vom linken Ende des Dorns.

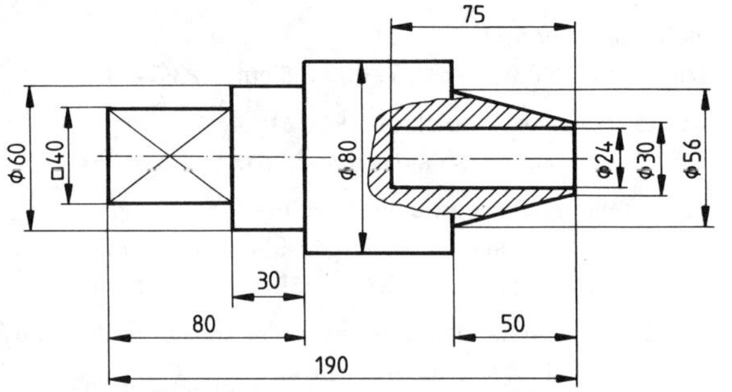

Bild 1 Aufnahmedorn

Lösung:

Das Werkstück wird in die Teilkörper $V_1 \ldots V_6$ zerlegt (Bild 2). Da der Dorn zwei zueinander senkrechte Symmetrieebenen besitzt, muß nur der Schwerpunktsabstand x_0 ermittelt werden.

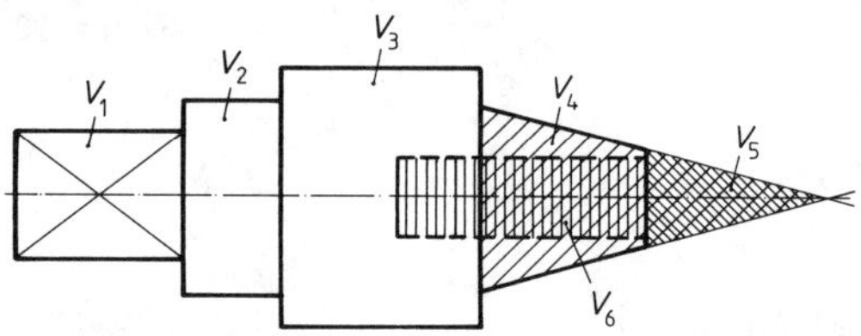

Bild 2 Aufteilung in die Teilkörper $V_1 \ldots V_6$

Für die Berechnung wird eine Tabelle angefertigt.

Teilkörper	V in cm^3	x in cm	$V \cdot x$ in cm^4
1	$4^2 \cdot 5 = 80$	$5 : 2 = 2{,}5$	200
2	$\frac{\pi \cdot 6^2}{4} \cdot 3 = 84{,}8$	$5 + 3 : 2 = 6{,}5$	551
3	$\frac{\pi \cdot 8^2}{4} \cdot 6 = 301{,}4$	$8 + 6 : 2 = 11$	3320
4	$\frac{\pi \cdot 5{,}6^2}{4} \cdot \frac{10{,}8}{3} = 88{,}6$	$14 + 10{,}8 : 4 = 16{,}7$	1480
5	$-\frac{\pi \cdot 3^2}{4} \cdot \frac{(10{,}8 - 5)}{3} = -13{,}7$	$19 + 5{,}8 : 4 = 20{,}45$	−280
6	$-\frac{\pi \cdot 2{,}4^2}{4} \cdot 7{,}5 = -33{,}9$	$19 - 7{,}5 : 2 = 15{,}25$	−517
Σ	507,5		4754

Nebenrechnung:

Die Höhe h des großen Kegels (V_5) beträgt:

$$\frac{h}{28\text{ mm}} = \frac{50\text{ mm}}{(28-15)\text{ mm}}$$

$$h = 50\text{ mm}\ \frac{28\text{ mm}}{13\text{ mm}} = 108\text{ mm}$$

Der Schwerpunktsabstand beträgt:

$$x_0 = \frac{\Sigma\,(V\cdot x)}{\Sigma\,V} = \frac{4754\text{ cm}^4}{507{,}5\text{ cm}^3} = 9{,}37\text{ cm} = \underline{93{,}7\text{ mm}}$$

Übungsaufgabe:

1. Ermitteln Sie für ein Werkstück die Koordinaten x_0, y_0 und z_0 des Schwerpunkts vom Punkt A aus.

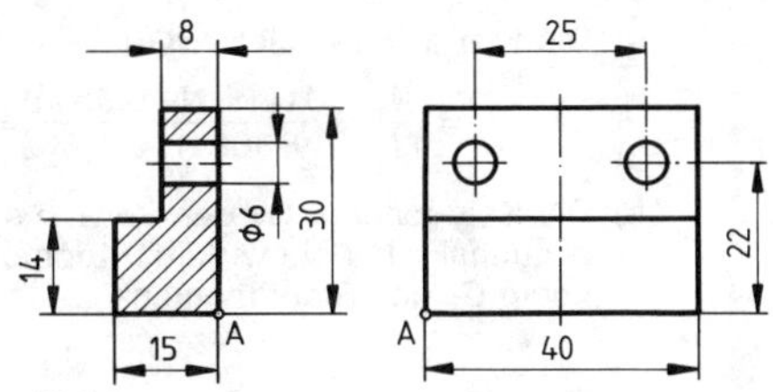

Bild 1

2.6.4 Standsicherheit

Greift an einem Werkstück die Kraft F bei A an (Bild 2a), so bleibt das Werkstück stehen bzw. verschiebt sich nach Überwindung der Reibung. Greift die Kraft F bei B an (Bild 2b), so kippt das Werkstück um D.

Bezogen auf den Kippunkt D bewirkt die Kraft F das **Kippmoment** $M_k = F \cdot l_1$. Die Gewichtskraft G des Werkstücks verursacht ein **Standmoment** $M_s = G \cdot l_2$ mit entgegengesetztem Drehsinn.

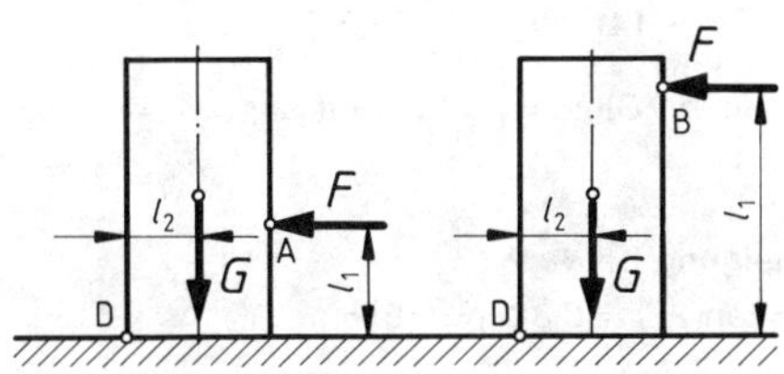

M_k Kippmoment
M_s Standmoment
ν Standsicherheit

a) Werkstück bleibt stehen
$F \cdot l_1 < G \cdot l_2$
$M_k < M_s$
$\nu = \frac{M_s}{M_k} > 1$

b) Werkstück kippt
$F \cdot l_1 > G \cdot l_2$
$M_k > M_s$
$\nu = \frac{M_s}{M_k} < 1$

Bild 2 Standsicherheit bei einem Werkstück

Die **Standsicherheit** ist:

(12) $$\nu = \frac{M_s}{M_k}$$

ν Standsicherheit
M_s Standmoment in Nm
M_k Kippmoment in Nm

Bei $\nu > 1$ bleibt ein Körper stehen, bei $\nu < 1$ kippt er, bei $\nu = 1$ herrscht ein **labiler Gleichgewichtszustand.**

Lehrbeispiel 24:

Ein Traktor mit der Gewichtskraft $G = 11\,000$ N wird beim Ziehen eines Ackergeräts mit der Kraft $F = 6\,300$ N belastet.

a) Wie groß ist die Standsicherheit auf ebener Bahn?

b) Wie groß darf die Steigung der Bahn höchstens sein, wenn die Standsicherheit beim Aufwärtsfahren noch mindestens $\nu = 1{,}5$ betragen soll?

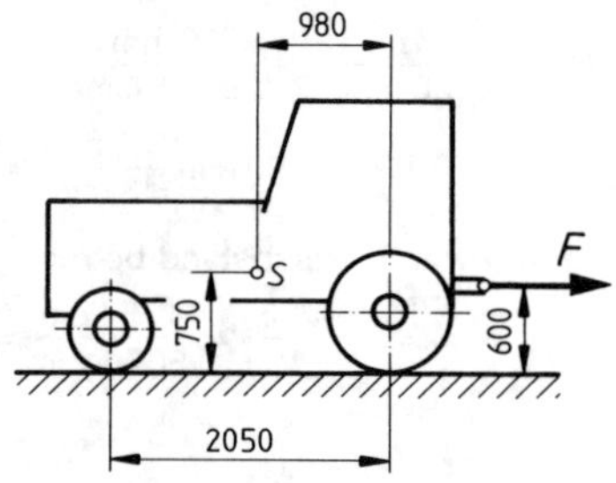

Bild 1 Traktor

Lösung:

a) Die Standsicherheit beträgt:

$$\nu = \frac{M_s}{M_k} = \frac{11\,000\,\text{N} \cdot 0{,}98\,\text{m}}{6\,300\,\text{N} \cdot 0{,}6\,\text{m}} = \underline{2{,}85}$$

b) Die Komponente G_x der Gewichtskraft G und die Belastungskraft F bewirken Kippmomente, die Komponente G_y das Standmoment.

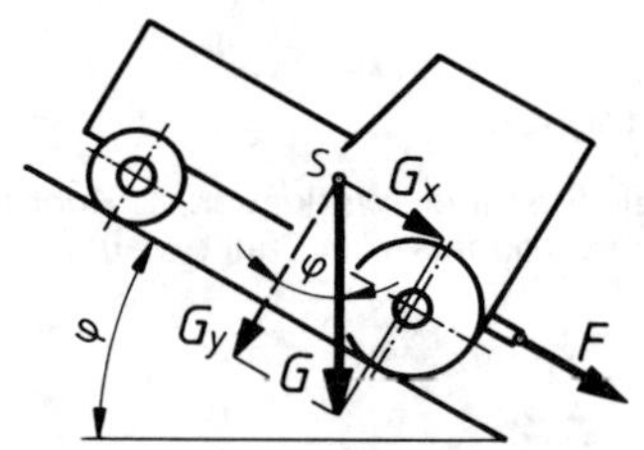

Bild 2 Traktor beim Aufwärtsfahren

Mit $G_x = G \cdot \sin\varphi$ und $G_y = G \cdot \cos\varphi$ folgt für die Standsicherheit:

$$\nu = \frac{M_s}{M_k} = \frac{G_y \cdot 0{,}98\,\text{m}}{G_x \cdot 0{,}75\,\text{m} + F \cdot 0{,}6\,\text{m}} = \frac{G \cdot \cos\varphi \cdot 0{,}98\,\text{m}}{G \cdot \sin\varphi \cdot 0{,}75\,\text{m} + F \cdot 0{,}6\,\text{m}}$$

Mit $\cos\varphi = \sqrt{1 - \sin^2\varphi}$ ergibt sich für den gesuchten Steigungswinkel:

$$\nu\,(G \cdot 0{,}75\,\text{m} \cdot \sin\varphi + F \cdot 0{,}6\,\text{m}) = G \cdot 0{,}98\,\text{m}\sqrt{1 - \sin^2\varphi}$$

$$1{,}5\,(11\,\text{kN} \cdot 0{,}75\,\text{m} \cdot \sin\varphi + 6{,}3\,\text{kN} \cdot 0{,}6\,\text{m}) = 11\,\text{kN} \cdot 0{,}98\,\text{m}\sqrt{1 - \sin^2\varphi}$$

$$12{,}4 \cdot \sin\varphi + 5{,}67 = 10{,}8\sqrt{1 - \sin^2\varphi}$$

$$(12{,}4 \cdot \sin\varphi + 5{,}67)^2 = (10{,}8 \cdot \sqrt{1 - \sin^2\varphi})^2$$

$$154 \cdot \sin^2\varphi + 141 \cdot \sin\varphi + 32{,}1 = 117\,(1 - \sin^2\varphi)$$

$$271 \cdot \sin^2\varphi + 141 \cdot \sin\varphi - 84{,}9 = 0$$

Aus der quadratischen Gleichung folgt für $\sin\varphi = 0{,}358$

$$\varphi = 21°$$

Die zulässige Steigung beträgt:

$$\tan\varphi = \tan 21° = 0{,}384 \approx \underline{38\,\%}$$

Übungsaufgabe:

1. In einer Zubringeinrichtung werden Werkstücke gegen die Leitschiene gelegt; sie sollen sich von allein aufstellen, um der nächstfolgenden Bearbeitungsstation zugeführt werden zu können.

   Wie groß muß Winkel α der Leitschiene mindestens sein, damit sich die Werkstücke aufrichten?

   (Maße und Schwerpunktskoordinaten sind der Übungsaufgabe 1, Seite 85 zu entnehmen.)

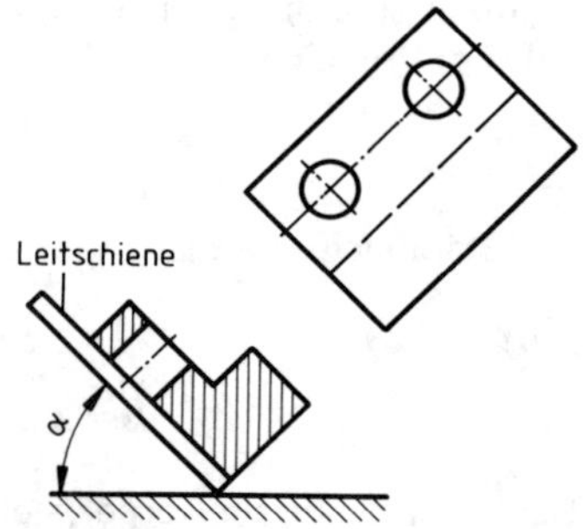

Bild 3

2.7 Reibung

2.7.1 Haft- und Gleitreibung

2.7.1.1 Grundlagen

Soll ein Maschinenschlitten (Bild 1) auf einer Führungsbahn in Bewegung gesetzt werden, so ist dazu erfahrungsgemäß eine Verschiebekraft F notwendig. Auch zur Aufrechterhaltung der Bewegung muß eine Kraft wirksam bleiben. Ohne Wirken einer Verschiebekraft wird der Maschinenschlitten abgebremst und kommt zum Stillstand.

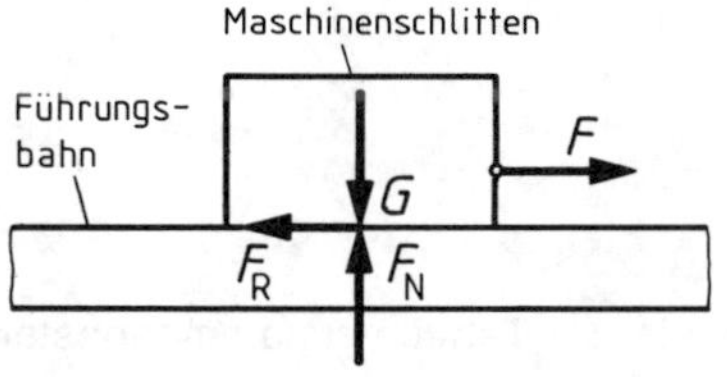

G Gewichtskraft
F Verschiebekraft
F_N Normalkraft
F_R Reibkraft

Bild 1 Kräfte an einem Maschinenschlitten, der verschoben werden soll

Sollen zwei sich berührende Körper gegeneinander verschoben werden, tritt immer ein Widerstand auf, den man **Reibung** nennt.

Versucht man den Schlitten durch eine waagrechte Kraft F in Bewegung zu setzen, so gelingt dies erst, wenn die Verschiebekraft einen bestimmten Betrag erreicht. Ist die Kraft F klein, bleibt der Schlitten im Zustand der Ruhe. Die am Schlitten wirkenden Kräfte müssen also im Gleichgewicht sein. Zur Untersuchung des Gleichgewichtszustandes wird der Schlitten freigemacht (Bild 1). Man erkennt:

In senkrechter Richtung heben sich die Gewichtskraft G und die Normalkraft F_N (Gegenkraft zu G) gegenseitig auf. In waagrechter Richtung muß der Verschiebekraft F eine Gegenkraft das Gleichgewicht halten. Diese Gegenkraft kann nur an den Berührungsflächen zwischen Schlitten und Führungsbahn auftreten, da der Schlitten keine weiteren Berührungspunkte mit seiner Umgebung hat und auch keine weiteren Kräfte an ihm angreifen. Diese zwischen den Berührungsflächen wirkende Gegenkraft muß also die Widerstandskraft sein, die das Verschieben eines Körpers verhindert bzw. erschwert. Diese Widerstandskraft nennt man **Reibungswiderstand** oder **Reibkraft** F_R.

Das Entstehen der Reibkraft wird in erster Linie dadurch verursacht, daß sich die rauhen Oberflächen in den Berührungszonen verzahnen und der entstehende Mikro-Formschluß einen Verschiebewiderstand hervorruft.

Erhöht man langsam die Verschiebekraft F, so wächst die Reibkraft in gleichem Maße, denn der Schlitten bleibt immer noch stehen. Erst wenn F einen bestimmten Wert erreicht, wird die Haftung zwischen Schlitten und Boden plötzlich aufgehoben; der Schlitten wird in Bewegung versetzt (beschleunigt). Die Reibkraft kann der Verschiebekraft F nicht mehr das Gleichgewicht halten; sie hat ihren Maximalwert erreicht, wächst also nicht mehr weiter. Der erreichte Grenzwert wird als **Haftreibkraft** F_{R0} bezeichnet.

Ist der Maschinenschlitten einmal in Bewegung, so bleibt ein Reibungswiderstand bestehen. Erfahrungsgemäß ist aber die bei Bewegung auftretende Reibkraft kleiner als die Haftreibkraft. Diesen bei Bewegung wirksamen Widerstand nennt man **Gleitreibkraft** F_R.

Beim Verschieben eines Körpers entsteht zwischen den Berührungsflächen Reibung.
Die Richtung der Reibkraft ist der Verschieberichtung bzw. der beabsichtigten Verschieberichtung entgegengesetzt.
Man unterscheidet Haftreibung und Gleitreibung.
Unter gleichen Bedingungen ist die Gleitreibkraft F_R kleiner als die Haftreibkraft F_{R0}.

2.7.1.2 Coulombsches Reibungsgesetz

Durch einen Versuch soll festgestellt werden, von welchen Faktoren die Größe der Reibkraft abhängt.

Versuch: Mit einem Kraftmesser wird eine Stahlplatte über eine Unterlage aus Stahl gezogen (Bild 2 und 1, Seite 88).

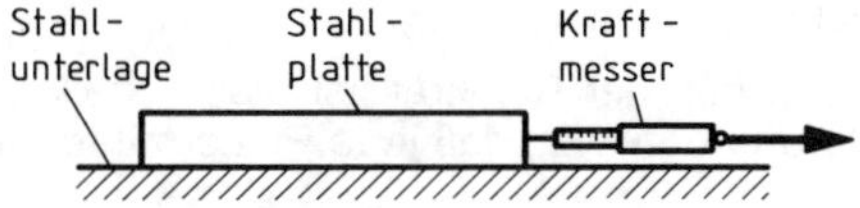

Bild 2 Versuchsanordnung zur Bestimmung der Reibkraft

Bei unterschiedlichem Plattengewicht wird gemessen:

a) die zum Inbewegungsetzen erforderliche Kraft F_0, die gleich der Haftreibkraft F_{R0} sein muß,

b) die zum Aufrechterhalten der gleichförmigen Bewegung erforderliche Kraft F, die der Gleitreibkraft F_R entspricht.

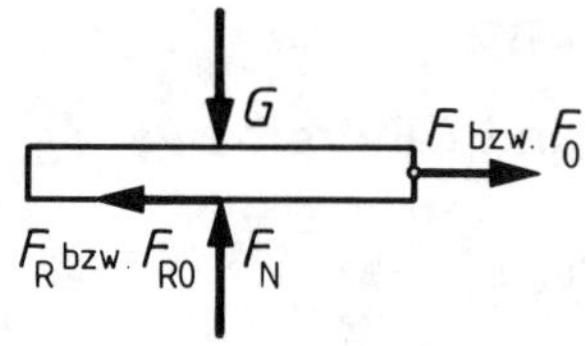

Bild 1 Kräfte an der Stahlplatte

Es ergeben sich die in der Tabelle zusammengestellten Meßwerte:

	Haftreibung		Gleitreibung	
$G \triangleq F_N$	$F_0 \triangleq F_{R0}$	$\frac{F_{R0}}{F_N}$	$F \triangleq F_R$	$\frac{F_R}{F_N}$
1 N	0,18 N	0,18	0,12 N	0,12
2 N	0,36 N	0,18	0,24 N	0,12
3 N	0,54 N	0,18	0,36 N	0,12
5 N	0,90 N	0,18	0,60 N	0,12
10 N	1,80 N	0,18	1,20 N	0,12

Die Versuchswerte zeigen:

Die Reibkraft ist proportional der Normalkraft

Es ist: $F_R \sim F_N$ oder $F_R = c \cdot F_N$.

Die Konstante c bezeichnet man als Reibzahl, auch Reibungskoeffizient oder Reibungsziffer genannt. Bei Gleitreibung spricht man von der **Gleitreibzahl** μ, bei Haftreibung von der **Haftreibzahl** μ_0.

Damit gilt für die **Gleitreibkraft** das **Coulombsche Reibungsgesetz**[1]:

(13) a
$$F_R = \mu \cdot F_N$$

F_R Gleitreibkraft in N
μ Gleitreibzahl
F_N Normalkraft in N

Sinngemäß gilt für die **Haftreibkraft**:

(13) b
$$F_{R0} = \mu_0 \cdot F_N$$

F_{R0} Haftreibkraft in N
μ_0 Haftreibzahl
F_N Normalkraft in N

Durch Umstellen der Gleichungen nach μ bzw. μ_0 ergibt sich:

$$\mu = \frac{F_R}{F_N} \quad \text{und} \quad \mu_0 = \frac{F_{R0}}{F_N}.$$

Das auffallende Versuchsergebnis, daß die Haftreibzahl μ_0 größer als die Gleitreibzahl μ ist, kann man damit erklären, daß zum Lösen des Mikro-Formschlusses eine größere Kraft erforderlich ist.

Ein noch überraschenderes Ergebnis ergibt sich, wenn die auftretende Reibkraft bei Stahlplatten mit unterschiedlichen Auflageflächen, aber gleichen Massen gemessen wird: man erhält dieselben Meßwerte.

Die Größe der Reibkraft ist also von der Größe der Auflagefläche weitgehend unabhängig. Eine Erklärung dafür ist, daß jede Platte mit technischer Oberfläche nur auf drei Punkten aufliegt.

[1] Charles Augustin de Coulomb, französischer Physiker (1736–1806)

Die Größe der Reibkraft ist abhängig:
1. von der Normalkraft,
2. von der Reibzahl.
Die Größe der Reibkraft ist jedoch von der Größe der Berührungsfläche weitgehend unabhängig.

Von welchen Faktoren ist die Reibzahl abhängig?

Wird der Versuch abwechselnd mit Berührungsflächen unterschiedlicher Oberflächenbeschaffenheit durchgeführt, so ist die erforderliche Verschiebekraft, also auch die Reibkraft, unterschiedlich groß. Je besser die Oberflächengüte, d. h. je geringer die Rauhtiefe, desto kleiner ist die Reibkraft.

Bringt man Öl oder Fett auf die Unterlage, so ist die erforderliche Verschiebekraft, also auch die Reibkraft, wesentlich geringer. Bei geschmiertem Zustand der Reibflächen gelten also andere, niedrigere Reibzahlen als im trockenen Zustand.

Der Schmierfilm zwischen den Gleitflächen zweier Bauteile kann so dick sein, daß überhaupt keine Verzahnung der Rauhigkeitsspitzen mehr stattfindet (Bild 1). Es kann aber auch nur eine teilweise Trennung der Gleitflächen eintreten. Ob es zur Bildung eines geschlossenen Schmierfilms kommt, hängt u. a. von der Gleitgeschwindigkeit zwischen den Berührungsflächen und der Zähigkeit des Schmiermittels ab.

Je nach Schmierzustand unterscheidet man:

a) Trockenreibung,
b) Mischreibung,
c) Flüssigkeitsreibung.

Bei reiner Flüssigkeitsreibung sind die Reibzahlen am kleinsten.

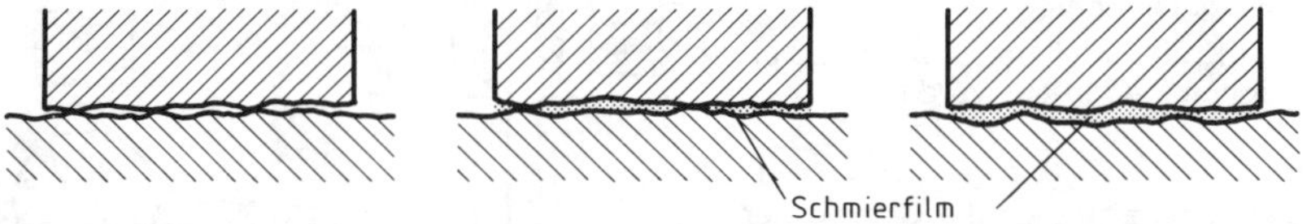

a) Trockenreibung: starke Verzahnung der Rauhigkeitsspitzen → große Reibkraft

b) Mischreibung: teilweise Berührung der Rauhigkeitsspitzen

c) Flüssigkeitsreibung: keine Berührung der Rauhigkeitsspitzen → kleine Reibkraft

Bild 1 Abhängigkeit der Reibkraft vom Schmierzustand

Der Betrag der Reibkraft und damit der Reibzahl ändert sich, wenn man die Stahlplatte auf einer Graugußunterlage verschiebt. Bei anderen Werkstoffpaarungen (z. B. Stahl auf Holz, Bremsbelag auf Stahl u. a.) ergeben sich wiederum andere Reibzahlen.

Die Reibzahlen sind abhängig:
1. von der Oberflächengüte (Rauhigkeit),
2. vom Schmierzustand,
3. von der Werkstoffpaarung.
Außerdem beeinflussen Flächenpressung und Gleitgeschwindigkeit die Größe der Reibzahl.

Für häufig vorkommende Werkstoffpaarungen und Schmierzustände sind die Reibzahlen in Tabellen zusammengestellt worden. Für alle folgenden Lehrbeispiele und Aufgaben sind die Reibzahlen aus HT 2513[1] zugrundegelegt.

Da die Reibzahlen von der Rauhtiefe und anderen Faktoren abhängig sind, können die Tabellenwerte nur Durchschnittswerte sein. Bei jeder Aufgabe muß die Reibzahl unter Berücksichtigung der Betriebsbedingungen gewählt werden. Unter Umständen ist es sogar erforderlich, Versuche mit den tatsächlich vorliegenden Betriebsbedingungen durchzuführen, wenn die Reibzahl exakt bekannt sein muß.

[1] Formel- und Tabellensammlung Technische Mechanik und Festigkeitslehre

Lehrbeispiel 25:

Der Maschinentisch (m = 420 kg) einer Langhobelmaschine wird auf dem Maschinenbett verschoben. Beide Teile sind aus Grauguß, es ist Schmierung vorhanden.

a) Mit welchen Reibzahlen ist zu rechnen?

b) Welche Kraft ist mindestens erforderlich, um den Maschinentisch in Bewegung zu setzen?

c) Wie groß muß die Kraft sein, um den Tisch gleichförmig weiter zu bewegen?

Lösung:

a) Die Haftreibzahl für GG auf GG mit Schmierung ist $\mu_0 = 0{,}16$. Für die Gleitreibzahl wird mit $\mu = 0{,}1$ ein Mittelwert gewählt.

b) Die Normalkraft beträgt:

$$F_N = G = m \cdot g = 420\,\text{kg} \cdot 9{,}81\,\frac{\text{m}}{\text{s}^2} = 4\,120\,\text{N}$$

Um den Tisch in Bewegung zu setzen, muß die Haftreibkraft F_{R0} überwunden werden. Die Verschiebekraft beträgt:

$$F > F_{R0} = \mu_0 \cdot F_N = 0{,}16 \cdot 4\,120\,\text{N} = \underline{659\,\text{N}}$$

c) Bei gleichförmiger Bewegung muß Kräftegleichgewicht herrschen, also $F = F_R$ sein:

$$F = F_R = \mu \cdot F_N = 0{,}1 \cdot 4\,120\,\text{N} = \underline{412\,\text{N}}$$

Lehrbeispiel 26:

Mit einer Scheibenbremse soll im trockenen Zustand ein Bremsmoment von mindestens 75 Nm erzeugt werden.

Mit welcher Kraft F muß der Bremsbelag an die Stahlscheibe gedrückt werden?

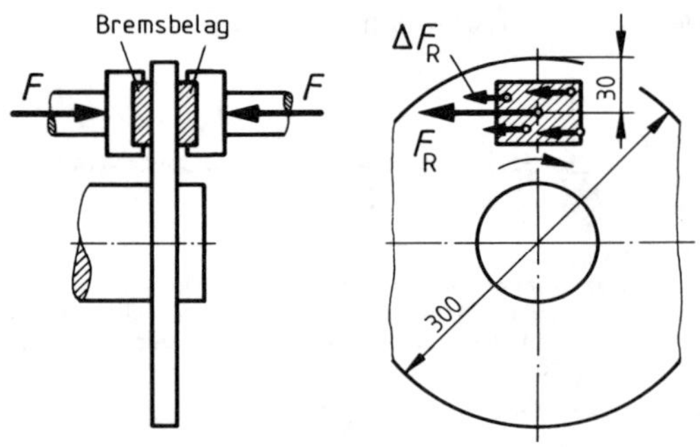

Bild 1 Scheibenbremse

Lösung:

Die Gesamtreibkraft F_R ist die Summe der Einzelreibkräfte ΔF_R. Man kann sich F_R in der Mitte des Bremsbelages als Umfangskraft wirkend vorstellen. Die Reibkraft wirkt an beiden Seiten der Scheibe. Die gesuchte Kraft F ist die Normalkraft F_N. Aus $M = 2 \cdot F_R \cdot l$ wird mit $l = (150 - 30)\,\text{mm} = 120\,\text{mm}$ die Reibkraft:

$$F_R = \frac{M}{2 \cdot l} = \frac{75\,\text{Nm}}{2 \cdot 0{,}12\,\text{m}} = 313\,\text{N}$$

Für die Paarung Bremsbelag auf Stahl sind in HT 2513 Reibzahlen zwischen 0,3 und 0,6 angegeben.

Das Bremsmoment soll mindestens 75 Nm betragen, also muß die ungünstigste, d. h. kleinste Gleitreibzahl $\mu = 0{,}3$ eingesetzt werden.

Aus $F_R = \mu \cdot F_N$ folgt für die erforderliche Anpreßkraft:

$$F = F_N = \frac{F_R}{\mu} = \frac{313\,\text{N}}{0{,}3} = \underline{1\,040\,\text{N}}$$

Nach dem Reibungsgesetz $F_R = \mu \cdot F_N$ hat die Größe der Reibfläche keinen Einfluß auf die Größe der Reibkraft, d. h. auf die Bremswirkung. Ein zu kleiner Bremsbelag führt allerdings zu einer hohen Flächenpressung und damit zu einem großen Verschleiß. Außerdem kann die Reibwärme schlecht abgeführt werden.

2.7.2 Reibung an wichtigen Maschinenteilen

In den folgenden Aufgaben wird die Bedeutung und Auswirkung der Reibung an einigen **speziellen Maschinenteilen** (Keilnutführung, Zylinderführung und Gleitlager) behandelt.

Aufgabe:

Keilnutführung

Eine Tischführung wird durch die Kraft $F = 4\,000\,\text{N}$ belastet.

Berechnen Sie die beim Verschieben auftretende Reibkraft F_R, wenn als Gleitreibzahl $\mu = 0{,}04$ angenommen wird.

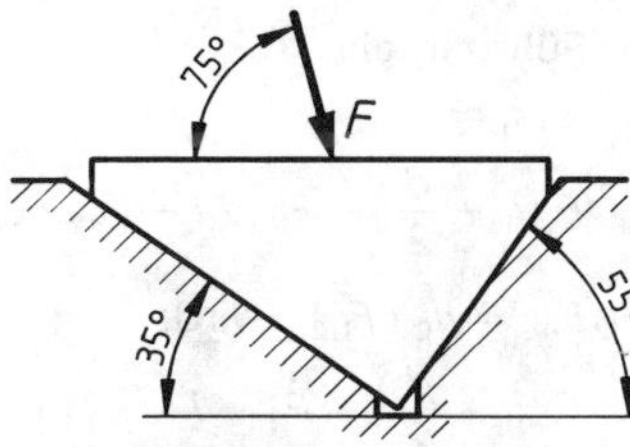

Bild 1 Querschnitt einer Tischführung (Keilnutführung)

Lösung:

Durch Freimachen erkennt man: An der Tischführung wirken die beiden Normalkräfte F_{N1} und F_{N2}; sie verursachen die Reibkräfte F_{R1} und F_{R2} (Bild 2).

Die Gesamtreibkraft wird:

$$F_R = F_{R1} + F_{R2} = \mu\,(F_{N1} + F_{N2})$$

Zunächst müssen also die Normalkräfte F_{N1} und F_{N2} berechnet werden. Aus Bild 3 folgt:

$$F_{N1} = F \cdot \sin\ 40° = 4\,000\,\text{N} \cdot \sin\ 40° = 2\,570\,\text{N}$$

$$F_{N2} = F \cdot \cos 40° = 4\,000\,\text{N} \cdot \cos 40° = 3\,060\,\text{N}$$

Damit ist die Reibkraft:

$$F_R\ = \mu\,(F_{N1} + F_{N2}) = 0{,}04\,(2\,570 + 3\,060)\,\text{N} = \underline{225\,\text{N}}$$

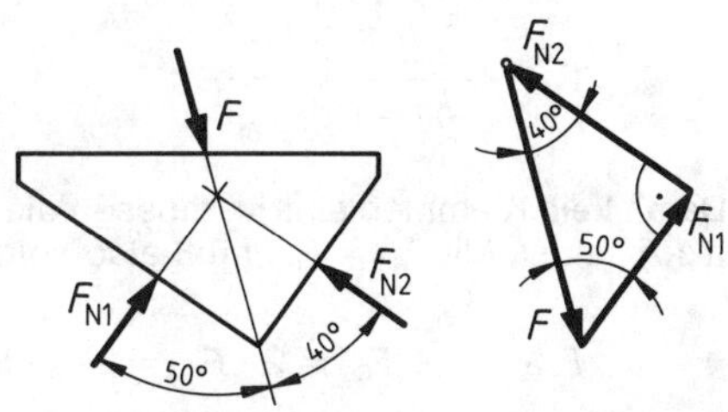

Bild 2 Freigemachte Tischführung und zugehöriges Krafteck

Aufgabe:

Zylinderführung

Die in Bild 3a skizzierte Konsole mit Zylinderführung wird mit $F = 140\,\text{N}$ belastet. Der Führungszylinder besteht aus Stahl, die Führungsbuchse aus Bronze. Es ist keine Schmierung vorhanden.

Ist die Länge l der Führungsbuchse gegenüber l_1 zu kurz (Bild 3b), so wird nicht die gewünschte Verschiebung eintreten, sondern die Führung wird verkanten und klemmen.

Welche Mindestlänge l muß die Führungsbuchse haben, damit beim Angreifen von F kein Klemmen, sondern ein Verschieben stattfindet?

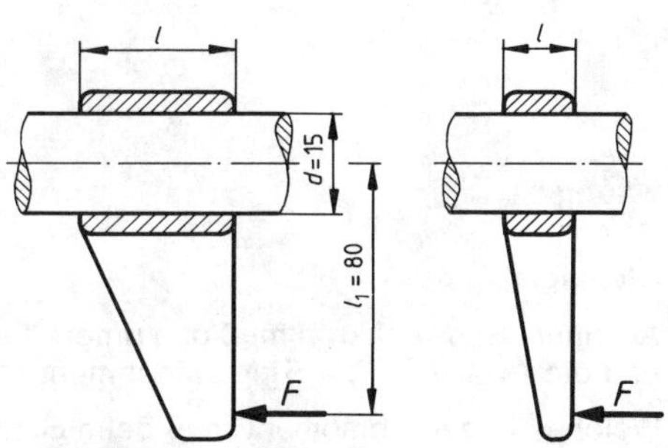

a) kein Klemmen **b)** Klemmen

Bild 3 Zylinderführung

Lösung:

Durch die Kraft F wird ein Moment ausgeübt, welches ein Gegenmoment und damit das Kräftepaar F_{N1} und F_{N2} erzeugt (Bild 1, Seite 92). Wo die Kräfte F_{N1} und F_{N2} auftreten, wird klar, wenn das vorhandene Spiel absichtlich übertrieben in die Skizze eingetragen wird. Durch die Normalkräfte werden beim beabsichtigten Verschieben die Reibkräfte $F_{R1} = \mu_0 \cdot F_{N1}$ und $F_{R2} = \mu_0 \cdot F_{N2}$ wirksam.

Es muß mit der Haftreibzahl μ_0 gerechnet werden, da beim Verschieben aus der Ruhestellung zunächst Haftreibung auftritt.

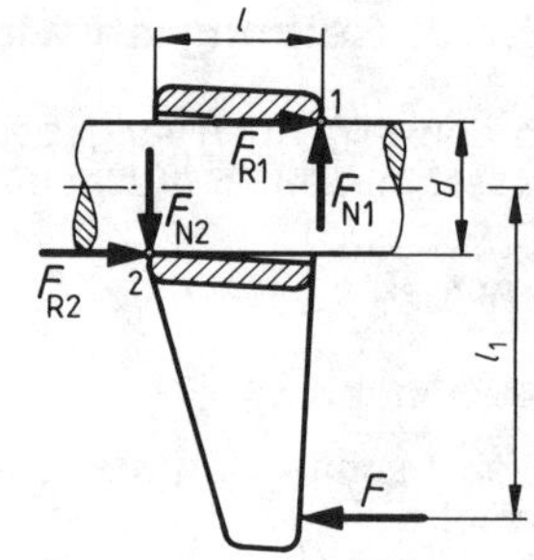

Bild 1 **Kräfte an der Zylinderführung**

Für die Führung gilt:

$$\Sigma M_1 = 0$$

$$F\left(l_1 + \frac{d}{2}\right) - F_{N2} \cdot l - F_{R2} \cdot d = 0$$

Mit $F_{R2} = \mu_0 \cdot F_{N2}$ wird:

$$F\left(l_1 + \frac{d}{2}\right) - F_{N2} \cdot l - \mu_0 \cdot F_{N2} \cdot d = 0$$

$$F\left(l_1 + \frac{d}{2}\right) - F_{N2}(l + \mu_0 \cdot d) = 0$$

$$F_{N2} = \frac{F\left(l_1 + \frac{d}{2}\right)}{l + \mu_0 \cdot d} = F_{N1}$$

Damit kein Klemmen eintritt, müssen die durch die Kraft F erzeugten Reibkräfte F_{R1} und F_{R2} kleiner sein als F selbst. Mit $F_{R1} = F_{R2}$ muß also sein:

$$F \geqq F_{R1} + F_{R2} = 2 \cdot F_{R1} = 2\,\mu_0 \cdot F_{N1} = 2 \cdot \mu_0 \frac{F\left(l_1 + \frac{d}{2}\right)}{l + \mu_0 \cdot d}$$

$$F\,(l + \mu_0 \cdot d) \geqq 2\,\mu_0 \cdot F\left(l_1 + \frac{d}{2}\right)$$

$$l + \mu_0 \cdot d \geqq 2\,\mu_0 \cdot l_1 + \mu_0 \cdot d$$

$$l \geqq 2\,\mu_0 \cdot l_1$$

Mit der ungünstigeren Haftreibzahl $\mu_0 = 0{,}25$ gilt für die Länge der Zylinderführung:

$$l \geqq 2 \cdot 0{,}25 \cdot 80\,\text{mm} = \underline{40\,\text{mm}}$$

Die Gleichung $l \geqq 2 \cdot \mu_0 \cdot l_1$ zeigt, daß die erforderliche Länge l der Zylinderführung nur von der Haftreibzahl μ_0 und der Länge l_1 abhängig ist, also z. B. nicht vom Lagerdurchmesser d und auch nicht von der Größe der Verschiebekraft F.

Aufgabe:

Gleitlager

An einem Schwenkkran muß das untere Lager die Radialkraft $F_{ra} = 4\,\text{kN}$ und die Axialkraft $F_a = 5\,\text{kN}$ aufnehmen.

Welches Lagerreibmoment muß beim Schwenken des Krans überwunden werden, wenn die Lagerbuchse aus Bronze und der Zapfen aus Stahl besteht?

Es sind schlechte Schmierverhältnisse anzunehmen.

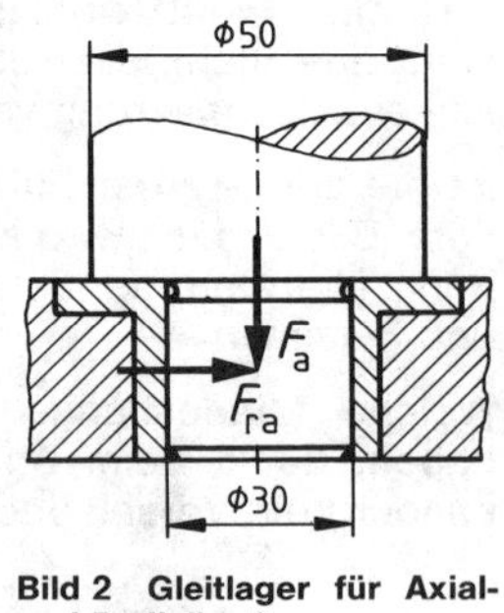

Bild 2 **Gleitlager für Axial- und Radialkraft**

Lösung:

Die Gleitreibzahlen liegen für Stahl auf Bronze mit Schmierung zwischen $\mu = 0{,}01$ und $\mu = 0{,}05$. Da die Schmierung schlecht ist, wird $\mu = 0{,}05$ gewählt.

Reibung wird verursacht
- durch die Radialkraft F_{ra} am Zapfenumfang mit $r = 15$ mm und
- durch die Axialkraft F_a an der Lagerstirnfläche (Kreisringfläche) mit

$$r_m = \frac{r_1 + r_2}{2} = \frac{(15+25)\,\text{mm}}{2} = 20\,\text{mm}$$

Es gilt das Coulombsche Reibungsgesetz, also ist:

$$F_R = \mu \cdot F_{ra} \quad \text{bzw.} \quad F_R = \mu \cdot F_a$$

Das Reibmoment beträgt im Radiallager:

$$M_{ra} = F_R \cdot l = F_R \cdot r = \mu \cdot F_{ra} \cdot r = 0{,}05 \cdot 4\,000\,\text{N} \cdot 1{,}5\,\text{cm} = 300\,\text{Ncm}$$

und im Axiallager:

$$M_a = F_R \cdot l = F_R \cdot r_m = \mu \cdot F_a \cdot r_m = 0{,}05 \cdot 5\,000\,\text{N} \cdot 2\,\text{cm} = 500\,\text{Ncm}$$

Damit ist das gesamte Lagerreibmoment:

$$M_{ges} = M_{ra} + M_a = (300+500)\,\text{Ncm} = 800\,\text{Ncm} = \underline{8\,\text{Nm}}$$

Übungsaufgaben:

1. Beim Verschieben einer Platte mit $m = 12{,}8$ kg auf einer Unterlage wird eine Reibkraft von 18,5 N gemessen.
   Ermitteln Sie die Reibzahl.
2. Mit einer Einscheibenmagnetkupplung soll ein Drehmoment von $M = 2{,}5$ Nm übertragen werden. Die Reibzahl wird mit $\mu = 0{,}1$ angenommen (Bild 1).
   Mit welcher Kraft F muß der Magnet die beiden Scheiben aneinander pressen?

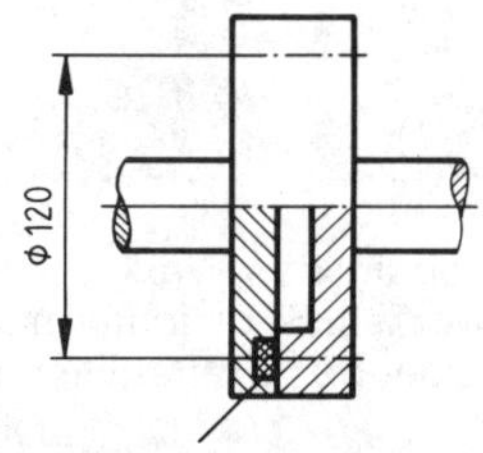

Bild 1

3. Die Führung eines Maschinentisches soll entweder:
   a) als kombinierte Keilnut-Flach-Führung (Bild 2a), oder
   b) mit zwei Flachführungen (Bild 2b) ausgeführt werden.
   Durch Schnittkraft und Gewichtskraft wird die linke Führung mit $F_1 = 3\,200$ N, die rechte mit $F_2 = 700$ N belastet.
   Berechnen Sie den in beiden Fällen auftretenden Gleitwiderstand $F_{R\,ges}$ bei $\mu = 0{,}03$.

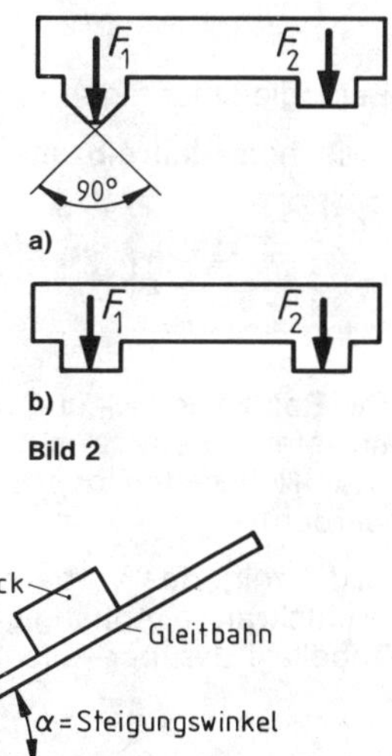

Bild 2

2.7.3 Reibung auf der schiefen Ebene

2.7.3.1 Reibwinkel und Selbsthemmung

Die Reibzahlen können mit Hilfe einer schiefen Ebene (Bild 3) ermittelt werden, wie folgender Versuch zeigt.

Versuch: Legt man ein Werkstück auf die Gleitbahn einer **schiefen Ebene** und vergrößert den **Steigungswinkel** α langsam, so bleibt das Werkstück zunächst in Ruhe. Erst nach Erreichen eines bestimmten Steigungswinkels beginnt es, abwärts zu gleiten. Die Haftreibung muß überwunden sein.

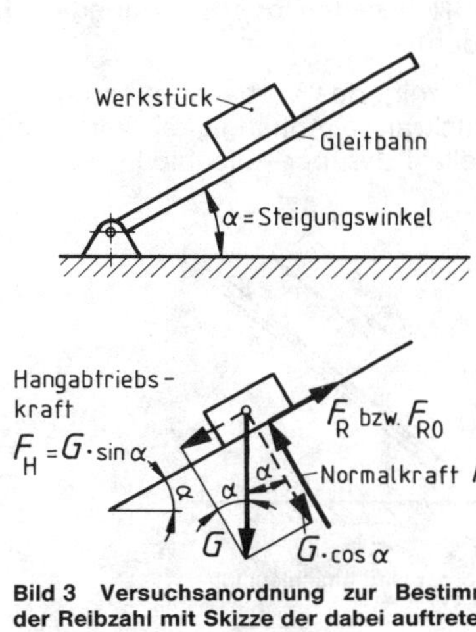

Bild 3 Versuchsanordnung zur Bestimmung der Reibzahl mit Skizze der dabei auftretenden Kräfte

Die am freigemachten Werkstück wirksamen Kräfte sind in der Lageskizze (Bild 3, Seite 93) eingetragen. Die Gewichtskraft G ist dabei in eine Komponente parallel zur schiefen Ebene (Hangabtriebskraft $F_H = G \cdot \sin\alpha$) und in eine Komponente senkrecht zur schiefen Ebene ($G \cdot \cos\alpha$) zerlegt. Reaktionskraft zu $G \cdot \cos\alpha$ ist die Normalkraft F_N. Mit zunehmendem Steigungswinkel α vergrößert sich die Hangabtriebskraft F_H. Solange das Werkstück noch nicht rutscht, ist die Hangabtriebskraft kleiner als die maximal mögliche Haftreibkraft. Sie erreicht ihren Maximalwert, wenn das Werkstück gerade mit dem Rutschen beginnen will. Bei diesem Grenzfall muß folgendes Kräftegleichgewicht bestehen:

$$F_{R0} = F_H$$

Mit $F_{R0} = \mu_0 \cdot F_N = \mu_0 \cdot G \cdot \cos\alpha$ und $F_H = G \cdot \sin\alpha$ wird:

$$\mu_0 \cdot G \cdot \cos\alpha = G \cdot \sin\alpha$$

$$\mu_0 = \frac{\sin\alpha}{\cos\alpha} = \tan\alpha$$

Den Steigungswinkel α der schiefen Ebene bezeichnet man bei diesem Grenzfall als **Haftreibwinkel** ϱ_0.

Damit gilt zwischen **Haftreibzahl** und **Haftreibwinkel** die Beziehung:

(14) a

$$\mu_0 = \tan\varrho_0$$

μ_0 Haftreibzahl
ϱ_0 Haftreibwinkel in °

Sobald das Werkstück mit dem Rutschen beginnt, muß man den Winkel α verkleinern, damit das Werkstück gleichförmig und nicht beschleunigt abwärts gleitet. Für diesen Bewegungszustand muß folgendes Kräftegleichgewicht bestehen:

$$F_R = F_H$$

$$\mu \cdot G \cdot \cos\alpha = G \cdot \sin\alpha$$

$$\mu = \frac{\sin\alpha}{\cos\alpha} = \tan\alpha$$

Beim gleichförmigen Abwärtsgleiten bezeichnet man den Steigungswinkel α als **Gleitreibwinkel** ϱ.

Zwischen **Gleitreibzahl** und **Gleitreibwinkel** gilt die Beziehung:

(14) b

$$\mu = \tan\varrho$$

μ Gleitreibzahl
ϱ Gleitreibwinkel in °

Die Reibzahlen μ_0 und μ lassen sich am einfachsten durch Messen der Reibwinkel ϱ_0 und ϱ an der schiefen Ebene ermitteln ($\mu_0 = \tan\varrho_0$, $\mu = \tan\varrho$). Umgekehrt kann bei bekannten Reibwinkeln bzw. Reibzahlen das Bewegungsverhalten eines Körpers auf der schiefen Ebene vorausbestimmt werden.

Bild 1 zeigt das Verhalten eines Körpers auf einer schiefen Ebene unter Einwirkung seiner Eigengewichtskraft in Abhängigkeit vom Steigungswinkel α und den Reibwinkeln ϱ und ϱ_0. Außerdem gibt Tabelle 1 darüber Aufschluß.

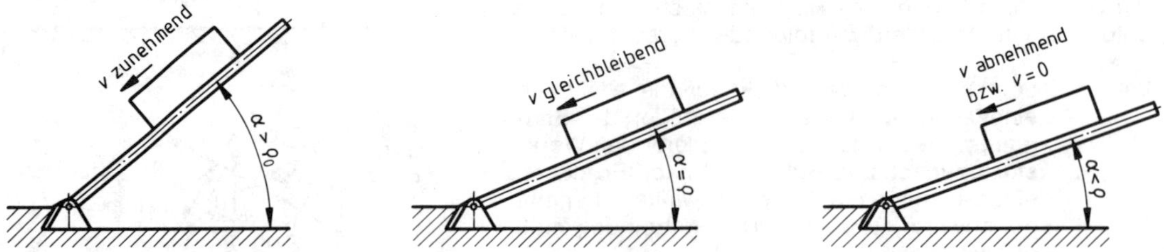

a) $\alpha > \varrho_0$ Körper wird beschleunigt

b) $\alpha = \varrho$ Körper rutscht gleichförmig abwärts oder bleibt in Ruhe

c) $\alpha < \varrho$ Körper wird verzögert bzw. bleibt in Ruhe (Selbsthemmung)

Bild 1 Verhalten eines Körpers auf einer schiefen Ebene bei verschiedenen Steigungswinkeln (Reibzahl konstant)

Tabelle: Verhalten eines Körpers auf einer schiefen Ebene unter Einwirkung seiner Eigengewichtskraft in Abhängigkeit vom Steigungswinkel und den Reibwinkeln ϱ und ϱ_0.

Beziehung zwischen α und ϱ bzw. ϱ_0	Ausgangszustand des Körpers	
	Körper in Ruhe	Körper in Bewegung
$\alpha > \varrho_0$	Körper wird beschleunigt	Körper wird beschleunigt
$\alpha = \varrho_0$ $\varrho < \alpha < \varrho_0$	Körper bleibt in Ruhe	Körper wird beschleunigt
$\alpha = \varrho$	Körper bleibt in Ruhe	Körper gleitet gleichförmig abwärts
$\alpha < \varrho$	Körper bleibt in Ruhe	Körper wird verzögert

Ist der Steigungswinkel α größer als der Haftreibwinkel ϱ_0 ($\alpha > \varrho_0$ Bild 1a, Seite 94), gleitet der Körper beschleunigt abwärts, da die Hangabtriebskraft F_H größer als die Haftreibkraft F_{R0} und wesentlich größer als die Gleitreibkraft F_R ist.

Ist der Steigungswinkel α gleich dem Gleitreibwinkel ($\alpha = \varrho$ Bild 1b, Seite 94), gleitet ein in Ruhe befindlicher Körper von selbst nicht abwärts, da $F_H = F_R < F_{R0}$. Wird der Körper jedoch zur Überwindung der Haftreibung angestoßen, so bewegt er sich nach kurzer Beschleunigung gleichförmig abwärts, $F_H = F_R$.

Ist der Steigungswinkel α kleiner als der Gleitreibwinkel ϱ ($\alpha < \varrho$ Bild 1c, Seite 94) bewegt sich ein in Ruhe befindlicher Körper nicht. Ein sich in Bewegung befindlicher Körper wird abgebremst und kommt zum Stillstand, da $F_H < F_R < F_{R0}$.
Es liegt **Selbsthemmung** vor.

Die Selbsthemmungsbedingung spielt in der Technik eine wichtige Rolle. Selbsthemmung muß immer vorhanden sein, wenn Kräfte durch Reibschluß übertragen werden, z. B. bei Reibungskupplungen, Riementrieben, Klemmverbindungen u. a.

Bild 1 zeigt den Fall, daß ein Körper mit der Kraft F auf eine schiefe Ebene drückt, die sich bewegen kann. Verschiebt sich diese nicht (Bild 1b), so liegt Selbsthemmung vor. Dies ist der Fall bei $\alpha \leqq \varrho_0$ oder $\tan\alpha \leqq \mu_0$.

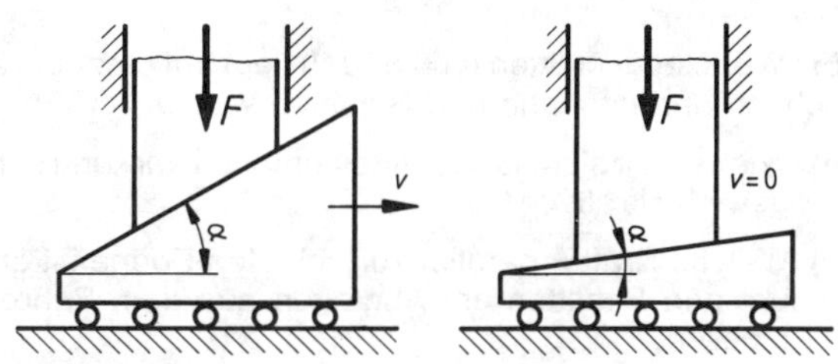

a) Bewegung, keine Selbsthemmung
b) Ruhe, Selbsthemmung

Bild 1 Skizze zur Selbsthemmung

Wird durch einen Anstoß, z. B. durch Erschütterung, die Haftreibung überwunden und dadurch der Körper zum Gleiten gebracht, so ist Selbsthemmung erst gewährleistet, wenn der abwärts gleitende Körper abgebremst wird. Dazu muß der Steigungswinkel α kleiner als der Gleitreibwinkel ϱ sein.

Die Bedingung für **Selbsthemmung** lautet:

⑮
$$\alpha < \varrho$$
$$\tan\alpha < \mu$$

α Steigungswinkel in °
ϱ Gleitreibwinkel in °
μ Gleitreibzahl

Soll Gleiten mit Sicherheit vermieden werden, so muß auch bei kurzzeitiger Überwindung der Haftreibung durch Anstoß, Schwingungen u. ä. Selbsthemmung vorhanden sein. Es gilt:

$$\alpha < \varrho \quad \textbf{oder} \quad \tan\alpha < \tan\varrho = \mu$$

Lehrbeispiel 27:

Ein Werkzeugschlitten aus Grauguß befindet sich auf einer geneigten Führungsbahn aus Grauguß im Ruhezustand. Es ist trockene Reibung anzunehmen.

a) Besteht trotz Erschütterungen bei einem Steigungswinkel von $\alpha = 10°$ Selbsthemmung?

b) Wie verhält sich der Werkzeugschlitten bei $\alpha = 12{,}5°$ und bei $\alpha = 20°$?

Lösung:

Für trockene Reibung werden folgende Reibzahlen bzw. Reibwinkel angenommen:

$\mu = \tan\varrho = 0{,}18$ bzw. $\varrho = 10{,}2°$
$\mu_0 = \tan\varrho_0 = 0{,}26$ bzw. $\varrho_0 = 14{,}6°$

a) Bei $\alpha = 10°$ besteht gerade noch Selbsthemmung, weil $\alpha = 10° < \varrho = 10{,}2°$ ist.

b) Bei $\alpha = 12{,}5°$ bleibt der Werkzeugschlitten in Ruhe, weil $\alpha < \varrho_0$ ist. Wird jedoch durch einen Stoß die Haftreibung überwunden, so gleitet der Werkzeugschlitten beschleunigt abwärts, weil $\alpha > \varrho$ ist.

Bei $\alpha = 20°$ ist $\alpha > \varrho_0$. Die Haftreibung wird also auf jeden Fall überwunden, und der Schlitten gleitet beschleunigt abwärts.

2.7.3.2 Kräfte parallel zur schiefen Ebene

Aufgabe:

Ein Werkzeugschlitten (G = 800 N) liegt auf einer um 20° geneigten Führungsbahn. Für die Reibung zwischen Führungsbahn und Schlitten wird $\mu_0 = 16$ und $\mu = 0{,}1$ angenommen.

a) Wie verhält sich der Schlitten unter Einwirkung seiner Eigengewichtskraft?

b) Welche Kraft F parallel zur schiefen Ebene ist erforderlich, um den Schlitten am Abgleiten aus dem Ruhezustand zu hindern?

c) Welche Kraft F parallel zur schiefen Ebene ist erforderlich, um den Schlitten die Führungsbahn gleichförmig hinaufzuziehen?

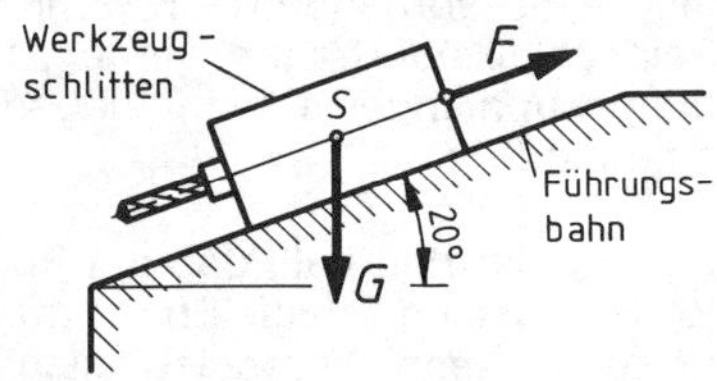

Bild 1 Werkzeugschlitten auf Führungsbahn

Lösung:

a) Das Bewegungsverhalten des Werkzeugschlittens wird durch die Beziehungen zwischen den Reibwinkeln und dem Steigungswinkel bestimmt.

Aus $\mu_0 = \tan\varrho_0 = 0{,}16$ folgt: $\varrho_0 = 9{,}1°$,
aus $\mu = \tan\varrho = 0{,}1$ folgt: $\varrho = 5{,}7°$

Damit ist der Steigungswinkel α größer als der Haftreibwinkel ϱ_0 ($\alpha = 20° > \varrho_0 = 9{,}1°$), also gleitet der Schlitten unter Einwirkung seiner Eigengewichtskraft beschleunigt abwärts.

b) Um die Kraft F bestimmen zu können, muß der Schlitten freigemacht werden und alle an ihm angreifenden Kräfte in einer Lageskizze eingetragen werden (Bild 2).

Um den Schlitten am Abwärtsgleiten zu hindern, muß die Haltekraft F wirken. Die Haftreibkraft F_{R0} ist der Abwärtsbewegung, welche ohne Haltekraft F eintreten würde, entgegengesetzt gerichtet. Am Schlitten wirken also die Kräfte F, F_{R0}, G und F_N, die zu jedem Zeitpunkt im Gleichgewicht sein müssen. Das Gleichgewichtsproblem kann auf verschiedene Weise gelöst werden.

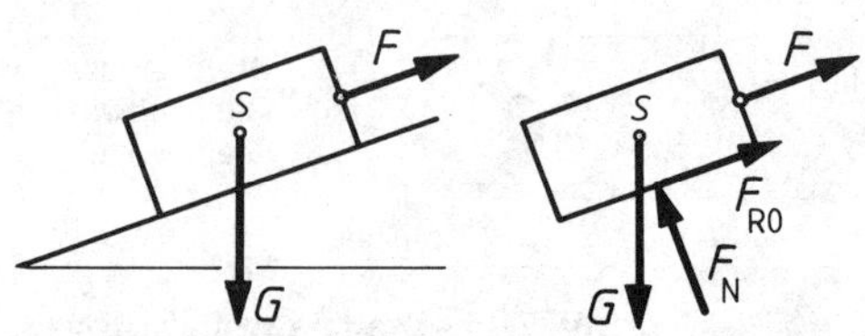

a) Schlitten auf Führungsbahn **b)** Kräfte am freigemachten Schlitten

Bild 2 Kräfte an einem auf der schiefen Ebene ruhenden Körper

1. Rechnerische Lösung:

Zur Aufstellung der rechnerischen Gleichgewichtsbedingungen werden alle Kräfte in ihre *x*- und *y*-Komponenten zerlegt, wobei die *x*-Achse des Koordinatenkreuzes zweckmäßigerweise in die schiefe Ebene gelegt wird (Bild 1).

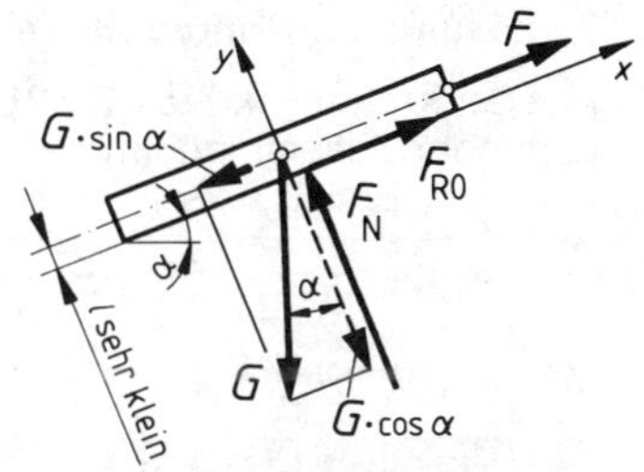

Bild 1 Lageskizze der zerlegten Kräfte

Am Schlitten treten – bedingt durch die Abstände der Kräfte – Momente auf (allgemeines Kräftesystem). Da bei flachen Körpern wegen der kleinen Abstände die Momente aber klein sind und kein Kippen zu befürchten ist, können diese Aufgabe und die folgenden vereinfacht als zentrales Kräftesystem, also ohne Momentengleichung, behandelt werden.
Die rechnerischen Gleichgewichtsbedingungen werden nach Bild 1:

$$\Sigma F_x = 0 \qquad F + F_{R0} - G \cdot \sin\alpha = 0 \quad \text{(I)}$$
$$\Sigma F_y = 0 \qquad F_N - G \cdot \cos\alpha = 0 \quad \text{(II)}$$

Aus (II) folgt: $F_N = G \cdot \cos\alpha = 800\,\text{N} \cdot \cos 20° = 752\,\text{N}$

Damit ist die Haftreibkraft: $F_{R0} = \mu_0 \cdot F_N = 0{,}16 \cdot 752\,\text{N} = 120\,\text{N}$

Aus (I) folgt für die Kraft *F*: $F = G \cdot \sin\alpha - F_{R0} = 800\,\text{N} \cdot \sin 20° - 120\,\text{N} = \underline{154\,\text{N}}$

Allgemein folgt aus (II): $F_N = G \cdot \cos\alpha$

und aus (I): $F = G \cdot \sin\alpha - F_{R0} = G \cdot \sin\alpha - \mu_0 \cdot F_N = G \cdot \sin\alpha - \mu_0 \cdot G \cdot \cos\alpha$

Damit gilt bei einem **ruhenden Körper** für die erforderliche **Haltekraft**:

(16) a
$$F = G\,(\sin\alpha - \mu_0 \cdot \cos\alpha)$$

F Haltekraft parallel zur schiefen Ebene in N
G Gewichtskraft in N
α Steigungswinkel der schiefen Ebene in °
μ_0 Haftreibzahl

Durch Erschütterungen (Schwingungen der Maschine) kann die Haftreibkraft kurzfristig überwunden werden, der Schlitten würde dann abwärts gleiten. Sicherheitshalber sollte deshalb bei der Berechnung von *F* die Haftreibzahl μ_0 durch die Gleitreibzahl μ ersetzt werden.

2. Zeichnerische Lösung:

Die am Schlitten angreifenden 4 Kräfte bilden – bei Vernachlässigung des geringen Höhenabstandes *l* der Kräfte – ein zentrales Kräftesystem (Bild 2a). Als zeichnerische Gleichgewichtsbedingung genügt deshalb, daß die 4 Kräfte ein geschlossenes Krafteck mit gleichem Umlaufsinn ergeben.

Zur zeichnerischen Lösung wird zunächst eine unmaßstäbliche **Kraftecksskizze** gefertigt. Zweckmäßigerweise werden dabei die Normalkraft F_N und die Reibkraft F_{R0} zur Resultierenden F_r zusammengesetzt, weil zwischen F_N und F_r der Reibwinkel ϱ_0 auftritt. Bei Kräftegleichgewicht müssen dann die verbleibenden Kräfte F_r, *G* und *F* ein geschlossenes Kräftedreieck bilden (Bild 2b).

Bei der maßstäblichen Konstruktion des Kraftecks beginnt man den Kräfteplan mit der Kraft *G*, konstruiert über den Winkel $\alpha = 20°$ die Kraft F_N und daraus über den Winkel $\varrho_0 = 9{,}1°$ die Kraft F_{R0}. Durch die gesuchte Kraft *F* wird das Krafteck geschlossen (Bild 2c).

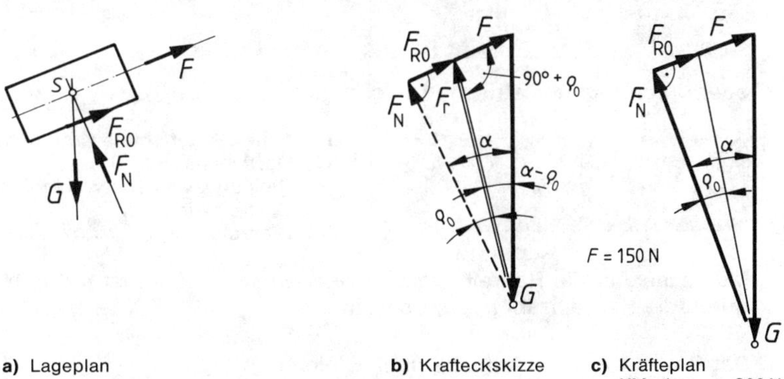

a) Lageplan **b)** Kraftecksskizze **c)** Kräfteplan KM : 1 cm ≙ 200 N

Bild 2 Zeichnerische Ermittlung der aufwärts gerichteten Haltekraft *F* bei einem ruhenden Körper auf einer schiefen Ebene

3. Lösung mit Krafteckskizze

Aus der Krafteckskizze (Bild 2b von S. 97) läßt sich für die gesuchte Haltekraft F nach dem Sinus-Satz folgender Zusammenhang ablesen:

$$\frac{F}{\sin(\alpha-\varrho_0)} = \frac{G}{\sin(90°+\varrho_0)}$$

Mit $\sin(90°+\varrho_0) = \cos\varrho_0$ wird bei einem **ruhenden Körper** die erforderliche **Haltekraft**:

(16)b
$$F = \frac{G\cdot\sin(\alpha-\varrho_0)}{\cos\varrho_0}$$

F, G und α wie bei Gleichung (16a)
ϱ_0 Haftreibwinkel in °, ($\tan\varrho_0 = \mu_0$)

Die Gleichung (16b) kann durch trigonometrische Umformung auf Gleichung (16a) zurückgeführt werden.

$$F = G\cdot\frac{\sin(\alpha-\varrho_0)}{\cos\varrho_0} = G\left(\frac{\sin\alpha\cdot\cos\varrho_0 - \cos\alpha\cdot\sin\varrho_0}{\cos\varrho_0}\right)$$

$$F = G\left(\frac{\sin\alpha\cdot\cos\varrho_0}{\cos\varrho_0} - \frac{\cos\alpha\cdot\sin\varrho_0}{\cos\varrho_0}\right) = G(\sin\alpha - \cos\alpha\cdot\tan\varrho_0)$$

Mit $\tan\varrho_0 = \mu_0$:

$$F = G(\sin\alpha - \mu_0\cdot\cos\alpha)$$

c) Beim Aufwärtsbewegen wirken am freigemachten Schlitten die in der Lageskizze (Bild 1a) eingetragenen Kräfte. Die Reibkraft versucht die Bewegung zu hemmen, wirkt also der Aufwärtsbewegung entgegen.

Die 4 Kräfte F_N, F_R, G und F müssen im Gleichgewicht sein, also ein geschlossenes Krafteck bilden (Bild 1b). Die Gleichung für die gesuchte Zugkraft F läßt sich am einfachsten aus der Krafteckskizze ableiten.

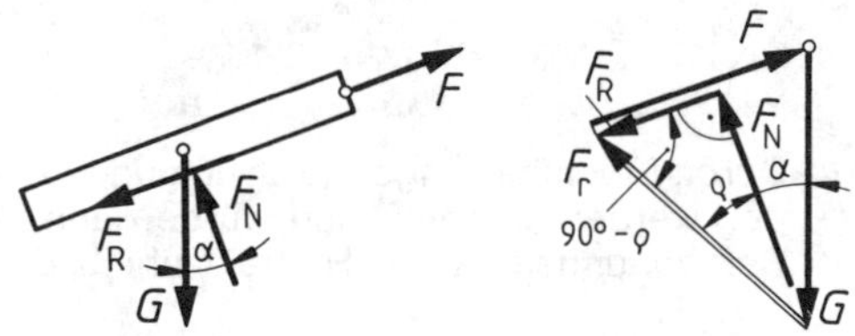

a) Lageskizze **b)** Krafteckskizze

Bild 1 Kräfte an einem Körper, der eine schiefe Ebene hinaufgezogen wird

Nach dem Sinus-Satz ist:

$$\frac{F}{\sin(\alpha+\varrho)} = \frac{G}{\sin(90°-\varrho)}$$

Mit $\sin(90°-\varrho) = \cos\varrho$ gilt für die erforderliche **Kraft bei Aufwärtsbewegung**:

(17)a
$$F = \frac{G\cdot\sin(\alpha+\varrho)}{\cos\varrho}$$

oder durch trigonometrische Umformung:

(17)b
$$F = G\cdot(\sin\alpha + \mu\cdot\cos\alpha)$$

F aufwärts gerichtete Kraft parallel zur schiefen Ebene in N
G Gewichtskraft in N
α Steigungswinkel der schiefen Ebene in °
ϱ Gleitreibwinkel in °
μ Gleitreibzahl

Muß zunächst die Haftreibung überwunden werden, so ist ϱ durch den Haftreibwinkel ϱ_0 bzw. μ durch die Haftreibzahl μ_0 zu ersetzen.

Damit wird für diese Aufgabe nach Gleichung (17b):

$$F = G\cdot(\sin\alpha + \mu\cdot\cos\alpha)$$
$$F = 800\,\text{N}\,(\sin 20° + 0{,}1\cdot\cos 20°) = \underline{349\,\text{N}}$$

Lehrbeispiel 28:

Beim Abladen einer Maschine ($G = 3\,500$ N) muß diese auf einer Rampe mit 22° Steigungswinkel abwärts bewegt werden. Für die Reibung zwischen Maschine und Rampe werden die Reibzahlen $\mu_0 = 0{,}5$ und $\mu = 0{,}41$ angenommen.

a) Welche Haltekraft F ist erforderlich, um die Maschine am Abrutschen zu hindern?

b) Welche hemmende Kraft F ist erforderlich, um die Maschine gleichförmig abwärts gleiten zu lassen?

Lösung:

a) Die erforderliche Haltekraft beträgt:

$$F = G \cdot (\sin\alpha - \mu_0 \cdot \cos\alpha) = 3\,500\,\text{N}\,(\sin 22° - 0{,}5 \cdot \cos 22°) = \underline{-311\,\text{N}}$$

Das negative Ergebnis für F bedeutet, daß keine aufwärts gerichtete Haltekraft F erforderlich ist, sondern daß noch zusätzlich zur Hangabtriebskraft $G \cdot \sin\alpha$ eine Kraft von 311 N wirken kann, ohne daß die Maschine mit dem Abrutschen beginnt.

b) Die erforderliche hemmende Kraft beträgt nach Gleichung (16a) mit μ statt μ_0:

$$F = G\,(\sin\alpha - \mu \cdot \cos\alpha) = 3\,500\,\text{N}\,(\sin 22° - 0{,}41 \cdot \cos 22°) = \underline{-19{,}4\,\text{N}}$$

Das negative Ergebnis für F bedeutet, daß keine hemmende Kraft erforderlich ist, sondern daß zum Erzielen einer Abwärtsbewegung eine abwärts gerichtete Kraft notwendig ist: zunächst – zur Überwindung der Haftreibung – eine Kraft von mehr als 311 N, dann von ca. 20 N.

Dieses Ergebnis wird auch verständlich, wenn man folgende Überlegung anstellt:

Aus $\mu_0 = 0{,}5$ folgt $\varrho_0 = 26{,}6°$ und
aus $\mu = 0{,}41$ folgt $\varrho = 22{,}3°$.

Damit ist $\alpha < \varrho < \varrho_0$; es liegt also Selbsthemmung vor. Zur Abwärtsbewegung ist also auf jeden Fall eine abwärts gerichtete Kraft erforderlich.

2.7.3.3 Kräfte parallel zur Basis

Aufgabe:

Mit einer Spanneinrichtung soll eine Last von $m = 600$ kg angehoben werden. Das Spannkeilgewicht und die Rollreibung an der Spannkeiloberkante werden vernachlässigt. Die Reibzahlen für Stahl auf Stahl in trockenem Zustand werden mit $\mu = 0{,}13$ und $\mu_0 = 0{,}25$ angenommen.

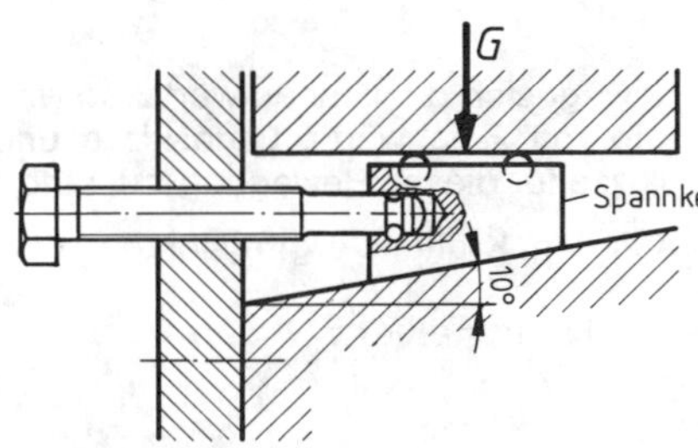

Bild 1 Spanneinrichtung

a) Besteht für die skizzierte Anordnung beim Fehlen der Schraube Selbsthemmung?

b) Welche Druckkraft F muß die Schraube aufbringen, um ein Abgleiten des Keils zu verhindern?

c) Welche Kraft F ist erforderlich, um die Last gleichförmig anzuheben?

Lösung:

a) Es ist: $\tan\varrho = \mu = 0{,}13 \qquad \varrho = 7{,}4°$
und $\tan\varrho_0 = \mu_0 = 0{,}25 \qquad \varrho_0 = 14°$

Damit ist $\varrho = 7{,}4° < \alpha = 10° < \varrho_0 = 14°$, also besteht Selbsthemmung im Ruhezustand. Sobald jedoch durch Schwingungen, Erschütterungen o. ä. die Haftreibung überwunden wird, gleitet der Keil beschleunigt abwärts.

b) Man macht den Keil frei und trägt in einer Lageskizze die an ihm wirkenden Kräfte ein (Bild 2a).

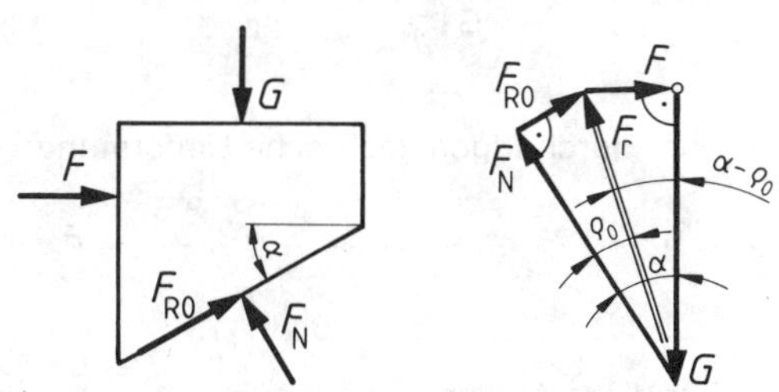

a) Lageskizze **b)** Krafteckskizze

Bild 2 Kräfte am Spannkeil (an der schiefen Ebene) im Ruhezustand

Aus der Kraftecksskizze (Bild 2b, Seite 99) folgt:

$$\tan(\alpha - \varrho_0) = \frac{F}{G}$$

Damit wird für einen **ruhenden Körper** die erforderliche **Haltekraft**:

(18) a
$$F = G \cdot \tan(\alpha - \varrho_0)$$

oder durch trigonometrische Umformung:

(18) b
$$F = G \cdot \frac{\tan\alpha - \mu_0}{\mu_0 \cdot \tan\alpha + 1}$$

F Haltekraft parallel zur Basis in N
G Gewichtskraft in N
α Steigungswinkel der schiefen Ebene in °
ϱ_0 Haftreibwinkel in °
μ_0 Haftreibzahl

Besteht die Gefahr, daß durch Erschütterung o. ä. die Selbsthemmung überwunden wird, so ist ϱ_0 durch den Gleitreibwinkel ϱ bzw. μ_0 durch die Gleitreibzahl μ zu ersetzen.

Für diese Aufgabe ist mit $G = m \cdot g = 600\,\text{kg} \cdot 9{,}81\,\text{m/s}^2 = 5\,886\,\text{N}$

$$F = G \cdot \tan(\alpha - \varrho_0) = 5\,886\,\text{N} \cdot \tan(10° - 14°) = \underline{-412\,\text{N}}$$

Wie schon bei Beantwortung der Frage a) festgestellt, besteht im Ruhezustand Selbsthemmung. Um diese zu überwinden, müßte die Schraube eine Zugkraft (also in entgegengesetzter Richtung) von mehr als 412 N aufbringen. Wird jedoch die Selbsthemmung durch Erschütterungen o. ä. überwunden, dann muß die Schraube eine Druckkraft aufbringen, die sich ebenfalls aus Gleichung (18a) errechnen läßt; nur ist jetzt an die Stelle der Haftreibzahl μ_0 die Gleitreibzahl μ zu setzen.

Dann ist mit $\tan\varrho = \mu = 0{,}13$, $\varrho = 7{,}4°$:

$$F = G \cdot \tan(\alpha - \varrho) = 5\,886\,\text{N} \cdot \tan(10° - 7{,}4°) = \underline{267\,\text{N}}$$

c) Bewegt sich die Last aufwärts, so wirkt die Gleitreibkraft F_R abwärts. Lageskizze und Kraftecksskizze für diesen Bewegungszustand zeigt Bild 1.

Aus dem Krafteck ergibt sich:

$$\tan(\alpha + \varrho) = \frac{F}{G}$$

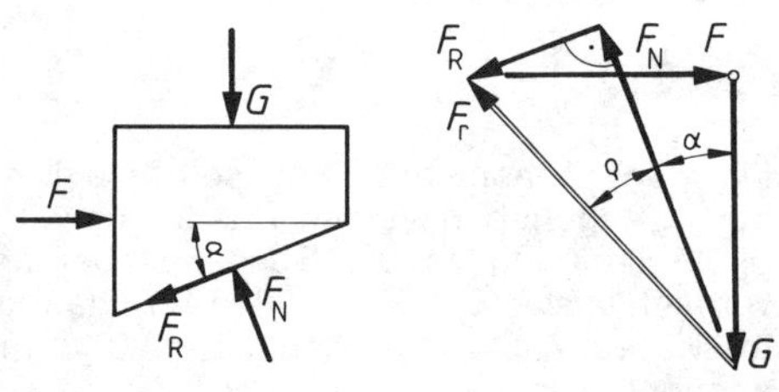

a) Lageskizze **b)** Kraftecksskizze

Bild 1 Kräfte am Spannkeil (an der schiefen Ebene) bei Aufwärtsbewegung

Damit wird die erforderliche **Kraft bei Aufwärtsbewegung**:

(19) a
$$F = G \cdot \tan(\alpha + \varrho)$$

oder durch trigonometrische Umformung:

(19) b
$$F = G \cdot \frac{\tan\alpha + \mu}{1 - \mu \cdot \tan\alpha}$$

F Kraft parallel zur Basis in N
G, α, ϱ, μ wie bei Gleichung (17) bzw. (18)

Für diese Aufgabe ist:

$$F = G \cdot \frac{\tan\alpha + \mu}{1 - \mu \cdot \tan\alpha} = 5\,886\,\text{N} \cdot \left(\frac{\tan 10° + 0{,}13}{1 - 0{,}13 \cdot \tan 10°}\right) = \underline{1\,845\,\text{N}}$$

Lehrbeispiel 29:

Ein Transportbehälter mit der Gewichtskraft $G = 1\,500$ N wird durch die Kraft F eine schiefe Ebene hinaufgezogen.

Ermitteln Sie die erforderliche Zugkraft F bei $\mu = 0{,}4$.

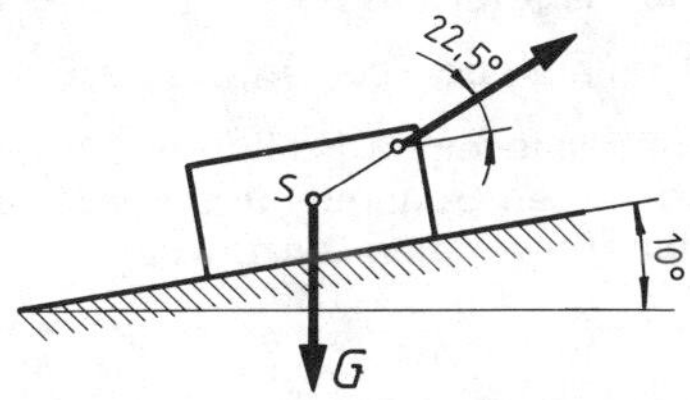

Bild 1 Transportbehälter auf schiefer Ebene

Lösung:

rechnerisch:

Aus Bild 2 ergibt sich:

$$\Sigma F_x = 0 \Longrightarrow F_x - G_x - F_R = 0 \quad \text{(I)}$$

$$\Sigma F_y = 0 \Longrightarrow F_N + F_y - G_y = 0 \quad \text{(II)}$$

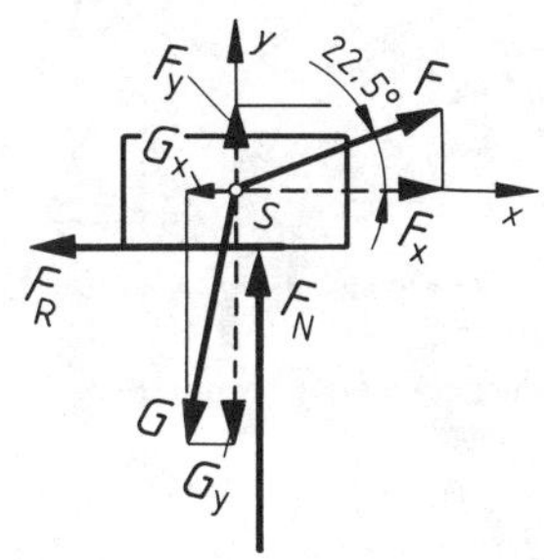

Bild 2 Skizze zur rechnerischen Lösung

Mit den Kraftkomponenten

$$F_x = F \cdot \cos 22{,}5° \qquad G_x = G \cdot \sin 10° = 1\,500\,\text{N} \cdot \sin 10° = 260\,\text{N}$$

$$F_y = F \cdot \sin 22{,}5° \qquad G_y = G \cdot \cos 10° = 1\,500\,\text{N} \cdot \cos 10° = 1\,477\,\text{N}$$

werden die Gleichgewichtsbedingungen:

$$F \cdot \cos 22{,}5° - 260\,\text{N} - 0{,}4 \cdot F_N = 0 \quad \text{(Ia)}$$

$$F_N + F \cdot \sin 22{,}5° - 1\,477\,\text{N} = 0 \quad \text{(IIa)}$$

Aus (IIa) folgt:

$$F_N = 1\,477\,\text{N} - F \cdot \sin 22{,}5°$$

und damit aus (Ia):

$$F \cdot \cos 22{,}5° - 260\,\text{N} - 0{,}4 \cdot (1\,477\,\text{N} - F \cdot \sin 22{,}5°) = 0$$

$$F = \frac{(260 + 591)\,\text{N}}{\cos 22{,}5° + 0{,}4 \cdot \sin 22{,}5°} = \underline{790\,\text{N}}$$

zeichnerisch:

Mit $\mu = \tan \varrho = 0{,}4$ wird der Reibwinkel $\varrho = 21{,}8°$ und damit $F = 800$ N.

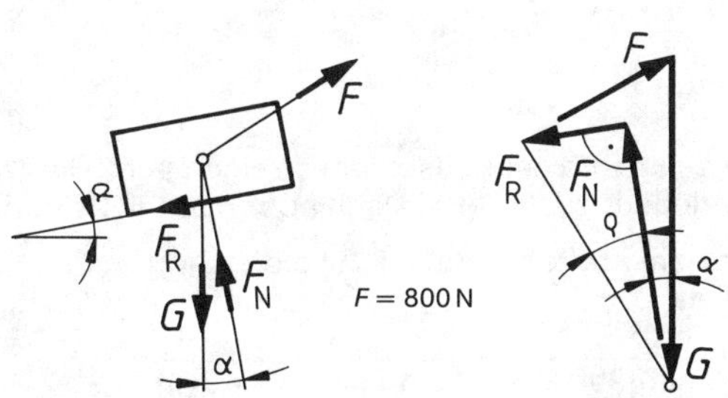

a) Lageplan **b)** Kräfteplan KM : 1 cm ≙ 500 N

Bild 3 Zeichnerische Ermittlung der erforderlichen Zugkraft *F*

2.7.3.4 Keiltrieb

Das Keilprinzip wird in der Technik verwendet,

a) um Kräfte zu übersetzen, also z. B. große Spann- oder Klemmkräfte zu erzeugen,

b) um mit Hilfe eines Keiltriebs Bewegungs- und Kraftrichtungen zu ändern, also z. B. an einem kombinierten Schneid- und Biegewerkzeug die senkrechte Stößelbewegung in eine waagerechte Schieberbewegung umzuwandeln.

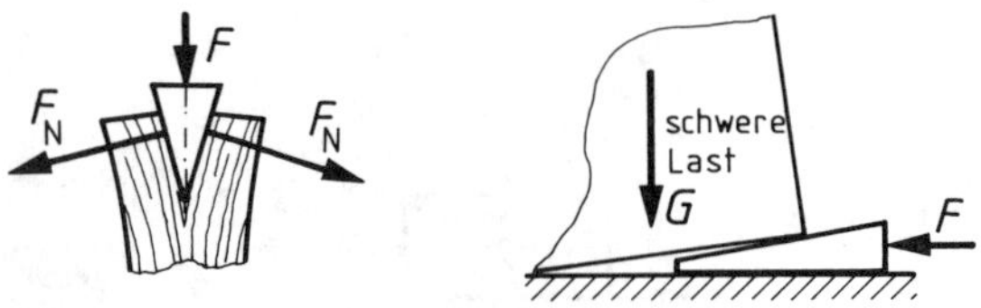

a) Erzeugung großer Kräfte durch Anwendung des Keilprinzips

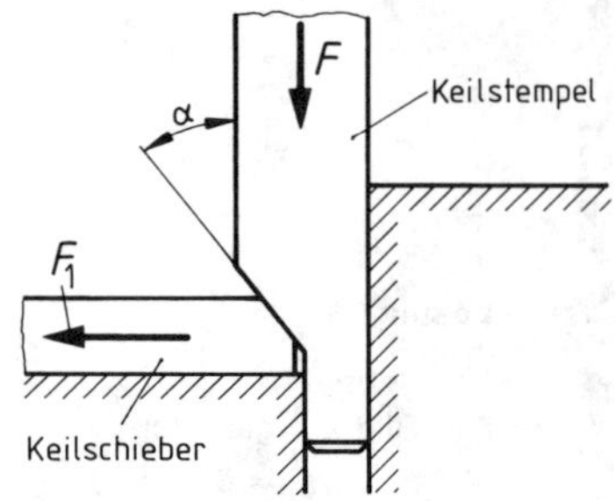

b) Umwandlung einer vertikalen in eine horizontale Bewegung

Bild 1 Anwendungsbeispiele für den Keil

Aufgabe:

Mit dem skizzierten Keiltrieb soll die horizontale Kraft $F_1 = 80\,\text{kN}$ erzeugt werden. Die Reibzahl wird an allen Gleitflächen mit $\mu \approx 0{,}1$ angenommen.

a) Wie groß ist die erforderliche Stempelkraft F wenn sich der Keilschieber nach links bewegt?

b) Wie groß muß die statt F wirkende Kraft F' sein, wenn der Keilschieber im Ruhezustand gehalten werden soll?

c) Unter welchen Bedingungen besteht Selbsthemmung?

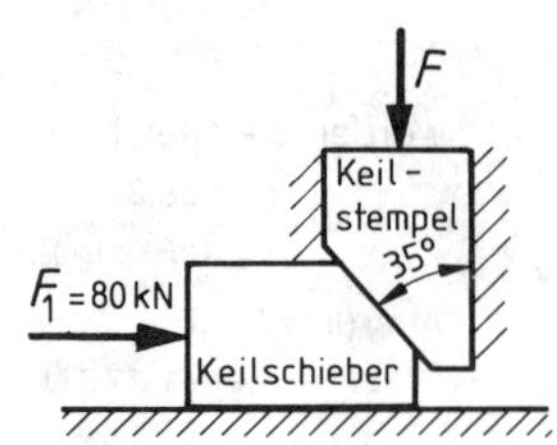

Bild 2

Lösung:

a) Zunächst wird der Keilschieber freigemacht. Die Wirkrichtungen der Reibkräfte ergeben sich aus der Überlegung, daß der Keilschieber nach links gedrückt wird.

Aus dem Krafteck folgt mit Hilfe des Sinus-Satzes

$$\frac{F_{r2}}{\sin(90° + \varrho)} = \frac{F_1}{\sin[90° - (\alpha + 2\varrho)]}$$

Mit Hilfe der Beziehungen zwischen den trigonometrischen Funktionen läßt sich diese Gleichung umwandeln:

$$\frac{F_{r2}}{\cos\varrho} = \frac{F_1}{\cos(\alpha + 2\varrho)}$$

$$F_{r2} = \frac{F_1 \cdot \cos\varrho}{\cos(\alpha + 2\varrho)} \qquad \text{(I)}$$

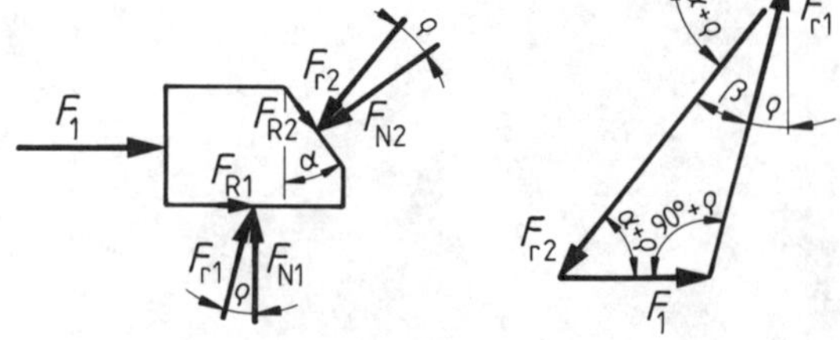

$\beta = 90° - (\alpha + 2\varrho)$

Bild 3 Freigemachter Keilschieber und zugehöriges Krafteck (unmaßstäblich)

Nun wird der Keilstempel in gleicher Weise freigemacht.

Aus dem Krafteck folgt, wiederum mit Hilfe des Sinus-Satzes:

$$\frac{F}{\sin(\alpha+2\varrho)} = \frac{F_{r2}}{\sin(90°-\varrho)}$$

$$F = \frac{F_{r2} \cdot \sin(\alpha+2\varrho)}{\cos\varrho} \quad \text{(II)}$$

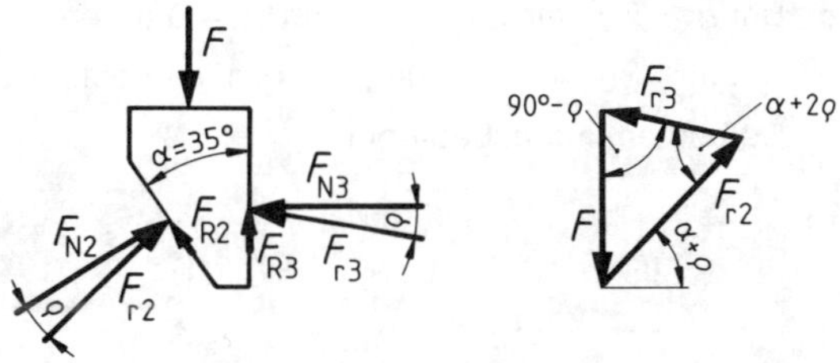

Bild 1 Freigemachter Keilstempel und zugehöriges Krafteck (unmaßstäblich)

Nun wird (I) in (II) eingesetzt:

$$F = \frac{F_1 \cdot \cos\varrho \cdot \sin(\alpha+2\varrho)}{\cos(\alpha+2\varrho) \cdot \cos\varrho}$$

(20) a

$$F = F_1 \cdot \tan(\alpha+2\varrho)$$

F Schiebekraft am Keilstempel in N
F_1 Kraft am Keilschieber in N
α Steigungswinkel am Keilstempel in °
ϱ Gleittreibwinkel in °

Damit wird $F = 80\,\text{kN} \cdot \tan(35° + 2 \cdot 5{,}7°)$
$F = 80\,\text{kN} \cdot \tan 46{,}4°$
$\underline{F = 84\,\text{kN}}$

b) Die erforderliche Haltekraft entspricht der Stempelkraft F', die bei einer gleichförmigen Aufwärtsbewegung auftritt (wenn Haftreibung durch Vibration überwunden ist).

Der Lösungsgang entspricht dem unter a) dargestellten Weg; die Reibkräfte sind jeweils entgegengesetzt gerichtet.

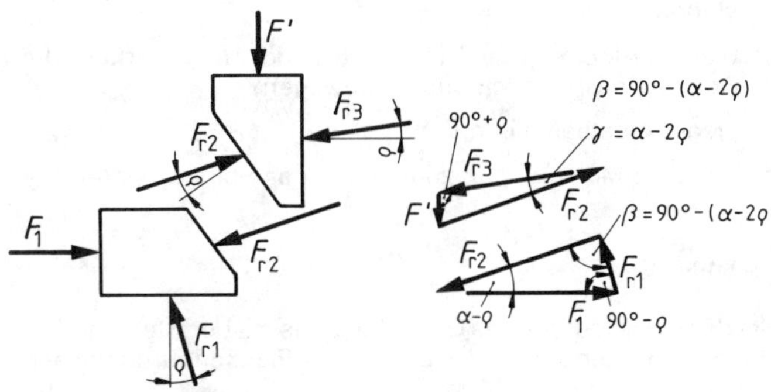

Bild 2 Freigemachter Keilschieber und Keilstempel sowie zugehörige Kraftecke (unmaßstäblich)

Im unteren Krafteck gilt:

$$\frac{F_{r2}}{\sin(90°-\varrho)} = \frac{F_1}{\sin[90°-(\alpha-2\varrho)]} \quad \Rightarrow \quad F_{r2} = \frac{F_1 \cdot \cos\varrho}{\cos(\alpha-2\varrho)} \quad \text{(I)}$$

Im oberen Krafteck gilt:

$$\frac{F'}{\sin(\alpha-2\varrho)} = \frac{F_{r2}}{\sin(90°+\varrho)} \quad \Rightarrow \quad F' = \frac{F_{r2} \cdot \sin(\alpha-2\varrho)}{\cos\varrho} \quad \text{(II)}$$

Gleichung (I) in (II) eingesetzt ergibt:

$$F' = \frac{F_1 \cdot \cos\varrho \cdot \sin(\alpha-2\varrho)}{\cos(\alpha-2\varrho) \cdot \cos\varrho}$$

(20) b

$$F' = F_1 \cdot \tan(\alpha-2\varrho)$$

F' Haltekraft am Keilstempel in N
F_1, α, ϱ wie bei Gleichung (20a)

Damit wird $F' = 80\,\text{kN} \cdot \tan(35° - 2 \cdot 5{,}7°)$
$F' = 80\,\text{kN} \cdot \tan 23{,}6°$
$\underline{F' = 35\,\text{kN}}$

c) Bei $\alpha = 2\varrho$ wird $F' = F_1 \cdot \tan 0° = 0$ (Grenzfall).

Bei $\alpha < 2\varrho$ wird F' negativ, d.h. es besteht Selbsthemmung.

Selbsthemmungsbedingung:

(21) a $\alpha < 2 \cdot \varrho$ bzw. (21) b $\alpha < 2 \cdot \varrho_0$

α, ϱ, wie bei Gleichung (20a)
ϱ_0 Haftreibwinkel in °

2.7.3.5 Reibung im Gewinde

Die Abwicklung einer Schraubenlinie ist eine schiefe Ebene. Deshalb ist die **Reibung im Gewinde** ein Sonderfall der Reibung auf der schiefen Ebene.

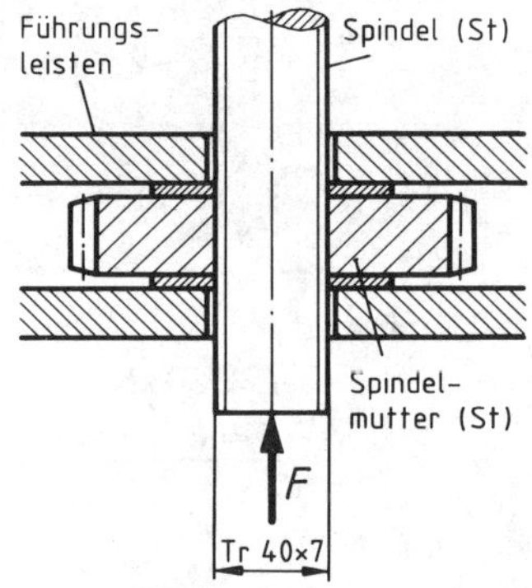

Bild 1 Antrieb einer Spindel

Aufgabe:

Mit einer Spindel mit Trapezgewinde Tr 40×7 soll die Axialkraft $F = 6{,}5$ kN ausgeübt werden. Das Auflagereibmoment zwischen Spindelmutter und Führungsleisten ist zu vernachlässigen. Die Gewindereibzahl ist $\mu' = 0{,}16$.

a) Welches Moment muß an der Spindelmutter wirken, um die Spindel in Spannrichtung zu bewegen?

b) Liegt Selbsthemmung vor?

c) Welches Moment muß zum Lösen der Spindel wirken?

Lösung:

Bei der Abwicklung eines Gewindegangs mit der Steigung P entsteht eine schiefe Ebene (Bild 2) mit der Höhe P und der Länge $U = d_2 \cdot \pi$ (d_2 = Flankendurchmesser).

Für den Steigungswinkel α gilt: $\tan \alpha = \dfrac{P}{d_2 \cdot \pi}$

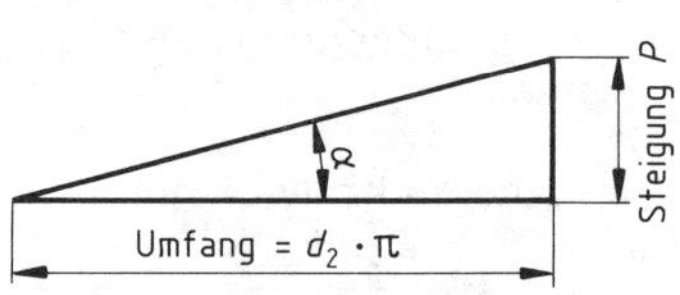

Bild 2 Abgewickelter Gewindegang als schiefe Ebene

Für das Trapezgewinde Tr 40×7 wird mit $P = 7$ mm und $d_2 = d - 0{,}5 \cdot P = 40\,\text{mm} - 0{,}5 \cdot 7\,\text{mm} = 36{,}5\,\text{mm}$:

$$\tan \alpha = \frac{7\,\text{mm}}{36{,}5\,\text{mm} \cdot \pi} = 0{,}061 \qquad \alpha = 3{,}5°$$

a) Der Einfachheit halber sollen zunächst die Kräfte am Flachgewinde untersucht werden. Dabei denkt man sich die gesamte Kraft F auf ein Gewindestück der Spindelmutter wirkend (Bild 3). Das Gewindestück der Spindelmutter wird durch die Normalkraft F_N und durch die Gegenkraft F zur Axialkraft belastet. Außerdem wirkt an der Spindelmutter ein Moment, welches die Umfangskraft F_U erzeugt. Die Reibkraft F_R wirkt der Bewegungsrichtung entgegen.

Aus dem Krafteck (Bild 3b) folgt:

$$F_U = F \cdot \tan(\varrho + \alpha)$$

wobei $\tan \varrho = \mu$ ist.

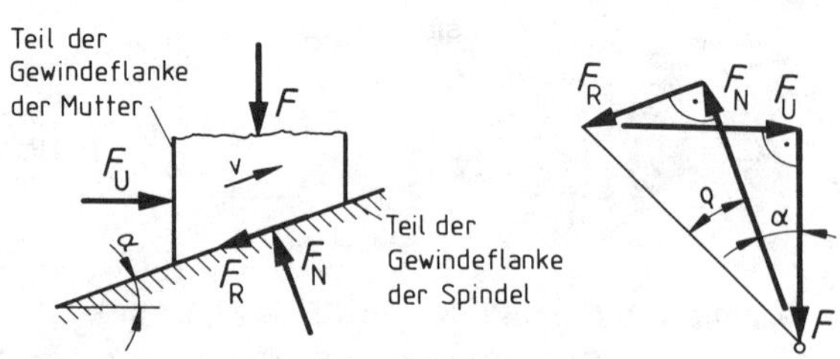

a) Lageskizze **b)** Kraftteckskizze

Bild 3 Kräfte am Gewinde beim Spannen

Beim Trapezgewinde sind die Flanken – wie auch bei allen übrigen genormten Gewinden – geneigt, wodurch nicht mit der Kraft F, sondern mit deren Normalkomponente F' gerechnet werden muß (Bild 1).

Es ist:

$$F' = \frac{F}{\cos \frac{\beta}{2}}$$

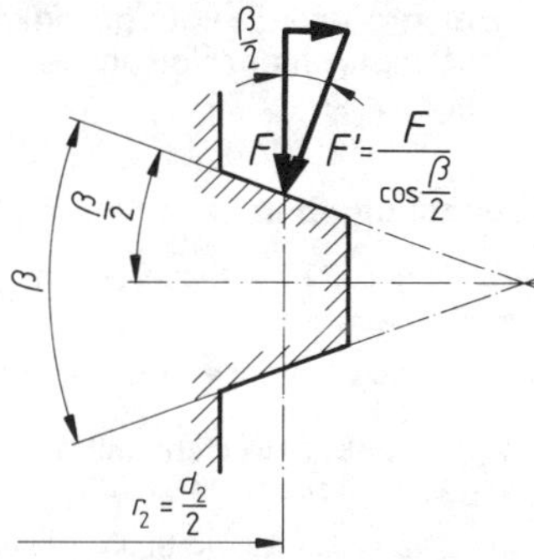

Bild 1 Normalkraft F' bei Gewinden mit geneigten Flanken

Dadurch wird bei Gewinden mit geneigten Flanken die Reibkraft größer. Diese Vergrößerung der Reibung wird rechnerisch so berücksichtigt, daß man anstelle der Reibzahl μ mit der **Gewindereibzahl** $\frac{\mu}{\cos \beta/2}$ rechnet, welche dem Gewindereibwinkel ϱ' entspricht ($\tan \varrho' = \mu'$). Damit kann die für das Flachgewinde abgeleitete Gleichung verwendet werden, wenn man ϱ durch ϱ' ersetzt.

Somit gilt für die Umfangskraft: $F_U = F \cdot \tan(\varrho' + \alpha)$

Die Umfangskraft F_U erzeugt am Hebelarm $r_2 = \frac{d_2}{2}$ das **Gewindereibmoment beim Spannen**:

(22) a
$$M_{RGs} = F \cdot \frac{d_2}{2} \cdot \tan(\varrho' + \alpha)$$

M_{RGs}	Gewindereibmoment beim Spannen in Nmm
F	Axialkraft in N
d_2	Flankendurchmesser in mm
ϱ'	Gewindereibwinkel in °
α	Steigungswinkel des Gewindes in °

Für diese Aufgabe ist $\mu' = \tan \varrho' = 0{,}16 \qquad \varrho' = 9{,}1°$

Damit wird das Gewindereibmoment:

$$M_{RGs} = F \cdot \frac{d_2}{2} \cdot \tan(\varrho' + \alpha) = 6\,500\,\text{N} \cdot \frac{36{,}5\,\text{mm}}{2} \cdot \tan(9{,}1° + 3{,}5°)$$

$$M_{RGs} = \frac{6\,500\,\text{N} \cdot 36{,}5\,\text{mm} \cdot 0{,}2235}{2} = 26\,500\,\text{Nmm} = \underline{26{,}5\,\text{Nm}}$$

Das Moment an der Spindelmutter muß größer sein als 26,5 Nm, weil außer der Gewindereibung auch noch das Auflagereibmoment überwunden werden muß.

b) Da $\alpha = 3{,}5° < \varrho' = 9{,}1°$ ist, liegt Selbsthemmung vor.

c) Beim Lösen der Schraubenverbindung wirkt die Reibkraft in entgegengesetzter Richtung (Bild 2).

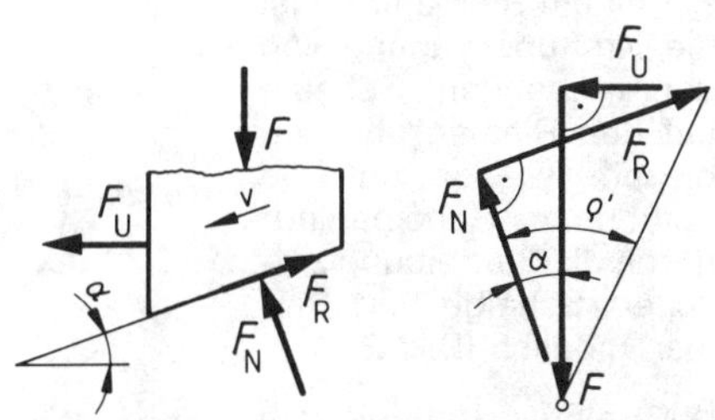

a) Lageskizze **b)** Krafteckskizze

Bild 2 Kräfte am Gewinde beim Lösen

Aus dem Krafteck (Bild 2b) folgt:

$$F_U = F \cdot \tan(\varrho' - \alpha)$$

Mit $M = F_U \cdot r_2$ wird das **Gewindereibmoment beim Lösen** (Losdrehmoment):

(22) b
$$M_{RGl} = F \cdot \frac{d_2}{2} \cdot \tan(\varrho' - \alpha)$$

M_{RGl}	Gewindereibmoment beim Lösen in Nmm
F, d_2, ϱ', α	wie bei Gleichung (22a).

Für diese Aufgabe ist:

$$M_{RGl} = 6\,500\,\text{N} \cdot \frac{36{,}5\,\text{mm}}{2} \cdot \tan(9{,}1° - 3{,}5°) = 1\,163\,\text{Nmm} \approx \underline{11{,}6\,\text{Nm}}$$

Auch beim Lösen muß außerdem noch das Auflagereibmoment überwunden werden.

Bei großem Steigungswinkel α (mehrgängige Gewinde) wird $\alpha > \varrho'$. Dann liegt keine Selbsthemmung mehr vor; in der Rechnung erhält man für M_{RGl} ein negatives Ergebnis, weil $\tan(\varrho' - \alpha)$ negativ ist.

Übungsaufgaben

1. Bei einer Blechrutsche sollen Holzkisten auch dann noch abwärts rutschen, wenn sie beim Aufsetzen nicht angestoßen werden.

   Welchen Steigungswinkel muß die Rutsche erhalten?

2. Auf einer Blechrutsche mit dem Steigungswinkel $\alpha = 25°$ gleiten Werkstücke mit $m = 200$ g abwärts. Es ist mit $\mu = 0{,}15$ zu rechnen.

   a) Gleiten die Werkstücke beschleunigt, gleichförmig oder verzögert abwärts?

   b) Mit welcher Kraft werden sie beschleunigt oder verzögert?

3. Ein Gleitstein (Gewichtskraft $G = 40$ N) soll durch je eine Feder an beiden Seiten in der skizzierten Stellung gehalten werden ($\mu_0 = 0{,}25$; $\mu = 0{,}15$) (Bild 1).

   Welche Gesamtkraft müssen die beiden Federn aufbringen, wenn die Aufhängung laufend Erschütterungen ausgesetzt ist?

4. Eine Supportspindel mit Trapezgewinde Tr 28×5 erhält ein Drehmoment von 8 Nm (Gewindereibzahl $\mu' = 0{,}12$).

   Mit welcher Kraft bewegt die Spindel den Support?

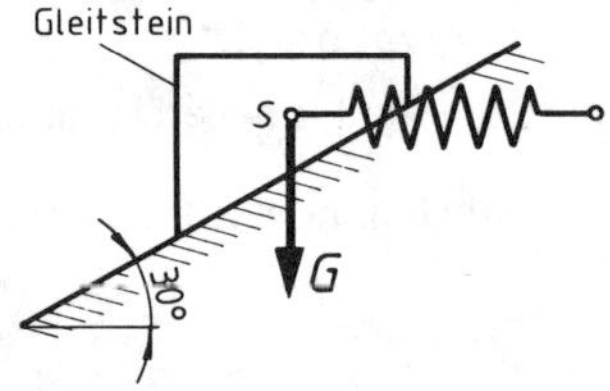

Bild 1

2.7.4 Seilreibung

Bei einem Riementrieb ist die Kraftübertragung von der treibenden Scheibe auf den Riemen und von diesem wieder auf die getriebene Scheibe nur durch die Haftreibung zwischen Scheibe und Riemen möglich (Bild 2).

Bei einer Bandbremse (Bild 3) tritt die Bremswirkung durch die Gleitreibung zwischen Scheibe und Bremsband auf.

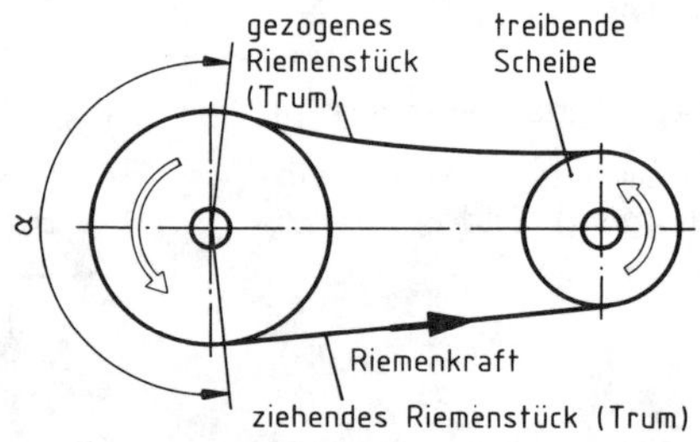

α = Umschlingungswinkel

Bild 2 Kraftübertragung beim Riementrieb durch Haftreibung

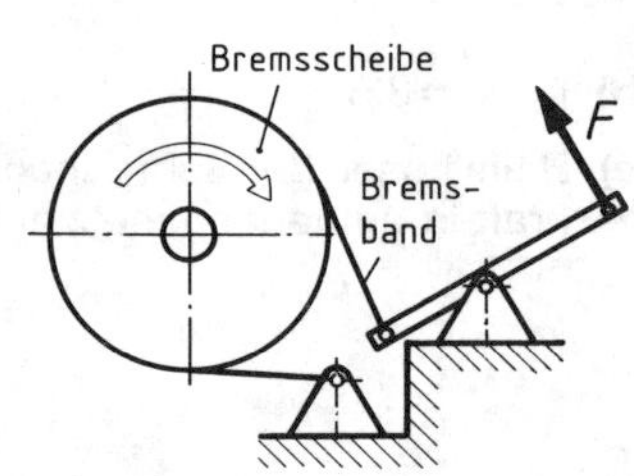

Bild 3 Bremswirkung bei einer Bandbremse durch Gleitreibung

Wenn um eine Scheibe oder einen Zylinder ein biegsames Zugmittel (Seil, Band, Riemen, o. ä.) gelegt ist und das Zugmittel oder die Scheibe bewegt wird, bezeichnet man die auftretende Reibung (Gleit- oder Haftreibung) als **Seilreibung**.

Von welchen Faktoren ist die Größe der Seilreibung abhängig?

Versuch: Um eine feststehende Scheibe ist ein Seil gelegt. An den beiden Seilenden wirken die Gewichtskräfte G_1 und G_2 (Bild 1a, Seite 107). Das Seil bleibt auch dann noch im Gleichgewicht, wenn G_1 etwas größer als G_2 ist. Die Seilreibkraft F_{Rs} (Haftreibkraft zwischen Seil und Scheibe) verhindert das Abrutschen des Seils. Vergrößert man G_1 (Bild 1b, Seite 107), dann rutscht das Seil ab.

Daraus folgt, daß F_{Rs} nur einen bestimmten Wert erreichen kann. Wird das Seil jedoch „einmal" ganz herumgeschlungen, also $\alpha = 540°$ (Bild 1c), tritt wieder Gleichgewicht ein. Da F_{s1} und F_{s2} nicht verändert wurden, muß sich die Seilreibkraft F_{Rs} vergrößert haben.

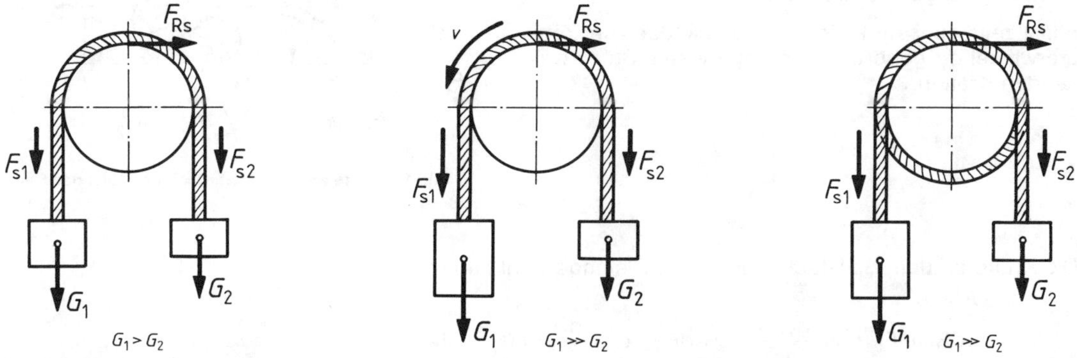

a) Kleiner Umschlingungswinkel ($\alpha = 180°$) Seil bleibt im Gleichgewicht, also $F_{s1} = F_{s2} + F_{Rs}$

b) Kleiner Umschlingungswinkel ($\alpha = 180°$) Seil rutscht ab, also $F_{s1} > F_{s2} + F_{Rs}$

c) Großer Umschlingungswinkel ($\alpha = 540°$) Seil bleibt im Gleichgewicht, also $F_{s1} = F_{s2} + F_{Rs}$

Je größer der Umschlingungswinkel, desto größer die Seilreibung

Bild 1 Versuch zur Bestimmung der Seilreibung in Abhängigkeit vom Umschlingungswinkel

Je größer der Umschlingungswinkel, desto größer die Seilreibkraft und damit die übertragbare Seilzugkraft

Deshalb ist es auch möglich, daß beim Anlegen eines Schiffes ein einzelner Mann mit einem Seil, welches mehrmals um einen feststehenden Zylinder (Schiffspoller) geschlungen ist, der großen Kraft des Schiffes das Gleichgewicht halten kann.

Diese Erkenntnis scheint allerdings im Widerspruch dazu zu stehen, daß die Größe der Reibkraft von der Größe der Fläche weitgehendst unabhängig ist. Die Seilreibkraft ist bei großem Umschlingungswinkel nicht deshalb so groß, weil die Reibfläche größer ist, sondern weil eine größere Summe Teilnormalkräfte auftritt (Bild 2).

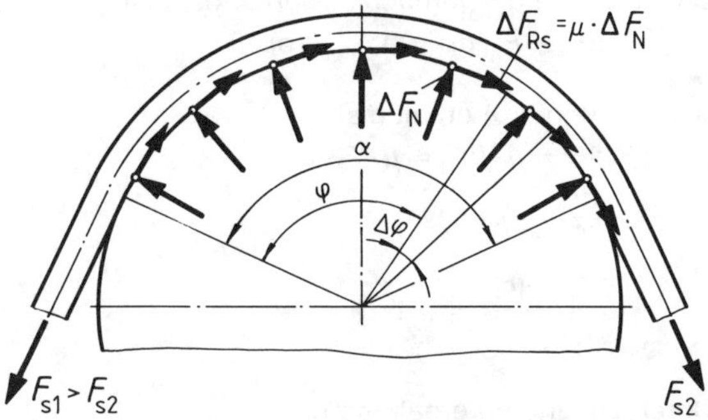

Bild 2 Seilreibkraft F_{Rs} als Summe der Teilseilreibkräfte ΔF_{Rs}

Für die Größe der Seilreibkraft ist neben dem **Umschlingungswinkel** die **Reibzahl** für die Paarung Zugmittel – Scheibe maßgebend. Es ist einleuchtend, daß bei rauher Oberfläche und bei Material mit guten Hafteigenschaften das Zugmittel nicht so schnell abrutscht, die Seilreibung also größer ist.

Je größer die Reibzahl, desto größer die Seilreibkraft.

Herrscht in einem Riementrieb zu wenig Spannung, d. h., hängt das gezogene Trumm zu locker durch, dann rutscht der Riemen.

Je größer die Seilzugkraft F_{s2} im gezogenen Teil des Seils, d. h. je größer die kleinere der beiden Seilzugkräfte, desto größer die Seilreibkraft.

Die mathematische Beziehung zwischen dem Umschlingungswinkel α, der Reibzahl μ und den Seilzugkräften F_{s1} und F_{s2} kann nur mit Hilfe der Integralrechnung hergeleitet werden.

Bild 1 zeigt ein sehr kleines Seilstück, das zum Zentrierwinkel $d\varphi$ gehört, mit den an diesem Stück wirkenden Kräften.

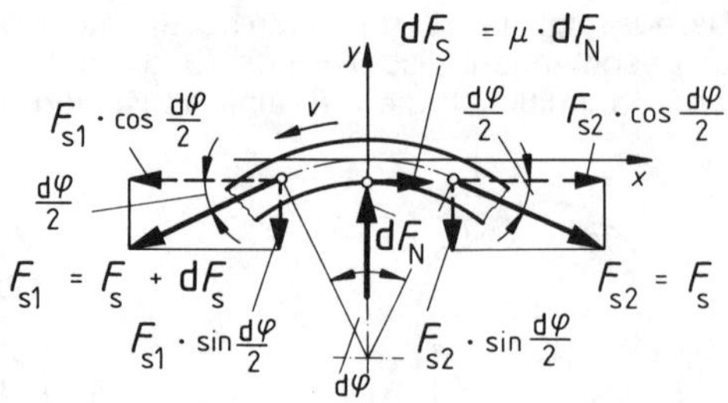

Bild 1 Kräfte an einem sehr kleinen Stück des Seils

Die Kräfte an dem Seilstück müssen im Gleichgewicht stehen:

$$\Sigma F_x = 0$$

$$\mu \cdot dF_N + F_s \cdot \cos\frac{d\varphi}{2} - (F_s + dF_s)\cdot\cos\frac{d\varphi}{2} = 0 \qquad \text{(I)}$$

$$\Sigma F_y = 0$$

$$dF_N - F_s \cdot \sin\frac{d\varphi}{2} - (F_s + dF_s)\cdot\sin\frac{d\varphi}{2} = 0 \qquad \text{(II)}$$

Da $\frac{d\varphi}{2}$ ein sehr kleiner Winkel, also $\cos\frac{d\varphi}{2} \approx 1$ ist, wird aus (I):

$$\mu \cdot dF_N - dF_s = 0 \qquad \text{(Ia)}$$

und mit $\sin\frac{d\varphi}{2} \approx \frac{d\varphi}{2}$ aus (II):

$$dF_N - 2\cdot F_s \cdot \frac{d\varphi}{2} - dF_s \cdot \frac{d\varphi}{2} = 0 \qquad \text{(IIa)}$$

Da die Größe dF_s vernachlässigbar klein ist gegen F_s ($dF_s \ll F_s$), wird aus (IIa):

$$dF_N - F_s \cdot d\varphi = 0 \qquad \text{(IIb)}$$

Aus (Ia) und (IIb) erhält man:

$$dF_s = \mu \cdot dF_N = \mu \cdot F_s \cdot d\varphi$$

$$\frac{dF_s}{F_s} = \mu \cdot d\varphi$$

$$\int_{F_s = F_{s2}}^{F_s = F_{s1}} \frac{dF_s}{F_s} = \mu \int_{\varphi = 0}^{\varphi = \alpha} d\varphi$$

Durch Integrieren erhält man:

$$\ln F_{s1} - \ln F_{s2} = \mu \cdot \alpha$$

$$\ln\frac{F_{s1}}{F_{s2}} = \mu \cdot \alpha$$

$$\frac{F_{s1}}{F_{s2}} = e^{\mu\alpha}$$

Damit gilt für die **größere Seilzugkraft**:

(23) $$F_{s1} = F_{s2} \cdot e^{\mu\alpha}$$

- F_{s1} größere Seilzugkraft in N
- F_{s2} kleinere Seilzugkraft in N
- e Eulersche Zahl (Grundzahl der natürlichen Logarithmen e = 2,718)
- μ Reibzahl zwischen Zugmittel und Scheibe
- α Umschlingungswinkel (Bogenmaß)

Diese Gleichung gilt nur näherungsweise. Es wird ein vollkommen biegsames und nicht dehnbares Zugmittel, ein sogenanntes Idealseil vorausgesetzt, welches in Wirklichkeit nicht gegeben ist.

Aus $F_{Rs} = F_{s1} - F_{s2} = F_{s2} \cdot e^{\mu\alpha} - F_{s2}$ wird die **Seilreibkraft**:

(24) $$F_{Rs} = F_{s2}\,(e^{\mu\alpha} - 1)$$

F_{Rs}	Seilreibkraft in N
F_{s2}, e, μ, α	wie bei Gleichung (23)

Die Seilreibkraft F_{Rs} ist der Bewegungsrichtung des Seils gegenüber der Scheibe entgegengesetzt gerichtet. Bewegt sich das Seil nicht gegenüber der Scheibe (Riementrieb ohne Schlupf), dann ist die Bewegungsrichtung des Seils die Richtung, in der es sich beim Rutschen gegenüber der Scheibe bei Schlupf bewegen würde.

Die Seilreibkraft versucht, eine Bewegung des Seils gegenüber der Scheibe zu verhindern.

Lehrbeispiel 30:

Eine Last ($m = 55$ kg) wird mit einem Seil gehoben, das über eine feststehende Scheibe läuft. Die Reibzahl beträgt $\mu = 0{,}25$.

Welche Zugkraft F ist erforderlich?

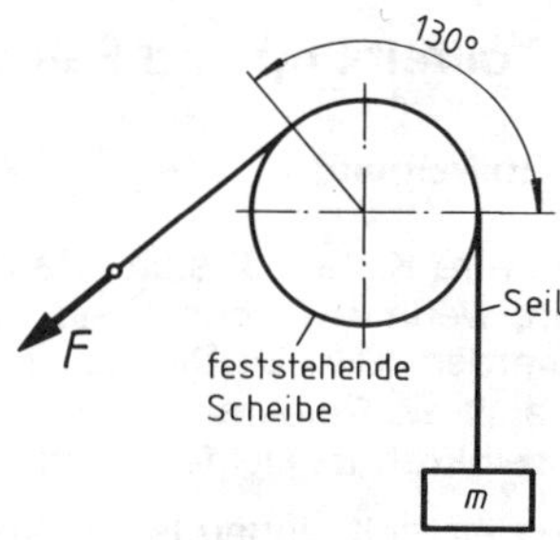

Bild 1 Anheben einer Last über eine feststehende Scheibe

Lösung:

Die Seilreibkraft F_{Rs} versucht, die Bewegung des Seils zu verhindern, wirkt also in Richtung der Gewichtskraft G. Die Kraft F entspricht also der größeren Seilzugkraft F_{s1}, G der kleineren Seilzugkraft F_{s2}.

Mit $\alpha = 2\pi \dfrac{130°}{360°} = 2{,}27$ wird die erforderliche Zugkraft F:

$$F > F_{s1} = F_{s2} \cdot e^{\mu\alpha} = G \cdot e^{\mu\alpha} = 55\,\text{kg} \cdot 9{,}81\,\text{m/s}^2 \cdot e^{0{,}25 \cdot 2{,}27} = \underline{952\,\text{N}}$$

Lehrbeispiel 31:

Mittels eines Seils, welches über einen runden Holzbalken läuft, sollen Lasten bis zu $m = 2{,}5$ t langsam abgelassen werden. Die Gegenkraft F kann maximal 300 N betragen. Die Reibzahl wird mit $\mu = 0{,}4$ angenommen.

Wieviele volle Umschlingungen muß das Seil haben?

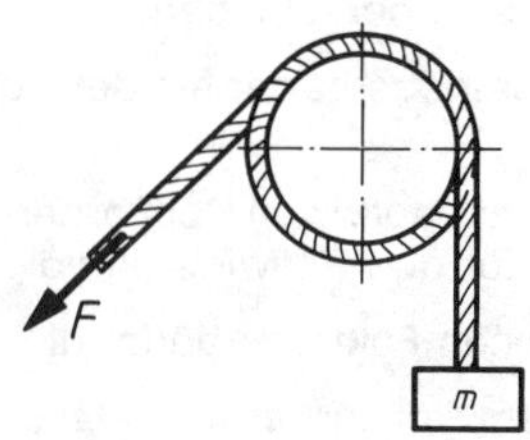

Bild 2 Ablassen einer Last mit Hilfe der Seilreibung

Lösung:

Die Seilreibkraft F_{Rs} versucht, das Ablassen der Last zu verhindern, unterstützt also die hemmende Kraft F. G entspricht der größeren Seilzugkraft F_{s1}, F der kleineren Seilzugkraft F_{s2}.

Aus $F_{s1} = F_{s2} \cdot e^{\mu\alpha}$ folgt:

$$e^{\mu\alpha} = \frac{F_{s1}}{F_{s2}} = \frac{G}{F} = \frac{2\,500\,\text{kg} \cdot 9{,}81\,\text{m/s}^2}{300\,\text{N}} = 81{,}75 \qquad \mu \cdot \alpha = \ln 81{,}75 = 4{,}40$$

Damit ist der erforderliche Umschlingungswinkel:

$$\alpha = \frac{4{,}40}{\mu} = \frac{4{,}40}{0{,}4} = 11{,}0$$

Es sind also:

$n = \dfrac{\alpha}{2\pi} = \dfrac{11{,}0}{2\pi} = 1{,}75 \approx$ **2 Umschlingungen** erforderlich.

Übungsaufgabe:

1. Zwischen Band und Scheibe einer Bandbremse wirkt die Reibzahl $\mu = 0{,}3$.
   a) Wie groß ist das erzeugte Bremsmoment?
   b) Wie groß ist die Federkraft?

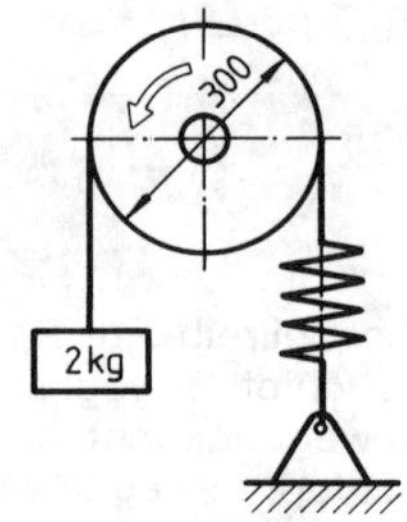

Bild 1

2.7.5 Rollreibung und Fahrwiderstand

2.7.5.1 Rollreibung

Eine schwere Kiste läßt sich erfahrungsgemäß leichter bewegen, wenn zwischen Kiste und Unterlage Rollen gelegt werden (Bild 2). Die notwendige Verschiebkraft F und damit die Reibkraft F_R werden dadurch geringer. Die **Rollreibkraft** ist kleiner als die **Gleitreibkraft**.

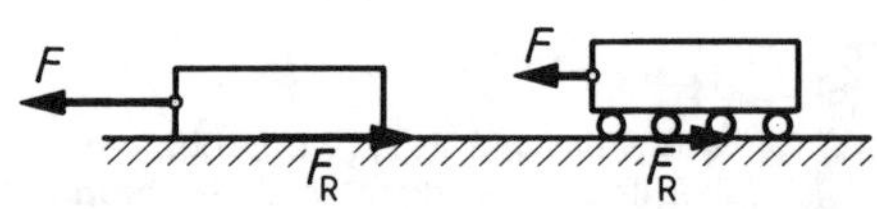

Bild 2 Vergleich von Gleit- und Rollreibung

Ursache der Gleitreibung ist die Verzahnung der Oberflächenrauhigkeiten. Worin liegt die Ursache für die **Rollreibung**?

Durch das Gewicht und die Belastung des Rollkörpers drückt sich dieser in die Unterlage ein. Ist die Unterlage elastisch, z. B. Stahl, Gummi o. ä., ergibt sich ein Eindruck nach Bild 3. Dabei hat die elastische Unterlage das Bestreben, in die Ausgangsform zurückzugehen. Bei plastischer Unterlage, z. B. weichem Asphalt, bleibt die Verformung bestehen (Bild 3b). Beim Abrollen muß also der Rollkörper einen Druckberg vor sich herschieben.

Ist die Unterlage härter als der Rollkörper, z. B. Autoreifen – Straße, dann verformt sich der Rollkörper (Bild 3c).

Die Verformungen von Rollkörpern bzw. Unterlage erfordern eine Kraft. Die **Verformungskräfte** sind die Ursache für den Rollwiderstand.

Von welchen Faktoren hängt die Größe der **Rollreibung** ab?

Bei hartem Rollkörper und elastischer Unterlage (Bild 4) benötigt man die Kraft F, um den Rollkörper über den momentanen Kippunkt K zu kippen.

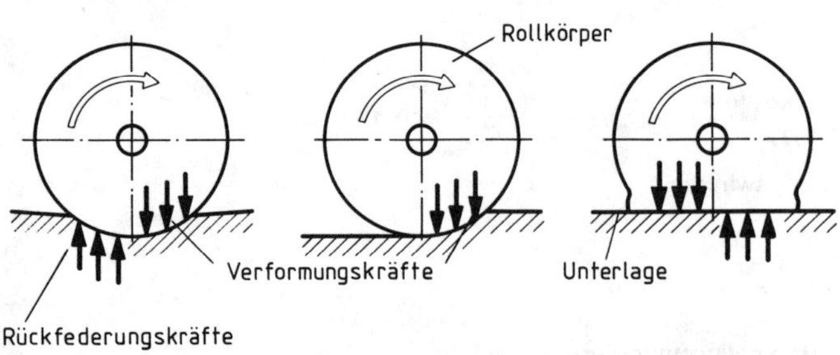

a) Verformung bei elastischer Unterlage
b) Verformung bei plastischer Unterlage
c) Verformung, wenn Unterlage härter als Rollkörper

Bild 3 Verformung beim Abrollen eines Rollkörpers auf einer Unterlage

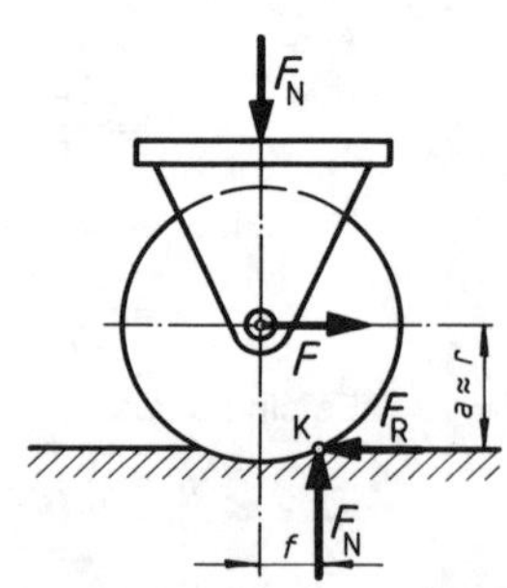

Bild 4 Kräfte beim Abrollen eines Rollkörpers

Der **Hebelarm der Rollreibung** f ist sehr klein, so daß $a \approx r$ gesetzt werden kann.

$$\Sigma M_K = 0$$
$$F \cdot r - F_N \cdot f = 0$$
$$F = \frac{f}{r} \cdot F_N$$

Die Gegenkraft zu F ist die **Rollreibkraft**:

(25) $$F_R = \frac{f}{r} \cdot F_N$$

F_R Rollreibkraft in N
f Hebelarm der Rollreibung in mm
r Radius des Rollkörpers in mm
F_N Normalkraft auf den Rollkörper in N

Oftmals wird auch bei Rollreibung mit dem **Coulombschen Reibungsgesetz** gerechnet, wobei allerdings $\mu = \frac{f}{r}$ sehr klein ist.

Läßt man einen Rollkörper auf unterschiedlich elastischen Unterlagen abrollen, so ergeben sich bei konstantem Rollradius r und konstanter Normalkraft F_N unterschiedliche Rollreibkräfte, der Hebelarm der Rollreibung f ist verschieden groß.

Bei einer weichen Unterlage treten größere Verformungen auf als bei einer harten (Bild 1), die Folge davon ist ein größerer Wert für F und damit eine größere Rollreibkraft F_R. Um die Rollreibkraft zu verringern, sind Laufbahnen und Wälzkörper bei Wälzlagern gehärtet.

Bild 3a, Seite 110 zeigt, daß bei elastischer Unterlage die wirksamen Rückverformungskräfte eine zusätzliche Kraft ausüben und dadurch das Abrollen erleichtern; dies bedeutet eine Verkleinerung von f und damit der Rollreibkraft F_R.

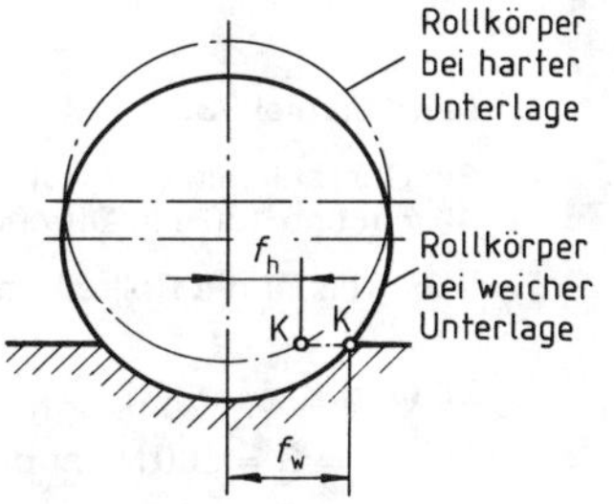

Bild 1 Verformung bei harter und weicher Unterlage

Der Hebelarm der Rollreibung f wird größer:

1. bei größerer Rollgeschwindigkeit, da sich die Rückformungskräfte weniger auswirken können,
2. bei größerer Belastungskraft F_N,
3. bei größerem Rollradius r.

Erfahrungsgemäß gilt: $f \sim \sqrt{r}$

Da f weniger zunimmt als r, ergibt ein größerer Rollkörper eine geringere Rollreibung.

Der Hebelarm der Rollreibung f ist vom Material des Rollkörpers und der Rollbahn abhängig. Außerdem beeinflussen Rollgeschwindigkeit, Flächenpressung und Rollradius den Faktor f.

Der Hebelarm der Rollreibung f ist also – ebenso wie die Reibzahlen μ und μ_0 bei Gleit- und Haftreibung – von vielen Faktoren abhängig, Schwankungen unterworfen und damit eine recht unsichere Größe. Für genaue Rechnungen empfiehlt sich deshalb auch hier eine experimentelle Ermittlung des Reibfaktors.

Werte für f: St, GG oder GS auf St (z. B. Eisenbahnräder auf Schienen) $f \approx 0{,}5$ mm; gehärtete Stahlkugeln oder -rollen auf gehärteter Laufbahn aus Stahl $f \approx 0{,}005 \ldots 0{,}01$ mm.

Lehrbeispiel 32:

Die Führung eines Maschinentisches (m = 700 kg) kann entweder:

a) als Gleitführung mit $\mu = 0{,}05$ oder

b) als Rollenführung mit $f = 0{,}1$ mm und jeweils 6 tragenden Rollen mit $d = 20$ mm ausgebildet werden.

Ermitteln Sie die in beiden Fällen erforderliche Zugkraft F.

Lösung:

a) Die Normalkraft beträgt:

$$F_N = G = m \cdot g = 700\,\text{kg} \cdot 9{,}81\,\text{m/s}^2 = 6\,870\,\text{N}$$

Damit ist die erforderliche Zugkraft bei Gleitreibung:

$$F = F_R = \mu \cdot F_N = 0{,}05 \cdot 6\,870\,\text{N} = \underline{344\,\text{N}}$$

b) Zwar verteilt sich die Gewichtskraft auf einige Rollen, aber die einzelnen Rollreibkräfte müßten wieder summiert werden. Daher kann man sich die Gewichtskraft auf eine Rolle wirkend denken.

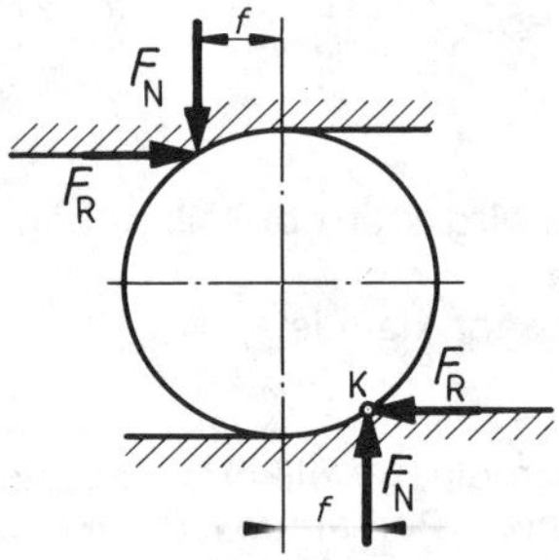

Bild 1 Kräfte bei einem Rollkörper zwischen zwei Platten

Nach Bild 1 gilt für einen Rollkörper zwischen 2 Platten:

$$\Sigma M_K = 0$$

$$F_R \cdot 2r - F_N \cdot 2f = 0$$

Damit ist die erforderliche Zugkraft bei Rollreibung:

$$F = F_R = \frac{f}{r} \cdot F_N = \frac{0{,}1\,\text{mm}}{10\,\text{mm}} \cdot 6\,870\,\text{N} = \underline{69\,\text{N}}$$

Lehrbeispiel 33:

Ein Schrank mit G = 800 N soll mit Laufrollen versehen werden. Zur Auswahl stehen Laufrollen mit 40 mm und 100 mm Durchmesser. Bei der größeren Rolle ist $f_1 = 2$ mm.

Wie groß ist die Rollreibung bei den beiden Rollen?

Lösung:

Mit $F_N = G = 800$ N ist die Rollreibkraft bei den größeren Laufrollen:

$$F_{R1} = \frac{f_1}{r_1} \cdot F_N = \frac{2\,\text{mm}}{50\,\text{mm}} \cdot 800\,\text{N} = \underline{32\,\text{N}}$$

Für die kleineren Rollen wird der Hebelarm der Rollreibung nach der Beziehung $f \sim \sqrt{r}$:

$$\frac{f_2}{f_1} = \sqrt{\frac{r_2}{r_1}}$$

$$f_2 = f_1 \sqrt{\frac{r_2}{r_1}} = 2\,\text{mm} \cdot \sqrt{\frac{20\,\text{mm}}{50\,\text{mm}}} = 1{,}26\,\text{mm}$$

Damit ist die Rollreibkraft bei den kleineren Laufrollen:

$$F_{R2} = \frac{f_2}{r_2} \cdot F_N = \frac{1{,}26\,\text{mm}}{20\,\text{mm}} \cdot 800\,\text{N} = \underline{50{,}4\,\text{N}}$$

2.7.5.2 Fahrwiderstand

Beim Bewegen eines Fahrzeugs muß nicht nur die Rollreibung, sondern auch die Reibung in den Lagern überwunden werden.

Den Widerstand aus Rollreibung und Lagerreibung bezeichnet man als Fahrwiderstand.

Da bei getrennter Erfassung der beiden Reibungsarten durch die Unsicherheit von μ und f ein beachtlicher Fehler entstehen kann, ermittelt man in der Praxis bei einem Fahrzeug den Fahrwiderstand experimentell durch Messung der erforderlichen Zugkraft in einem Schleppversuch. Dann bezieht man die erforderliche Zugkraft F (= Fahrwiderstandskraft F_F) auf die Gesamtgewichtskraft F_N des Fahrzeugs und erhält so die Fahrwiderstandszahl μ_F.

Mit $\mu_F = \frac{F_F}{F_N}$ wird die **Fahrwiderstandskraft**:

(26) $$F_F = \mu_F \cdot F_N$$

F_F Fahrwiderstandskraft in N
μ_F Fahrwiderstandszahl
F_N Normalkraft in N
bei Eisenbahnwagen: $\mu_F = 0{,}0025 \ldots 0{,}005$
bei Kraftfahrzeugen: $\mu_F = 0{,}02 \quad \ldots 0{,}03$

Mit dem Begriff Fahrwiderstandskraft wird vielfach auch der **Gesamt-Fahrwiderstand** bezeichnet, der aus Rollwiderstand (incl. Lagerreibung), Steigungswiderstand und Luftwiderstand besteht. In diesem Fall beeinflussen die Masse des Fahrzeugs, die Steigung, der Rollwiderstandsbeiwert, der Luftwiderstandsbeiwert und die Fahrzeugfrontfläche die Fahrwiderstandskraft. Beim Einbeziehen des Luftwiderstands ist der Fahrwiderstand außerdem geschwindigkeitsabhängig.

Lehrbeispiel 34:

Welche Zugkraft muß die Lokomotive ($m = 130$ t) eines Güterzuges mit 38 Wagen mit je 18 t Masse aufbringen, wenn die Fahrwiderstandszahl $\mu_F = 0{,}003$ beträgt und der Zug eine Steigung 1 : 300 hinauffährt?

Lösung:

Steigung 1 : 300 bedeutet: auf 300 m Länge steigt die Strecke um 1 m, also ist $\tan\alpha \approx \sin\alpha = 0{,}0033$
$\alpha = 0{,}191°$.

Bei diesem kleinen Steigungswinkel ist die Normalkraft:

$$F_N \approx G = m \cdot g = (38 \cdot 18\,000\,\text{kg} + 130\,000\,\text{kg}) \cdot 9{,}81\,\text{m/s}^2 = 7\,985\,000\,\frac{\text{kgm}}{\text{s}^2} \approx 8\,000\,\text{kN}$$

Die Fahrwiderstandskraft F_F und die Hangabtriebskraft F_H müssen von der Zugkraft F der Lokomotive überwunden werden.

Die Fahrwiderstandskraft beträgt:

$$F_F = \mu_F \cdot F_N = 0{,}003 \cdot 8\,000\,\text{kN} = 24\,\text{kN}$$

und die Hangabtriebskraft:

$$F_H = G \cdot \sin\alpha = 8\,000\,\text{kN} \cdot \sin 0{,}191° = 26{,}7\,\text{kN}$$

Damit ist die erforderliche Zugkraft:

$$F > F_F + F_H = (24 + 26{,}7)\,\text{kN} = \underline{50{,}7\,\text{kN}}$$

Übungsaufgaben:

1. Bei einer Versuchsanordnung ist zur Bewegung der 22 kg schweren Rolle eine Masse von $m = 30$ g notwendig (Bild 1).

   Ermitteln Sie den Hebelarm der Rollreibung f für die Rolle.

2. Ein Pkw mit einer Masse von $m = 1\,250$ kg und der Fahrwiderstandszahl $\mu_F = 0{,}03$ wird beim Abschleppen eine 18 %ige Steigung hinaufgezogen.

   Welche Zugkraft muß das ziehende Fahrzeug aufbringen?

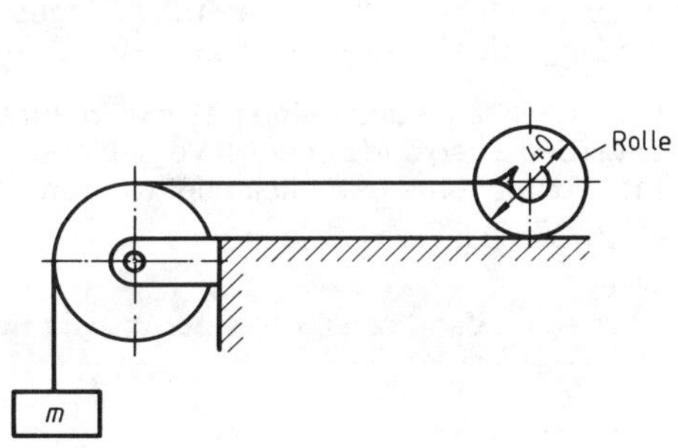

Bild 1

3 KINETIK

3.1 Arbeit, Leistung, Wirkungsgrad

3.1.1 Arbeit

Soll ein Kran ein Werkstück auf eine bestimmte Höhe anheben, so muß er in Bewegungsrichtung, also längs des Weges *s*, die gleichbleibende Kraft *F* aufbringen, um die Gewichtskraft zu überwinden (Bild 1 a). Soll der Wagen nach Bild 1 b längs des Weges *s* von A nach B verschoben werden, muß in Wegrichtung zur Überwindung des Reibwiderstands die Kraft *F* wirken. In beiden Fällen wird ein Körper von einer Kraft *F* in ihrer Wirkrichtung um den Weg *s* verschoben. Die Kraft verrichtet **Arbeit.**

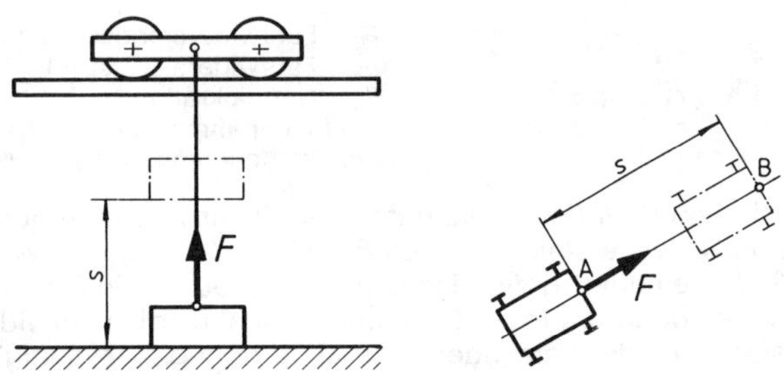

a) Hubarbeit **b)** Reibarbeit

Bild 1 Arbeit beim Wirken einer Kraft *F* längs eines Wegs *s*

Verschiebt eine gleichbleibende Kraft *F* einen Körper in ihrer Wirkrichtung um den Weg *s*, so verrichtet sie die **Arbeit:**

① $W = F \cdot s$	W[1]	Arbeit in J
	F	Kraft in N
	s	Weg in m

Setzt man in die Gleichung für die Arbeit die Kraft *F* in N und den Weg *s* in m ein, erhält man als Einheit für die Arbeit N · m. Für das Einheitenprodukt N · m wurde im SI-Einheitensystem das Joule[2] (J) (sprich dschul) als Arbeitseinheit festgelegt. Es ist: 1 J = 1 Nm.

Lehrbeispiel 1:

Welche Arbeit ist erforderlich, um ein Werkstück mit der Masse $m = 100\,\text{kg}$ um 5 m senkrecht anzuheben?

Lösung:

Die erforderliche Hubkraft ist:

$$F = m \cdot g = 100\,\text{kg} \cdot 9{,}81\,\frac{\text{m}}{\text{s}^2} = 981\,\text{N}$$

Damit wird die Arbeit:

$$W = F \cdot s = 981\,\text{N} \cdot 5\,\text{m} = 4905\,\text{Nm} = \underline{4905\,\text{J}}$$

Bei der Berechnung der Arbeit nach der Gleichung $W = F \cdot s$ ist zu beachten, daß nur die Kraft *F* eingesetzt werden darf, die längs des Weges *s* wirksam ist.

Wirkt die Kraft *F* unter einem Winkel α zur Bewegungsrichtung (Bild 2), so darf nur die in Verschieberichtung wirkende Kraftkomponente berücksichtigt werden.

Nach Bild 2 ist $W = F \cdot \cos\alpha \cdot s$

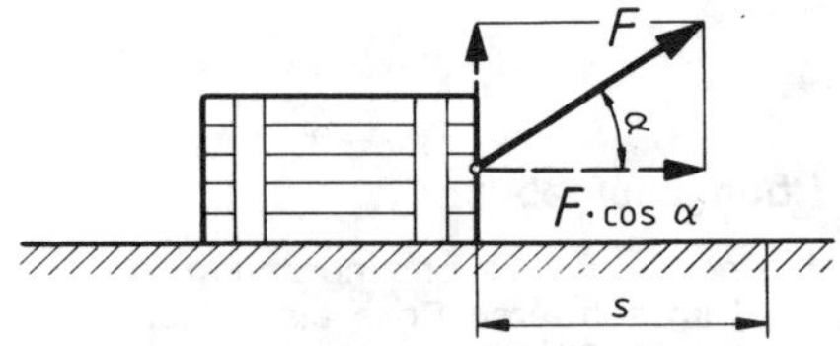

Bild 2 Arbeit bei schräg wirkender Kraft
$W = F \cdot \cos\alpha \cdot s$

Arbeit ist das Produkt aus der in Verschieberichtung wirkenden Kraft *F* und dem Weg *s*.

[1] work (engl.) = Arbeit
[2] James Prescott Joule, englischer Physiker (1818–1889)

Trägt man in einem rechtwinkligen Koordinatensystem die Kraft F über dem Weg s auf, so erhält man das **Kraft-Weg-Diagramm** (F, s-Diagramm).

Beim Anheben einer Last ist die Kraft F längs des Weges s konstant. Also erscheint F im F, s-Diagramm als Parallele zur s-Achse (Bild 1). Diese Parallele bezeichnet man als **Kraft-Linie.**

Die unterhalb der Kraft-Linie liegende Fläche hat die Seiten F und s, die Größe der Fläche ist $A = F \cdot s$, also entspricht diese Fläche der verrichteten Arbeit: $A \mathrel{\hat{=}} W = F \cdot s$.

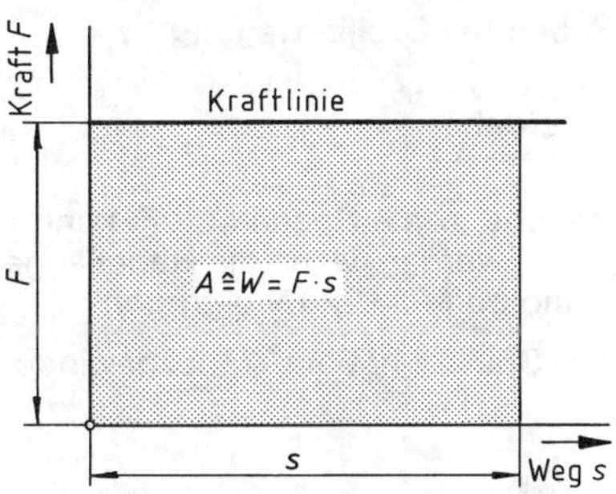

Bild 1 Kraft-Weg-Diagramm (F, s-Diagramm) bei konstanter Kraft

Bei vielen Arbeitsvorgängen ist die Kraft F nicht konstant. Die Größe der verrichteten Arbeit kann dann aus der Gesamtfläche durch Zerlegen in Einzelflächen bestimmt werden (Bild 2), ähnlich der Ermittlung des Weges s bei der ungleichförmigen Bewegung aus dem v, t-Diagramm. Die Gesamtarbeit wird damit:

$$W_{ges} = W_1 + W_2 + W_3 + W_4 + \ldots$$

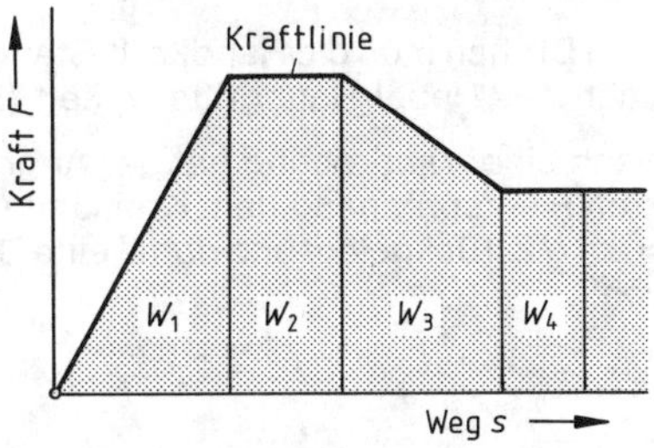

Bild 2 Kraft-Weg-Diagramm (F, s-Diagramm) bei veränderlicher Kraft $A_{ges} \mathrel{\hat{=}} W_{ges} = W_1 + W_2 + W_3 + W_4$

Im Kraft-Weg-Diagramm (F, s-Diagramm) entspricht die Diagrammfläche unterhalb der Kraftlinie der Arbeit.

Lehrbeispiel 2:

Beim Spannen eines Werkstücks in einer Vorrichtung wird eine Schraubenfeder mit der Federkonstante[1] $c = 80$ N/mm um den Federweg $s = 5{,}5$ mm zusammengedrückt.
Wie groß ist die verrichtete Federarbeit?

Lösung:

Beim Zusammendrücken einer Schraubenfeder wächst die Federkraft F gleichmäßig während des ganzen Federweges s von Null bis zu einem Höchstwert an (Bild 3). Die Kraft-Linie ist eine ansteigende Gerade. Die notwendige Arbeit zum Zusammendrücken einer Feder bezeichnet man als Federarbeit, sie erscheint im F, s-Diagramm als Dreiecksfläche.

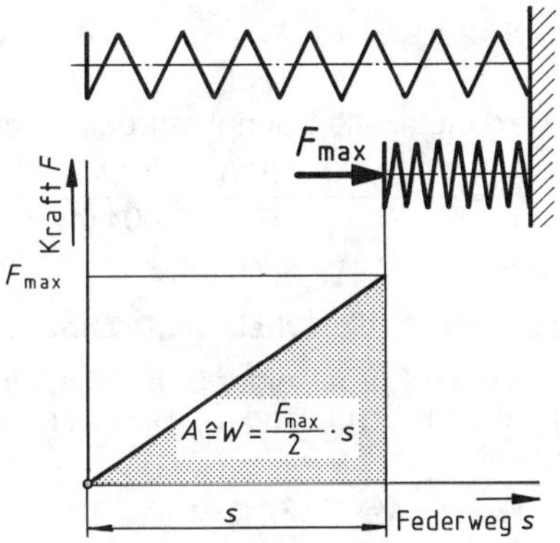

Bild 3 Arbeit beim Zusammendrücken einer Feder

Die Federarbeit wird damit:

$$W = \frac{F_{max} \cdot s}{2}$$

Die größte Federkraft ist:

$$F_{max} = c \cdot s = 80\ \frac{\text{N}}{\text{mm}} \cdot 5{,}5\ \text{mm} = 440\ \text{N}$$

Damit wird die Federarbeit:

$$W = \frac{F_{max} \cdot s}{2} = \frac{440\ \text{N} \cdot 0{,}0055\ \text{m}}{2} = 1{,}21\ \text{Nm} = \underline{1{,}21\ \text{J}}$$

[1] Federkonstante = die Kraft, die erforderlich ist, um die Feder um einen bestimmten Weg zusammenzudrücken, z. B. $F = 80$ N bei $s = 1$ mm

Arbeit bei Drehbewegung

Aufgabe:

Welche axiale Spannkraft F_a kann mit der Spindel ausgeübt werden, wenn die Hebellänge $l = 250$ mm und die Handkraft $F = 220$ N betragen?

Die Spindel hat ein Trapezgewinde Tr 20 x 4.

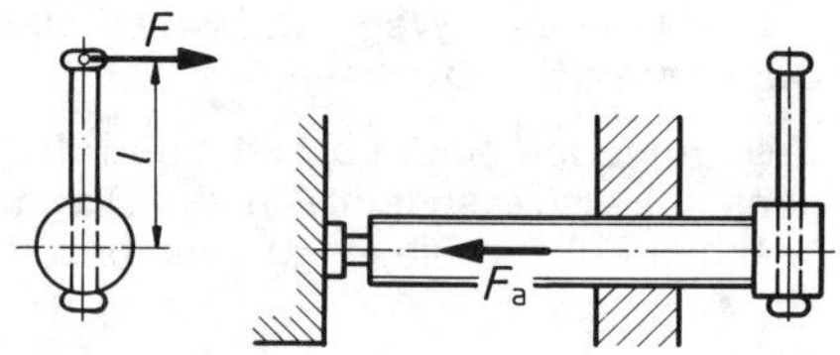

Bild 1 Spanneinrichtung

Lösung:

Zum Drehen muß die Handkraft F tangential an der Kreisbahn des Hebel-Handgriffs wirken (Bild 2).

Nach einer Umdrehung hat der Angriffspunkt der Handkraft F entsprechend dem Kreisumfang einen Weg von $s = 2\pi \cdot l$ zurückgelegt und damit eine **Dreharbeit** verrichtet von:

$$W = F \cdot s = F \cdot 2\pi \cdot l$$

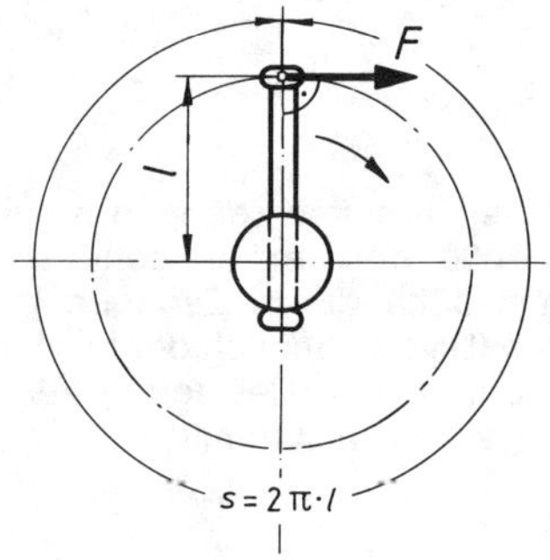

Bild 2 Arbeit am Handgriff

Bei einer Umdrehung legt die Spindel in axialer Richtung einen Weg zurück, der der Steigung P des Gewindes entspricht. In axialer Richtung verrichtet die Spindel damit eine Arbeit von:

$$W = F_a \cdot P$$

Wird die Reibung im Gewinde vernachlässigt, so muß die Arbeit am Handgriff gleich groß sein wie die Arbeit der Spindel, also gilt:

$$F \cdot 2\pi \cdot l = F_a \cdot P$$

Damit wird die axiale Spannkraft der Spindel:

$$F_a = \frac{F \cdot 2\pi \cdot l}{P} = \frac{220\,\text{N} \cdot 2\pi \cdot 0{,}25\,\text{m}}{0{,}004\,\text{m}} = 86394\,\text{N} \approx \underline{86{,}4\,\text{kN}}$$

Allgemein gilt für die **Arbeit bei Drehbewegung:**

Greift bei einer Kurbel, einer Schraube, einem Zahnrad- oder Riementrieb usw. eine konstante Kraft F tangential am Kreisumfang an (Bild 3), dann beträgt die von der Kraft F bei z Umdrehungen verrichtete Dreharbeit:

$$W = F \cdot s = F \cdot 2r\pi \cdot z$$

Die Gleichung kann vereinfacht werden, wenn man beachtet, daß hierbei bedeuten:

$F \cdot r = M$ = Drehmoment an der Kurbel

$2\pi \cdot z = \varphi$ = Drehwinkel (in rad)

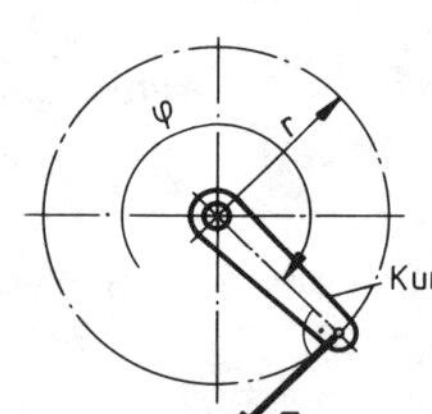

Bild 3 Arbeit bei Drehbewegung durch die tangential angreifende Kraft F

Damit gilt für die **Arbeit bei Drehbewegung:**

(2) $W = M \cdot \varphi$

W Dreharbeit in J
M Drehmoment in Nm
φ Drehwinkel (in rad)

Lehrbeispiel 3:

Eine Last mit der Masse $m = 200\,kg$ soll mit einer Seilwinde 4,2 m hoch gehoben werden. Der Kurbelradius beträgt 350 mm, die erforderliche Handkraft ist $F = 180\,N$.
Wieviel Kurbelumdrehungen sind erforderlich?

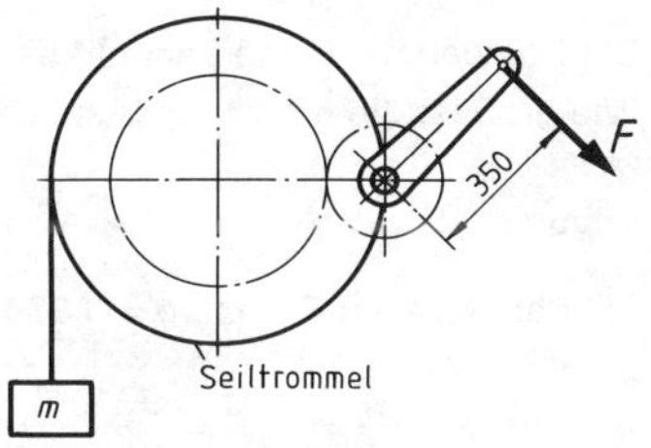

Bild 1 Seilwinde

Lösung:

Wird die Reibung vernachlässigt, dann muß die Dreharbeit an der Kurbel so groß sein wie die Hubarbeit zum Anheben der Last.

Also ist:

$$G \cdot s = M \cdot \varphi$$

Mit $G = m \cdot g = 200\,kg \cdot 9{,}81\,m/s^2 = 1962\,N$ und $M = F \cdot r = 180\,N \cdot 0{,}35\,m = 63\,Nm$ wird der Drehwinkel:

$$\varphi = \frac{G \cdot s}{M} = \frac{1962\,N \cdot 4{,}2\,m}{63\,Nm} = 131\,rad$$

Mit $\varphi = 2\,\pi \cdot z$ folgt für die Anzahl der Umdrehungen:

$$z = \frac{\varphi}{2\,\pi} = \frac{131}{2\,\pi} = \underline{\underline{20{,}8}}$$

3.1.2 Leistung

Zwei Hubwerke heben je die gleiche Last auf eine bestimmte Höhe. Hubwerk 1 benötigt zum Erreichen dieser Höhe nur die Hälfte der Zeit, die das zweite Hubwerk benötigt. Zwar verrichten beide Hubwerke die gleiche Arbeit, jedoch leistet Hubwerk 1 das Doppelte wie Hubwerk 2.

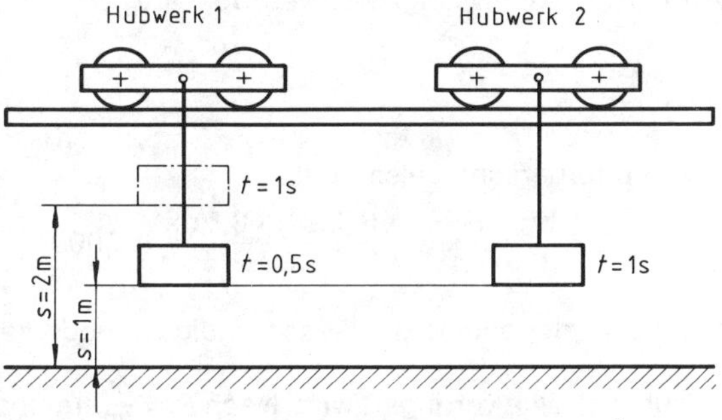

Bild 2 Verschieden große Leistungen zweier Hubwerke

Hubwerk 1 kann in der gleichen Zeit die Last doppelt so hoch heben wie Hubwerk 2, kann also doppelte Arbeit verrichten. Die pro Zeiteinheit verrichtete Arbeit bezeichnet man als **Leistung.** Aus $P = \frac{\Delta W}{\Delta t}$ folgt bei **gleichförmiger Bewegung** für die **Leistung:**

③ $$P = \frac{W}{t}$$

P[1] Leistung in W
W Arbeit in J
t Zeit in s

Setzt man in Gleichung ③ die Arbeit in J oder Nm und die Zeit in s ein, erhält man als Einheit für die Leistung $\frac{J}{s}$ oder $\frac{Nm}{s}$. Dafür wurde im SI-Einheitensystem als abgeleitete Einheit für die Leistung das Watt (W) festgelegt. Es ist: $1\,W = 1\,J/s = 1\,Nm/s$.

Die Leistungseinheit 1 W ist eine kleine Einheit und ergibt deshalb häufig sehr große Zahlen. Für größere Leistungen werden deshalb folgende Einheiten verwendet:

1 kW (Kilowatt) $= 1\,000\,W = 10^3\,W$

1 MW (Megawatt) $= 10^6\,W$

[1] power (engl.) = Leistung

Lehrbeispiel 4:

Ein Hubwerk soll eine Last mit der Masse $m = 1\,000\,\text{kg}$ in 1,5 s um $h = 2\,\text{m}$ heben.
Wie groß ist die erforderliche Leistung?

Lösung:

Mit der Hubkraft $F = m \cdot g = 1\,000\,\text{kg} \cdot 9{,}81\,\frac{\text{m}}{\text{s}^2} = 9\,810\,\text{N}$ wird die Leistung:

$$P = \frac{W}{t} = \frac{F \cdot s}{t} = \frac{9\,810\,\text{N} \cdot 2\,\text{m}}{1{,}5\,\text{s}} = 13\,080\,\frac{\text{Nm}}{\text{s}} = 13\,080\,\text{W} \approx \underline{13{,}1\,\text{kW}}$$

3.1.2.1 Leistung bei geradliniger Bewegung

Aufgabe:

Eine Motorwinde soll ein Werkstück mit der Gewichtskraft $G = 6\,000\,\text{N}$ um $h = 3{,}5\,\text{m}$ heben.
Wie groß ist die erforderliche Motorleistung (ohne Verluste), wenn bei gleichförmiger Bewegung:

a) die Hubzeit $t = 3\,s$ beträgt,

b) die Hubgeschwindigkeit v verdoppelt wird?

Lösung:

a) Die erforderliche Leistung ist:

$$P = \frac{W}{t} = \frac{F \cdot s}{t} = \frac{6\,000\,\text{N} \cdot 3{,}5\,\text{m}}{3\,s} = 7\,000\,\frac{\text{Nm}}{s} = 7\,000\,\text{W} = \underline{7\,\text{kW}}$$

b) Eine Verdoppelung der Geschwindigkeit bedeutet nach $v = \frac{s}{t}$, daß bei konstantem Weg s die Zeit t auf die Hälfte verringert wird. Nach $P = \frac{W}{t}$ ergibt aber eine Halbierung der Zeit t eine Verdoppelung der Leistung P.

Bei Verdoppelung der Hubgeschwindigkeit wird damit die erforderliche Leistung:

$$P = 2 \cdot 7\,\text{kW} = \underline{14\,\text{kW}}$$

Das gleiche Ergebnis erhält man, wenn in der Gleichung $P = \frac{W}{t} = F \cdot \frac{s}{t}$ für $\frac{s}{t}$ die Geschwindigkeit v eingesetzt wird. Damit wird bei **geradliniger gleichförmiger Bewegung** die **Leistung:**

④ $$P = F \cdot v$$

P Leistung in W
F Kraft in N
v Geschwindigkeit in m/s

Voraussetzung für die Gültigkeit der Gleichung $P = F \cdot v$ ist, daß F und v in gleicher Richtung wirken und sowohl F als auch v im betrachteten Zeitabschnitt konstant sind.

Für diese Aufgabe wird mit $v = 2 \cdot v_1 = 2 \cdot \frac{s}{t} = 2 \cdot \frac{3{,}5\,\text{m}}{3\,s} = 2{,}333\,\text{m/s}$ die Leistung:

$$P = F \cdot v = 6\,000\,\text{N} \cdot 2{,}333\,\text{m/s} = 14\,000\,\frac{\text{Nm}}{s} = 14\,000\,\text{W} = \underline{14\,\text{kW}}$$

Lehrbeispiel 5:

Eine Langhobelmaschine arbeitet mit einer mittleren Schnittgeschwindigkeit von $v_c = 25$ m/min. Die Schnittiefe beträgt $a = 12$ mm, der Vorschub $f = 0{,}8$ mm. Die spezifische Schnittkraft beträgt $k_c = 2300\ \mathrm{N/mm^2}$.

Wie groß ist die erforderliche Schnittleistung?

Lösung:

Unter der spezifischen Schnittkraft versteht man die Kraft, die zum Abtrennen von 1 $\mathrm{mm^2}$ Spanungsquerschnitt erforderlich ist.

Die Schnittkraft F_c zum Abtrennen des Spans ist also:

$$F_c = A \cdot k_c = f \cdot a \cdot k_c = 0{,}8\ \mathrm{mm} \cdot 12\ \mathrm{mm} \cdot 2\,300\ \frac{\mathrm{N}}{\mathrm{mm^2}} = 22\,080\ \mathrm{N}$$

Damit wird die Schnittleistung:

$$P_c = F_c \cdot v_c = 22\,080\ \mathrm{N} \cdot \frac{25}{60}\frac{\mathrm{m}}{\mathrm{s}} = 9\,200\ \frac{\mathrm{Nm}}{\mathrm{s}} = 9\,200\ \mathrm{W} = \underline{9{,}2\ \mathrm{kW}}$$

3.1.2.2 Leistung bei Drehbewegung

Die bei einer Kurbel, beim Zahnrad- oder Riementrieb tangential angreifende Kraft F wirkt in gleicher Richtung wie die Umfangsgeschwindigkeit *v*. Damit gilt auch für die **Leistung bei Drehbewegung:**

$$P = F \cdot v$$

Setzt man $v = r \cdot \omega$ in die Gleichung $P = F \cdot v$ ein, wird die Leistung $P = F \cdot r \cdot \omega$. Mit dem Moment $M = F \cdot r$ wird die **Leistung bei Drehbewegung:**

(5) $$P = M \cdot \omega$$

P Leistung in W
M Drehmoment in Nm
ω Winkelgeschwindigkeit in $\mathrm{s^{-1}}$

Lehrbeispiel 6:

Ein Elektro-Motor gibt bei einer Drehzahl von $n = 1\,450\ \mathrm{min^{-1}}$ eine Leistung von 3 kW ab. Wie groß ist das Drehmoment des Motors?

Lösung:

Mit $\omega = 2\pi \cdot n = 2\pi \cdot \frac{1\,450}{60}\frac{1}{\mathrm{s}} = 152\ \mathrm{s^{-1}}$ wird aus $P = M \cdot \omega$ das Drehmoment:

$$M = \frac{P}{\omega} = \frac{3\,000\ \mathrm{W}}{152\ \mathrm{s^{-1}}} = \frac{3\,000\ \frac{\mathrm{Nm}}{\mathrm{s}}}{152\ \frac{1}{\mathrm{s}}} = \underline{19{,}7\ \mathrm{Nm}}$$

Lehrbeispiel 7:

Auf einer Drehmaschine wird ein Werkstück mit dem Drehdurchmesser $d = 80$ mm bearbeitet. Die eingestellte Drehzahl ist $n = 355\ \mathrm{min^{-1}}$. Der Vorschub beträgt $f = 0{,}2$ mm, die Schnittiefe $a = 3{,}5$ mm. Die spezifische Schnittkraft beträgt $4\,200\ \mathrm{N/mm^2}$.

Ermitteln Sie die Schnittleistung.

Lösung:

1. Lösungsweg:

Für die Schnittkraft gilt: $F_c = A \cdot k_c = f \cdot a \cdot k_c = 0{,}2\,\text{mm} \cdot 3{,}5\,\text{mm} \cdot 4200\,\text{N/mm}^2 = 2940\,\text{N}$

Damit wird das Drehmoment: $M = F_c \cdot r = 2940\,\text{N} \cdot 0{,}04\,\text{m} = 117{,}6\,\text{Nm}$

Mit $\omega = 2\pi \cdot n = 2\pi \cdot \frac{355}{60}\,\text{s}^{-1} = 37{,}18\,\text{s}^{-1}$ wird die Schnittleistung:

$$P_c = M \cdot \omega = 117{,}6\,\text{Nm} \cdot 37{,}18\,\text{s}^{-1} = 4372\,\text{Nm/s} = 4372\,\text{W} \approx \underline{4{,}37\,\text{kW}}$$

2. Lösungsweg:

Die Schnittleistung erhält man auch, wenn die Schnittkraft $F_c = A \cdot k_c$ in die Gleichung $P = F \cdot v$ eingesetzt wird.

Dann gilt für die Schnittleistung: $P_c = A \cdot k_c \cdot v_c$

Mit der Umfangsgeschwindigkeit $v = d \cdot \pi \cdot n = 0{,}08\,\text{m} \cdot \pi \cdot \frac{355}{60\,\text{s}} = 1{,}487\,\frac{\text{m}}{\text{s}}$ wird:

$$P_c = a \cdot f \cdot k_c \cdot v_c = 0{,}2\,\text{mm} \cdot 3{,}5\,\text{mm} \cdot 4200\,\frac{\text{N}}{\text{mm}^2} \cdot 1{,}487\,\text{m/s} = 4372\,\text{Nm/s} = 4372\,\text{W} \approx 4{,}37\,\text{kW}$$

3.1.3 Wirkungsgrad

In allen Maschinen geht ein Teil der zugeführten Arbeit bzw. Leistung durch Reibung verloren. Die abgegebene Arbeit bzw. Leistung ist um diese Reibungsverluste vermindert. Zwar geht keine Energie[1] verloren, aber ein Teil der aufgebrachten Energie wird in eine für den eigentlichen Zweck unbrauchbare Form umgewandelt, meist in Wärmeenergie. Je geringer diese Verluste sind, um so wirtschaftlicher arbeitet die Maschine.

Das Verhältnis von abgegebener (nutzbarer) Arbeit bzw. Leistung zu aufgenommener (zugeführter) Arbeit bzw. Leistung bezeichnet man als **Wirkungsgrad.** Damit ist der **Wirkungsgrad:**

⑥ $$\eta = \frac{P_{ab}}{P_{zu}} = \frac{W_{ab}}{W_{zu}}$$

η Wirkungsgrad
P_{ab} abgegebene Leistung in W
P_{zu} zugeführte Leistung in W
W_{ab} abgegebene Arbeit in J
W_{zu} zugeführte Arbeit in J

Da die abgegebene Arbeit bzw. Leistung infolge der Verluste immer kleiner als die zugeführte ist, muß der Wirkungsgrad η immer kleiner als 1 sein. Je kleiner η, um so größer sind die Verluste. An der Größe von η kann man die Wirtschaftlichkeit einer Maschine erkennen. Der Wirkungsgrad kann nie größer als 1 werden, da bei jeder Energieumwandlung der Aufwand größer als der Nutzen ist.

Der Wirkungsgrad η wird als Dezimalbruch oder in Prozent angegeben.

Beispiel: $\eta = 0{,}68 = 68\,\%$

Der Wirkungsgrad η ist das Verhältnis von Nutzen zu Aufwand.
Keine Energieumwandlung ist ohne Verluste möglich. Der Wirkungsgrad η ist deshalb immer kleiner als 1 bzw. 100 %.

Für häufig vorkommende Antriebe kann der durchschnittliche Wirkungsgrad aus Tabellenwerken entnommen werden, z. B. aus der Formel- und Tabellensammlung, HT 2513.

Aufgabe:

Ein Motor mit 10 kW Leistungsaufnahme und einem Wirkungsgrad von $\eta_1 = 0{,}92$ treibt ein Getriebe mit einem Wirkungsgrad von $\eta_2 = 0{,}88$.

Berechnen Sie:

a) die vom Getriebe abgegebene Leistung,

b) den Gesamtwirkungsgrad der Antriebseinheit.

[1] Näheres über Energie und Energieumwandlung siehe Abschnitt 3.2.5

Lösung:

a) Beim Motor beträgt die zugeführte Leistung $P_{zuM} = 10\,kW$.

Seine abgegebene Leistung wird nach $\eta_1 = \frac{P_{abM}}{P_{zuM}}$:

$$P_{abM} = \eta_1 \cdot P_{zuM} = 0{,}92 \cdot 10\,kW = 9{,}2\,kW$$

Die vom Motor abgegebene Leistung P_{abM} entspricht der dem Getriebe zugeführten Leistung P_{zuG}, also:

$$P_{zuG} = P_{abM} = \eta_1 \cdot P_{zuM}$$

Die vom Getriebe abgegebene Leistung wird damit:

$$P_{abG} = \eta_2 \cdot P_{zuG} = \eta_2 \cdot \eta_1 \cdot P_{zuM} = \eta_1 \cdot \eta_2 \cdot P_{zuM} = 0{,}92 \cdot 0{,}88 \cdot 10\,kW = \underline{8{,}1\,kW}$$

b) Aus dem Lösungsgang für a) erkennt man: $P_{abG} = \eta_1 \cdot \eta_2 \cdot P_{zuM} = \eta_{ges} \cdot P_{zuM}$

Damit ist der Gesamtwirkungsgrad: $\eta_{ges} = \eta_1 \cdot \eta_2 = 0{,}92 \cdot 0{,}88 = \underline{0{,}81}$

Allgemein gilt bei n **Einzelwirkungsgraden** für den **Gesamtwirkungsgrad:**

⑦

$$\eta_{ges} = \eta_1 \cdot \eta_2 \cdot \ldots \cdot \eta_n$$

η_{ges} Gesamtwirkungsgrad
$\eta_1, \eta_2 \ldots \eta_n$ Einzelwirkungsgrad

Der Gesamtwirkungsgrad ist gleich dem Produkt der Einzelwirkungsgrade.

Lehrbeispiel 8:

Ein Hubwerk soll eine Last von $m = 600\,kg$ in 4 s um $h = 6{,}5\,m$ heben.

Bestimmen Sie:

a) die erforderliche Abgabeleistung des Elektro-Motors, wenn der Wirkungsgrad des Hubwerks $\eta_1 = 0{,}83$ beträgt,

b) die Aufnahmeleistung des Motors, wenn sein Wirkungsgrad $\eta_2 = 0{,}92$ ist,

c) den Gesamtwirkungsgrad der Anlage.

Lösung:

a) Das Hubwerk muß eine Leistung P_{abH} abgeben, die der Hubleistung P entspricht.

Die Hubleistung wird mit $F = G = m \cdot g = 600\,kg \cdot 9{,}81\,\frac{m}{s^2} = 5\,886\,N$ und $s = h = 6{,}5\,m$:

$$P_{abH} = P = \frac{W}{t} = \frac{F \cdot s}{t} = \frac{5\,886\,N \cdot 6{,}5\,m}{4\,s} = 9\,565\,Nm/s = 9\,565\,W \approx 9{,}57\,kW$$

Die Abgabeleistung des Motors muß der dem Hubwerk zugeführten Leistung entsprechen.

Aus $\eta = \frac{P_{ab}}{P_{zu}}$ folgt: $P_{abM} = P_{zuH} = \frac{P_{abH}}{\eta_1} = \frac{9{,}57\,kW}{0{,}83} = \underline{11{,}53\,kW}$

Da der Hubvorgang nicht mit gleichförmiger Geschwindigkeit abläuft, bedeutet der Rechenwert die mittlere erforderliche Leistung.

b) Aus $\eta_2 = \frac{P_{abM}}{P_{zuM}}$ folgt für die Aufnahmeleistung des Motors:

$$P_{zuM} = \frac{P_{abM}}{\eta_2} = \frac{11{,}53\,kW}{0{,}92} = \underline{12{,}53\,kW}$$

c) Der Gesamtwirkungsgrad ist:

$$\eta_{ges} = \eta_1 \cdot \eta_2 = 0{,}83 \cdot 0{,}92 = 0{,}764 = \underline{76{,}4\,\%}$$

Lehrbeispiel 9:

Ein Pkw mit einer Masse von $m = 1\,400$ kg fährt im 3. Gang eine 12 %ige Steigung hinauf. Das Motormoment beträgt dabei bei einer Drehzahl von $n = 3\,200\ \text{min}^{-1}$ $M = 150$ Nm.

Welche Geschwindigkeit erreicht der Pkw auf der Steigungsstrecke, wenn die Fahrwiderstandszahl $\mu_F = 0{,}03$ beträgt und als Gesamtwirkungsgrad des Antriebs $\eta = 0{,}7$ angenommen wird?

Lösung:

Mit $\omega = 2\pi \cdot n = 2\pi \dfrac{3\,200}{60}\ \text{s}^{-1} = 335\ \text{s}^{-1}$

beträgt die vom Motor erzeugte Leistung:

$$P = M \cdot \omega = 150\ \text{Nm} \cdot 335\ \text{s}^{-1} = 50\,250\ \text{Nm/s} = 50\,250\ \text{W} = 50{,}25\ \text{kW}$$

Nach $\eta = \dfrac{P_{ab}}{P_{zu}}$ wird die Leistung an den Antriebsrädern:

$$P_{ab} = \eta \cdot P_{zu} = 0{,}7 \cdot 50{,}25\ \text{kW} = 35{,}18\ \text{kW}$$

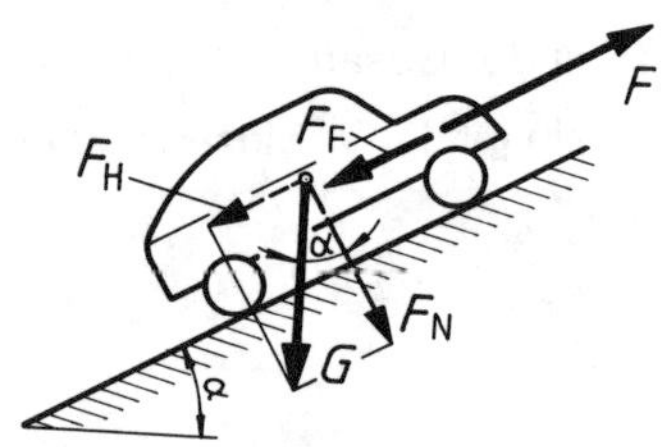

Bild 1 Lösungsskizze

Die Leistung an den Antriebsrädern muß der Leistung zum Fortbewegen des Fahrzeugs auf der Steigungsstrecke entsprechen.

Bei gleichförmiger Geschwindigkeit muß nach Bild 1 gelten:

$$F = F_H + F_F$$

Der Steigungswinkel α ergibt sich aus:

$$\tan \alpha = 12\,\% = 0{,}12 \qquad \alpha \approx 6{,}8°$$

Damit wird die Hangabtriebskraft F_H mit $G = m \cdot g = 1\,400\ \text{kg} \cdot 9{,}81\ \dfrac{\text{m}}{\text{s}^2} = 13\,734\ \text{N}$:

$$F_H = G \cdot \sin \alpha = 13\,734\ \text{N} \cdot \sin 6{,}8° = 1\,626\ \text{N}$$

Die Fahrwiderstandskraft F_F wird mit $F_N = G \cdot \cos \alpha = 13\,734\ \text{N} \cdot \cos 6{,}8° = 13\,637\ \text{N}$:

$$F_F = \mu_F \cdot F_N = 0{,}03 \cdot 13\,637\ \text{N} = 409\ \text{N}$$

Damit wird die erforderliche Vortriebskraft:

$$F = F_H + F_F = 1\,626\ \text{N} + 409\ \text{N} = 2\,035\ \text{N}$$

Aus $P_{ab} = F \cdot v$ folgt für die erreichbare gleichförmige Geschwindigkeit:

$$v = \frac{P_{ab}}{F} = \frac{35\,180\ \text{Nm/s}}{2\,035\ \text{N}} = 17{,}29\ \text{m/s} = \underline{62{,}2\ \text{km/h}}$$

Lehrbeispiel 10:

Bei einer Antriebseinheit ist an einen Elektro-Motor ein einstufiges Zahnradgetriebe angeblockt. Der Motor gibt bei einer Drehzahl von $n = 1\,450\ \text{min}^{-1}$ eine Leistung von $P = 1$ kW ab. Die Abtriebsdrehzahl des Getriebes soll $n = 500\ \text{min}^{-1}$ betragen.

Bestimmen Sie:

a) das Übersetzungsverhältnis des Zahnradpaares und die erforderliche Zähnezahl von Zahnrad 2, wenn das Zahnrad 1 $z_1 = 20$ Zähne hat,

b) das Drehmoment des Motors,

c) die Umfangskraft am Zahnrad 1, wenn der Modul $m = 2$ mm beträgt,

d) die Leistung und das Drehmoment an der Abtriebswelle des Getriebes, wenn für das Getriebe ein Wirkungsgrad von $\eta = 96\,\%$ angenommen wird,

e) die Aufnahmeleistung des Motors, wenn sein Wirkungsgrad $\eta = 92\,\%$ beträgt,

f) den Gesamtwirkungsgrad der Antriebseinheit.

Lösung:

Zur Lösung wird zunächst eine Skizze der Antriebseinheit gefertigt (Bild 1).

a) Für das Übersetzungsverhältnis gilt:

$$i = \frac{n_1}{n_2} = \frac{z_2}{z_1}$$

Damit wird:

$$i = \frac{n_1}{n_2} = \frac{1\,450\ \text{min}^{-1}}{500\ \text{min}^{-1}} = \underline{2{,}9}$$

Die Zähnezahl des Zahnrades 2 wird:

$$z_2 = i \cdot z_1 = 2{,}9 \cdot 20 = \underline{58}$$

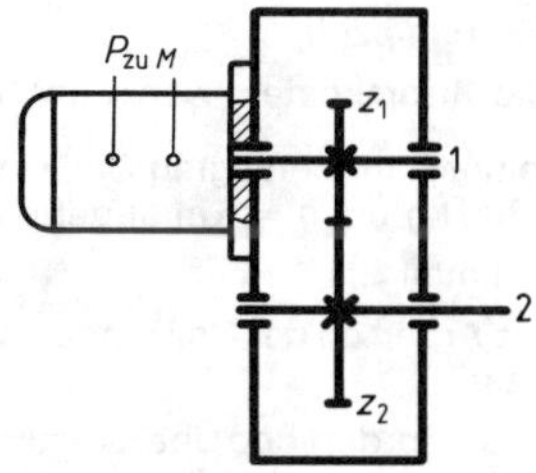

Bild 1 Antriebseinheit

b) Aus $P = M \cdot \omega$ folgt mit $\omega_1 = 2\,\pi \cdot n_1 = 2\,\pi \cdot \frac{1\,450}{60}\,\frac{1}{s} = 152\ s^{-1}$ für das Drehmoment des Motors:

$$M_1 = \frac{P_{abM}}{\omega_1} = \frac{1\,000\ \text{Nm/s}}{152\ 1/\text{s}} = \underline{6{,}58\ \text{Nm}}$$

c) Für das Drehmoment gilt: $M_1 = F_u \cdot \frac{d_1}{2}$

Mit $d_1 = m \cdot z_1 = 2\ \text{mm} \cdot 20 = 40\ \text{mm} = 0{,}04\ \text{m}$ wird die Umfangskraft:

$$F_u = \frac{2 \cdot M_1}{d_1} = \frac{2 \cdot 6{,}58\ \text{Nm}}{0{,}04\ \text{m}} = \underline{329\ \text{N}}$$

d) Die Abgabeleistung des Motors P_{abM} muß der dem Getriebe zugeführten Leistung P_{zuG} entsprechen.

$$P_{zuG} = P_{abM} = 1\ \text{kW}$$

Die vom Getriebe abgegebene Leistung P_{abG} wird nach $\eta = \frac{P_{ab}}{P_{zu}}$:

$$P_{abG} = \eta_G \cdot P_{zuG} = 0{,}96 \cdot 1\ \text{kW} = \underline{0{,}96\ \text{kW}}$$

Das an der Antriebswelle des Getriebes vorhandene Drehmoment wird nach $P = M \cdot \omega$:

$$M_2 = \frac{P_{abG}}{\omega_2}$$

Ersetzt man darin P_{abG} durch $P_{abG} = \eta_G \cdot P_{zuG} = \eta_G \cdot M_1 \cdot \omega_1$, dann wird das Drehmoment an der Abtriebswelle:

$$M_2 = \frac{\eta_G \cdot M_1 \cdot \omega_1}{\omega_2} = \eta_G \cdot M_1 \cdot \frac{\omega_1}{\omega_2} \text{ und mit } \frac{\omega_1}{\omega_2} = i$$

$$M_2 = M_1 \cdot \eta_G \cdot i = 6{,}58\ \text{Nm} \cdot 0{,}96 \cdot 2{,}9 = \underline{18{,}3\ \text{Nm}}$$

e) Aus $\eta = \frac{P_{ab}}{P_{zu}}$ folgt:

$$P_{zuM} = \frac{P_{abM}}{\eta_M} = \frac{1\ \text{kW}}{0{,}92} = \underline{1{,}09\ \text{kW}}$$

f) Für den Gesamtwirkungsgrad gilt:

$$\eta_{ges} = \eta_1 \cdot \eta_2 = \eta_M \cdot \eta_G = 0{,}92 \cdot 0{,}96 = 0{,}883 \approx \underline{88\ \%}$$

Übungsaufgaben:

1. Die Schraubendruckfeder eines Ventils übt bei geschlossenem Ventil eine Kraft von $F_1 = 500$ N aus. Nach einem Öffnungshub von $s = 15$ mm beträgt die Federkraft $F_2 = 750$ N.

   Bestimmen Sie:

   a) die Federkonstante der Feder,
   b) die bei einem Hub verrichtete Arbeit.

2. Mit einer Pumpe, die von einem 4-kW-Motor angetrieben wird, sollen 20 m³ Wasser 15 m hoch in einen Behälter gepumpt werden.
   Bestimmen Sie ohne Berücksichtigung des Wirkungsgrads:
   a) die Pumpzeit,
   b) die Stromkosten, wenn 1kWh DM 0,16 kostet.

3. Mit einer handbetätigten Seilwinde sollen Lasten bis maximal 300 kg um h = 6 m angehoben werden (Bild 1).
   Bestimmen Sie:
   a) die Arbeit an der Seilwinde beim einmaligen Anheben der Last,
   b) das erforderliche Übersetzungsverhältnis des Getriebes, wenn die Handkraft an der Kurbel F_h = 250 N beträgt und der Wirkungsgrad des Getriebes η = 0,85 ist,
   c) die Anzahl der Kurbelumdrehungen.

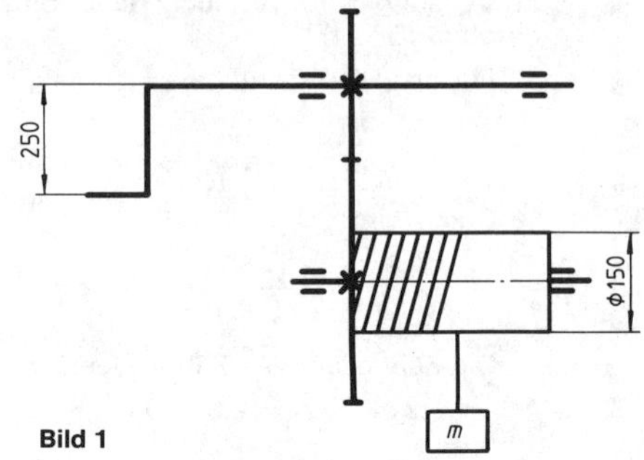

Bild 1

4. Ein Werkzeugmaschinenschlitten wird über eine Spindel mit Trapezgewinde Tr 32 × 6 angetrieben. Zum Bewegen des Schlittens ist bei einer Geschwindigkeit von v = 2 m/min eine Verschiebekraft von F = 1 000 N erforderlich. Der Wirkungsgrad des Bewegungsgewindes beträgt η = 0,45.
   Bestimmen Sie:
   a) die erforderliche Motorleistung,
   b) das auftretende Drehmoment in der Spindel,
   c) die erforderliche Handkraft an einer Kurbel mit einem Radius r = 200 mm, wenn das unter b) ermittelte Drehmoment von Hand aufgebracht werden soll,
   d) das Übersetzungsverhältnis des zwischen Spindel und Motor erforderlichen Getriebes, wenn der Motor eine Abtriebsdrehzahl von n = 750 min^{-1} hat.

5. Ein Pkw mit Hinterradantrieb fährt im 4. Gang mit konstanter Geschwindigkeit. Die Motordrehzahl beträgt dabei n = 5 800 min^{-1}, wobei der Motor eine Leistung von P = 80 kW abgibt. Das Getriebeübersetzungsverhältnis ist i = 1 : 1 und das Übersetzungsverhältnis der Hinterachse i = 4,11 : 1. Der Gesamtwirkungsgrad des Antriebs beträgt η = 0,75.
   Bestimmen Sie:
   a) die Geschwindigkeit des Pkw, wenn der Rollradius der Antriebsräder r = 300 mm beträgt,
   b) die Fahrwiderstandskraft des Pkw.

3.2 Kinetik bei geradliniger Bewegung

3.2.1 Trägheitsgesetz

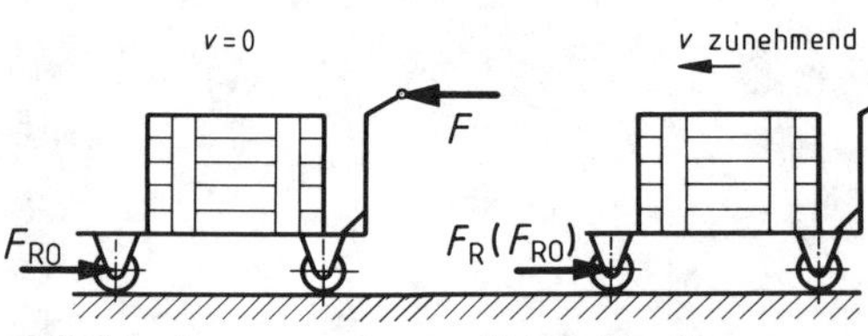

a) Stillstand
$F \leq F_{R0}$
b) Beschleunigung
$F > F_{R0} > F_R$

Bild 2 Kräfte an einem Transportwagen

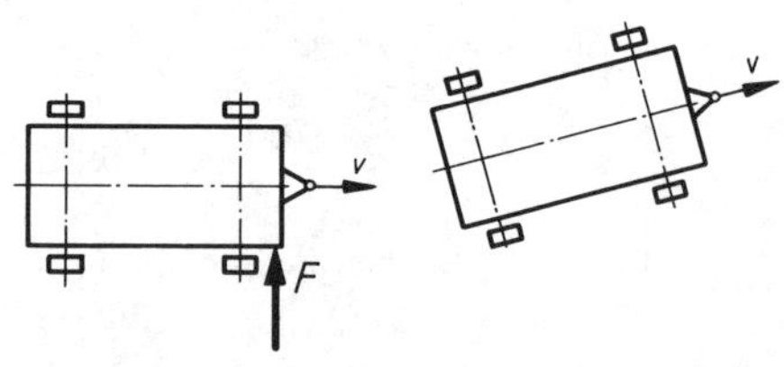

Bild 3 Änderung der Bewegungsrichtung durch eine seitlich wirkende Kraft

Läßt man an einem Wagen die zunächst kleine Verschiebekraft F angreifen (Bild 2a), bewegt sich der Wagen nicht, da die Haftreibkraft F_{R0} der beabsichtigten Verschieberichtung entgegenwirkt und mit F im Gleichgewicht steht. Sobald die Verschiebekraft F größer als die Reibkraft wird, besteht kein Gleichgewicht mehr am Wagen; der Wagen wird durch das Überwiegen der Verschiebekraft **beschleunigt** (Bild 2b).

Stört man das am Transportwagen bestehende Gleichgewicht durch eine schräg zur Bewegungsrichtung wirkende Kraft, so ändert sich – wie Bild 3 zeigt – die Bewegungsrichtung des Wagens. Eine Kraft kann also auch eine **Änderung der Bewegungsrichtung** verursachen.

Eine Kraft ist Ursache einer Beschleunigung oder einer Änderung der Bewegungsrichtung, also Ursache einer Änderung des Bewegungszustandes.

Die Ermittlung der Größe der Beschleunigung ist eine Aufgabe der **Kinetik.**

Die Kinetik behandelt die bei ungleichförmiger Bewegung auftretenden Kräfte und Bewegungsänderungen.

Aus Erfahrung weiß man, daß am Transportwagen nach Erreichen der gewünschten Geschwindigkeit die Verschiebekraft F wieder kleiner werden kann, wenn sich der Wagen mit gleichbleibender Geschwindigkeit weiterbewegen soll. Die Verschiebekraft braucht jetzt nur noch so groß zu sein wie die Fahrwiderstandskraft F_F (Rollreibung und Lagerreibung); am Wagen herrscht wieder Gleichgewicht. Ohne Fahrwiderstandskraft würde der Wagen – ohne daß dazu eine Verschiebekraft F notwendig wäre – unter Beibehaltung der erreichten Geschwindigkeit unendlich weit rollen.

Soll der Wagen angehalten werden, so muß eine der Bewegung entgegengesetzt gerichtete Kraft aufgebracht werden. Der Wagen hat also das Bestreben, seinen Bewegungszustand – entweder den der Ruhe oder den der gleichförmigen Bewegung – beizubehalten. Zur Änderung des Bewegungszustandes wird eine zusätzliche Kraft benötigt. Diese Eigenschaft gilt für alle Körper (Massen); sie wird als **Trägheit der Masse (Massenträgheit)** oder Beharrungsvermögen bezeichnet. Es gilt das von **Galilei**[1] gefundene und später von **Newton** formulierte **Trägheitsgesetz:**

Jeder Körper beharrt im Zustand der Ruhe oder der gleichförmigen Bewegung, wenn die an ihm wirkenden Kräfte im Gleichgewicht stehen.

Sobald eine Kraft überwiegt, ändert der Körper seinen Bewegungszustand.

Ein Körper versucht also, sich einer Änderung seines Bewegungszustandes zu widersetzen. Für eine Bewegungsänderung ist eine zusätzliche Kraft erforderlich, so daß kein Kräftegleichgewicht besteht.

Das Beharrungsvermögen eines Körpers wird auch sichtbar, wenn der Wagen sehr stark beschleunigt wird. Die Kiste versucht, im Ruhezustand zu verharren und rutscht gegen die Wagenwand (Bild 1). Wird dagegen der fahrende Wagen stark abgebremst, dann rutscht die Kiste weiter und fällt unter Umständen vorne vom Wagen.

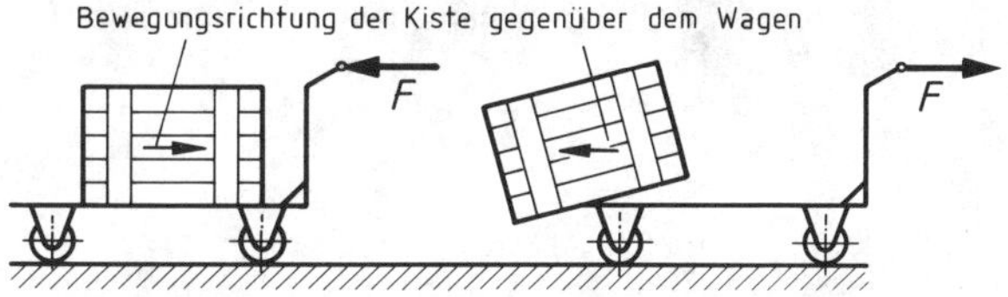

Bild 1 Beharrungsvermögen (Trägheit) beim Beschleunigen bzw. Verzögern des Wagens

3.2.2 Dynamisches Grundgesetz

Nach dem **Trägheitsgesetz** setzt jeder Körper infolge seiner Trägheit einer Änderung seines Bewegungszustandes einen Widerstand entgegen. Um den Wagen nach Bild 2b, Seite 124 in Bewegung zu setzen, also zu beschleunigen, muß die Beschleunigungskraft F wirken. Erfahrungsgemäß ist der Beschleunigungswiderstand und damit die Trägheit eines Körpers um so größer, je größer seine **Stoffmenge** ist. Besteht die Ladung des Wagens aus Blei, so ist sein Trägheitswiderstand größer als bei einer Ladung aus Aluminium mit gleichem Volumen.

Als Maß für die Stoffmenge und damit auch für die Trägheit eines Körpers wurde der Begriff der **Masse** eingeführt.

Die Masse kennzeichnet die Eigenschaft eines Körpers, die sich als Trägheit gegenüber einer Änderung seines Bewegungszustandes äußert.

Körper gleicher Masse haben auch gleiche Trägheit.

[1] Galilei, ital. Physiker (1564–1642)

Der Zusammenhang zwischen Beschleunigungskraft F, Masse m und Beschleunigung a kann mit einer Versuchsanordnung nach Bild 1 ermittelt werden.

Ein Wagen, dessen Fahrwiderstand vernachlässigbar klein ist, wird durch unterschiedlich große Kräfte F beschleunigt. Durch Messen von Zeit und Weg wird die Größe der Beschleunigung ermittelt.

Bei gleichbleibender Masse (m = konstant) ergibt sich: $a \sim F$.

Bei gleichbleibender Kraft (F = konstant) ergibt sich: $a \sim \frac{1}{m}$.

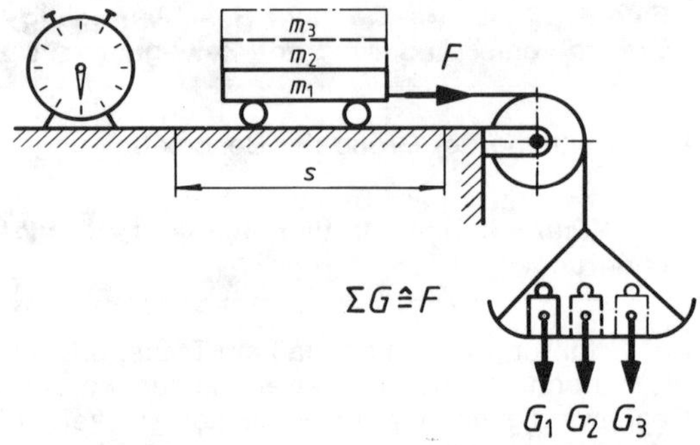

Bild 1 Versuch zur Ermittlung des Zusammenhangs zwischen Kraft *F*, Masse *m* und Beschleunigung *a*. Dynamisches Grundgesetz $F = m \cdot a$

Durch Zusammenfassen dieser beiden Gesetzmäßigkeiten hat **Newton** das **Dynamische Grundgesetz** abgeleitet:

(8) $$F = m \cdot a$$

F Beschleunigungskraft in N
m Masse in kg
a Beschleunigung in m/s^2

Das **Dynamische Grundgesetz** $F = m \cdot a$ gilt allgemein, also auch für den freien Fall. Dabei wirkt die Massenanziehungskraft zwischen Körper und Erde als Beschleunigungskraft. Diese Kraft bezeichnet man als *Gewichtskraft G*, sie erteilt dem Körper die Fallbeschleunigung g. Nach dem **Dynamischen Grundgesetz** $F = m \cdot a$ gilt für die **Gewichtskraft:**

(9) $$G = m \cdot g$$

G Gewichtskraft in N
m Masse in kg
g Fallbeschleunigung in m/s^2 ($g \approx 9{,}81\ m/s^2$)

Da die Werte der Fallbeschleunigung nicht an jedem Ort der Erdoberfläche gleich groß sind – sie weichen bis zu Werten einiger Promille voneinander ab – ist die Gewichtskraft eines Körpers nach $G = m \cdot g$ ortsabhängig.

Als Normwert der Fallbeschleunigung g_n, auch Normfallbeschleunigung genannt, hat die 3. Generalkonferenz für Maß und Gewicht den Wert $g_n = 9{,}80665\ m/s^2$ festgesetzt. Für technische Berechnungen ist es jedoch in der Regel genügend genau, mit dem gerundeten Wert $g = 9{,}81\ m/s^2$ für die Fallbeschleunigung zu rechnen.

Die Masse eines Körpers ist überall gleich groß, seine Gewichtskraft ist ortsabhängig.

Im **Internationalen Einheitensystem** ist neben Länge und Zeit die **Masse** mit der Einheit kg als **Basisgröße** der Mechanik festgelegt. Alle Einheiten der übrigen Größen sind abgeleitete Einheiten.

Mit der Masse $m = 1$ kg und der Beschleunigung $a = 1\ m/s^2$ erhält man für die Kraft die abgeleitete Einheit:

$$F = m \cdot a = 1\,kg \cdot 1\,m/s^2 = 1\,kgm/s^2 = 1\,N$$

Die abgeleitete Krafteinheit kgm/s^2 wird im **Internationalen Einheitensystem** als Newton bezeichnet.

1 Newton (N) ist die Kraft, die der Masse 1 kg die Beschleunigung 1 m/s^2 erteilt.

Lehrbeispiel 11:

Ein Fahrzeug mit 80 kg Masse soll mit $a = 1{,}2\ \text{m/s}^2$ aus dem Stand auf $v = 40\ \text{km/h}$ gleichmäßig beschleunigt werden.

Berechnen Sie unter Vernachlässigung der Reibung:

a) die erforderliche Beschleunigungskraft F,

b) die Beschleunigungszeit t und den Beschleunigungsweg s,

c) die erforderliche Leistung am Ende des Beschleunigungsvorgangs.

Lösung:

a) Die Beschleunigungskraft ist:

$$F = m \cdot a = 80\ \text{kg} \cdot 1{,}2\ \text{m/s}^2 = 96\ \text{kg m/s}^2 = \underline{96\ \text{N}}$$

b) Aus $a = \frac{v}{t}$ folgt mit $v = \frac{40}{3{,}6} \frac{\text{m}}{\text{s}} = 11{,}11\ \text{m/s}$ für die Beschleunigungszeit:

$$t = \frac{v}{a} = \frac{11{,}11\ \text{m/s}}{1{,}2\ \text{m/s}^2} = \underline{9{,}26\ \text{s}}$$

Für den Beschleunigungsweg gilt:

$$s = \frac{v^2}{2\,a} = \frac{(11{,}11\ \text{m/s})^2}{2 \cdot 1{,}2\ \text{m/s}^2} = \underline{51{,}4\ \text{m}}$$

c) Am Ende des Beschleunigungsvorgangs ist die erforderliche Leistung am größten:

$$P = F \cdot v = 96\ \text{N} \cdot 11{,}11\ \text{m/s} = 1\,067\ \text{W} \approx \underline{1{,}07\ \text{kW}}$$

Lehrbeispiel 12:

Ein Pkw mit der Masse 950 kg rollt ungebremst auf einer 16 %igen Steigung aus dem Stand bergab. Die Fahrwiderstandszahl beträgt $\mu_F = 0{,}025$.

a) Welche Beschleunigung wird dem Fahrzeug erteilt?

b) Welche Geschwindigkeit ist nach 200 m Rollstrecke erreicht?

Lösung

a) Die Gewichtskraft des Fahrzeugs wird:

$$G = m \cdot g = 950\ \text{kg} \cdot 9{,}81\ \text{m/s}^2 = 9\,320\ \text{N}$$

Nach Bild 1 wirkt der Hangabtriebskraft F_H die Fahrwiderstandskraft F_F entgegen. Die beschleunigende Kraft ist damit:

$$F = F_H - F_F$$

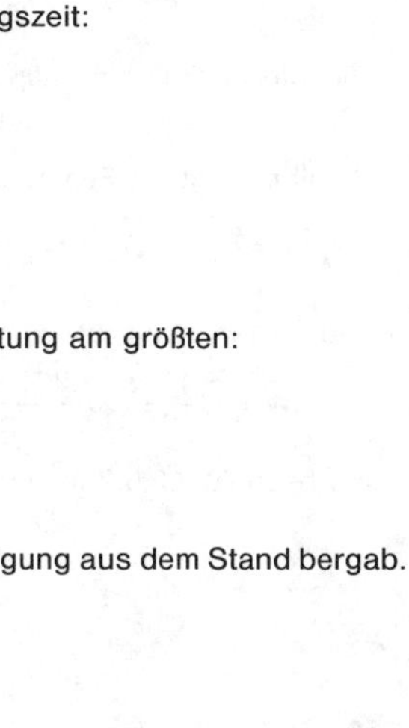

Bild 1 Kräfte am abwärts rollenden Fahrzeug

Mit $\tan \alpha = 0{,}16$ und $\alpha \approx 9{,}1°$ wird die Hangabtriebskraft:

$$F_H = G \cdot \sin \alpha = 9\,320\ \text{N} \cdot \sin 9{,}1° = 1\,474\ \text{N}$$

Die Fahrwiderstandskraft wird mit $F_N = G \cdot \cos \alpha = 9\,320\ \text{N} \cdot \cos 9{,}1° = 9\,203\ \text{N}$

$$F_F = \mu_F \cdot F_N = 0{,}025 \cdot 9\,203\ \text{N} = 230\ \text{N}$$

Damit wird die beschleunigende Kraft:

$$F = F_H - F_F = 1\,474\ \text{N} - 230\ \text{N} = 1\,244\ \text{N}$$

Aus $F = m \cdot a$ folgt für die Beschleunigung:

$$a = \frac{F}{m} = \frac{1\,244\ \text{N}}{950\ \text{kg}} = \frac{1\,244\ \text{kg m/s}^2}{950\ \text{kg}} = \underline{1{,}31\ \text{m/s}^2}$$

b) Damit ist die Geschwindigkeit:

$$v = \sqrt{2\,a \cdot s} = \sqrt{2 \cdot 1{,}31\ \frac{m}{s^2} \cdot 200\ \text{m}} = 22{,}9\ \text{m/s} = \underline{82{,}4\ \text{km/h}}$$

Lehrbeispiel 13:

An einer waagrecht stehenden Auffangvorrichtung sollen Werkstücke mit der Masse $m = 180\,\text{g}$, die mit $v = 1{,}5\,\text{m/s}$ ausgestoßen werden, durch eine Feder auf einer Strecke von 15 mm abgebremst werden.

a) Welche Federkonstante c muß die Feder besitzen?

b) Wie groß ist die Federarbeit in Ncm?

Lösung:

a) Die Verzögerung beträgt:

$$a = \frac{v^2}{2\,s} = \frac{(1{,}5\,\text{m/s})^2}{2 \cdot 0{,}015\,\text{m}} = 75\,\frac{\text{m}}{\text{s}^2}$$

Da die Federkraft F, welche das Werkstück abbremst, von 0 bis zu einem Höchstwert linear anwächst, muß die aus $F = m \cdot a$ errechnete Kraft ein Mittelwert sein (s. Seite 115):

$$F = m \cdot a = 0{,}180\,\text{kg} \cdot 75\,\frac{\text{m}}{\text{s}^2} = 13{,}5\,\frac{\text{kgm}}{\text{s}^2} = 13{,}5\,\text{N}$$

Die maximale Federkraft F_{max} beträgt also:

$$F_{\text{max}} = 2 \cdot F = 2 \cdot 13{,}5\,\text{N} = 27\,\text{N}$$

Damit beträgt die Federkonstante:

$$c = \frac{F}{s} = \frac{27\,\text{N}}{1{,}5\,\text{cm}} = \underline{18\,\text{N/cm}}$$

b) Die Federarbeit ist:

$$W = \frac{F_{\text{max}} \cdot s}{2} = \frac{27\,\text{N} \cdot 0{,}015\,\text{m}}{2} = 0{,}203\,\text{Nm} = \underline{0{,}203\,\text{J}}$$

In Abschnitt 3.2.5.2 wird die gleiche Aufgabe noch auf eine andere Art gelöst.

3.2.3 D'Alembertsches Prinzip, Trägheitskraft

Nach dem **Trägheitsgesetz** setzt jeder Körper infolge seiner Trägheit einer Beschleunigung oder Verzögerung einen Widerstand entgegen.

Soll z. B. der Wagen mit der Masse m (Bild 1) beschleunigt werden, so ist dazu nach dem **Dynamischen Grundgesetz** die Beschleunigungskraft $F = m \cdot a$ erforderlich. Diesen Sachverhalt kann man auch folgendermaßen formulieren:

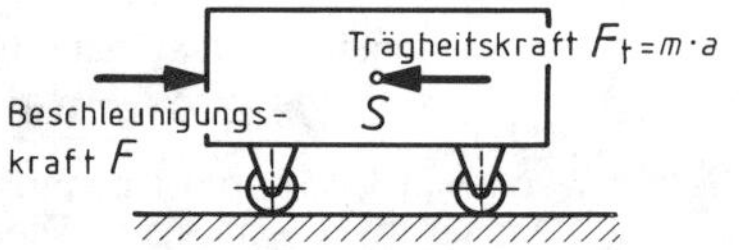

Bild 1 Gleichgewicht von Beschleunigungskraft und Trägheitskraft

Die Masse m setzt beim Beschleunigen infolge ihrer Trägheit der Beschleunigungskraft F die **Trägheitskraft** $F_t = m \cdot a$ entgegen. Die Trägheitskraft F_t wird also als Reaktionskraft zur Beschleunigungskraft F aufgefaßt. Während des Beschleunigens müssen diese beiden Kräfte in jedem Augenblick im Gleichgewicht sein. Also wird das **Dynamische Grundgesetz:**

$$\Sigma F = 0$$

oder: ⑩ $$F - F_t = 0$$

F Beschleunigungskraft in N
F_t Trägheitskraft in N

Bei einem Körper sind die Beschleunigungs- bzw. Verzögerungskräfte mit den Trägheitskräften im Gleichgewicht.

Die Trägheitskraft $F_t = m \cdot a$ ist der Bewegungsrichtung entgegengesetzt.

Schreibt man das **Dynamische Grundgesetz** in der Form $F - F_t = 0$, wird ein kinetisches Problem auf ein statisches Problem zurückgeführt. Dieses Prinzip wurde erstmals von **d'Alembert**[1] angewendet und wird nach ihm als **d'Alembertsches Prinzip** bezeichnet. Bild 1 zeigt einige Beispiele für das Einsetzen der Trägheitskraft F_t.

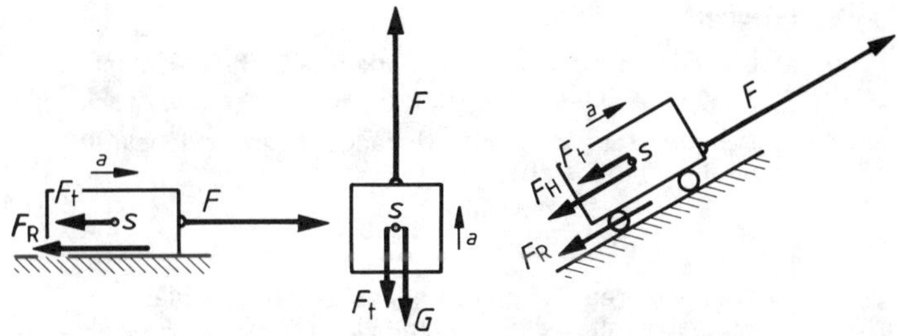

Bild 1 Beispiele für das Einsetzen der Trägheitskraft bei beschleunigten Massen

Lehrbeispiel 14:

Das Hubwerk eines Laufkrans soll Lasten bis 1200 kg in 0,5 s auf eine Hubgeschwindigkeit von 1,6 m/s beschleunigen.

a) Welche Zugkraft F_z herrscht im Seil?

b) Welche Leistung muß der Motor des Hubwerks gegen Ende des Beschleunigungsvorgangs abgeben, wenn der Wirkungsgrad des Hubwerks $\eta = 0{,}82$ beträgt?

Lösung:

a) Der Seilzugkraft F_z wirkt die Gewichtskraft G und die d'Alembertsche Trägheitskraft F_t entgegen.

Für das Kräftegleichgewicht gilt also:

$$\Sigma F = 0$$

$$F_z - F_t - G = 0$$

Die Trägheitskraft F_t wird mit $a = \frac{v}{t} = \frac{1{,}6\ \text{m/s}}{0{,}5\ \text{s}} = 3{,}2\ \text{m/s}^2$:

$$F_t = m \cdot a = 1200\ \text{kg} \cdot 3{,}2\ \text{m/s}^2 = 3840\ \text{kg m/s}^2$$

$$F_t = 3840\ \text{N}$$

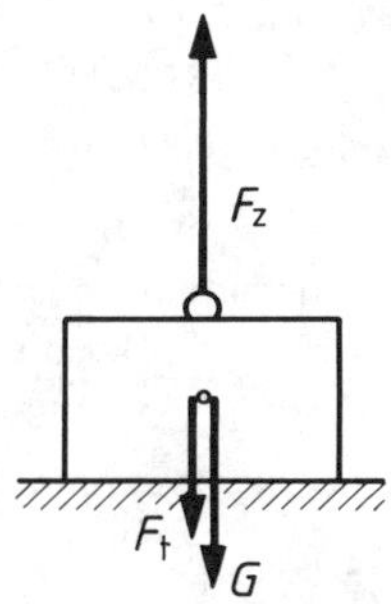

F_z Seilzugkraft
G Gewichtskraft
F_t Trägheitskraft

Bild 2 Kräfte beim Anheben eines Körpers

Mit $G = m \cdot g = 1200\ \text{kg} \cdot 9{,}81\ \text{m/s}^2 = 11770\ \text{kg m/s}^2 = 11770\ \text{N}$ wird die Seilzugkraft:

$$F_z = F_t + G = 3840\ \text{N} + 11770\ \text{N} = 15610\ \text{N} \approx \underline{15{,}6\ \text{kN}}$$

b) Am Ende des Beschleunigungsvorgangs muß der Motor dem Hubwerk eine Leistung zuführen von:

$$P_{zu} = \frac{F_z \cdot v}{\eta} = \frac{15610\ \text{N} \cdot 1{,}6\ \text{m/s}}{0{,}82} = 30459\ \frac{\text{Nm}}{\text{s}} = 30459\ \text{W} \approx \underline{30{,}5\ \text{kW}}$$

Lehrbeispiel 15:

Ein Pkw mit der Masse $m = 1400$ kg fährt im 2. Gang auf einer 12 %igen Steigung mit einer Geschwindigkeit von $v = 30$ km/h aufwärts. Der Pkw soll solange beschleunigt werden, bis die Motordrehzahl $n = 5000\ \text{min}^{-1}$ beträgt. Das Drehmoment bleibt während der Drehzahlsteigerung annähernd konstant und beträgt $M = 130$ Nm. Die Gesamtübersetzung vom Motor zu den Antriebsrädern beträgt $i_{ges} = i_{Getriebe} \cdot i_{Hinterachse} = 2{,}07 \cdot 4{,}11 = 8{,}51$.

Als Gesamtwirkungsgrad des Antriebs kann $\eta_{ges} = 0{,}7$ angenommen werden. Der Rollradius der Antriebsräder beträgt $r = 300$ mm und die Fahrwiderstandszahl $\mu_F = 0{,}03$. Der Luftwiderstand kann vernachlässigt werden.

Bestimmen Sie:

a) die mögliche Beschleunigung.

b) die erreichbare Höchstgeschwindigkeit bei $n = 5000\ \text{min}^{-1}$,

c) die erforderliche Leistung zum Aufrechterhalten der Höchstgeschwindigkeit,

d) die Beschleunigungszeit zum Erreichen der Höchstgeschwindigkeit,

e) die Weglänge zum Erreichen der Höchstgeschwindigkeit.

[1] d'Alembert, französischer Mathematiker und Naturwissenschaftler (1717–1783)

Lösung:

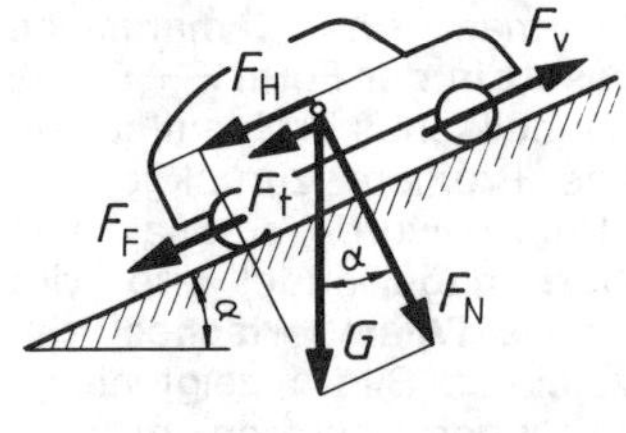

Bild 1 **Kräfte an einem Fahrzeug beim Beschleunigen**

a) Das an den Antriebsrädern wirkende Drehmoment ist:

$$M_A = M_M \cdot \eta_{ges} \cdot i_{ges} = 130\,\text{Nm} \cdot 0{,}7 \cdot 8{,}51 = 774\,\text{Nm}$$

Damit wird aus $M = F \cdot r$ die Umfangs- oder Vortriebskraft an den Antriebsrädern:

$$F_v = \frac{M}{r} = \frac{774\,\text{Nm}}{0{,}3\,\text{m}} = 2\,580\,\text{N}$$

Während des Beschleunigungsvorgangs wirken der Vortriebskraft F_v die Hangabtriebskraft F_H, die Fahrwiderstandskraft F_F und die Trägheitskraft F_t entgegen (Bild 1).

Für das Kräftegleichgewicht gilt:

$$\Sigma F = 0$$

$$F_v - F_F - F_H - F_t = 0$$

Damit wird die Trägheitskraft:

$$F_t = F_v - F_F - F_H$$

Mit $\tan\alpha = 0{,}12$, $\alpha \approx 6{,}8°$ und $G = m \cdot g = 1\,400\,\text{kg} \cdot 981\,\text{m/s}^2 = 13\,730\,\text{N}$ wird die Hangabtriebskraft:

$$F_H = G \cdot \sin\alpha = 13\,730\,\text{N} \cdot \sin 6{,}8° = 1\,626\,\text{N}$$

Mit $F_N = G \cdot \cos\alpha = 13\,730\,\text{N} \cdot \cos 6{,}8° = 13\,630\,\text{N}$ wird die Fahrwiderstandskraft:

$$F_F = \eta_F \cdot F_N = 0{,}03 \cdot 13\,630\,\text{N} = 409\,\text{N}$$

Damit wird die Trägheitskraft:

$$F_t = F_v - F_F - F_H = 2\,580\,\text{N} - 409\,\text{N} - 1\,626\,\text{N} = 545\,\text{N}$$

Aus $F_t = m \cdot a$ wird damit die mögliche Beschleunigung:

$$a = \frac{F_t}{m} = \frac{545\,\text{N}}{1\,400\,\text{kg}} = \frac{545\,\text{kg m/s}^2}{1\,400\,\text{kg}} = \underline{0{,}389\,\text{m/s}^2}$$

b) Die Winkelgeschwindigkeit der Antriebsräder ist:

$$\omega_A = 2\pi\, n \cdot \frac{1}{i_{ges}} = 2\pi\, \frac{5\,000}{60}\,\frac{1}{\text{s}} \cdot \frac{1}{8{,}51} = 61{,}5\,\text{s}^{-1}$$

Damit wird die Höchstgeschwindigkeit:

$$v = \omega_A \cdot r = 61{,}5\,\text{s}^{-1} \cdot 0{,}3\,\text{m} = 18{,}5\,\text{m/s} = \underline{66{,}6\,\text{km/h}}$$

c) Nach Beendigung des Beschleunigungsvorgangs muß zum Fortbewegen des Fahrzeugs mit gleichförmiger Geschwindigkeit nur noch die Gegenkraft zur Hangabtriebskraft F_H und zur Fahrwiderstandskraft F_F aufgebracht werden. Eine Trägheitskraft tritt nicht mehr auf. Die Vortriebskraft wird also:

$$F = F_H + F_F = 1\,626\,\text{N} + 409\,\text{N} = 2\,035\,\text{N}$$

Um das Fahrzeug mit der Höchstgeschwindigkeit $v = 18{,}5\,\text{m/s}$ zu bewegen, ist damit eine Leistung erforderlich von:

$$P = F \cdot v = 2\,035\,\text{N} \cdot 18{,}5\,\text{m/s} = 37\,648\,\frac{\text{Nm}}{\text{s}} = 37\,648\,\text{W} \approx \underline{37{,}6\,\text{kW}}$$

d) Nach $v_e = v_a + a \cdot t$ wird die Beschleunigungszeit:

$$t = \frac{v_e - v_a}{a} = \frac{18{,}5\,\text{m/s} - 8{,}33\,\text{m/s}}{0{,}389\,\text{m/s}^2} = \underline{26{,}1\,\text{s}}$$

e) Die Weglänge wird:

$$s = \frac{v_a + v_e}{2} \cdot t = \frac{8{,}33\,\text{m/s} + 18{,}5\,\text{m/s}}{2} \cdot 26{,}1\,\text{s} = \underline{350\,\text{m}}$$

Übungsaufgaben:

1. Ein Kohleförderkorb mit der Gesamtmasse $m = 16\,\text{t}$ soll auf einer Länge von $l = 50\,\text{m}$ auf eine Geschwindigkeit von $v = 16\,\text{m/s}$ beschleunigt werden.

   Welche zusätzliche Beschleunigungskraft muß das Seil aufnehmen?

2. Ein Pkw mit der Masse $m = 1\,400$ kg wird aus einer Geschwindigkeit von $v = 100$ km/h abgebremst, wobei alle 4 Räder gleich bremsen. Die Reibzahl zwischen Räder und Fahrbahn wird mit $\mu = 0{,}8$ angenommen.

   Bestimmen Sie:

   a) die erreichbare Bremsverzögerung,

   b) den Bremsweg.

3. Ein Bauteil hängt frei an einer Zugfeder und verlängert diese um 30 mm. Die Federkonstante beträgt 1 N/cm. Nun wird – durch senkrecht nach oben gerichtetes Ziehen an der Feder – der Körper gleichmäßig beschleunigt. Dabei verlängert sich die Feder um weitere 12 mm.

   Wie groß ist die auftretende Beschleunigung?

4. Ein Pkw mit der Masse $m = 1\,400$ kg fährt auf ebener Fahrbahn mit einer Geschwindigkeit von $v = 130$ km/h und benötigt dazu eine Motorleistung von $P = 60$ kW. Die Höchstleistung des Motors beträgt $P = 80$ kW.

   Bestimmen Sie:

   a) die Fahrwiderstandskraft des Pkw bei $v = 130$ km/h,

   b) die erreichbare Höchstgeschwindigkeit, wenn der Fahrwiderstand bis zum Erreichen der Höchstgeschwindigkeit als gleichbleibend angenommen wird,

   c) die erreichbare Beschleunigung,

   d) die Beschleunigungszeit, um von $v = 130$ km/h die Höchstgeschwindigkeit zu erreichen,

   e) den Weg zum Erreichen der Höchstgeschwindigkeit.

5. Am Ende einer 1 m langen Rutsche sollen Werkstücke der Masse $m = 1$ kg mit einer Geschwindigkeit von $v = 1$ m/s ankommen. (Anfangsgeschwindigkeit $v_a = 0$). Die Gleitreibzahl zwischen Werkstück und Rutsche ist $\mu = 0{,}15$.

   Welchen Neigungswinkel muß die Rutsche haben?

3.2.4 Impuls und Impulserhaltungsgesetz

3.2.4.1 Impuls

Soll bei einer gleichförmig fliegenden Rakete die Geschwindigkeit um den Betrag Δv erhöht werden, so muß während einer bestimmten Zeit Δt eine Schubkraft F wirken. Die Kraft F erteilt während der Zeit Δt der Rakete einen **Impuls**. Nach dem **Dynamischen Grundgesetz** ist die Geschwindigkeitszunahme um so größer, je kleiner die zu beschleunigende Masse ist.

Aus $F = m \cdot a = m \cdot \dfrac{\Delta v}{\Delta t}$ folgt der **Impulssatz:**

(11) $$F \cdot \Delta t = m \cdot \Delta v$$

F	Beschleunigungs- oder Verzögerungskraft in N
Δt	Zeitabschnitt in s
m	Masse in kg
Δv	Geschwindigkeitsänderung in m/s

Den Ausdruck $F \cdot \Delta t$ nennt man **Kraftstoß** oder **Impuls der Kraft**, den Ausdruck $m \cdot \Delta v$ *Bewegungsgröße* oder **Impuls der Masse.**

Der Kraftstoß $F \cdot \Delta t$ bewirkt eine ihm gleiche Änderung der Bewegungsgröße $m \cdot \Delta v$.

In der Form des Impulssatzes eignet sich das Dynamische Grundgesetz besonders zur Lösung von Kinetik-Aufgaben, bei denen die Zeit gegeben oder gesucht ist. Der Impulssatz ist auch Grundlage für die Berechnung von Stoßvorgängen.

Lehrbeispiel 16:

Bei einem mit $v = 120$ km/h fahrenden Kraftfahrzeug wird 3 Sekunden lang gebremst. Die Masse des Fahrzeugs beträgt 1 200 kg, die wirkende Bremskraft 4 000 N.

Wie groß ist die Geschwindigkeit v_e nach dem Bremsen?

Lösung:

1. Lösung mit Hilfe des **Impulssatzes:**

Aus $F \cdot \Delta t = m \cdot \Delta v$ ergibt sich für die Geschwindigkeitsabnahme:

$$\Delta v = \frac{F \cdot \Delta t}{m} = \frac{4\,000 \,\frac{\text{kgm}}{\text{s}^2} \cdot 3\,\text{s}}{1\,200\,\text{kg}} = 10\,\text{m/s} = 36\,\text{km/h}$$

Damit wird die Geschwindigkeit nach dem Bremsen:

$$v_e = v_a - \Delta v = 120\,\text{km/h} - 36\,\text{km/h} = \underline{84\,\text{km/h}}$$

2. Lösung mit Hilfe des **Dynamischen Grundgesetzes:**

Aus $F = m \cdot a$ ergibt sich für die Bremsverzögerung:

$$a = \frac{F}{m} = \frac{4\,000 \,\frac{\text{kgm}}{\text{s}^2}}{1\,200\,\text{kg}} = 3{,}33\,\text{m/s}^2$$

Die Geschwindigkeit nach dem Bremsen wird mit $v_a = 120\,\text{km/h} = 33{,}3\,\text{m/s}$:

$$v_e = v_a - a \cdot t = 33{,}3\,\frac{\text{m}}{\text{s}} - 3{,}33\,\frac{\text{m}}{\text{s}^2} \cdot 3\,\text{s} = 23{,}3\,\text{m/s} = \underline{84\,\text{km/h}}$$

3.2.4.2 Impulserhaltungssatz

Der **Impulssatz** eignet sich vor allem zur Berechnung von Vorgängen, die in sehr kurzer Zeit ablaufen, also auch für Stoßvorgänge.

Läßt man auf einen ruhenden Körper (z. B. auf eine Kugel) einen bewegten Körper aufstoßen, so wird erfahrungsgemäß der bewegte Körper abgebremst und der stillstehende Körper beschleunigt.

Beim Zusammenstoßen zweier Körper muß am Berührungspunkt nach **actio = reactio** die Beschleunigungskraft gleich der Verzögerungskraft sein. Da die Berührungszeit Δt für beide Körper gleich ist, üben die Körper gegenseitig einen gleich großen Impuls aufeinander aus.

Dabei gilt für Körper 1: $F_1 \cdot \Delta t = m_1 \cdot \Delta v_1$

und für Körper 2: $F_2 \cdot \Delta t = m_2 \cdot \Delta v_2$

Daraus folgt mit $F_1 \cdot \Delta t = F_2 \cdot \Delta t$ der **Impulserhaltungssatz:**

(12)
$$m_1 \cdot \Delta v_1 = m_2 \cdot \Delta v_2$$

m_1, m_2 Masse in kg
Δv_1, Δv_2 Geschwindigkeitsänderung in m/s

Lehrbeispiel 17:

Ein Geschoß ($m_1 = 8$ g) verläßt den Lauf eines Gewehrs ($m_2 = 4{,}5$ kg) mit $v_1 = 900$ m/s.

a) Mit welcher Geschwindigkeit v_2 wird das Gewehr zurückgestoßen?

b) Welche mittlere Kraft F drückt gegen die Schulter, wenn das Gewehr auf ca 3 cm Länge abgebremst wird?

Lösung:

a) Der Kraftstoß $F \cdot \Delta t$ wird sowohl auf das Geschoß als auch auf das Gewehr ausgeübt. Deshalb gilt der **Impulserhaltungssatz:** $m_1 \cdot \Delta v_1 = m_2 \cdot \Delta v_2$

Da die Anfangsgeschwindigkeiten beider Körper gleich Null sind, gilt:

$$\Delta v_1 = v_1 \quad \text{und} \quad \Delta v_2 = v_2$$

Damit ist: $m_1 \cdot v_1 = m_2 \cdot v_2$

$$v_2 = \frac{m_1 \cdot v_1}{m_2} = \frac{8\,\text{g} \cdot 900\,\text{m/s}}{4\,500\,\text{g}} = \underline{1{,}6\,\frac{\text{m}}{\text{s}}}$$

b) Nach dem **Dynamischen Grundgesetz** ist $F = m_2 \cdot a$. Das Gewehr wird auf einem Weg von $s = 3$ cm abgebremst. Für die Verzögerung gilt:

$$a = \frac{v^2}{2\,s} = \frac{(1{,}6\,\text{m/s})^2}{2 \cdot 0{,}03\,\text{m}} = 42{,}7\,\frac{\text{m}}{\text{s}^2}$$

Damit ist die Kraft:

$$F = m \cdot a = 4{,}5\,\text{kg} \cdot 42{,}7\,\frac{\text{m}}{\text{s}^2} = \underline{192\,\text{N}}$$

Übungsaufgaben:

1. Ein Hobelmaschinentisch mit der Masse $m = 500$ kg bewegt sich mit der Geschwindigkeit von $v = 50$ m/min. Durch ein Hindernis wird der Tisch in einer Zeit von $t = 0{,}2$ s zum Stehen gebracht.

   Welche Verzögerungskraft wirkt am Tisch?

2. Ein Geschoß mit einer Masse von $m = 12$ g verläßt den 600 mm langen Lauf eines Gewehrs mit einer Geschwindigkeit von $v = 700$ m/s.

   Wie groß ist die auftretende Rückstoßkraft?

3. Ein Pkw mit der Masse $m = 1\,500$ kg erreicht in 10 s eine Geschwindigkeit von $v = 100$ km/h. Die Fahrwiderstandskraft beträgt $F_F = 450$ N. Der Rollradius der Antriebsräder ist $r = 300$ mm.

   Bestimmen sie unter Vernachlässigung des Luftwiderstands:

   a) das erforderliche Antriebsmoment an den Rädern,

   b) die erforderliche Motorleistung, wenn der Gesamtwirkungsgrad des Antriebs $\eta = 0{,}75$ ist.

3.2.5 Energie

3.2.5.1 Energiesatz

Beim Aufziehen einer Uhr verrichtet man mechanische Arbeit, die in der Feder gespeichert und langsam über einen längeren Zeitraum wieder abgegeben wird. Bei einem Fallhammer wird der Bär auf eine bestimmte Höhe gehoben. Dazu wird Arbeit gebraucht, die beim Fallen wieder frei wird und z. B. zum Verformen von Werkstücken benutzt werden kann. Bei einem Pumpspeicherwerk wird Wasser in ein hochgelegenes Becken gepumpt, also Arbeit verrichtet. In Spitzenzeiten des Stromverbrauchs wird diese gespeicherte Arbeit zur Stromerzeugung genutzt, also wieder frei.

In den soeben aufgezählten Beispielen wird Arbeit gespeichert. Die gespannte Feder bzw. die angehobene Masse hat dadurch die Fähigkeit erhalten, Arbeit abzugeben. Diese Fähigkeit, Arbeit zu verrichten, bezeichnet man als **Energie.**

Unter Energie versteht man das Arbeitsvermögen, also den Zustand, unter Arbeit den Vorgang selbst.

Als Energie bezeichnet man die Fähigkeit, Arbeit zu verrichten (gespeicherte Arbeit).

Energie kann in vielen Arten auftreten. Im Brennstoff ist chemische Energie gespeichert, die durch Verbrennen frei wird, d. h. in Wärmeenergie umgewandelt wird. Die mechanische Energie des Wassers im oberen Becken des Pumpspeicherwerkes wird durch Turbinen und Generatoren in elektrische Energie umgewandelt, welche wiederum in Licht, Wärme oder mechanische Energie umgewandelt werden kann.

Bei Energieumwandlungen geht keine Energie verloren, wird aber auch keine Energie hinzugewonnen (Satz von der Erhaltung der Energie).

Deshalb ist es nicht richtig, von Energieerzeugung zu sprechen. Energie kann nur umgewandelt werden. Dabei wird ein Teil der Energie in eine für den bestimmten Zweck unbrauchbare Form umgewandelt, z. B. beim Verbrennungsmotor in Wärme.

Da Energie gespeicherte Arbeit ist, haben alle Energieformen die Einheit der Arbeit. Im **Internationalen Einheitensystem** ist die Energieeinheit das Joule (J).

Für Umrechnungen gilt:

$$1\,\mathrm{J} = 1\,\mathrm{Nm} = 1\,\mathrm{Ws}$$

In der Elektrotechnik wird meistens ein Vielfaches der Wattsekunde (Ws) als Einheit für die Energie verwendet.

$$1\,\mathrm{kWh} = 3\,600\,\mathrm{kWs} = 3\,600\,\mathrm{kNm} = 3\,600\,\mathrm{kJ}$$

3.2.5.2 Potentielle und kinetische Energie

Beim Hochpumpen des Wassers ins obere Becken eines Pumpspeicherwerks bzw. beim Anheben eines Fallhammers wird Arbeit verrichtet, die als Energie zur Verfügung steht. Die Fähigkeit eines Körpers, dank seiner erhöhten Lage Arbeit zu verrichten, wird als **Energie der Lage** oder **potentielle Energie** W_p bezeichnet.

Strömt das Wasser abwärts bzw. fällt der Fallhammer, so kann durch diese Bewegung Arbeit verrichtet werden. Die Fähigkeit eines bewegten Körpers, Arbeit zu verrichten, wird als **Energie der Bewegung** oder **kinetische Energie** W_k bezeichnet.

Zum gleichförmigen Anheben eines Körpers ist die Kraft $F_1 = G$ längs des Weges h erforderlich. Die verrichtete Arbeit beträgt nach dem Anheben $W = W_p = G \cdot h$. Dies ist auch der Fall, wenn der Körper auf einer schiefen Ebene nach oben bewegt wird (Bild 1).

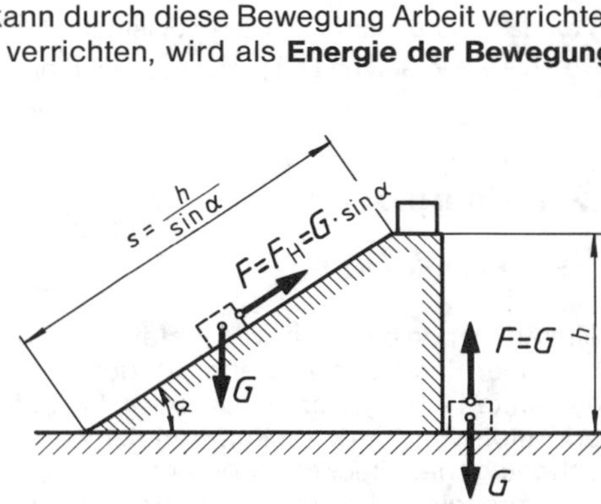

Bild 1 Potentielle Energie eines Körpers

In diesem Fall ist:

$$W = W_p = F \cdot s = G \cdot \sin\alpha \cdot \frac{h}{\sin\alpha} = G \cdot h$$

Damit gilt für die **potentielle Energie:**

⑬ $$W_p = G \cdot h$$

W_p potentielle Energie in J
G Gewichtskraft in N
h Höhe in m

Bei der Bewegung eines Körpers gilt nach dem Energieerhaltungssatz:

Die Summe aus potentieller und kinetischer Energie ist in jedem Augenblick konstant.

Da keine Energie verloren geht bzw. hinzugewonnen werden kann, ist die kinetische Energie des Körpers beim Aufprall in A gleich der potentiellen Energie in B (Bild 1).

Mit $h = \frac{v^2}{2g}$ gilt:

$$W_k = W_p = G \cdot h = m \cdot g \cdot h = m \cdot g \cdot \frac{v^2}{2g}$$

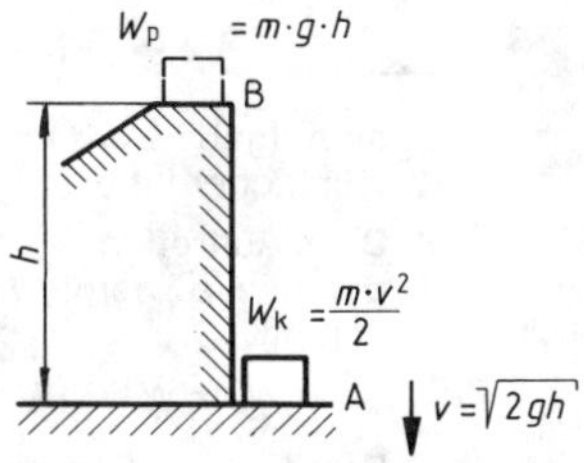

Bild 1 Kinetische Energie eines Körpers

Damit ist die **kinetische Energie:**

(14) $$W_k = \frac{m \cdot v^2}{2}$$

W_k kinetische Energie in J
m Masse in kg
v Geschwindigkeit in m/s

Lehrbeispiel 18:

Gehärtete Stahlkugeln durchlaufen die skizzierte Bahn. Die im Punkt A sich in Bewegung setzenden Kugeln sollen die Bahn in B mit $v = 1$ m/s verlassen. Die dabei auftretende Reibung ist zu vernachlässigen.

Wie groß muß die Höhe h_2 sein?

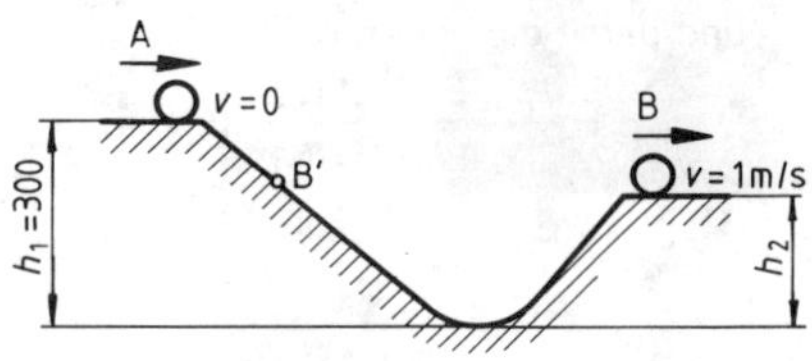

Bild 2 Rollbahn

Lösung:

1. Lösungsweg:

Die Energie der Kugel muß in den Punkten A und B gleich groß sein. Im Punkt A enthält die Kugel nur potentielle Energie, im Punkt B potentielle und kinetische Energie, wenn die zusätzliche Drehenergie der Kugel vernachlässigt wird. Also gilt folgende Energiegleichung:

$$W_A = W_B$$

$$m \cdot g \cdot h_1 = m \cdot g \cdot h_2 + m \cdot \frac{v^2}{2}$$

Damit wird die gesuchte Höhe:

$$h_2 = h_1 - \frac{v^2}{2g} = 0{,}3\,\text{m} - \frac{(1\,\text{m/s})^2}{2 \cdot 9{,}81\,\frac{\text{m}}{\text{s}^2}} = 0{,}249\,\text{m} = \underline{249\,\text{mm}}$$

2. Lösungsweg:

Vernachlässigt man die Reibung, dann ist die Geschwindigkeit an einem beliebigen Punkt der Abwärtsbahn gleich der Geschwindigkeit am zugehörigen Punkt der Aufwärtsbahn. So ist die Geschwindigkeit im Punkt B gleich der Geschwindigkeit im Punkt B'. Da die Geschwindigkeit im Punkt B $v = 1$ m/s betragen soll, gilt für den senkrechten Abstand h von A bis B:

$$v_B = v_{B'} = \sqrt{2g \cdot h}$$

$$h = \frac{v_B{}^2}{2g} = \frac{(1\,\text{m/s})^2}{2 \cdot 9{,}81\,\text{m/s}^2} = 0{,}051\,\text{m} = 51\,\text{mm}$$

Damit ist die gesuchte Höhe:

$$h_2 = h_1 - h = 300\,\text{mm} - 51\,\text{mm} = \underline{249\,\text{mm}}$$

Lehrbeispiel 19:

An einer waagrecht stehenden Auffangvorrichtung sollen Werkstücke mit der Masse $m = 180\,\text{g}$, die mit $v = 1{,}5\,\text{m/s}$ aus der Maschine ausgestoßen werden, durch eine Feder auf einer Strecke von $s = 15\,\text{mm}$ abgebremst werden.

a) Wie groß ist die Federarbeit?

b) Welche Federkonstante c muß die Feder besitzen?

Lösung:

Diese Aufgabe wurde bereits mit Hilfe des **Dynamischen Grundgesetzes** gelöst (siehe Lehrbeispiel 13). Einfacher ist die Lösung mit dem **Energiesatz.**

a) Beim Auftreffen des Werkstücks auf die Feder wird die kinetische Energie W_k des Werkstücks in potentielle Energie W_p der zusammengedrückten Feder umgewandelt, die der Federarbeit W_F entspricht.

$$W_k = W_p = W_F$$

Damit ist die Federarbeit:

$$W_F = W_k = \frac{1}{2}\, m \cdot v^2 = \frac{1}{2} \cdot 0{,}18\,\text{kg} \cdot (1{,}5\,\text{m/s})^2 = 0{,}203\,\frac{\text{kg m}^2}{\text{s}^2} = 0{,}203\,\text{Nm} = \underline{0{,}203\,\text{J}}$$

b) Aus $W_F = \dfrac{F_{max} \cdot s}{2}$ wird die größte Federkraft:

$$F_{max} = \frac{2 \cdot W_F}{s} = \frac{2 \cdot 0{,}203\,\text{Nm}}{0{,}015\,\text{m}} = 27{,}1\,\text{N}$$

und damit die Federkonstante:

$$c = \frac{F_{max}}{s} = \frac{27{,}1\,\text{N}}{1{,}5\,\text{cm}} = \underline{18{,}1\,\text{N/cm}}$$

Lehrbeispiel 20:

Bei einem Pkw mit der Masse $m = 1\,400\,\text{kg}$ setzt beim Befahren einer 12 %igen Steigung plötzlich der Motor aus.

Wie weit rollt der Pkw ungebremst aus, wenn seine Geschwindigkeit $v = 60\,\text{km/h}$ beträgt und eine Fahrwiderstandszahl von $\mu_F = 0{,}03$ angenommen wird?

Der Luftwiderstand kann vernachlässigt werden.

Lösung:

Beim Aussetzen des Motors hat der Pkw eine kinetische Energie W_k, die ihn befähigt, die Arbeit W zu verrichten:

$$W = W_k$$

$$F \cdot s = \frac{1}{2}\, m \cdot v^2$$

Die Kraft F setzt sich aus der Hangabtriebskraft F_H und der Fahrwiderstandskraft F_F zusammen. Sie betragen nach Lehrbeispiel 15: $F_H = 1626\,\text{N}$ und $F_F = 409\,\text{N}$. Damit wird:

$$F = F_H + F_F = 1626\,\text{N} + 409\,\text{N} = 2035\,\text{N}$$

Aus $F \cdot s = \dfrac{1}{2}\, m \cdot v^2$ folgt damit für die Rollstrecke:

$$s = \frac{m \cdot v^2}{2 \cdot F} = \frac{1\,400\,\text{kg} \cdot (16{,}66\,\text{m/s})^2}{2 \cdot 2035\,\dfrac{\text{kgm}}{\text{s}^2}} = \underline{95{,}5\,\text{m}}$$

Übungsaufgaben:

1. Ein Pkw mit der Masse $m = 1200$ kg wird aus einer Geschwindigkeit von $v = 100$ km/h gleichmäßig abgebremst und kommt nach 50 m zum Stillstand.
   a) Welche Wärmeenergie müssen die Bremsen aufnehmen?
   b) Wie groß ist die am Fahrzeug wirkende Verzögerungskraft?

2. Ein Werkstück mit der Masse $m = 0{,}5$ kg trifft am Ende einer waagrechten Rutsche mit einer Geschwindigkeit von $v = 2$ m/s gegen eine Aufprallplatte. Die durch eine Schraubendruckfeder gefederte Aufprallplatte soll das Werkstück auf eine Länge von $l = 200$ mm abbremsen.
   Bestimmen Sie unter Vernachlässigung von Stoß- und Reibverlusten:
   a) die Federarbeit,
   b) die Federkonstante,
   c) die Verzögerung des Werkstücks,
   d) die Verzögerungszeit des Werkstücks.

3. Ein auf einer 12 %igen Steigung abgestellter Lkw-Anhänger mit einer Masse von $m = 5$ t kommt ins Rollen.
   a) Welche Geschwindigkeit erreicht der Anhänger nach einer Fahrstrecke von 120 m, wenn die Fahrwiderstandszahl $\mu_F = 0{,}03$ beträgt?
   b) Welche Verzögerungskraft wirkt auf den Anhänger, wenn er an einem Hindernis nach 1 m zum Stehen kommt?

3.3 Kinetik bei Drehbewegung

3.3.1 Fliehkraft

Fährt man mit einem Auto durch eine Kurve, so spürt man eine Kraft, die nach außen zieht. Nach dem **Trägheitsgesetz** hat jeder Körper das Bestreben, einer Bewegungsänderung einen Widerstand entgegenzusetzen. Bei der Bewegung auf einer Kreisbahn möchte sich deshalb jeder Körper infolge seiner Massenträgheit geradlinig, d. h. tangential zur Kreisbahn fortbewegen. Wird er zur Bewegung auf einer Kreisbahn gezwungen, so wirkt infolge der Trägheit eine Kraft, die nach außen gerichtet ist. Man nennt sie **Fliehkraft.**

Zur Untersuchung der gleichförmigen Drehbewegung eines Körpers denkt man sich seine Masse in einem Punkt vereint. Man untersucht also die gleichförmige Bewegung einer punktförmigen Masse (Bild 1).

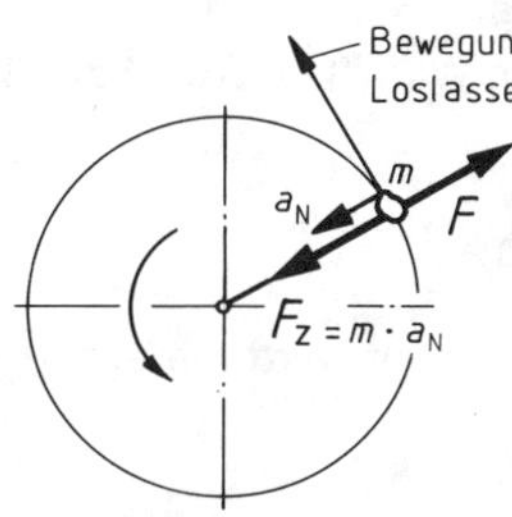

Bild 1 Kräfte bei der gleichförmigen Bewegung einer punktförmigen Masse auf einer Kreisbahn

Läßt man eine Kugel kreisen, so spannt sich erfahrungsgemäß der Faden und die aufzubringende Kraft wird um so größer, je größer die Winkelgeschwindigkeit ist. Da ein Faden nur Kräfte in Längsrichtung aufnehmen kann, muß die auftretende Kraft zum Mittelpunkt (Zentrum) gerichtet sein. Man bezeichnet sie als **Zentripetalkraft F_z.** Hört die Zentripetalkraft auf zu wirken, reißt z. B. der Faden, so bewegt sich die Kugel in tangentialer Richtung weiter.

Die Bewegung auf einer Kreisbahn erfordert also eine dauernde Änderung der Bewegungsrichtung (Bild 1, Seite 138) und dazu ist eine Kraft erforderlich. Diese Zentripetalkraft erteilt nach dem Dynamischen Grundgesetz der Masse m eine Beschleunigung, die zum Mittelpunkt gerichtet ist und als **Zentripetal-** oder **Normalbeschleunigung a_N** bezeichnet wird.

Aufgrund der Trägheit widersetzt sich die Masse des Körpers der Normalbeschleunigung: Die Trägheitskraft wirkt der Zentripetalkraft entgegen und wird als **Zentrifugal-** oder **Fliehkraft F** bezeichnet. Nach dem **d'Alembertschen Prinzip** kann die Fliehkraft F als Gleichgewichtskraft zur Zentripetalkraft F_z betrachtet werden.

Zentripetalkraft und Fliehkraft sind also gleich groß und betragen nach dem **Dynamischen Grundgesetz:**

$$F_z = F = m \cdot a_N$$

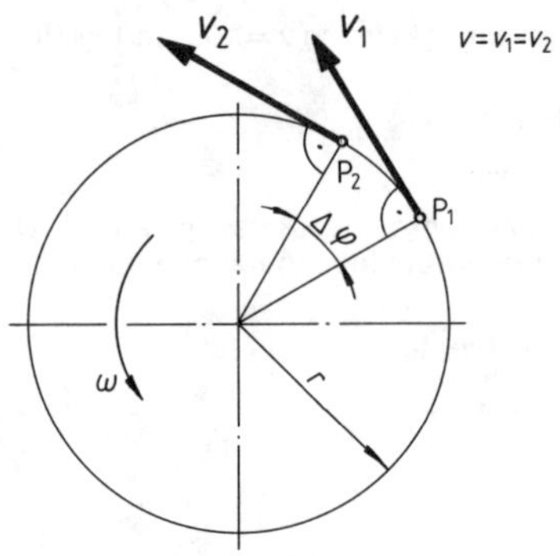

a) Auf der Kreisbahn ändert sich fortwährend die Richtung der Umfangsgeschwindigkeit

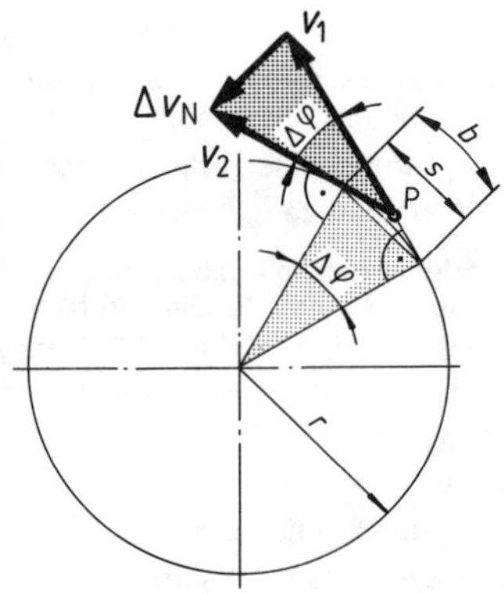

b) Während des Durchlaufens des Winkels $\Delta\varphi$ muß der Punkt P mit der Geschwindigkeit Δv_N nach innen bewegt werden

Bild 1 Gleichförmige Bewegung eines Punktes auf einer Kreisbahn

Bei gleichbleibender Winkelgeschwindigkeit ω ist die Umfangsgeschwindigkeit v eines Punktes P mit dem Abstand r zwar konstant ($v = v_1 = v_2$), ändert aber laufend ihre Richtung (Bild 1a). In der sehr kleinen Zeit Δt wird der sehr kleine Winkel $\Delta\varphi$ durchlaufen. Währenddessen muß der Punkt P mit der Geschwindigkeit Δv_N nach innen bewegt werden, um auf der Kreisbahn zu bleiben (Bild 1b). Die Geschwindigkeit v_2 entsteht also durch geometrische Addition von v_1 und Δv_N.

Aus der Ähnlichkeit der gerasterten Dreiecke (gleichschenklige Dreiecke) folgt mit $v = v_1 = v_2$:

$$\frac{s}{r} = \frac{\Delta v_N}{v}$$

Wegen des sehr kleinen Winkels $\Delta\varphi$ darf die Sehnenlänge s durch die Bogenlänge b ersetzt werden.

Damit wird:

$$\frac{b}{r} = \frac{\Delta v_N}{v} \quad \text{und} \quad \Delta v_N = v \cdot \frac{b}{r}$$

Setzt man für $b = \Delta\varphi \cdot r$, dann wird die erforderliche Geschwindigkeitsänderung in Normalrichtung:

$$\Delta v_N = v \cdot \frac{\Delta\varphi \cdot r}{r} = \Delta\varphi \cdot v$$

Bezieht man die Geschwindigkeitsänderung Δv_N auf die Zeit Δt, erhält man die Normalbeschleunigung a_N:

$$a_N = \frac{\Delta v_N}{\Delta t} = \frac{\Delta\varphi \cdot v}{\Delta t}$$

In dieser Gleichung bedeutet das Verhältnis $\frac{\Delta\varphi}{\Delta t}$ die Winkelgeschwindigkeit ω.

Für $\frac{\Delta\varphi}{\Delta t} = \omega$ wird $a_N = v \cdot \omega$

Für $v = r \cdot \omega$ wird $a_N = r \cdot \omega^2$

Für $\omega = \frac{v}{r}$ wird $a_N = \frac{v^2}{r}$

Damit gilt für die **Normalbeschleunigung:**

(15) $$a_N = v \cdot \omega = r \cdot \omega^2 = \frac{v^2}{r}$$

a_N Normalbeschleunigung in m/s²
v Umfangsgeschwindigkeit in m/s
ω Winkelgeschwindigkeit in s⁻¹
r Bahnradius in m

Damit folgt für die **Zentripetalkraft** und die **Fliehkraft:**

(16)
$$F_z = F = m \cdot a_N = m \cdot r \cdot \omega^2 = m \cdot \frac{v^2}{r}$$

F_z Zentripetalkraft in N
F Fliehkraft in N
m Masse in kg
a_N, r, ω, v wie bei Gleichung (15)

Lehrbeispiel 21:

Auf der Planscheibe einer Karusselldrehmaschine ist ein Gehäuse mit der Masse $m = 42$ kg aufgespannt. Der Schwerpunktsabstand der Gehäusemasse zum Drehpunkt der Planscheibe beträgt $r = 800$ mm.

Welche Fliehkraft wirkt am Gehäuse, wenn die Planscheibe mit $n = 63\ \text{min}^{-1}$ rotiert?

Lösung:

Mit $\omega = 2\pi \cdot n = 2\pi \cdot \frac{63}{60}\ \text{s}^{-1} = 6{,}6\ \text{s}^{-1}$ wird die Fliehkraft:

$$F = m \cdot r \cdot \omega^2 = 42\ \text{kg} \cdot 0{,}8\ \text{m}\ (6{,}6\ \text{s}^{-1})^2 = 1\,464\ \frac{\text{kgm}}{\text{s}^2} = \underline{1\,464\ \text{N}}$$

Die errechnete Fliehkraft $F = 1\,464$ N muß zusätzlich als einseitig wirkende Lagerkraft von den Lagern der Planscheibe aufgenommen werden (Unwucht!).

Lehrbeispiel 22:

Bei einem sich drehenden Kettenkarussell beobachtet man, daß sich die Ketten der unbesetzten Sitze unter dem gleichen Winkel α spannen wie die der besetzten Sitze.

a) Begründen Sie diese Erscheinung.

b) Welche Drehzahl muß das Karussell haben, wenn sich die Ketten unter $\alpha = 40°$ einstellen sollen?

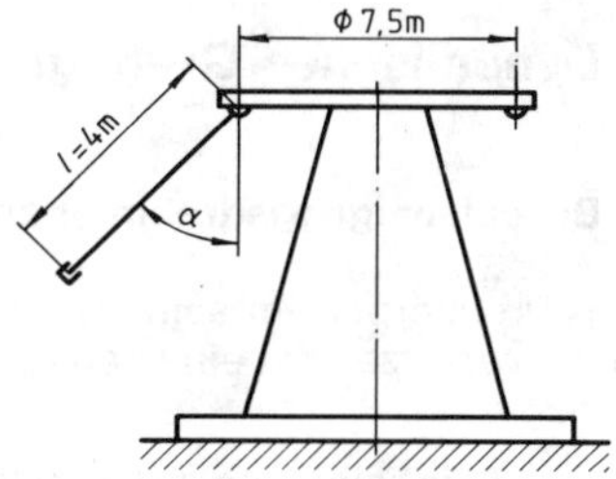

Bild 1 Kettenkarussell

Lösung:

a) An einem Sitz wirken beim rotierenden Karussell die Kräfte $G = m \cdot g$ und $F = m \cdot a_N$. Die Kette spannt sich in Richtung der Resultierenden.
Für den Winkel gilt:

$$\tan \alpha = \frac{F}{G} = \frac{m \cdot a_N}{m \cdot g} = \frac{a_N}{g}$$

Der Winkel α ist also nur von der Normalbeschleunigung a_N, indirekt also von der Winkelgeschwindigkeit und damit von der Drehzahl abhängig.

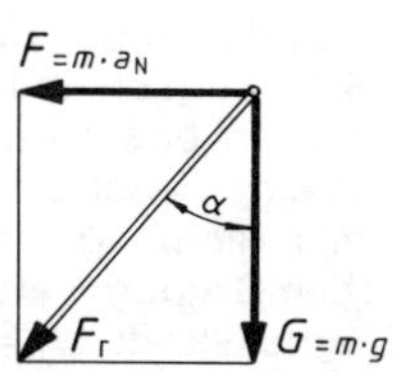

Bild 2 Lösungsskizze

b) Aus $\tan \alpha = \frac{a_N}{g}$ folgt für die Normalbeschleunigung:

$$a_N = g \cdot \tan \alpha = g \cdot \tan 40° = 9{,}81\ \frac{\text{m}}{\text{s}^2} \cdot \tan 40° = 8{,}23\ \text{m/s}^2$$

Aus $a_N = r \cdot \omega^2$ folgt für die Winkelgeschwindigkeit mit dem Bahnradius

$$r = \frac{7{,}5}{2}\ \text{m} + l \cdot \sin 40° = 3{,}75\ \text{m} + 4\ \text{m} \cdot \sin 40° = 6{,}32\ \text{m}:$$

$$\omega = \sqrt{\frac{a_N}{r}} = \sqrt{\frac{8{,}23\ \text{m/s}^2}{6{,}32\ \text{m}}} = 1{,}14\ \text{s}^{-1}$$

Mit $\omega = 2\pi \cdot n$ wird die Drehzahl:

$$n = \frac{\omega}{2\pi} = \frac{1{,}14 \cdot 60}{2\pi}\ \text{min}^{-1} = \underline{10{,}9\ \text{min}^{-1}}$$

Übungsaufgaben:

1. Am Felgenumfang (420 mm Felgendurchmesser) eines Pkw-Rades ist zum Ausgleich einer Unwucht ein Bleistück mit $m = 30$ g befestigt.

   Wie groß ist bei $v = 180$ km/h die Fliehkraft, die von dem Ausgleichsgewicht ausgeübt wird? (Raddurchmesser $d = 650$ mm).

2. Die Bohrung $d = 50$ mm eines Werkstücks wird auf der Drehmaschine mit einer Schnittgeschwindigkeit von $v = 30$ m/min ausgedreht. Der Schwerpunkt des Werkstücks liegt 75 mm von der Drehachse entfernt. Die Masse des Gehäuses ist $m = 6$ kg (Bild 1).

   a) Welche zusätzliche Lagerkraft tritt auf, wenn ohne Gegengewicht gearbeitet wird?

   b) In welchem Abstand von der Drehachse muß ein Gegengewicht mit der Masse $m = 5$ kg angebracht werden?

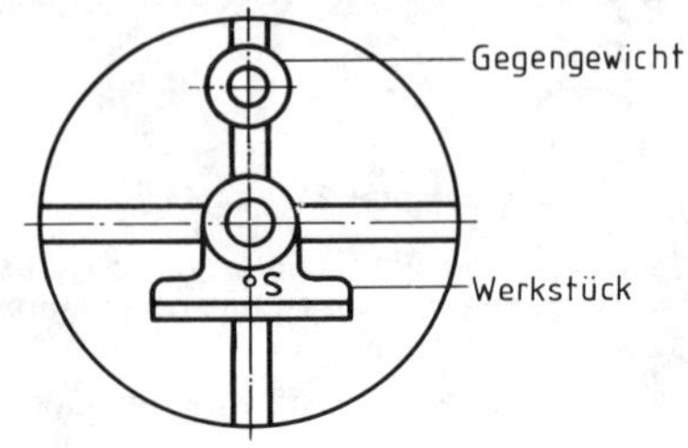

Bild 1

3. Ein Lkw hat 3 Stahlbleche 10 × 1 000 × 2 000 übereinanderliegend geladen.

   Mit welcher Geschwindigkeit kann der Lkw eine Kurve mit $r = 60$ m Bahnradius durchfahren, wenn die Ladung nicht verrutschen darf?

   (Reibzahl zwischen Blech und Ladepritsche $\mu = 0{,}5$, zwischen Blech und Blech $\mu = 0{,}15$)

3.3.2 Dynamisches Grundgesetz bei Drehbewegung

3.3.2.1 Beschleunigungsdrehmoment und Trägheitsmoment

Um einen Drehkörper um seine Drehachse in Rotation zu versetzen, ist ein Drehmoment erforderlich.

Nach dem **Trägheitsgesetz** versucht jedes Massenteilchen Δm einer Schwungscheibe sich einer Beschleunigung in Drehrichtung zu widersetzen. Soll die Drehzahl der Schwungscheibe erhöht, die Schwungscheibe also beschleunigt werden, muß an jedem Massenteilchen Δm der Scheibe eine Beschleunigungskraft ΔF in tangentialer Richtung wirken, die nach dem **Dynamischen Grundgesetz** so groß sein muß wie die Trägheitskraft $\Delta F_t = \Delta m \cdot a_t$ (Bild 2).

Also gilt: $\Delta F = \Delta F_t = \Delta m \cdot a_t$.

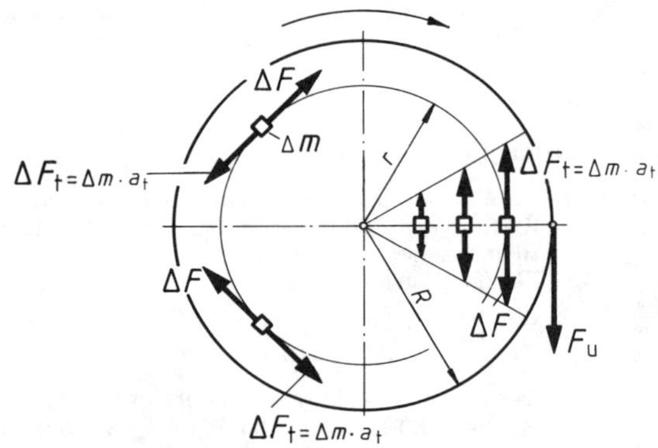

Bild 2 Kräfte beim Beschleunigen eines Drehkörpers (Schwungscheibe)

Mit der Tangentialbeschleunigung $a_t = \alpha \cdot r$ wird die Beschleunigungskraft:

$$\Delta F = \Delta F_t = \Delta m \cdot a_t = \Delta m \cdot r \cdot \alpha$$

Man erkennt, daß die Beschleunigungskraft ΔF mit wachsendem Abstand r größer wird (Bild 3).

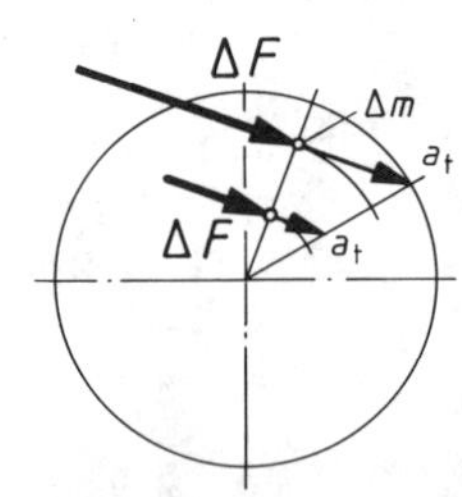

Bild 3 Beschleunigungskraft Je größer der Abstand eines Masseteilchens, um so größer die erforderliche Beschleunigungskraft

Nach dem **d'Alembertschen Prinzip** muß das von der beschleunigenden Umfangskraft F_u erzeugte Drehmoment $M = F_u \cdot R$ so groß sein wie die von der Summe der Trägheitskräfte ΔF_t erzeugten Rückstellmomente $\Sigma\,(\Delta F_t \cdot r)$, also muß gelten:

$$M = F_u \cdot R = \Sigma\,(\Delta F_t \cdot r) = \Sigma\,(\Delta m \cdot r \cdot \alpha \cdot r) = \Sigma\,(\Delta m \cdot r^2 \cdot \alpha)$$

Bei konstanter Winkelbeschleunigung darf α vor das Summenzeichen gesetzt werden. Damit wird das erforderliche Drehmoment M zum gleichmäßigen Beschleunigen eines Drehkörpers:

$$M = \alpha \cdot \Sigma\ (\Delta m \cdot r^2)$$

Der Summenausdruck $\Sigma\ (\Delta m \cdot r^2)$ zeigt, daß z. B. zum Beschleunigen eines Massenteilchens Δm mit doppeltem Abstand r das vierfache Drehmoment M erforderlich ist.

So ist z. B. bei der in Bild 1b dargestellten Schwungscheibe der Summenausdruck $\Sigma\ (\Delta m \cdot r^2)$ größer als bei der in Bild 1a dargestellten Schwungscheibe, obwohl beide Teile die gleiche Masse besitzen.

Der Summenausdruck $\Sigma\ (\Delta m \cdot r^2)$ ist eine Größe für die Trägheit der Masse bei Drehbeschleunigung und wird als **Trägheitsmoment J** bezeichnet.

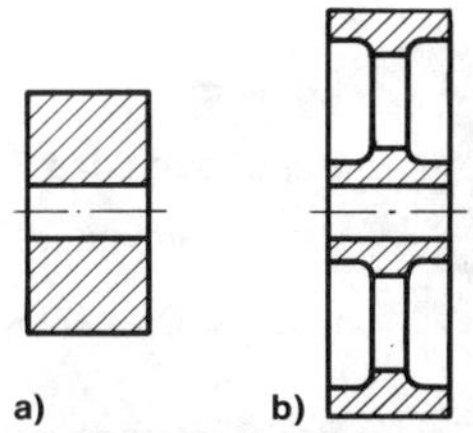

Bild 1 Schwungscheiben mit gleicher Masse, aber verschieden großem Massenträgheitsmoment

Das Trägheitsmoment J eines Körpers ist eine rechnerische Größe für die Trägheit der Masse bei Drehbewegung.

Das **Trägheitsmoment** beträgt:

⑰ $$J = \Sigma\ (\Delta m \cdot r^2)$$

J Trägheitsmoment in kg m²
Δm Teilmasse in kg
r Abstand der Teilmasse von der Drehachse in m

Damit gilt für das **Beschleunigungsdrehmoment eines Drehkörpers:**

⑱ $$M = J \cdot \alpha$$

M Beschleunigungsdrehmoment in Nm
J Trägheitsmoment in kg m²
α Winkelbeschleunigung in s^{-2}

Setzt man in Gleichung ⑱ J in kg m² und α in s^{-2} ein, so wird die Einheit für das Beschleunigungsdrehmoment:

$$\frac{kg \cdot m^2}{s^2} = \frac{kg \cdot m}{s^2} \cdot m = Nm$$

Da die Gleichung $M = J \cdot \alpha$ in ihrem Aufbau der Gleichung $F = m \cdot a$ bei Bewegung auf gerader Bahn entspricht, bezeichnet man die Gleichung $M = J \cdot \alpha$ als **Dynamisches Grundgesetz bei Drehbewegung.**

3.3.2.2 Berechnung des Trägheitsmoments

Trägheitsmoment einfacher Körper

Zur Berechnung des Beschleunigungsdrehmoments muß das Trägheitsmoment J des Drehkörpers bekannt sein. Die Berechnung des Summenausdrucks $J = \Sigma\ (\Delta m \cdot r^2)$ ist nur mit Hilfe der Integralrechnung möglich. Für einfache Körper wie Voll- und Hohlzylinder, Ring, Kegel u. a. sind die Berechnungsformeln für das Trägheitsmoment in Tabellen zusammengestellt.

Wie sich für einen Vollzylinder die Berechnungsformel für das Trägheitsmoment näherungsweise ermitteln läßt, zeigt folgendes Lehrbeispiel.

Lehrbeispiel 23:

Ermitteln Sie näherungsweise die Berechnungsformel für das Trägheitsmoment eines Vollzylinders

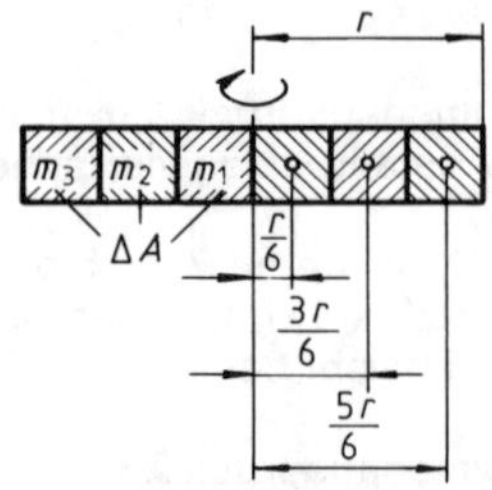

Bild 1 Skizze zur Ermittlung des Trägheitsmoments eines Zylinders

Lösung:

Zur Bildung des Summenausdrucks $\Sigma\,(\Delta m \cdot r^2)$ unterteilt man z. B. die Gesamtmasse m in die 3 Teilmassen m_1 mit dem Abstand $r_1 = \frac{r}{6}$ von der Drehachse, m_2 mit $r_2 = \frac{3\,r}{6}$ und m_3 mit $r_3 = \frac{5\,r}{6}$ (Bild 1).

Der Summenausdruck $J = \Sigma\,(\Delta m \cdot r^2)$ wird dann:

$$J = m_1 \cdot r_1^2 + m_2 \cdot r_2^2 + m_3 \cdot r_3^2 = m_1 \cdot \left(\frac{r}{6}\right)^2 + m_2 \cdot \left(\frac{3\,r}{6}\right)^2 + m_3 \cdot \left(\frac{5\,r}{6}\right)^2$$

Die Masse eines Körpers ist $m = V \cdot \varrho$. Bei homogenen Körpern ist ϱ konstant, also $m \sim V$.

Faßt man die Teilmassen m_1 bis m_3 als abgewickelte Zylinder bzw. Hohlzylinder auf, entstehen prismatische Körper mit der Grundfläche (Querschnittsfläche) ΔA. Damit wird:

$$V_1 = \Delta A \cdot 2\,r_1 \cdot \pi = \Delta A \cdot \frac{2\,r}{6}\,\pi = \Delta A \cdot \frac{r}{3} \cdot \pi$$

$$V_2 = \Delta A \cdot 2\,r_2 \cdot \pi = \Delta A \cdot \frac{2 \cdot 3\,r}{6}\,\pi = \Delta A \cdot r \cdot \pi$$

$$V_3 = \Delta A \cdot 2\,r_3 \cdot \pi = \Delta A \cdot \frac{2 \cdot 5\,r}{6}\,\pi = \Delta A \cdot \frac{5}{3} \cdot r \cdot \pi$$

Daraus folgt:

$V_1 : V_2 : V_3 = 1 : 3 : 5$ und damit $m_1 : m_2 : m_3 = 1 : 3 : 5$

also: $m_1 = \frac{m}{9}$, $m_2 = \frac{3\,m}{9}$ und $m_3 = \frac{5\,m}{9}$

Damit wird das Trägheitsmoment:

$$J = m_1 \cdot r_1^2 + m_2 \cdot r_2^2 + m_3 \cdot r_3^2$$

$$J = \frac{m}{9}\left(\frac{r}{6}\right)^2 + \frac{3\,m}{9}\left(\frac{3\,r}{6}\right)^2 + \frac{5\,m}{9}\left(\frac{5\,r}{6}\right)^2$$

$$J = \frac{m}{9} \cdot \frac{r^2}{36} + \frac{3\,m}{9} \cdot \frac{9\,r^2}{36} + \frac{5\,m}{9} \cdot \frac{25\,r^2}{36}$$

$$J = \frac{m \cdot r^2}{9 \cdot 36}\,(1 + 27 + 125) = \frac{m \cdot r^2 \cdot 153}{324}$$

$$J = \frac{m \cdot r^2}{2{,}12}$$

Bei Unterteilung in mehr Teilmassen nähert sich der Nenner dem Wert 2; bei unendlich vielen Teilmassen ($\Delta m \rightarrow dm$) ist beim Vollzylinder:

$$J = \frac{m \cdot r^2}{2}$$

Lehrbeispiel 24:

Eine Schleifscheibe mit 300 mm Durchmesser, 50 mm Breite und der Dichte $\varrho = 2\,\frac{\text{kg}}{\text{dm}^3}$ soll beim Anlaufen in 4 s durch gleichmäßiges Beschleunigen auf $n = 1\,420\ \text{min}^{-1}$ gebracht werden. Welches Drehmoment ist hierzu erforderlich?

Lösung:

Für das erforderliche Drehmoment zum Beschleunigen der Schleifscheibe gilt:

$$M = J \cdot \alpha$$

Betrachtet man die Schleifscheibe als Vollzylinder (die Aufnahmebohrung wird also vernachlässigt), dann gilt für das Trägheitsmoment mit $\varrho = 2\,\text{kg/dm}^3 = \frac{2\,\text{kg}}{0{,}001\,\text{m}^3} = 2\,000\,\frac{\text{kg}}{\text{m}^3}$:

$$J = \frac{m \cdot r^2}{2} = \frac{V \cdot \varrho \cdot r^2}{2} = \frac{r^2 \cdot \pi \cdot b \cdot \varrho \cdot r^2}{2} = \frac{r^4 \cdot b \cdot \varrho \cdot \pi}{2}$$

$$J = \frac{(0{,}15\,\text{m})^4 \cdot 0{,}05\,\text{m} \cdot 2\,000\,\frac{\text{kg}}{\text{m}^3} \cdot \pi}{2} = 0{,}08\,\text{kgm}^2$$

Die Winkelbeschleunigung wird mit $\omega = 2\pi \cdot n = 2\pi \cdot \frac{1420}{60}\,\text{s}^{-1} = 149\,\text{s}^{-1}$:

$$\alpha = \frac{\omega}{t} = \frac{149\,\text{s}^{-1}}{4\,\text{s}} = 37{,}3\,\text{s}^{-2}$$

Damit wird das Beschleunigungsdrehmoment:

$$M = J \cdot \alpha = 0{,}08\,\text{kgm}^2 \cdot 37{,}3\,\text{s}^{-2} = 2{,}98\,\frac{\text{kgm}}{\text{s}^2} \cdot \text{m} = \underline{2{,}98\,\text{Nm}}$$

Trägheitsmoment zusammengesetzter Körper (Steinerscher Verschiebesatz)

Die in Tabellen zusammengestellten Berechnungsformeln für das Trägheitsmoment gelten nur, wenn die Drehachse mit der Körperschwerachse zusammenfällt. Bei der in Bild 1 dargestellten exzentrischen Scheibe ist die Schwerachse S um den Betrag l von der Drehachse 0 entfernt.

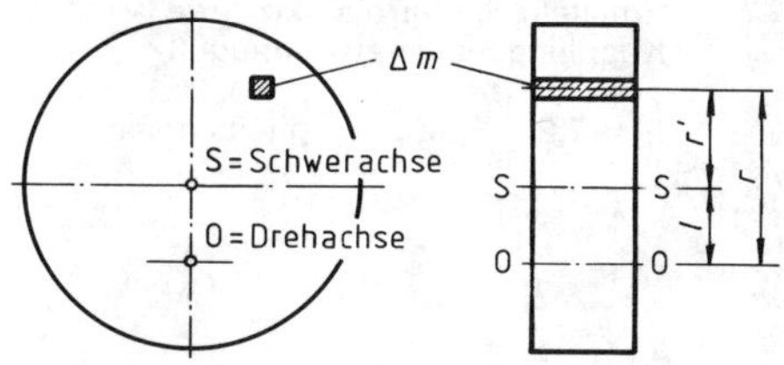

Bild 1 Skizze zur Herleitung des Steinerschen Verschiebesatzes

Das Trägheitsmoment ist:

$$J = \Sigma\,(\Delta m \cdot r^2)$$

Dabei ist $r = r' + l$, wobei r' – je nach Lage des betrachteten Masseteilchens – auch negativ sein kann. Das auf die Drehachse 0 bezogene Trägheitsmoment wird damit:

$$J_0 = \Sigma\,(\Delta m \cdot r^2) = \Sigma\,[\Delta m\,(r' + l)^2] = \Sigma\,[\Delta m\,(r'^2 + 2\,r' \cdot l + l^2)]$$
$$J_0 = \Sigma\,(\Delta m \cdot r'^2) + 2\,l \cdot \Sigma\,(\Delta m \cdot r') + l^2 \cdot \Sigma\,\Delta m$$

Der erste Summand $\Sigma\,(\Delta m \cdot r'^2)$ ist das Trägheitsmoment J_S des Körpers, bezogen auf seine Schwerachse S. Da sich die Teilmomente $\Delta m \cdot r'$, bezogen auf die Schwerachse, gegenseitig aufheben (Definition des Schwerpunkts; r' ist positiv und negativ), ist der Ausdruck $\Sigma\,(\Delta m \cdot r') = 0$ und damit der zweite Summand $2\,l \cdot \Sigma\,(\Delta m \cdot r') = 0$. Im dritten Summand ist $\Sigma \Delta m = m$.

Damit ist das auf die Drehachse 0 bezogene **Trägheitsmoment:**

(19)

$$J_0 = J_S + m \cdot l^2$$

- J_0 Trägheitsmoment, bezogen auf die Drehachse 0 in kgm^2
- J_S Trägheitsmoment, bezogen auf die zur Drehachse parallele Schwerachse S des Körpers in kgm^2
- m Masse in kg
- l Abstand der Drehachse von der Schwerachse in m

Die Gleichung ⑲ sagt aus **(Verschiebesatz von Steiner)**[1]:

Das Trägheitsmoment J_0 eines Körpers, dessen Schwerachse S den Abstand l von der Drehachse 0 hat, ist gleich dem Trägheitsmoment J_S dieses Körpers, bezogen auf seine zur Drehachse 0 parallelen Schwerachse S, vermehrt um das Produkt aus Masse m und dem Quadrat des Abstands l.

Wird der Körper in mehrere Teilkörper aufgeteilt, deren Schwerachsen nicht mit der Drehachse zusammenfallen, so ist das auf die Drehachse bezogene **Trägheitsmoment:**

⑳ a
$$J_0 = J_{S1} + m_1 \cdot l_1^2 + J_{S2} + m_2 \cdot l_2^2 + \ldots + J_{Sn} + m_n \cdot l_n^2 = \Sigma J_S + \Sigma(m \cdot l^2)$$

J_0 Trägheitsmoment, bezogen auf die Drehachse in kg m²
$J_{S1}, J_{S2} \ldots J_{Sn}$ Trägheitsmoment des Teilkörpers, bezogen auf die zur Drehachse 0 parallele Schwerachse S des Teilkörpers in kg m²
$m_1, m_2 \ldots m_n$ Masse des Teilkörpers in kg
$l_1, l_2 \ldots l_n$ Abstand der Teilkörper-Schwerachse von der Drehachse 0 in m

Fallen bei einem zusammengesetzten Körper die Schwerachsen der Teilkörper mit der Drehachse 0 zusammen, dann sind die Abstände l_1, l_2 … l_n gleich Null. Dann wird das **Trägheitsmoment:**

⑳ b
$$J_0 = J_{S1} + J_{S2} + \ldots + J_{Sn} = \Sigma J_S$$

J_0 und J_S wie bei Gleichung (20) a

Lehrbeispiel 25:

Ermitteln Sie für die skizzierte Kupplungshälfte aus Grauguß $\left(\varrho = 7{,}2\ \frac{\text{kg}}{\text{dm}^3}\right)$ das Trägheitsmoment.

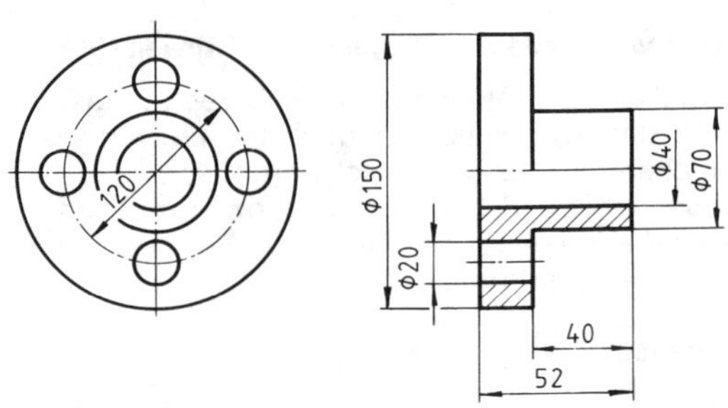

Bild 1 Kupplungshälfte

Lösung:

Das Bauteil wird in mehrere einfache Teilkörper, in diesem Fall in 4 Vollzylinder, aufgeteilt (Bild 2).

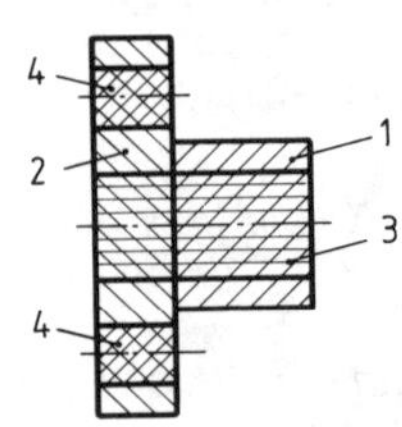

Bild 2 Aufteilung in einfache Teilkörper (Vollzylinder)

Das Trägheitsmoment ist:

$$J_0 = \Sigma J = J_{S1} + J_{S2} - J_{S3} - 4 \cdot J_4$$

Bei den Teilkörpern 1, 2 und 3 fallen die Schwerachsen mit der Drehachse zusammen, der Ausdruck $m \cdot l^2$ wird gleich Null und $J_0 = J_S$. Beim Teilkörper 4 ist die Drehachse gegenüber der Schwerachse verschoben, es ist $J_0 = J_S + m \cdot l^2$.

[1] Jakob Steiner, schweiz. Mathematiker (1796–1863)

Die Trägheitsmomente der Teilkörper sind:

$$J_{S1} = \frac{m_1 \cdot r_1^2}{2} = \frac{A_1 \cdot l_1 \cdot \varrho \cdot r_1^2}{2} = \frac{38{,}5\,\text{cm}^2 \cdot 4\,\text{cm} \cdot 7{,}2\,\frac{\text{g}}{\text{cm}^3} \cdot (3{,}5\,\text{cm})^2}{2}$$

$$J_{S1} = 6\,791\,\text{gcm}^2 \approx 6{,}79\,\text{kgcm}^2$$

$$J_{S2} = \frac{m_2 \cdot r_2^2}{2} = \frac{A_2 \cdot l_2 \cdot \varrho \cdot r_2^2}{2} = \frac{177\,\text{cm}^2 \cdot 1{,}2\,\text{cm} \cdot 7{,}2\,\frac{\text{g}}{\text{cm}^3} \cdot (7{,}5\,\text{cm})^2}{2}$$

$$J_{S2} = 43\,011\,\text{gcm}^2 \approx 43{,}0\,\text{kgcm}^2$$

$$J_{S3} = \frac{m_3 \cdot r_3^2}{2} = \frac{A_3 \cdot l_3 \cdot \varrho \cdot r_3^2}{2} = \frac{12{,}6\,\text{cm}^2 \cdot 5{,}2\,\text{cm} \cdot 7{,}2\,\frac{\text{g}}{\text{cm}^3} \cdot (2\,\text{cm})^2}{2}$$

$$J_{S3} = 943{,}5\,\text{gcm}^2 \approx 0{,}94\,\text{kg cm}^2$$

$$J_4 = J_{S4} + m \cdot l^2 = \frac{m_4 \cdot r_4^2}{2} + m_4 \cdot l^2 = m_4\left(\frac{r_4^2}{2} + l^2\right) = A_4 \cdot l_4 \cdot \varrho\left(\frac{r_4^2}{2} + l^2\right)$$

$$J_4 = 3{,}14\,\text{cm}^2 \cdot 1{,}2\,\text{cm} \cdot 7{,}2\,\frac{\text{g}}{\text{cm}^3}\left[\frac{(1\,\text{cm})^2}{2} + (6\,\text{cm})^2\right] = 990{,}2\,\text{gcm}^2 \approx 0{,}99\,\text{kg cm}^2$$

Damit wird das Trägheitsmoment der Kupplungshälfte:

$$J_0 = J_{S1} + J_{S2} - J_{S3} - 4 \cdot J_4 = (6{,}79 + 43{,}0 - 0{,}94 - 4 \cdot 0{,}99)\,\text{kg cm}^2 = 44{,}89\,\text{kgcm}^2 \approx \underline{45\,\text{kgcm}^2}$$

3.3.2.3 Trägheitsradius und reduzierte Masse

Trägheitsradius

Auch bei rotierenden Körpern kann man sich die Masse in einem Punkt vereinigt denken. Die Lage dieses Punktes, d. h. sein Abstand von der Drehachse, wird dadurch bestimmt, daß die punktförmige Masse die gleiche Wirkung, also das gleiche Trägheitsmoment haben muß wie der Körper selbst. Wie der Abstand des Massepunktes ermittelt wird, zeigt folgende Aufgabe.

Aufgabe:

Die Masse einer Schwungscheibe aus Grauguß soll in einem Punkt vereinigt sein.

Welchen Abstand *i* muß diese punktförmige Masse haben, wenn sie das gleiche Trägheitsmoment wie die Schwungscheibe haben soll?

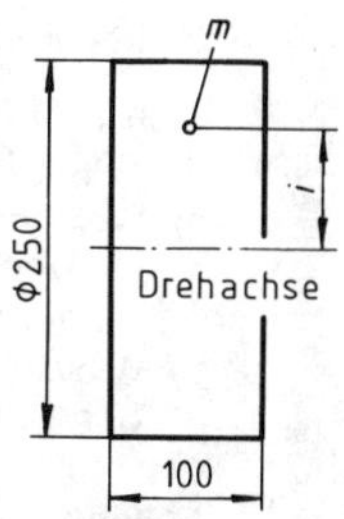

Bild 1 Skizze zur Ermittlung des Trägheitsradius einer Schwungscheibe

Lösung:

Den Abstand *i*, bei dem die punktförmig gedachte Masse des Körpers das gleiche Trägheitsmoment besitzt wie der Körper selbst, nennt man **Trägheitsradius.**

Für das Trägheitsmoment der punktförmigen Masse gilt:

$$J = \Sigma\,(\Delta m \cdot r^2)$$

Da die gesamte Masse in einem Punkt vereinigt ist, braucht man nicht aufsummieren. Das Trägheitsmoment der Scheibe ist:

$$J = m \cdot i^2$$

Daraus folgt für den **Trägheitsradius:**

(21) $$i = \sqrt{\frac{J}{m}}$$

i Trägheitsradius in m
J Trägheitsmoment in kgm^2
m Masse in kg

Der Trägheitsradius i eines Körpers ist der Abstand von der Drehachse, den die punktförmige Gesamtmasse haben muß, um das gleiche Trägheitsmoment zu besitzen wie der Körper selbst.

Für die Schwungscheibe ist der Trägheitsradius:

$$i = \sqrt{\frac{J}{m}} = \sqrt{\frac{m \cdot \frac{r^2}{2}}{m}} = \frac{r}{\sqrt{2}} = \frac{0{,}125\,\text{m}}{\sqrt{2}} = 0{,}0885\,\text{m} = \underline{88{,}5\,\text{mm}}$$

Der Trägheitsradius i ist nur von der Körperform abhängig; für einfache Körper finden Sie die Berechnungsformeln für Trägheitsradien in Tabellen.

Reduzierte Masse

Bringt man die punktförmige Masse in einem Abstand $r > i$ von der Drehachse an, so genügt eine kleinere, **reduzierte Masse m_{red}**, um dasselbe Trägheitsmoment zu erzeugen.

Aus $J = m_{red} \cdot r^2$ folgt für die **reduzierte Masse:**

(22) $$m_{red} = \frac{J}{r^2}$$

m_{red} reduzierte Masse in kg
J Trägheitsmoment in kgm^2
r Radius in m

Die reduzierte Masse m_{red} eines Körpers ist eine im beliebigen Abstand r angebrachte punktförmige Masse, die das gleiche Trägheitsmoment besitzt wie der Körper selbst.

Da der Körper durch die Masse m_{red} ersetzt ist, bezeichnet man sie auch als **Ersatzmasse.** Je nach Größe von r ergeben sich verschieden große reduzierte Massen für dasselbe Trägheitsmoment.

Lehrbeispiel 26:

Eine Schwungscheibe aus Grauguß soll durch einen Stahlring mit gleichem Trägheitsmoment ersetzt werden.

a) Welchen Durchmesser d muß der Ringquerschnitt erhalten? (Trägheitsmoment von Nabe und Speichen sind zu vernachlässigen.)

b) Wieviel % beträgt die Masse des Rings gegenüber der Schwungscheibenmasse?

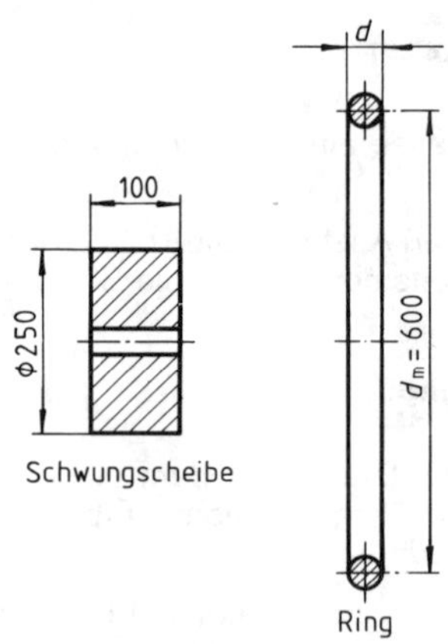

Bild 1 Drehkörper mit gleichem Trägheitsmoment

Lösung:

a) Mit $m = A \cdot b \cdot \varrho = 4{,}91\,\text{dm}^2 \cdot 1\,\text{dm} \cdot 7{,}2\,\frac{\text{kg}}{\text{dm}^3} = 35{,}4\,\text{kg}$ wird das Trägheitsmoment der Schwungscheibe:

$$J = \frac{m \cdot r^2}{2} = \frac{35{,}4\,\text{kg} \cdot (1{,}25\,\text{dm})^2}{2} = 27{,}6\,\text{kg}\,\text{dm}^2 = 0{,}276\,\text{kgm}^2$$

Da die Querschnittsfläche des Rings relativ klein ist, kann man sich die Masse im Mittelpunkt dieser Fläche vereinigt denken. Der Ring soll das gleiche Trägheitsmoment besitzen wie die Scheibe, also gilt:

$$J_{Ring} = 0{,}276\,\text{kgm}^2$$

Damit ergibt sich für die Masse des Rings:

$$m = m_{red} = \frac{J}{r^2} = \frac{0{,}276\,\text{kgm}^2}{(0{,}3\,\text{m})^2} = 3{,}07\,\text{kg}$$

Aus $m = V \cdot \varrho = d_m \cdot \pi \cdot A \cdot \varrho$ folgt für die Querschnittsfläche des Rings:

$$A = \frac{m}{d_m \cdot \pi \cdot \varrho} = \frac{3{,}07\,\text{kg}}{6\,\text{dm} \cdot \pi \cdot 7{,}85\,\frac{\text{kg}}{\text{dm}^3}} = 0{,}0207\,\text{dm}^2 = 207\,\text{mm}^2$$

und für den Durchmesser: $d = \underline{16{,}2\,\text{mm}}$

b) Mit der Scheibenmasse $m = V \cdot \varrho = A \cdot b \cdot \varrho = 4{,}91\,\text{dm}^2 \cdot 1\,\text{dm} \cdot 7{,}2\,\frac{\text{kg}}{\text{dm}^3} = 35{,}4\,\text{kg}$ wird:

$$\frac{m_{red}}{m} = \frac{3{,}07\,\text{kg}}{35{,}4\,\text{kg}} = 0{,}0867 \approx \underline{8{,}7\,\%}$$

Die reduzierte Masse des Rings ist 8,7 % der Schwungscheibenmasse.

Lehrbeispiel 27:

Ermitteln Sie für eine Seiltrommel aus 2 mm starkem Stahlblech:

a) das Trägheitsmoment,

b) den Trägheitsradius,

Die Lagerbohrungen sind zu vernachlässigen.

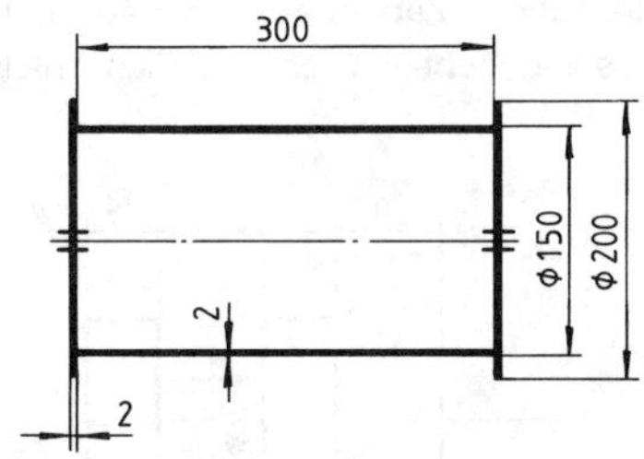

Bild 1 Seiltrommel

Lösung:

a) Zur Berechnung des Trägheitsmoments wird die Trommel in einen Hohlzylinder (Mantel) und in 2 Zylinder (Seitenwände) zerlegt, deren Drehachsen mit der Trommeldrehachse zusammenfallen. Damit wird:

$$J_0 = J_1 + 2 \cdot J_2$$

Mit $m_1 = A_1 \cdot l \cdot \varrho = \pi \cdot dm \cdot s \cdot l \cdot \varrho = \pi \cdot 1{,}48\,\text{dm} \cdot 0{,}02\,\text{dm} \cdot 3\,\text{dm} \cdot 7{,}85\,\frac{\text{kg}}{\text{dm}^3} = 2{,}19\,\text{kg}$

wird das Trägheitsmoment des Hohlzylinders:

$$J_1 = \frac{m\,(R^2 + r^2)}{2} = \frac{2{,}19\,\text{kg}\,(0{,}075^2 + 0{,}073^2)\,\text{m}^2}{2}$$

$$J_1 = 0{,}012\,\text{kgm}^2$$

Mit $m_2 = A_2 \cdot s \cdot \varrho = \frac{D^2 \cdot \pi}{4} \cdot s \cdot \varrho = \frac{(2\,\text{dm})^2 \cdot \pi}{4}\,0{,}02\,\text{dm} \cdot 7{,}85\,\frac{\text{kg}}{\text{dm}^3} = 0{,}493\,\text{kg}$

und $r = 0{,}1$ m wird das Trägheitsmoment des Zylinders:

$$J_2 = \frac{m_2 \cdot r_2^2}{2} = \frac{0{,}493\,\text{kg} \cdot 0{,}1\,\text{m}}{2} = 0{,}0247\,\text{kgm}^2$$

Damit wird das Trägheitsmoment der Seiltrommel:

$$J_0 = J_1 + 2 \cdot J_2 = 0{,}012\,\text{kgm}^2 + 2 \cdot 0{,}0247\,\text{kgm}^2 = \underline{0{,}061\,\text{kgm}^2}$$

b) Mit $m = m_1 + 2\,m_2 = 2{,}19\,\text{kg} + 2 \cdot 0{,}493\,\text{kg} = 3{,}18\,\text{kg}$

wird der Trägheitsradius:

$$i = \sqrt{\frac{J}{m}} = \sqrt{\frac{0{,}061\,\text{kgm}^2}{3{,}18\,\text{kg}}} = \underline{0{,}139\,\text{m}}$$

Übungsaufgaben:

1. Für die geschweißte Schwungscheibe (St 37) einer Pumpe sind zu bestimmen:
   a) das Trägheitsmoment J_0,
   b) der Trägheitsradius i,
   c) die auf den äußeren Kranzumfang reduzierte Masse m_{red},
   d) das erforderliche Beschleunigungsdrehmoment M, wenn die Schwungscheibe in 50 s eine Drehzahl von n = 500 min^{-1} erreichen soll.

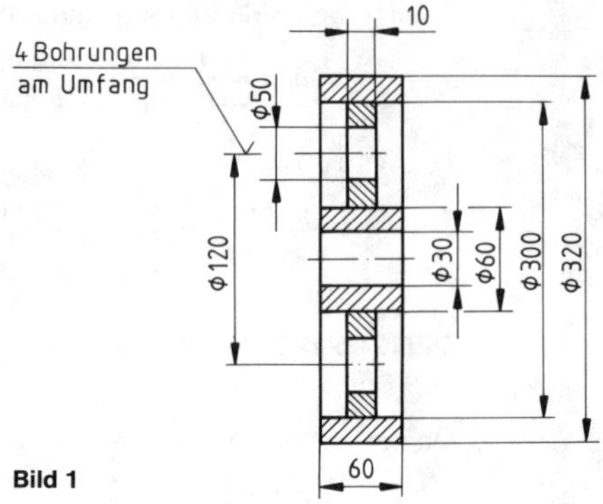

Bild 1

2. Für die Kurbelwelle mit Schwungrad aus Stahl sind zu bestimmen:
   a) das auf die Drehachse bezogene Trägheitsmoment J_0,
   b) der Trägheitsradius i,
   c) die auf den Zapfenradius r = 10 mm reduzierte Masse m_{red},
   d) das abgegebene Drehmoment, wenn in 10 s die Drehzahl von n = 3 000 min^{-1} auf n = 1 000 min^{-1} gleichmäßig abfällt.

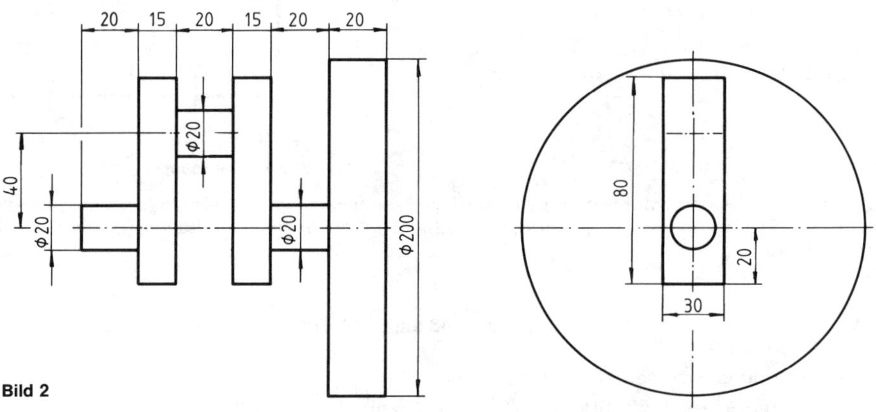

Bild 2

3.3.2.4 Drehenergie

Ebenso wie ein geradlinig bewegter Körper besitzt ein sich drehender Körper (z. B. Schwungscheibe) kinetische Energie. Bei einem Spielzeugauto mit Schwungradantrieb wird die kinetische Energie, die durch Anschieben in der Schwungscheibe gespeichert wurde, zum Antrieb benutzt und während der geradlinigen Bewegung des Autos langsam abgegeben.

Die kinetische Energie eines rotierenden Körpers kann aus der Arbeit errechnet werden, die notwendig ist, ihn in Drehung zu versetzen, d. h. zu beschleunigen.

Die zum Beschleunigen erforderliche Dreharbeit muß nach dem **Energieerhaltungssatz** der **Drehenergie** entsprechen, die der Körper besitzt und wieder abgeben kann, wenn er mit der Winkelgeschwindigkeit ω rotiert.

Für die Arbeit bei Drehbewegung gilt: $W = M \cdot \varphi$. Ersetzt man darin M durch das Beschleunigungsmoment $M = J \cdot \alpha = J \cdot \frac{\Delta\omega}{\Delta t}$, dann wird die zum Beschleunigen des Drehkörpers erforderliche **Dreharbeit:**

(23) $$W = J \cdot \frac{\Delta\omega}{\Delta t} \cdot \varphi$$

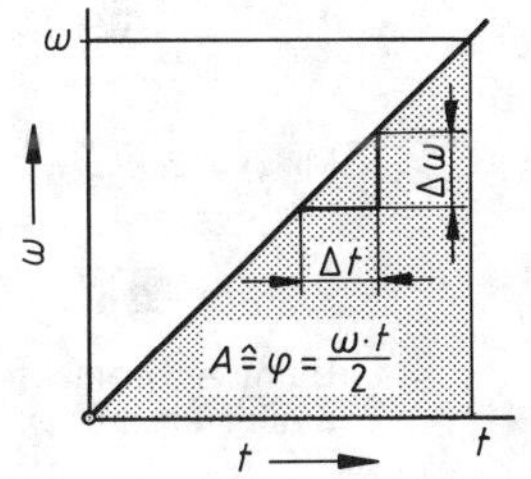

Bild 1 ***ω, t*-Diagramm für gleichmäßige Winkelbeschleunigung**

Wird der Drehkörper aus dem Stillstand in der Zeit *t* gleichmäßig auf die Winkelgeschwindigkeit ω beschleunigt, so ist die Winkelbeschleunigung konstant und wird $\alpha = \frac{\Delta\omega}{\Delta t} = \frac{\omega}{t}$. Im ω, *t*-Diagramm steigt die Winkelgeschwindigkeit gleichmäßig von 0 bis ω an (Bild 1). Die Fläche unter der ω-Linie entspricht dem Drehwinkel φ. Für die Dreiecksfläche ist:

$$\varphi = \frac{\omega \cdot t}{2}$$

Mit $\frac{\Delta\omega}{\Delta t} = \frac{\omega}{t}$ und $\varphi = \frac{\omega \cdot t}{2}$ wird die zum gleichmäßigen Beschleunigen eines Drehkörpers erforderliche Arbeit:

$$W = J \cdot \frac{\Delta\omega}{\Delta t} \cdot \varphi = J \cdot \frac{\omega}{t} \cdot \frac{\omega \cdot t}{2} = \frac{J \cdot \omega^2}{2}$$

Die Arbeit ist gleich der Drehenergie eines rotierenden Körpers.

Damit gilt für die **Drehenergie:**

(24) $$W_{rot} = J \cdot \frac{\omega^2}{2}$$

W_{rot} Drehenergie in J
ω Winkelgeschwindigkeit in s^{-1}
J Trägheitsmoment in kgm^2

Lehrbeispiel 28:

Eine Stahlscheibe läuft mit der Drehzahl $n = 1\,400\ min^{-1}$. Sie wird durch ein Bremsmoment von 0,8 Nm zum Stillstand gebracht.

a) Welche Drehenergie hat die rotierende Scheibe?
b) Nach wieviel Umdrehungen und nach welcher Zeit kommt die Scheibe zum Stillstand?

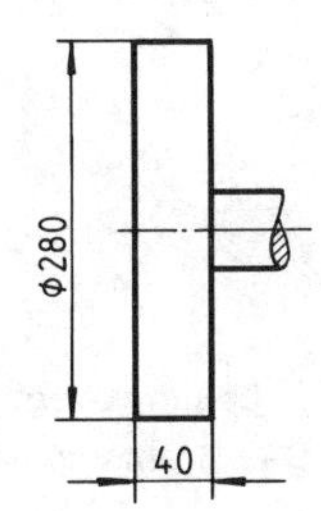

Bild 2 Scheibe

Lösung:

a) Das Trägheitsmoment für die zylindrische Scheibe ist:

$$J = \frac{m \cdot r^2}{2} = \frac{V \cdot \varrho \cdot r^2}{2} = \frac{A \cdot l \cdot \varrho \cdot r^2}{2}$$

$$J = \frac{6{,}16\ dm^2 \cdot 0{,}4\ dm \cdot 7{,}85\ \frac{kg}{dm^3} \cdot (1{,}4\ dm)^2}{2}$$

$$J = 18{,}96\ kgdm^2 \approx 0{,}19\ kgm^2$$

Damit wird mit $\omega = 2\pi \cdot n = 2\pi\ \frac{1\,400}{60}\ s^{-1} = 147\ s^{-1}$ die Drehenergie:

$$W_{rot} = \frac{J \cdot \omega^2}{2} = \frac{0{,}19\ kgm^2\ (147\ s^{-1})^2}{2} = 2\,053\ \frac{kgm}{s^2}\ m = 2\,053\ Nm = \underline{2\,053\ J}$$

b) Die Drehenergie ist gleich der Bremsarbeit:

$$W_{rot} = \frac{J \cdot \omega^2}{2} = M \cdot \varphi$$

Damit wird der Drehwinkel:

$$\varphi = \frac{W_{rot}}{M} = \frac{2\,053\,\text{Nm}}{0{,}8\,\text{Nm}} = 2\,566$$

Mit $\varphi = 2\pi \cdot z$ wird die Anzahl der Umdrehungen bis zum Stillstand:

$$z = \frac{\varphi}{2\pi} = \frac{2\,566}{2\pi} = \underline{408}$$

Beim Abbremsen wird die Winkelgeschwindigkeit gleichmäßig bis auf $\omega = 0$ verzögert. Nach dem ω, t-Diagramm (Bild 1) muß also gelten: $\varphi = \frac{\omega \cdot t}{2}$

Damit wird die Auslaufzeit:

$$t = \frac{2 \cdot \varphi}{\omega} = \frac{2 \cdot 2\,566}{147\,\text{s}^{-1}} = \underline{34{,}9\,\text{s}}$$

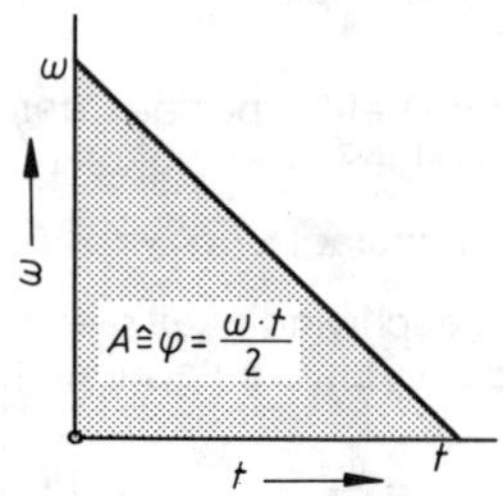

Bild 1 ω**, t-Diagramm für gleichmäßige Winkelverzögerung**

Lehrbeispiel 29:

Die Trommel aus Lehrbeispiel 27 soll in $t = 3$ s aus $n = 600\,\text{min}^{-1}$ bis zum Stillstand abgebremst werden.

Welches Bremsmoment ist erforderlich?

Lösung:

1. Lösungsweg:

Die Bremsarbeit ist gleich der Drehenergie:

$$M \cdot \varphi = W_{rot} = \frac{J \cdot \omega^2}{2}$$

Für eine gleichmäßige Winkelverzögerung gilt (nach dem ω, t-Diagramm) $\varphi = \frac{\omega \cdot t}{2}$. Damit wird mit

$\omega = 2\pi \cdot n = 2\pi \frac{600}{60}\,\text{s}^{-1} = 62{,}8\,\text{s}^{-1}$ und $J = 0{,}061\,\text{kgm}^2$ das erforderliche Drehmoment:

$$M = \frac{J \cdot \omega^2}{2 \cdot \varphi} = \frac{J \cdot \omega^2}{2\,\frac{\omega \cdot t}{2}} = \frac{J \cdot \omega}{t} = \frac{0{,}061\,\text{kgm}^2 \cdot 62{,}8\,\text{s}^{-1}}{3\,\text{s}}$$

$$M = 1{,}28\,\frac{\text{kgm}}{\text{s}^2} \cdot \text{m} = \underline{1{,}28\,\text{Nm}}$$

2. Lösungsweg:

Das Bremsmoment ist gleich dem Beschleunigungsdrehmoment:

$$M_{Br} = M = J \cdot \alpha = J \cdot \frac{\omega}{t} = \frac{0{,}061\,\text{kgm}^2 \cdot 62{,}8\,\text{s}^{-1}}{3\,\text{s}} = \underline{1{,}28\,\text{Nm}}$$

Lehrbeispiel 30:

Ein Gyrobus mit Schwungradantrieb hat ein Schwungrad mit einer Masse $m = 1\,500$ kg und einem Durchmesser von $d = 1{,}6$ m. Das Schwungrad wird durch einen Elektromotor auf eine Drehzahl von $n = 3\,000\,\text{min}^{-1}$ gebracht.

Welchen Weg kann ein Bus (Masse $m = 12$ t) auf ebener Fahrbahn mit einer konstanten Geschwindigkeit von $v = 40$ km/h zurücklegen, wenn die Fahrwiderstandszahl $\mu_F = 0{,}03$ beträgt und die Drehzahl des Schwungrads von $n = 3\,000\,\text{min}^{-1}$ auf $n = 1\,000\,\text{min}^{-1}$ absinken darf? (Übertragungsverluste dürfen vernachlässigt werden.)

Lösung:

Nach dem Energieerhaltungssatz gilt:

$$W_{rot} = W_k + W$$

Mit $J = \frac{m \cdot r^2}{2} = \frac{1\,500\,\text{kg} \cdot (0{,}8\,\text{m})^2}{2} = 480\,\text{kgm}^2$

wird die abgegebene Drehenergie des Schwungrads:

$$W_{rot} = W_{rot\,1} - W_{rot\,2} = \frac{1}{2} \cdot J \cdot (\omega_1^2 - \omega_2^2)$$

$$= \frac{1}{2} \cdot 480\,\text{kgm}^2 \left[\left(\frac{2\,\pi \cdot 3000}{60}\right)^2 - \left(\frac{2\,\pi \cdot 1000}{60}\right)^2\right] \text{s}^{-2}$$

$$= 21\,052\,000\,\text{kgm}^2/\text{s}^2 \approx 21\,000\,\text{k}J$$

Die kinetische Energie beträgt:

$$W_k = \frac{1}{2}\,m \cdot v^2 = \frac{1}{2} \cdot 12\,000\,\text{kg} \cdot \left(\frac{40\,\text{m}}{3{,}6\,\text{s}}\right)^2 = 741\,000\,\frac{\text{kgm}}{\text{s}^2} \cdot \text{m} = 741\,000\,\text{J}$$

Die zum Überwinden des Fahrwiderstands benötigte Energie beträgt $W = F_F \cdot s$.

Mit $F_F = \mu_F \cdot m \cdot g = 0{,}03 \cdot 12\,000\,\text{kg} \cdot 9{,}81\,\text{m/s}^2 = 3\,532\,\text{N}$ wird der zurückgelegte Weg:

$$s = \frac{W_{rot} - W_k}{F_F} = \frac{(21\,052\,000 - 741\,000)\,J}{3\,532\,\text{N}} = \underline{\underline{5750\,\text{m}}}$$

Übungsaufgaben:

1. Der Anker eines Elektro-Motors mit der Masse $m = 60\,\text{kg}$ hat ein Trägheitsmoment $J = 0{,}03\,\text{kgm}^2$. Die Durchmesser der Lagerzapfen betragen $d = 50\,\text{mm}$. Nach dem Abschalten kommt der Anker aus $n = 1\,400\,\text{min}^{-1}$ durch die Lagerreibung nach 1300 Umdrehungen zum Stillstand.

   Welche Lagerreibzahl ist vorhanden?

2. Ein Stahlrad mit einem Durchmesser von $d = 100\,\text{mm}$ fängt auf einer unter 15° geneigten Ebene an zu rollen. Welche Geschwindigkeit erreicht der Mittelpunkt des Rads nach 5 m Rollstrecke, wenn der Hebelarm der Rollreibung $f = 0{,}05\,\text{cm}$ beträgt?

4 FESTIGKEITSLEHRE

4.1 Innere Kräfte, Spannungen und Grundbeanspruchungsarten

4.1.1 Aufgaben der Festigkeitslehre

Die **Festigkeitslehre** hilft, Bau- und Maschinenteile zu berechnen. Im Betrieb wirken auf diese Teile Kräfte, die bekannt sind bzw. mit Hilfe der Statik ermittelt werden müssen (z. B. Lagerkräfte). Das Bauteil ist so auszuführen, daß es trotz dieser einwirkenden Kräfte funktionsfähig ist.

Warum kann ein Bauteil infolge zu großer Kräfte versagen, d. h. nicht mehr funktionsfähig sein?

a) Kräfte verursachen **Verformungen.** Diese Verformungen können so groß werden, daß das Bauteil nicht mehr einwandfrei funktioniert. Eine Getriebewelle kann sich so stark durchbiegen, daß sie in den Lagern klemmt und Welle und Lager sich durch die Reibung unzulässig erwärmen und rasch verschleißen.

b) Die Kräfte werden so groß, daß das Bauteil zu **Bruch** geht.

Die Aufgabe der Festigkeitslehre ist es, die Haltbarkeit von Bau- bzw. Maschinenteilen zu untersuchen.

Ob ein Bauteil hält, hängt von folgenden Größen ab:

a) von den am Bauteil angreifenden Kräften,

b) von den Abmessungen des Bauteils und

c) vom verwendeten Werkstoff.

Die Festigkeitslehre hat also folgende Aufgaben zu lösen:

a) Ermittlung der **Kräfte,** die ein Bauteil aufnehmen kann, dessen Werkstoff und Abmessungen bekannt sind (Nachprüfung),

b) Ermittlung der **Abmessungen** des Bauteils, wenn Werkstoff und angreifende Kräfte bekannt sind,

c) Wahl des **Werkstoffs,** wenn die angreifenden Kräfte und die ungefähren Abmessungen bekannt sind.

Wirken an einem Bauteil **äußere Kräfte,** so werden im Inneren des Bauteils **innere Kräfte** wachgerufen. Ob der Werkstoff die inneren Kräfte ohne Versagen (zu große Verformung bzw. Bruch) übertragen kann, hängt von seinen Festigkeitseigenschaften ab. Aufgabe der Werkstoffprüfung ist es, die in der Festigkeitslehre benötigten **Festigkeitswerte** zu ermitteln.

Um allgemeingültige Rechenregeln aufstellen zu können, nach denen die Haltbarkeit eines Bauteils zu berechnen ist, muß seine Form für die Berechnung vereinfacht angenommen werden. In der elementaren Festigkeitslehre können nur solche Bauteile berechnet werden, die vereinfacht eine Stabform mit **gerader Stabachse** besitzen. Die Stabachse entspricht dabei der Schwerachse des Bauteils. (Bild 1).

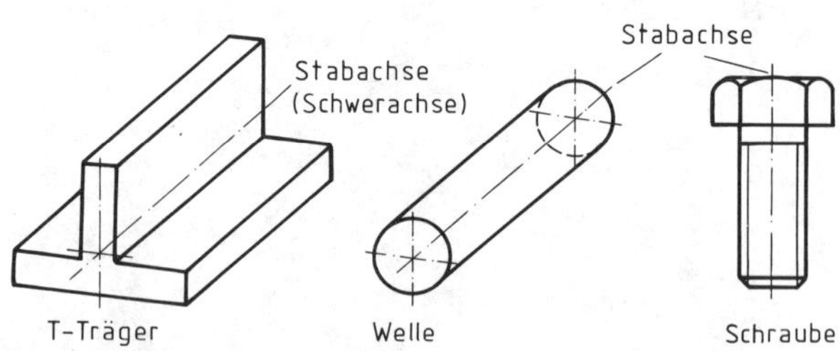

Bild 1 Bauteile mit gerader Stabachse

4.1.2 Ermittlung der inneren Kräfte (Schnittmethode)

An dem in Bild 1 skizzierten Stab, der an der Stelle A fest eingespannt ist, greift die Belastungskraft $F = 40\,kN$ an.

Von der Einspannung muß als Gegenkraft eine der Belastungskraft F entgegengesetzt wirkende Reaktionskraft $F = 40\,kN$ erzeugt werden, um am Stab das Gleichgewicht herzustellen (Bild 2).

Belastungs- und Reaktionskräfte sind äußere Kräfte, sie **belasten**[1] das Bauteil. Unter der Einwirkung dieser äußeren Kräfte werden im Innern des Bauteils innere Kräfte wachgerufen, die den äußeren Kräften das Gleichgewicht halten. Der Trennwiderstand des Werkstoffs muß so groß sein, daß diese inneren Kräfte übertragen werden können.

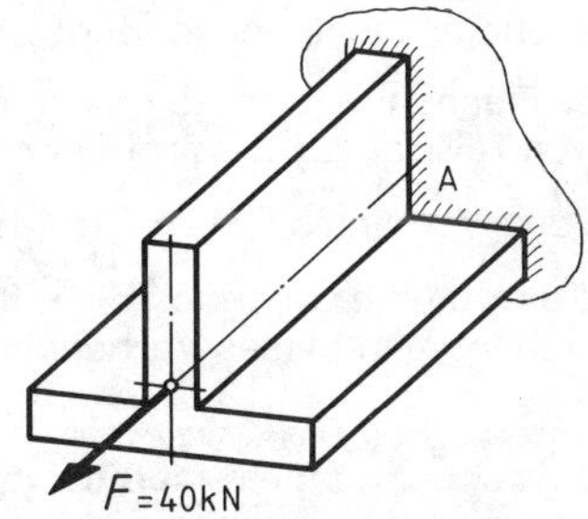

Bild 1 Stab mit Belastungskraft *F*

Äußere Kräfte rufen im Bauteil innere Kräfte hervor.

Die inneren Kräfte **beanspruchen** das Bauteil, man bezeichnet ihre Wirkung deshalb als **Beanspruchung.**

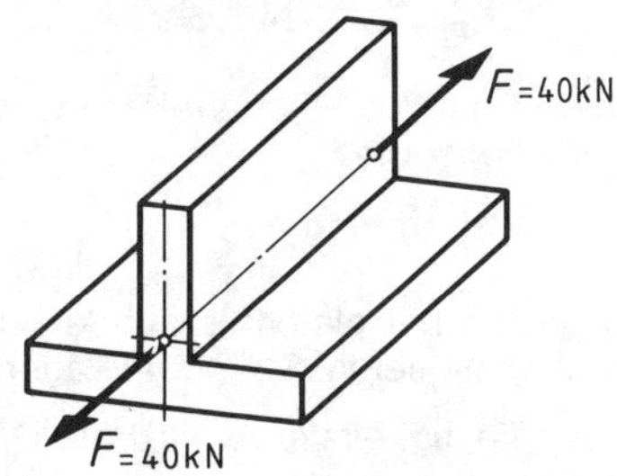

Bild 2 Äußere Kräfte an einem Stab

Soll für eine bestimmte Stelle des Stabes die Beanspruchung ermittelt werden, so sind für diese Stelle Größe und Richtung der inneren Kräfte zu bestimmen. Dazu denkt man sich den Stab an der Stelle durchgeschnitten, für die die Beanspruchung ermittelt werden soll (Bild 3).

Der durch die äußeren Kräfte F belastete Stab ist vor dem Durchschneiden im Gleichgewicht, da die beiden äußeren Kräfte gleich groß sind, dieselbe Wirklinie haben und entgegengesetzt gerichtet sind. Damit ein Stabteil wieder im Gleichgewicht steht, muß man sich die inneren Kräfte durch eine äußere Gleichgewichtskraft F_g ersetzt denken, wobei

$F_g = F = 40\,kN$ ist.

Die inneren Kräfte im nicht durchschnittenen Stab haben dieselbe Wirkung wie die gedachte äußere Kraft F_g, d. h. die Resultierende F_i aus den inneren Kräften ist gleich groß, hat die gleiche Wirklinie und den gleichen Richtungssinn wie F_g. Es ist also:

$$\Sigma \Delta F_i = F_i = F_g = F = 40\,kN.$$

Von der Schnittstelle muß also die Kraft $F_i = 40\,kN$ übertragen werden.

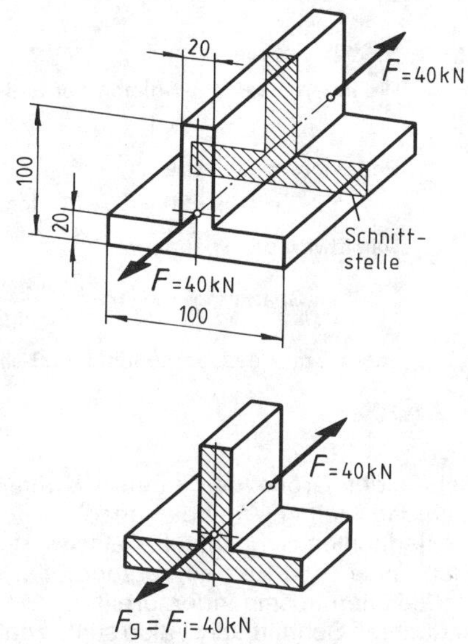

Bild 3 Innere Kraft F_i als Gegenkraft F_g zur äußeren Kraft *F*

Innere Kräfte werden so ermittelt, daß man sich das Bauteil an der Stelle, für die die Beanspruchung ermittelt werden soll, durchgeschnitten denkt. In der Schnittfläche sind die inneren Kräfte so anzusetzen, daß das restliche Teilstück des Bauteils wieder im Gleichgewicht steht (Schnittmethode).

[1] Nach dem **Gesetz über Einheiten im Meßwesen** sollen **Last und Belastung** als Benennung von **Massengrößen** in den Masseneinheiten g, kg, t verwendet werden. Da in vielen DIN-Normen, im Maschinenbau (z. B. dynamische Belastung, Belastungsfälle nach Euler u. a.), vor allem aber in der Bautechnik (z. B. „Lastfall") unter Belastung die Einwirkung von Gewichtskräften und von anderen äußeren Kräften verstanden wird, wird in diesem Buch unter **Belastung** das Angreifen von **äußeren Kräften** verstanden.

4.1.3 Ermittlung der Spannung

Die ermittelte innere Kraft F_i greift nicht als Einzelkraft im Schwerpunkt der Querschnittsfläche an, sondern ist über den Querschnitt verteilt (Bild 1).

Jedes Flächenelement ΔS überträgt einen Anteil ΔF_i von F_i. Die Größe der inneren Teilkraft ΔF_i, die vom Flächenelement ΔS übertragen werden muß, d. h. das Verhältnis $\frac{\Delta F_i}{\Delta S}$ ist ein Maß für die Größe der Beanspruchung.

Wird die zu übertragende Teilkraft ΔF_i auf 1 mm² oder 1 cm² bezogen, so bezeichnet man dieses Verhältnis als **Spannung.**

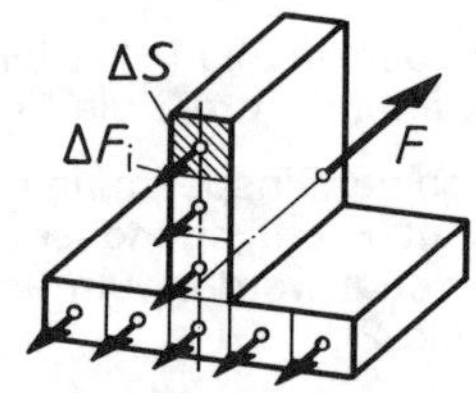

Bild 1 Beanspruchung bei einem Zugstab

Die Spannung ist ein Maß für die Größe der Beanspruchung.

$$\textbf{Spannung} = \frac{\Delta F_i}{\Delta S}$$

Überträgt jedes Flächenelement ΔS den gleich großen Kraftanteil ΔF_i (gleichmäßige Spannungsverteilung), so ist die

$$\text{Spannung} = \frac{F_i}{S}$$

Je größer bei gleichbleibender Querschnittsfläche die innere Kraft F_i ist, um so höher ist der vom Flächenelement ΔS zu übertragende Anteil ΔF_i, um so höher ist also die Beanspruchung.

In der Festigkeitslehre wird die Größe der Spannung in N/mm² angegeben.

Lehrbeispiel 1:

Wie groß ist die Spannung bei dem in Bild 3, Seite 153 skizzierten T-Träger?

Lösung:

Die innere Kraft F_i ist gleich der äußeren Kraft F.

$$F_i = F = 40\,\text{kN}$$

Der Querschnitt beträgt:

$$S = (100 \cdot 20 + 80 \cdot 20)\,\text{mm}^2 = 3\,600\,\text{mm}^2$$

Damit wird die Spannung:

$$\text{Spannung} = \frac{F_i}{S} = \frac{40\,000\,\text{N}}{3\,600\,\text{mm}^2} = \underline{11{,}1\,\text{N/mm}^2}$$

Jeder mm² des Querschnitts muß eine Kraft von 11,1 N übertragen.

Neben der Größe der inneren Kräfte ist deren Richtung wichtig. Wirkt die innere Kraft senkrecht zur gedachten Schnittfläche, also in Richtung der Stabachse (Bild 2a), so versucht sie, die Werkstoffteilchen auseinanderzureißen. Wirkt F_i in der gedachten Schnittfläche, also senkrecht zur Stabachse (Bild 2b), so versucht sie, die Werkstoffteilchen gegeneinander zu verschieben.

Wirkt die innere Kraft F_i senkrecht zur gedachten Schnittfläche, z. B. bei Beanspruchung auf Zug (Bild 1, Seite 154), so nennt man sie **Normalkraft** F_N. Die auftretende Spannung heißt **Normalspannung** und wird mit σ bezeichnet.

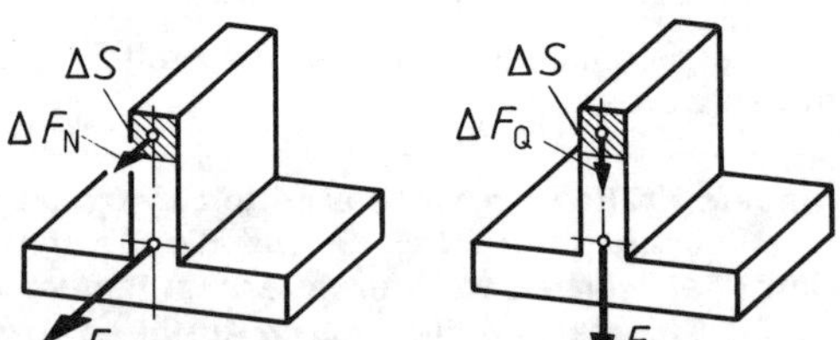

a) Normalspannung
Innere Kraft wirkt senkrecht zur gedachten Schnittfläche

$$\sigma = \frac{\Delta F_N}{\Delta S}$$

b) Schubspannung
Innere Kraft wirkt in der gedachten Schnittfläche

$$\tau = \frac{\Delta F_Q}{\Delta S}$$

Bild 2 Normalspannung und Schubspannung

Die Normalspannung wirkt senkrecht zur Querschnittsfläche.

Die Normalspannung σ ist das Verhältnis von Normalkraft ΔF_N zu Querschnittsfläche ΔS:

$$\sigma = \frac{\Delta F_N}{\Delta S}$$

Wirkt die innere Kraft F_i in der gedachten Schnittfläche, z. B. bei Beanspruchung auf Abscheren (Bild 3), so nennt man sie **Quer- oder Schubkraft** F_Q. Die auftretende Spannung heißt **Schubspannung** und wird mit τ bezeichnet.

Die Schubspannung wirkt in der Querschnittsfläche.

Die Schubspannung ist das Verhältnis von Querkraft ΔF_Q zu Querschnittsfläche ΔS:

$$\tau = \frac{\Delta F_Q}{\Delta S}$$

4.1.4 Grundbeanspruchungsarten

Sind Angriffspunkt und Richtung der Belastungskräfte bezüglich der Stabachse verschieden, so sind auch ihre Auswirkungen auf das Bauteil verschieden. Verschiedene Belastungen ergeben also verschiedenartige Beanspruchungen.

Die verschiedenartigen Beanspruchungen können auf wenige **Grundbeanspruchungsarten** zurückgeführt werden. Man unterscheidet:

Beanspruchung auf Zug

Die äußeren Kräfte wirken als Zugkräfte in Richtung der Stabachse (Bild 1).

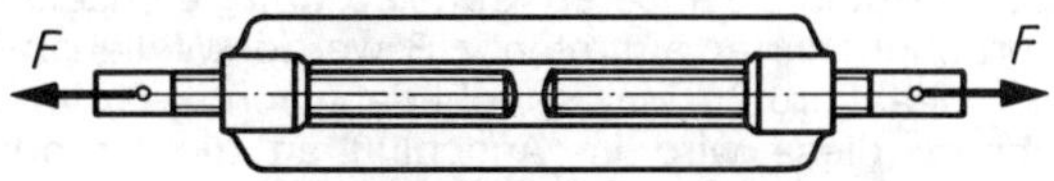

Bild 1 Spannschloß, auf Zug beansprucht

Beanspruchung auf Druck

Die äußeren Kräfte wirken als Druckkräfte in Richtung der Stabachse (Bild 2).

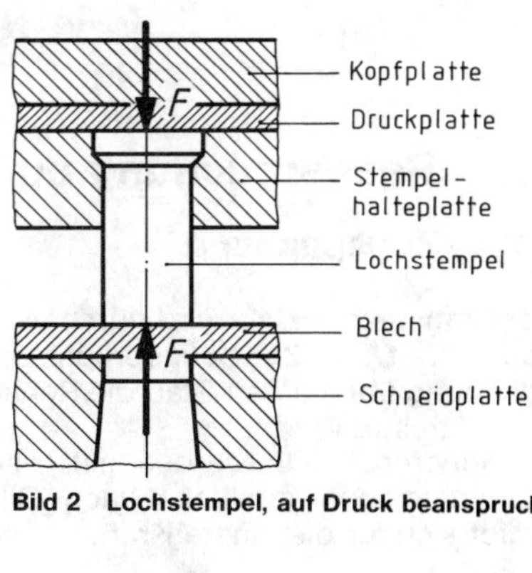

Bild 2 Lochstempel, auf Druck beansprucht

Beanspruchung auf Abscheren

Die äußeren Kräfte wirken senkrecht zur Stabachse. Sie liegen auf der gleichen Wirklinie bzw. ihre Wirklinien sind nur wenig voneinander entfernt (Bild 3).

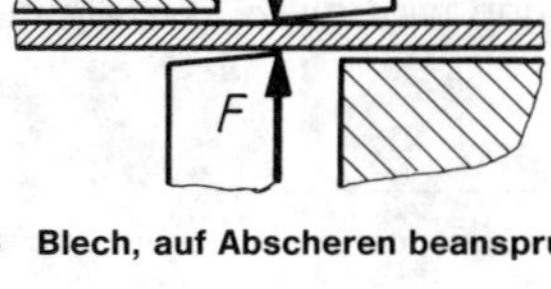

Bild 3 Blech, auf Abscheren beansprucht

Beanspruchung auf Biegung

Die äußeren Kräfte wirken senkrecht zur Stabachse und liegen nicht auf derselben Wirklinie; sie bilden ein Kräftepaar, das in einer Ebene der Stabachse wirkt. Das Kräftepaar erzeugt ein Biegemoment. Sind die Wirklinien der beiden Kräfte weit voneinander entfernt, so wird der Stab überwiegend auf Biegung beansprucht (Bild 1).

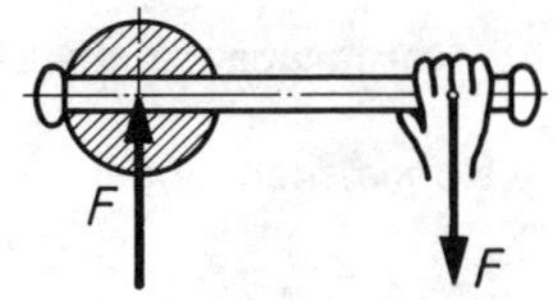

Bild 1 Schraubstockhandgriff, auf Biegung beansprucht

Beanspruchung auf Verdrehen (Torsion)

Die äußeren Kräfte wirken senkrecht zur Stabachse. Sie bilden ein Kräftepaar, das in einer Ebene senkrecht zur Stabachse wirkt. Das Kräftepaar erzeugt ein Dreh- oder Torsionsmoment. Der Stab wird auf Verdrehen (Torsion) beansprucht (Bild 2).

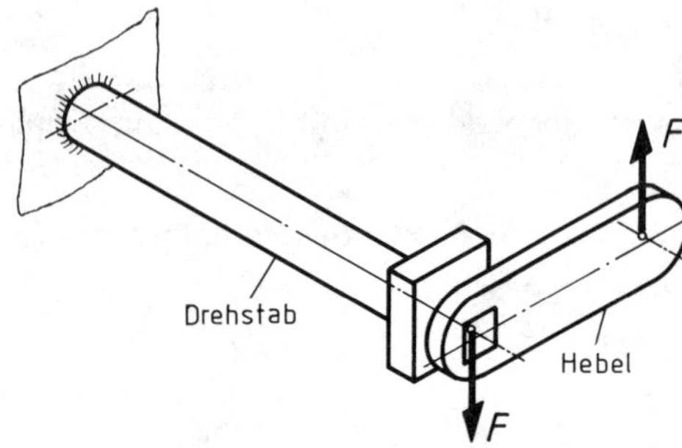

Bild 2 Drehstab eines Pkw, auf Torsion beansprucht

Beanspruchung auf Knickung

Die äußeren Kräfte wirken wie bei der Beanspruchung auf Druck als Druckkräfte in Richtung der Stabachse. Wenn die Länge des Druckstabes wesentlich größer als der Durchmesser ist, biegt sich der Stab seitlich aus, er knickt aus. Der Stab wird auf Knickung beansprucht (Bild 3).

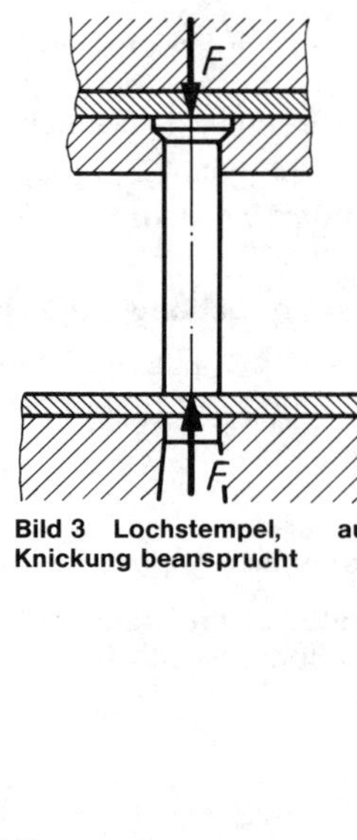

Bild 3 Lochstempel, auf Knickung beansprucht

Meist wirken die äußeren Kräfte so, daß gleichzeitig mehrere Grundbeanspruchungsarten auftreten, z. B. werden Wellen auf Biegung und Verdrehen beansprucht. Man spricht dann von **zusammengesetzter Beanspruchung;** diese wird im Anschluß an die Grundbeanspruchungsarten behandelt.

4.2 Beanspruchung auf Zug

4.2.1 Zugspannung

Der Stab nach Bild 4a wird durch die Belastungskraft F auf **Zug** beansprucht. Die Einspannung übt auf den Stab die Reaktionskraft F aus (Bild 4b).
Die inneren Kräfte werden mit Hilfe der Schnittmethode ermittelt. Nach Bild 4c ergibt sich für die innere Kraft:

$$F_i = F$$

Die innere Kraft F_i ist eine Normalkraft. Die **Zugspannung** ist also eine Normalspannung und wird mit σ_z[1] bezeichnet.

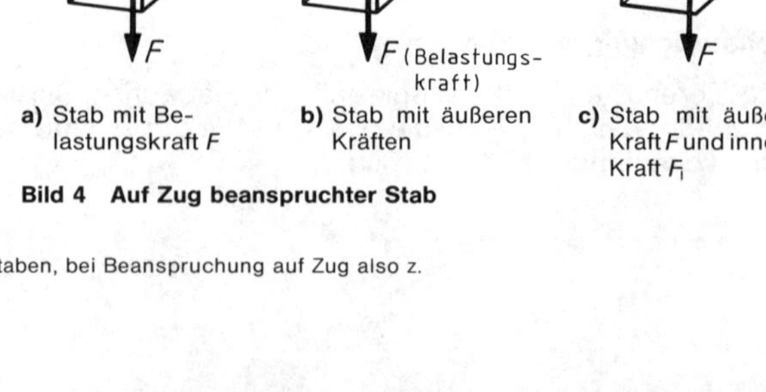

a) Stab mit Belastungskraft F **b)** Stab mit äußeren Kräften **c)** Stab mit äußerer Kraft F und innerer Kraft F_i

Bild 4 Auf Zug beanspruchter Stab

[1] Die Indizes für die Beanspruchungsarten sind kleine Buchstaben, bei Beanspruchung auf Zug also z.

Die Zugspannung ist:

$$\sigma_z = \frac{\Delta F_i}{\Delta S}$$

Bei Annahme einer gleichmäßigen Spannungsverteilung über den Querschnitt ist:

$$\sigma_z = \frac{F_i}{S} = \frac{F}{S}$$

Der Stab wird an beiden Enden jeweils durch die Kraft F belastet (Bild 4b, Seite 156); da aber $F_i = F$ ist, wird in die Gleichung für die Zugspannung nur die Größe einer der beiden Kräfte eingesetzt.

Die auftretende Zugspannung σ_z darf höchstens so groß sein wie die **zulässige Zugspannung** σ_{zul}[1], also gilt:

$$\sigma_z \leqq \sigma_{zul}$$

Die beiden Gleichungen werden zusammengefaßt. Damit gilt für die **Zugspannung:**

① $$\sigma_z = \frac{F}{S} \leqq \sigma_{zul}$$

σ_z	Zugspannung in N/mm²
F	Zugkraft in N
S	Querschnittsfläche in mm²
σ_{zul}	zulässige Zugspannung in N/mm²

Aufgabe:

Ein Stab wird durch die Kraft F auf Zug beansprucht. Wie groß ist die Zugspannung?

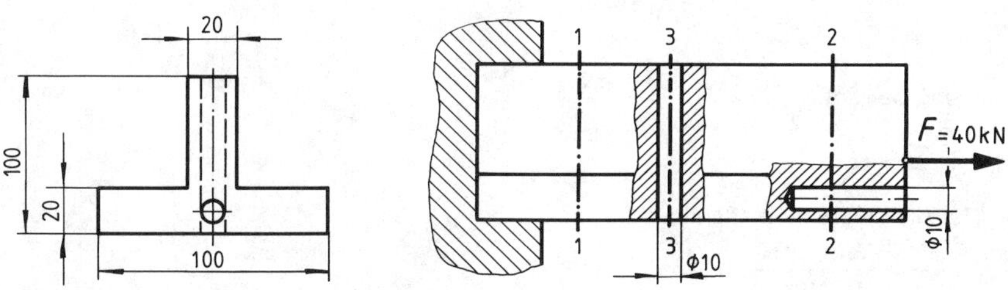

Bild 1 Zugstab mit unterschiedlichem Querschnitt

Lösung:

Die vom Werkstoff aufzunehmende Kraft F_i muß an jeder Stelle längs des Stabes der Belastungskraft F das Gleichgewicht halten, d. h. die innere Kraft F_i ist in jedem Querschnitt gleich groß.

Nach der Gleichung $\sigma_z = F/S$ ändert sich die Spannung bei veränderlichem Querschnitt. Die Zugspannung wird für die Querschnitte 1–1, 2–2 und 3–3 berechnet.

Querschnitt 1–1

Die Zugspannung beträgt:

$$\sigma_{z1} = \frac{F}{S_1} = \frac{40\,000\,\text{N}}{3\,600\,\text{mm}^2} = 11{,}1\,\text{N/mm}^2 \text{ (siehe Lehrbeispiel 1)}$$

Querschnitt 2–2

Die Querschnittsfläche beträgt (Bild 2a):

$$S_2 = S_1 - S_d = (3\,600 - 78{,}5)\,\text{mm}^2 \approx 3\,521\,\text{mm}^2$$

und damit die Zugspannung:

$$\sigma_{z2} = \frac{F}{S_2} = \frac{40\,000\,\text{N}}{3\,521\,\text{mm}^2} = 11{,}4\,\text{N/mm}^2$$

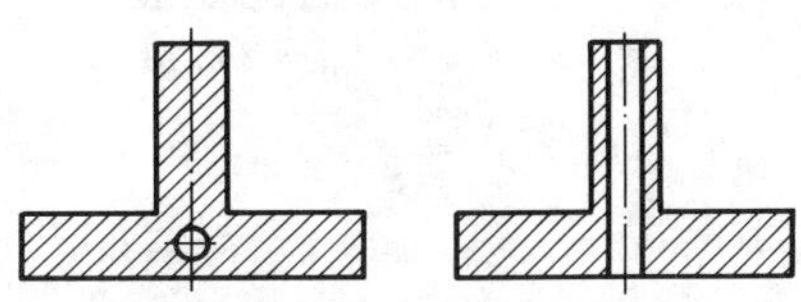

a) Querschnitt 2–2 **b)** Querschnitt 3–3

Bild 2 Querschnitte des Zugstabs nach Bild 1

[1] Unter der zulässigen Spannung versteht man die Spannung, bei der das Bauteil mit Sicherheit nicht zu Bruch geht bzw. sich nicht unzulässig verformt. Ermittlung von σ_{zul} siehe Abschnitt 4.2.4 und Abschnitt 4.9.

Querschnitt 3–3

Im Querschnitt 3–3 ist die Querschnittsfläche (Bild 2b, Seite 156):

$$S_3 = S_1 - d \cdot h = (3600 - 10 \cdot 100)\,\text{mm}^2 = 2600\,\text{mm}^2$$

und die Zugspannung:

$$\sigma_{z3} = \frac{F}{S_3} = \frac{40\,000\,\text{N}}{2600\,\text{mm}^2} = \underline{15{,}4\,\text{N/mm}^2}$$

Die Zugspannung ist an der Stelle am größten, an der der Querschnitt am kleinsten ist. Diesen kleinsten Querschnitt nennt man den **gefährdeten Querschnitt.** Es genügt meist, dort die Spannung zu bestimmen.

Bei Beanspruchung auf Zug ist die kleinste Querschnittsfläche der gefährdete Querschnitt. Im gefährdeten Querschnitt ist die Zugspannung am größten.

Lehrbeispiel 2:

Eine Schraube wird durch die Zugkraft $F = 4000$ N belastet. Die Zugspannung soll 100 N/mm² nicht überschreiten.

Welches Gewinde (Metrisches ISO-Gewinde nach DIN 13) ist für die Schraube zu wählen?

Lösung:

Die Zugspannung beträgt:

$$\sigma_z = \frac{F}{S} \leqq \sigma_{zul}$$

Daraus folgt für die Querschnittsfläche:

$$S \geqq \frac{F}{\sigma_{zul}} = \frac{40\,000\,\text{N}}{100\,\text{N/mm}^2} = 40\,\text{mm}^2$$

Bei Schrauben ist der Spannungsquerschnitt A_S maßgebend.

gewählt: M 10 mit $A_S = 58{,}0\,\text{mm}^2$

Lehrbeispiel 3:

Mit welcher Zugkraft darf eine Kette höchstens belastet werden, wenn die zulässige Zugspannung $\sigma_{zul} = 60\,\text{N/mm}^2$ beträgt und die Kettenglieder aus Rundmaterial mit $d = 12$ mm hergestellt sind?

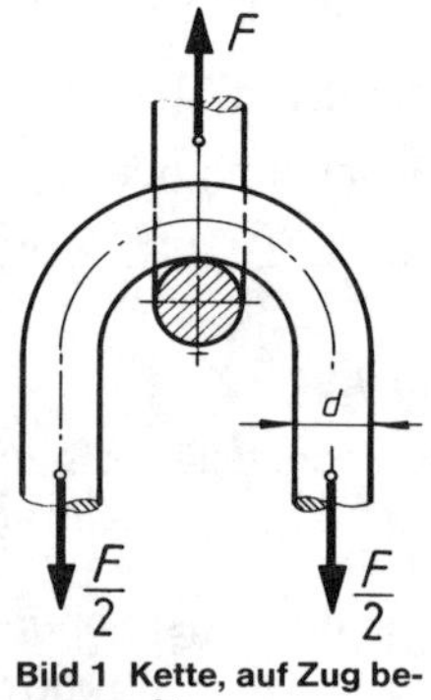

Bild 1 Kette, auf Zug beansprucht

Lösung:

Die Querschnittsfläche beträgt:

$$S = 2 \cdot S_d = 2 \cdot 113\,\text{mm}^2 = 226\,\text{mm}^2$$

Aus $\sigma_z = \frac{F}{S} \leqq \sigma_{zul}$ folgt für die Zugkraft:

$$F \leqq \sigma_{zul} \cdot S = 60\,\frac{\text{N}}{\text{mm}^2} \cdot 226\,\text{mm}^2 = 13\,560\,\text{N} \approx \underline{13{,}5\,\text{kN}}$$

Gliederketten können näherungsweise nach der Gleichung $\sigma_z = \frac{F}{S}$ berechnet werden, obwohl sie eine gekrümmte Stabachse besitzen.

Übungsaufgaben:

1. Ein 6 m langer Träger aus U DIN -USt 37-2-360 ist senkrecht aufgehängt und wird durch die Zugkraft $F = 20\,\text{kN}$ belastet (Bild 1).
   a) Wie groß ist die Zugspannung ohne Berücksichtigung des Eigengewichts?
   b) Wo ist der gefährdete Querschnitt und wie groß ist die Zugspannung dort, wenn das Eigengewicht des Trägers berücksichtigt wird?
   c) Wieviel % beträgt der Fehler, wenn das Eigengewicht vernachlässigt wird?
   d) Wie groß ist der Fehler bei einer Belastungskraft von $F = 500\,\text{kN}$?

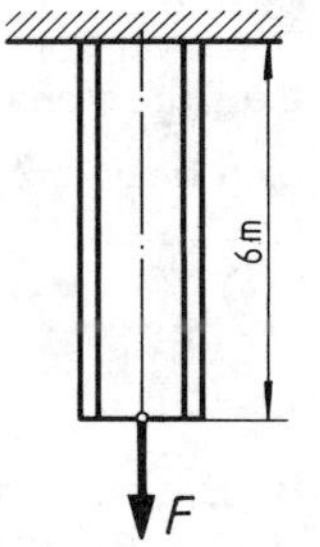

Bild 1

2. Ein Drahtseil besteht aus 36 Einzeldrähten mit $d = 1{,}2$ mm. Die zulässige Zugspannung beträgt laut Herstellerangabe $220\,\text{N/mm}^2$.
   Welche Zugkraft kann das Drahtseil übertragen?

3. Das Ende eines Kreuzkopfes wird durch die Zugkraft $F = 150\,\text{kN}$ belastet (Bild 2).
   Wie groß muß der Außendurchmesser D bei einer zulässigen Zugspannung von $\sigma_{zul} = 40\,\text{N/mm}^2$ ausgeführt werden?

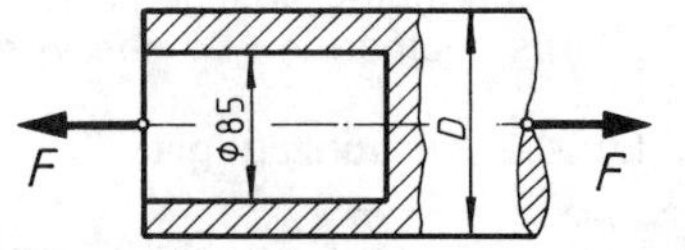

Bild 2

4.2.2 Formänderung bei Beanspruchung auf Zug

Kräfte rufen an Bauteilen Verformungen hervor, die eine bestimmte zulässige Grenze nicht überschreiten dürfen. Wird ein Stab durch eine Zugkraft belastet, so verlängert bzw. dehnt er sich.

Nach Bild 3 ist die Verlängerung die Differenz zwischen Länge bei Belastung und der ursprünglichen Länge. Damit ist die **Verlängerung:**

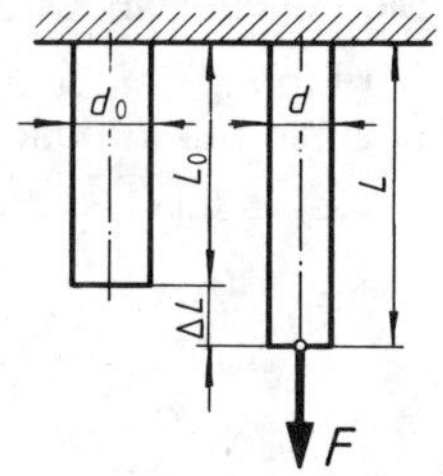

Verlängerung $\Delta L = L - L_0$
Durchmesseränderung
$\Delta d = d_0 - d$

Bild 3 Verlängerung und Durchmesserverringerung bei einem Zugstab

(2)
$$\Delta L = L - L_0$$

ΔL Verlängerung in mm
L Länge des belasteten Stabes in mm
L_0 Länge des unbelasteten Stabes in mm

Soll die Formänderung verschiedener Werkstoffe bei Beanspruchung auf Zug miteinander verglichen werden, so ist die Verlängerung dazu nicht geeignet, da deren Größe u. a. von der Ursprungslänge des Stabes abhängt. Ein Vergleichsmaß erhält man dagegen, wenn man die Verlängerung auf die Ursprungslänge bezieht. Das Verhältnis von Verlängerung zur Länge des unbelasteten Stabes wird als Dehnung ε bezeichnet. Damit ist die **Dehnung:**

(3)
$$\varepsilon = \frac{\Delta L}{L_0}$$

ε Dehnung
ΔL Verlängerung in mm
L_0 Länge des unbelasteten Stabes in mm

Da sich für die Dehnung sehr kleine Zahlenwerte ergeben, wird sie oft in % angegeben.

Lehrbeispiel 4:

Ein auf Zug beanspruchter Stahlstab mit der Ursprungslänge $L_0 = 120$ mm hat bei Belastung eine Länge von 120,12 mm.
Wie groß ist die Dehnung?

Lösung:

Die Verlängerung ist: $\Delta L = L - L_0 = (120{,}12 - 120)\,\text{mm} = 0{,}12\,\text{mm}$ und die Dehnung:

$$\varepsilon = \frac{\Delta L}{L_0} = \frac{0{,}12\,\text{mm}}{120\,\text{mm}} = \underline{0{,}001 = 0{,}1\,\%}$$

Ein Zugstab verlängert sich bei Belastung. Gleichzeitig verringert sich sein Querschnitt.

Den Unterschied des Stabdurchmessers d_0 in unbelastetem Zustand und d unter Spannung nennt man die **Durchmesseränderung** $\boldsymbol{\Delta d = d_0 - d}$ (Bild 3, Seite 159).

Man bezieht Δd auf d_0 und bezeichnet diesen Wert als **Querkürzung:**

(4) $$\varepsilon_q = \frac{\Delta d}{d_0}$$

ε_q Querkürzung
Δd Durchmesseränderung in mm
d_0 Durchmesser des unbelasteten Stabes in mm

Bei Bauteilen dürfen nur **elastische Verformungen** auftreten, d. h. nach Entlastung müssen die Bauteile wieder ihre ursprüngliche Form annehmen.

Wird ein Bauteil elastisch verformt, so stehen Querkürzung und Dehnung in einem ganz bestimmten Verhältnis zueinander. Dieses Verhältnis nennt man **Poissonzahl**[1] oder **Querzahl** μ.

Für die **Poissonzahl** gilt:

(5) $$\mu = \frac{\varepsilon_q}{\varepsilon}$$

μ Poissonzahl
ε_q Querkürzung
ε Dehnung

Die Poissonzahl wird durch Versuche ermittelt. Sie beträgt für Metalle $\mu \approx 0{,}3$.

Der Einfluß der Querkürzung ist im allgemeinen bei auf Zug beanspruchten Bauteilen gering und muß deshalb nur in besonderen Fällen, z. B. bei Paßteilen, berücksichtigt werden.

4.2.3 Zusammenhang zwischen Spannung und Formänderung bei Beanspruchung auf Zug

Spannung-Dehnung-Diagramm

Der Zusammenhang zwischen Formänderung und Spannung wird im **Zugversuch** ermittelt. Dabei wird eine in ihren Abmessungen genormte Zugprobe in einer Zugprüfmaschine bis zum Zerreißen belastet. Für jede Kraft F wird die zugehörige Verlängerung ΔL der Zugprobe gemessen und der Zusammenhang zwischen F und ΔL in einem **Kraft-Verlängerung-Diagramm** dargestellt (Bild 1).

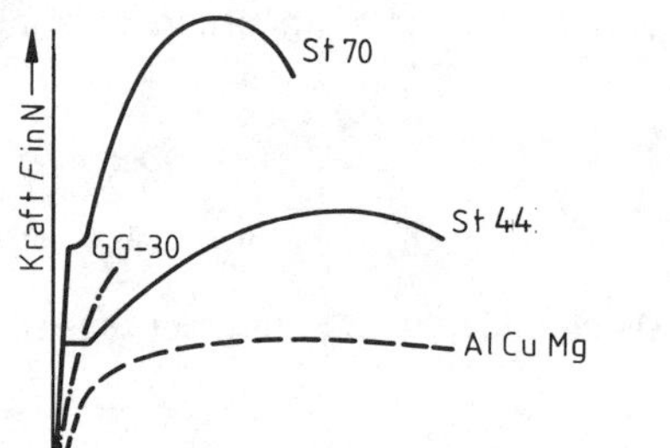

Bild 1 Kraft-Verlängerung-Diagramm verschiedener Werkstoffe

Damit der im Zugversuch gefundene Zusammenhang zwischen Formänderung und Belastung bei der Berechnung von Bauteilen mit verschiedenen Querschnitten und Längen verwendet werden kann, berechnet man aus der Kraft F die zugehörige Spannung $\sigma_z = \frac{F}{S_0}$[2] und aus der Verlängerung ΔL die zugehörige Dehnung $\varepsilon = \frac{\Delta L}{L_0}$.

[1] Denis Poisson, franz. Physiker und Mathematiker (1781–1840)

[2] S_0 ist der Ursprungsquerschnitt der Zugprobe, der tatsächliche Querschnitt verändert sich während des Versuchs infolge der Querkürzung und der Einschnürung.

Der Zusammenhang zwischen σ und ε wird im **Spannung-Dehnung-Diagramm** dargestellt. Im Prinzip hat dieses das gleiche Aussehen wie das Kraft-Verlängerung-Diagramm. Bild 1 zeigt ein σ, ε-Diagramm für zwei unterschiedliche Stähle.

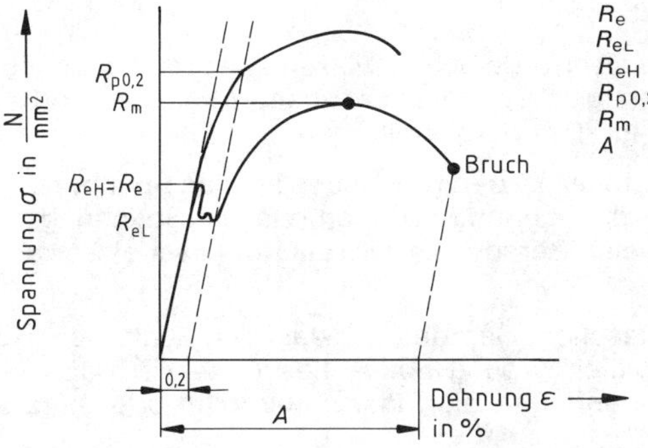

Bild 1 Spannung-Dehnung-Schaubild für zwei unterschiedliche Stähle (schematisiert)

Festigkeitswerte aus dem Spannung-Dehnung-Diagramm

Dem Spannung-Dehnung-Diagramm können wichtige Festigkeitswerte entnommen werden. Wird ein Stab belastet, so dehnt er sich zunächst nur wenig. Die Spannung-Dehnung-Kurve verläuft steil nach oben.

Überschreitet die Spannung einen bestimmten Wert – die **Elastizitätsgrenze** – so nimmt der Stab nach Entlastung nicht mehr seine ursprüngliche Form an. Er hat sich bleibend verformt.

Bauteile dürfen nur bis zur Elastizitätsgrenze beansprucht werden.

Bei weiterer Spannungserhöhung beginnt der Werkstoff zu fließen. Die Spannung, bei der das Fließen beginnt, nennt man die **Fließgrenze.**

Nicht nur bei Zugbeanspruchung beginnt der Werkstoff bei einer bestimmten Spannung zu fließen, sondern auch bei den anderen Beanspruchungsarten. Bei Beanspruchung auf Zug nennt man die Fließgrenze auch obere **Streckgrenze R_{eH}**. Die kleinste Spannung im Fließbereich entspricht der unteren Streckgrenze R_{eL}. Bei Beanspruchung auf Druck wird die Fließgrenze als **Quetschgrenze σ_{dF}** bezeichnet.

Da die Streckgrenze R_{eH} im Gegensatz zur Elastizitätsgrenze im σ, ε-Diagramm gut erkennbar ist und im Zugversuch einfach ermittelt werden kann, wird sie als Festigkeitswert für die wichtigsten Werkstoffe ermittelt. Bei Erreichen der Streckgrenze hat die **bleibende Dehnung** eine Größe von ungefähr 0,2 %. Wie aus Bild 1, Seite 160 ersichtlich ist, tritt ein Fließen nicht bei allen Werkstoffen auf bzw. das Fließen ist so gering, daß keine Streckgrenze ermittelt werden kann. Für diese Werkstoffe ermittelt man die Spannung, bei der eine bleibende Dehnung von 0,2 % auftritt; man nennt sie die **0,2 %-Dehngrenze $R_{p0,2}$** und betrachtet sie als gleichwertig mit der Streckgrenze.

Der wichtigste im Zugversuch ermittelte Festigkeitswert ist die obere Streckgrenze R_{eH} bzw. die 0,2 %-Dehngrenze $R_{p0,2}$.

In diesem Buch wird im folgenden die für die Festigkeitsberechnung maßgebende obere Streckgrenze R_{eH} vereinfacht mit R_e bezeichnet: $R_{eH} = R_e$.

Wird der Stab über die Streckgrenze hinaus beansprucht, treten starke bleibende Verformungen auf. Bei Erreichen der **Bruchspannung** tritt bei zähen Werkstoffen Einschnürung auf **(Verformungsbruch),** spröde Werkstoffe versagen durch **Trennbruch.** Die Dehnung, die bis zum Bruch der Zugprobe auftritt, wird als **Bruchdehnung A** bezeichnet. Zähe Werkstoffe haben eine große Bruchdehnung, spröde Werkstoffe eine kleine.

Die im Zugversuch ermittelte Bruchfestigkeit wird als **Zugfestigkeit R_m** bezeichnet. Da schon bei einer bleibenden Verformung von 0,2 % ein Bauteil überlastet ist, ist R_e bzw. $R_{p0,2}$ der weitaus wichtigere Festigkeitswert gegenüber R_m. Die Zugfestigkeit R_m wird als Festigkeitswert nur bei spröden Werkstoffen benützt, die durch Trennbruch versagen und keine Streckgrenze haben.

Nach DIN 50145 muß beim Zugversuch genau zwischen den veränderlichen Spannungen (Formelzeichen σ) und den konstanten Festigkeiten (Formelzeichen R) unterschieden werden.

Hookesches Gesetz

Bei Bauteilen ist es oft erforderlich zu wissen, wie groß die Dehnung bei einer bestimmten Spannung ist. Der Zusammenhang zwischen ε und σ ist im Spannung-Dehnung-Diagramm dargestellt.

Bei fast allen Werkstoffen ist bis zu einer bestimmten Spannung – der **Proportionalitätsgrenze** – die Dehnung ε proportional der Spannung σ. Im σ, ε-Diagramm ergibt sich eine Gerade; sie wird als **Hookesche[1] Gerade** bezeichnet (Bild 1).

Entlang der Hookeschen Geraden ist das Verhältnis von Spannung zu Dehnung immer gleich groß **(Hookesches Gesetz[2])**. Das Verhältnis von Spannung zu Dehnung wird als **Elastizitätsmodul** oder kurz als **E-Modul** bezeichnet.

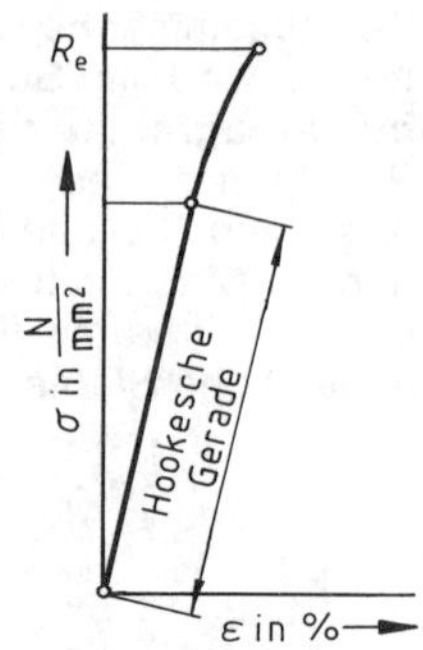

Bild 1 Hookesche Gerade, Teil des Spannung-Dehnung-Diagramms nach Bild 1, Seite 161

Nach dem Hookeschen Gesetz ist das Verhältnis von Spannung zu Dehnung eine Konstante; sie wird als *E*-Modul bezeichnet.

Nach dem **Hookeschen Gesetz** gilt für den **Elastizitätsmodul:**

(6)
$$E = \frac{\sigma}{\varepsilon}$$

E Elastizitätsmodul in N/mm²
σ Spannung in N/mm²
ε Dehnung

Wie aus Bild 1, Seite 160 ersichtlich, verläuft die Hookesche Gerade bei verschiedenen Werkstoffen unterschiedlich steil. Der E-Modul ist also eine Werkstoffkonstante und kann aus Tabellen entnommen werden. Bild 1, Seite 160 zeigt, daß für St 44 und St 70 die Hookesche Gerade gleich steil verläuft, beide Stahlsorten also den gleichen E-Modul besitzen.

Für alle Stahlsorten ist $E \approx 210\,000$ N/mm²

Da für alle Stahlsorten der *E*-Modul gleich groß ist, muß bei gleicher Spannung σ auch die Dehnung ε gleich groß sein. Es ist also sinnlos, eine bessere Stahlsorte zu verwenden, um damit eine geringere elastische Verformung zu erreichen.

Für Grauguß GG-30 ist der *E*-Modul kleiner ($E \approx 125\,000$ N/mm²) als für Stahl, die σ, ε-Kurve verläuft weniger steil (Bild 1, Seite 160). Grauguß verformt sich also im elastischen Bereich bei gleicher Spannung fast doppelt so stark wie Stahl. Grauguß ist elastischer als Stahl. Im Gegensatz zu Stahl hat Grauguß jedoch nur eine sehr kleine Bruchdehnung, er bricht fast ohne bleibende Verformung. Dieses Verhalten wird als spröd bezeichnet.

Der *E*-Modul ist ein Maß für das elastische Verhalten eines Werkstoffs:
großer *E*-Modul bedeutet geringe Elasitizität, z. B. Stahl mit $E = 210\,000$ N/mm²,
kleiner *E*-Modul bedeutet hohe Elastizität, z. B. Aluminiumlegierung AlCuMg mit $E = 70\,000$ N/mm².
Der *E*-Modul ist für alle wichtigen Werkstoffe bekannt.
Der *E*-Modul ist für alle Stahlsorten gleich groß.

Mit dem **Hookeschen Gesetz** kann bei gegebener Dehnung die Spannung oder umgekehrt bei gegebener Spannung die Dehnung ermittelt werden. Es gilt exakt nur für die Hookesche Gerade bis zur Proportionalitätsgrenze.

Die in den Bauteilen auftretenden Spannungen liegen unterhalb der Proportionalitätsgrenze; sollte die Spannung ausnahmsweise diesen Wert überschreiten, so gilt das **Hookesche Gesetz** bis zur Streckgrenze näherungsweise. In allen Festigkeitsberechnungen wird angenommen, daß Spannungen und Dehnungen proportional zueinander sind, also das Hookesche Gesetz gilt.

[1] Robert Hooke, engl. Physiker (1635–1703)

[2] Da das Hookesche Gesetz für Beanspruchung auf Zug und Druck gilt, wird die Spannung σ benützt, wobei σ sowohl Zugspannung σ_z als auch Druckspannung σ_d bedeuten kann.

Lehrbeispiel 5:

An einer auf Zug beanspruchten Lasche aus AlCuMg 1 wird mit Dehnmeßstreifen eine elastische Dehnung von $\varepsilon = 0{,}1\,\%$ gemessen. Wie groß ist die Zugspannung?

Lösung:

Nach dem Hookeschen Gesetz $E = \sigma_z/\varepsilon$ ist die Zugspannung:

$$\sigma_z = E \cdot \varepsilon = 70\,000\,\text{N/mm}^2 \cdot 0{,}001 = \underline{70\,\text{N/mm}^2}$$

Lehrbeispiel 6:

Ein Stahldraht aus St 37-2 mit 3 mm Durchmesser und 1,5 m Länge wird durch eine Zugkraft von $F = 1200\,\text{N}$ belastet.

Wie groß ist die elastische Verlängerung?

Lösung:

Die Verlängerung kann aus der Dehnung, diese wiederum über das Hookesche Gesetz aus der Zugspannung errechnet werden.

Die Zugspannung ist:

$$\sigma_z = \frac{F}{A} = \frac{1200\,\text{N}}{7{,}07\,\text{mm}^2} = 170\,\text{N/mm}^2$$

Die tatsächliche Zugspannung $\sigma_z = 170\,\text{N/mm}^2$ liegt wesentlich unter der Streckgrenze $R_e = 225\,\text{N/mm}^2$, also wird der Draht nur elastisch verlängert.

Nach dem Hookeschen Gesetz $E = \dfrac{\sigma_z}{\varepsilon}$ wird die Dehnung:

$$\varepsilon = \frac{\sigma_z}{E} = \frac{170\,\text{N/mm}^2}{210\,000\,\text{N/mm}^2} = 0{,}00081$$

Weiter ist mit $\varepsilon = \dfrac{\Delta L}{L_0}$ die Verlängerung:

$$\Delta L = \varepsilon \cdot L_0 = 0{,}00081 \cdot 1500\,\text{mm} = \underline{1{,}22\,\text{mm}}$$

Lehrbeispiel 7:

Eine Zugstange mit 20 mm Durchmesser und 380 mm Länge aus St 50-2 wird auf Zug beansprucht. Dabei verlängert sie sich um 0,2 mm.

a) Wie groß ist die Dehnung?

b) Um wieviel mm verringert sich der Durchmesser bei Belastung?

c) Wie groß ist die Zugspannung?

d) Wie groß ist die Zugkraft?

Lösung:

a) Die elastische Dehnung ist:

$$\varepsilon = \frac{\Delta L}{L_0} = \frac{0{,}2\,\text{mm}}{380\,\text{mm}} = 0{,}00053 = \underline{0{,}053\,\%}$$

b) Mit der Poissonzahl $\mu = \dfrac{\varepsilon_q}{\varepsilon}$ und $\mu = 0{,}3$ für Metalle wird die Querkürzung:

$$\varepsilon_q = \varepsilon \cdot \mu = 0{,}00053 \cdot 0{,}3 = 0{,}00016$$

Aus $\varepsilon_q = \dfrac{\Delta d}{d_0}$ folgt:

$$\Delta d = \varepsilon_q \cdot d_0 = 0{,}00016 \cdot 20\,\text{mm} = 0{,}0032\,\text{mm} \approx \underline{3\,\mu\text{m}}$$

c) Die Zugspannung kann aus der Größe der Dehnung ermittelt werden:

$$\sigma_z = E \cdot \varepsilon = 210\,000\,\text{N/mm}^2 \cdot 0{,}00053 = \underline{111\,\text{N/mm}^2}$$

d) Aus $\sigma_z = \frac{F}{S}$ folgt für die Zugkraft:

$$F = \sigma_z \cdot S = 111\,\text{N/mm}^2 \cdot 314\,\text{mm}^2 = 34\,900\,\text{N} = \underline{34{,}9\,\text{kN}}$$

Übungsaufgaben:

1. Ein 80 mm langer Stab aus St 37-2 mit 9 mm Durchmesser wird auf Zug beansprucht. Im belasteten Zustand hat der Stab eine Länge von 80,05 mm.
   Wie groß sind Verlängerung und Dehnung des Stabes?
2. An einer Zuglasche aus St 44-2 mit rechteckigem Querschnitt (30 × 10) wird eine Dehnung von 0,04 % gemessen.
   Wie groß ist die Zugkraft?

4.2.4 Zulässige Spannungen bei Beanspruchung auf Zug

Zur Dimensionierung der Bauteile muß die **zulässige Spannung σ_{zul}** bekannt sein. Die Größe der zulässigen Spannung ist u. a. von der **Art der Belastung** abhängig.

4.2.4.1 Belastungsfälle

Statische Belastung (Belastungsfall I)

Wird eine Last an ein Tragseil gehängt, so steigt die Zugkraft und die Spannung von Null bis zu einem bestimmten Wert und bleibt dann konstant (Bild 1).

Diese Art der Belastung, bei der die Zugkraft und damit die Spannung über eine längere Zeit gleich groß bleibt, wird **statische (ruhende)** Belastung genannt und als **Belastungsfall I** bezeichnet.

Statische Belastung tritt nur bei wenigen Maschinenteilen auf, häufiger dagegen im Stahlhochbau, Tiefbau, Kran- und Brückenbau.

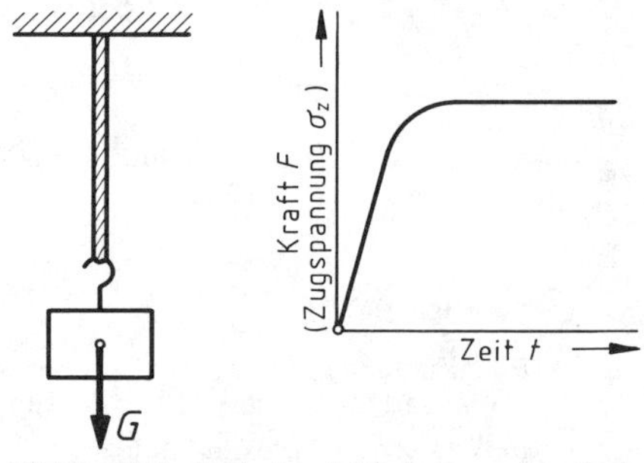

Bild 1 Statische (ruhende) Belastung eines Seils (Belastungsfall I)

Dynamische Belastung

Auf Bauteile wirken meist Kräfte, deren Größen und Richtungen sich ändern; die Belastung ist **dynamisch (schwingend).** Bei dynamischer Belastung werden zwei Belastungsfälle unterschieden:

a) Schwellende Belastung (Belastungsfall II)

Schwankt die Spannung dauernd zwischen Null und der Oberspannung σ_o (Bild 2), so ist die Belastung **schwellend (Belastungsfall II).**

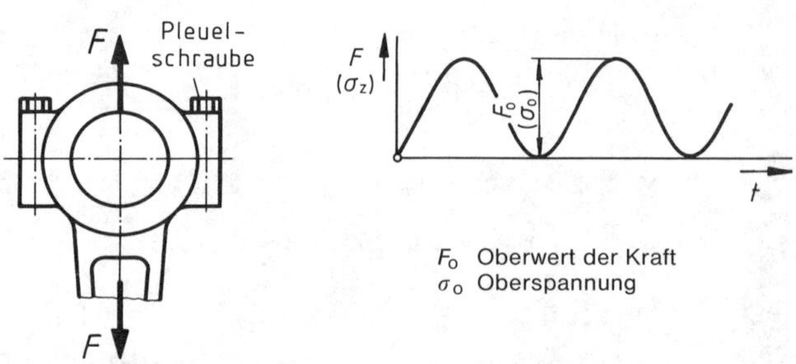

F_o Oberwert der Kraft
σ_o Oberspannung

Bild 2 Schwellende Belastung einer Pleuelschraube (Belastungsfall II)

b) Wechselnde Belastung (Belastungsfall III)

Schwankt die Spannung nach Bild 1 dauernd zwischen einer positiven Oberspannung σ_o (Zugspannung σ_z) und einer gleich großen negativen Unterspannung σ_u (Druckspannung σ_d), so ist die Belastung **wechselnd (Belastungsfall III).**

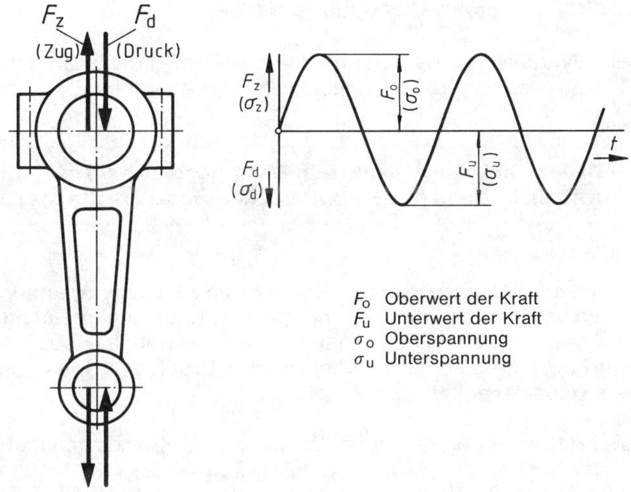

Bild 1 Wechselnde Belastung eines Pleuels (Belastungsfall III)

4.2.4.2 σ_{zul} bei statischer Belastung

Für den **Stahlbau** sind die zulässigen Spannungen in DIN-Normen festgelegt (z. B. DIN 1050, DIN 15018, DIN 18800) und behördlich vorgeschrieben.

Im **Maschinenbau** müssen die zulässigen Spannungen vom Konstrukteur ermittelt werden. Die im Bauteil auftretenden Spannungen müssen bei zähen Werkstoffen mit Sicherheit unter der Streckgrenze R_e liegen, damit keine unzulässig großen Verformungen auftreten. Bei spröden Werkstoffen muß die Zugspannung mit Sicherheit unter der Zugfestigkeit R_m liegen, damit kein Trennbruch auftritt.

Bei der Festigkeitsberechnung darf also nicht mit R_e oder R_m gerechnet werden. Es muß mit einer kleineren Spannung, der zulässigen Zugspannung σ_{zul} gerechnet werden, die man erhält, indem man R_e bzw. R_m durch die **Sicherheitszahl ν** teilt.

Bei **zähen Werkstoffen** ist bei **statischer Belastung** der maßgebende Festigkeitswert die Streckgrenze. Damit wird die **zulässige Zugspannung:**

(7) $$\sigma_{zul} = \frac{R_e \; (R_{p0,2})}{\nu}$$

σ_{zul}	zulässige Zugspannung in N/mm²
R_e	Streckgrenze in N/mm²
$R_{p0,2}$	0,2 %-Dehngrenze in N/mm²
ν	Sicherheitszahl ($\nu = 1{,}3 \ldots 2{,}0$)

Bei **spröden Werkstoffen** ist bei **statischer Belastung** der maßgebende Festigkeitswert die Zugfestigkeit. Damit wird die **zulässige Zugspannung:**

(8) $$\sigma_{zul} = \frac{R_m}{\nu}$$

σ_{zul}	zulässige Zugspannung in N/mm²
R_m	Zugfestigkeit in N/mm²
ν	Sicherheitszahl ($\nu = 2{,}0 \ldots 4{,}0$)

Im Maschinenbau rechnet man bei statischer Belastung, wenn das Bauteil durch unzulässig große Verformung versagen kann, im allgemeinen mit einer Sicherheitszahl $\nu = 1{,}3 \ldots 2{,}0$. In diesem Buch wird bei allen Aufgaben und Lehrbeispielen eine Sicherheitszahl von $\nu = 1{,}8$ festgesetzt. Kann das Bauteil durch Trennbruch versagen, wird im allgemeinen mit $\nu = 2{,}0 \ldots 4{,}0$, in diesem Buch mit $\nu = 3{,}0$ gerechnet.

Ob höhere oder niedrigere Sicherheitszahlen verwendet werden müssen, hängt u. a. von folgenden Faktoren ab:

ob die tatsächlichen Betriebsbedingungen mit den angenommenen übereinstimmen (z. B. stoßartig auftretende Kräfte),

ob alle Belastungskräfte erfaßt sind und ihre Größen genau ermittelt wurden,

ob der Werkstoff die angenommenen Festigkeitswerte tatsächlich erreicht.

4.2.4.3 σ_{zul} bei dynamischer Belastung

Bei **dynamischer Belastung** kann das Bauteil bei Spannungen zu Bruch gehen, die weit unterhalb der Fließgrenze liegen. Den Bruch bezeichnet man als **Dauerschwingbruch** oder kurz **Dauerbruch:**

Statisch belastete Bauteile müssen gegen unzulässig große Verformung bzw. gegen Trennbruch, dynamisch belastete Bauteile gegen Dauerbruch berechnet werden.

Um für dynamisch belastete Bauteile die zulässige Spannung berechnen zu können, muß in einem Versuch bei ebenfalls dynamischer Belastung ein geeigneter Festigkeitswert ermittelt werden. Im Dauerversuch wird diejenige Spannung ermittelt, bei der das Bauteil bei dynamischer Belastung auch nach beliebig langer Belastungszeit noch nicht zu Bruch geht. Diese Spannung wird für alle Beanspruchungsarten als **Dauerfestigkeit σ_D bezeichnet.**

Bei schwellender Belastung (Belastungsfall II) ist die maßgebende Dauerfestigkeit die **Schwellfestigkeit,** bei Beanspruchung auf Zug die **Zug-Schwellfestigkeit σ_{zSch}.** Bei wechselnder Belastung (Belastungsfall III) ist die maßgebende Dauerfestigkeit die **Wechselfestigkeit,** bei Beanspruchung auf Zug und Druck die **Zug-Druck-Wechselfestigkeit σ_{zdW}.**

Damit gilt bei **schwellender Belastung** (Belastungsfall II) für die **zulässige Zugspannung:**

⑨
$$\sigma_{zul} = \frac{\sigma_{zSch}}{\nu}$$

σ_{zul} zulässige Zugspannung in N/mm²
σ_{zSch} Zug-Schwellfestigkeit in N/mm²
ν Sicherheitszahl ($\nu = 3{,}0 \ldots 6{,}0$)

Bei **wechselnder Zug-Druck-Belastung** (Belastungsfall III) gilt für die **zulässige Spannung:**

⑩
$$\sigma_{zul} = \frac{\sigma_{zdW}}{\nu}$$

σ_{zul} zulässige (Zug- und Druck-) Spannung in N/mm²
σ_{zdW} Zug-Druck-Wechselfestigkeit in N/mm²
ν Sicherheitszahl ($\nu = 3{,}0 \ldots 6{,}0$)

Da bei dynamischer Belastung die Dauerfestigkeitswerte durch verschiedene Einflüsse (Kerbwirkung, Bauteilgröße) oft stark verringert werden, wird für die Sicherheitszahl ein verhältnismäßig hoher Wert von $\nu = 3{,}0 \ldots 6{,}0$ eingesetzt. In diesem Buch wird bei dynamischer Belastung – sofern keine anderen Werte angegeben sind – mit $\nu = 4{,}0$ gerechnet.

Die Gleichungen ⑨ und ⑩ gelten auch für die Beanspruchungsarten Druck, Biegung und Torsion; allerdings müssen die der Beanspruchungsart entsprechenden Festigkeitswerte eingesetzt werden. Bei Belastungsfall I sind die Fließgrenzen σ_F bzw. τ_F, bei Belastungsfall II und III die Dauerfestigkeitswerte σ_D bzw. τ_D einzusetzen.

Allgemein gilt also für die **zulässige Spannung:**

$$\sigma_{zul}\ (\tau_{zul}) = \frac{\text{Festigkeitswert}}{\text{Sicherheitszahl}}$$

wobei der maßgebende Festigkeitswert entsprechend der Beanspruchungsart und dem Belastungsfall zu wählen ist.

Die zur Ermittlung der zulässigen Spannungen erforderlichen Festigkeitswerte sind für wichtige Werkstoffe in „Formel- und Tabellensammlung Technische Mechanik und Festigkeitslehre“[1] zusammengestellt; für andere Werkstoffe sind die Werte aus Tabellenbüchern oder Herstellerkatalogen zu entnehmen.

[1] Formel- und Tabellensammlung Technische Mechanik und Festigkeitslehre, Mayer · Schwarz · Stanger Verlag Handwerk und Technik, Hamburg

Tabelle: Werte zur Ermittlung der zulässigen Spannungen

$$\text{Zulässige Spannung } \sigma_{zul}\ (\tau_{zul}) = \frac{\text{Festigkeitswert}}{\text{Sicherheitszahl}}$$

Art der Belastung		Festigkeitswert bei Beanspruchung auf Zug	Festigkeitswert allgemein	Sicherheitszahl ν üblich	Sicherheitszahl ν für Berechnungen in diesem Buch
Statische (ruhende) Belastung (Belastungsfall I)	zähe Werkstoffe	R_e, $R_{p0,2}$	σ_F, τ_F	1,3 ... 2,0	1,8
	spröde Werkstoffe	R_m	σ_B, τ_B	2,0 ... 4,0	3,0
Dynamische (schwingende) Belastung	Schwellende Belastung (Belastungsfall II)	σ_{zSch}	σ_{Sch}, τ_{Sch}; σ_D, τ_D	3,0 ... 6,0	4,0
	Wechselnde Belastung (Belastungsfall III)	σ_{zdW}	σ_W, τ_W		

Die zulässigen Spannungen, die mit den angegebenen Gleichungen und Werten ermittelt werden können, sind nur Anhaltswerte und genügen oft für eine genaue Berechnung nicht; sie werden aber für die Rechnungen dieses Buches verwendet. Wie die zulässigen Spannungen genauer ermittelt werden können, siehe Abschnitt 4.9.

Lehrbeispiel 8:

Wie groß ist die zulässige Spannung, wenn eine Zugstange aus St 60-2

a) durch eine ruhend wirkende Zugkraft,

b) durch abwechselnd wirkende gleich große Zug- und Druckkräfte belastet wird?

Lösung:

a) Bei statischer Belastung durch eine Zugkraft ist für Stahl der maßgebende Festigkeitswert die Streckgrenze R_e

Mit $R_e = 325\ \text{N/mm}^2$ wird die zulässige Zugspannung:

$$\sigma_{zul} = \frac{R_e}{\nu} = \frac{325\ \text{N/mm}^2}{1{,}8} = \underline{181\ \text{N/mm}^2}$$

b) Wechselt die Belastung zwischen gleich großen Zug- und Druckkräften, so handelt es sich um wechselnde Belastung. Als Festigkeitswert ist die Zug-Druck-Wechselfestigkeit σ_{zdW} maßgebend.

Für die zulässige Spannung ergibt sich:

$$\sigma_{zul} = \frac{\sigma_{zdW}}{\nu} = \frac{220\ \text{N/mm}^2}{4{,}0} = \underline{55\ \text{N/mm}^2}$$

Lehrbeispiel 9:

Ein geteiltes Schwungrad wird durch zwei Schrumpfringe aus St 50-2, die die beiden Nabenhälften umschließen, zusammengehalten.

a) Wie groß darf die Schrumpfspannung in den Ringen werden, wenn aus Sicherheitsgründen $\nu = 2{,}0$ sein soll?

b) Wie groß muß die Breite b der Ringe werden, wenn die beiden Nabenhälften mit einer Kraft von $F = 1100$ kN zusammengehalten werden sollen?

c) Mit welchem Innendurchmesser müssen die Schrumpfringe hergestellt werden, wenn der Durchmesser der Nabe an der Verbindungsstelle 900 mm beträgt?

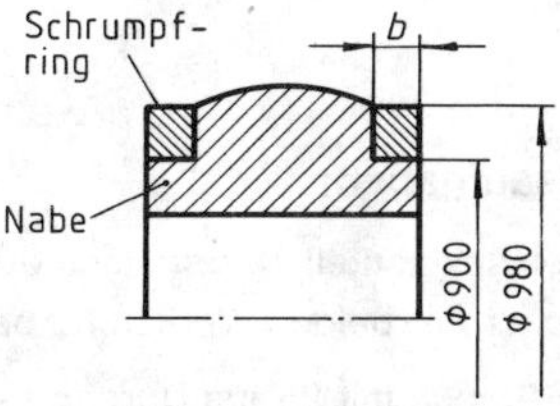

Bild 1 Nabe eines Schwungrades, mit Schrumpfringen zusammengehalten

Lösung:

a) Die zulässige Zugspannung bei Belastungsfall I beträgt:

$$\sigma_{zul} = \frac{R_e}{\nu} = \frac{285\,N/mm^2}{2{,}0} = \underline{143\,N/mm^2}$$

b) Die von einem Schrumpfring zu übertragende Kraft ist $F/2$ (Bild 1). Ähnlich wie bei einem Kettenglied ist die von einem Querschnitt zu übertragende Kraft davon wieder die Hälfte, also $F/4$.

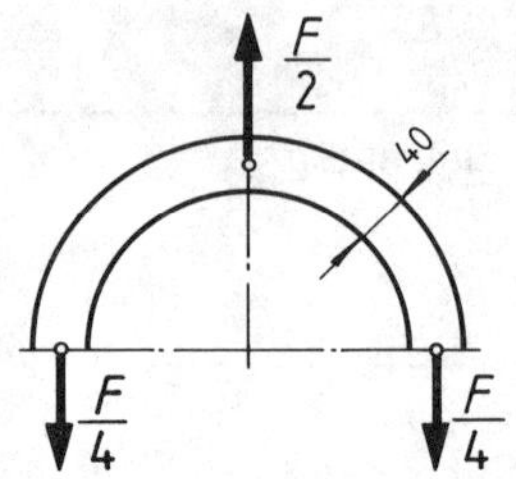

Bild 1 Kräfte am Schrumpfring

Aus $\sigma_z = \frac{F/4}{S} \leqq \sigma_{zul}$ folgt:

$$S \geqq \frac{F/4}{\sigma_{zul}} = \frac{1\,100\,000\,N}{4 \cdot 143\,N/mm^2} = 1\,923\,mm^2$$

Der Querschnitt eines Schrumpfringes ist $S = a \cdot b$. Damit wird die gesuchte Breite:

$$b = \frac{S}{a} = \frac{1923\,mm^2}{40\,mm}\ 48{,}1\,mm \quad \text{ausgeführt: } b = \underline{48\,mm}$$

c) Mit Hilfe des **Hookeschen Gesetzes** kann aus der Zugspannung die Formänderung berechnet werden.

Aus $E = \frac{\sigma_z}{\varepsilon}$ folgt:

$\varepsilon = \frac{\sigma_z}{E}$, wobei zu beachten ist, daß für σ_z nicht die zulässige, sondern die tatsächliche Zugspannung einzusetzen ist. Die bei einer Schrumpfkraft von $F = 1100$ kN notwendige Spannung ist bei einer ausgeführten Schrumpfringbreite von 48 mm:

$$\sigma_z = \frac{F/4}{S} = \frac{F}{4 \cdot a \cdot b} = \frac{1\,100\,000\,N}{4 \cdot 40\,mm \cdot 48\,mm} = 143\,N/mm^2$$

Damit wird die erforderliche Dehnung der Schrumpfringe:

$$\varepsilon = \frac{\sigma_z}{E} = \frac{143\,N/mm^2}{210\,000\,N/mm^2} = 0{,}000681$$

Aus $\varepsilon = \frac{\Delta L}{L_0}$ folgt für die Schrumpfringe:

$$\varepsilon = \frac{L - L_0}{L_0} = \frac{\pi \cdot d - \pi \cdot d_0}{\pi \cdot d_0} = \frac{d - d_0}{d_0} = \frac{d}{d_0} - 1$$

und daraus für den gesuchten Ursprungs-Innendurchmesser der Schrumpfringe:

$$d_0 = \frac{d}{\varepsilon + 1} = \frac{900\,mm}{0{,}000681 + 1} = \underline{899{,}39\,mm}$$

Einfacher ist folgender Lösungsweg:

$$\varepsilon = \frac{\Delta L}{L_0} \approx \frac{\Delta L}{L} = \frac{\pi \cdot d - \pi \cdot d_0}{\pi \cdot d} = \frac{\Delta d}{d}$$

$$\Delta d = d \cdot \varepsilon = 900\,mm \cdot 0{,}000681 = 0{,}61\,mm$$

$$d_0 = d - \Delta d = (900 - 0{,}61)\,mm = \underline{899{,}39\,mm}$$

Übungsaufgaben:

1. Ein Maschinenteil, das statisch durch Zugkräfte belastet wird, soll aus St 37-2 oder GG-40 hergestellt werden. Welcher der beiden Werkstoffe besitzt die größere zulässige Spannung?
2. Eine Stange mit 25 mm Durchmesser aus Ck 45 wird schwellend auf Zug beansprucht.
   a) Wie groß ist die zulässige Spannung?
   b) Welche maximale Zugkraft kann von der Stange übertragen werden?

4.3 Beanspruchung auf Druck und Flächenpressung

4.3.1 Druckspannung

Die äußeren Kräfte F wirken wie bei der Beanspruchung auf Zug in Richtung der Stabachse. Der Richtungssinn der Druckkräfte ist dem Richtungssinn der Zugkräfte entgegengesetzt (Bild 1).

Die durch die Druckkräfte F verursachte **Druckspannung** wirkt senkrecht zur Querschnittsfläche; es handelt sich also um eine Normalspannung, die mit dem Buchstaben σ bezeichnet wird.

Für die Druckspannung gilt:

$$\sigma_d = \frac{F}{S}$$

Die auftretende Druckspannung darf höchstens so groß sein wie die zulässige Druckspannung $\sigma_{d\,zul}$, also:

$$\sigma_d \leqq \sigma_{d\,zul}$$

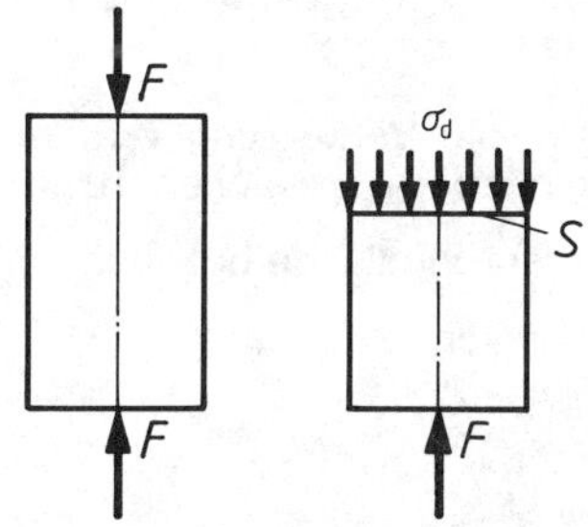

a) Die äußeren Kräfte F wirken in Richtung der Stabachse **b)** Die Druckspannung σ_d wirkt senkrecht zur Querschnittsfläche

Bild 1 Auf Druck beanspruchter Stab

Die beiden Gleichungen werden zusammengefaßt. Damit gilt für die **Druckspannung:**

⑪ $$\sigma_d = \frac{F}{S} \leqq \sigma_{d\,zul}$$

σ_d Druckspannung in N/mm^2
F Druckkraft in N
S Querschnittsfläche in mm^2
$\sigma_{d\,zul}$ zulässige Druckspannung in N/mm^2

Die Druckspannung unterscheidet sich von der Zugspannung nur durch den entgegengesetzten Richtungssinn; deshalb wird sie auch als negative Zugspannung bezeichnet (z. B. $\sigma = -30\,N/mm^2$).

Da die innere Kraft $F_i = F$ über die ganze Stablänge konstant ist, ergibt sich aus Gleichung ⑪, daß auch bei Beanspruchung auf Druck der **gefährdete Querschnitt** dort ist, wo die Querschnittsfläche am kleinsten ist.

Wie schon bei der Aufzählung der Grundbeanspruchungsarten erwähnt, tritt bei einem durch Druckkräfte belasteten Stab, der verhältnismäßig lang ist, die Gefahr des Ausknickens auf; er muß auf **Knickung** berechnet werden (Bild 2).

Reine Druckbeanspruchung tritt also nur auf, wenn das Verhältnis Höhe zu Durchmesser ($h : d$) z. B. bei einem zylindrischen Stab einen bestimmten Grenzwert nicht überschreitet. Im Stahlbau werden zylindrische Stäbe aus Stahl mit $h : d = 5$ (aus Grauguß mit $h : d = 2{,}5$) schon auf Knickung berechnet. Ab wann ein Stab als schlank anzusehen ist und auf Knickung berechnet werden muß, wird im Abschnitt 4.7 eingehender behandelt.

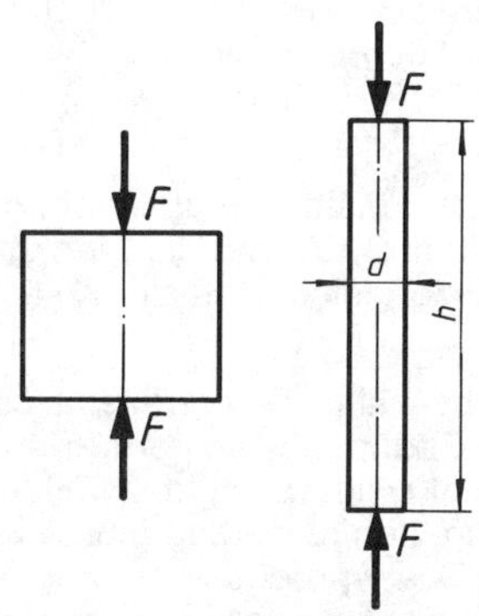

a) Kurzer Stab muß auf Druck berechnet werden **b)** Langer Stab muß auf Knickung berechnet werden

Bild 2 Beanspruchung auf Druck und Knickung

Schlanke, durch Druckkräfte belastete Bauteile müssen auf Knickung berechnet werden.

Reine Beanspruchung auf Druck kommt im Maschinenbau selten vor, die hier aufgestellten Gesetzmäßigkeiten werden vorwiegend bei der Lösung von Aufgaben benötigt, bei denen an einem Bauteil mehrere Beanspruchungsarten gleichzeitig auftreten (Zusammengesetzte Beanspruchung).

4.3.2 Formänderung bei Beanspruchung auf Druck

Die für die Formänderung bei Zugbeanspruchung aufgestellten Überlegungen gelten sinngemäß auch für die Druckbeanspruchung. Der Druckstab verkürzt sich von der Ursprungslänge L_0 auf die Länge L (Bild 1); die Längenänderung bezeichnet man als **Verkürzung** $\Delta L = L_0 - L$

Um die Verkürzung verschiedener Werkstoffe miteinander vergleichen zu können, wird sie auf die Ursprungslänge bezogen und als **Stauchung** $\varepsilon = \frac{\Delta L}{L_0}$ bezeichnet.

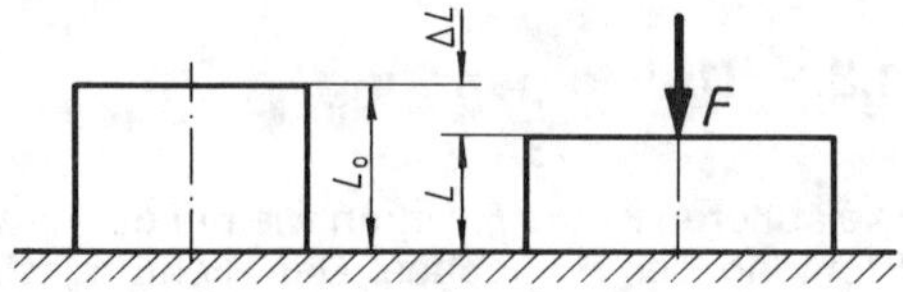

Stauchung $\varepsilon = \frac{\Delta L}{L_0} = \frac{L_0 - L}{L_0}$

Bild 1 Stauchung bei Beanspruchung auf Druck

4.3.3 Zusammenhang zwischen Spannung und Formänderung bei Beanspruchung auf Druck

Bezeichnet man bei Beanspruchung auf Druck die Spannung mit $-\sigma$ und die Stauchung mit $-\varepsilon$, so ergibt sich bei Stahl der in Bild 2 dargestellte Zusammenhang. (Das Spannung-Dehnung-Diagramm für Beanspruchung auf Zug ist zusätzlich eingezeichnet.)

Die Spannung, bei der der Werkstoff bei Druckbeanspruchung zu fließen beginnt, heißt **Quetschgrenze** σ_{dF}. Bei Werkstoffen mit nicht ausgeprägter Fließgrenze wird anstelle der Quetschgrenze die 0,2 %-Dehngrenze $R_{p0,2}$ ermittelt.

Aus Versuchen ergibt sich, daß bei zähen Werkstoffen die Werte für Streckgrenze und Quetschgrenze gleich groß sind.

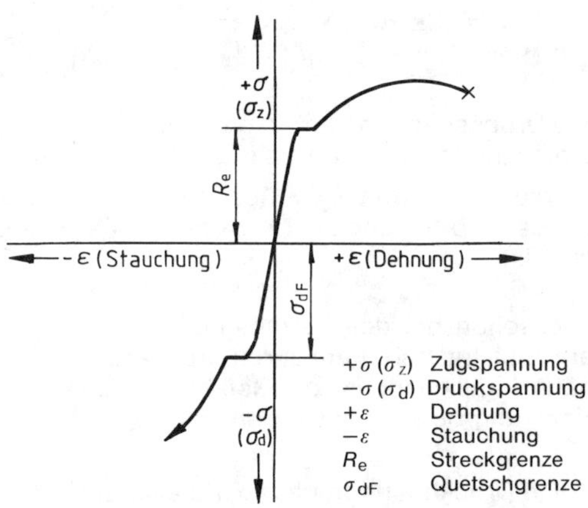

Bild 2 Spannung-Dehnung-Diagramm bei Beanspruchung auf Zug und Druck für zähen Stahl

Da bei zähen Werkstoffen sich der Stab bei weiterer Spannungssteigerung ausbaucht, aber nicht bricht (Bild 3a), ist der weitere Verlauf des Spannung-Dehnung-Diagramms verschieden von dem bei Beanspruchung auf Zug; es gibt keine Bruchgrenze, die der Zugfestigkeit R_m entsprechen würde.

Werkstoffe, die sich bei Beanspruchung auf Zug spröd verhalten (z. B. Grauguß), versagen im Druckversuch durch einen Schiebebruch (Bild 3b). Da bei ihnen eine Quetschgrenze nicht erkennbar ist, verwendet man als Festigkeitskennwert die Spannung, bei der der Stab zu Bruch geht, die **Druckfestigkeit** σ_{dB}.

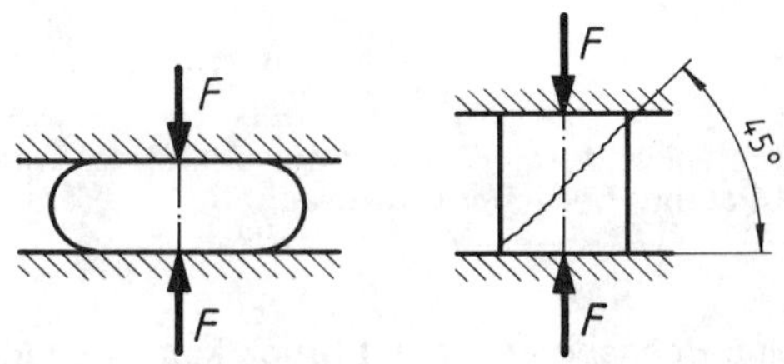

a) zäher Werkstoff (St) **b)** spröder Werkstoff (GG)

Bild 3 Stauchung eines Druckstabes

Der besondere Gefügeaufbau des Graugusses (Graphiteinlagerungen) führt zu einer Druckfestigkeit σ_{dB}, die wesentlich größer ist als die Zugfestigkeit R_m. Bei Grauguß sind die Werte für die Druckfestigkeit σ_{dB} ungefähr dreimal so groß wie die für die Zugfestigkeit R_m (Bild 1).

Die Spannung-Dehnung-Schaubilder (Bild 2, Seite 169 und 1) zeigen, daß das **Hookesche Gesetz** $E = \frac{\sigma}{\varepsilon}$ auch für Beanspruchung auf Druck gilt, wobei der E-Modul gleich groß ist wie bei Beanspruchung auf Zug.

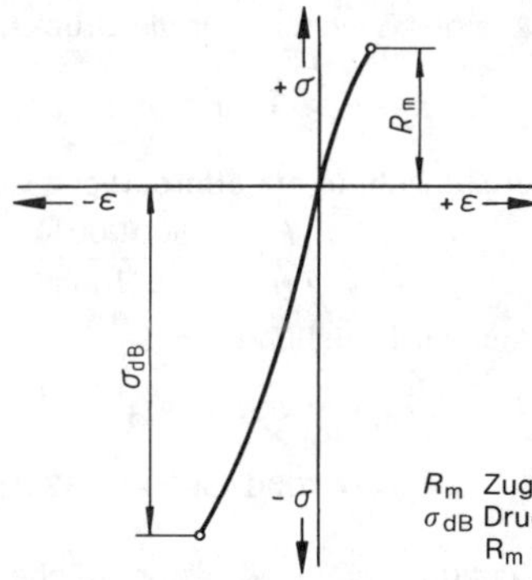

Bild 1 Spannung-Dehnung-Diagramm bei Beanspruchung auf Zug und Druck für Grauguß

4.3.4 Zulässige Spannungen bei Beanspruchung auf Druck

Die **zulässige Druckspannung** wird nach der Gleichung

$$\sigma_{zul} = \frac{\text{Festigkeitswert}}{\text{Sicherheitszahl}} \text{ ermittelt.}$$

Maßgebende Festigkeitswerte sind bei **statischer** Belastung (Belastungsfall I):

bei zähen Werkstoffen die Quetschgrenze σ_{dF}, wobei $\sigma_{dF} \approx R_e$ ist,

bei spröden Werkstoffen die Druckfestigkeit σ_{dB}, wobei bei Grauguß $\sigma_{dB} \approx 3 \cdot R_m$ ist.

Bei **schwellender** Belastung (Belastungsfall II) ist als Festigkeitswert die Druckschwellfestigkeit σ_{dSch} maßgebend. Die Größen von σ_{dSch} können aus den Werten für die Zugschwellfestigkeit σ_{zSch} ermittelt werden. Für zähe Werkstoffe ist $\sigma_{dSch} \approx \sigma_{zSch}$, für spröde Werkstoffe $\sigma_{dSch} \approx 3 \cdot \sigma_{zSch}$.

Die Ermittlung der zulässigen Spannung bei **wechselnder** Belastung durch Zug- und Druckkräfte wurde schon im Abschnitt 4.2.4.3 behandelt.

Als Sicherheitszahlen sind die Werte aus der Tabelle Seite 167 einzusetzen.

Bei Stahl und NE-Metallen sind die zulässigen Spannungen bei Beanspruchung auf Zug und Druck gleich groß.

Bei Grauguß sind die zulässigen Spannungen bei Beanspruchung auf Druck ungefähr 3mal so groß wie bei Beanspruchung auf Zug.

Lehrbeispiel 10:

Eine 120 mm hohe Distanzbuchse aus St 37-2 wird durch die Druckkraft $F = 500$ kN statisch belastet.

a) Wie groß ist die zulässige Druckspannung?

b) Wie groß muß die Wandstärke s werden, wenn der Innendurchmesser der Buchse $d = 50$ mm ist?

c) Um wieviel mm verkürzt sich die Distanzbuchse?

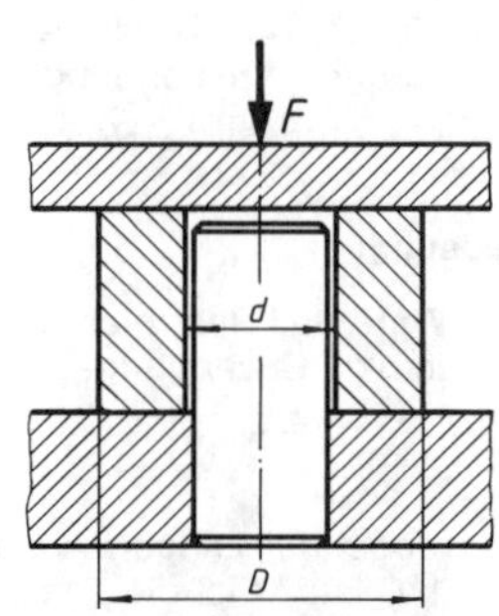

Bild 2 Distanzbuchse, auf Druck beansprucht

Lösung:

a) Die zulässige Druckspannung beträgt bei statischer Belastung:

$$\sigma_{d\,zul} = \frac{\sigma_{dF}}{\nu}$$

Mit $\sigma_{dF} = R_e = 225\,\text{N/mm}^2$ wird:

$$\sigma_{d\,zul} = \frac{225\,\text{N/mm}^2}{1{,}8} = \underline{125\,\text{N/mm}^2}$$

b) Aus der Gleichung für die Druckspannung:

$$\sigma_d = \frac{F}{S} \leqq \sigma_{d\,zul}$$

ergibt sich für die erforderliche Querschnittsfläche:

$$S \geqq \frac{F}{\sigma_{d\,zul}} = \frac{500\,000\ \text{N}}{125\ \text{N/mm}^2} = 4\,000\ \text{mm}^2$$

Aus der Beziehung $S = S_D - S_d$ für die Kreisringfläche folgt:

$$S_D = S + S_d = S + \frac{\pi \cdot d^2}{4} = S + \frac{\pi\,(50\ \text{mm})^2}{4}$$

$$S_D = 4\,000\ \text{mm}^2 + 1\,963\ \text{mm}^2 = 5\,963\ \text{mm}^2$$

Daraus folgt für den erforderlichen Außendurchmesser der Buchse:

$$D \geqq 87{,}1\ \text{mm}$$

Mit dem ausgeführten Außendurchmesser von $D = 88$ mm wird die Wandstärke:

$$s = \frac{D - d}{2} = \frac{(88 - 50)\ \text{mm}}{2} = \underline{19\ \text{mm}}$$

c) Zur Ermittlung der Verkürzung muß mit der tatsächlichen, nicht mit der zulässigen Druckspannung gerechnet werden.

Die Druckspannung beträgt:

$$\sigma_d = \frac{F}{S} = \frac{F}{S_D - S_d} = \frac{F}{\frac{\pi \cdot D^2}{4} - \frac{\pi \cdot d^2}{4}} = \frac{500\,000\ \text{N}}{\frac{\pi\,(88\ \text{mm})^2}{4} - \frac{\pi\,(50\ \text{mm})^2}{4}}$$

$$\sigma_d = \frac{500\,000\ \text{N}}{(6\,082 - 1\,964)\ \text{mm}^2} = 121\ \text{N/mm}^2 < \sigma_{d\,zul} = 125\ \text{N/mm}^2$$

Nach dem Hookeschen Gesetz $E = \frac{\sigma_d}{\varepsilon}$ wird die Stauchung:

$$\varepsilon = \frac{\sigma_d}{E} = \frac{121\ \text{N/mm}^2}{210\,000\ \text{N/mm}^2} = 0{,}000\,576$$

Aus $\varepsilon = \frac{\Delta L}{L_0}$ folgt für die Verkürzung:

$$\Delta L = \varepsilon \cdot L_0 = 0{,}00576 \cdot 120\ \text{mm} = 0{,}0691\ \text{mm} \approx \underline{0{,}07\ \text{mm}}$$

Lehrbeispiel 11:

Ein Stahlrohr wird bei $t = 20\,°C$ spannungslos so eingebaut, daß es nicht nachgeben kann. Durch hindurchströmende heiße Gase wird es auf $t = 80\,°C$ erwärmt.

a) Wie groß ist die dabei auftretende Druckspannung im Rohr? (Längen-Ausdehnungskoeffizient $\alpha = 11 \cdot 10^{-6}\,°C^{-1}$)

b) Wie groß ist die Druckkraft im Rohr?

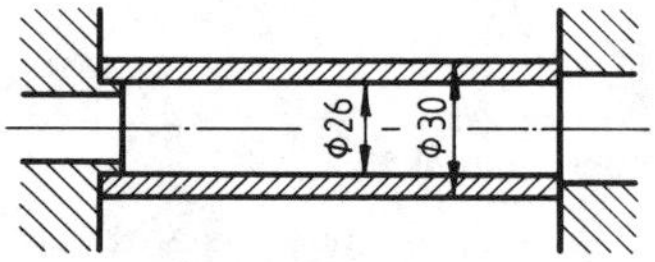

Erwärmung von 20 °C auf 80 °C verursacht Druckspannung im Rohr

Bild 1 Eingespanntes Stahlrohr

Lösung:

a) Wäre das Rohr nicht eingespannt, so wäre seine Dehnung infolge Erwärmung:

$$\varepsilon = \alpha \cdot \Delta t$$

wobei der Längen-Ausdehnungskoeffizient α angibt, wie groß die Dehnung bei Erwärmung um 1 °C ist; Δt ist die Temperaturdifferenz in °C. Die Dehnung wäre:

$$\varepsilon = \alpha \cdot \Delta t = 11 \cdot 10^{-6}\ \frac{1}{°C}\ (80 - 20)\ °C = 0{,}00066$$

Da das Rohr fest eingespannt ist und sich nicht verlängern kann, wird es auf Druck beansprucht.

Nach dem **Hookeschen Gesetz** $E = \frac{\sigma_d}{\varepsilon}$ wird die Druckspannung:

$$\sigma_d = E \cdot \varepsilon = 210\,000 \frac{N}{mm^2} \cdot 0{,}00066 = \underline{139\,N/mm^2}$$

b) Aus $\sigma_d = \frac{F}{S}$ ergibt sich für die Druckkraft im Rohr:

$$F = \sigma_d \cdot S = \sigma_d\,(S_D - S_d) = 139 \frac{N}{mm^2}\,(707 - 531)\,mm^2$$

$$F = 24\,464\,N \approx \underline{24{,}5\,kN}$$

Übungsaufgaben:

1. Eine Stütze aus 2 U-Profilen U DIN 1026 – U St 37-2-200 wird durch eine Druckkraft von $F = 800$ kN belastet.
   a) Wie groß ist die Druckspannung im ungeschwächten Stützenquerschnitt und im gefährdeten Querschnitt, wenn die Profile durch Nietlöcher mit $d_1 = 11$ mm geschwächt sind?
   b) Wie groß ist die durch die zulässige Spannung von $\sigma_{d\,zul} = 140\,N/mm^2$ geforderte Mindestsicherheit und wie groß ist die tatsächliche Sicherheit? (Belastung wird im Stahlbau als statisch angenommen.)

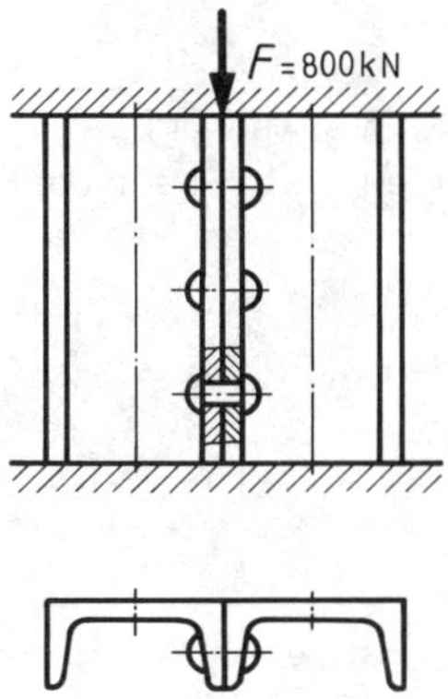

Bild 1

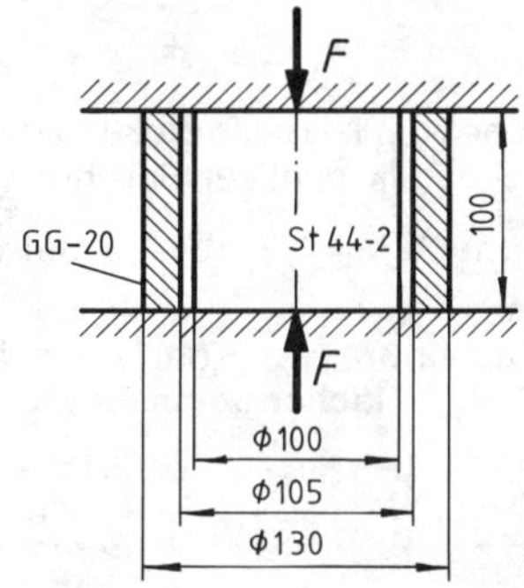

Bild 2

2. Ein Vollzylinder aus St 44-2 und ein Rohr aus GG-20 werden gemeinsam durch die von einer Presse aufgebrachte Druckkraft um 0,035 mm verkürzt.
   a) Wie groß ist die Stauchung?
   b) Wie groß sind die Druckspannungen im Stahlzylinder und im Graugußrohr?
   c) Wie groß ist die Druckkraft?
   d) Kann das Graugußrohr diese Kraft allein aufnehmen, wenn die zulässige Druckspannung $\sigma_{d\,zul}$ nicht überschritten werden soll?

4.3.5 Flächenpressung

4.3.5.1 Flächenpressung zwischen ebenen Flächen

Ein Keil drückt auf einen Schieber mit der Kraft F (Bild 3).

Der Keil wird auf Druck beansprucht, im Keilquerschnitt muß eine Druckspannung übertragen werden. Die Druckkraft F wirkt einerseits auf die Druckplatte, andererseits auf den Schieber; beide Bauteile werden ebenfalls auf Druck beansprucht.

Keil und Druckplatte sowie Keil und Schieber werden aneinandergepreßt, die Druckspannung zwischen den Berührungsflächen wird als **Flächenpressung p** bezeichnet.

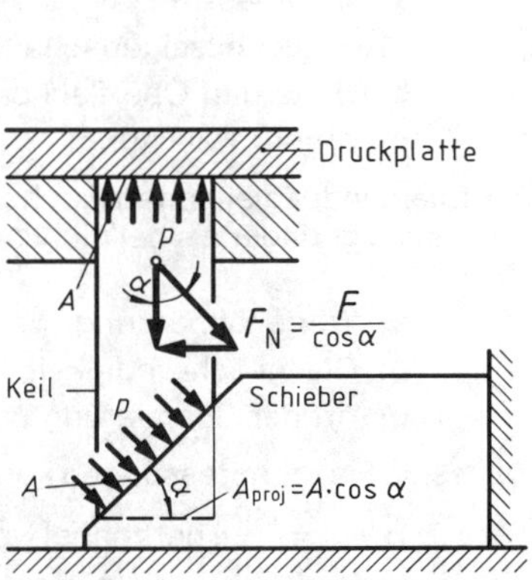

Bild 3 Flächenpressung zwischen ebenen Flächen

Die Druckspannung zwischen zwei sich berührenden Flächen wird als Flächenpressung p bezeichnet.

Die Flächenpressung an der Berührungsfläche zwischen Keil und Druckplatte ist:

$$p = \frac{F}{A}$$

An den Schieber wird der Keil durch die Kraftkomponente F_N (Normalkraft) angepreßt, dort ist die Flächenpressung also:

$$p = \frac{F_N}{A} \qquad \text{oder mit } F_N = \frac{F}{\cos\alpha}$$

$$p = \frac{F}{\cos\alpha \cdot A}$$

Oft ist es einfacher, die Flächenpressung aus dem Verhältnis der Kraft F zur *projizierten Fläche* A_{proj} zu ermitteln. Es ist:

$$p = \frac{F}{A_{proj}} \qquad \text{und mit } A_{proj} = A \cdot \cos\alpha$$

$$p = \frac{F}{A \cdot \cos\alpha}$$

Die projizierte Fläche A_{proj} ist die Projektion der Berührungsfläche A auf eine Ebene, die senkrecht zu F steht. Bei einer nicht senkrecht zur Berührungsfläche A wirkenden Kraft F, kann die Flächenpressung nach $p = \frac{F_N}{A}$ oder nach $p = \frac{F}{A_{proj}}$ berechnet werden.

Die auftretende Flächenpressung darf höchstens so groß werden wie die zulässige Flächenpressung p_{zul}. Es gilt also für die **Flächenpressung:**

(12)
$$p = \frac{F_N}{A} = \frac{F}{A_{proj}} \leqq p_{zul}$$

p	Flächenpressung in N/mm^2
F_N	Normalkraft in N
A	Berührungsfläche in mm^2
F	Kraft in N
A_{proj}	projizierte Fläche in mm^2 (A_{proj} ist die Projektion der Berührungsfläche A auf eine zu F senkrecht stehende Ebene)
p_{zul}	zulässige Flächenpressung in N/mm^2

4.3.5.2 Zulässige Flächenpressungen

Die Größe der **zulässigen Flächenpressung p_{zul}** hängt u. a. von folgenden Faktoren ab:

a) Festigkeitseigenschaften des weicheren Werkstoffes,

b) Härte und Oberflächenbeschaffenheit der beiden Teile,

c) Art der Belastung.

Bei aufeinander gleitenden Flächen (Führungen, Lager, Gewinde) ist die zulässige Flächenpressung p_{zul} wesentlich geringer als bei nicht aufeinander gleitenden Flächen. Die zulässige Flächenpressung hängt ab von:

a) Werkstoffpaarung,

b) Gleitgeschwindigkeit,

c) Art der Schmierung und Zähigkeit des Schmiermittels.

Zulässige Flächenpressungen können nicht nach den Gleichungen zur Ermittlung der zulässigen Spannung (z. B. $\sigma_{zul} = \frac{\sigma_{dF}}{\nu}$) berechnet werden; Werte für p_{zul} müssen entsprechenden Fachbüchern (Elemente des Maschinenbaus) oder Tabellenbüchern entnommen werden. In diesem Buch werden die Werte für die zulässige Flächenpressung p_{zul} bei den einzelnen Aufgaben jeweils angegeben.

Lehrbeispiel 12:

Ein Wellenende überträgt mit seiner Schulter eine Axialkraft von $F = 6\,000\,\text{N}$.

Wie groß darf der Zapfendurchmesser d höchstens werden, wenn die Flächenpressung an der Schulter $8\,\text{N/mm}^2$ betragen soll?

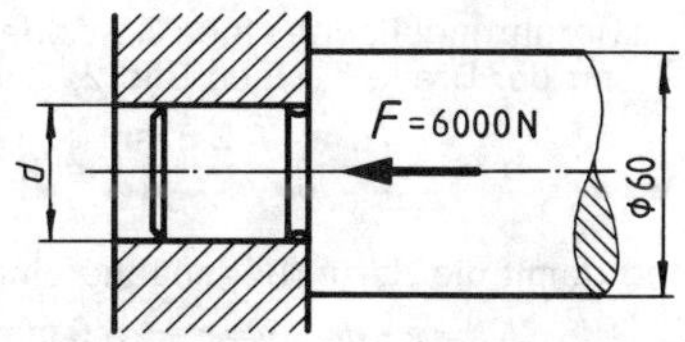

Bild 1 Flächenpressung an der Schulter einer Welle

Lösung:

Aus $p = \dfrac{F_N}{A} \leqq p_{zul}$ folgt für die erforderliche Berührungsfläche mit $F_N = F$:

$$A \geqq \frac{F_N}{p_{zul}} = \frac{6\,000\,\text{N}}{8\,\text{N/mm}^2} = 750\,\text{mm}^2$$

Die Berührungsfläche ist eine Kreisringfläche.

Aus $A = A_D - A_d$ folgt:

$$A_d = A_D - A = \frac{\pi \cdot D^2}{4} - A = \frac{\pi \cdot (60\,\text{mm})^2}{4} - 750\,\text{mm}^2$$

$$A_d = 2\,827\,\text{mm}^2 - 750\,\text{mm}^2 = 2\,077\,\text{mm}^2$$

Daraus ergibt sich für den Zapfendurchmesser:

$$d \leqq 51{,}4\,\text{mm}$$

ausgeführt: $\underline{d = 50\,\text{mm}}$

Die tatsächliche Flächenpressung beträgt:

$$p = \frac{F_N}{A} = \frac{F_N}{(A_D - A_d)} = \frac{6\,000\,\text{N}}{(2\,827 - 1\,963)\,\text{mm}^2} = 6{,}9\,\text{N/mm}^2$$

Lehrbeispiel 13:

Eine Zugspindel mit Trapezgewinde nach DIN 103 wird durch eine Zugkraft von $F = 32\,\text{kN}$ belastet.

a) Welches Gewinde ist bei einer zulässigen Zugspannung von $\sigma_{zul} = 90\,\text{N/mm}^2$ zu wählen?

b) Wie groß muß die Mutterhöhe werden, wenn die zulässige Flächenpressung im Gewinde $p_{zul} = 10\,\text{N/mm}^2$ beträgt?

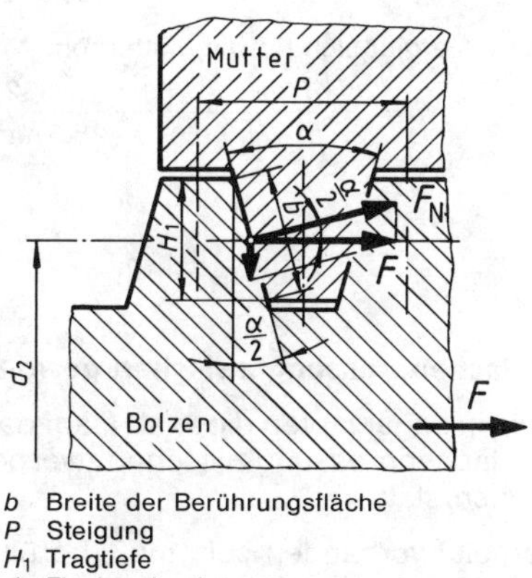

b Breite der Berührungsfläche
P Steigung
H_1 Tragtiefe
d_2 Flankendurchmesser
α Flankenwinkel

Bild 2 Flächenpressung am Trapezgewinde

Lösung:

Aus $\sigma_z = \dfrac{F}{S} \leqq \sigma_{zul}$ folgt:

$$S \geqq \frac{F}{\sigma_{zul}} = \frac{32\,000\,\text{N}}{90\,\text{N/mm}^2} = 356\,\text{mm}^2$$

$\underline{\text{Tr } 28 \times 5}$ mit Kerndurchmesser $d_3 = 22{,}5\,\text{mm}$ und Kernquerschnitt $S_3 = 397{,}6\,\text{mm}^2$.

Die Flächenpressung im Gewinde beträgt:

$$p = \frac{F_N}{A} \leqq p_{zul}$$

Die Zugkraft F wirkt nicht senkrecht zur Berührungsfläche zwischen Mutter und Bolzen (Bild 2).

Die Normalkraft F_N ist die in Normalrichtung wirkende Komponente der Kraft F. Sie beträgt nach Bild 2:

$$F_N = \frac{F}{\cos \alpha/2} = \frac{32\,000\,\text{N}}{\cos 15°} = 33\,130\,\text{N}$$

Die gesamte Berührungsfläche muß betragen:

$$A \geqq \frac{F_N}{p_{zul}} = \frac{33\,130\,\text{N}}{10\,\text{N/mm}^2} = 3\,313\,\text{mm}^2$$

Die Berührungsfläche eines Gewindeganges ist eine Kreisringfläche mit dem mittleren Durchmesser d_2 und der Breite b. Nach Bild 2, Seite 174 ist die Breite:

$$b = \frac{H_1}{\cos \alpha/2} = \frac{2{,}5\,\text{mm}}{\cos 15°} = 2{,}59\,\text{mm}$$

und damit die Berührungsfläche eines Gewindeganges:

$$A_g = \pi \cdot d_2 \cdot b = \pi \cdot 25{,}5\,\text{mm} \cdot 2{,}59\,\text{mm} = 207\,\text{mm}^2$$

Damit ergibt sich die notwendige Anzahl z der Gewindegänge:

$$z \geqq \frac{A}{A_g} = \frac{3\,313\,\text{mm}^2}{207\,\text{mm}^2} = 16$$

Bei $z = 16$ Gewindegängen beträgt die Mutterhöhe:

$$m = z \cdot P = 16 \cdot 5\,\text{mm} = \underline{\underline{80\,\text{mm}}}$$

Einfacher ist es, mit der Gleichung $p = \frac{F}{A_{proj}}$ zu rechnen. Die projizierte Fläche beträgt (Bild 1):

$$A_{proj} = \frac{A}{\cos \frac{\alpha}{2}}$$

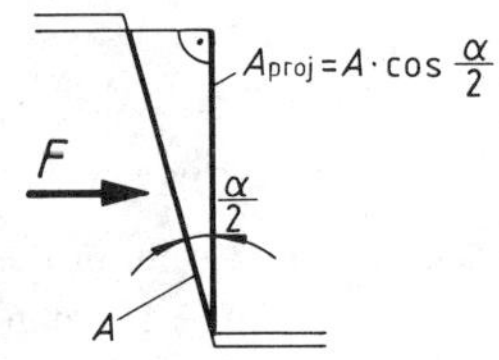

Bild 1 Skizze zur Berechnung der Flächenpressung am Trapezgewinde

Damit ist die Flächenpressung:

$$p = \frac{F}{A_{proj}} = \frac{F}{A \cdot \cos \alpha/2}$$

Mit der gesamten Berührungsfläche von

$$A = z \cdot \pi \cdot d_2 \cdot b = \frac{m}{P} \cdot \pi \cdot d_2 \cdot \frac{H_1}{\cos \alpha/2}$$ wird die Flächenpressung:

$$p = \frac{F}{\cos \frac{\alpha}{2} \cdot \frac{m}{P} \cdot \pi \cdot d_2 \cdot \frac{H_1}{\cos \alpha/2}} = \frac{F \cdot P}{m \cdot \pi \cdot d_2 \cdot H_1}$$

Daraus ergibt sich für die Mutterhöhe:

$$m = \frac{F \cdot P}{\pi \cdot d_2 \cdot H_1 \cdot p} = \frac{32\,000\,\text{N} \cdot 5\,\text{mm}}{\pi \cdot 25{,}5\,\text{mm} \cdot 2{,}5\,\text{mm} \cdot 10\,\text{N/mm}^2} = \underline{\underline{80\,\text{mm}}}$$

4.3.5.3 Flächenpressung zwischen gewölbten Flächen

Überträgt ein Lagerzapfen die Kraft F auf das Lager (Bild 2), so findet Flächenpressung zwischen zwei gewölbten Berührungsflächen statt.

Da Lagerspiel vorhanden sein muß, berühren sich Lagerzapfen und Lagerschale nicht auf der gesamten Halbzylinderfläche, außerdem wird die Kraft F meist nicht direkt, sondern über ein Schmiermittel übertragen. Aus diesen Gründen ist die Flächenpressung über die Berührungsfläche ungleichmäßig verteilt und ihre Größe rechnerisch nur sehr schwer zu erfassen.

Man rechnet deshalb mit einer **mittleren Flächenpressung,** wobei man sich die Flächenpressung der gewölbten Berührungsfläche gleichmäßig auf ihre Projektionsfläche $A_{proj} = l \cdot d$ verteilt denkt (Bild 2).

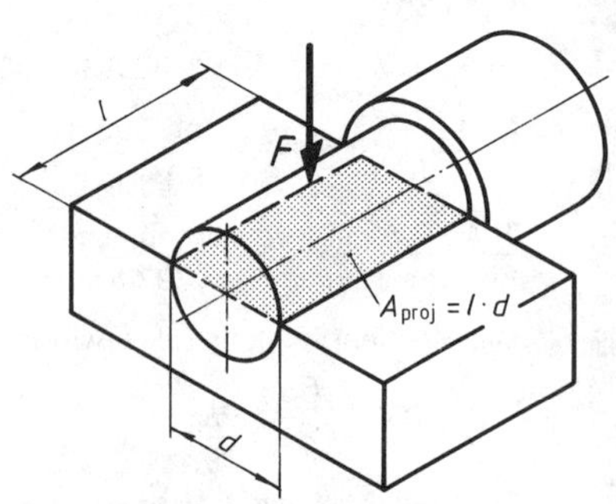

l Lagerlänge
d Lagerdurchmesser
A_{proj} Projektionsfläche

Bild 2 Flächenpressung bei gewölbten Flächen (Gleitlager)

Bei **gewölbten Flächen** (z. B. Radiallager) ist die **Flächenpressung:**

(13) $$p = \frac{F}{A_{proj}} = \frac{F}{l \cdot d} \leqq p_{zul}$$

p Flächenpressung in N/mm²
F Kraft in N
A_{proj} Projektionsfläche in mm²
l Länge in mm
d Durchmesser in mm
p_{zul} zulässige Flächenpressung in N/mm²

Bei einer Nietverbindung (Bild 1) tritt zwischen Nietschaft und Bohrungswand Flächenpressung auf. Bei Nietverbindungen wird die Flächenpressung auch als **Lochleibungsdruck** σ_l bezeichnet.

Für die Flächenpressung bei Nietverbindungen gilt ebenfalls die Gleichung $p = \frac{F}{A_{proj}}$, wobei die Projektionsfläche A_{proj} eine Rechteckfläche mit den Seitenlängen s (Blechstärke) und d_1 (Durchmesser des geschlagenen Niets) ist.

Die Werte für zulässige Flächenpressung (Lochleibungsdrücke) bei Nieten und Paßschrauben im Stahlhochbau, Kranbau und Aluminiumhochbau sind in DIN-Normen festgelegt.

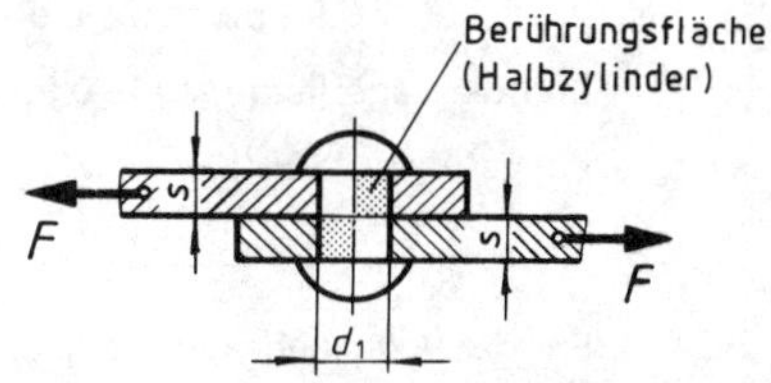

d_1 Durchmesser des geschlagenen Nietes
s Blechstärke

$$p = \frac{F}{A_{proj}} = \frac{F}{d_1 \cdot s}$$

Bild 1 Flächenpressung bei einer Nietverbindung

Lehrbeispiel 14:

Wie groß ist die Flächenpressung zwischen Schrumpfring und Nabe aus Lehrbeispiel 9?

Lösung:

Die Kraft F wird von 2 Schrumpfringen übertragen. Die Projektionsfläche beträgt:

$$A_{proj} = 2 \cdot b \cdot d = 2 \cdot 46\,\text{mm} \cdot 900\,\text{mm} = 82\,800\,\text{mm}^2$$

Die Flächenpressung ist:

$$p = \frac{F}{A_{proj}} = \frac{1\,100\,000\,\text{N}}{82\,800\,\text{mm}^2} = \underline{13{,}3\,\text{N/mm}^2}$$

Lehrbeispiel 15:

Ein Gleitlager hat die schräg angreifende Kraft $F = 8\,400$ N aufzunehmen.

a) Wie groß sind Radial- und Axialkraft, die vom Lager aufgenommen werden müssen?
b) Wie groß sind Lagerlänge l und Zapfendurchmesser d auszuführen, wenn für das Radiallager $l/d \approx 0{,}9$ sein soll und die zulässige Flächenpressung 5 N/mm² (St 50/GG) beträgt?
c) Wie groß ist der Durchmesser D auszuführen, wenn für das Axiallager p_{zul} ebenfalls 5 N/mm² ist?
d) Wie groß ist die Druckspannung in der Welle?

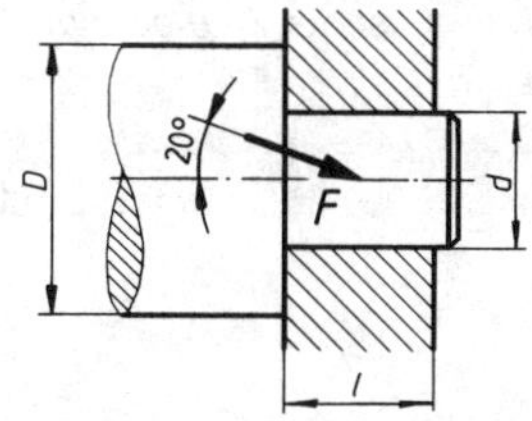

Bild 2 Radial- und Axiallager

Lösung:

a) Die Radialkraft beträgt:

$$F_y = F \cdot \sin\alpha = 8\,400\,\text{N} \cdot \sin 20° = \underline{2\,873\,\text{N}}$$

und die Axialkraft:

$$F_x = F \cdot \cos\alpha = 8\,400\,\text{N} \cdot \cos 20° = \underline{7\,893\,\text{N}}$$

b) Für das Radiallager folgt aus $p_{zul} \geqq \frac{F}{A_{proj}} = \frac{F_y}{l \cdot d}$ mit $l = 0{,}9 \cdot d$:

$$p_{zul} \geqq \frac{F_v}{0{,}9 \cdot d^2}$$

Damit wird der Zapfendurchmesser:

$$d \geqq \sqrt{\frac{F_v}{0{,}9 \cdot p_{zul}}} = \sqrt{\frac{2\,873\ \text{N}}{0{,}9 \cdot 5\ \text{N/mm}^2}} = 25{,}3\ \text{mm}$$

und die Lagerlänge: $l \geqq 0{,}9 \cdot d = 0{,}9 \cdot 25{,}3\ \text{mm} = 22{,}7\ \text{mm}$

ausgeführt: $d = \underline{26\ \text{mm}}$

$l = \underline{23\ \text{mm}}$

c) Für das Axiallager gilt: $p_{zul} \geqq \frac{F_N}{A} = \frac{F_x}{A_D - A_d}$

Daraus folgt:

$$A_D \geqq \frac{F_x}{p_{zul}} + A_d = \frac{7\,893\ \text{N}}{5\ \text{N/mm}^2} + \frac{\pi\,(26\ \text{mm})^2}{4} = 1\,579\ \text{mm}^2 + 531\ \text{mm}^2$$

$$A_D \geqq 2\,110\ \text{mm}^2$$

$$D \geqq 51{,}8\ \text{mm}$$

ausgeführt: $D = \underline{52\ \text{mm}}$

d) Die Druckspannung in der Welle beträgt:

$$\sigma_d = \frac{F}{S} = \frac{F_x}{S_D} = \frac{7\,893\ \text{N}}{\frac{\pi\,(52\ \text{mm})^2}{4}} = \underline{3{,}72\ \text{N/mm}^2}$$

Übungsaufgaben:

1. Der Auflagedruck zweier durch $F = 140$ kN belasteter U-Profile DIN 1026 – USt 37-2-160 soll über eine quadratische Graugußplatte auf das Fundament übertragen werden (Bild 1).
   a) Wie groß ist das Maß l der quadratischen Graugußplatte auszuführen, wenn die zulässige Flächenpressung für das Fundament 3,5 N/mm² ist?
   b) Wie groß ist die Flächenpressung zwischen den Trägern und der Graugußplatte?

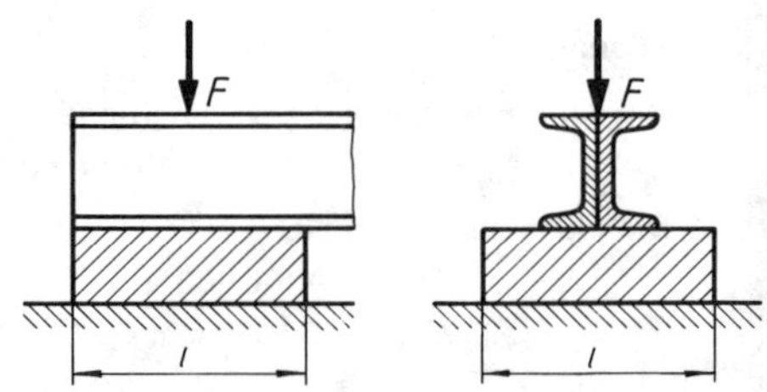

Bild 1

2. Eine Schraube mit Metrischem Gewinde M 16 muß die Zugkraft $F = 6\,400$ N übertragen.
   a) Wie groß ist die Zugspannung?
   b) Wie groß ist die Flächenpressung im Gewinde, wenn die Mutterhöhe 12 mm beträgt?
3. Wie lang muß eine Lagerschale werden, wenn die radial wirkende Lagerkraft $F = 100$ kN beträgt, der Lagerdurchmesser $d = 80$ mm ist und die zulässige Flächenpressung $p_{zul} = 11\ \text{N/mm}^2$ beträgt?

4.4 Beanspruchung auf Abscheren

4.4.1 Abscherspannung

Bei dem Schneidvorgang nach Bild 1 wirken die äußeren Kräfte F senkrecht zur Stabachse des Bleches. Die Wirklinien der Kräfte fallen zusammen bzw. liegen sehr dicht beieinander. Das Blech wird auf **Abscheren** beansprucht.

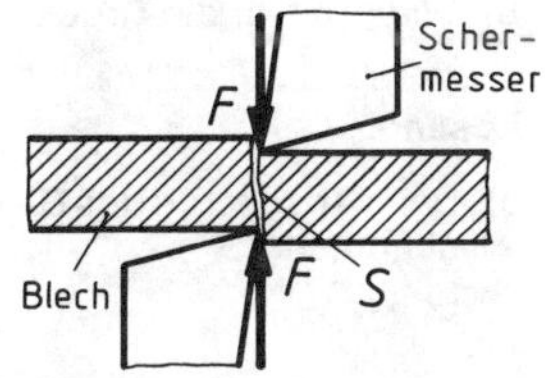

Bild 1 Auf Abscheren beanspruchtes Blech

Die Spannungen liegen in der Querschnittsebene, die Abscherspannungen sind also **Schubspannungen** τ. Nimmt man vereinfacht an, daß die Spannungen gleichmäßig über den Querschnitt verteilt sind, so ergibt sich für die **Abscherspannung:**

(14) $$\tau_a = \frac{F}{S} \leqq \tau_{azul}$$

τ_a Abscherspannung in N/mm²
F Scherkraft in N
S Querschnittsfläche in mm²
τ_{azul} zulässige Abscherspannung in N/mm²

Aus Bild 2 ist ersichtlich, daß beim Schneiden durch den erforderlichen Schneidspalt u_s zwischen Stempel und Schneidplatte die Wirklinien der äußeren Kräfte versetzt sind. Die Kräfte bilden ein Kräftepaar, das ein Biegemoment erzeugt und im Blech zusätzliche Biegespannungen verursacht.

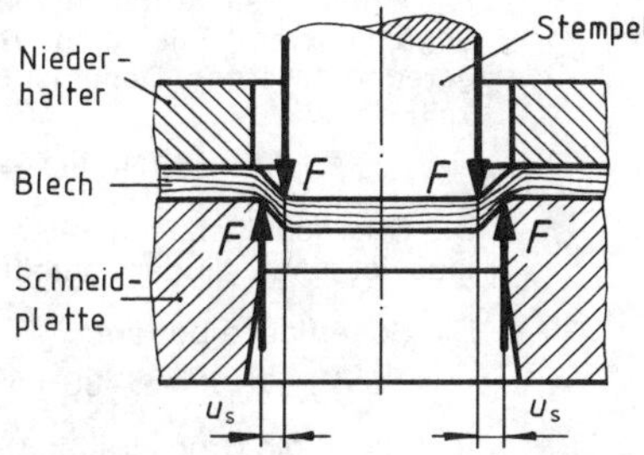

Die Kräfte F verursachen im Blech neben Abscher- auch Biegespannungen

Bild 2 Kräfte beim Schneiden

Bei einer Nietverbindung (Bild 1, Seite 177) bilden die Kräfte F, die auf den Niet als Querkräfte wirken, ein Kräftepaar, verursachen im Niet also Biegespannungen. Der Niet wird auf Abscheren und Biegung beansprucht, die Nietoberfläche zusätzlich auf Flächenpressung.

Daraus ergibt sich, daß neben Abscherspannungen (Schubspannungen) fast immer auch Biegespannungen auftreten. Letztere sind jedoch bei Schneidvorgängen und bei Nietverbindungen so klein, daß sie vernachlässigt werden können.

Bauteile, bei denen die Länge kleiner als der Durchmesser ist (z. B. Niet und Schnitteile) werden auf Abscheren berechnet. Die Biegespannung wird vernachlässigt.

4.4.2 Zulässige Abscherspannungen

Im **Scherversuch** wird die Spannung ermittelt, bei der ein Probestab durch Abscheren zu Bruch geht. Diese Spannung wird als **Abscherfestigkeit** τ_{aB} bezeichnet.

Für zähe Metalle (z. B. Stahl) ist: $\tau_{aB} \approx 0{,}8 \cdot R_m$

für Grauguß ist: $\tau_{aB} \approx 1{,}1 \cdot R_m$

Daraus ergibt sich für zähe Metalle, daß auch die zulässige Abscherspannung τ_{azul} ungefähr 0,8 mal so groß wie die zulässige Zugspannung ist.

Lehrbeispiel 16:

Aus Blech (U St 37-2) mit $s = 6$ mm Dicke sollen Ronden mit 36 mm Durchmesser ausgeschnitten werden.

a) Wie groß ist die Druckkraft, die auf den Stempel wirkt?

b) Wie groß ist die Druckspannung im Stempel?

Lösung:

a) Beim Abscheren des Bleches muß die Abscherspannung im Blech die Abscherfestigkeit τ_{aB} überschreiten.

Es ist:

$$\tau = \frac{F}{S} > \tau_{aB}$$

Daraus ergibt sich für die Schneidkraft, die im Stempel als Druckkraft wirkt:

$$F > \tau_{aB} \cdot S$$

Bei St 37-2 ist die Zugfestigkeit $R_m = 340 \ldots 440\,\text{N/mm}^2$, sicherheitshalber muß mit dem ungünstigsten Fall, also $R_m = 440\,\text{N/mm}^2$ gerechnet werden. Damit ist die Abscherfestigkeit:

$$\tau_{aB} = 0{,}8 \cdot 440\,\text{N/mm}^2 = 352\,\text{N/mm}^2$$

Die Querschnittsfläche, die abgeschert werden muß, ist eine Zylindermantelfläche (Bild 1).

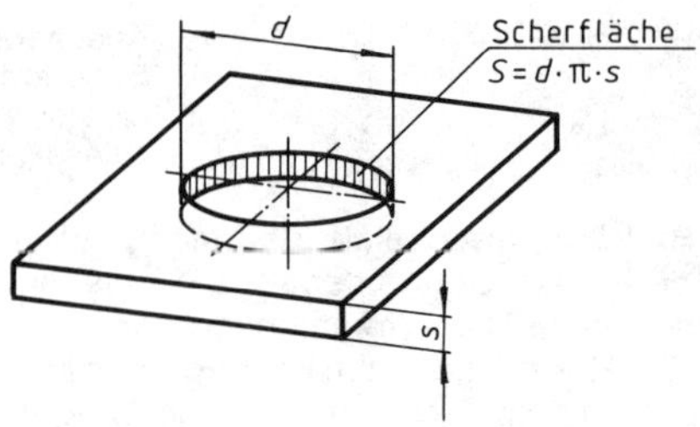

Bild 1 Querschnittsfläche beim Ausschneiden von Ronden

Die Scherfläche beträgt:

$$S = \pi \cdot d \cdot s = \pi \cdot 36\,\text{mm} \cdot 6\,\text{mm} = 679\,\text{mm}$$

und damit die Druckkraft im Stempel:

$$F > S \cdot \tau_{aB} = 679\,\text{mm}^2 \cdot 352\,\text{N/mm}^2 = 239\,000\,\text{N} = \underline{239\,\text{kN}}$$

b) Die Druckspannung im Stempel ist:

$$\sigma_d = \frac{F}{S} = \frac{F}{\frac{\pi \cdot d^2}{4}} = \frac{239\,000\,\text{N}}{\frac{\pi \cdot (36\,\text{mm})^2}{4}} = \underline{235\,\text{N/mm}^2}$$

Übungsaufgaben:

1. Ein Drehmoment von 160 Nm wird von einer Welle über einen Zylinderstift auf eine Hülse übertragen (Bild 2).
   a) Wie groß ist die Umfangkraft an der Welle?
   b) Wie groß ist die zusätzlich zur Biegespannung auftretende Abscherspannung im Zylinderstift?

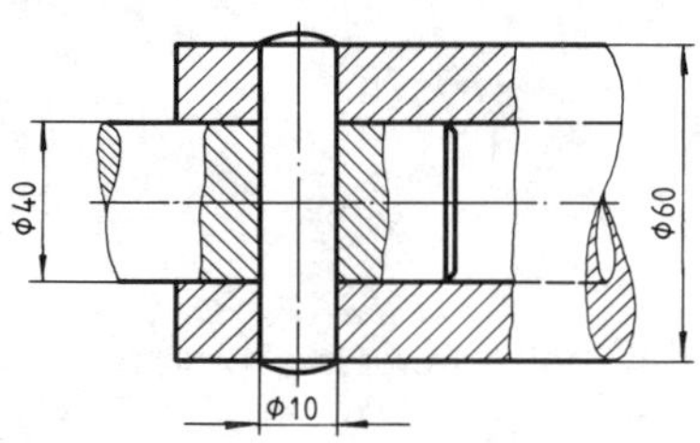

Bild 2

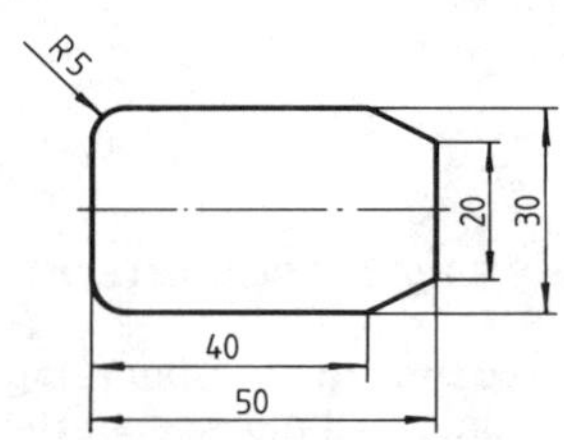

Bild 3

2. Ein Teil wird aus einem 2,5 mm dicken Blech (U St 44-2, $R_m = 410 \ldots 490\,\text{N/mm}^2$) ausgeschnitten (Bild 3).
   a) Welche Preßkraft muß die verwendete Presse mindestens besitzen?
   b) Wie groß ist die Druckspannung im Stempel?

4.5 Beanspruchung auf Biegung

4.5.1 Biegespannung

Beanspruchung auf **Biegung** tritt in der Praxis häufig auf, z. B. werden Träger, Achsen und Wellen auf Biegung beansprucht.

Bei Beanspruchung auf Zug, Druck und Abscheren gilt für die Spannung σ (τ) = F/S.
Gilt diese Beziehung auch für die Biegespannung?

Versuch:

Ein einseitig eingespannter Flachstab wird durch die Kraft F auf Biegung beansprucht, wobei der Abstand l der Kraft F von der Einspannstelle nach Bild 1 a klein, nach Bild 1 b groß ist.

Die größere **Durchbiegung** f_2 bei konstanter Kraft F nach Bild 1 b weist auf eine größere **Biegespannung** σ_b im Inneren des Bauteils hin.

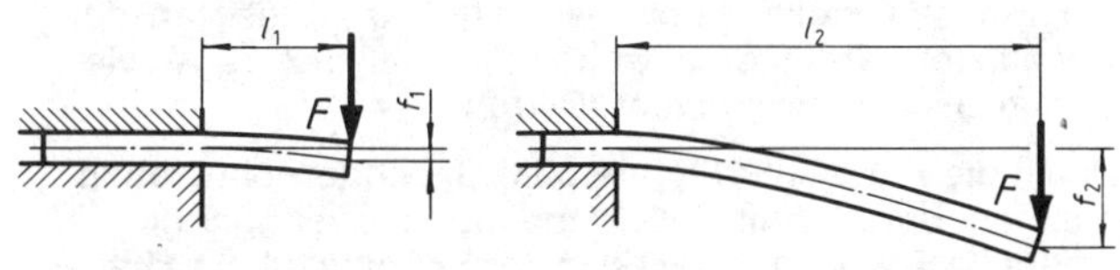

a) $F \cdot l$ klein → f klein (σ_b klein) **b)** $F \cdot l$ groß → f groß (σ_b groß)

$F \cdot l$ Biegemoment
f Durchbiegung
σ_b Biegespannung

Bild 1 Abhängigkeit der Biegespannung vom Biegemoment

Beim Versuch nach Bild 1a erzeugt die Kraft F das Moment $F \cdot l_1$, beim Versuch nach Bild 1b das größere Moment $F \cdot l_2$. Die Größe des Momentes $F \cdot l$, das **Biegemoment** genannt wird, ist also für die Größe der auftretenden Biegespannung maßgebend.

Die Größe der Biegespannung σ_b ist nicht nur von der Belastungskraft F, sondern auch vom Hebelarm l, also von der Größe des Biegemomentes $F \cdot l$ abhängig.

Versuch:

Ein einseitig eingespannter Flachstab wird nach Bild 2a hochkant, nach Bild 2b flachkant gebogen, wobei das Biegemoment $F \cdot l$ gleich groß ist.

Beim flachkant gebogenen Stab ist die Durchbiegung und damit die Biegespannung wesentlich größer, obwohl Biegemoment M_b und Querschnittsfläche S gleich groß sind.

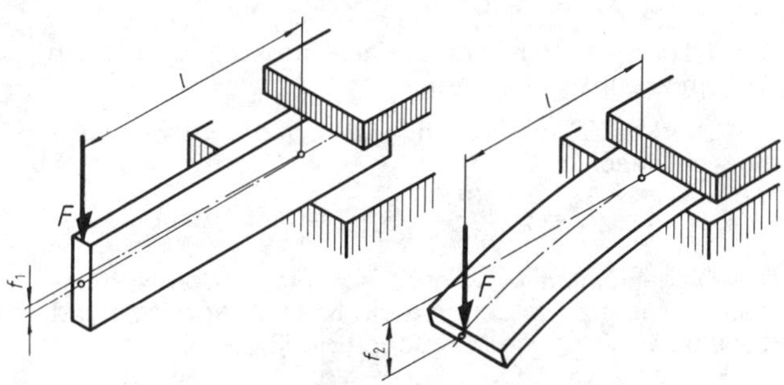

a) Flachstab hochkant
f klein (σ_b klein)

b) Flachstab flachkant
f groß (σ_b groß)

f Durchbiegung
σ_b Biegespannung

Bild 2 Abhängigkeit der Biegespannung von Form und Lage der Querschnittsfläche

Die Größe der Biegespannung σ_b ist nicht nur von der Größe der Querschnittsfläche S, sondern vor allem auch von ihrer Form und Lage zur Biegeachse abhängig.

Auf Biegung beanspruchte Bauteile werden üblicherweise nicht als **Stab,** sondern als **Balken** oder **Träger** bezeichnet. Es handelt sich dabei um prismatische Bauteile mit Kreis-, Rechteck-, T-Querschnitt usw.

4.5.1.1 Inneres Kräftesystem und Spannungsarten

Ein einseitig eingespannter Träger mit Rechteckquerschnitt wird durch die Kraft F auf Biegung beansprucht (Bild 1).

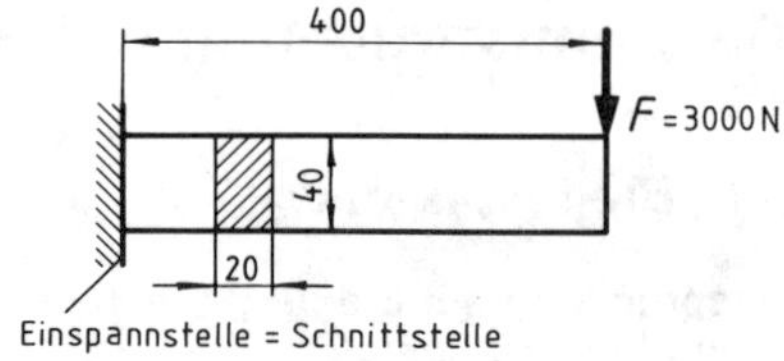

Bild 1 Auf Biegung beanspruchter Träger

Um die Spannung an einer beliebigen Stelle des Trägers bestimmen zu können, müssen die **inneren Kräfte** ermittelt werden, die an dieser Stelle wirken. In diesem Beispiel soll die Spannung an der Einspannstelle des Trägers ermittelt werden.

Nach der **Schnittmethode** denkt man sich den Träger an der Einspannstelle durchgeschnitten und setzt an der Schnittstelle die inneren Kräfte so an, daß der Träger wieder im Gleichgewicht steht (Bild 2).

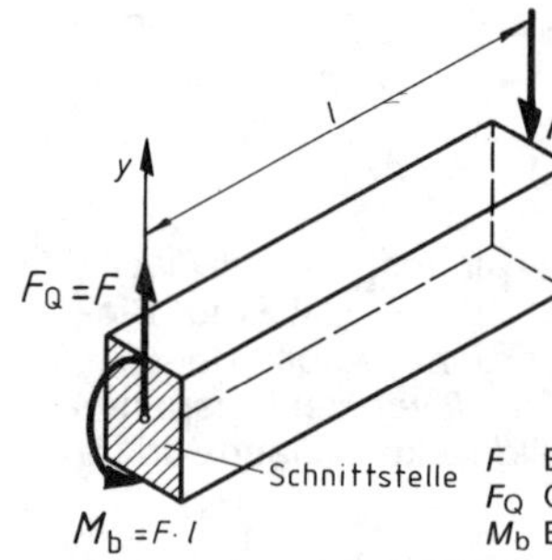

Bild 2 Inneres Kräftesystem bei einem auf Biegung beanspruchten Träger

Damit die Kräfte in y-Richtung im Gleichgewicht stehen, muß an der Schnittstelle eine nach oben gerichtete innere Kraft wirken; sie wirkt in der Schnittfläche, es handelt sich also um eine Querkraft F_Q.

Die Größe von F_Q ergibt sich aus der Gleichgewichtsbedingung:

$$\Sigma F_y = 0$$
$$F_Q - F = 0$$
$$F_Q = F = 3\,000\,\text{N}$$

Der Träger ist damit noch nicht im Gleichgewicht. Die beiden Kräfte F und F_Q bilden ein Kräftepaar und erzeugen das Moment

$$M = F \cdot l = 3\,000\,\text{N} \cdot 0{,}4\,\text{m} = 1\,200\,\text{Nm}$$

Das Moment M beansprucht den Träger auf Biegung und wird deshalb als Biegemoment bezeichnet.

Damit Momentengleichgewicht besteht, muß zusätzlich zur Querkraft F_Q in der Schnittstelle ein inneres Biegemoment M_b wirken, das gleich groß ist wie das äußere Biegemoment M, aber entgegengesetzten Drehsinn hat. Es ist:

$$M_b = M = 1\,200\,\text{Nm}$$

Der Trägerquerschnitt muß eine Querkraft F_Q und ein Biegemoment M_b übertragen.

Die Querkraft F_Q verursacht eine mittlere **Schubspannung** τ. Diese ist:

$$\tau = \frac{F_Q}{S} = \frac{3\,000\,\text{N}}{20\,\text{mm} \cdot 40\,\text{mm}} = 3{,}75\,\text{N/mm}^2$$

Das Biegemoment M_b kann durch die beiden Normalkräfte F_N ersetzt werden, die ein Kräftepaar bilden und dieselbe Wirkung wie M_b haben (Bild 3).

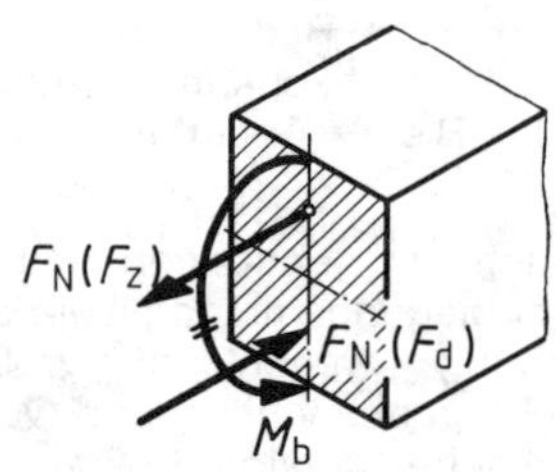

Bild 3 Biegemoment M_b, ersetzt durch die Normalkräfte F_N

Die oberen Fasern werden verlängert, es wirken also Zugspannungen σ_z; die unteren Fasern werden verkürzt, es wirken Druckspannungen σ_d. Diese Spannungen nennt man zusammen **Biegespannung.** Biegespannungen sind Normalspannungen, man bezeichnet sie deshalb mit σ_b.

So wie der Träger nach Bild 1 auf Biegung und Schub beansprucht wird, tritt bei den meisten Biegeträgern **zusammengesetzte Beanspruchung** auf. Am häufigsten treten Querkraft F_Q und Biegemoment M_b gemeinsam auf. Dann setzt sich die zusammengesetzte Beanspruchung aus Biege- und Schubspannungen zusammen. Biegespannungen können auch allein (Bild 4a) oder zusammen mit Zug- oder Druckspannungen (Bild 4b und c) auftreten.

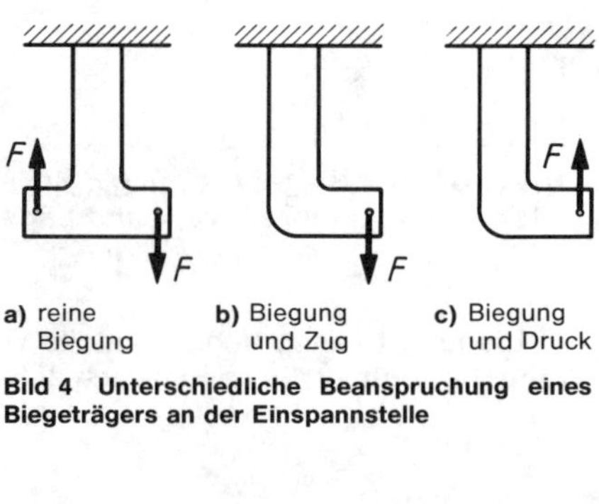

a) reine Biegung **b)** Biegung und Zug **c)** Biegung und Druck

Bild 4 Unterschiedliche Beanspruchung eines Biegeträgers an der Einspannstelle

Bei Trägern, deren Länge groß gegenüber den Querschnittsabmessungen ist, ist die Schubspannung gegenüber der Biegespannung vernachlässigbar klein.

Bei einem auf Biegung beanspruchten Bauteil tritt neben der Biegespannung fast immer auch eine Schubspannung auf.

Die meist sehr kleine Schubspannung kann vernachlässigt werden.

4.5.1.2 Verteilung der Biegespannung über den Querschnitt

Bei Biegung werden die oberen und unteren Randfasern am stärksten verformt, die weiter innen liegenden Faserschichten weniger stark (Bild 1). Die Trägerachse wird nicht verformt, man nennt sie **neutrale Faser.** Die neutrale Faser geht durch den Schwerpunkt der Querschnittsfläche.

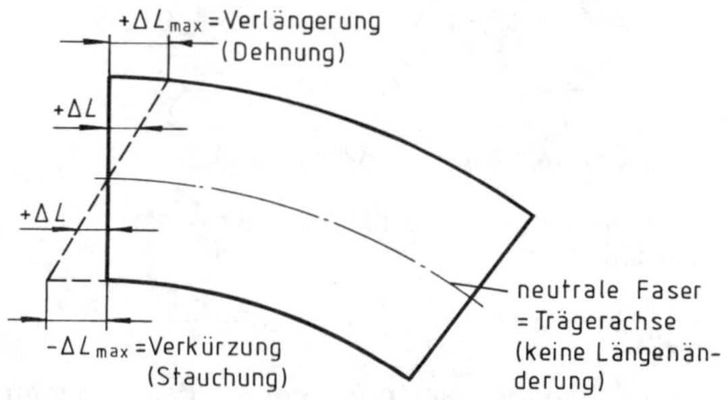

Bild 1 Verformung bei einem auf Biegung beanspruchten Träger

Nach dem **Hookeschen Gesetz** $\sigma = E \cdot \varepsilon = E \cdot \frac{\Delta L}{L_0}$ ist die Spannung proportional zur Verlängerung bzw. Verkürzung. Da die einzelnen Werkstoffasern ungleich verformt werden, ist auch die Biegespannung **ungleichmäßig** über den Querschnitt verteilt. Die einzelnen Flächenelemente haben verschieden große Normalkräfte zu übertragen, werden also verschieden stark beansprucht. Dies ist ein großer Unterschied im Vergleich zu den Beanspruchungsarten Zug, Druck und Abscheren, bei denen die Spannung gleichmäßig über den Querschnitt verteilt ist.

Die Verteilung der Biegespannung über den Querschnitt (Bild 2) ist also gleich wie die Verteilung der Verformungen (Bild 1).

Die größte positive Biegespannung σ_{bmax} (Zugspannung) beansprucht die oberste Randfaser, die größte negative Biegespannung $-\sigma_{bmax}$ (Druckspannung) die unterste Randfaser. Die Biegespannung nimmt zur neutralen Faser hin stetig ab, die **neutrale Faser** ist **spannungsfrei.**

Die Biegespannung ist ungleichmäßig über den Querschnitt verteilt.

Die größte Biegespannung σ_{bmax} tritt in den Randfasern auf.

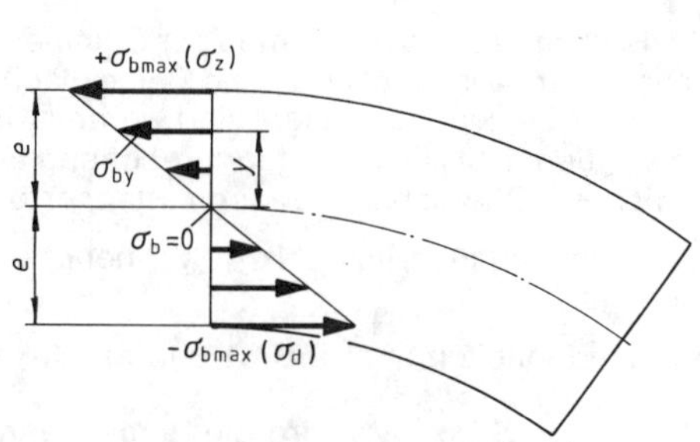

e Randfaserabstand
$+\sigma_{bmax}$ größte Biege-(Zug-)spannung
$-\sigma_{bmax}$ größte Biege-(Druck-)spannung

Bild 2 Verteilung der Biegespannung über den Trägerquerschnitt

Für eine Faser mit dem Abstand y von der neutralen Faser ist die **Biegespannung:**

(15)
$$\sigma_{by} = \sigma_{bmax} \cdot \frac{y}{e}$$

σ_{by} Biegespannung im Abstand y von der neutralen Faser in N/mm²
σ_{bmax} größte Biegespannung in der Randfaser in N/mm²
y Abstand von der neutralen Faser in mm
e Abstand der Randfaser von der neutralen Faser (Randfaserabstand) in mm

4.5.1.3 Berechnung der Biegespannung

Maßgebend für die Berechnung eines Bauteils ist die größte Biegespannung σ_{bmax} in der Randfaser.

Da hier die Querschnittsfläche ΔS ein mathematisches Flächenelement darstellt, wird im folgenden – wie schon beim Schwerpunkt und beim Trägheitsmoment – als Kennbuchstabe ΔA verwendet.

In einer Faserschicht mit der sehr kleinen Querschnittsfläche $\Delta S = \Delta A$, die den Abstand y zur neutralen Faser hat, wirkt die Biegespannung σ_{bv} (Bild 1).

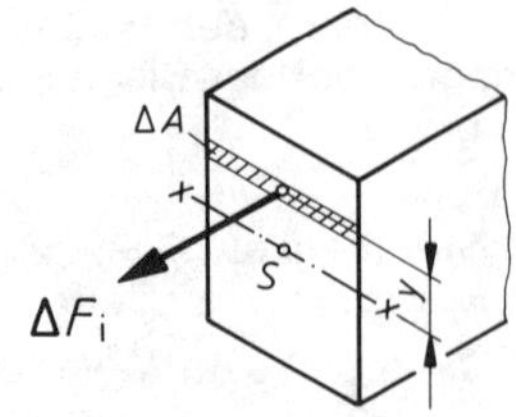

Am Flächenelement ΔA wirkt die Kraft ΔF_i und erzeugt das innere Teilmoment $\Delta M_{bi} = \Delta F_i \cdot y$

Bild 1 Skizze zur Entwicklung der Gleichung für die Biegespannung

Die von der Faserschicht zu übertragende sehr kleine innere Normalkraft ΔF_i ist:

$$\Delta F_i = \sigma_{bv} \cdot \Delta A$$

In bezug auf die Biegeachse $x - x$ (Schwerachse) verursacht die Kraft ΔF_i ein sehr kleines inneres Biegemoment ΔM_{bi}:

$$\Delta M_{bi} = \Delta F_i \cdot y = \sigma_{bv} \cdot \Delta A \cdot y$$

Mit $\sigma_{bv} = \sigma_{bmax} \cdot \frac{y}{e}$ wird:

$$\Delta M_{bi} = \sigma_{bmax} \cdot \frac{y}{e} \cdot \Delta A \cdot y = \sigma_{bmax} \cdot \Delta A \cdot \frac{y^2}{e}$$

Das äußere Biegemoment M_b ist gleich dem von allen Fasern zusammen zu übertragenden inneren Biegemoment:

$$M_b = \Sigma \Delta M_{bi} = \Sigma \left(\sigma_{bmax} \cdot \Delta A \cdot \frac{y^2}{e}\right)$$

Setzt man die konstanten Glieder vor das Summenzeichen, so wird das Biegemoment:

$$M_b = \frac{\sigma_{bmax}}{e} \Sigma (\Delta A \cdot y^2)$$

und damit die größte Biegespannung in der Randfaser:

$$\sigma_{bmax} = \frac{M_b \cdot e}{\Sigma (\Delta A \cdot y^2)}$$

Da für die festigkeitsmäßige Berechnung eines Bauteils nur die größte Biegespannung in der Randfaser maßgebend ist, wird diese maximale Spannung verkürzt mit σ_b bezeichnet, gemeint ist aber immer die Randfaserspannung σ_{bmax}.

Zur Berechnung von σ_{bmax} muß der Summenausdruck $\Sigma (\Delta A \cdot y^2)$ bestimmt werden. Dazu muß die Querschnittsfläche in möglichst viele kleine Flächen ΔA aufgeteilt und diese mit dem Quadrat ihres Abstands y von der Biegeachse multipliziert werden. Da die Aufsummierung der Produkte $\Delta A \cdot y^2$ sehr zeitraubend ist, wurden mit Hilfe der Integralrechnung Formeln entwickelt, um die Rechengröße $\Sigma (\Delta A \cdot y^2)$ für verschiedene Querschnittsformen einfacher berechnen zu können.

Den Summenausdruck $\Sigma (\Delta A \cdot y^2)$ nennt man axiales Flächenmoment 2. Grades oder kurz Flächenmoment I.

Mit den Einheiten mm^2 für ΔA und mm für y ergibt sich für das Flächenmoment die Einheit mm^4!

Mit $I = \Sigma (\Delta A \cdot y^2)$ wird die Biegespannung:

$$\sigma_b = \frac{M_b \cdot e}{I}$$

Das Verhältnis axiales Flächenmoment I zu Randfaserabstand e wird als **axiales Widerstandsmoment *W*** bezeichnet.

Das axiale **Widerstandsmoment** ist:

(16) $$W = \frac{I}{e}$$

W axiales Widerstandsmoment in mm^3
I axiales Flächenmoment in mm^4
e Randfaserabstand in mm

Unter dem axialen Widerstandsmoment kann man sich die Größe des Widerstands vorstellen, den der Querschnitt eines Trägers dem äußeren Biegemoment entgegenbringt; es handelt sich aber wie beim axialen Flächenmoment I um eine reine Rechengröße, die Maßeinheit mm^3 hat keinesfalls etwas mit dem Rauminhalt des Trägers zu tun.

Die Ermittlung von Flächenmoment und Widerstandsmoment wird in den folgenden Abschnitten behandelt.[1]

Für das Widerstandsmoment W gibt es ebenso wie für das Flächenmoment I Formeln zur Berechnung bei häufig vorkommenden Querschnittsformen.

Mit $W = \frac{I}{e}$ wird die Biegespannung:

$$\sigma_b = \frac{M_b}{W}$$

Die Biegespannung σ_b darf höchstens so groß sein wie die zulässige Biegespannung $\sigma_{b\,zul}$. Damit gilt für die größte **Biegespannung:**

⑰ $$\sigma_b = \frac{M_b}{W} \leqq \sigma_{b\,zul}$$

σ_b Biegespannung in N/mm^2
M_b Biegemoment in Nmm
W axiales Widerstandsmoment in mm^3
$\sigma_{b\,zul}$ zulässige Biegespannung in N/mm^2

Wie groß ist die Biegespannung an der Einspannstelle des Trägers nach Bild 1, Seite 182?

Bei rechteckigem Trägerquerschnitt gilt für das axiale Widerstandsmoment

$$W = \frac{b \cdot h^2}{6}$$

Damit ist $W = \frac{20\,\text{mm}\,(40\,\text{mm})^2}{6} = 5330\,\text{mm}^3$

und mit $M_b = 1200\,\text{Nm}$ die Biegespannung:

$$\sigma_b = \frac{M_b}{W} = \frac{1200000\,\text{Nmm}}{5330\,\text{mm}^3} = \underline{225\,\text{N/mm}^2}$$

Die Schubspannung $\tau = 3{,}75\,\text{N/mm}^2$ ist wesentlich kleiner als die Biegespannung $\sigma_b = 225\,\text{N/mm}^2$; es ist also gerechtfertigt, den Träger nur auf Biegung zu berechnen und die Schubspannung zu vernachlässigen.

4.5.2 Zulässige Spannungen bei Beanspruchung auf Biegung

Die **zulässige Biegespannung** wird nach der Gleichung $\sigma_{b\,zul} = \frac{\text{Festigkeitswert}}{\text{Sicherheitszahl}}$ berechnet.

Die maßgebenden **Festigkeitswerte** sind je nach Belastungsart:

Biegefestigkeit σ_{bB}
Biege-Fließgrenze σ_{bF}
Biege-Schwellfestigkeit σ_{bSch}
Biege-Wechselfestigkeit σ_{bW}

Als **Sicherheitszahlen** sind die in Tabelle, Seite 167 angegebenen Werte zu verwenden.

Obwohl sich Biegespannungen aus Zug- und Druckspannungen zusammensetzen, sind die Festigkeitswerte für Biegung im allgemeinen größer als für Zug und Druck. Z. B. ist für Einsatzstahl 18CrNi8 die Streckgrenze $R_e = 785\,\text{N/mm}^2$, aber die Biege-Fließgrenze $\sigma_{bF} = 1100\,\text{N/mm}^2$, die Zug-Druck-Wechselfestigkeit $\sigma_{zdW} = 500\,\text{N/mm}^2$, aber die Biegewechselfestigkeit $\sigma_{bW} = 610\,\text{N/mm}^2$. Wie ist dieser Unterschied zu erklären?

[1] Neben den **axialen Flächen- und Widerstandsmomenten,** die immer auf eine Achse bezogen sind und beim Berechnen von auf **Biegung** beanspruchten Bauteilen benötigt werden, gibt es **polare Flächen- und Widerstandsmomente.** Letztere werden zur Berechnung von Bauteilen, die auf **Torsion** beansprucht werden, benötigt. Die beiden Arten von Flächen- und Widerstandsmomenten dürfen nicht verwechselt werden!

Die Biegespannung ist nach Bild 1a sich stetig ändernd über den Querschnitt verteilt.

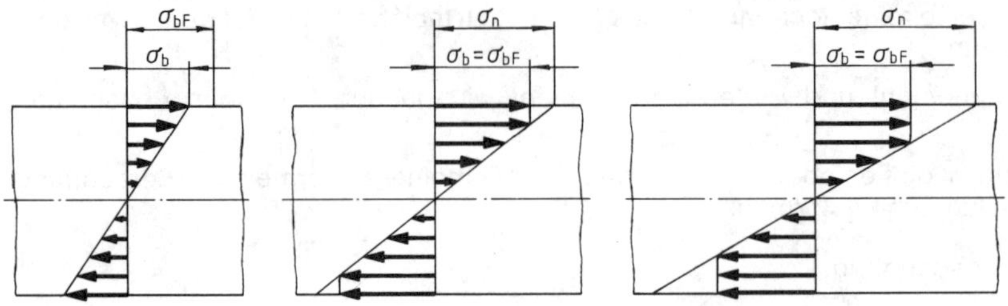

σ_b tatsächliche Biegespannung
σ_{bF} Biegefließgrenze
$\sigma_n = \frac{M_b}{W}$ = Nennspannung

a) $\sigma_b \leqq \sigma_{bF}$

b) $\sigma_n > \sigma_{bF}$
$\sigma_b = \sigma_{bF}$

Bild 1 Stützwirkung bei Beanspruchung auf Biegung

Dies gilt aber nur, bis die maximale Biegespannung in der Randfaser die Biegefließgrenze σ_{bF} erreicht. Bei $\sigma_b = \sigma_{bF}$ fließt der Werkstoff, d. h. die Fasern verlängern sich ohne Spannungserhöhung. Der Werkstoff fließt von der Randfaser aus so weit nach innen, bis die Biegespannung σ_b so groß wie die Biegefließgrenze σ_{bF} wird (Bild 1b). Es werden also nicht nur die Randfasern, sondern auch die weiter innen liegenden Faserschichten bis zur größtmöglichen Festigkeit σ_{bF} beansprucht. Die inneren Fasern unterstützen die äußeren, man spricht deshalb von einer **Stützwirkung.** Die rechnerische Spannung $\sigma_b = \frac{M_b}{W}$ in der Randfaser, die man auch **Nennspannung σ_n** nennt, wird dadurch in Wirklichkeit gar nicht erreicht.

Diese Stützwirkung ist der Grund dafür, warum bei Beanspruchung auf Biegung der Werkstoff eine höhere Spannung ertragen kann als bei Beanspruchung auf Zug. Die Größe der Stützwirkung hängt u. a. von der Zähigkeit des Werkstoffs, dem Belastungsfall und auch von der Form des Trägerquerschnitts ab.

Die Festigkeitswerte bei Beanspruchung auf Biegung sind im allgemeinen infolge der Stützwirkung größer als bei Beanspruchung auf Zug bzw. Druck.

Lehrbeispiel 17:

Eine Achse aus Vergütungsstahl Ck 60 mit $d = 40$ mm wird auf Biegung beansprucht (schwellende Belastung). Das axiale Widerstandsmoment beträgt $W = 6\,283\ \text{mm}^3$.

a) Wie groß ist die zulässige Biegespannung?

b) Wie groß darf das die Achse belastende Biegemoment höchstens sein?

c) Wie groß ist bei dem ermittelten maximalen Biegemoment die Biegespannung in einer Faser, die von der Randfaser einen Abstand von 5 mm hat?

Lösung:

a) Bei schwellender Belastung ist die zulässige Biegespannung:

$$\sigma_{b\,zul} = \frac{\sigma_{b\,Sch}}{\nu} = \frac{550\ \text{N/mm}^2}{4{,}0} = \underline{137{,}5\ \text{N/mm}^2}$$

b) Aus $\sigma_b = \frac{M_b}{W} \leqq \sigma_{b\,zul}$ folgt:

$$M_b \leqq \sigma_{b\,zul} \cdot W = 137{,}5 \frac{\text{N}}{\text{mm}^2} \cdot 6\,283\ \text{mm}^3 = 863\,913\ \text{Nmm}$$

$$M_b \leqq \underline{864\ \text{Nm}}$$

c) Die Biegespannung an der weiter innen liegenden Faser ist:

$$\sigma_{bv} = \sigma_{b\,max} \cdot \frac{y}{e} = 137{,}5 \frac{\text{N}}{\text{mm}^2} \cdot \frac{15\ \text{mm}}{20\ \text{mm}} = \underline{103{,}1\ \text{N/mm}^2}$$

4.5.3 Berechnung der axialen Flächen- und Widerstandsmomente

Um das axiale Widerstandsmoment W berechnen zu können, muß das axiale Flächenmoment I bekannt sein. Das Flächenmoment I ist der Summenausdruck $\Sigma\ (\Delta A \cdot y^2)$.

Wird der Träger hochkant gebogen (Bild 1), so ist die x-Achse die Biegeachse. Das Flächenmoment muß auf diese Achse bezogen werden:

$$I_x = \Sigma\ (\Delta A \cdot y^2)$$

Je weiter die Teilfläche ΔA von der Biegeachse entfernt ist, desto größer ist ihr Flächenmoment und damit auch ihr Widerstandsmoment.

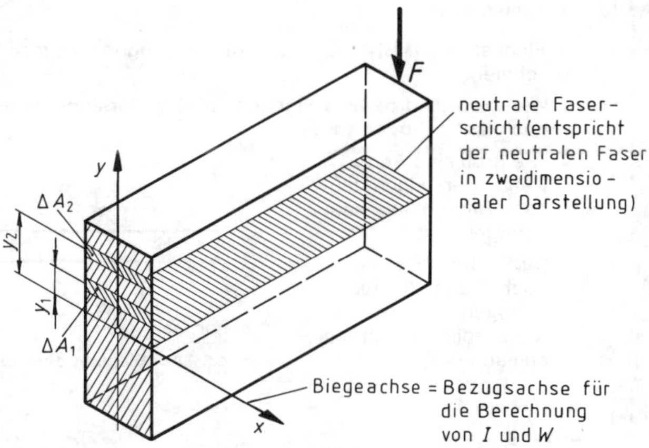

Bild 1 Lage der Biegeachse bei einem auf Biegung beanspruchten Träger

Dieselbe Schlußfolgerung kann auch aus der Verteilung der Biegespannung über den Querschnitt gezogen werden (Bild 2, Seite 183). Die von einem Flächenelement zu übertragende Spannung nimmt von der neutralen Faser zu den Randfasern hin stetig zu. Das Flächenelement ΔA_2 mit dem großen Abstand y_2 (Bild 1) überträgt ein größeres Biegemoment als das gleich große Flächenelement ΔA_1 mit dem kleinen Abstand y_1; sein Anteil $\Delta A_2 \cdot y_2^2$ am gesamten Flächenmoment ist größer als der Anteil $\Delta A_1 \cdot y_1^2$.

Daraus ist zu schließen, daß bei auf Biegung beanspruchten Bauteilen der Werkstoff um so „wertvoller" wird, je größer sein Abstand von der Biegeachse ist.

Ein Träger mit rechteckigem Querschnitt kann hochkant ein größeres Biegemoment aufnehmen als flachkant, ein I-Träger mit gleicher Querschnittsfläche und aus gleichem Werkstoff ein noch größeres; eine Hohlwelle kann bei gleicher Querschnittsfläche und gleichem Werkstoff ein größeres Biegemoment aufnehmen als eine Vollwelle (Bild 2).

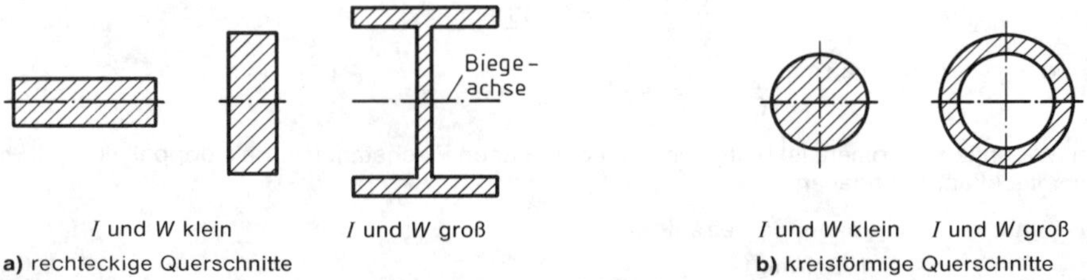

Bild 2 Größe der Flächen- und Widerstandsmomente bei gleichem Flächeninhalt der Querschnitte, aber verschiedenen Querschnittsformen

Je weiter die einzelnen Flächenteilchen der Querschnittsfläche von der Biegeachse entfernt sind, desto größer ist das axiale Flächenmoment I.

4.5.3.1 Axiale Flächen- und Widerstandsmomente von geometrisch einfachen Flächen und von Normprofilen

Für geometrisch einfache Querschnittsflächen sind in Tabellen Gleichungen zur Berechnung von Flächen- und Widerstandsmomenten zusammengestellt. Für genormte Profile sind die Flächen- und Widerstandsmomente ausgerechnet und in den entsprechenden DIN-Normen enthalten.

Lehrbeispiel 18:

Ein Flachstahl aus St 44-2 mit den Abmessungen 25 mm × 10 mm soll das Biegemoment $M_b = 100$ Nm aufnehmen.

a) Wie groß sind axiales Flächen- und Widerstandsmoment, wenn der Flachstahl nach Bild 1a hochkant gebogen wird?

b) Wie groß sind I und W, wenn der Flachstahl nach Bild 1b flachkant gebogen wird?

c) Darf der Flachstahl hoch- und flachkant gebogen werden, wenn die Belastung statisch ist?

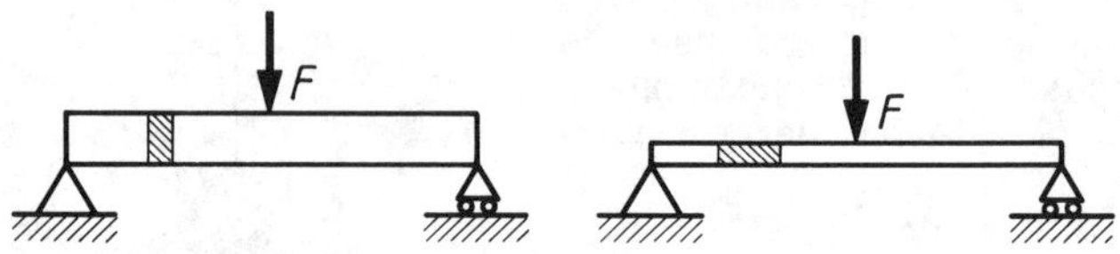

a) hochkant gebogen **b)** flachkant gebogen

Bild 1 Auf Biegung beanspruchter Träger aus Flachstahl

Lösung:

a) Wird der Stahl hochkant gebogen, so ist die x-Achse die Biegeachse (Bild 2).

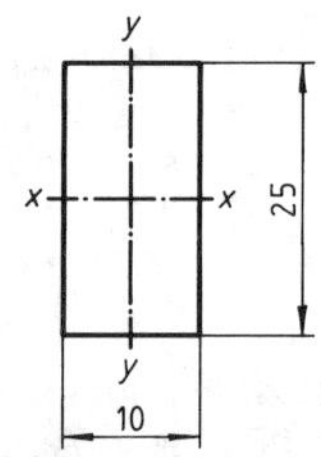

Bild 2 Flachstahlquerschnitt mit Biegeachsen

Das axiale Flächenmoment beträgt:

$$I_x = \frac{b \cdot h^3}{12} = \frac{10\text{ mm }(25\text{ mm})^3}{12} = \underline{13\,021\text{ mm}^4}$$

Für das Widerstandsmoment ergibt sich:

$$W_x = \frac{I_x}{e} = \frac{I_x}{h/2} = \frac{13\,021\text{ mm}^4}{12{,}5\text{ mm}} = \underline{1\,042\text{ mm}^3}$$

oder $$W_x = \frac{b \cdot h^2}{6} = \frac{10\text{ mm }(25\text{ mm})^2}{6} = \underline{1\,042\text{ mm}^3}$$

b) Wird der Flachstahl flachkant gebogen, so ist die y-Achse die Biegeachse. Es gelten dieselben Gleichungen wie bei Biegung um die x-Achse, nur sind Breite b und Höhe h vertauscht.

Es ist:

$$I_y = \frac{b \cdot h^3}{12} = \frac{25\text{ mm }(10\text{ mm})^3}{12} = \underline{2\,083\text{ mm}^4}$$

und $$W_y = \frac{b \cdot h^2}{6} = \frac{25\text{ mm }(10\text{ mm})^2}{6} = \underline{417\text{ mm}^3}$$

Das Widerstandsmoment ist beim hochkant gebogenen Flachstahl mehr als doppelt so groß wie beim flachkant gebogenen!

c) Die zulässige Biegespannung beträgt:

$$\sigma_{b\,zul} = \frac{\sigma_{bF}}{\nu} = \frac{350\text{ N/mm}^2}{1{,}8} = \underline{194\text{ N/mm}^2}$$

Die auftretende Biegespannung beträgt beim hochkant gebogenen Flachstahl:

$$\sigma_b = \frac{M_b}{W_x} = \frac{100\,000\text{ Nmm}}{1\,042\text{ mm}^3} = 96\text{ N/mm}^2$$

und beim flachkant gebogenen Flachstahl:

$$\sigma_b = \frac{M_b}{W_y} = \frac{100\,000\text{ Nmm}}{417\text{ mm}^3} = 240\text{ N/mm}^2$$

Da $\sigma_b \leqq \sigma_{b\,zul} = 194\text{ N/mm}^2$ sein muß, kann der Flachstahl das Biegemoment von 100 Nm nur hochkant aufnehmen.

Lehrbeispiel 19:

Eine Achse aus St 50-2 hat ein schwellend wirkendes Biegemoment von $M_b = 540$ Nm aufzunehmen. Wie groß ist die Gewichtsersparnis in %, wenn die Welle als Hohlwelle mit dem Außendurchmesser $D = 45$ mm ausgeführt wird gegenüber der Ausführung als Vollwelle?

Lösung:

Um die Querschnittsabmessungen festlegen zu können, muß zunächst aus

$$\sigma_b = \frac{M_b}{W} \leqq \sigma_{b\,zul}$$

das erforderliche Widerstandsmoment errechnet werden. Beim Kreisquerschnitt gibt es keine bevorzugten Schwerachsen als Biegeachsen; das Widerstandsmoment ist immer gleich groß, gleichgültig, um welche Achse die Biegung erfolgt ($W_x = W_y = W$).

Die zulässige Biegespannung beträgt:

$$\sigma_{b\,zul} = \frac{\sigma_{b\,Sch}}{\nu} = \frac{370\,\text{N/mm}^2}{4{,}0} = 92{,}5\,\text{N/mm}^2$$

Das erforderliche Widerstandsmoment ist:

$$W \geqq \frac{M_b}{\sigma_{b\,zul}} = \frac{540\,000\,\text{Nmm}}{92{,}5\,\text{N/mm}^2} = 5\,838\,\text{mm}^3$$

Für den Kreisquerschnitt ist das axiale Widerstandsmoment:

$$W = \frac{\pi}{32} \cdot d^3$$

Daraus ergibt sich der erforderliche Wellendurchmesser:

$$d \geqq \sqrt[3]{\frac{32\,W}{\pi}} = \sqrt[3]{\frac{32 \cdot 5\,838}{\pi}\,\text{mm}^3} = 39\,\text{mm}$$

ausgeführt: $d = \underline{40\,\text{mm}}$

Für die Hohlwelle ist das axiale Widerstandsmoment:

$$W = \frac{\pi}{32}\,\frac{D^4 - d^4}{D}$$

Für den Innendurchmesser ergibt sich:

$$d = \sqrt[4]{D^4 - \frac{32\,D \cdot W}{\pi}} = \sqrt[4]{(45\,\text{mm})^4 - \frac{32 \cdot 45\,\text{mm} \cdot 5\,838\,\text{mm}^3}{\pi}}$$

$$d = 34{,}5\,\text{mm}$$

Damit $\sigma_b \leqq \sigma_{b\,zul}$ wird, muß der ausgeführte Innendurchmesser kleiner als 34,5 mm sein.
ausgeführt: $d = \underline{34\,\text{mm}}$

Die Hohlwelle mit $D = 45$ mm und $d = 34$ mm kann dasselbe Biegemoment aufnehmen wie eine Vollwelle mit $d = 40$ mm.

Die prozentuale Gewichtsersparnis entspricht der prozentualen Querschnittsersparnis.
Die Querschnittsflächen S_V der Vollwelle und S_H der Hohlwelle betragen:

$$S_V = S_{40} = 1\,257\,\text{mm}^2 \text{ und}$$

$$S_H = S_{45} - S_{34} = (1\,590 - 908)\,\text{mm}^2 = 682\,\text{mm}^2$$

Damit wird die Gewichtsersparnis:

$$\Delta G = \frac{S_V - S_H}{S_V} = \frac{(1\,257 - 682)\,\text{mm}^2}{1\,257\,\text{mm}^2} = 0{,}46 \cdot 100\,\% = \underline{46\,\%}$$

Aufgabe:

Zwei gleichschenklige rundkantige Winkelstähle L DIN 1028 – U St 37-2-60 × 6 haben ein Biegemoment von $M_b = 1600$ Nm zu übertragen.

Wie ist die Biegespannung über den Querschnitt verteilt und wie groß ist die maximale Biegespannung?

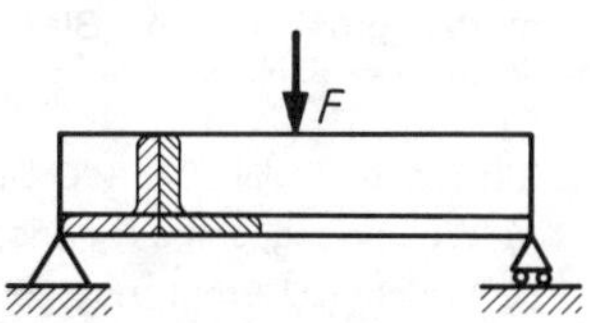

Bild 1 Auf Biegung beanspruchter Träger aus L-Stahl

Lösung:

Die spannungsfreie neutrale Faser liegt beim L-Profil nicht in der Mitte zwischen unterer und oberer Randfaser; sie geht durch den Schwerpunkt der Querschnittsfläche.

Die **unterschiedlichen Randfaserabstände ergeben unterschiedliche Randfaserspannungen.** Die Spannungsverteilung zeigt Bild 1.

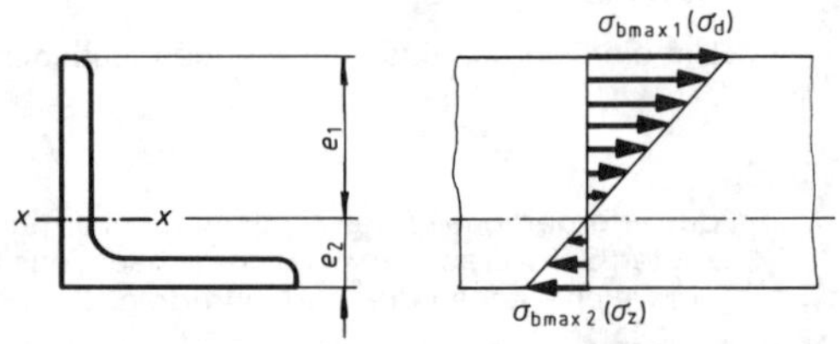

Bild 1 Verteilung der Biegespannung bei zur Biegeachse unsymmetrischem Querschnitt

An der oberen Randfaser, die den größeren Abstand e_1 von der Biegeachse $x - x$ hat, tritt die größte Biegespannung $\sigma_{b\,max1}$ (Druckspannung) auf, während die größte Biege-Zugspannung an der unteren Randfaser wesentlich kleiner ist.

Ist die x-Achse die Biegeachse, so ist nach DIN 1028 das axiale Flächenmoment:

$$I_x = 2 \cdot 22{,}8\,\text{cm}^4 = 456\,000\,\text{mm}^4$$

Damit wird das axiale Widerstandsmoment an der oberen Randfaser:

$$W_{x1} = \frac{I_x}{e_1} = \frac{456\,000\,\text{mm}^4}{(60 - 16{,}9)\,\text{mm}} = 10\,580\,\text{mm}^3$$

Die größte Biege-Druckspannung wird:

$$\sigma_{b\,max1} = \frac{M_b}{W_{x1}} = \frac{1\,600\,000\,\text{Nmm}}{10\,580\,\text{mm}^3} = \underline{151\,\text{N/mm}^2}$$

Das axiale Widerstandsmoment an der unteren Randfaser ist:

$$W_{x2} = \frac{I_x}{e_2} = \frac{456\,000\,\text{mm}^4}{16{,}9\,\text{mm}} = 26\,982\,\text{mm}^3$$

und die größte Biege-Zugspannung:

$$\sigma_{b\,max2} = \frac{M_b}{W_{x2}} = \frac{1\,600\,000\,\text{Nmm}}{26\,982\,\text{mm}^3} = \underline{59\,\text{N/mm}^2}$$

Unterschiedlich große Randfaserabstände bewirken verschieden große Randfaserspannungen. Der größere Randfaserabstand ergibt das kleinere Widerstandsmoment und damit die größere Randfaserspannung.

Bei Werkstoffen, deren zulässige Spannungen bei Beanspruchungen auf Zug und Druck ungefähr gleich groß sind (z. B. Stahl), ist es gleichgültig, ob die größte Biegespannung als Zug- oder Druckspannung auftritt. Für die Festigkeitsberechnung ist die größte Biegespannung maßgebend ($\sigma_b = 151\,\text{N/mm}^2$), gleichgültig, ob es sich um eine Biegezug- oder Biegedruckspannung handelt. Bei Grauguß mit $\sigma_{d\,zul} > \sigma_{z\,zul}$ ist darauf zu achten, ob die größte Biegespannung als Druck- oder Zugspannung auftritt.

Übungsaufgaben:

1. Ein Flachstahl wird flachkant gebogen (Bild 2).
   Ermitteln Sie:
   a) das Flächenmoment I_x,
   b) das Widerstandsmoment W_x,
   c) das größtmögliche Biegemoment bei einer zulässigen Biegespannung $\sigma_{b\,zul} = 40\,\text{N/mm}^2$.

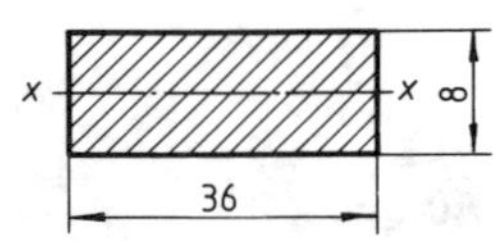

Bild 2

2. Ein Träger I DIN 1025 – U St 37-2-260 kann ein Biegemoment von maximal 70,7 kNm übertragen.
   a) Welche zulässige Biegespannung wurde der Rechnung zugrunde gelegt?
   b) Welches U-Profil aus St 50-2 nach DIN 1026 mit $\sigma_{b\,zul} = 240\,\text{N/mm}^2$ kann dasselbe Biegemoment aufnehmen? (Bei beiden Profilen ist die x-Achse die Biegeachse.)
   c) Wie groß ist die Gewichtsersparnis in %, wenn das I-Profil durch das U-Profil ersetzt wird?

4.5.3.2 Axiale Flächen- und Widerstandsmomente von zusammengesetzten Flächen

Aufgabe:

Ein Biegeträger mit Rechteckquerschnitt (Bild 1a) wird um die x-Achse gebogen.

a) Wie groß ist das axiale Flächenmoment I_x?

b) Wie groß ist das axiale Flächenmoment I_x desselben rechteckigen Querschnitts, wenn er ein Teil eines T-Profils (Bild 1b) ist?

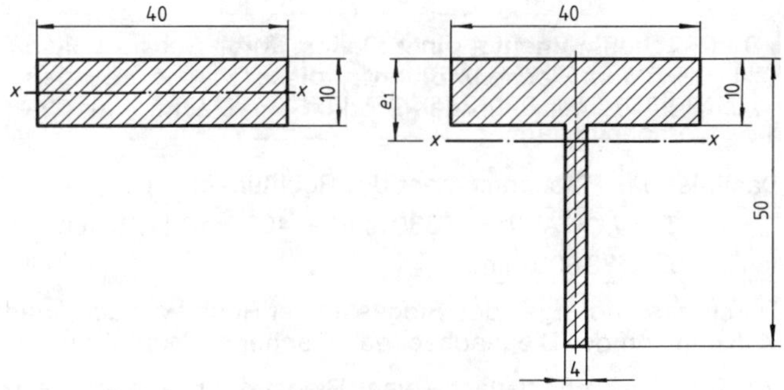

a) **b)**

Bild 1 Biegeträger a) mit Rechteckquerschnitt b) mit T-Querschnitt

Lösung:

a) Das axiale Flächenmoment ist:

$$I_x = \Sigma\,(\Delta A \cdot y^2) = \frac{b \cdot h^3}{12} = \frac{(40\,\text{mm}) \cdot (10\,\text{mm})^3}{12} = \underline{3\,330\,\text{mm}^4}$$

b) Beim T-Profil verläuft die Biegeachse durch den Schwerpunkt der Gesamtfläche. Eine Schwerpunktsberechnung ergibt $e_1 = 12{,}15$ mm. Der Abstand der Biegeachse x (= Gesamtschwerachse x) zu der dazu parallelen Schwerachse x' der Fläche A wird mit l bezeichnet (Bild 2), er beträgt $l = 12{,}15\,\text{mm} - 5\,\text{mm} = 7{,}15\,\text{mm}$.

x-Achse = Biegeachse
x'-Achse = zur x-Achse parallele Schwerachse der Fläche A
y Abstand von ΔA zur x-Achse
y' Abstand von ΔA zur x'-Achse
l Abstand der x'-Achse von der x-Achse

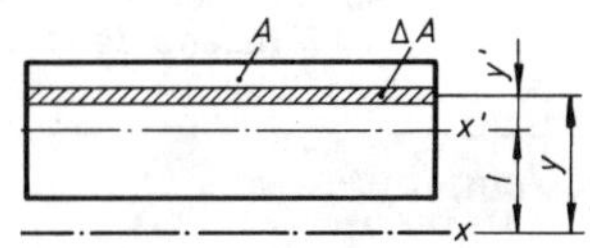

Bild 2 Skizze zur Ermittlung des Flächenmoments I_x bei einer aus der Gesamtschwerachse verschobenen Fläche

Nach $I_x = \Sigma\,(\Delta A \cdot y^2)$ ist zu erwarten, daß das Flächenmoment der Fläche A gegenüber I_x aus Aufgabe a) größer sein wird, da der Abstand y größer geworden ist.

Das axiale Flächenmoment der Fläche A, bezogen auf die x-Achse ist:

$$I_x = \Sigma\,(\Delta A \cdot y^2) = \Sigma\,[\Delta A \cdot (l + y')^2]$$
$$I_x = \Sigma\,(\Delta A \cdot l^2 + 2\,\Delta A \cdot l \cdot y' + \Delta A \cdot y'^2)$$

Teilt man die rechte Seite der Gleichung auf und setzt die konstanten Glieder l und l^2 vor das Summenzeichen, so ergibt sich:

$$I_x = l^2\,\Sigma\,\Delta A + 2\,l\,\Sigma\,(\Delta A \cdot y') + \Sigma\,(\Delta A \cdot y'^2)$$

Da y' oberhalb der Schwerachse x' positiv, darunter negativ ist, muß die Summe aller $\Delta A \cdot y'$, bezogen auf die Schwerachse x', gleich Null sein:

$$I_x = \Sigma\,(\Delta A \cdot y'^2) + l^2\,\Sigma\,\Delta A$$

Der Ausdruck $\Sigma\,\Delta A$ stellt den Flächeninhalt A dar, der Summenausdruck $\Sigma\,(\Delta A \cdot y'^2)$ ist das axiale Flächenmoment $I_{x'}$ der Fläche, bezogen auf seine Schwerachse x'. Damit ist das **Flächenmoment** I_x der Fläche A, bezogen auf die Biegeachse x:

(18) $$I_x = I_{x'} + A \cdot l^2$$

I_x axiales Flächenmoment, bezogen auf die Biegeachse x in mm^4
$I_{x'}$ axiales Flächenmoment, bezogen auf die zur x-Achse parallelen Schwerachse x' in mm^4
A Fläche in mm^2
l Abstand der Flächenschwerachse x' von der Biegeachse x in mm

Die Gleichung ⑱ sagt aus **(Satz von Steiner):**

Das Flächenmoment I_x einer Fläche, deren Schwerachse den Abstand l von der Biegeachse x hat, ist gleich dem Flächenmoment $I_{x'}$ dieser Fläche, bezogen auf seine zur x-Achse parallelen Schwerachse x', vermehrt um das Produkt aus Fläche A und dem Quadrat des Abstands l.

Damit ist das Flächenmoment der Rechteckfläche (40 × 10) des T-Profils nach Bild 1b, Seite 191:

$$I_x = I_{x'} + A \cdot l^2 = 3330\,\text{mm}^4 + 400\,\text{mm}^2\,(7{,}15\,\text{mm})^2 = (3330 + 20450)\,\text{mm}^4$$

$$I_x \approx \underline{23800\,\text{mm}^4}$$

Durch das Anbringen des Steges an der Rechteckfläche entfernt sich der Schwerpunkt der Fläche um 7,15 mm von der Biegeachse, das Flächenmoment I wird dadurch vervielfacht!

Wird die Querschnittsfläche eines Biegeträgers in **mehrere Teilflächen** aufgeteilt, deren Schwerachsen **nicht** mit der Biegeachse **zusammenfallen,** so ist das **Flächenmoment** der Querschnittsfläche:

⑲
$$I = I_1 + A_1 \cdot l_1^2 + I_2 + A_2 \cdot l_2^2 + \ldots + I_n + A_n \cdot l_n^2 = \Sigma I + \Sigma\,(A \cdot l^2)$$

I Flächenmoment, bezogen auf die Biegeachse (Gesamtschwerachse) in mm^4

$I_1, I_2 \ldots I_n$ Flächenmoment der Teilfläche, bezogen auf die zur Biegeachse parallelen Schwerachse der Teilfläche in mm^4

$A_1, A_2 \ldots A_n$ Flächeninhalt der Teilfläche in mm^2

$l_1, l_2 \ldots l_n$ Abstand der Teilflächen-Schwerachse von der Biegeachse (Gesamtschwerachse) in mm

Aufgabe:

Ein Biegeträger mit dem Querschnitt nach Bild 1 wird durch ein Biegemoment von $M_b = 180$ Nm belastet. Wie groß ist die Biegespannung, wenn:

a) die x-Achse,

b) die y-Achse die Biegeachse ist?

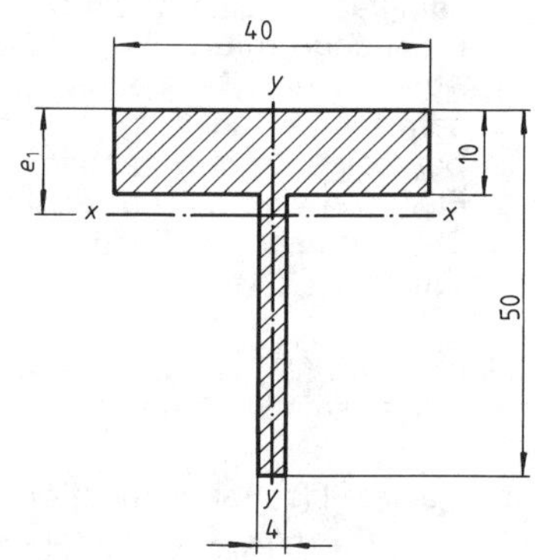

Bild 1 Biegeträger

Lösung:

a) Biegung um die x-Achse

Um die Biegespannung $\sigma_b = \dfrac{M_b}{W_x}$ ermitteln zu können, muß zunächst das axiale Widerstandsmoment $W_x = \dfrac{I_x}{e_x}$ berechnet werden. Die Querschnittsfläche wird nach Bild 2 in 2 Teilflächen mit Rechteckquerschnitt aufgeteilt.

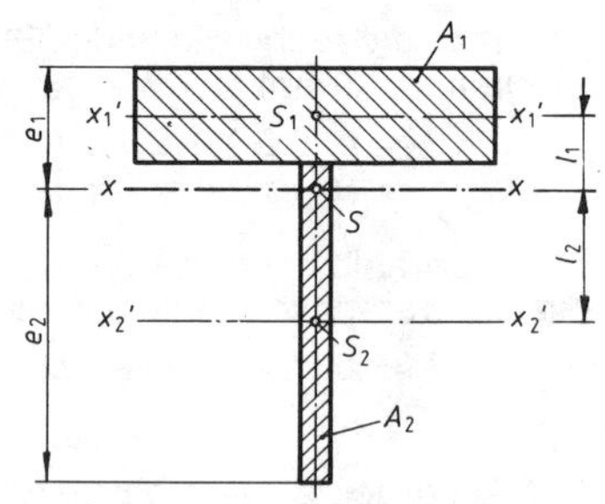

S Schwerpunkt der Gesamtfläche
S_1, S_2 Schwerpunkt der Teilfläche
x-Achse = Biegeachse = Schwerachse der Gesamtfläche
x_1'-, x_2'-Achse = Schwerachse der Teilfläche
l_1, l_2 Abstand der Teilschwerachse von der Biegeachse

Bild 2 Skizze zur Ermittlung von I_x der Gesamtfläche

Für die Teilfläche 2 ist:

$$I_2 = \frac{b \cdot h^3}{12} = \frac{(4\,\text{mm}) \cdot (40\,\text{mm})^3}{12} = 21330\,\text{mm}^4$$

$$l_2 = (30 - 12{,}15)\,\text{mm} = 17{,}85\,\text{mm}$$

$$A_2 \cdot l_2^2 = 4\,\text{mm} \cdot 40\,\text{mm} \cdot (17{,}85\,\text{mm})^2 = 50980\,\text{mm}^4$$

Mit I_1 und $A_1 \cdot l_1^2$ aus der vorhergehenden Aufgabe wird das Flächenmoment der Gesamtfläche:

$$I_x = \Sigma I + \Sigma (A \cdot l^2) = (3330 + 21330)\,\text{mm}^4 + (20450 + 50980)\,\text{mm}^4$$

$$I_x \approx \underline{96100\,\text{mm}^4}$$

Mit den Randfaserabständen $e_1 = 12{,}15$ mm und $e_2 = (50 - 12{,}15)$ mm $= 37{,}85$ mm werden die axialen Widerstandsmomente:

$$W_{x1} = \frac{I_x}{e_1} = \frac{96100\,\text{mm}^4}{12{,}15\,\text{mm}} = 7910\,\text{mm}^3$$

$$W_{x2} = \frac{I_x}{e_2} = \frac{96100\,\text{mm}^4}{37{,}85\,\text{mm}} = 2540\,\text{mm}^3$$

Für die Festigkeitsberechnung ist das kleinste Widerstandsmoment maßgebend, da dies mit $\sigma_b = \frac{M_b}{W_x}$ die größte Biegespannung ergibt.

Mit $W_{x\,min} = W_{x2} = 2540\,\text{mm}^3$ ist die Biegespannung:

$$\sigma_b = \frac{M_b}{W_{x2}} = \frac{180000\,\text{Nmm}}{2540\,\text{mm}^3} = \underline{70{,}9\,\text{N/mm}^2}$$

Zu einem falschen Ergebnis würde führen, wenn das Widerstandsmoment W_x der Gesamtfläche aus den Widerstandsmomenten der beiden Teilflächen berechnet würde; W_x muß aus dem Flächenmoment I_x der Gesamtfläche ermittelt werden?

b) Biegung um die *y*-Achse

Auch bei Biegung um die *y*-Achse wird die Gesamtfläche in die beiden rechteckigen Teilflächen A_1 und A_2 aufgeteilt (Bild 1).

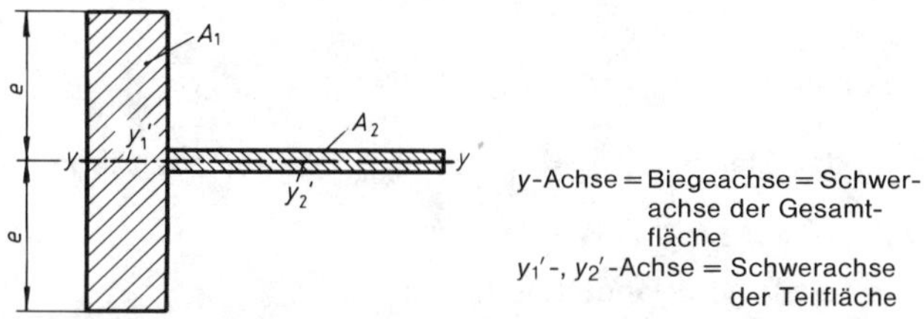

Bild 1 Skizze zur Ermittlung von I_y der Gesamtfläche

Das Flächenmoment I_y der Gesamtfläche ist nach Gleichung ⑲:

$$I_y = \Sigma I + \Sigma (A \cdot l^2) = I_1 + I_2 + A_1 \cdot l_1^2 + A_2 \cdot l_2^2$$

Die Schwerachsen y'_1 und y'_2 der Teilflächen A_1 und A_2 fallen mit der Biegeachse *y* zusammen, also sind $l_1 = l_2 = 0$ und damit auch $A_1 \cdot l_1^2 = A_2 \cdot l_2^2 = 0$.

Mit $I_1 = \frac{b \cdot h^3}{12} = \frac{10\,\text{mm}\,(40\,\text{mm})^3}{12} = 53333\,\text{mm}^4$

und $I_2 = \frac{b \cdot h^3}{12} = \frac{40\,\text{mm}\,(4\,\text{mm})^3}{12} = 213\,\text{mm}^4$

ist das Flächenmoment:

$$I_y = I_1 + I_2 = (53333 + 213)\,\text{mm}^4 = 53546\,\text{mm}^4 \approx 53550\,\text{mm}^4$$

Das Widerstandsmoment ist:

$$W_y = \frac{I_y}{e} = \frac{53550\,\text{mm}^4}{20\,\text{mm}} = 2678\,\text{mm}^3$$

und damit die Biegespannung:

$$\sigma_b = \frac{M_b}{W_y} = \frac{180000\,\text{Nmm}}{2678\,\text{mm}^3} = \underline{67{,}2\,\text{N/mm}^2}$$

1. Das Widerstandsmoment W einer zusammengesetzten Fläche kann nur aus dem Flächenmoment I und dem Randfaserabstand e der Gesamtfläche errechnet werden.
Das Widerstandsmoment der Gesamtfläche ist nicht gleich der Summe der Widerstandsmomente der Teilflächen.

2. Das Flächenmoment der Gesamtfläche ist $I = \Sigma I + \Sigma\ (A \cdot l^2)$

3. Fallen die Schwerachsen der Teilflächen mit der Schwerachse der Gesamtfläche (Biegeachse) zusammen, so ist das Flächenmoment der Gesamtfläche gleich der Summe der Flächenmomente der Teilflächen.

Aufgabe:

Ein Biegeträger aus Baustahl St 37-2 hat ein schwellend wirkendes Biegemoment aufzunehmen.

Wie groß darf das Biegemoment höchstens werden, wenn das Bauteil:

a) um die x-Achse,

b) um die y-Achse gebogen wird?

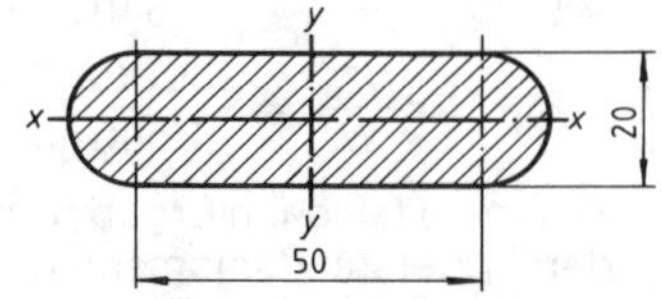

Bild 1 Querschnitt eines Biegeträgers mit den Biegeachsen *x-x* und *y-y*

Lösung:

Aus der Gleichung $\sigma_b = \frac{M_b}{W} \leqq \sigma_{b\,zul}$ folgt für das Biegemoment:

$$M_b \leqq \sigma_{b\,zul} \cdot W$$

Die zulässige Spannung beträgt:

$$\sigma_{b\,zul} = \frac{\sigma_{b\,Sch}}{\nu} = \frac{290\ \text{N/mm}^2}{4{,}0} = 72{,}5\ \text{N/mm}^2$$

a) Biegung um die *x*-Achse

Um das Widerstandsmoment W_x zu ermitteln, muß zunächst das Flächenmoment nach dem Satz von Steiner berechnet werden.

Die Querschnittsfläche wird in die 3 geometrisch einfachen Teilflächen 1′, 2 und 3′ aufgeteilt (Bild 2).

Bild 2 Aufteilung des Querschnitts in einfache Teilflächen zur Berechnung des Flächenmoments I_x; Teilflächen dürfen längs der Biegeachse verschoben werden

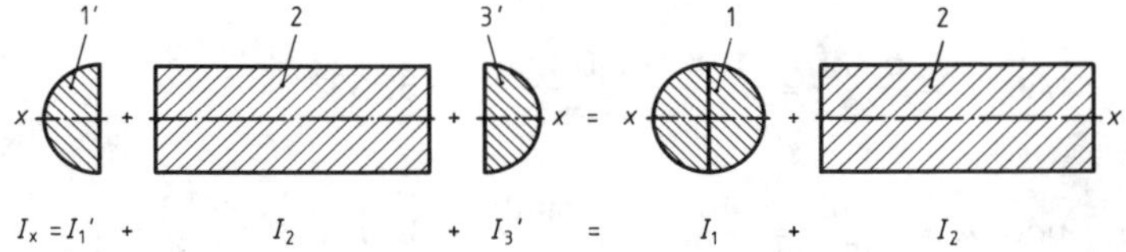

Die Flächenmomente I'_1 und I'_3 der beiden Halbkreisflächen 1′ und 3′ sind zusammen gleich groß wie das Flächenmoment I_1 der Vollkreisfläche, da sich für das Flächenmoment $I_x = \Sigma\ (\Delta A \cdot y^2)$ beim Zusammenfassen weder die Größe der Querschnittsfläche noch ihr Abstand y ändert.

Teilflächen dürfen längs der Biegeachse verschoben werden, ohne daß sich das Flächenmoment ändert.

Die Schwerachsen der Teilflächen fallen mit der Schwerachse der Gesamtfläche zusammen, also ist $l_1 = l_2 = 0$.

Das Flächenmoment I_x ist:

$$I_x = I_1 + I_2$$

$$I_1 = \frac{\pi \cdot d^4}{64} = \frac{\pi \cdot (20\ \text{mm})^4}{64} = 7\,854\ \text{mm}^4$$

$$I_2 = \frac{b \cdot h^3}{12} = \frac{50\,\text{mm}\,(20\,\text{mm})^3}{12} = 33\,333\,\text{mm}^4$$

$$I_x = I_1 + I_2 = (7\,854 + 33\,333)\,\text{mm}^4 = 41\,187\,\text{mm}^4$$

Mit $W_x = \frac{I_x}{e} = \frac{41\,187\,\text{mm}^4}{10\,\text{mm}} = 4\,119\,\text{mm}^3$

wird das übertragbare Biegemoment:

$$M_b \leqq \sigma_{bzul} \cdot W_x = 72{,}5\,\frac{\text{N}}{\text{mm}^2} \cdot 4\,119\,\text{mm}^3 = 298\,628\,\text{Nmm} \approx \underline{299\,\text{Nm}}$$

b) Biegung um die *y*-Achse

Die Querschnittsfläche wird wieder in eine Rechteck- und zwei Halbkreisflächen aufgeteilt (Bild 1). Die beiden Halbkreisflächen dürfen aber nicht zu einer Vollkreisfläche zusammengefaßt werden, da dazu die Teilflächen senkrecht zur Biegeachse verschoben werden müßten und sich dabei der Abstand *l* und damit auch das Flächenmoment verändern würde.

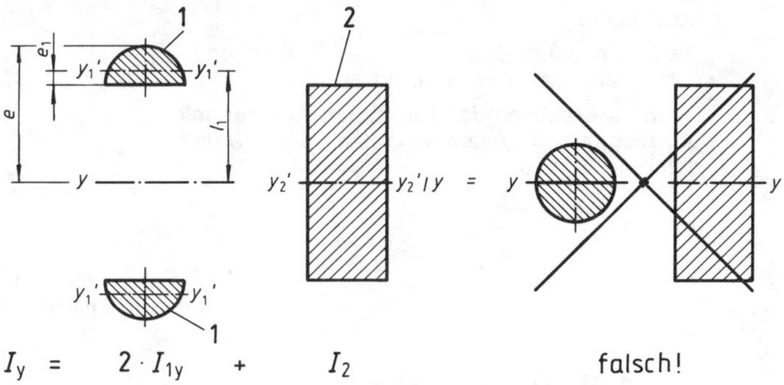

Bild 1 Aufteilung des Querschnitts in einfache Teilflächen zur Berechnung des Flächenmoments I_y; Teilflächen dürfen nicht senkrecht zur Biegeachse verschoben werden

Es genügt, das Flächenmoment I_{1y} für eine Halbkreisfläche auszurechnen. I_{1y} für die andere Halbkreisfläche ist gleich groß, da es für die Größe des Flächenmomentes ohne Bedeutung ist, auf welcher Seite der Biegeachse die Fläche liegt.

Das Flächenmoment, bezogen auf die *y*-Achse ist:

$$I_y = 2 \cdot I_{1y} + I_2 = 2\,(I_1 + A_1 \cdot l_1^2) + I_2$$

Dabei ist:

$$I_1 = 0{,}0068 \cdot d^4 = 0{,}0068 \cdot (20\,\text{mm})^4 = 1\,088\,\text{mm}^4$$

$$l_1 = 25\,\text{mm} + e_1 = 25\,\text{mm} + 0{,}212 \cdot d = 25\,\text{mm} + 0{,}212 \cdot 20\,\text{mm} = 29{,}2\,\text{mm}$$

$$I_2 = \frac{b \cdot h^3}{12} = \frac{20\,\text{mm} \cdot (50\,\text{mm})^3}{12} = 208\,300\,\text{mm}^4$$

Damit wird das Flächenmoment:

$$I_y = 2\,(I_1 + A_1 \cdot l_1^2) + I_2 = 2 \cdot [1\,088\,\text{mm}^4 + 157\,\text{mm}^2 \cdot (29{,}2\,\text{mm})^2] + 208\,300\,\text{mm}^4$$

$$I_y = 478\,200\,\text{mm}^4$$

Mit $W_y = \frac{I_y}{e} = \frac{478\,200\,\text{mm}^4}{(25 + 10)\,\text{mm}} = 13\,663\,\text{mm}^3$

wird das übertragbare Biegemoment:

$$M_b \leqq \sigma_{bzul} \cdot W_y = 72{,}5\,\frac{\text{N}}{\text{mm}^2} \cdot 13\,663\,\text{mm}^3 = 990\,600\,\text{Nmm} \approx \underline{991\,\text{Nm}}$$

Bei der Ermittlung von Flächenmomenten zusammengesetzter Flächen ist zu beachten:

1. **Die Gesamtfläche ist möglichst so aufzuteilen, daß die Schwerachsen der Teilflächen mit der Schwerachse der Gesamtfläche (Biegeachse) zusammenfallen.**
2. **Teilflächen dürfen längs der Biegeachse verschoben werden, jedoch nicht senkrecht dazu.**

Lehrbeispiel 20:

Eine angeschweißte Konsole wird durch die Kraft F belastet. Wie groß ist das Widerstandsmoment der auf Biegung beanspruchten Schweißnaht?

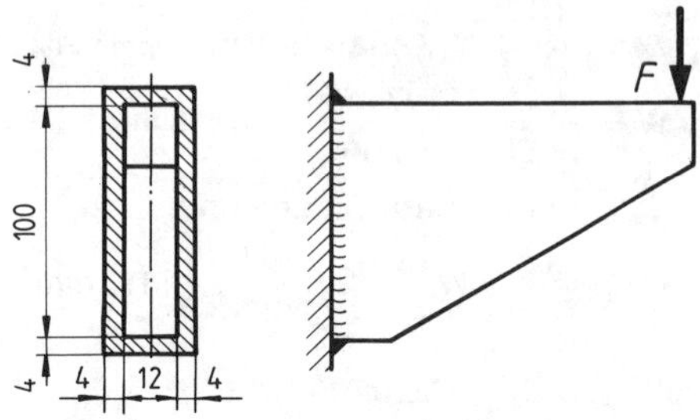

Bild 1 Konsole mit auf Biegung beanspruchter Schweißnaht

Lösung:

Die Querschnittsfläche der Schweißnaht ist eine zusammengesetzte Fläche; das Widerstandsmoment W_x ist über das Flächenmoment I_x zu berechnen.

Die Querschnittsfläche kann in je 2 Teilflächen A_1 und A_2 unterteilt werden (Bild 2).

Die Schwerachsen der Teilflächen A_1 fallen mit der Biegeachse zusammen, also ist $l_1 = 0$ und damit $A_1 \cdot l_1^2 = 0$.

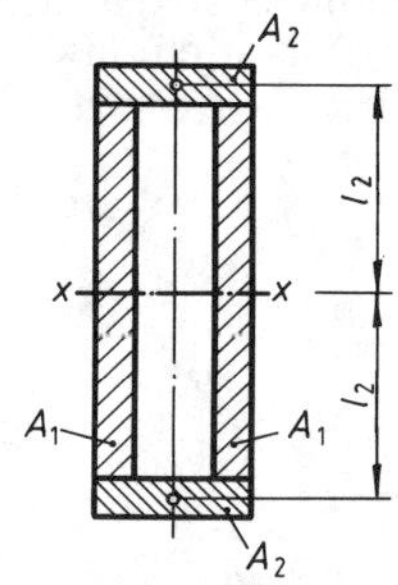

Bild 2 Mögliche Aufteilung der Schweißnahtfläche zur Berechnung des Flächenmoments I_x

Das Flächenmoment beträgt:

$$I_x = \Sigma I + \Sigma (A \cdot l^2) = 2 (I_1 + I_2 + A_2 \cdot l_2^2)$$

Mit $$I_1 = \frac{b \cdot h^3}{12} = \frac{4\,\text{mm} \cdot (100\,\text{mm})^3}{12} = 333\,300\,\text{mm}^4$$

$$I_2 = \frac{b \cdot h^3}{12} = \frac{20\,\text{mm} \cdot (4\,\text{mm})^3}{12} = 107\,\text{mm}^4$$

$$A_2 = 20\,\text{mm} \cdot 4\,\text{mm} = 80\,\text{mm}^2$$

$$l_2 = 50\,\text{mm} + \frac{4}{2}\,\text{mm} = 52\,\text{mm}$$ wird das Flächenmoment:

$$I_x = 2 (I_1 + I_2 + A_2 \cdot l_2^2) = 2 (333\,300 + 100 + 80 \cdot 52^2)\,\text{mm}^4 = 1\,099\,400\,\text{mm}^4 \approx 1{,}1 \cdot 10^6\,\text{mm}^4$$

Das Widerstandsmoment beträgt:

$$W_x = \frac{I_x}{e} = \frac{1{,}1 \cdot 10^6\,\text{mm}^4}{54\,\text{mm}} = \underline{20{,}4 \cdot 10^3\,\text{mm}^3}$$

Günstiger ist es, den Querschnitt nach Bild 3 so aufzuteilen, daß alle Schwerachsen der Teilflächen mit der Biegeachse zusammenfallen, also $\Sigma (A \cdot l^2) = 0$ wird.

Das Flächenmoment beträgt:

$$I_x = I_1 - I_2$$

$$I_1 = \frac{b \cdot h^3}{12} = \frac{20\,\text{mm} \cdot (108\,\text{mm})^3}{12} = 2{,}1 \cdot 10^6\,\text{mm}^4$$

$$I_2 = \frac{b \cdot h^3}{12} = \frac{12\,\text{mm}\ (100\,\text{mm})^3}{12} = 10^6\,\text{mm}^4$$

$$I_x = I_1 - I_2 = (2{,}1 - 1) \cdot 10^6\,\text{mm}^4 = 1{,}1 \cdot 10^6\,\text{mm}^4$$

Durch günstige Aufteilung einer zusammengesetzten Querschnittsfläche in Teilflächen kann die Berechnung des Flächemoments vereinfacht werden.

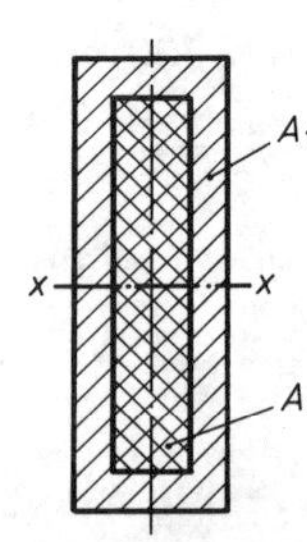

Bild 3 Günstigere Aufteilung der Schweißnahtfläche zur Berechnung des Flächenmoments I_x

Lehrbeispiel 21:

Ein auf Biegung beanspruchter Träger wird aus einem U-Stahl, zwei Winkelstählen und einem Blech 70 × 5 zusammengenietet. Wie groß ist das axiale Widerstandsmoment W_x mit Berücksichtigung der Nietlöcher?

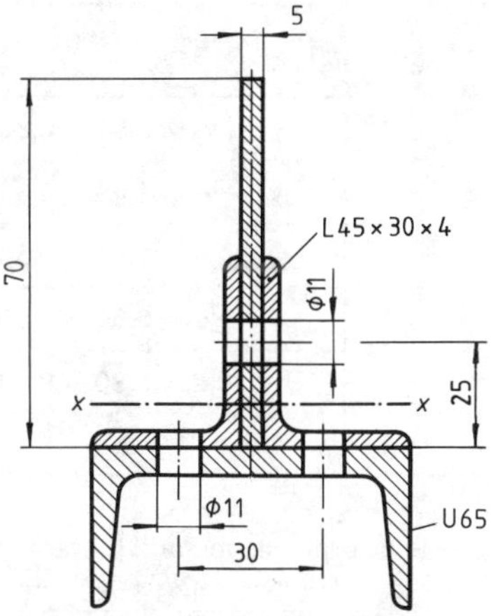

Bild 1 Aus Normprofilen zusammengesetzter Trägerquerschnitt

Lösung:

Zuerst muß die Lage der Biegeachse x, d. h. der Schwerpunktsabstand y_0 ermittelt werden.

Die Aufteilung des Querschnitts in Teilflächen ergibt sich aus den einzelnen Normprofilen (Bild 2).

Damit bei den verhältnismäßig vielen Teilflächen die Rechnung übersichtlicher wird, werden die Werte in einer Tabelle zusammengefaßt. Da einige Werte sowohl zur Ermittlung von y_0 als auch von I_x benötigt werden, werden die Werte für beide Rechenvorgänge in einer Tabelle festgehalten.

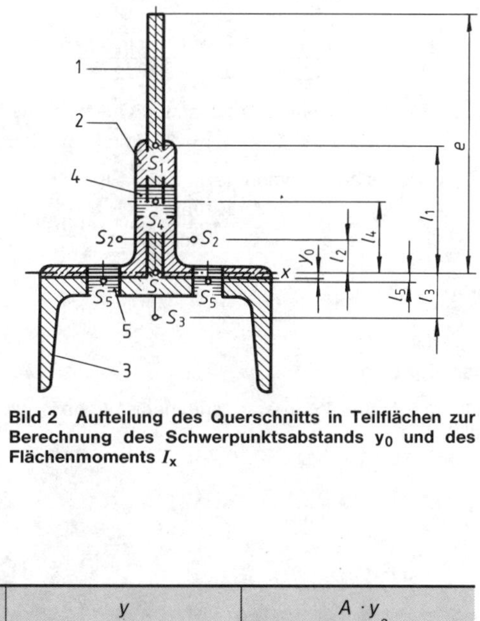

Bild 2 Aufteilung des Querschnitts in Teilflächen zur Berechnung des Schwerpunktsabstands y_0 und des Flächenmoments I_x

Teilfläche	A in cm²	y in cm	$A \cdot y$ in cm³
1	$7 \cdot 0{,}5 = 3{,}50$	$7/2 = 3{,}50$	12,25
2	$2 \cdot 2{,}87 = 5{,}74$	1,48	8,50
3	9,03	−1,42	−12,82
4	$-1{,}1\,(2 \cdot 0{,}4 + 0{,}5) = -1{,}43$	2,50	−3,58
5	$-2 \cdot 1{,}1\,(0{,}4 + 0{,}55) = -2{,}09$	$\dfrac{0{,}4 - 0{,}55}{2} = -0{,}08$	0,17
Σ	14,75		4,52

Teil-fläche	l in cm	$A \cdot l^2$ in cm^4	I in cm^4
1	$y_1 - y_0 = 3{,}50 - 0{,}30 = 3{,}20$	35,8	14,3
2	$y_2 - y_0 = 1{,}48 - 0{,}30 = 1{,}18$	8,0	$2 \cdot 5{,}8 = 11{,}6$
3	$y_3 + y_0 = 1{,}42 + 0{,}30 = 1{,}72$	26,7	14,1
4	$y_4 - y_0 = 2{,}50 - 0{,}30 = 2{,}20$	−6,9	−0,1
5	$y_0 + y_5 = 0{,}30 + 0{,}08 = 0{,}38$	−0,3	$-2 \cdot 0{,}1 = -0{,}2$
Σ		63,3	39,7

Der Schwerpunktsabstand beträgt:

$$y_0 = \frac{\Sigma\,(A \cdot y)}{\Sigma\,A} = \frac{4\,520\,\text{mm}^3}{1\,475\,\text{mm}^2} = 3{,}06\,\text{mm} \approx 0{,}3\,\text{cm}$$

Die Flächenmomente der Teilflächen 1, 4 und 5 sind:

$$I_1 = \frac{b \cdot h^3}{12} = \frac{0{,}5\,\text{cm} \cdot (7\,\text{cm})^3}{12} = 14{,}3\,\text{cm}^4$$

$$I_4 = \frac{b \cdot h^3}{12} = \frac{(0{,}5 + 2 \cdot 0{,}4)\,\text{cm} \cdot (1{,}1\,\text{cm})^3}{12} = 0{,}14\,\text{cm}^4$$

$$I_5 = \frac{b \cdot h^3}{12} = \frac{1{,}1\,\text{cm}\,(0{,}4\,\text{cm} + 0{,}55\,\text{cm})^3}{12} \approx 0{,}08\,\text{cm}^4$$

Das Flächenmoment des gesamten Querschnitts beträgt:

$$I_x = \Sigma I + \Sigma\,(A \cdot l^2) = 39{,}7\,\text{cm}^4 + 63{,}3\,\text{cm}^4 = 103\,\text{cm}^4$$

Das Widerstandsmoment ist:

$$W_x = \frac{I_x}{e} = \frac{103 \cdot 10^4\,\text{mm}^4}{(70 - 3)\,\text{mm}} = \underline{15\,400\,\text{mm}^3}$$

Übungsaufgaben:

1. Ermitteln Sie das Widerstandsmoment W_x des aus Normprofilen zusammengesetzten Trägerquerschnitts (Bild 1).

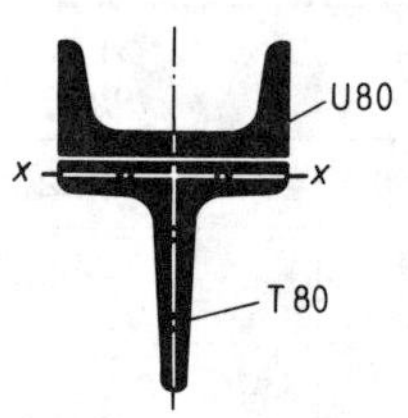

Bild 1

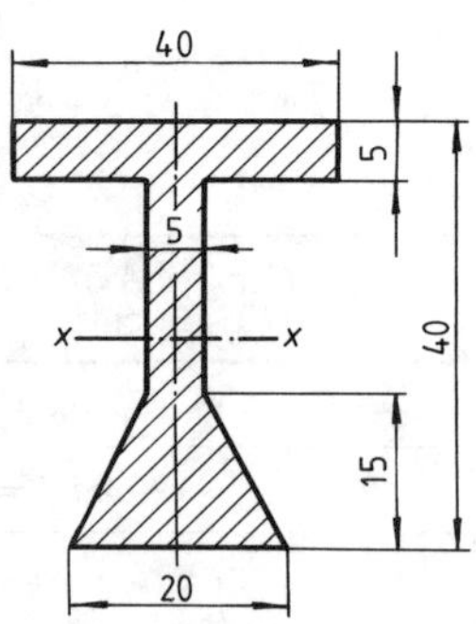

Bild 2

2. Ein Biegeträger aus St 37-2 wird durch ein schwellend wirkendes Biegemoment belastet (Bild 2).
   Wie groß sind:
   a) die zulässige Biegespannung,
   b) das Widerstandsmoment W_x,
   c) das maximale Biegemoment, das der Träger übertragen kann?

4.5.4 Bestimmung des größten Biegemoments $M_{b\,max}$

Die Zugspannung $\sigma_z = \frac{F}{S}$ ist bei konstantem Querschnitt gleichmäßig über die Stablänge verteilt (Bild 1), weil an jeder Stelle die zu übertragende Kraft F_i gleich groß ist. Es gibt keinen besonders gefährdeten Querschnitt.

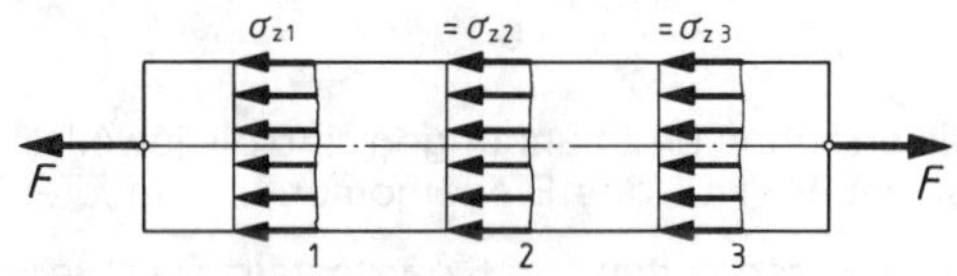

Die Zugspannung σ_z ist längs des Trägers konstant

Bild 1 Spannungsverteilung über die Stablänge bei Beanspruchung auf Zug

Aus der Gleichung $\sigma_b = \frac{M_b}{W}$ folgt, daß bei konstantem Querschnitt die Biegespannung nur von der Größe des Biegemoments abhängt.

Wie verändert sich das Biegemoment längs des Trägers und wo tritt das **größte Biegemoment $M_{b\,max}$** auf?

4.5.4.1 Ermittlung des größten Biegemoments bei Freiträgern

Freiträger mit Einzelkräften

Als **Freiträger** bezeichnet man einen Träger, der an einem Ende fest eingespannt ist, während das andere Ende frei hinausragt (Bild 2).

Aufgabe:

Ein Freiträger wird durch die Einzelkraft F belastet. Wie groß ist die Biegespannung in den Querschnitten 1 ... 5?

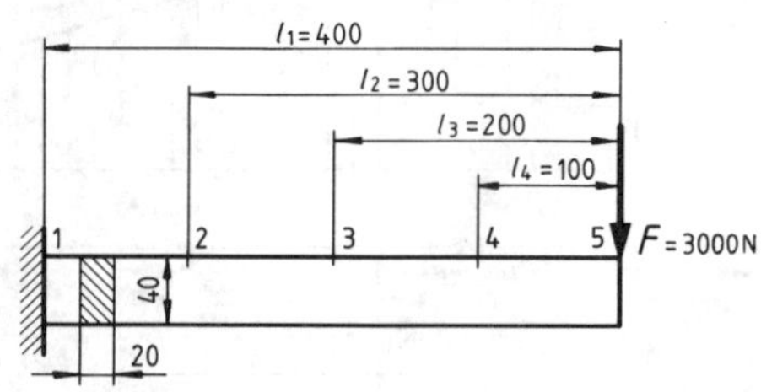

Bild 2 Freiträger mit Einzelkraft

Lösung:

Wird nach der Schnittmethode der Träger im Querschnitt 1 (Einspannstelle) durchgeschnitten, so sind dort die Querkraft $F_Q = F$ und das Biegemoment $M_b = F \cdot l_1$ anzubringen, damit der rechte Restträger im Gleichgewicht ist.

Das Biegemoment beträgt:

$$M_{b1} = F \cdot l_1 = 3000\,\text{N} \cdot 0{,}4\,\text{m} = 1200\,\text{Nm}$$

und damit die Biegespannung mit $W = \frac{b \cdot h^2}{6} = \frac{20\,\text{mm} \cdot (40\,\text{mm})^2}{6} = 5330\,\text{mm}^3$:

$$\sigma_{b1} = \frac{M_{b1}}{W} = \frac{1\,200\,000\,\text{Nmm}}{5330\,\text{mm}^3} = \underline{225\,\text{N/mm}^2}$$

Im Querschnitt 2 ist:

$$M_{b2} = F \cdot l_2 = 3000\,\text{N} \cdot 0{,}3\,\text{m} = 900\,\text{Nm}$$

$$\sigma_{b2} = \frac{M_{b2}}{W} = \frac{900\,000\,\text{Nmm}}{5330\,\text{mm}^3} = \underline{169\,\text{N/mm}^2}$$

im Querschnitt 3:

$$M_{b3} = F \cdot l_3 = 3000\,\text{N} \cdot 0{,}2\,\text{m} = 600\,\text{Nm}$$

$$\sigma_{b3} = \frac{M_{b3}}{W} = \frac{600\,000\,\text{Nmm}}{5330\,\text{mm}^3} = \underline{112{,}5\,\text{N/mm}^2}$$

im Querschnitt 4:

$$M_{b4} = F \cdot l_4 = 3000\,\text{N} \cdot 0{,}1\,\text{m} = 300\,\text{Nm}$$

$$\sigma_{b4} = \frac{M_{b4}}{W} = \frac{300\,000\,\text{Nmm}}{5330\,\text{mm}^3} = \underline{56{,}3\,\text{N/mm}^2}$$

und im Querschnitt 5:

$$M_{b5} = F \cdot l_5 = F \cdot 0 = 0$$

$$\sigma_{b5} = \frac{M_{b5}}{W} = \underline{0}$$

Die errechneten Spannungen sind die jeweils maximalen Biegespannungen in den Randfasern. Im Bild 1 ist der Verlauf des Biegemoments über die Trägerlänge und die Verteilung der Biegespannung in den Querschnitten 1 ... 5 dargestellt. Das Biegemoment M_b und damit $\sigma_b = \frac{M_b}{W}$ ist längs des Trägers verschieden groß. Am Angriffspunkt von F ist $M_b = 0$; es nimmt linear bis $M_{b\,max}$ an der Einspannstelle zu.

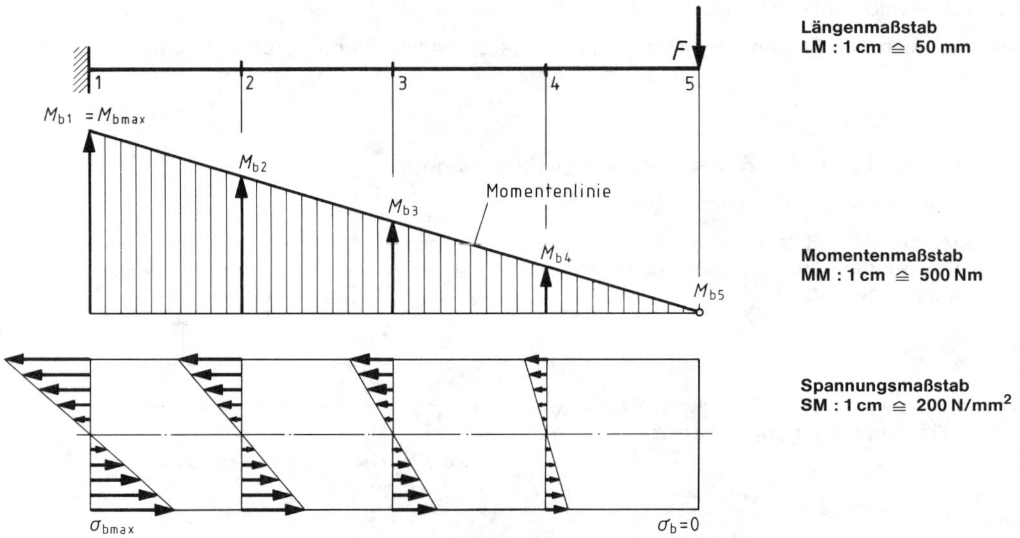

Bild 1 Verlauf von Biegemoment und Biegespannung bei einem Freiträger mit Einzelkraft

Bei einem Biegeträger ändert sich das Biegemoment längs des Trägers. Damit ist bei gleichbleibendem Querschnitt die Biegespannung sowohl über die Trägerlänge als auch über den Querschnitt ungleichmäßig verteilt.

Für die Dimensionierung eines Biegeträgers ist die größte Biegespannung $\sigma_{b\,max}$ maßgebend. $\sigma_{b\,max}$ tritt in der Randfaser an der Stelle des Trägers auf, wo das größte Biegemoment $M_{b\,max}$ übertragen werden muß.

Beim Freiträger mit Einzelkraft tritt $M_{b\,max}$ an der Einspannstelle auf.

Aufgabe:

Ein Freiträger mit T-Profil T DIN 1024 – USt 37-2-140 wird durch 3 Einzelkräfte belastet.

Wie groß ist die (größte) Biegespannung?

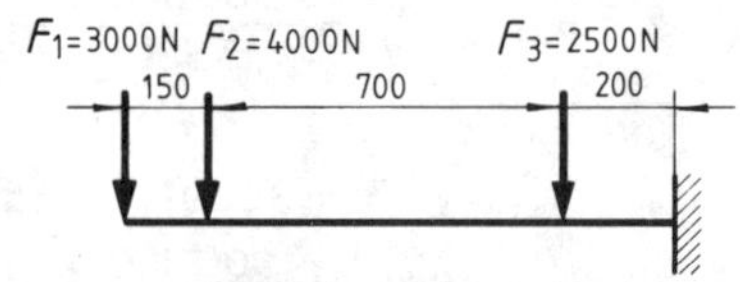

Bild 2 Freiträger mit drei Einzelkräften

Lösung:

Um die Biegespannung berechnen zu können, muß zuerst Lage und Größe des größten Biegemoments $M_{b\,max}$ ermittelt werden.

Nach der Schnittmethode denkt man sich den Träger in den Querschnitten I ... VI durchgeschnitten (Bild 1). An den Schnittstellen wird das innere Moment M_b angebracht, so daß für den abgeschnittenen Teil des Trägers die Bedingung $\Sigma M = 0$ erfüllt ist.

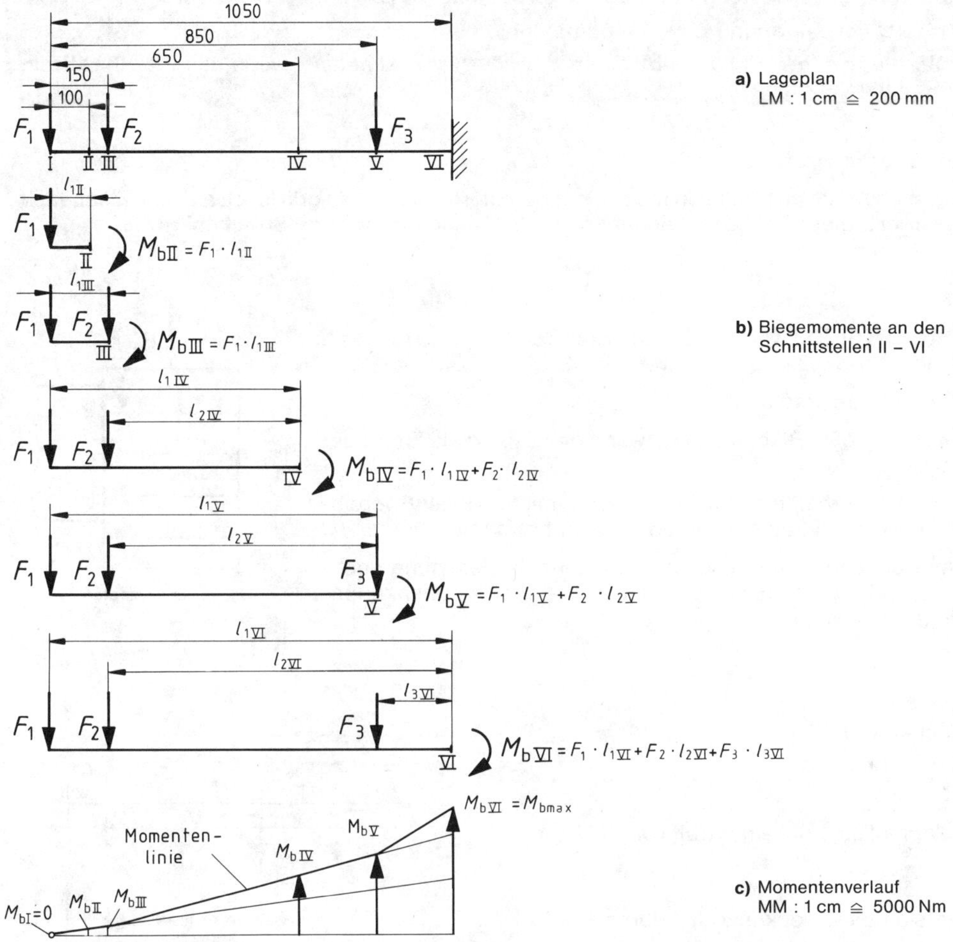

Bild 1 Verlauf des Biegemoments über die Trägerlänge für den Biegeträger nach Bild 2, Seite 200

Die Biegemomente in den Querschnitten I ... VI sind:

$$M_{bI} = 0$$

$$M_{bII} = F_1 \cdot l_{1II} = 3000\,\text{N} \cdot 0{,}1\,\text{m} = 300\,\text{Nm}$$

$$M_{bIII} = F_1 \cdot l_{1III} = 3000\,\text{N} \cdot 0{,}15\,\text{m} = 450\,\text{Nm}$$

$$M_{bIV} = F_1 \cdot l_{1IV} + F_2 \cdot l_{2IV} = 3000\,\text{N} \cdot 0{,}65\,\text{m} + 4000\,\text{N} \cdot 0{,}5\,\text{m} = 3950\,\text{Nm}$$

$$M_{bV} = F_1 \cdot l_{1V} + F_2 \cdot l_{2V} = 3000\,\text{N} \cdot 0{,}85\,\text{m} + 4000\,\text{N} \cdot 0{,}7\,\text{m} = 5350\,\text{Nm}$$

$$M_{bVI} = F_1 \cdot l_{1VI} + F_2 \cdot l_{2VI} + F_3 \cdot l_{3VI} = 3000\,\text{N} \cdot 1{,}05\,\text{m} + 4000\,\text{N} \cdot 0{,}9\,\text{m} + 2500\,\text{N} \cdot 0{,}2\,\text{m} = 7250\,\text{Nm}$$

Das größte Biegemoment ist an der Einspannstelle $M_{b\,max} = M_{bVI} = 7250\,\text{Nm}$; die Einspannstelle ist der gefährdete Querschnitt.

Die Biegespannung an der Einspannstelle ist:

$$\sigma_b = \frac{M_{b\,max}}{W_x} = \frac{7250 \cdot 10^3\,\text{Nmm}}{64{,}7 \cdot 10^3\,\text{mm}^3} = \underline{112\,\text{N/mm}^2}$$

Für den Freiträger gilt:

1. **Das Biegemoment an einer beliebigen Stelle ist gleich der Summe der Momente aller äußeren Kräfte in Richtung zum freien Ende des Trägers (nicht zur Einspannstelle hin!).**
2. **Zwischen zwei Einzelkräften ist die Momentenlinie eine Gerade.**
3. **Das größte Biegemoment $M_{b\,max}$ wirkt immer an der Einspannstelle, wenn alle Einzelkräfte in gleicher Richtung wirken.**

Freiträger mit Streckenkraft

In der Praxis greifen Kräfte an Bauteilen meist nicht punktförmig an, ihr Angriff ist oft auf eine Fläche bzw. eine Strecke verteilt. Diese Kräfte bezeichnet man als **Flächenkräfte bzw. Streckenkräfte.**

Aufgabe:

Ein Lagerzapfen aus St 50-2 wird durch eine Kraft von $F = 10$ kN belastet, die gleichmäßig über die Zapfenlänge verteilt ist.

a) Wie groß ist die Streckenkraft?

b) Wie groß ist das größte Biegemoment, wenn der Zapfen als Freiträger betrachtet wird?

c) Welches Ergebnis erhält man für $M_{b\,max}$, wenn man die Kraft F vereinfacht als Einzelkraft in Zapfenmitte angreifend betrachtet?

d) Wie groß muß der Zapfendurchmesser sein, wenn die Belastung wechselnd erfolgt und wegen zusätzlicher Torsions- und Schubspannungen $\nu = 5$ gewählt wird?

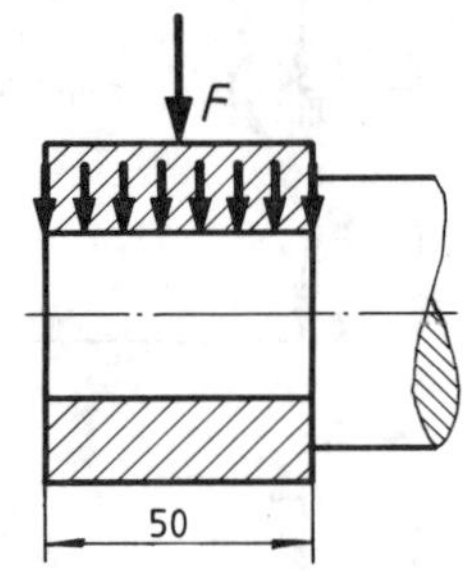

Bild 1 Lagerzapfen

Lösung:

a) Die Streckenkraft beträgt:

$$f = \frac{F}{l} = \frac{10\,\text{kN}}{5\,\text{cm}} = 2\,\underline{\frac{\text{kN}}{\text{cm}}};$$

d. h. 1 cm Zapfenlänge hat eine Kraft von 2 kN aufzunehmen.

b) Denkt man sich die Streckenkraft f durch 5 Einzelkräfte von $F' = \frac{F}{5} = 2$ kN ersetzt (Bild 2), sind die Biegemomente in den Querschnitten I bis V nach der Schnittmethode:

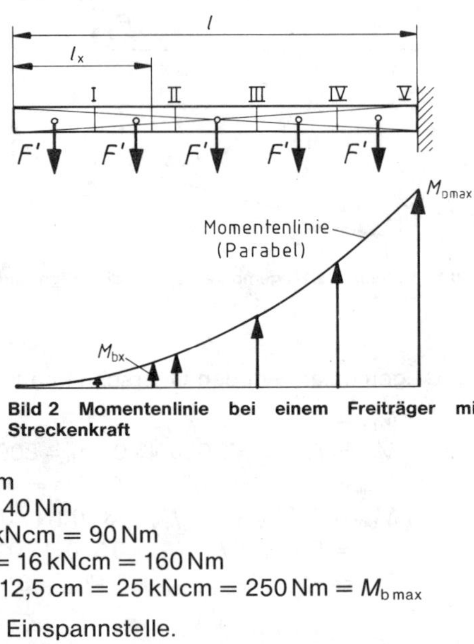

Bild 2 Momentenlinie bei einem Freiträger mit Streckenkraft

$M_{b\,I} = F' \cdot 0{,}5\,\text{cm} = 2\,\text{kN} \cdot 0{,}5\,\text{cm} = 1\,\text{kNcm} = 10\,\text{Nm}$
$M_{b\,II} = F'\,(0{,}5 + 1{,}5)\,\text{cm} = 2\,\text{kN} \cdot 2\,\text{cm} = 4\,\text{kNcm} = 40\,\text{Nm}$
$M_{b\,III} = F'\,(0{,}5 + 1{,}5 + 2{,}5)\,\text{cm} = 2\,\text{kN} \cdot 4{,}5\,\text{cm} = 9\,\text{kNcm} = 90\,\text{Nm}$
$M_{b\,IV} = F'\,(0{,}5 + 1{,}5 + 2{,}5 + 3{,}5)\,\text{cm} = 2\,\text{kN} \cdot 8\,\text{cm} = 16\,\text{kNcm} = 160\,\text{Nm}$
$M_{b\,V} = F'\,(0{,}5 + 1{,}5 + 2{,}5 + 3{,}5 + 4{,}5)\,\text{cm} = 2\,\text{kN} \cdot 12{,}5\,\text{cm} = 25\,\text{kNcm} = 250\,\text{Nm} = M_{b\,max}$

Das größte Biegemoment $M_{b\,max} = \underline{250\,\text{Nm}}$ wirkt an der Einspannstelle.

c) Wird der Zapfen durch die Einzelkraft $F = 10$ kN in Zapfenmitte belastet, so ist an der Einspannstelle:

$$M_{b\,max} = F \cdot \frac{l}{2} = 10\,\text{kN} \cdot \frac{5\,\text{cm}}{2} = 25\,\text{kNcm} = \underline{250\,\text{Nm}}$$

Bei der Ermittlung von $M_{b\,max}$ darf beim Freiträger also so gerechnet werden, als ob die Streckenkraft als Einzelkraft in der Mitte der Streckenkraft angreifen würde.

Für den Querschnitt mit dem Abstand l_x zum freien Ende (Bild 2, Seite 202) ist das Biegemoment:

$$M_{bx} = F_x \cdot \frac{l_x}{2} = f \cdot l_x \cdot \frac{l_x}{2} = \frac{f}{2} \cdot l_x^2 = c \cdot l_x^2$$

Die Momentenlinie ist eine Parabel ($y = c \cdot x^2$), wie in Bild 2, Seite 202 dargestellt.

d) Die zulässige Biegespannung beträgt:

$$\sigma_{b\,zul} = \frac{\sigma_{bW}}{\nu} = \frac{240\,\text{N/mm}^2}{5} = 48\,\text{N/mm}^2$$

Aus $\sigma_b = \frac{M_{b\,max}}{W} \leqq \sigma_{b\,zul}$ folgt:

$$W \geqq \frac{M_{b\,max}}{\sigma_{b\,zul}} = \frac{250\,000\,\text{Nmm}}{48\,\text{N/mm}^2} = 5\,208\,\text{mm}^3$$

Mit $W = \frac{\pi \cdot d^3}{32}$ wird der Zapfendurchmesser:

$$d \geqq \sqrt[3]{\frac{32\,W}{\pi}} = \sqrt{\frac{32 \cdot 5\,208}{\pi}\,\text{mm}^3} = 37{,}6\,\text{mm}$$

ausgeführt: $d = \underline{38\,\text{mm}}$

Für den Freiträger mit Streckenkraft gilt:

1. **Über die Länge der Streckenkraft ist die Momentenlinie eine Parabel.**
2. **Für die Berechnung von $M_{b\,max}$ an der Einspannstelle kann die Streckenkraft durch die Einzelkraft $F = f \cdot l$ in der Mitte der Streckenkraft ersetzt werden.**

Lehrbeispiel 22:

Wie groß ist die Biegespannung beim Freiträger nach Bild 2, Seite 200 wenn die Eigengewichtskraft des Trägers berücksichtigt wird?

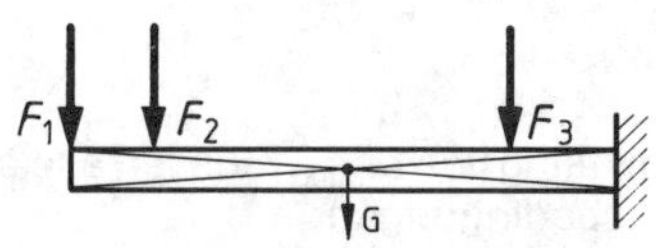

Bild 1 Belastungsschema des Trägers nach Bild 2, Seite 200 mit Berücksichtigung der Eigengewichtskraft

Lösung:

Zu den 3 Einzelkräften kommt noch eine Streckenkraft (Eigengewichtskraft) hinzu, sodaß sich das Belastungsschema nach Bild 1 ergibt:

Die Masse des Trägers beträgt:

$$m = 31{,}3\,\frac{\text{kg}}{\text{m}} \cdot 1{,}05\,\text{m} = 32{,}9\,\text{kg}$$

und damit die Eigengewichtskraft $G = m \cdot g = 32{,}9\,\text{kg} \cdot 9{,}81\,\frac{m}{s^2} = 323\,\text{N}$

$M_{b\,max}$ ist gegenüber $M_{b\,max}$ der Aufgabe von Seite 200 um das Biegemoment, welches durch die Eigengewichtskraft verursacht wird, größer:

$$M_{b\,maxG} = \frac{G \cdot l}{2} = \frac{323\,\text{N} \cdot 1{,}05\,\text{m}}{2} = 169\,\text{Nm}$$

Damit ist:

$$M_{b\,max} = 7\,250\,\text{Nm} + 169\,\text{Nm} = 7\,419\,\text{Nm}$$

und die Biegespannung:

$$\sigma_b = \frac{M_{b\,max}}{W} = \frac{7\,419 \cdot 10^3\,\text{Nmm}}{64{,}7 \cdot 10^3\,\text{mm}^3} = \underline{115\,\text{N/mm}^2}$$

Der Fehler bei Vernachlässigung der Eigengewichtskraft ist gering ($\sigma_b = 112\,\text{N/mm}^2$ gegenüber $\sigma_b = 115\,\text{N/mm}^2$).

Übungsaufgaben:

1. Der Lagerzapfen einer stillstehenden Achse aus Vergütungsstahl Ck 45 wird durch die schwellend wirkende Kraft $F = 8$ kN belastet (Bild 1).
   a) Wie groß ist die zulässige Biegespannung?
   b) Wie groß ist das größte Biegemoment?
   c) Wie groß muß der Zapfendurchmesser sein?

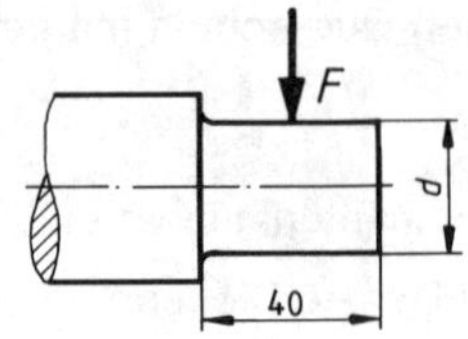

Bild 1

2. Ein Freiträger mit T-Profil T DIN 1024 – U St 37-2-80 wird nach Skizze belastet (Bild 2).
   Wie groß ist die Biegespannung?

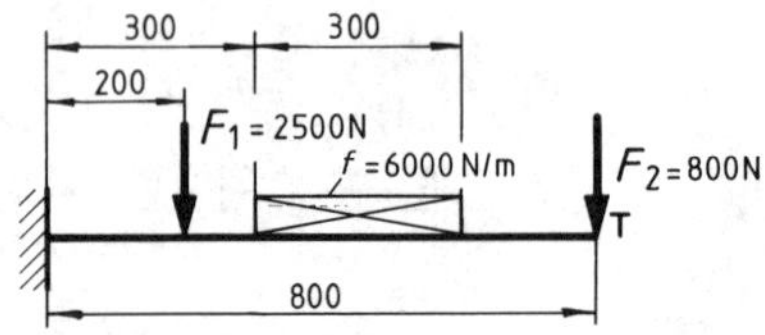

Bild 2

4.5.4.2 Ermittlung des größten Biegemoments bei Stützträgern

Stützträger mit einer Einzelkraft

Als **Stützträger** bezeichnet man einen Träger, der an 2 Stellen gelagert ist (Bild 3).

Aufgabe:

Für einen Stützträger, der durch eine Einzelkraft belastet wird, ist das größte Biegemoment $M_{b\,max}$ zu ermitteln.

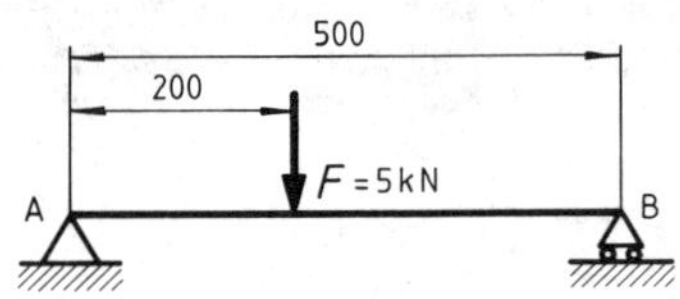

Bild 3 Stützträger mit Einzelkraft

Lösung:

Zur Ermittlung von $M_{b\,max}$ müssen alle äußeren Kräfte bekannt sein. Für die Lagerkräfte gelten die Gleichgewichtsbedingungen:

$\Sigma M_A = 0$

$F \cdot 0{,}2\,\text{m} - F_B \cdot 0{,}5\,\text{m} = 0$

$$F_B = \frac{F \cdot 0{,}2\,\text{m}}{0{,}5\,\text{m}} = \frac{5\,\text{kN} \cdot 0{,}2\,\text{m}}{0{,}5\,\text{m}} = 2\,\text{kN}$$

$\Sigma F_y = 0$

$F_A = F - F_B$

$F_A = 5\,\text{kN} - 2\,\text{kN} = 3\,\text{kN}$

Um die Momentenlinie aufzeichnen zu können, werden die Biegemomente in den Querschnitten I ... VI ermittelt (Bild 4).

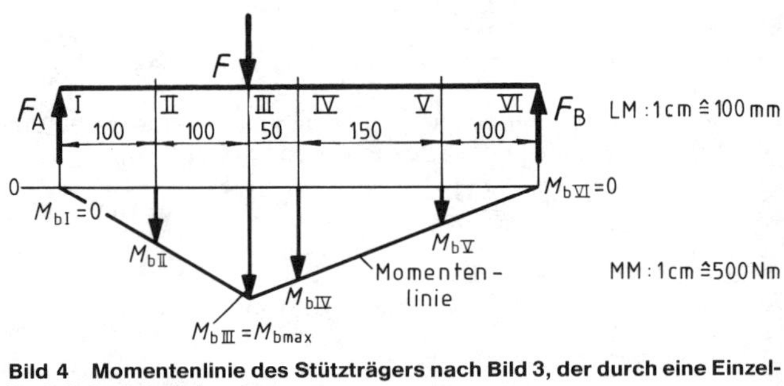

Bild 4 Momentenlinie des Stützträgers nach Bild 3, der durch eine Einzelkraft belastet wird

Nach der Schnittmethode ist das Biegemoment im Querschnitt II bei Betrachtung des links von der Schnittstelle liegenden Teils des Trägers (Bild 1a, Seite 205):

$$M_{b\,II} = F_A \cdot l_{A\,II} = 3\,\text{kN} \cdot 0{,}1\,\text{m} = 0{,}3\,\text{kNm}$$

Betrachtet man den rechts von der Schnittstelle liegenden Teil des Trägers, so ist:

$$M_{b\,II} = F_B \cdot l_{B\,II} - F \cdot l_{F\,II} = 2\,\text{kN} \cdot 0{,}4\,\text{m} - 5\,\text{kN} \cdot 0{,}1\,\text{m}$$

$$M_{b\,II} = 0{,}3\,\text{kNm}$$

Während beim Freiträger das Biegemoment immer aus den Momenten zum freien Ende hin ermittelt werden muß, können beim Stützträger beide Teilstücke des Trägers zur Ermittlung des Biegemoments herangezogen werden. Der geringste Rechenaufwand ergibt sich, wenn das Trägerteil mit den wenigsten äußeren Kräften benützt wird.

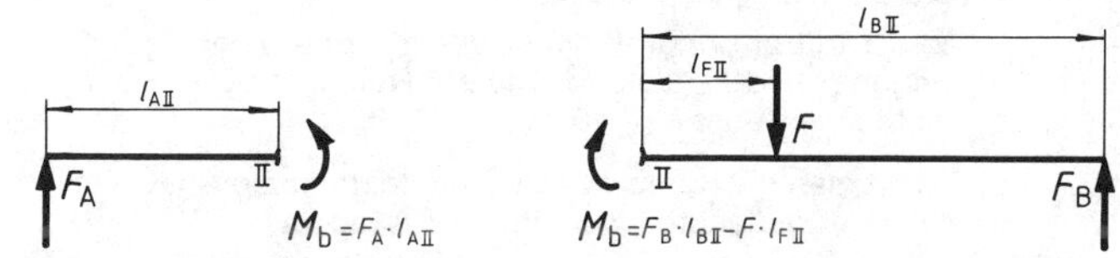

a) links von der Schnittstelle liegender Teil des Trägers

b) rechts von der Schnittstelle liegender Teil des Trägers

Bild 1 Skizzen zur Ermittlung des Biegemoments an der Stelle II des Stützträgers nach Bild 3, Seite 204

Die Biegemomente in den restlichen Querschnitten sind:

$M_{b\,I} = 0$

$M_{b\,III} = F_A \cdot l_{A\,III} = 3\,\text{kN} \cdot 0{,}2\,\text{m} = 0{,}6\,\text{kNm}$ oder

$M_{b\,III} = F_B \cdot l_{B\,III} = 2\,\text{kN} \cdot 0{,}3\,\text{m} = 0{,}6\,\text{kNm}$

$M_{b\,IV} = F_B \cdot l_{B\,IV} = 2\,\text{kN} \cdot 0{,}25\,\text{m} = 0{,}5\,\text{kNm}$ oder

$M_{b\,IV} = F_A \cdot l_{A\,IV} - \text{F} \cdot l_{F\,IV} = 3\,\text{kNm} \cdot 0{,}25\,\text{m} - 5\,\text{kNm} \cdot 0{,}05\,\text{m} = 0{,}5\,\text{kNm}$

$M_{b\,V} = F_B \cdot l_{B\,V} = 2\,\text{kN} \cdot 0{,}1\,\text{m} = 0{,}2\,\text{kNm}$ oder

$M_{b\,V} = F_A \cdot l_{A\,V} - F \cdot l_{F\,V} = 3\,\text{kN} \cdot 0{,}4\,\text{m} - 5\,\text{kN} \cdot 0{,}2\,\text{m} = 0{,}2\,\text{kNm}$

$M_{b\,VI} = 0$

Damit ergibt sich die Momentenlinie nach Bild 4, Seite 204. Auch beim Stützträger ist die Momentenlinie zwischen 2 Einzelkräften eine Gerade. Bei einem Stützträger mit Einzelkraft tritt das größte Biegemoment am Angriffspunkt der Einzelkraft auf.

Es ist:

$$M_{b\,max} = M_{b\,III} = 0{,}6\,\text{kNm} = \underline{600\,\text{Nm}}$$

Für den Stützträger gilt:

1. **Das Biegemoment an einer beliebigen Stelle ist gleich der Summe der Momente aller äußeren Kräfte des linken oder rechten Trägerteils.**
2. **Außerhalb der beiden außenliegenden Kräfte (einschließlich der Lagerkräfte) ist $M_b = 0$.**
3. **Zwischen zwei Einzelkräften ist die Momentenlinie eine Gerade.**
4. **Wirkt nur eine Belastungskraft, tritt das größte Biegemoment $M_{b\,max}$ am Angriffspunkt der mittleren der 3 äußeren Kräfte auf.**

Lehrbeispiel 23:

Eine zweifach gelagerte Transmissionswelle wird durch den Riemen mit $F = 3\,000$ N belastet. F sowie die Lagerkräfte werden vereinfacht als Einzelkräfte, in der Mitte der Riemenscheibe bzw. der Lager wirkend, angenommen.

a) Wo tritt $M_{b\,max}$ auf?

b) Wie groß ist $M_{b\,max}$?

c) Wie groß ist die Biegespannung?

d) Wie groß ist die Sicherheit, wenn die Belastung wechselnd erfolgt (Welle dreht sich, Wirkrichtung von F bleibt konstant) und die Welle aus St 50-2 besteht?

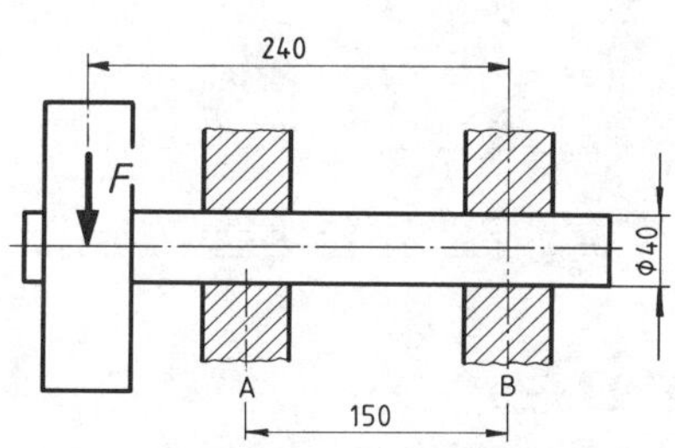

Bild 2 Transmissionswelle, auf Biegung beansprucht

Lösung:

a) Die Belastungsskizze zeigt Bild 1:

$M_{b\,max}$ tritt am Angriffspunkt der mittleren Kraft F_A auf. Gegen F und F_B sinkt M_b bis auf Null, links von F und rechts von F_B ist $M_b = 0$.

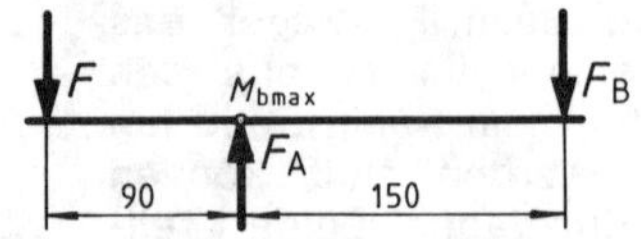

Bild 1 Belastungsskizze

b) Bildet man die Summe der Momente der äußeren Kräfte links der gedachten Schnittstelle A, so ist:

$$M_{b\,max} = F \cdot l_F = 3\,000\,\text{N} \cdot 0{,}09\,\text{m} = \underline{270\,\text{Nm}}$$

c) Mit $W = \dfrac{\pi \cdot d^3}{32} = \dfrac{\pi \cdot (40\,\text{mm})^3}{32} = 6\,283\,\text{mm}^3$

wird die Biegespannung:

$$\sigma_b = \frac{M_{b\,max}}{W} = \frac{270\,000\,\text{Nmm}}{6\,283\,\text{mm}^3} = \underline{43\,\text{N/mm}^2}$$

d) Die Sicherheit beträgt:

$$\nu = \frac{\sigma_{bW}}{\sigma_b} = \frac{240\,\text{N/mm}^2}{43\,\text{N/mm}^2} = \underline{5{,}6}$$

Stützträger mit mehreren Einzelkräften

Aufgabe:

Bei einer Getriebewelle aus Einsatzstahl 15Cr3 üben das die Welle antreibende Zahnrad die Kraft F_1, die beiden abtreibenden Zahnräder die Kräfte F_2 und F_3 aus.

a) Wo ist die $M_{b\,max}$-Stelle?

b) Wie groß ist $M_{b\,max}$?

c) Wie groß muß der Wellendurchmesser d werden, wenn wegen der zusätzlich auftretenden Torsionsspannung $\nu = 6$ gewählt wird?

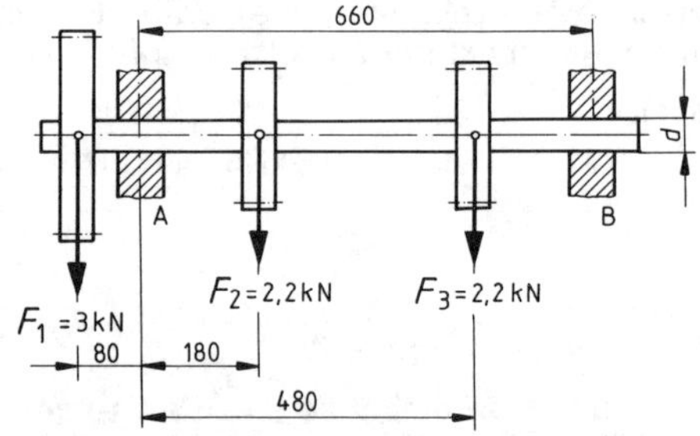

Bild 2 Getriebewelle

Lösung:

Da die Momentenlinie zwischen 2 Einzelkräften als Gerade verläuft, kann M_b seinen Maximalwert nur am Angriffspunkt einer äußeren Kraft haben. Es genügt also, die Biegemomente an den Angriffspunkten der Kräfte zu berechnen, um $M_{b\,max}$ zu ermitteln.

Da M_b außerhalb der Angriffspunkte der beiden außen liegenden Kräfte F_1 und F_B gleich Null ist, kann $M_{b\,max}$ nur bei A oder an den Angriffspunkten von F_2 bzw. F_3 auftreten.

Zuerst müssen die Lagerkräfte F_A und F_B ermittelt werden. Nach der Belastungsskizze (Bild 3) ist:

$$\Sigma M_A = 0$$

$$F_2 \cdot l_2 + F_3 \cdot l_3 - F_B \cdot l_B - F_1 \cdot l_1 = 0$$

$$F_B = \frac{F_2 \cdot l_2 + F_3 \cdot l_3 - F_1 \cdot l_1}{l_B}$$

$$F_B = \frac{(2{,}2 \cdot 0{,}18 + 2{,}2 \cdot 0{,}48 - 3 \cdot 0{,}08)\,\text{kNm}}{0{,}66\,\text{m}}$$

$$F_B = 1{,}84\,\text{kN}$$

$$\Sigma F_y = 0$$

$$F_A = F_1 + F_2 + F_3 - F_B$$

$$F_A = (3 + 2{,}2 + 2{,}2 - 1{,}84)\,\text{kN} = \underline{5{,}56\,\text{kN}}$$

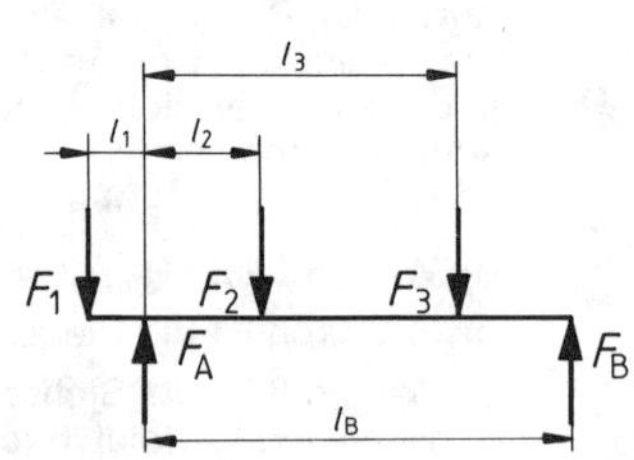

Bild 3 Belastungsskizze des Trägers nach Bild 2

Die Biegemomente an den Angriffspunkten von F_A, F_2 und F_3 sind:

$$M_{bA} = F_1 \cdot l_{1A} = 3\,\text{kN} \cdot 0{,}08\,\text{m} = 0{,}24\,\text{kNm}$$

$$M_{b2} = F_A \cdot l_{A2} - F_1 \cdot l_{1\,2} = 5{,}56\,\text{kN} \cdot 0{,}18\,\text{m} - 3\,\text{kN} \cdot 0{,}26\,\text{m}$$

$$M_{b2} = 0{,}22\,\text{kNm}$$

$$M_{b3} = F_B \cdot l_{B3} = 1{,}84\,\text{kN} \cdot 0{,}18\,\text{m} = 0{,}331\,\text{kNm}$$

Das größte Biegemoment $M_{b\,max}$ tritt am Angriffspunkt von F_3 auf.

b) Das größte Biegemoment ist $M_{b\,max} = M_{b3} = \underline{331\,\text{Nm}}$

c) Die zulässige Biegespannung beträgt:

$$\sigma_{b\,zul} = \frac{\sigma_{bW}}{\nu} = \frac{340\,\text{N/mm}^2}{6} = 56{,}7\,\text{N/mm}^2$$

Aus $\sigma_b = \frac{M_{b\,max}}{W} \leqq \sigma_{b\,zul}$ folgt für das erforderliche Widerstandsmoment:

$$W \geqq \frac{M_{b\,max}}{\sigma_{b\,zul}} = \frac{331\,000\,\text{Nmm}}{56{,}7\,\text{N/mm}^2} = 5\,841\,\text{mm}^3$$

Mit $W = \frac{\pi \cdot d^3}{32}$ wird der Wellendurchmesser:

$$d \geqq \sqrt[3]{\frac{32 \cdot W}{\pi}} = \sqrt[3]{\frac{32 \cdot 5\,841}{\pi}\,\text{mm}^3} = 39\,\text{mm}$$

ausgeführt: $d = \underline{40\,\text{mm}}$

Beim Stützträger mit mehreren Einzelkräften kann das größte Biegemoment $M_{b\,max}$ nur an den Angriffspunkten der Einzelkräfte auftreten, die zwischen den beiden äußersten Einzelkräften liegen.

Für jeden dieser Angriffspunkte muß M_b berechnet werden, um $M_{b\,max}$ feststellen zu können.

Ermittlung von $M_{b\,max}$ mit Hilfe der Querkraftlinie

Je mehr Einzelkräfte einen Stützträger belasten, um so größer wird der Aufwand, M_b an den Angriffspunkten der Einzelkräfte zu berechnen, um $M_{b\,max}$ zu erhalten.

Greifen mehrere Einzelkräfte bzw. Einzelkräfte gemeinsam mit Streckenkräften an, so kann die $M_{b\,max}$-Stelle mit Hilfe des Verlaufs der **Querkraftlinie** bestimmt werden. Dieses Verfahren soll am Beispiel der vorangegangenen Aufgabe (Bild 2, Seite 206) gezeigt werden.

Ein Biegeträger muß neben dem Biegemoment M_b immer auch eine Querkraft F_Q übertragen. Die Größe der **Querkraft** wird mit Hilfe der Schnittmethode ermittelt und unter Beachtung der Vorzeichen aufgetragen; man erhält die Querkraftlinie nach Bild 1, Seite 208.

Die Querkraft ist positiv, wenn der linke Trägerteil durch die äußeren Kräfte nach oben verschoben, der rechte Trägerteil nach unten verschoben würde.

Positive Querkräfte werden als nach oben gerichtete Vektoren, negative Querkräfte als nach unten gerichtete Vektoren dargestellt.

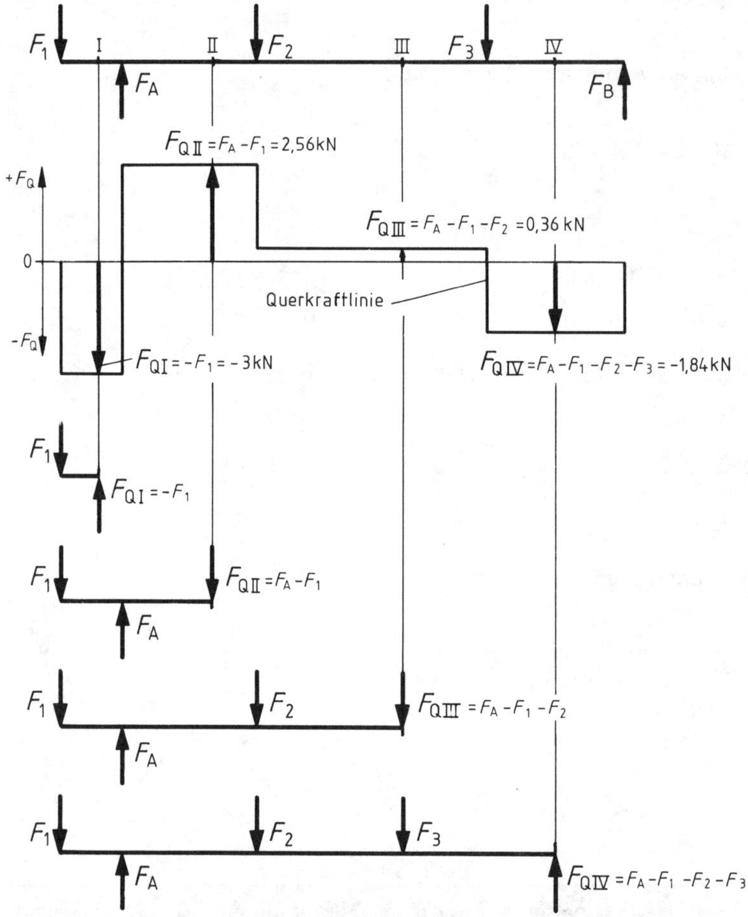

a) Freigemachter Stützträger
LM : 1 cm ≙ 100 mm

b) Querkraftlinie
KM : 1 cm ≙ 2 kN

c) Schnittmethode zur Ermittlung der Querkräfte

Bild 1 Querkräfte bei dem Stützträger mit mehreren Einzelkräften nach Bild 2, Seite 206

1. **Zwischen zwei Einzelkräften verläuft die Querkraftlinie waagrecht (F_Q = const.).**
2. **Am Angriffspunkt einer Einzelkraft macht die Querkraftlinie einen vertikalen Sprung um die Größe dieser Einzelkraft.**
3. **Anfangs- und Endpunkt der Querkraftlinie müssen auf der Nullinie liegen, d. h. die Querkraftlinie muß geschlossen sein.**

Damit kann die Querkraftlinie wesentlich einfacher aufgezeichnet werden (Bild 1, Seite 209):

Man beginnt mit der am weitesten links liegenden Kraft (F_1) und trägt sie entsprechend ihrem Richtungssinn, also nach unten, maßstäblich von der **Nullinie** aus auf. Der weitere Verlauf ist folgender:

Waagrecht bis zur Wirklinie von F_A – vertikaler Sprung um F_A nach oben – waagrecht bis F_2 – Sprung um F_2 – waagrecht bis F_3 – Sprung um F_3 – waagrecht bis F_B – Sprung um F_B bis zur Null-Linie.

(Kontrolle: Letzter Sprung bis zur Nullinie muß gleich F_B sein!)

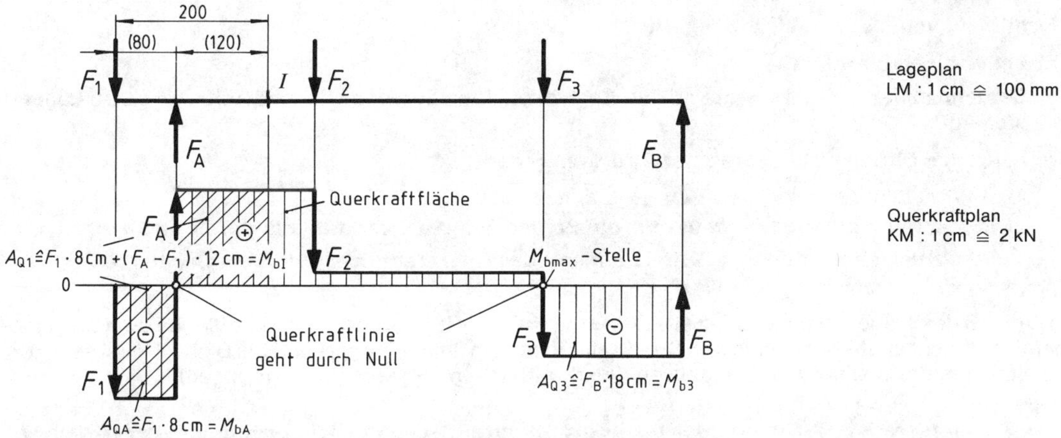

Bild 1 Einfache Aufzeichnung der Querkraftlinie und Auffinden der $M_{b\,max}$-Stelle

Die Fläche zwischen Querkraftlinie und Nullinie wird **Querkraftfläche** genannt. Die über der Nullinie liegende Fläche erhält ein positives, die darunterliegende ein negatives Vorzeichen.

Aus Bild 1 folgt:

Die Größe der Querkraftfläche von ganz links bis zum Lagerpunkt A ist $A_Q = F_1 \cdot 8\,\text{cm}$ (Rechteckfläche); dies ist aber gleich dem im Punkt A vom Träger zu übertragenden Biegemoment.

Es ist:

$$M_{bA} = F_1 \cdot 8\,\text{cm}$$

Die Größe der Querkraftfläche von ganz rechts bis zum Angriffspunkt der Kraft F_3 ist $A_Q = F_B \cdot 18\,\text{cm}$, auch diese Fläche entspricht dem Biegemoment bei F_3 : $M_{b3} = F_B \cdot 18\,\text{cm}$.

Dies gilt für jede beliebige Stelle des Trägers, z. B. ist für den Querschnitt I (Bild 1):

$$M_{bI} = -F_1 \cdot 0{,}08\,\text{m} + (F_A - F_1) \cdot 0{,}12\,\text{m}$$

(Vorzeichen der Querkraftfläche beachten!)

$$M_{bI} = -3\,000\,\text{N} \cdot 0{,}08\,\text{m} + (5\,560\,\text{N} - 3\,000\,\text{N}) \cdot 0{,}12\,\text{m}$$

$$M_{bI} = 67\,\text{Nm}$$

Rechnerisch ergibt sich (Bild 2):

$$M_{bI} = F_A \cdot 0{,}12\,\text{m} - F_1 \cdot 0{,}2\,\text{m} = (5{,}56 \cdot 0{,}12 - 3 \cdot 0{,}2)\,\text{kNm}$$

$$M_{bI} = 0{,}067\,\text{kNm} = \underline{67\,\text{Nm}}$$

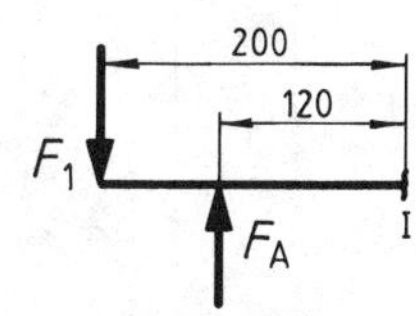

Bild 2 Skizze zur Berechnung des Biegemoments an der Stelle I

Die Größe der Querkraftfläche vom linken oder rechten Trägerende bis zu einer beliebigen Stelle des Trägers entspricht dem Biegemoment an dieser Stelle.

Die größte Querkraftfläche und damit das größte Biegemoment $M_{b\,max}$ kann nur an einer Stelle auftreten, wo die Querkraft ihr Vorzeichen wechselt, d. h. wo die Querkraftlinie die Nullinie schneidet.

$M_{b\,max}$ kann nur an einer Stelle auftreten, wo die Querkraftlinie durch Null geht.

Beim Träger nach Bild 1 scheidet die Angriffsstelle von F_2 als $M_{b\,max}$-Stelle aus, in Frage kommen die Angriffspunkte von F_A und F_3. Man berechnet für diese beiden Stellen M_b, wobei das größere $M_{b\,max}$ ist. Meist kann man durch Abschätzen der Größe der Querkraftfläche sofort die $M_{b\,max}$-Stelle finden.

Bei dem Träger nach Bild 1 ist

$$M_{b\,max} = M_{b3}\ (\widehat{=}\ A_{Q3}) = F_B \cdot 0{,}18\,\text{m} = 1{,}84\,\text{kN} \cdot 0{,}18\,\text{m} = \underline{0{,}331\,\text{kNm}}$$

Ermittlung von $M_{b\,max}$ bei Stützträgern:

a) bei wenigen Einzelkräften

Berechnen der Biegemomente an den Angriffspunkten der innen liegenden Kräfte (auch Lagerstellen!),

b) bei vielen Einzelkräften sowie bei Streckenkräften

1. Aufzeichnen der Querkraftlinie

2. Berechnen der Biegemomente für die Stellen, wo die Querkraftlinie durch Null geht oder Abschätzen der $M_{b\,max}$-Stelle anhand der Querkraftfläche und Berechnen von $M_{b\,max}$.

Im Lager B des Trägers nach Bild 1, Seite 209 ist $M_b = 0$. Da die Größe der Querkraftfläche dem Biegemoment entspricht, muß die Summe der Querkraftfläche vom linken Trägerende bis B gleich Null sein, d. h. die Summen der positiven und negativen Querkraftflächen müssen gleich groß sein.

Bei Stützträgern ist die Summe der positiven Querkraftflächen gleich der Summe der negativen Querkraftflächen.

Da einfach abzuschätzen ist, ob diese Bedingung erfüllt ist, können grobe Fehler beim Aufzeichnen der Querkraftlinie vermieden werden.

Zeichnerische Ermittlung der Momentenlinie

Soll nicht nur das größte Biegemoment $M_{b\,max}$, sondern der Verlauf des Biegemoments längs des Trägers ermittelt werden, so ist es vorteilhaft, die **Momentenlinie** mit Hilfe des **Schlußlinien-Verfahrens** zu bestimmen.

Für den Stützträger nach Bild 2, Seite 206 wird der Kräfteplan und das **Seileck** mit der **Schlußlinie** gezeichnet (Bild 1).

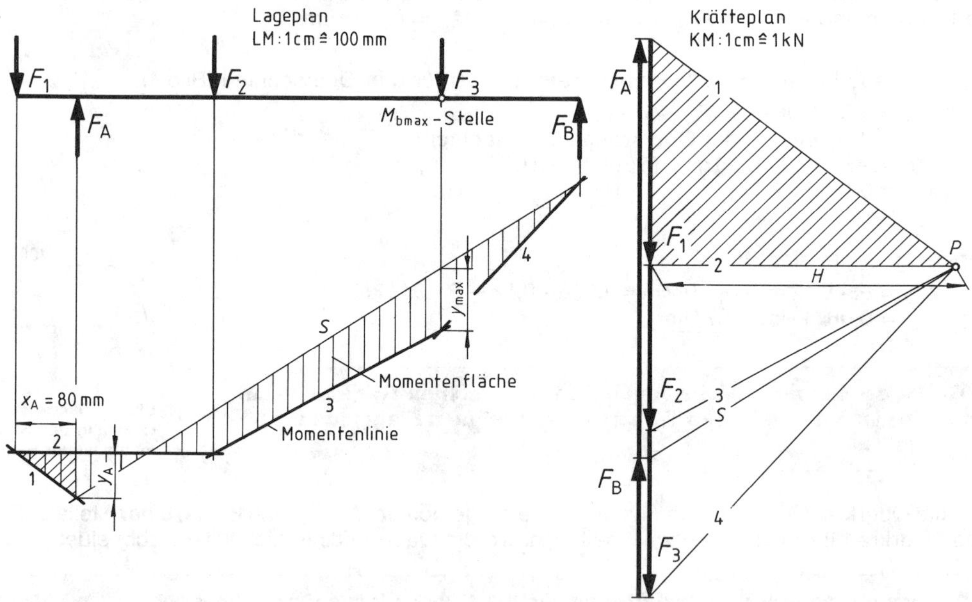

Bild 1 Zeichnerische Ermittlung der Momentenlinie mit Hilfe des Schlußlinienverfahrens

Die beiden schräg schraffierten Dreiecke in Lage- und Kräfteplan sind ähnlich (gleiche Winkel), also ist:

$$\frac{F_1}{H} = \frac{y_A}{x_A} \quad \text{oder} \quad F_1 \cdot x_A = H \cdot y_A$$

Das Produkt $F_1 \cdot x_A$ ist das Biegemoment am Angriffspunkt von F_A.

Das Biegemoment ist gleich dem Wert von $H \cdot y_A$, also ist:

$$M_{bA} = F_1 \cdot x_A = 3\,\text{kN} \cdot 0{,}08\,\text{m} = 0{,}24\,\text{kNm} \quad \text{oder mit}$$

$$H = 4\,\text{cm} \cdot 1\,\frac{\text{kN}}{\text{cm}} = 4\,\text{kN} \text{ und } y_A = 0{,}6\,\text{cm} \cdot \frac{100\,\text{mm}}{\text{cm}} = 60\,\text{mm} = 0{,}06\,\text{m}$$

$$M_{bA} = H \cdot y_A = 4\,\text{kN} \cdot 0{,}06\,\text{m} = 0{,}24\,\text{kNm}$$

Das größte Biegemoment $M_{b\,max}$ tritt dort auf, wo y seinen größten Wert y_{max} hat.

Mit $y_{max} = 0{,}85\,\text{cm} \cdot \frac{100\,\text{mm}}{\text{cm}} = 85\,\text{mm} = 0{,}085\,\text{m}$ wird:

$$M_{b\,max} = H \cdot y_{max} = 4\,\text{kN} \cdot 0{,}085\,\text{m} = 0{,}34\,\text{kNm} = \underline{340\,\text{Nm}}$$

Der Abstand y zwischen Schlußlinie S und den Seilstrahlen ist proportional dem Biegemoment M_b, die Seilstrahlen bilden die Momentenlinie.

Für die zeichnerische Ermittlung der Momentenlinie gilt:

1. **Die Seilstrahlen bilden die Momentenlinie. Die Fläche zwischen den Seilstrahlen und der Schlußlinie bezeichnet man als Momentenfläche, weil der jeweilige Abstand y proportional dem Biegemoment M_b ist.**
2. **Das Biegemoment M_b an einer beliebigen Stelle ist gleich dem Produkt aus Polabstand H und dem Abstand y im Seileck.**
3. **Das größte Biegemoment $M_{b\,max}$ tritt dort auf, wo y den größten Wert hat.**

Das zeichnerische Verfahren zur Ermittlung des Biegemomentenverlaufs wird hauptsächlich dann angewendet, wenn Träger mit veränderlichem Querschnitt ausgeführt werden und das Biegemoment an vielen Stellen ermittelt werden muß. Weiterhin kann die zeichnerisch ermittelte Momentenfläche zur grafischen Bestimmung der Biegelinie verwendet werden.

Lehrbeispiel 24:

Ein durch Bohrungen geschwächter Biegeträger wird durch eine Einzelkraft belastet.

Wo liegt der gefährdete Querschnitt?

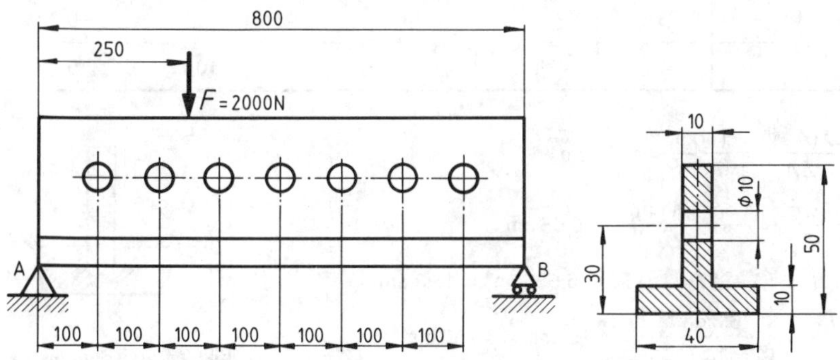

Bild 1 T-Träger mit Bohrungen

Lösung:

Der gefährdete Querschnitt liegt dort, wo die Biegespannung am größten ist.

Das Widerstandsmoment ist über die Trägerlänge nicht konstant. Die größte Biegespannung $\sigma_b = \frac{M_b}{W}$ kann sowohl an der Stelle des größten Biegemoments $M_{b\,max}$ als auch dort auftreten, wo der Querschnitt durch eine Bohrung geschwächt und $M_b < M_{b\,max}$ ist.

Das Widerstandsmoment des ungeschwächten Querschnitts ist (Bild 1):

Teil-fläche	A in cm^2	y in cm	$A \cdot y$ in cm^3	l in cm	$A \cdot l^2$ in cm^4	I in cm^4
1	$4 \cdot 1 = 4$	$\frac{1}{2} = 0{,}5$	2	$1{,}75 - 0{,}5 = 1{,}25$	6,25	0,33
2	$1 \cdot 4 = 4$	$1 + \frac{4}{2} = 3$	12	$3 - 1{,}75 = 1{,}25$	6,25	5,33
Σ	8		14		12,5	5,66

$$y_0 = \frac{\Sigma (A \cdot y)}{\Sigma A} = \frac{14\,cm^3}{8\,cm^2} = 1{,}75\,cm$$

$$I_1 = \frac{b \cdot h^3}{12} = \frac{4\,cm \cdot (1\,cm)^3}{12} = 0{,}33\,cm^4$$

$$I_2 = \frac{b \cdot h^3}{12} = \frac{1\,cm \cdot (4\,cm)^3}{12} = 5{,}33\,cm^4$$

$$I_{x1} = \Sigma (A \cdot l^2) + \Sigma I = (12{,}5 + 5{,}66)\,cm^4 = 18{,}16\,cm^4$$

$$W_{x1} = \frac{I_{x1}}{e_1} = \frac{18{,}16\,cm^4}{(5 - 1{,}75)\,cm} = 5{,}59\,cm^3 = 5\,590\,mm^3$$

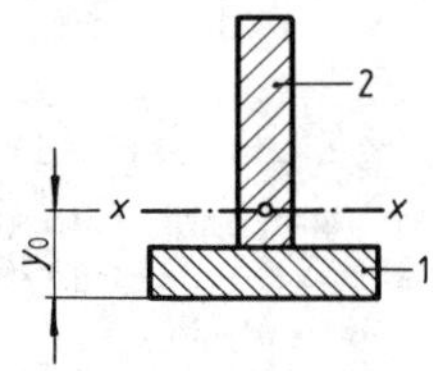

Bild 1 Ungeschwächter Querschnitt

Das Widerstandsmoment des durch eine Bohrung geschwächten Querschnitts ist (Bild 2):

Teil-fläche	A in cm^2	y in cm	$A \cdot y$ in cm^3	l in cm	$A \cdot l^2$ in cm^4	I in cm^4
1	4	0,5	2	$1{,}57 - 0{,}5 = 1{,}07$	4,58	0,33
2	4	3	12	$3 - 1{,}57 = 1{,}43$	8,18	5,33
3	$-1 \cdot 1 = -1$	3	−3	1,43	−2,04	−0,08
Σ	7		11		10,72	5,58

$$y_0 = \frac{\Sigma (A \cdot y)}{\Sigma A} = \frac{11\,cm^3}{7\,cm^2} = 1{,}57\,cm$$

$$I_3 = \frac{b \cdot h^3}{12} = \frac{1\,cm \cdot (1\,cm)^3}{12} \approx 0{,}08\,cm^4$$

$$I_{x2} = \Sigma (A \cdot l^2) + \Sigma I = (10{,}72 + 5{,}58)\,cm^4 = 16{,}3\,cm^4$$

$$W_{x2} = \frac{I_{x2}}{e_2} = \frac{16{,}3\,cm^4}{(5 - 1{,}57)\,cm} = 4{,}75\,cm^3 = 4\,750\,mm^3$$

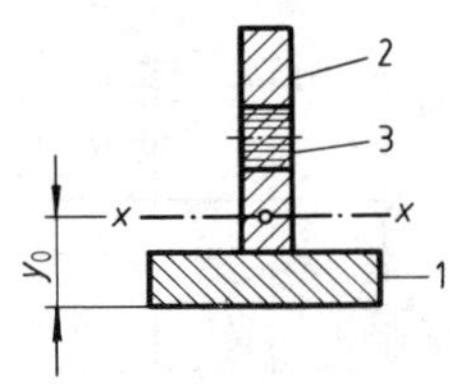

Bild 2 Durch Bohrung geschwächter Querschnitt

Die Lagerkraft F_A wird: $\Sigma M_B = 0$

$$F_A \cdot 80\,mm - F \cdot 55\,mm = 0$$

$$F_A = \frac{F \cdot 55\,mm}{80\,mm} = \frac{2\,000\,N \cdot 55\,mm}{80\,mm} = 1\,375\,N$$

und damit das größte Biegemoment am Angriffspunkt von F:

$$M_{b\,max} = F_A \cdot 0{,}25\,m = 1\,375\,N \cdot 0{,}25\,m = 344\,Nm$$

Die Biegespannung am Angriffspunkt von F beträgt:

$$\sigma_b = \frac{M_{b\,max}}{W_{x1}} = \frac{344\,000\,Nmm}{5\,590\,mm^3} = 61{,}5\,N/mm^2$$

Mit $M_{b\,max} = 344\,Nm$ ergibt sich die Momentenlinie nach Bild 1.

Der Verlauf der Biegelinie zeigt, daß der Querschnitt bei D ebenfalls gefährdet sein kann.

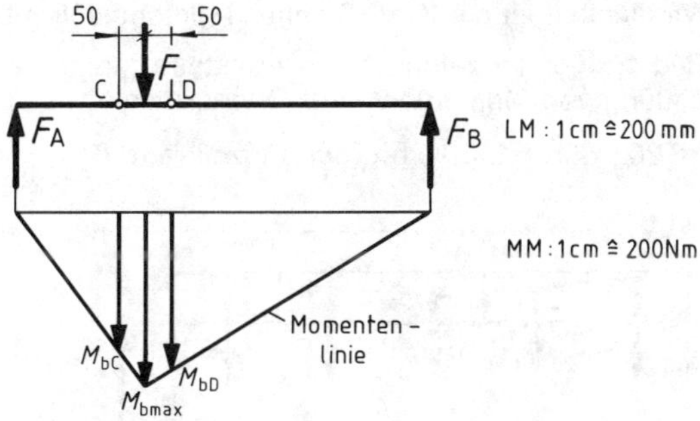

Bild 1 Momentenlinie für den Träger nach Bild 1, Seite 211

Das Biegemoment bei D ist:

$$M_{bD} = F_B \cdot 0{,}5\,m = (F - F_A) \cdot 0{,}5\,m = (2\,000 - 1\,375)\,N \cdot 0{,}5\,m = 313\,Nm$$

und damit die Biegespannung bei D:

$$\sigma_{bD} = \frac{M_{bD}}{W_{x2}} = \frac{313\,000\,Nmm}{4\,750\,mm^3} = 65{,}9\,N/mm^2 = \sigma_{b\,max}$$

Die größte Biegespannung $\sigma_b = 65{,}9\,N/mm^2$ tritt also nicht an der Stelle des größten Biegemoments, sondern an der durch die Bohrung geschwächten Stelle bei D auf; dies ist also der gefährdete Querschnitt.

Stützträger mit Streckenkraft

Aufgabe:

Eine Seilrolle ist in 2 Tragblechen gelagert. Die Seilkraft beträgt $F = 20\,kN$.

Ermitteln Sie das maximale Biegemoment und den Durchmesser d des Bolzens (St 50-2) bei schwellender Belastung, wenn die Kraft F:

a) vereinfacht als Einzelkraft,

b) als Streckenkraft wirken soll.

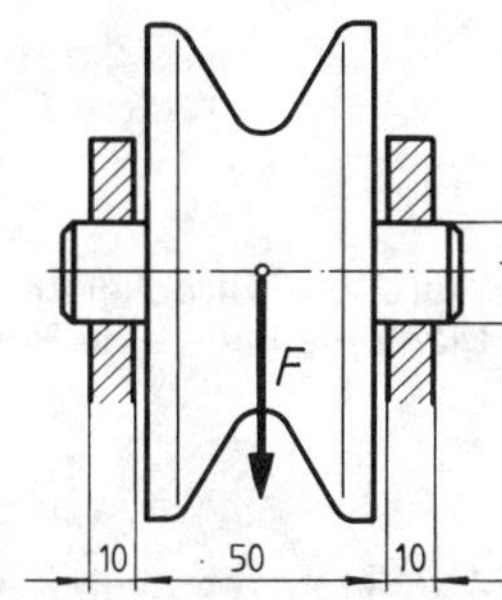

Bild 2 Seilrolle

Lösung:

Die Lagerkräfte sind (Bild 3) bei Einzel- und Streckenkraft:

$$F_A = F_B = \frac{F}{2} = \frac{20\,kN}{2} = 10\,kN$$

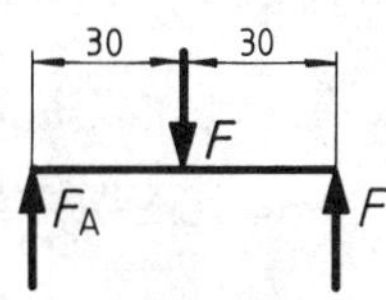

Bild 3 Belastungsskizze der Seilrollenachse nach Bild 2

a) Das maximale Biegemoment in der Mitte des Bolzens ist:

$$M_{b\,max} = F_A \cdot 0{,}03\,m = 10\,000\,N \cdot 0{,}03\,m = \underline{300\,Nm}$$

Die zulässige Biegespannung ist: $\sigma_{b\,zul} = \frac{\sigma_{b\,Sch}}{\nu} = \frac{370\,N/mm^2}{4} = 92{,}5\,N/mm^2$

Aus $\sigma_b = \frac{M_{b\,max}}{W} \leqq \sigma_{b\,zul}$

wird das erforderliche Widerstandsmoment: $W \geqq \frac{M_{b\,max}}{\sigma_{b\,zul}} = \frac{300\,000\,Nmm}{92{,}5\,N/mm^2} = 3\,243\,mm^3$

Aus $W = \frac{\pi \cdot d^3}{32}$ wird der Bolzendurchmesser: $d = \sqrt[3]{\frac{32 \cdot W}{\pi}} = \sqrt[3]{\frac{32 \cdot 3\,243}{\pi}\,mm^3} = 32{,}1\,mm$

ausgeführt: $d = \underline{34\,mm}$

b) In Wirklichkeit ist die Kraft F nahezu gleichmäßig über die Bolzenlänge von 50 mm verteilt.

In Bild 1 sind die zeichnerisch ermittelte Momentenlinie und die Querkraftlinie aufgetragen. Zur Ermittlung von Momenten- und Querkraftlinie wird die Streckenkraft wie beim Freiträger in Bild 2, Seite 202 durch 5 gleich große Einzelkräfte $F' = \frac{F}{5} = 4\,\text{kN}$ ersetzt.

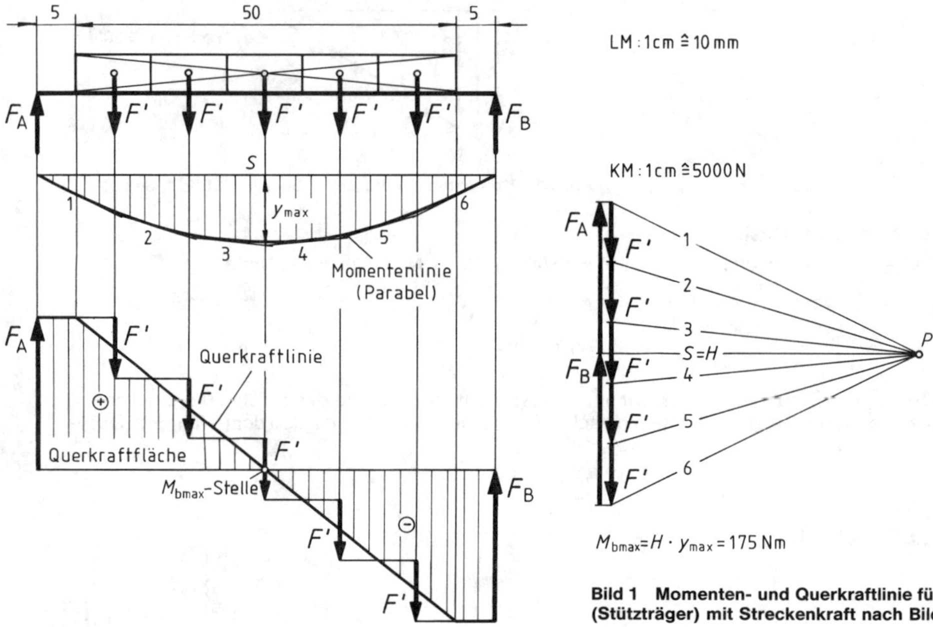

Bild 1 Momenten- und Querkraftlinie für Seilrollenachse (Stützträger) mit Streckenkraft nach Bild 2, Seite 213

Wäre die Streckenkraft durch unendlich viele Einzelkräfte ersetzt worden, so hätte man als Momentenlinie eine Parabel, als Querkraftlinie eine abfallende Gerade erhalten.

Bei Streckenkräften ist:

1. die Momentenlinie eine Parabel und

2. die Querkraftlinie eine über die Länge der Streckenkraft abfallende Gerade.

Aus der Seileckkonstruktion (Bild 1) ergibt sich für das größte Biegemoment mit

$$H = 4\,\text{cm}\,\frac{5000\,\text{N}}{\text{cm}} = 20\,000\,\text{N} \quad \text{und} \quad y_{max} = 0{,}85\,\text{cm}\,\frac{10\,\text{mm}}{\text{cm}} = 8{,}5\,\text{mm:}$$

$$M_{b\,max} = H \cdot y = 20\,000\,\text{N} \cdot 8{,}5\,\text{mm} = 175\,000\,\text{Nmm} = 175\,\text{Nm}$$

Aus der Größe der Querkraftfläche ergibt sich ebenfalls:

$$M_{b\,max} = F_A \cdot 0{,}005\,\text{m} + \frac{F_A \cdot 0{,}025\,\text{m}}{2} = F_A \cdot 0{,}0175\,\text{m} = 10\,000\,\text{N} \cdot 0{,}0175\,\text{m}$$

$$M_{b\,max} = \underline{175\,\text{Nm}}$$

Mit $\quad W \geqq \frac{M_{b\,max}}{\sigma_{b\,zul}} = \frac{175\,000\,\text{Nmm}}{90\,\text{N/mm}^2} = 1944\,\text{mm}^3$ wird:

$$d \geqq \sqrt[3]{\frac{32 \cdot W}{\pi}} = \sqrt[3]{\frac{32 \cdot 1944}{\pi}\,\text{mm}^3} = 27{,}1\,\text{mm}$$

ausgeführt: $d = \underline{28\,\text{mm}}$

Vergleicht man dieses Ergebnis mit dem unter a) ermittelten ($M_{b\,max} = 300$ Nm, $d = 34$ mm), erkennt man, daß die Biegebeanspruchung kleiner ist, wenn die Kraft als Streckenkraft und nicht als Einzelkraft wirkt.

Wird bei einem auf Biegung beanspruchten Stützträger die Streckenkraft vereinfacht als Einzelkraft angenommen, so liegt das Ergebnis auf der sicheren Seite.

Lehrbeispiel 25:

Ein I-Träger wird durch eine Streckenkraft und eine Einzelkraft belastet.

Welches I-Profil nach DIN 1025 ist erforderlich, wenn $\sigma_{b\,zul} = 120$ N/mm² vorgeschrieben ist?

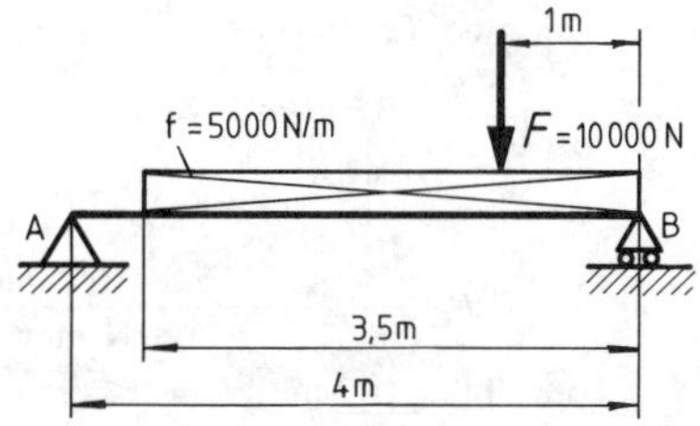

Bild 1 Stützträger mit Einzel- und Streckenkraft

Lösung:

Die Angabe $f = 5000$ N/m für die Streckenkraft bedeutet, daß auf 1 m Trägerlänge eine Kraft von 5000 N gleichmäßig verteilt ist. Als Einzelkraft hat die gesamte Streckenkraft einen Betrag von:

$$F_S = f \cdot l = 5000 \frac{\text{N}}{\text{m}} \cdot 3{,}5\ \text{m} = 17\,500\ \text{N}$$

Die Stelle des größten Biegemoments wird über die Querkraftlinie ermittelt. Dazu müssen die Lagerkräfte F_A und F_B berechnet werden. Die Streckenkraft wird dabei als Einzelkraft F_S angenommen, die in der Mitte der Streckenkraft angreift. Durch diese Vereinfachung ändern sich die Größen von F_A und F_B – im Gegensatz zu $M_{b\,max}$ – nicht.

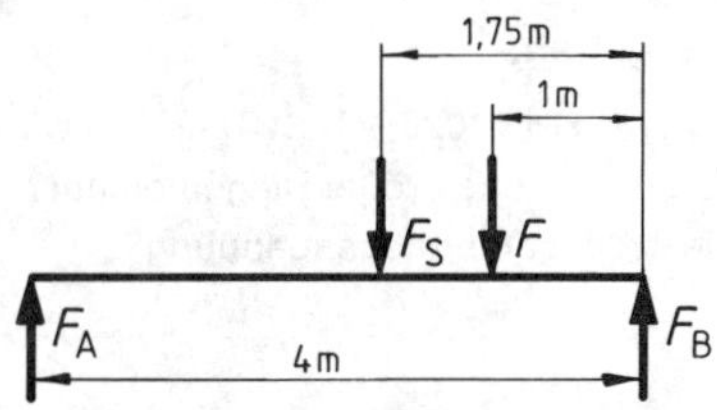

Bild 2 Skizze zur Berechnung der Lagerkräfte

Nach Bild 2 wird:

$$\Sigma M_B = 0$$

$$F_A \cdot 4\ \text{m} - F_S \cdot 1{,}75\ \text{m} - F \cdot 1\ \text{m} = 0$$

$$F_A = \frac{F_S \cdot 1{,}75\ \text{m} + F \cdot 1\ \text{m}}{4\ \text{m}} = \frac{(17{,}5 \cdot 1{,}75 + 10 \cdot 1)\ \text{kNm}}{4\ \text{m}}$$

$$F_A = \frac{40{,}6\ \text{kNm}}{4\ \text{m}} = 10{,}2\ \text{kN}$$

$$F_B = F_S + F - F_A = (17{,}5 + 10 - 10{,}2)\ \text{kN} = 17{,}3\ \text{kN}$$

Damit ergibt sich die Querkraftlinie nach Bild 3:

Die Neigung der Querkraftlinie erhält man, indem man die Gerade über die Länge von 3,5 m um die Größe der Streckenkraft $F_S = 17{,}5$ kN (oder über 1 m um $f = 5$ kN) abfallen läßt. An der Angriffsstelle von F ändert sich die Querkraft sprunghaft um die Größe der Kraft F; anschließend verläuft sie unter der ermittelten Neigung weiter nach unten bis zum Ende der Streckenkraft.

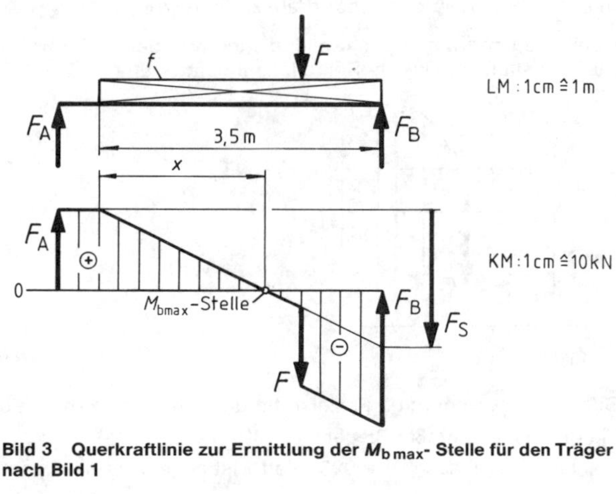

Bild 3 Querkraftlinie zur Ermittlung der $M_{b\,max}$- Stelle für den Träger nach Bild 1

Für die Stelle des größten Biegemoments ergibt sich als Abstand x aus der Zeichnung:

$$x = 2{,}05\,\text{cm} \cdot \frac{1\,\text{m}}{\text{cm}} = 2{,}05\,\text{m}$$

Nach dem Strahlensatz ist: $\dfrac{x}{3{,}5\,\text{m}} = \dfrac{F_A}{F_S}$

und $\quad x = 3{,}5\,\text{m}\,\dfrac{F_A}{F_S} = 3{,}5\,\text{m}\,\dfrac{10{,}2\,\text{kN}}{17{,}5\,\text{kN}} = 2{,}04\,\text{m}$

Das größte Biegemoment ist nach der Querkraftfläche:

$$M_{b\,max} = F_A \cdot 0{,}5\,\text{m} + \frac{F_A \cdot x}{2} = F_A \left(0{,}5\,\text{m} + \frac{2{,}04}{2}\,\text{m}\right) = 10{,}2\,\text{kN} \cdot 1{,}52\,\text{m}$$

$$M_{b\,max} = 15{,}5\,\text{kNm}$$

Aus $\quad \sigma_b = \dfrac{M_{b\,max}}{W} \leqq \sigma_{b\,zul}$ wird:

$$W \geqq \frac{M_{b\,max}}{\sigma_{b\,zul}} = \frac{15{,}5 \cdot 10^6\,\text{Nmm}}{120\,\text{N/mm}^2} = 129\,000\,\text{mm}^3 = 129\,\text{cm}^3$$

gewählt: I 180 mit $W_x = 161\,\text{cm}^3$

Übungsaufgaben:

1. Ein I-Träger I DIN 1025 – U St 37-2-140 wird durch die Kraft F belastet (Bild 1).
   a) Wie groß ist das größte Biegemoment?
   b) Wie groß ist die Biegespannung?

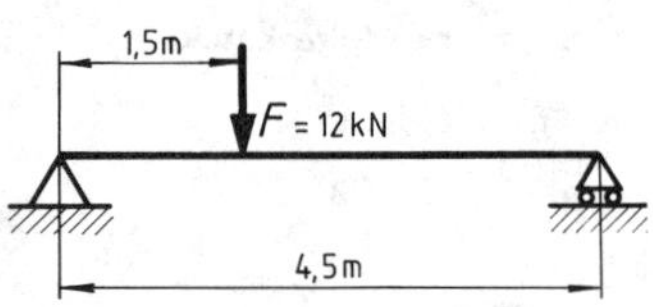

Bild 1

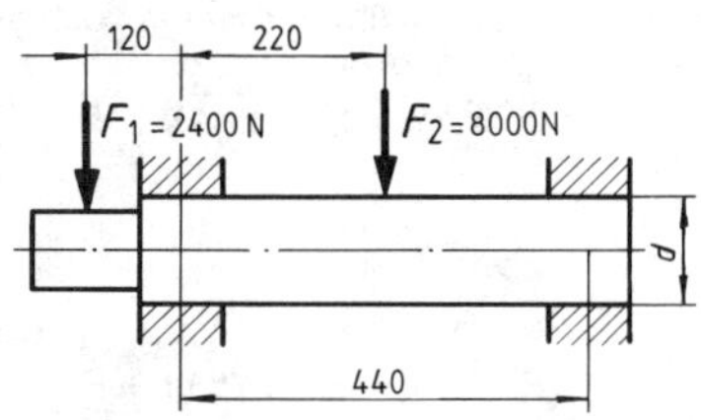

Bild 2

2. Eine Getriebewelle aus St 60-2 wird durch zwei wechselnd wirkende Kräfte belastet (Bild 2).
   a) Wie groß ist die zulässige Biegespannung, wenn wegen zusätzlicher Torsionsspannungen $\nu = 8$ gewählt wird?
   b) Wie groß ist das größte Biegemoment und wo tritt es auf?
   c) Wie groß ist der Durchmesser d auszuführen?

3. Eine Seilrolle überträgt die schwellend wirkende Seilkraft $F = 25\,\text{kN}$, die als Streckenkraft wirkt (Bild 3). Aus welcher Baustahlsorte ist die Seilrollenachse auszuführen?

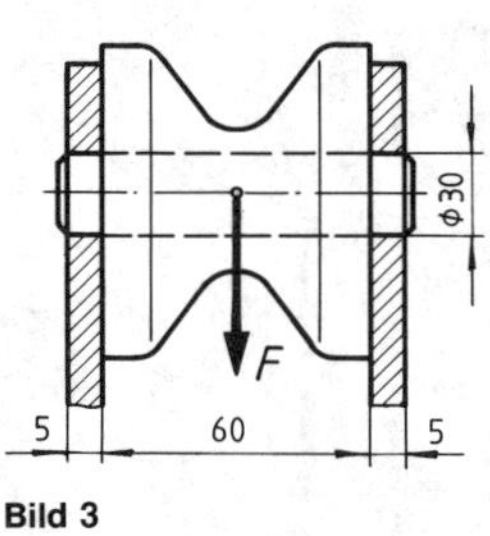

Bild 3

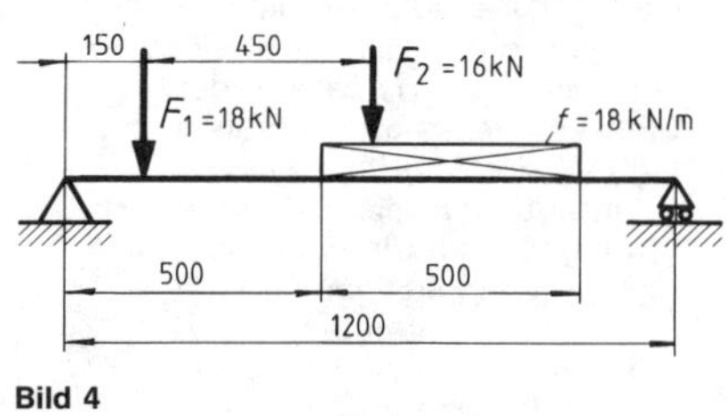

Bild 4

4. Ein Stützträger wird durch 2 Einzelkräfte und eine Streckenkraft belastet (Bild 4).
   a) Wie groß ist das größte Biegemoment?
   b) Welches I-Profil nach DIN 1025, Blatt 1 ist bei einer zulässigen Biegespannung von $160\,\text{N/mm}^2$ zu wählen?

4.5.5 Träger gleicher Biegebeanspruchung

Bei einem Biegeträger bestimmt das größte Biegemoment $M_{b\,max}$ das erforderliche Widerstandsmoment $W \geqq \frac{M_{b\,max}}{\sigma_{b\,zul}}$ und damit die Querschnittsabmessungen des Trägers. Wird der Biegeträger mit gleichbleibendem Querschnitt ausgeführt, so wird der Werkstoff nur an der Stelle von $M_{b\,max}$ bis zur zulässigen Grenze beansprucht, an allen anderen Stellen bleibt die tatsächliche Spannung $\sigma_b = \frac{M_b}{W}$ unterhalb der zulässigen Biegespannung $\sigma_{b\,zul}$, da $M_b < M_{b\,max}$ ist.

Damit der Werkstoff optimal ausgenützt, d. h. damit die tatsächliche Spannung überall gleich $\sigma_{b\,zul}$ wird, kann der Querschnitt des Trägers mit Ausnahme der Stelle des größten Biegemoments verkleinert werden. Dadurch wird Werkstoff, Gewicht und Raum gespart. Einen so geformten Träger nennt man **Träger gleicher Biegebeanspruchung** bzw. gleicher Biegespannung.

Bei einem Träger gleicher Biegebeanspruchung ist die Biegespannung an jeder Stelle des Trägers gleich groß.

Da sich das Biegemoment meist über die Trägerlänge ständig ändert, müßte sich auch der Querschnitt ständig ändern. Die Herstellung eines Trägers gleicher Biegebeanspruchung erfordert höhere Fertigungskosten als ein Träger mit konstantem Querschnitt. Man wird deshalb oft auf die festigkeitsmäßig ideale Lösung verzichten oder diese nur näherungsweise verwirklichen.

Am häufigsten wird ein durch eine Einzelkraft belasteter Biegeträger mit Kreisquerschnitt (Achse, Welle) als Träger gleicher Biegebeanspruchung ausgeführt.

Aufgabe:

Ein Freiträger mit Kreisquerschnitt (Achse) wird nach Skizze durch eine Einzelkraft belastet. Die zulässige Biegespannung beträgt $\sigma_{b\,zul} = 80\,\text{N/mm}^2$.

a) Wie groß muß der Durchmesser an der Einspannstelle sein?

b) Wie verändert sich der Durchmesser über die Trägerlänge?

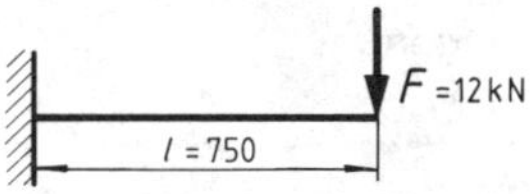

Bild 1 Freiträger mit Einzelkraft

Lösung:

a) An der Einspannstelle wirkt das größte Biegemoment:

$$M_{b\,max} = F \cdot l = 12\,000\,\text{N} \cdot 0{,}75\,\text{m} = 9\,000\,\text{Nm}$$

Das erforderliche Widerstandsmoment ergibt sich zu:

$$W \geqq \frac{M_{b\,max}}{\sigma_{b\,zul}} = \frac{9\,000\,000\,\text{Nmm}}{80\,\text{N/mm}^2} = 112\,500\,\text{mm}^3$$

Mit $W = \frac{\pi \cdot d^3}{32}$ wird der Durchmesser an der Einspannstelle:

$$d \geqq \sqrt[3]{\frac{32 \cdot W}{\pi}} = \sqrt[3]{\frac{32 \cdot 112\,500}{\pi}\,\text{mm}^3} = \underline{105\,\text{mm}}$$

b) Für den Träger gleicher Biegebeanspruchung muß die Biegespannung σ_b und damit das Verhältnis M_b/W überall gleich groß sein.

Da $M_b \sim l_x$ ist (Bild 1a, Seite 218), muß auch $W_x \sim l_x$ sein.

Die Beziehung $d_x^3 = c \cdot l_x$ (c = Konstante) zeigt, daß die Begrenzungslinie für den Träger eine kubische Parabel ist (Bild 1b, Seite 218).

Soll d_x für mehrere Stellen ermittelt werden, so ist es einfacher, d_x aus dem Durchmesser d an der Einspannstelle zu berechnen als jedesmal nach der Gleichung

$$W_x = \frac{\pi \cdot d^3}{32} \geqq \frac{M_{bx}}{\sigma_{b\,zul}}$$

An der Einspannstelle ist: $d^3 = c \cdot l$,
an der Stelle x ist $d_x^3 = c \cdot l_x$

Aus $c = \frac{d_x^3}{l_x} = \frac{d^3}{l}$ wird bei einem durch eine Einzelkraft belasteten Freiträger mit Kreisquerschnitt der **angeformte Durchmesser:**

⑳ $$d_x = d \sqrt[3]{\frac{l_x}{l}}$$

d_x Durchmesser des Trägers im Abstand l_x von F in mm
d (größter) Durchmesser des Trägers an der Einspannstelle in mm
l_x Abstand des angeformten Durchmessers von F in mm
l Abstand der Einspannstelle von F in mm

Nach Gleichung ⑳ ergibt sich für d_x in den Querschnitten 1 ... 6 (Bild 1a):

Querschnitt	l_x in mm	l_x/l	$\sqrt[3]{l_x/l}$	d_x in mm
1	600	0,800	0,928	97
2	450	0,600	0,843	88
3	300	0,400	0,737	77
4	150	0,200	0,585	61
5	50	0,067	0,406	42
6	0	0	0	0

In der Praxis wird das freie Ende des Trägers als Lagerstelle mit zylindrischer Form ausgeführt. Der übrige Teil des Trägers (z. B. Vorderradachse beim Pkw) setzt sich aus einem oder mehreren Zylindern oder Kegeln (Bild 1c und d) zusammen. Dabei ist darauf zu achten, daß die tatsächliche Umrißlinie (Zylinder, Kegel) an jeder Stelle des Trägers außerhalb der theoretischen (kubische Parabel) bleibt (Tangente).

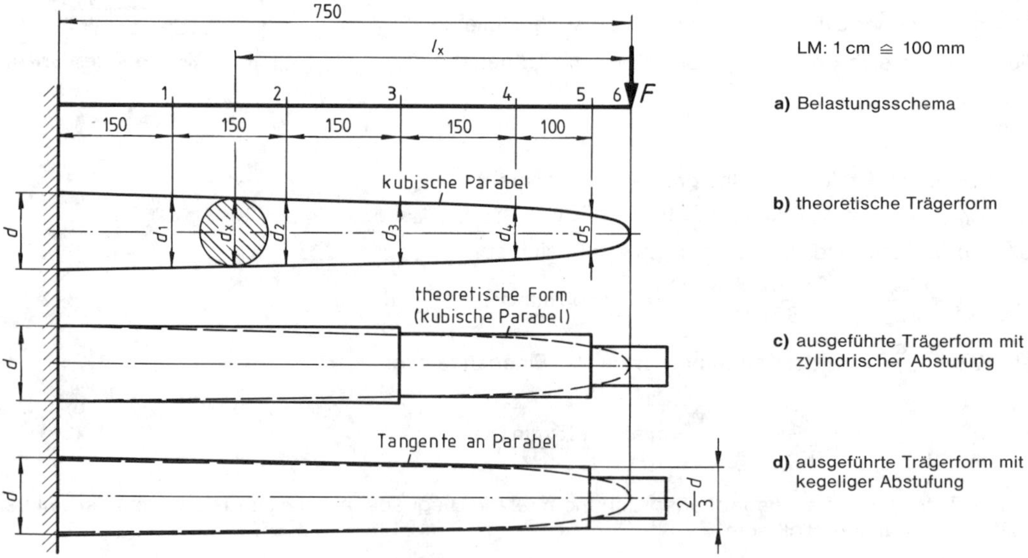

Bild 1 Träger gleicher Biegebeanspruchung mit Kreisquerschnitt

Bei einem Träger gleicher Biegebeanspruchung wird aus Herstellungs- und Funktionsgründen die Idealform des Trägers nur näherungsweise verwirklicht.
Diese Näherungsform darf an keiner Stelle die theoretische Form unterschreiten.

Lehrbeispiel 26:

Eine Seilrolle übt die Kraft $F = 40$ kN auf die Rollenachse aus. Die Rollenachse wird aus St 60-2 hergestellt.

a) Wie groß sind Durchmesser und Länge der Lagerstelle bei C auszuführen, wenn $l_C/d_C \approx 1{,}4$ sein soll?

b) Wie groß sind Zapfendurchmesser und -länge bei A und B auszuführen, wenn $l_A/d_A = l_B/d_B \approx 1{,}2$ sein sollen?

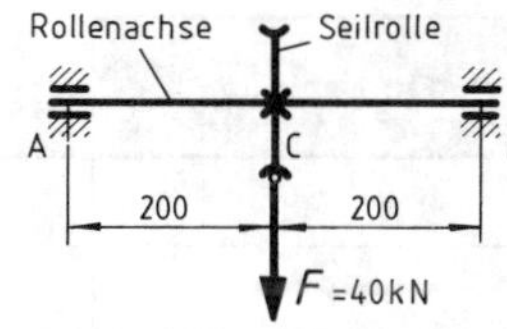

Bild 1 Lagerung einer Seilrolle

Lösung:

a) Bezogen auf die umlaufende Achse tritt die Belastungskraft wechselnd auf. Die zulässige Biegespannung ist:

$$\sigma_{b\,zul} = \frac{\sigma_{bW}}{\nu}$$

$$\sigma_{b\,zul} = \frac{280\,\text{N/mm}^2}{4}$$

$$\sigma_{b\,zul} = 70\,\text{N/mm}^2$$

Man kann sich den Stützträger aus zwei Freiträgern zusammengesetzt denken, die bei C eingespannt sind und ihre freien Enden bei A bzw. B haben. Da die Achse symmetrisch aufgebaut ist, genügt es, einen dieser Freiträger zu untersuchen (Bild 2).

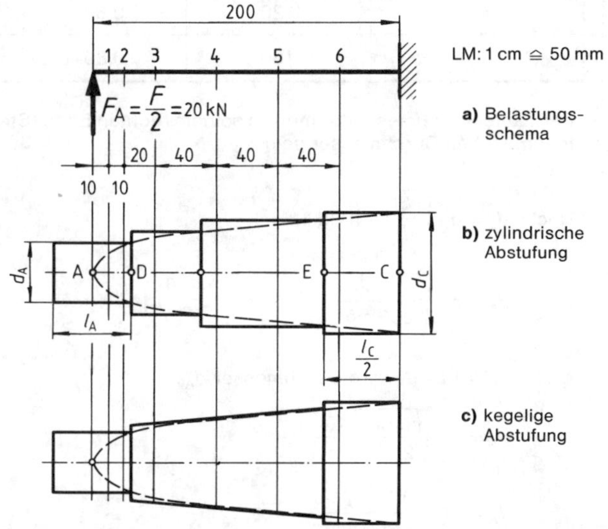

Bild 2 Belastungsschema und näherungsweise Ausführung der Seilrollenachse

Das größte Biegemoment bei C (Einspannstelle) ist:

$$M_{b\,max} = F_A \cdot 0{,}2\,\text{m} = \frac{F}{2} \cdot 0{,}2\,\text{m} = \frac{40\,000\,\text{N}}{2} \cdot 0{,}2\,\text{m} = 4\,000\,\text{Nm}$$

Aus $\sigma_b = \frac{M_{b\,max}}{W} \leqq \sigma_{b\,zul}$ folgt für das Widerstandsmoment:

$$W \geqq \frac{M_{b\,max}}{\sigma_{b\,zul}} = \frac{4\,000\,000\,\text{Nmm}}{70\,\text{N/mm}^2} = 57\,143\,\text{mm}^3$$

Mit $W = \frac{\pi \cdot d^3}{32}$ wird der Durchmesser bei C:

$$d_C \geqq \sqrt[3]{\frac{32 \cdot W}{\pi}} = \sqrt[3]{\frac{32 \cdot 57\,143}{\pi}\,\text{mm}^3} = 83{,}5\,\text{mm}$$

$$l_C = 1{,}4 \cdot d_C = 1{,}4 \cdot 83{,}5\,\text{mm} = 116{,}9\,\text{mm}$$

ausgeführt: $\underline{d_C = 84\,\text{mm}}$

$\underline{l_C = 117\,\text{mm}}$

Um die ausgeführte Trägerform mit der theoretischen vergleichen zu können, werden für letztere einige Durchmesser errechnet und diese in Bild 2, Seite 219 eingetragen.

Querschnitt	l_x in mm	l_x/l	$\sqrt[3]{l_x/l}$	d_x in mm
1	10	0,05	0,368	31
2	20	0,10	0,464	39
3	40	0,20	0,585	49
4	80	0,40	0,737	62
5	120	0,60	0,843	70
6	160	0,80	0,928	78

b) Der Zapfendurchmesser d_A muß an seinem rechten Ende (Stelle D in Bild 2, Seite 219) gleich dem theoretischen Durchmesser sein.

Nach $d_x = d\sqrt[3]{\frac{l_x}{l}}$ ist (Bild 1):

$$d_A = d_C\sqrt[3]{\frac{l_A/2}{200\,\text{mm}}}$$

Mit $l_A = 1{,}2 \cdot d_A$ wird Durchmesser d_A:

$$d_A = d_C\sqrt[3]{\frac{1{,}2 \cdot d_A}{2 \cdot 200\,\text{mm}}}$$

$$d_A^3 = d_C^3\,\frac{1{,}2 \cdot d_A}{2 \cdot 200\,\text{mm}}$$

$$d_A = \sqrt{\frac{d_C^3 \cdot 1{,}2}{2 \cdot 200\,\text{mm}}} = \sqrt{\frac{(83{,}5\,\text{mm})^3 \cdot 1{,}2}{2 \cdot 200\,\text{mm}}} = \underline{41{,}8\,\text{mm}}$$

$$l_A = 1{,}2 \cdot d_A = 1{,}2 \cdot 41{,}8\,\text{mm} = \underline{50{,}2\,\text{mm}}$$

ausgeführt: $d_A = \underline{42\,\text{mm}}$

$l_A = \underline{50\,\text{mm}}$

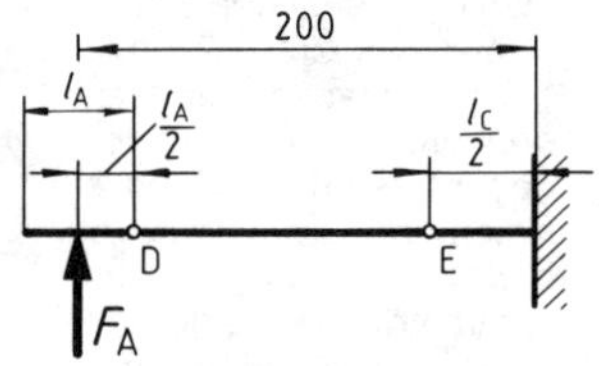

Bild 1 Skizze zur Ermittlung von d_A und l_A

Übungsaufgaben:

1. Ein Stützträger mit rechteckigem Querschnitt soll näherungsweise als Träger gleicher Biegebeanspruchung ausgeführt werden (Bild 2).

   Berechnen Sie für die Querschnitte 1 bis 7 die theoretischen Höhen des Trägers, wenn die Breite b = 30 mm beträgt und $\sigma_{b\,zul} = 80\,\text{N/mm}^2$ ist.

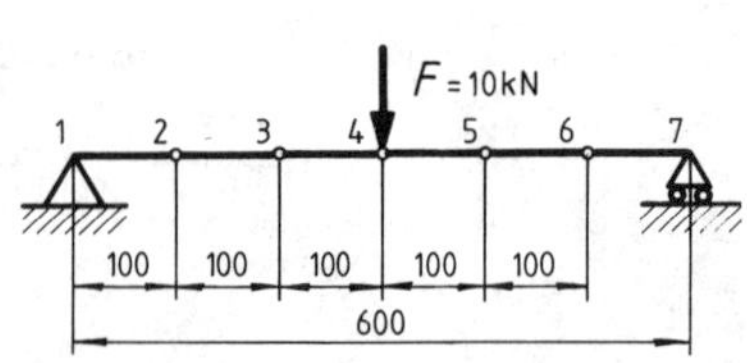

Bild 2

2. Der Stützträger nach Bild 2 soll einen kreisförmigen Querschnitt besitzen.

   Berechnen Sie die theoretischen Durchmesser für die Querschnitte 1 bis 7.

4.5.6 Durchbiegung

Jede Beanspruchung eines Bauteils ruft in ihm Verformungen hervor. Bei Beanspruchung auf Biegung biegt sich die ursprünglich gerade Trägerachse durch; diese gekrümmte Trägerachse nennt man **Biegelinie** oder auch **elastische Linie.** Ein Maß für die Verformung ist die größte Abweichung der gekrümmten Trägerachse (bei Belastung) von der geraden (ohne Belastung); diesen Abstand nennt man **Durchbiegung *f*** (Bild 1).

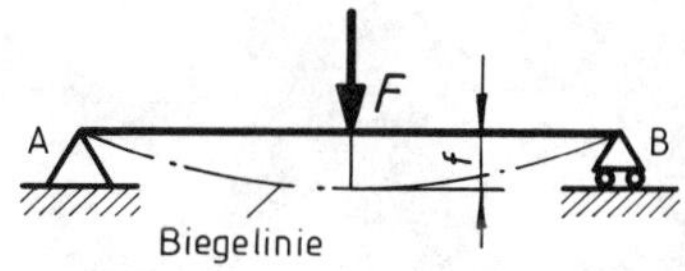

Bild 1 Biegelinie eines Stützträgers mit Einzelkraft

4.5.6.1 Rechnerische Ermittlung der Durchbiegung

Die Gleichung zur Ermittlung der **Durchbiegung** soll am Beispiel eines Stützträgers entwickelt werden (Bild 1), der durch eine mittig angreifende Einzelkraft belastet wird.

Zwei im unbelasteten Zustand parallele Querschnitte 1 und 2, die um den sehr kleinen Betrag $\Delta\, l$ voneinander entfernt liegen, sind im belasteten Zustand gegeneinander geneigt und schließen den sehr kleinen Winkel $\Delta\, \varphi$ ein (Bild 2).

Zwischen den Querschnitten 1 und 2 kann die elastische Linie durch einen Kreis mit dem **Krümmungsradius ϱ_x** ersetzt werden. Da die tatsächliche Krümmung des Trägers sehr klein ist, kann der große schraffierte Kreisausschnitt als Dreieck betrachtet werden.

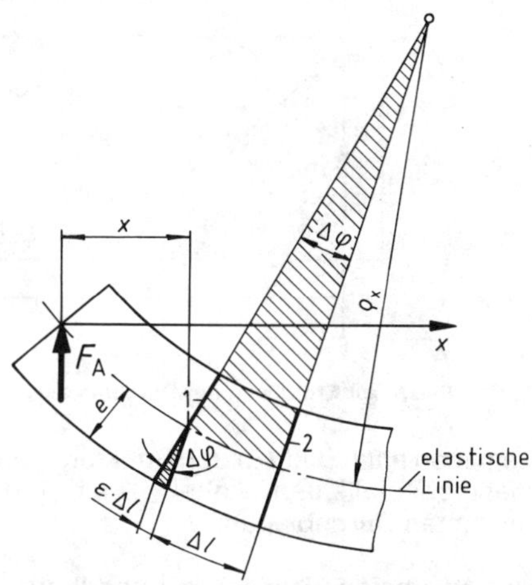

Bild 2 Krümmung der Biegelinie beim Stützträger nach Bild 1

Es gilt:

$$\tan \Delta \varphi = \frac{\Delta l}{\varrho_x}$$

Die Strecke $\Delta\, l$ an der unteren Randfaser mit dem Randfaserabstand e wird um den Betrag $\varepsilon \cdot \Delta\, l$ verlängert. In dem kleinen schraffierten Dreieck ist:

$$\tan \Delta \varphi = \frac{\varepsilon \cdot \Delta l}{e}$$

Setzt man die beiden Gleichungen gleich, so ergibt sich für den Krümmungsradius ϱ_x an der Stelle mit dem Abstand x vom Lager A:

$$\varrho_x = \frac{e}{\varepsilon}$$

Nach dem Hookeschen Gesetz ist $\varepsilon = \dfrac{\sigma_{bx}}{E} = \dfrac{M_{bx}}{W \cdot E} = \dfrac{M_{bx} \cdot e}{E \cdot I}$

Damit ist der Krümmungsradius:

$$\varrho_x = \frac{E \cdot I}{M_{bx}}$$

Das Produkt $E \cdot I$ nennt man Biegesteifigkeit. Bei konstantem Querschnitt ist das Flächenmoment I und damit auch die Biegesteifigkeit $E \cdot I$ konstant. An der Stelle des größten Biegemoments ist der Krümmungsradius am kleinsten, d. h. der Balken am stärksten gekrümmt. An den Lagerstellen A und B des Stützträgers ist $M_b = 0$, also der Krümmungsradius unendlich groß, d. h. der Balken ist nicht gekrümmt.

Den reziproken Wert des Krümmungsradius bezeichnet man als **Krümmung *k*.**

An der Stelle mit dem Abstand x vom Lager A ist die Krümmung:

$$k_x = \frac{1}{\varrho_x} = \frac{M_{bx}}{E \cdot I}$$

Je größer das Biegemoment ist und je kleiner die Biegesteifigkeit, desto größer ist die Krümmung.

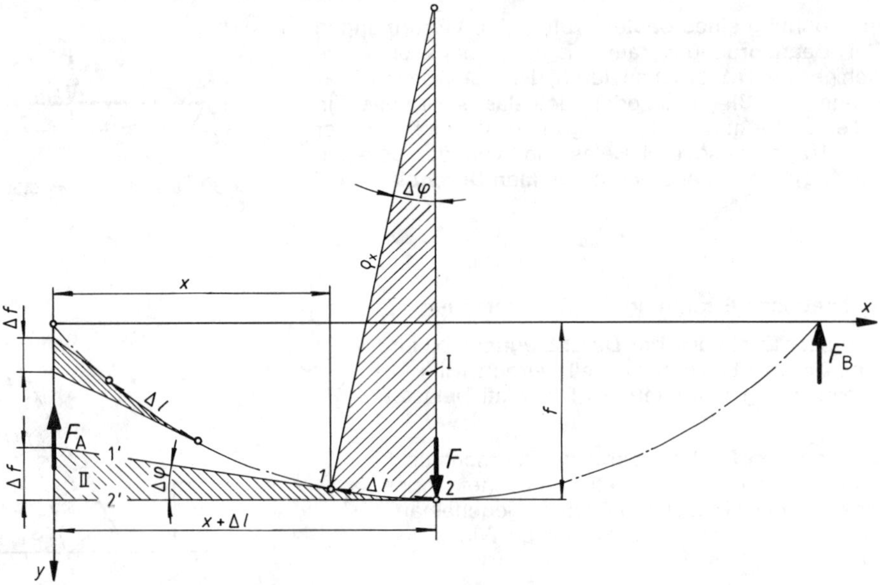

Bild 1 Skizze zur Ermittlung der Durchbiegung f

Legt man nach Bild 1 in den Punkten 1 und 2 die Tangenten 1′ und 2′ an die elastische Linie, so schließen diese ebenfalls den Winkel $\Delta\varphi$ ein. 1′ und 2′ ergeben auf der *y*-Achse den sehr kleinen Anteil Δf der gesamten Durchbiegung *f*.

Aus den beiden Dreiecken I und II ergibt sich: $\tan\Delta\varphi = \dfrac{\Delta l}{\varrho_x} = \dfrac{\Delta f}{x + \Delta l}$

Da Δl eine sehr kleine Länge ist, kann für $(x + \Delta l)$ auch *x* gesetzt werden: $\Delta f = \dfrac{\Delta l \cdot x}{\varrho_x}$

Mit $\varrho_x = \dfrac{E \cdot I}{M_{bx}}$ wird: $\Delta f = \dfrac{\Delta l \cdot x \cdot M_{bx}}{E \cdot I}$

Die gesamte Durchbiegung *f* setzt sich aus sehr vielen kleinen Durchbiegungen Δf der sehr vielen kleinen Teillängen Δl zusammen.

Die Durchbiegung *f* erhält man durch Aufsummieren aller Δf, also:

$$f = \Sigma\Delta f = \Sigma\frac{\Delta l \cdot x \cdot M_{bx}}{E \cdot I}$$

Setzt man die Biegesteifigkeit $E \cdot I$ vor das Summenzeichen, so ergibt sich:

$$f = \frac{1}{E \cdot I}\,\Sigma\,(M_{bx} \cdot \Delta l \cdot x)$$

Was bedeutet der Ausdruck $\Sigma\,(M_{bx} \cdot \Delta l \cdot x)$?

In Bild 2 sind Momentenlinie und Momentenfläche des Stützträgers mit mittig angreifender Einzelkraft aufgezeichnet.

Der Ausdruck $M_{bx} \cdot \Delta l$ stellt einen sehr kleinen Teil ΔA_M der gesamten Momentenfläche A_M dar; *x* ist deren Abstand vom Lager A.

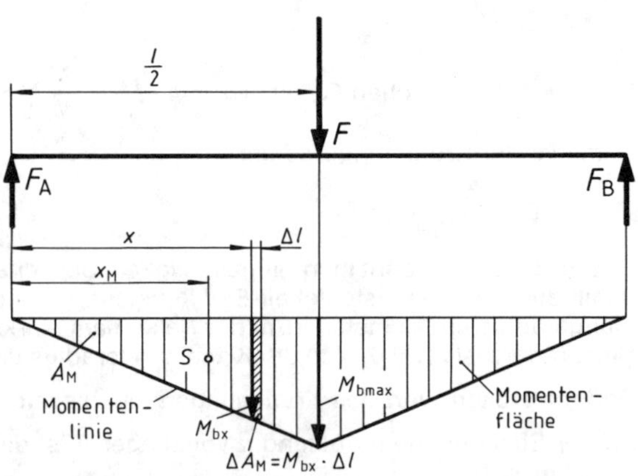

Bild 2 Momentenlinie und Momentenfläche beim Stützträger nach Bild 1, Seite 221

$M_{bx} \cdot \Delta l \cdot x$ entspricht dem „Moment" der Teilmomentenfläche ΔA_M in bezug auf das Lager A als Drehpunkt. $\Sigma (M_{bx} \cdot \Delta l \cdot x)$ ist also die Summe der Momente der Teilmomentenflächen von $x = 0$ bis $x = l/2$.

Bei der Ermittlung des Flächenschwerpunktes wurde gezeigt, daß die Summe der Momente der Einzelflächen gleich dem Moment der Gesamtfläche ist.

Setzt man $\Sigma (M_{bx} \cdot \Delta l \cdot x) = A_M \cdot x_m$, so ist die Durchbiegung:

$$f = \frac{1}{E \cdot I} \cdot A_M \cdot x_M$$

Für den Stützträger mit mittig angreifender Einzelkraft gilt:

$$A_M = \frac{M_{b\,max} \cdot \frac{l}{2}}{2} = \frac{\frac{F \cdot l}{4} \cdot \frac{l}{2}}{2} = \frac{F \cdot l^2}{16} \text{ und}$$

$$x_M = \frac{2}{3} \cdot \frac{l}{2} = \frac{l}{3} \quad \text{(Dreiecksfläche)}$$

Damit wird $f = \frac{1}{E \cdot I} \cdot \frac{F \cdot l^2}{16} \cdot \frac{l}{3} = \frac{F \cdot l^3}{48 \cdot E \cdot I}$

Für verschiedene Belastungsfälle und Trägerarten sind die Gleichungen zur Berechnung der Durchbiegung ermittelt und in Tabellen zusammengestellt. Der Ausdruck $\frac{F \cdot l^3}{E \cdot I}$ gilt für alle Fälle, nur der Faktor $\left(\text{hier } \frac{1}{48}\right)$ ist verschieden groß.

Grauguß ($E \approx 120\,000$ N/mm²) biegt sich bei gleicher Belastung stärker durch als Stahl ($E = 210\,000$ N/mm²), während andererseits bei Verwendung einer Stahlsorte mit höherer Festigkeit die Durchbiegung f nicht kleiner wird, da der E-Modul für alle Stahlsorten gleich groß ist.

Großer E-Modul und großes axiales Flächenmoment I machen den Träger biegesteif, er biegt sich wenig durch. Man kann also auch sagen, daß die Durchbiegung umgekehrt proportional zur Biegesteifigkeit $E \cdot I$ ist.

Lehrbeispiel 27:

Ein Träger wird durch eine mittig angreifende Einzelkraft von $F = 8\,500$ N belastet.

Ermitteln Sie für den Angriffspunkt von F:

a) den Krümmungsradius,

b) die Krümmung,

c) die Durchbiegung.

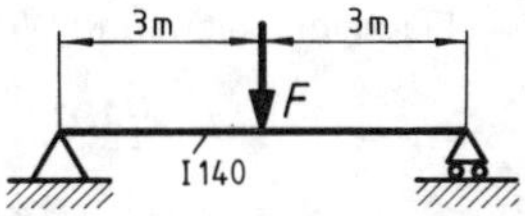

Bild 1 Stützträger mit Einzelkraft

Lösung:

a) Mit $M_{b\,max} = F_A \cdot \frac{l}{2} = \frac{F \cdot l}{4} = \frac{8\,500\,\text{N} \cdot 6\,\text{m}}{4} = 12\,750\,\text{Nm}$

wird der Krümmungsradius:

$$\varrho = \frac{E \cdot I}{M_{b\,max}} = \frac{210\,000\,\frac{\text{N}}{\text{mm}^2} \cdot 5\,730\,000\,\text{mm}^4}{12\,750\,000\,\text{Nmm}} = 94\,400\,\text{mm} = \underline{94{,}4\,\text{m}}$$

b) Die Krümmung beträgt:

$$k = \frac{1}{\varrho} = \frac{1}{94{,}4\,\text{m}} = \underline{0{,}0106\,\frac{1}{\text{m}}}$$

c) Mit $A_M = \frac{M_{b\,max} \cdot \frac{l}{2}}{2} = \frac{12\,750\,\text{Nm} \cdot 3\,\text{m}}{2} = 19\,100\,\text{Nm}^2$ und

$$x_M = \frac{2}{3} \cdot \frac{l}{2} = \frac{l}{3} = \frac{6\,\text{m}}{3} = 2\,\text{m} \quad \text{(Bild 2, Seite 222)}$$

wird die Durchbiegung:

$$f = \frac{1}{E \cdot I} \cdot A_M \cdot x_M = \frac{19\,100 \cdot 10^6\,\text{Nmm}^2 \cdot 2\,000\,\text{mm}}{210\,000\,\frac{\text{N}}{\text{mm}^2} \cdot 573 \cdot 10^4\,\text{mm}^4} = \underline{31{,}8\,\text{mm}}$$

Einfacher wird die Durchbiegung nach der maßgebenden Formel berechnet:

$$f = \frac{F \cdot l^3}{48\,E \cdot I} = \frac{8\,500\,\text{N} \cdot (6\,000\,\text{mm})^3}{48 \cdot 210\,000\,\frac{\text{N}}{\text{mm}^2} \cdot 573 \cdot 10^4\,\text{mm}^4} = \underline{31{,}8\,\text{mm}}$$

Lehrbeispiel 28:

Ein Kran ist für eine maximale Traglast von $m = 3\,000$ kg ausgelegt (Eigengewicht vernachlässigt). Die feststehende Säule hat die Abmessungen $D = 300$ mm und $d = 240$ mm; sie besteht aus Stahl und ist unten fest eingespannt.

a) Wie groß ist die Biegespannung in der Säule?

b) Um wieviel mm biegt sich die Säule bei B durch?

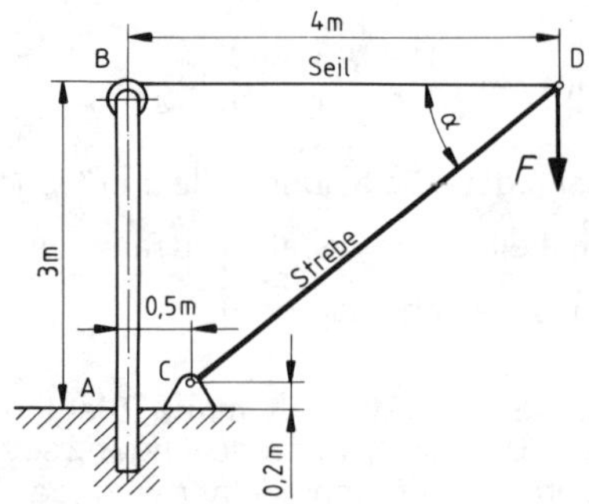

Bild 1 Drehkran

Lösung:

a) Die Säule kann als ein bei A eingespannter Freiträger betrachtet werden, der durch die Kraft F_B belastet wird.

Die Kraft F_B wird nach Bild 1 und Bild 2:

$$\tan\alpha = \frac{F}{F_B}$$

$$\tan\alpha = \frac{(3-0{,}2)\,\text{m}}{(4-0{,}5)\,\text{m}} = 0{,}800$$

$$F_B = \frac{F}{\tan\alpha} = \frac{30\,000\,\text{N}}{0{,}800} = 37\,500\,\text{N}$$

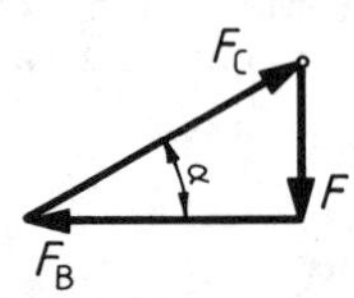

Bild 2 Skizze zur Berechung von F_B (Punkt D freigemacht)

Das größte Biegemoment beträgt:

$$M_{b\,max} = F_B \cdot l = 37\,500\,\text{N} \cdot 3\,\text{m} = 112\,500\,\text{Nm}$$

Flächenmoment und Widerstandsmoment der Säule sind:

$$I = \frac{\pi}{64}(D^4 - d^4)$$

$$I = \frac{\pi}{64}(300^4 - 240^4)\,\text{mm}^4 = 235 \cdot 10^6\,\text{mm}^4$$

$$W = \frac{I}{e} = \frac{I}{D/2} = \frac{235 \cdot 10^6\,\text{mm}^4 \cdot 2}{300\,\text{mm}} = 1{,}56 \cdot 10^6\,\text{mm}^3$$

Die Biegespannung an der Einspannstelle A ist:

$$\sigma_b = \frac{M_{b\,max}}{W} = \frac{112\,500 \cdot 10^3\,\text{Nmm}}{1{,}56 \cdot 10^6\,\text{mm}^3} = \underline{72\,\text{N/mm}^2}$$

b) Die Durchbiegung bei B beträgt:

$$f = \frac{F_B \cdot l^3}{3\,E \cdot I} = \frac{37\,500\,\text{N} \cdot (3\,000\,\text{mm})^3}{3 \cdot 210\,000\,\frac{\text{N}}{\text{mm}^2} \cdot 235 \cdot 10^6\,\text{mm}^4}$$

$$f = \underline{6{,}8\,\text{mm}}$$

Aufgabe:

Wie groß ist die Durchbiegung des Trägers in Trägermitte, wenn das Eigengewicht berücksichtigt wird?

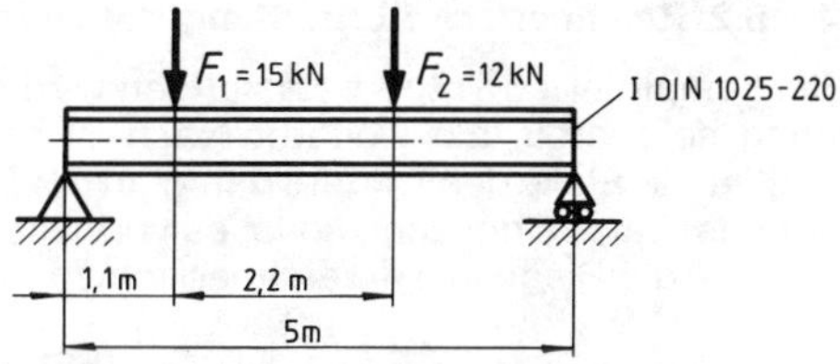

Bild 1 Stützträger mit zwei Einzelkräften

Lösung:

Wirken an einem Träger mehrere Einzelkräfte bzw. Einzelkräfte gemeinsam mit Streckenkräften, so erhält man die gesamte Durchbiegung durch **Aufsummieren der Einzeldurchbiegungen.**

Damit ergibt sich folgender Lösungsgang:

1. Zerlegen der Gesamtbelastung in einfache Belastungsfälle, für die eine Gleichung zur Berechnung der Durchbiegung in Tabellenbüchern zur Verfügung steht.
2. Berechnen der Durchbiegungen für die Einzelbelastungen an der zu untersuchenden Stelle.
3. Die Summe der Einzeldurchbiegungen ergibt für diese Stelle die Durchbiegung durch die Gesamtbelastung.

a) Die Durchbiegung y_1 in Trägermitte durch die Einzelkraft F_1 beträgt:

$$y_1 = \frac{F_1 \cdot b \cdot a^2 \cdot x_b}{6\,E \cdot I \cdot l}\left(1 + \frac{l}{a} - \frac{x_b^{\,2}}{b \cdot a}\right) \qquad x_b = \frac{l}{2} = 2{,}5\,\text{m}$$

$$y_1 = \frac{15\,000\,\text{N} \cdot 3{,}9 \cdot 10^3\,\text{mm}\,(1{,}1 \cdot 10^3\,\text{mm})^2 \cdot 2{,}5 \cdot 10^3\,\text{mm}}{6 \cdot 210\,000\,\dfrac{\text{N}}{\text{mm}^2} \cdot 3\,060 \cdot 10^4\,\text{mm}^4 \cdot 5 \cdot 10^3\,\text{mm}} \cdot$$

$$\left(1 + \frac{5 \cdot 10^3\,\text{mm}}{1{,}1 \cdot 10^3\,\text{mm}} - \frac{(2{,}5 \cdot 10^3\,\text{mm})^2}{3{,}9 \cdot 10^3\,\text{mm} \cdot 1{,}1 \cdot 10^3\,\text{mm}}\right)$$

$$y_1 \approx 3{,}8\,\text{mm}$$

b) Die Durchbiegung y_2 in Trägermitte durch die Einzelkraft F_2 beträgt:

$$y_2 = \frac{F_2 \cdot b \cdot a^2 \cdot x_b}{6\,E \cdot I \cdot l}\left(1 + \frac{l}{a} - \frac{x_b^{\,2}}{b \cdot a}\right)$$

$$y_2 = \frac{12\,000 \cdot 3{,}3 \cdot 10^3\,(1{,}7 \cdot 10^3)^2 \cdot 2{,}5 \cdot 10^3}{6 \cdot 210\,000 \cdot 3\,060 \cdot 10^4 \cdot 5 \cdot 10^3} \cdot \left(1 + \frac{5 \cdot 10^3}{1{,}7 \cdot 10^3} - \frac{(2{,}5 \cdot 10^3)^2}{3{,}3 \cdot 10^3 \cdot 1{,}7 \cdot 10^3}\right)\text{mm}$$

$$y_2 \approx 4{,}2\,\text{mm}$$

c) Durchbiegung y_3 in Trägermitte durch die Eigengewichtskraft des Trägers (Streckenkraft):

Die Masse des Trägers beträgt:

$$m = 31{,}1\,\frac{\text{kg}}{m} \cdot 5\,\text{m} = 156\,\text{kg}$$

Mit $G = m \cdot g = 156\,\text{kg} \cdot 9{,}81\,\dfrac{\text{m}}{\text{s}^2} = 1\,530\,\text{N}$

wird die Durchbiegung:

$$y_3 = \frac{5 \cdot F \cdot l^3}{384 \cdot E \cdot I} = \frac{5 \cdot 1\,530\,\text{N}\,(5 \cdot 10^3\,\text{mm})^3}{384 \cdot 210\,000\,\text{N/mm}^2 \cdot 3\,060 \cdot 10^4\,\text{mm}} \approx 0{,}4\,\text{mm}$$

Die Durchbiegung in Trägermitte durch die Gesamtbelastung beträgt:

$$f = y_1 + y_2 + y_1 = 3{,}8\,\text{mm} + 4{,}2\,\text{mm} + 0{,}4\,\text{mm} = \underline{8{,}4\,\text{mm}}$$

Der Verlauf der Biegelinie längs des Trägers und damit die größte Durchbiegung f_{max} muß zeichnerisch ermittelt werden.

4.5.6.2 Zeichnerische Ermittlung der Durchbiegung

Bei komplizierten Trägerbelastungen wird der Aufwand für die rechnerische Ermittlung der Durchbiegung sehr groß. Ein weiterer Nachteil der rechnerischen Lösung ist, daß man nur für eine ganz bestimmte Stelle des Trägers den Wert der Durchbiegung erhält. Ist die Durchbiegung an mehreren Stellen des Trägers gesucht, so ist es vorteilhaft, den **Verlauf** der **Durchbiegung** über die gesamte Trägerlänge – die Biegelinie – zeichnerisch zu ermitteln.

Stellt man die Gleichung für die Durchbiegung $f = \frac{1}{E \cdot I} \cdot A_M \cdot x_M$ um, so ergibt sich:

$f \cdot E \cdot I = A_M \cdot x_M$ oder in Worten:

Durchbiegung × Biegesteifigkeit = Momentenfläche × Schwerpunktsabstand.

Betrachtet man die Momentenfläche als ungleichmäßig verteilte Streckenkraft, so kann die rechte Seite der Gleichung als ein Moment aufgefaßt werden. Denkt man sich einen zweiten Träger **(Ersatzträger)** mit der Momentenfläche des wirklichen Trägers belastet, so ist an jeder Stelle das Biegemoment des Ersatzträgers gleich der Durchbiegung des wirklichen Trägers, multipliziert mit der Biegesteifigkeit $E \cdot I$. In Bild 1 ist dieser Zusammenhang zwischen wirklichem Träger und Ersatzträger für den Fall Stützträger mit mittig angreifender Einzelkraft unmaßstäblich dargestellt.

Um die Größe der Durchbiegung über die gesamte Trägerlänge zu erhalten, wird der Momentenverlauf des wirklichen Trägers und der Momentenverlauf des Ersatzträgers, d. h. die Biegelinie des wirklichen Trägers, zeichnerisch mit Hilfe des **Schlußlinienverfahrens** ermittelt.

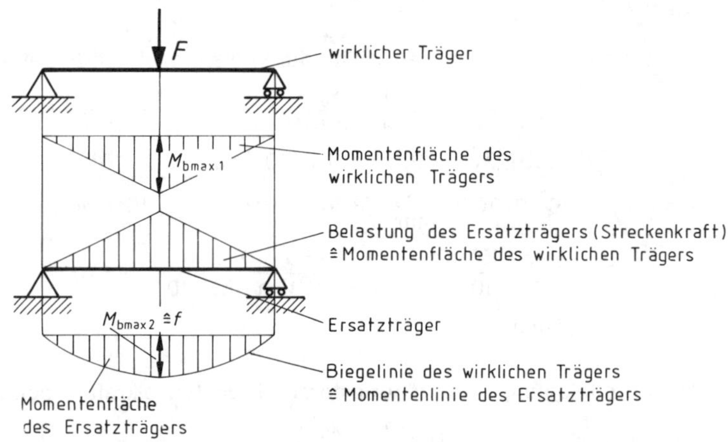

Bild 1 Zeichnerische Ermittlung der Durchbiegung nach Mohr

Wird ein Ersatzträger mit der Momentenfläche des wirklichen Trägers belastet, so ist die Momentenlinie des Ersatzträgers gleich der Biegelinie des wirklichen Trägers, multipliziert mit der Biegesteifigkeit $E \cdot I$.

Durch zweimaliges Anwenden des Schlußlinienverfahrens erhält man dabei den Verlauf der Durchbiegung über die gesamte Trägerlänge.

Aufgabe:

Eine Getriebewelle aus St 50-2 wird durch die Riemenspannkräfte F auf Biegung beansprucht.

Der Verlauf der Durchbiegung über die Wellenlänge ist zeichnerisch zu ermitteln. Entnehmen Sie der zeichnerischen Lösung die Werte für die größte Durchbiegung sowie für die Durchbiegung am Angriffspunkt der Kräfte F.

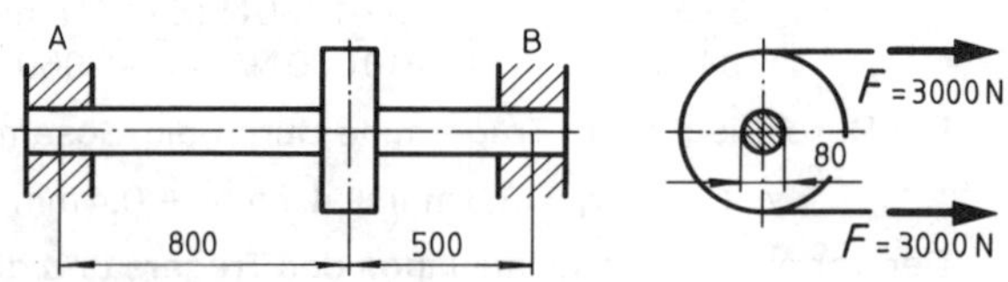

Bild 2 Getriebewelle

Lösung:

Zuerst wird die Momentenlinie bzw. Momentenfläche der Getriebewelle nach Bild 1 ermittelt.

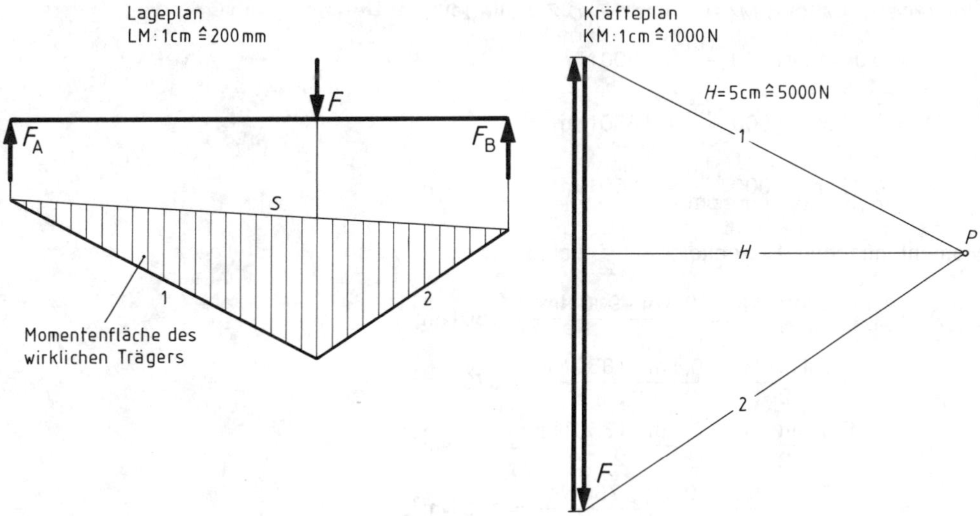

Bild 1 Momentenlinie und Momentenfläche der Getriebewelle nach Bild 2, Seite 226

In Bild 2 wird der Ersatzträger mit der Momentenfläche des wirklichen Trägers belastet. Für die Belastung ist der Momentenmaßstab:

MM: $1\,cm \mathrel{\widehat{=}} LM \cdot H = 0{,}2\,m \cdot 5000\,N = 1000\,Nm$

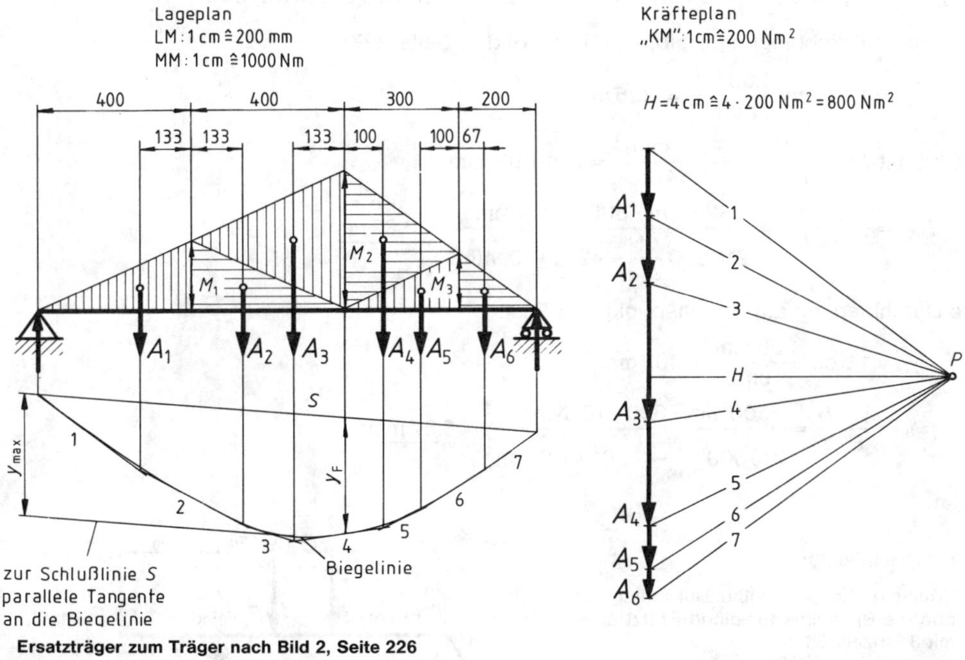

Bild 2 Ersatzträger zum Träger nach Bild 2, Seite 226

Mit dem Schlußlinienverfahren wird die Momentenlinie des Ersatzträgers ermittelt; sie entspricht der Biegelinie des wirklichen Trägers.

Da das Schlußlinienverfahren nur für Einzelkräfte anzuwenden ist, wird die Streckenkraft in mehrere Teilstreckenkräfte (Dreiecke) zerlegt. Diese werden näherungsweise durch Einzelkräfte ersetzt, deren Größe dem Flächeninhalt der Teilstreckenkräfte entsprechen und deren Wirkungslinien durch die Flächenschwerpunkte der Teilstreckenkräfte gehen.

Die Momente M_1, M_2 und M_3 sind nach Bild 2, Seite 227:

$$M_1 = 0{,}9\ \text{cm} \cdot 1000\ \frac{\text{Nm}}{\text{cm}} = 900\ \text{Nm}$$

$$M_2 = 1{,}85\ \text{cm} \cdot 1000\ \frac{\text{Nm}}{\text{cm}} = 1850\ \text{Nm}$$

$$M_3 = 0{,}75\ \text{cm} \cdot 1000\ \frac{\text{Nm}}{\text{cm}} = 750\ \text{Nm}$$

Die Momentenflächen $\left(\text{Dreiecke, } A = \frac{l \cdot h}{2}\right)$ sind:

$$A_1 = A_2 = \frac{0{,}4\ \text{m} \cdot M_1}{2} = \frac{0{,}4\ \text{m} \cdot 900\ \text{Nm}}{2} = 180\ \text{Nm}^2$$

$$A_3 = \frac{0{,}4\ \text{m} \cdot M_2}{2} = \frac{0{,}4\ \text{m} \cdot 1850\ \text{Nm}}{2} = 370\ \text{Nm}^2$$

$$A_4 = \frac{0{,}3\ \text{m} \cdot M_2}{2} = \frac{0{,}3\ \text{m} \cdot 1850\ \text{Nm}}{2} = 278\ \text{Nm}^2$$

$$A_5 = \frac{0{,}3\ \text{m} \cdot M_3}{2} = \frac{0{,}3\ \text{m} \cdot 750\ \text{Nm}}{2} = 113\ \text{Nm}^2$$

$$A_6 = \frac{0{,}2\ \text{m} \cdot M_3}{2} = \frac{0{,}2\ \text{m} \cdot 750\ \text{Nm}}{2} = 75\ \text{Nm}^2$$

Die Schwerpunkte der Teil-Momentenflächen liegen jeweils um $h/3$ von der Grundlinie der Dreiecksflächen entfernt; S_1 und damit die Wirklinie der Einzelkraft A_1 liegt also z. B. um 400 mm/3 = 133 mm links von M_1.

Die Biegelinie ergibt sich als Umhüllende der Seilstrahlen des Ersatzträgers.

Für die größte Durchbiegung ergibt sich nach Bild 2, Seite 227.

$$y_{\text{max}} = 1{,}625\ \text{cm}\ \frac{200\ \text{mm}}{\text{cm}} = 325\ \text{mm}$$

und damit mit $I = \frac{\pi \cdot d^4}{64} = \frac{\pi \cdot (80\ \text{mm})^4}{64} = 201 \cdot 10^4\ \text{mm}^4$:

$$f_{\text{max}} = \frac{y_{\text{max}} \cdot H}{E \cdot I} = \frac{325\ \text{mm} \cdot 800 \cdot 10^6\ \text{Nmm}^2}{210\,000\ \frac{\text{N}}{\text{mm}^2} \cdot 201 \cdot 10^4\ \text{mm}^4} = \underline{0{,}62\ \text{mm}}$$

Für die Durchbiegung am Angriffspunkt von F ist:

$$y_F = 1{,}5\ \text{cm}\ \frac{200\ \text{mm}}{\text{cm}} = 300\ \text{mm}$$

$$f_F = \frac{y_F \cdot H}{E \cdot I} = \frac{300\ \text{mm} \cdot 800 \cdot 10^6\ \text{Nmm}^2}{210\,000\ \frac{\text{N}}{\text{mm}^2} \cdot 201 \cdot 10^4\ \text{mm}^4} = \underline{0{,}57\ \text{mm}}$$

Lehrbeispiel 29:

Ermitteln Sie die größte Durchbiegung und die Biegelinie für einen Stützträger mit 3 Einzelkräften.

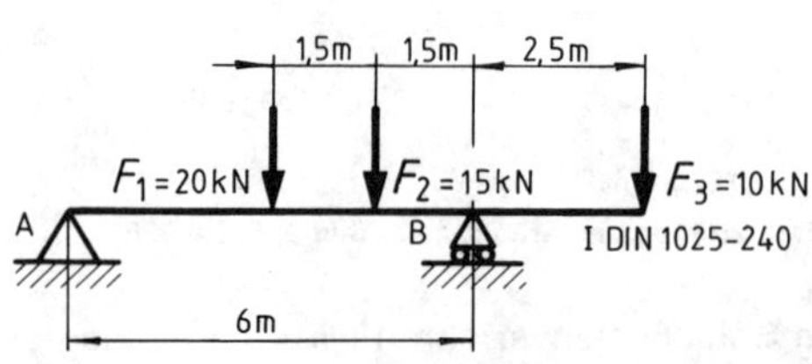

Bild 1 Stützträger mit mehreren Einzelkräften

Lösung:

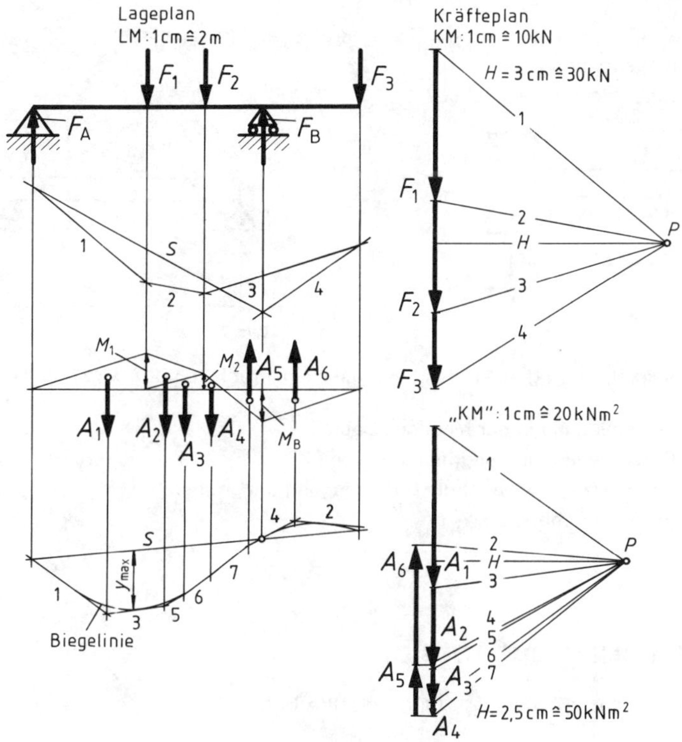

Bild 1 Ermittlung der Biegelinie für den Träger nach Bild 1, Seite 228

Die Momente sind:

$$M_1 = y_1 \cdot H = 0{,}95\,\text{m} \cdot 30\,\text{kN} = 28{,}5\,\text{kNm}$$
$$M_2 = y_2 \cdot H = 0{,}4\,\text{m} \cdot 30\,\text{kN} = 12\,\text{kNm}$$
$$M_B = y_B \cdot H = 0{,}85\,\text{m} \cdot 30\,\text{kN} = 25{,}5\,\text{kNm}$$

Die Momentenflächen sind:

$$A_1 = \frac{3\,\text{m} \cdot 28{,}5\,\text{kNm}}{2} = 42{,}8\,\text{kNm}^2$$

$$A_2 = \frac{1{,}5\,\text{m} \cdot 28{,}5\,\text{kNm}}{2} = 21{,}4\,\text{kNm}^2$$

$$A_3 = \frac{1{,}5\,\text{m} \cdot 12\,\text{kNm}}{2} = 9\,\text{kNm}^2$$

$$A_4 = \frac{0{,}45\,\text{m} \cdot 12\,\text{kNm}}{2} = 2{,}7\,\text{kNm}^2$$

$$A_5 = \frac{1{,}05\,\text{m} \cdot 25{,}5\,\text{kNm}}{2} = 13{,}4\,\text{kNm}^2$$

$$A_6 = \frac{2{,}5\,\text{m} \cdot 25{,}5\,\text{kNm}}{2} = 31{,}9\,\text{kNm}^2$$

Die größte Durchbiegung des Trägers ist:

$$f = \frac{y_{max} \cdot H}{E \cdot I} = \frac{0{,}8\,\text{cm} \cdot \dfrac{2\,000\,\text{mm}}{\text{cm}} \cdot 50 \cdot 10^9\,\text{Nmm}^2}{210\,000\,\dfrac{\text{N}}{\text{mm}^2} \cdot 4\,250 \cdot 10^4\,\text{mm}^4} \approx \underline{\underline{9\,\text{mm}}}$$

Übungsaufgaben:

1. Eine Riemenscheibe ist fliegend gelagert; die Riemenkräfte betragen zusammen 1800 N (Bild 1).
   a) Wie groß ist die Biegespannung?
   b) Wie groß ist die Durchbiegung der Achse?

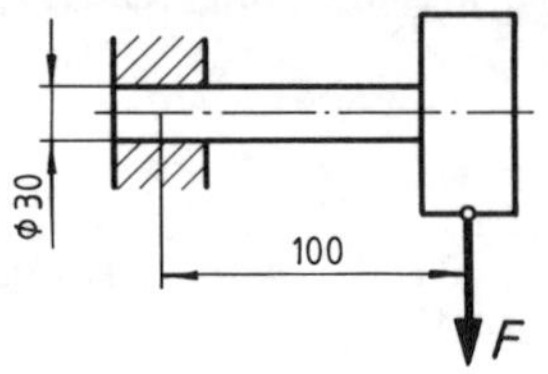

Bild 1

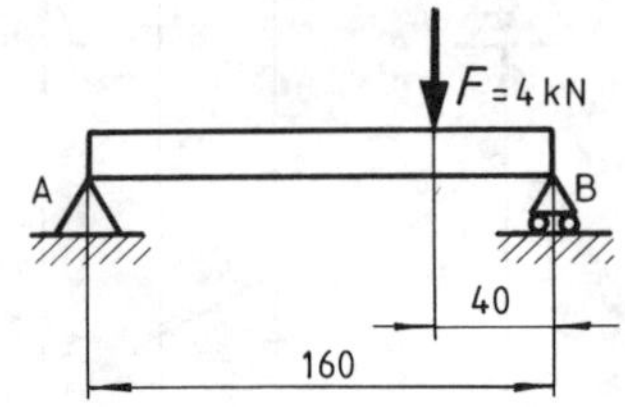

Bild 2

2. Ein Bauteil aus Aluminiumlegierung AlMg 3 mit quadratischem Profil (20 × 20) wird durch eine Einzelkraft belastet (Bild 2).
   a) Wie groß ist die Durchbiegung in der Mitte des Bauteils?
   b) Wie groß ist die Durchbiegung am Angriffspunkt von F?
   c) In welchem Abstand *x* vom Lager A ist die Durchbiegung am größten?
   d) Wie groß ist die größte Durchbiegung?

4.6 Beanspruchung auf Torsion

Im Abschnitt 4.6 werden nur kreisförmige Querschnitte behandelt.

4.6.1 Äußeres und inneres Kräftesystem

Der Drehstab eines Pkw (Bild 3) ist bei A fest eingespannt und bei B gelagert. Der Drehstab wird über einen Hebel durch die Radkraft *F* belastet.

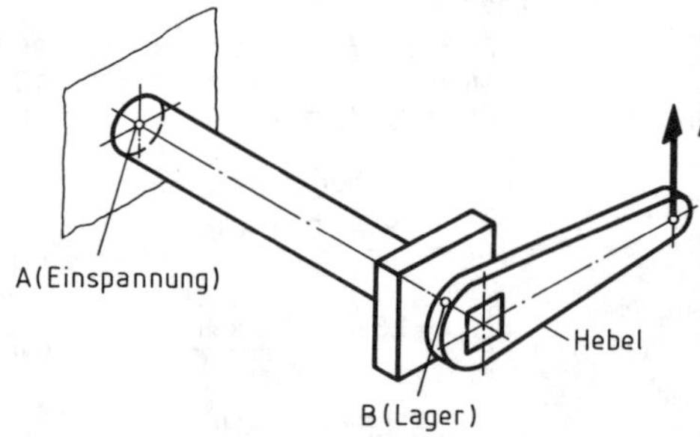

Bild 3 Auf Torsion beanspruchter Drehstab eines Pkw

Um das **innere Kräftesystem** im Querschnitt des Drehstabes ermitteln zu können, muß zuerst das **äußere Kräftesystem** bekannt sein. Am Vierkant des Drehstabes können zwei gleich große, entgegengesetzt wirkende Kräfte F' und F'' angebracht werden (Bild 4), ohne daß sich dadurch die Wirkung des Kräftesystems ändert.

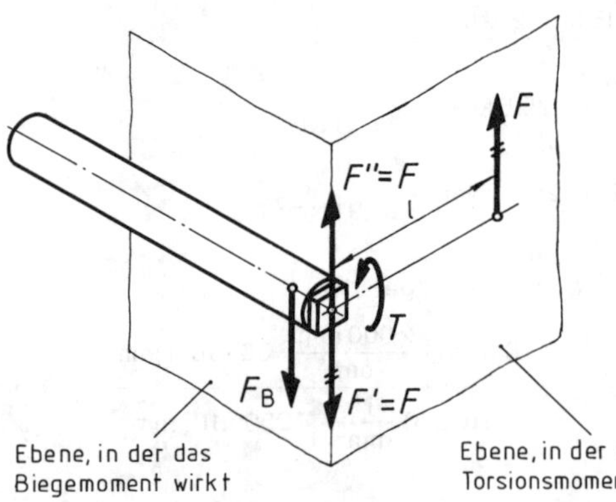

F Belastungskraft
F' und F'' Zusatzkräfte
F_B Lagerkraft
$T = F \cdot l$ Torsionsmoment

Bild 4 Äußeres Kräftesystem am Drehstab

Die Kraft F'' verursacht im Drehstab ein **Biegemoment M_b** und eine *Querkraft* F_Q. Die Kräfte F und F' bilden ein Kräftepaar, welches in einer Ebene senkrecht zur Stabachse wirkt. Das Kräftepaar verursacht ein **Drehmoment bzw. Torsionsmoment $T = F \cdot l$**; der Drehstab wird auf *Torsion* beansprucht.

Ein Stab[1] wird auf Torsion beansprucht, wenn ein Kräftepaar in einer Ebene senkrecht zur Stabachse bzw. ein Torsionsmoment T auf ihn einwirkt.

Biegemoment M_b, Lagerkraft F_B und Querkraft F_Q verursachen im Drehstab nach Bild 4, Seite 230 Biege- und Schubspannungen, die jedoch gegenüber der durch das Torsionsmoment verursachten Spannung klein sind. Es würde also genügen, den Drehstab bei einer Entwurfsberechnung nur auf Torsion zu berechnen.

Ein Bauteil wird selten nur auf Torsion beansprucht. Meist wirkt neben dem Torsionsmoment T noch ein Biegemoment M_b.

Um die Torsionsspannung berechnen zu können, müssen die inneren Kräfte in dem zu untersuchenden Stabquerschnitt ermittelt werden. Wird die Schnittmethode für eine beliebige Stelle des Drehstabes angewendet, so zeigt Bild 1, daß der Stabquerschnitt ein inneres Kräftepaar aus den Kräften F_i bzw. ein **inneres Torsionsmoment T_i** übertragen muß. Das innere Torsionsmoment T_i ist gleich groß wie das äußere Torsionsmoment T.

An der Einspannstelle A des Drehstabes (Bild 3, Seite 230) muß ein äußeres Torsionsmoment aufgebracht werden, das gleich groß ist wie das vom Hebel erzeugte Torsionsmoment. Vierkant und Einspannstelle A werden als Angriffspunkte des Torsionsmomentes bezeichnet.

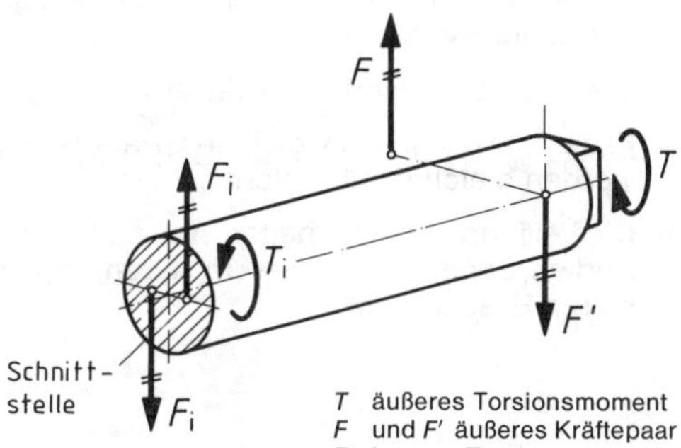

T äußeres Torsionsmoment
F und F' äußeres Kräftepaar
T_i inneres Torsionsmoment
F_i innere Kräfte
$T_i = T$

Bild 1 Inneres Kräftesystem am Drehstab

Wird die Schnittmethode für eine beliebig andere Stelle des Drehstabes angewendet, so muß auch dort $T_i = T$ sein, damit der abgeschnittene Teil des Drehstabes im Gleichgewicht steht. Das vom Stab zu übertragende innere Torsionsmoment ist zwischen den beiden Angriffspunkten also konstant (Bild 2). Dies ist ein wesentlicher Unterschied gegenüber der Beanspruchung auf Biegung, bei der das Biegemoment im allgemeinen über die Trägerlänge nicht konstant ist. Eine T_{max}-Bestimmung ist also nicht notwendig.

Das vom Stabquerschnitt zu übertragende innere Torsionsmoment T_i ist zwischen den Angriffspunkten des äußeren Torsionsmomentes überall gleich T.

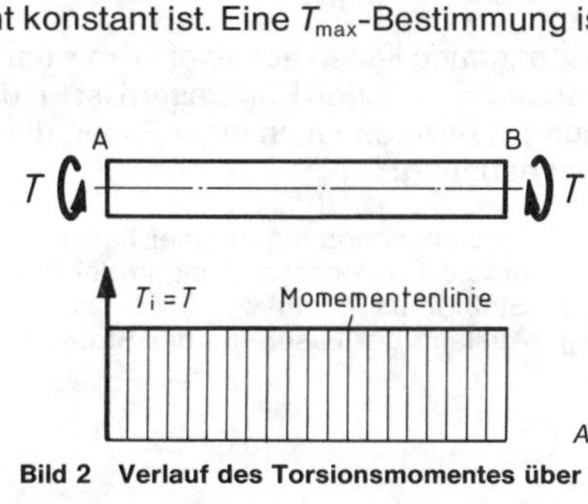

A und B Angriffspunkte von T

Bild 2 Verlauf des Torsionsmomentes über die Stablänge

[1] Auf Torsion beanspruchte Bauteile werden im allgemeinen wie bei Beanspruchung auf Zug als *Stäbe* bezeichnet; die Bezeichnung Balken bzw. Träger ist nur bei Beanspruchung auf Biegung üblich.

4.6.2 Ermittlung der Torsionsspannung

Bei Beanspruchung auf Torsion liegen die inneren Kräfte F_i in der Querschnittsebene (Bild 1, Seite 231). **Torsionsspannungen** sind also **Schubspannungen,** sie werden mit τ_t bezeichnet.

Wird ein Stab aus elastischem Werkstoff durch ein Torsionsmoment belastet (Bild 1), so wird aus der Geraden AB die Schraubenlinie AB′.

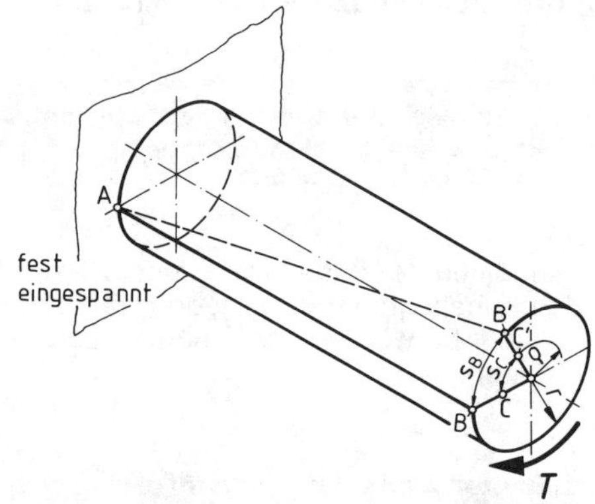

Bild 1 Verformung bei einem auf Torsion beanspruchten Stab

Betrachtet man die Stirnfläche des Stabes, so erkennt man:

1. Die Randfasern an der Mantelfläche des Stabes werden am stärksten verformt.
2. Je weiter die Fasern innen liegen, desto geringer ist ihre Verformung.
3. Die Stabachse wird nicht verformt.
4. Fasern, die auf dem gleichen Radius liegen, werden gleich stark verformt.
5. Die Verformungen verhalten sich gleich wie die Radien, auf denen die Fasern liegen; es verhält sich z. B. $s_B/s_C = r/\varrho$.

Auch für Beanspruchung auf Torsion gilt das **Hookesche Gesetz,** wonach für einen bestimmten Werkstoff im elastischen Bereich das Verhältnis von Spannung zu Dehnung konstant ist. Die Torsionsspannung nimmt wie die Verformung von der Stabachse zur Randfaser linear zu (Bild 2).

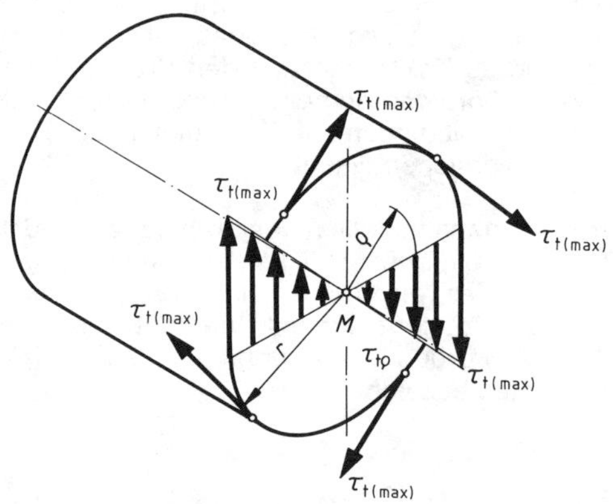

Bild 2 Spannungsverteilung bei einem auf Torsion beanspruchten Stab

Fasern gleicher Torsionsspannung liegen auf einem Kreis um den Mittelpunkt M der Querschnittsfläche. Die **größte Torsionsspannung** $\tau_{t\,max}$ in den Randfasern ist für die Festigkeitsberechnung maßgebend; sie wird als **Torsionsspannung** τ_t bezeichnet. In einer Faser, die den Abstand ϱ von der Stabachse hat, ist nach Bild 2 **die Torsionsspannung:**

(21)
$$\tau_{t\varrho} = \tau_t \cdot \frac{\varrho}{r}$$

- $\tau_{t\varrho}$ Torsionsspannung in einer Faser mit dem Abstand ϱ von der Stabachse in N/mm²
- τ_t größte Torsionsspannung in der Randfaser in N/mm²
- r Stabradius in mm
- ϱ Abstand der Faser von der Stabachse in mm

Die Torsionsspannung nimmt von der Stabachse ($\tau_t = o$) zur Randfaser linear zu ($\tau_t = \tau_{t\,max}$). Die Torsionsspannung τ_t in der Randfaser ist für die Festigkeitsberechnung maßgebend.

Bei einem durch ein Torsionsmoment belasteten Stab herrscht im Flächenelement ΔA der Querschnittsfläche die Torsionsspannung $\tau_{t\varrho}$ (Bild 1).

Die vom Flächenelement ΔA zu übertragende innere Kraft ist:

$$\Delta F_i = \tau_{t\varrho} \cdot \Delta A$$

Mit $\tau_{t\varrho} = \tau_t \cdot \frac{\varrho}{r}$ wird die innere Kraft:

$$\Delta F_i = \tau_t \cdot \frac{\varrho}{r} \cdot \Delta A$$

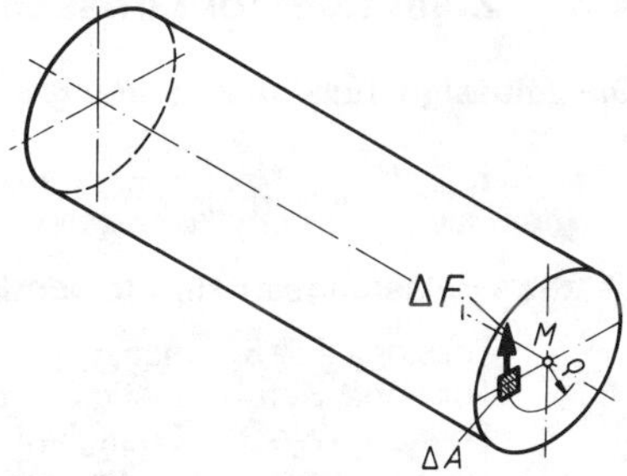

Bild 1 Skizze zur Ermittlung der Torsionsspannung

In bezug auf den Punkt M der Stabachse bewirkt ΔF_i das innere Torsionsmoment:

$$\Delta T_i = \Delta F_i \cdot \varrho = \tau_t \cdot \Delta A \cdot \frac{\varrho^2}{r}$$

Das von allen Flächenelementen der Querschnittsfläche zusammen zu übertragende innere Torsionsmoment ist:

$$T_i = \Sigma\, \Delta T_i = \Sigma \left(\tau_t \cdot \Delta A \cdot \frac{\varrho^2}{r}\right)$$

Setzt man die konstanten Glieder vor das Summenzeichen, so ist:

$$T_i = \frac{\tau_t}{r}\, \Sigma\, (\Delta A \cdot \varrho^2)$$

Da das innere Torsionsmoment T_i gleich dem äußeren Torsionsmoment T ist, gilt für die Torsionsspannung in der Randfaser:

$$\tau_t = \frac{T \cdot r}{\Sigma\, (\Delta A \cdot \varrho^2)}$$

Entsprechend dem axialen Flächenmoment $I_x = \Sigma\, (\Delta A \cdot y^2)$ bei Biegung bezeichnet man bei Torsion den Summenausdruck $\Sigma\, (\Delta A \cdot \varrho^2)$ als **polares Flächenmoment I_p**.[1]

Damit wird die **Torsionsspannung:**

$$\tau_t = \frac{T \cdot r}{I_p}$$

Das Verhältnis I_p/r bezeichnet man als **polares Widerstandsmoment** W_p:

(22) $$W_p = \frac{I_p}{r}$$

W_p polares Widerstandsmoment in mm^3
I_p polares Flächenmoment in mm^4
r Radius (Randfaserabstand) in mm

Aus $\tau_t = \frac{T}{W_p}$ und $\tau_t \leqq \tau_{t\,zul}$ ergibt sich für die **Torsionsspannung:**

(23) $$\tau_t = \frac{T}{W_p} \leqq \tau_{t\,zul}$$

τ_t Torsionsspannung in N/mm^2
T Torsionsmoment in Nmm
W_p polares Widerstandsmoment in mm^3
$\tau_{t\,zul}$ zulässige Torsionsspannung in N/mm^2

Zur Berechnung des polaren Flächenmoments $I_p = \Sigma\, (\Delta A \cdot \varrho^2)$ und des polaren Widerstandsmomentes $W_p = \frac{I_p}{r}$ wurden mit Hilfe der Integralrechnung Gleichungen entwickelt. Für den **Kreisquerschnitt** ist z. B.:

$$I_p = \frac{\pi \cdot d^4}{32} \text{ und } W_p = \frac{\pi \cdot d^3}{16}$$

Gleichungen für den Kreisringquerschnitt sind aus Tabellen zu entnehmen.

Aus dem Vergleich der axialen Flächen- und Widerstandsmomente mit den polaren ergibt sich:

Beim Kreis- und Kreisringquerschnitt sind die polaren Flächen- und Widerstandsmomente doppelt so groß wie die axialen.

---

[1] p = polar, da ϱ der Abstand von ΔA zum Mittelpunkt (Pol) ist.

4.6.3 Zulässige Torsionsspannungen

Die **zulässige Torsionsspannung** wird nach der Gleichung

$$\tau_{\mathrm{t\,zul}} = \frac{\text{Festigkeitswert}}{\text{Sicherheitszahl}} \text{ berechnet.}$$

Je nach Belastungsart sind folgende Festigkeitswerte maßgebend:

Torsions-Fließgrenze τ_{tF}
Torsions-Schwellfestigkeit $\tau_{\mathrm{t\,Sch}}$
Torsions-Wechselfestigkeit τ_{tW}

Die **Festigkeitswerte** sind aus Tabellen zu entnehmen.

Für die **Sicherheitszahl** ν ist bei statischer Belastung $\nu = 1{,}3 \ldots 2{,}0$ (in diesem Buch $\nu = 1{,}8$), bei dynamischer Belastung $\nu = 3 \ldots 6$ (in diesem Buch $\nu = 4$) einzusetzen (Tabelle 1, Seite 167).

Torsion tritt fast immer zusammen mit Biegung auf, z. B. bei Wellen.

Vereinfacht kann für den Entwurf so gerechnet werden, als ob das Bauteil nur auf Torsion beansprucht würde. Dabei ist die zulässige Torsionsspannung $\tau_{\mathrm{t\,zul}}$ niedriger, der Sicherheitswert ν also höher ($\nu = 6 \ldots 10$) anzusetzen. Ist das Bauteil dimensioniert, so muß der Spannungsnachweis nach den Gleichungen der **zusammengesetzten Beanspruchung** geführt werden (siehe Abschnitt 4.8).

Lehrbeispiel 30:

Eine Welle aus St 50-2 mit $d = 30$ mm wird durch ein schwellendes Torsionsmoment von $T = 150$ Nm belastet.

a) Wie groß ist das polare Widerstandsmoment der Welle?

b) Wie groß ist die Torsionsspannung?

c) Wie groß ist die Sicherheitszahl ν?

Lösung:

a) Das polare Widerstandsmoment ist:

$$W_{\mathrm{p}} = \frac{\pi \cdot d^3}{16} = \frac{\pi \cdot (3\ \mathrm{cm})^3}{16} = \underline{5{,}3\ \mathrm{cm}^3}$$

b) Die Torsionsspannung beträgt:

$$\tau_{\mathrm{t}} = \frac{T}{W_{\mathrm{p}}} = \frac{150 \cdot 10^3\ \mathrm{Nmm}}{5{,}3 \cdot 10^3\ \mathrm{mm}^3} = \underline{28{,}3\ \mathrm{N/mm}^2}$$

c) Mit der Torsionsschwellfestigkeit $\tau_{\mathrm{t\,Sch}} = 190\ \mathrm{N/mm}^2$ ergibt sich für die Sicherheitszahl:

$$\nu = \frac{\tau_{\mathrm{t\,Sch}}}{\tau_{\mathrm{t}}} = \frac{190\ \mathrm{N/mm}^2}{28{,}3\ \mathrm{N/mm}^2} = \underline{6{,}7}$$

Lehrbeispiel 31:

Eine Getriebewelle aus Einsatzstahl Ck 15 soll bei einer Drehzahl von $n = 355\ \mathrm{min}^{-1}$ eine Leistung von $P = 9$ kW übertragen. Die Belastung erfolgt schwellend.

a) Wie groß ist $\tau_{\mathrm{t\,zul}}$?

b) Wie groß ist der Wellendurchmesser auszuführen?

c) Wie groß müssen Außen- und Innendurchmesser werden, wenn die Welle als Hohlwelle ausgeführt wird und $D/d \approx 1{,}5$ sein soll?

d) Wie groß ist die Gewichtsersparnis der Hohlwelle gegenüber der Vollwelle?

e) Wie groß ist die Torsionsspannung an der Innenwand der Hohlwelle?

Lösung:

a) Eine Getriebewelle wird zusätzlich auf Biegung beansprucht. Deshalb wird eine verhältnismäßig große Sicherheitszahl von $\nu = 7$ eingesetzt. Die zulässige Torsionsspannung ist:

$$\tau_{t\,zul} = \frac{\tau_{t\,Sch}}{\nu} = \frac{210\,\text{N/mm}^2}{7} = \underline{30\,\text{N/mm}^2}$$

b) Die Leistung ist: $P = M \cdot \omega$

Damit wird das Torsionsmoment:

$$T = M = \frac{P}{\omega} = \frac{P}{2\,\pi\,n} = \frac{9\,000\,\frac{\text{Nm}}{\text{s}}}{2\,\pi\,\frac{355}{60}\,\text{s}^{-1}} = 242\,\text{Nm}$$

Aus $\tau_t = \dfrac{T}{W_p} \leqq \tau_{t\,zul}$ folgt für das polare Widerstandsmoment:

$$W_p \geqq \frac{T}{\tau_{t\,zul}} = \frac{242 \cdot 10^3\,\text{Nmm}}{30\,\text{N/mm}^2} = 8{,}07 \cdot 10^3\,\text{mm}^3$$

Mit $W_p = \dfrac{\pi \cdot d^3}{16}$ wird der Wellendurchmesser:

$$d \geqq \sqrt[3]{\frac{16 \cdot W_p}{\pi}} = \sqrt[3]{\frac{16 \cdot 8{,}07 \cdot 10^3}{\pi}\,\text{mm}^3} = 34{,}5\,\text{mm}$$

ausgeführt: $d = \underline{35\,\text{mm}}$

c) Für die Hohlwelle mit Kreisringquerschnitt ist das polare Widerstandsmoment: $W_p = \dfrac{\pi}{16}\left(\dfrac{D^4 - d^4}{D}\right)$

und mit $D = 1{,}5 \cdot d$: $\quad W_p = \dfrac{\pi}{16}\left(\dfrac{(1{,}5 \cdot d)^4 - d^4}{1{,}5 \cdot d}\right) = 0{,}532 \cdot d^3$

Daraus folgt für den Innendurchmesser der Hohlwelle:

$$d = \sqrt[3]{\frac{W_p}{0{,}532}} = \sqrt[3]{\frac{8{,}07 \cdot 10^3\,\text{mm}^3}{0{,}532}} = 24{,}8\,\text{mm}$$

und für den Außendurchmesser: $D = 1{,}5 \cdot d = 1{,}5 \cdot 24{,}8\,\text{mm} = 37{,}2\,\text{mm}$

ausgeführt: $D = \underline{38\,\text{mm}}$

$d = \underline{25\,\text{mm}}$

Das tatsächliche Widerstandsmoment ist dann:

$$W_p = \frac{\pi}{16}\left(\frac{(D^4 - d^4)}{D}\right) = \frac{\pi}{16}\left(\frac{(3{,}8\,\text{cm})^4 - (2{,}5\,\text{cm})^4}{3{,}8\,\text{cm}}\right) = 8{,}75\,\text{cm}^3$$

und die tatsächliche Torsionsspannung:

$$\tau_t = \frac{T}{W_p} = \frac{242 \cdot 10^3\,\text{Nmm}}{8{,}75 \cdot 10^3\,\text{mm}^3} = 27{,}7\,\text{N/mm}^2 < \tau_{t\,zul} = 30\,\text{N/mm}^2$$

d) Die Gewichtsersparnis beträgt:

$$\frac{\Delta G}{G} = \frac{A_V - A_H}{A_V} = \frac{A_{35} - (A_{38} - A_{25})}{A_{35}} = \frac{(9{,}62 - 11{,}34 + 4{,}91)\,\text{cm}^2}{9{,}62\,\text{cm}^2}$$

$$\frac{\Delta G}{G} = \frac{3{,}19}{9{,}62} \approx 0{,}33 = \underline{33\,\%}$$

e) Die Torsionsspannung verändert sich linear über den Querschnitt (Bild 1).

Aus $\frac{\tau_{td}}{d/2} = \frac{\tau_t}{D/2}$ folgt für die Torsionsspannung an der Innenwand der Hohlwelle:

$$\tau_{td} = \tau_t \frac{d}{D} = 27{,}7 \frac{\text{N}}{\text{mm}^2} \cdot \frac{25\,\text{mm}}{38\,\text{mm}} = \underline{18{,}2\,\text{N/mm}^2}$$

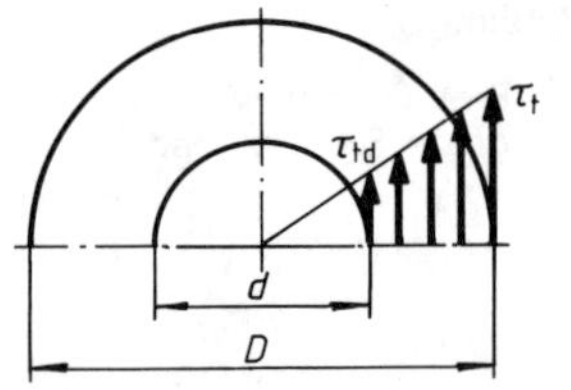

Bild 1 Verteilung der Torsionsspannung über den Querschnitt einer Hohlwelle

Lehrbeispiel 32:

Die Drehzahl $n_0 = 1\,400\,\text{min}^{-1}$ eines E-Motors wird durch eine einfache Zahnradübersetzung untersetzt.

a) Wie groß ist das Übersetzungsverhältnis?

b) Welche Drehzahl n hat die Abtriebswelle II?

c) Welches Torsionsmoment hat die Welle I zu übertragen?

d) Mit welchem Durchmesser d_{I} ist die Welle I auszuführen bei $\tau_{t\,zul} = 20\,\text{N/mm}^2$?

e) Welches Torsionsmoment hat die Welle II zu übertragen, wenn Leistungsverluste nicht berücksichtigt werden?

f) Wie groß ist d_{II} auszuführen?

g) Wie kann d_{II} einfach aus d_{I} und i ermittelt werden?

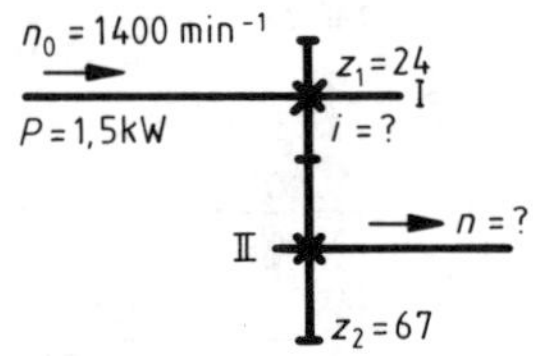

Bild 2 Zahnradgetriebe

Lösung:

a) Das Übersetzungsverhältnis beträgt:

$$i = \frac{z_2}{z_1} = \frac{67}{24} \approx \underline{\frac{2{,}8}{1}}$$

b) Aus $i = \frac{n_0}{n}$ folgt für die Abtriebsdrehzahl:

$$n = \frac{n_0}{i} = \frac{1\,400\,\text{min}^{-1}}{2{,}8} = \underline{501\,\text{min}^{-1}}$$

c) Aus $P = M \cdot \omega$ folgt für das Torsionsmoment:

$$T = M = \frac{P}{\omega} = \frac{P}{2\pi \cdot n_0} = \frac{1\,500\,\frac{\text{Nm}}{\text{s}}}{2\pi \cdot \frac{1\,400}{60}\,\text{s}^{-1}} = \underline{10{,}2\,\text{Nm}}$$

d) Aus $\tau_t = \frac{T}{W_p} \leqq \tau_{t\,zul}$ folgt:

$$W_p \geqq \frac{T}{\tau_{t\,zul}} = \frac{10{,}2 \cdot 10^3\,\text{Nmm}}{20\,\text{N/mm}^2} = 0{,}510 \cdot 10^3\,\text{mm}^3$$

Mit $W_p = \frac{\pi}{16} d^3$ wird der Wellendurchmesser:

$$d_{\text{I}} \geqq \sqrt[3]{\frac{16 \cdot W_p}{\pi}} = \sqrt[3]{\frac{16 \cdot 0{,}510 \cdot 10^3}{\pi}} = 13{,}8\,\text{mm}$$

ausgeführt: $d_{\text{I}} = \underline{14\,\text{mm}}$

e) Das von der Welle II zu übertragende Torsionsmoment beträgt:

$$T_{\text{II}} = \frac{P}{\omega} = \frac{P}{2\pi \cdot n} = \frac{1\,500\,\frac{\text{Nm}}{\text{s}}}{2\pi \cdot \frac{501}{60}\,\text{s}^{-1}} = \underline{28{,}6\,\text{Nm}}$$

f) Es ist: $W_{p\,II} \geqq \frac{T_{II}}{\tau_{t\,zul}} = \frac{28{,}6 \cdot 10^3\,\text{Nmm}}{20\,\text{N/mm}^2} = 1{,}43 \cdot 10^3\,\text{mm}^3$

und damit $d_{II} \geqq \sqrt[3]{\frac{16 \cdot W_{p\,II}}{\pi}} = \sqrt[3]{\frac{16 \cdot 1{,}43 \cdot 10^3}{\pi}\,\text{mm}^3} = 19{,}4\,\text{mm}$

ausgeführt: $d_{II} = \underline{20\,\text{mm}}$

g) Ohne Leistungsverluste gilt:

$$P_{II} = P_I$$
$$T_{II} \cdot \omega_{II} = T_I \cdot \omega_I$$
$$T_{II} = T_I \cdot \frac{\omega_I}{\omega_{II}} = T_I \cdot i$$

Damit wird:

$$W_{p\,II} = \frac{T_{II}}{\tau_{t\,zul}} = \frac{T_I \cdot i}{\tau_{t\,zul}} = W_{p\,I} \cdot i$$

und $$d_{II} = \sqrt[3]{\frac{16 \cdot W_{p\,II}}{\pi}} = \sqrt[3]{\frac{16 \cdot W_{p\,I}}{\pi} \cdot i} = d_I \cdot \sqrt[3]{i}$$

$$d_{II} = 13{,}8\,\text{mm}\,\sqrt[3]{2{,}8} = \underline{19{,}5\,\text{mm}}$$

Lehrbeispiel 33:

Ein E-Motor treibt die Welle I mit einem Drehmoment von $M_I = 80\,\text{Nm}$ an. Über 2 Zahnradpaare werden die Drehmomente $M_{II} = 50\,\text{Nm}$ und $M_{III} = 30\,\text{Nm}$ an die Wellen II und III abgegeben. Wie verändert sich das die Welle I belastende Torsionsmoment über die Länge der Welle?

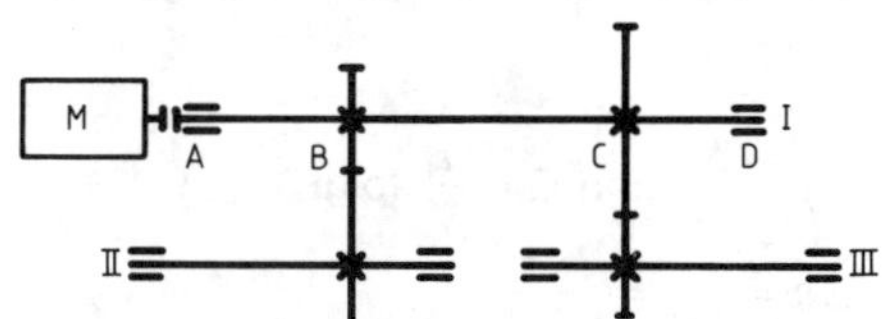

Bild 1 Getriebewelle mit unterschiedlichem Torsionsmoment

Lösung:

Wird die Schnittmethode für eine jeweils beliebige Stelle zwischen A und B, B und C sowie C und D angewendet (Bild 1), so ergeben sich für die Schnittstellen die Torsionsmomente nach Bild 2. Der Verlauf des Torsionsmoments über die Wellenlänge ist ebenfalls in Bild 2 aufgezeigt.

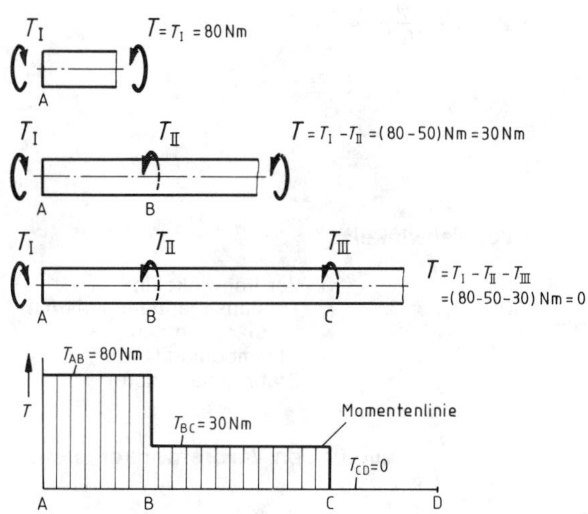

Bild 2 Ermittlung des Torsionsmoments und der Momentenlinie für die Getriebewelle nach Bild 1

4.6.4 Formänderung bei Beanspruchung auf Torsion

Wird ein Stab auf Torsion beansprucht, so verformt er sich: Der Stab wird **verdreht** bzw. **tordiert** (Bild 1).

Entsprechend der Dehnung $\varepsilon = \frac{\Delta L}{L_0}$ bei Beanspruchung auf Zug ist bei Beanspruchung auf Torsion die **Schiebung** $\gamma = \frac{\Delta s}{l}$ ein Maß für die Größe der Verformung.

Bei Beanspruchung auf Zug ist bei elastischer Verformung das Verhältnis von Zugspannung zu Dehnung konstant, es ist: **Elastizitätsmodul** $E = \frac{\sigma_z}{\varepsilon}$.

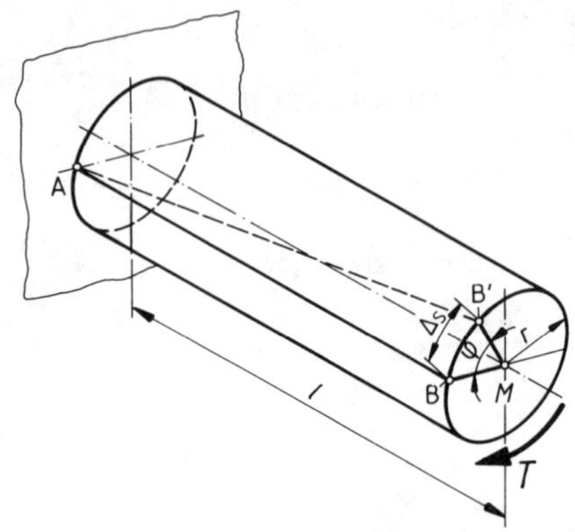

Bild 1 Formänderung beim Torsionsstab

Bei Beanspruchung auf Torsion ist bei elastischer Verformung das Verhältnis von Torsionsspannung zu Schiebung konstant. Das Verhältnis $\frac{\tau_t}{\gamma}$ wird als

Gleitmodul (Schubmodul) G in N/mm^2 bezeichnet.

Ebenso wie der E-Modul ist auch der Gleitmodul G eine Werkstoffkonstante. Die Werte für G sind für alle wichtigen Werkstoffe ermittelt und aus Tabellen zu entnehmen. Für Stahl ist $G = 81\,000\ N/mm^2$.

Anschaulicher als die Schiebung γ ist der **Verdrehwinkel** φ, um den auf der Stirnfläche des Torsionsstabes die Gerade MB in die Lage MB′ gedreht wird (Bild 1).

Aus $\gamma = \frac{\Delta s}{l}$ und $G = \frac{\tau_t}{\gamma}$ folgt:

$$\Delta s = l \cdot \gamma = \frac{l \cdot \tau_t}{G}$$

Aus dem Verhältnis (Bild 1) $\frac{\Delta s}{2\pi \cdot r} = \frac{\varphi}{360°}$ folgt:

$$\Delta s = 2\pi \cdot r \cdot \frac{\varphi}{360°}$$

Damit wird: $2\pi \cdot r \cdot \frac{\varphi}{360°} = \frac{l \cdot \tau_t}{G}$

oder für den **Verdrehwinkel:**

(24) a

$$\varphi = \frac{180°}{\pi} \cdot \frac{\tau_t \cdot l}{G \cdot r}$$

- φ Verdrehwinkel in °
- τ_t Torsionsspannung in N/mm^2
- l Stablänge in mm
- G Gleitmodul in N/mm^2
- r Stabradius in mm

Mit $\tau_t = \frac{T}{W_p} = \frac{T \cdot r}{I_p}$ gilt für den **Verdrehwinkel** auch:

(24) b

$$\varphi = \frac{180°}{\pi} \cdot \frac{T \cdot l}{I_p \cdot G}$$

- φ Verdrehwinkel in °
- T Torsionsmoment in Nmm
- l Stablänge in mm
- I_p polares Flächenmoment in mm^4
- G Gleitmodul in N/mm^2

Lehrbeispiel 34:

Eine Welle aus St 60-2 mit $d = 30$ mm Durchmesser hat über eine Länge von 300 mm ein Torsionsmoment von $T = 100$ Nm zu übertragen.

a) Wie groß ist die Torsionsspannung?

b) Wie groß ist der Verdrehwinkel φ?

Lösung:

a) Mit $W_p = \frac{\pi \cdot d^3}{16} = \frac{\pi \cdot (3\,\text{cm})^3}{16} = 5{,}30\,\text{cm}^3$

wird die Torsionsspannung:

$$\tau_t = \frac{T}{W_p} = \frac{100 \cdot 10^3\,\text{Nmm}}{5{,}3 \cdot 10^3\,\text{mm}^3} = \underline{18{,}9\,\text{N/mm}^2}$$

b) Der Verdrehwinkel beträgt:

$$\varphi = \frac{180°}{\pi} \cdot \frac{\tau_t \cdot l}{G \cdot r} = \frac{180° \cdot 18{,}9\,\frac{\text{N}}{\text{mm}^2} \cdot 300\,\text{mm}}{\pi \cdot 81\,000\,\frac{\text{N}}{\text{mm}^2} \cdot 15\,\text{mm}} = \underline{0{,}27°}$$

Lehrbeispiel 35:

Ein Drehmomentenschlüssel aus St 50-2 soll bei einem Torsionsmoment von $T = 42$ Nm einen Verdrehwinkel von $\varphi = 15°$ anzeigen.

a) Wie groß ist der Durchmesser des Torsionsstabes auszuführen?

b) Vergleichen Sie bei dem errechneten Durchmesser die Torsionsspannung mit $\tau_{t\,zul}$ (schwellende Belastung).

c) Welche Möglichkeiten gibt es, die Bedingung $\tau_t \leqq \tau_{t\,zul}$ zu erfüllen?

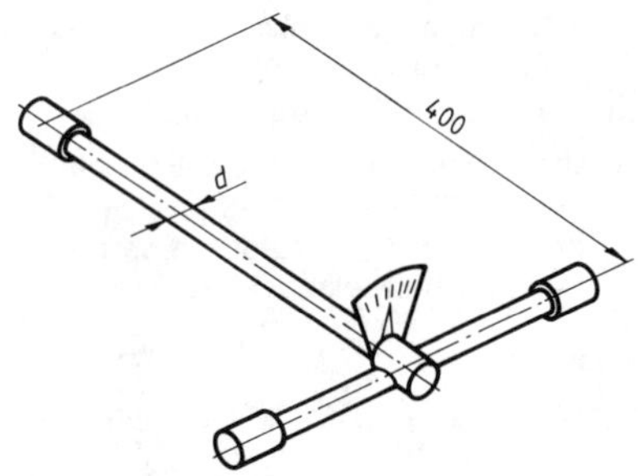

Bild 1 Drehmomentenschlüssel

Lösung:

Aus $\varphi = \frac{180°}{\pi} \cdot \frac{T \cdot l}{I_p \cdot G}$ folgt für das polare Flächenmoment:

$$I_p = \frac{180° \cdot T \cdot l}{\pi \cdot G \cdot \varphi} = \frac{180° \cdot 42 \cdot 10^3\,\text{Nmm} \cdot 400\,\text{mm}}{\pi \cdot 81\,000\,\frac{\text{N}}{\text{mm}^2} \cdot 15°} = 792\,\text{mm}^4$$

Mit $I_p = \frac{\pi}{32} \cdot d^4$ wird der Stabdurchmesser:

$$d = \sqrt[4]{\frac{32 \cdot I_p}{\pi}} = \sqrt[4]{\frac{32 \cdot 792}{\pi}\,\text{mm}^4} = 9{,}48\,\text{mm}$$

gewählt: $d = \underline{9{,}5\,\text{mm}}$

b) Mit $W_p = \frac{\pi}{16}\,d^3 = \frac{\pi}{16}\,(9{,}5\,\text{mm})^3 = 168\,\text{mm}^3$ wird die Torsionsspannung:

$$\tau_t = \frac{M_t}{W_p} = \frac{42\,000\,\text{Nmm}}{168\,\text{mm}^3} = 249\,\text{N/mm}^2$$

Die zulässige Torsionsspannung beträgt:

$$\tau_{t\,zul} = \frac{\tau_{t\,Sch}}{\nu} = \frac{190\,\text{N/mm}^2}{4} = 47{,}5\,\text{N/mm}^2$$

Die tatsächliche Torsionsspannung liegt weit über $\tau_{t\,zul}$!

c) Statt St 50-2 wird Einsatzstahl 18CrNi8 mit $\tau_{t\,Sch} = 500\,N/mm^2$ verwendet. Die zulässige Torsionsspannung beträgt:

$$\tau_{t\,zul} = \frac{\tau_{t\,Sch}}{\nu} = \frac{500\,N/mm^2}{4} = 125\,N/mm^2$$

Um $\tau_t \leqq 125\,N/mm^2$ zu erreichen, muß der Stabdurchmesser erhöht werden:

$$W_p \geqq \frac{T}{\tau_{t\,zul}} = \frac{42\,000\,Nmm}{125\,N/mm^2} = 336\,mm^3$$

$$d \geqq \sqrt[3]{\frac{16}{\pi} \cdot W_p} = \sqrt[3]{\frac{16}{\pi} \cdot 336\,mm^3} = 11{,}96\,mm$$

ausgeführt: $d = \underline{12\,mm}$

Um bei dem vergrößerten Stabdurchmesser einen Verdrehwinkel von 15° zu erhalten, muß die Stablänge vergrößert werden:

Mit $I_p = \frac{\pi}{32} d^4 = \frac{\pi}{32} (12\,mm)^4 = 2\,036\,mm^4$ folgt aus $\varphi = \frac{180°}{\pi} \cdot \frac{T \cdot l}{I_p \cdot G}$

für die Stablänge:

$$l = \frac{\varphi \cdot \pi \cdot I_p \cdot G}{180° \cdot T} = \frac{15° \cdot \pi \cdot 2\,036\,mm^4 \cdot 81\,000\,N/mm^2}{180° \cdot 42\,000\,Nmm} = \underline{1\,028\,mm}$$

Durchmesser und Länge des Torsionsstabes können verkleinert werden, wenn anstatt des Einsatzstahles ein Federstahl mit noch höherer Festigkeit verwendet wird.

Lehrbeispiel 36:

Eine 80 mm lange Hohlwelle aus Stahl mit $D = 25\,mm$ und $d = 15\,mm$ hat ein Torsionsmoment von $T = 120\,Nm$ aufzunehmen.

a) Wie groß ist der Verdrehwinkel φ?

b) Um Gewicht zu sparen, soll die Hohlwelle aus einer Aluminiumlegierung gleicher Festigkeit ausgeführt werden.
Wie groß ist D auszuführen, wenn $d = 15\,mm$ bleiben soll und der Verdrehwinkel nicht größer als bei der Stahlwelle sein soll?

Lösung:

a) Mit $I_p = \frac{\pi}{32} (D^4 - d^4) = \frac{\pi}{32}[(2{,}5\,cm)^4 - (1{,}5\,cm)^4] = 3{,}34\,cm^4$

wird der Verdrehwinkel:

$$\varphi = \frac{180°}{\pi} \cdot \frac{T \cdot l}{I_p \cdot G} = \frac{180° \cdot 120 \cdot 10^3\,Nmm \cdot 80\,mm}{\pi \cdot 3{,}34 \cdot 10^4\,mm^4 \cdot 81\,000\,N/mm^2} \approx \underline{0{,}2°}$$

b) Da T und l und damit auch $T \cdot l$ bei beiden Werkstoffen gleich groß sind, muß nach $\varphi = \frac{180°}{\pi} \cdot \frac{T \cdot l}{I_p \cdot G}$ auch das Produkt $I_p \cdot G$ gleich groß sein. Es ist:

$$I_{pSt} \cdot G_{St} = I_{pAl} \cdot G_{Al}$$

$$I_{pAl} = I_{pSt} \frac{G_{St}}{G_{Al}} = 3{,}34 \cdot 10^4\,mm^4 \frac{81\,000\,N/mm^2}{27\,000\,N/mm^2} = 10 \cdot 10^4\,mm^4$$

Aus $I_p = \frac{\pi}{32} (D^4 - d^4)$ folgt für den Außendurchmesser:

$$D = \sqrt[4]{\frac{32}{\pi} \cdot I_p + d^4} = \sqrt[4]{\frac{32}{\pi} \cdot 100\,000\,mm^4 + (15\,mm)^4} = 32{,}2\,mm$$

ausgeführt: $D = \underline{34\,mm}$

Aufgabe:

Die Getriebewelle einer Werkzeugmaschine aus Vergütungsstahl Ck 45 hat eine Leistung von $P = 12\,kW$ bei einer Drehzahl von $n = 90\,min^{-1}$ zu übertragen.

Wie groß ist der Wellendurchmesser auszuführen, wenn:

a) $\tau_t \leqq \tau_{tzul}$ sein soll und

b) der Verdrehwinkel auf 1 m Wellenlänge 0,25° nicht überschreiten soll?

Lösung:

a) Bei Getriebewellen ist im allgemeinen mit schwankendem Torsionsmoment, aber konstanter Drehrichtung zu rechnen; die Welle wird also schwellend belastet. Da eine Getriebewelle auch auf Biegung beansprucht wird, wird mit $\nu = 7$ gerechnet.

Die zulässige Torsionsspannung beträgt:

$$\tau_{tzul} = \frac{\tau_{tSch}}{\nu} = \frac{250\,\text{N/mm}^2}{7} = 35{,}7\,\text{N/mm}^2$$

Das Torsionsmoment beträgt:

$$T = \frac{P}{\omega} = \frac{P}{2\pi \cdot n} = \frac{12\,000\,\dfrac{\text{Nm}}{s}}{2\pi \cdot \dfrac{90}{60}\,s^{-1}} = 1273\,\text{Nm}$$

Aus $\tau_t = \dfrac{T}{W_p} \leqq \tau_{tzul}$ folgt für das polare Widerstandsmoment:

$$W_p \geqq \frac{T}{\tau_{tzul}} = \frac{1273 \cdot 10^3\,\text{Nmm}}{35{,}7\,\text{N/mm}^2} = 35{,}7 \cdot 10^3\,\text{mm}^3$$

Mit $W_p = \dfrac{\pi}{16} \cdot d^3$ wird der Wellendurchmesser:

$$d \geqq \sqrt[3]{\frac{16}{\pi} \cdot W_p} = \sqrt[3]{\frac{16}{\pi} \cdot 35{,}7 \cdot 10^3\,\text{mm}^3} = 56{,}7\,\text{mm}$$

gewählt: $d = \underline{58\,\text{mm}}$

b) Bei langen Wellen kann der Verdrehwinkel φ einen zulässigen Wert überschreiten, ehe die zulässige Torsionsspannung τ_{tzul} erreicht wird.

Wird die Hauptspindel einer Werkzeugmaschine oder eine Getriebewelle stark verdreht, so können bei Belastungsschwankungen, d. h. bei veränderlichem Torsionsmoment, durch aufgespeicherte Formänderungsarbeit (Federwirkung) Dreh- bzw. Torsionsschwingungen auftreten. Bei der Werkzeugmaschine können diese Schwingungen höheren Verschleiß am Werkzeug sowie eine schlechtere Oberfläche des zu bearbeitenden Werkstücks verursachen; bei Getriebe- und Transmissionswellen können die Schwingungen zu geräuschvollem Lauf der Zahnräder, eventuell sogar zu Dauerbrüchen führen. Erfahrungsgemäß soll der Verdrehwinkel φ bei einer Wellenlänge von 1 m den Wert von 0,25° nicht überschreiten.

Aus $\varphi = \dfrac{180°}{\pi} \cdot \dfrac{T \cdot l}{I_p \cdot G} \leqq \varphi_{zul}$ folgt für das polare Flächenmoment:

$$I_p \geqq \frac{180° \cdot T \cdot l}{\pi \cdot G \cdot \varphi_{zul}} = \frac{180° \cdot 1270 \cdot 10^3\,\text{Nmm} \cdot 1000\,\text{mm}}{\pi \cdot 81\,000\,\dfrac{\text{N}}{\text{mm}^2} \cdot 0{,}25°} = 359 \cdot 10^4\,\text{mm}^4$$

Mit $I_p = \dfrac{\pi}{32} \cdot d^4$ wird der Wellendurchmesser:

$$d \geqq \sqrt[4]{\frac{32}{\pi} \cdot I_p} = \sqrt[4]{\frac{32}{\pi} \cdot 359 \cdot 10^4\,\text{mm}^4} = 77{,}8\,\text{mm}$$

ausgeführt: $d = \underline{78\,\text{mm}}$

Maßgebend für die Größe des Wellendurchmessers ist die Forderung $\varphi \leqq 0{,}25°/\text{m}$!

Wenn lange Wellen mit der Gleichung $\tau_t = \dfrac{T}{W_p} \leqq \tau_{tzul}$ vordimensioniert werden, ist mit einem niedrigen Wert für τ_{tzul} zu rechnen, damit der zulässige Verdrehwinkel nicht überschritten wird.

Übungsaufgaben:

1. Eine Welle aus Vergütungsstahl Ck 45 hat ein schwellendes Torsionsmoment von $T = 600$ Nm zu übertragen. Wie groß ist der Wellendurchmesser auszuführen? (Die Welle wird zusätzlich auf Biegung beansprucht.)
2. Eine Hohlwelle mit $D = 80$ mm und $d = 50$ mm wird auf Torsion beansprucht.
   Welche Leistung kann die Hohlwelle bei einer Drehzahl von $n = 225\ \text{min}^{-1}$ übertragen, wenn die zulässige Torsionsspannung $\tau_{\text{tzul}} = 32\ \text{N/mm}^2$ beträgt?
3. Eine Getriebewelle aus St 60-2 mit $d = 40$ mm wird durch ein schwellendes Torsionsmoment von $T = 240$ Nm und ein wechselndes Biegemoment von $M_b = 240$ Nm belastet.
   Wie groß sind die Sicherheitszahlen, wenn die Welle nur auf Torsion bzw. nur auf Biegung nachgerechnet wird?
4. Die Hauptspindel einer Drehmaschine hat bei Drehzahlen zwischen $22{,}4\ \text{min}^{-1}$ und $1120\ \text{min}^{-1}$ eine Leistung von 2,5 kW zu übertragen. Das Torsionsmoment wird über eine Länge von 300 mm der Spindel übertragen.
   a) Wie groß ist der Außendurchmesser D der hohlen Spindel auszuführen, wenn der Innendurchmesser $d = 40$ mm betragen und der Verdrehwinkel 5′ nicht überschreiten soll?
   b) Wie groß ist bei der ausgeführten Spindel die Torsionsspannung?

4.7 Beanspruchung auf Knickung

Ein Bauteil mit rechteckigem Querschnitt aus Baustahl St37 wird nach Bild 1 a durch die Druckkraft F belastet.

Das Bauteil versagt wegen bleibender Verformung infolge Druckbeanspruchung bei einer Kraft von

$F > \sigma_{dF} \cdot S$

$F = 225\ \dfrac{\text{N}}{\text{mm}^2} \cdot 30\ \text{mm} \cdot 5\ \text{mm}$

$F = 33{,}8\ \text{kN}$

Ist das Bauteil wesentlich länger (Bild 1 b), so knickt es schon bei einer Druckkraft von ungefähr 16 kN aus. Das Bauteil ist nicht mehr funktionsfähig, es versagt durch **Ausknicken.**

Ohne Belastung ist das Bauteil in einer **stabilen Gleichgewichtslage.** Erreicht die Druckkraft F einen bestimmten Wert, geht das Bauteil plötzlich in eine **labile Gleichgewichtslage** über, es knickt aus.

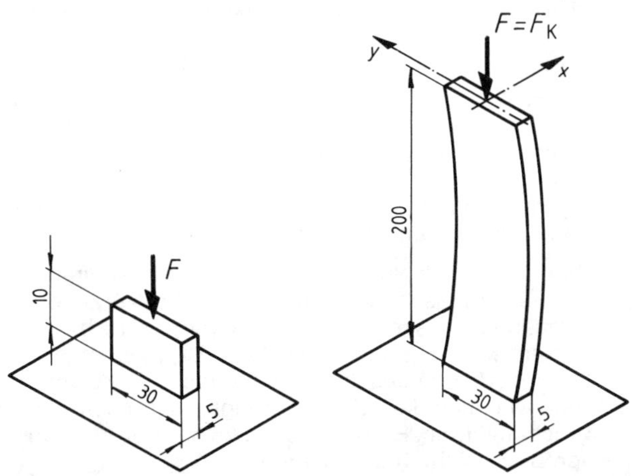

a) Beanspruchung auf Druck **b)** Beanspruchung auf Knickung

Bild 1 Beanspruchung auf Druck und Knickung

Während es sich z. B. bei den Beanspruchungsarten Zug, Biegung und Torsion um **Festigkeitsprobleme** handelt, ist bei Knickung ein **Stabilitätsproblem** gegeben. Bei Beanspruchung auf Knickung besteht die Gefahr, daß das Bauteil den stabilen Gleichgewichtszustand verliert.

Ein Bauteil kann ausknicken, obwohl die Kraft F theoretisch in Richtung der Stabachse wirkt. Gründe hierfür können sein: der Stabquerschnitt ist unsymmetrisch, Form und Gefüge sind ungleichmäßig, die Stabachse ist leicht gekrümmt, die Kraft F greift geringfügig außermittig oder schräg an.

Schlanke Bauteile können bei Belastung durch eine Druckkraft ausknicken, sie müssen auf Knickung berechnet werden.

4.7.1 Elastische Knickung

4.7.1.1 Knickkraft F_K

Die Druckkraft, bei der das Bauteil ausknickt, nennt man die **Knickkraft F_K**.

Erreicht die Druckkraft F den Wert der Knickkraft F_K, so knickt das Bauteil aus.

Ausknicken eines Stabes und Durchbiegen eines Trägers verursachen eine Krümmung der vorher geraden Stab- bzw. Trägerachse. Stab bzw. Träger erfahren eine Durchbiegung f (Bild 1).

Beim Herleiten einer Gleichung für die Knickkraft kann man von der Gleichung für die Durchbiegung eines Trägers ausgehen.

Bei Beanspruchung auf Biegung ist die Durchbiegung:

$$f \sim \frac{F \cdot l^3}{E \cdot I}$$

und mit $M_b \sim F \cdot l$: $\quad f \sim \frac{M_b \cdot l^2}{E \cdot I}$

Bei Knickung gilt für das Moment:

$M \sim F_K \cdot f$

$M_b = M \sim F_K \cdot f$ gesetzt, ergibt

$$f \sim \frac{F_K \cdot f \cdot l^2}{E \cdot I}$$

und für die Knickkraft:

$$F_K \sim \frac{E \cdot I}{l^2}$$

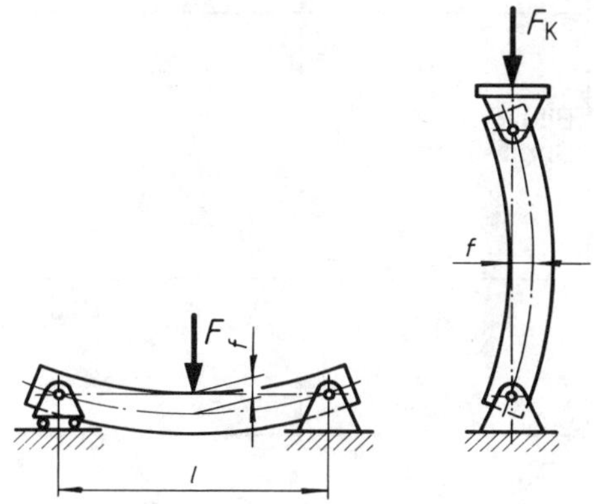

$M_b \sim F \cdot l$ | $M \sim F_K \cdot l$

a) Durchbiegung eines Trägers | **b)** Ausknicken eines Stabes

Bild 1 Durchbiegung eines Trägers und Ausknicken eines Stabes

Neben E, I und l ist noch die **Art der Lagerung** des Stabes für die Größe der Knickkraft F_K maßgebend. Der Stab nach Bild 2a wird schon bei einer geringeren Kraft F ausknicken als der Stab nach Bild 2b.

Euler[1] hat für verschiedene Lagerungen (Belastungsfälle) des Knickstabes Gleichungen für die Knickkraft entwickelt. Beim Belastungsfall nach Bild 2a, der Belastungsfall II bzw. Grundfall genannt wird, gilt für die Knickkraft:

$$F_K = \frac{\pi^2 \cdot E \cdot I}{l^2}$$

Beim Belastungsfall III (Bild 2b) ist $F_K = 2\,\frac{\pi^2 \cdot E \cdot I}{l^2}$,

d. h. der Stab knickt erst bei doppelt so großer Kraft F aus, wie der Stab nach Bild 2a.

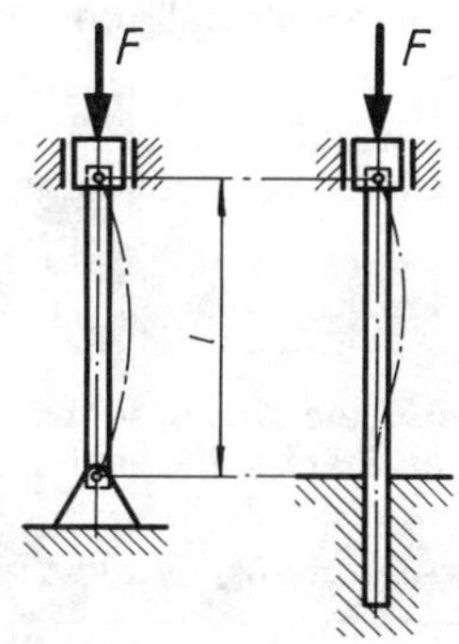

a) $F_K = \frac{\pi^2 \cdot E \cdot I}{l^2}$ Belastungsfall II (Grundfall)

b) $F_K = 2\,\frac{\pi^2 \cdot E \cdot I}{l^2}$ Belastungsfall III

Bild 2 Knickkraft F_K bei zwei verschiedenen Lagerungen des Knickstabes

Nach **Euler** unterscheidet man 4 mögliche **Belastungsfälle,** d. h. Lagerungsmöglichkeiten des Stabes (Tabelle, Seite 244).

[1] Leonhard Euler, Mathematiker (1707 – 1783)

Tab.: Belastungsfälle nach Euler für Beanspruchung auf Knickung

Belastungsfall	I	II Grundfall	III	IV
„Lagerung" der Stabenden	1. frei 2. eingespannt	1. drehbar und in Stabrichtung verschiebbar 2. drehbar	1. drehbar und in Stabrichtung verschiebbar 2. eingespannt	1. eingespannt, in Stabrichtung verschiebbar 2. eingespannt
Bildliche Darstellung		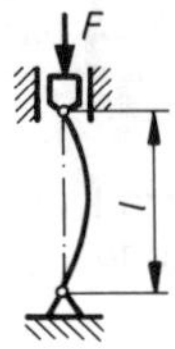	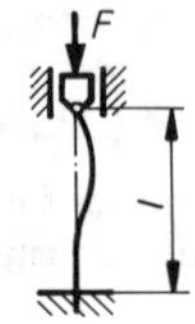	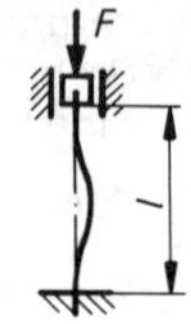
Knickkraft F_K	$\frac{1}{4}\frac{\pi^2 \cdot E \cdot I}{l^2}$	$\frac{\pi^2 \cdot E \cdot I}{l^2}$	$2\frac{\pi^2 \cdot E \cdot I}{l^2}$	$4\frac{\pi^2 \cdot E \cdot I}{l^2}$
Freie Knicklänge l_K	$2 \cdot l$	l	$0{,}7 \cdot l$	$0{,}5 \cdot l$

Setzt man statt der Stablänge l die **freie Knicklänge** l_K in die Gleichung für F_K ein, so gilt bei allen 4 Belastungsfällen die **Euler-Gleichung** für die **Knickkraft:**

(25)
$$F_K = \frac{\pi^2 \cdot E \cdot I}{l_K^2}$$

F_K Knickkraft in N
E Elastizitätsmodul in N/mm^2
I kleinstes axiales Flächenmoment in mm^4
l_K freie Knicklänge in mm

Für die freie Knicklänge ist je nach Belastungsfall der in der Tabelle angegebene Wert einzusetzen. Bei den meisten Bauteilen handelt es sich um den Belastungsfall II, wobei $l_K = l$ ist.

In der Praxis entspricht die Lagerung des Stabes nicht immer exakt einem der 4 Fälle. Man wählt dann den Belastungsfall, der dem tatsächlichen am nächsten kommt bzw. sicherheitshalber den ungünstigeren.

Der Stab nach Bild 1 b, Seite 242 knickt immer um die y-Achse und nicht um die x-Achse aus. Maßgebend für die Knickkraft F_K ist also das **kleinste axiale Flächenmoment** des Querschnitts.

Ein Stab knickt immer um die Querschnittsachse mit dem kleinsten axialen Flächenmoment aus.

In der **Euler-Gleichung** erscheint u. a. der Elastizitätsmodul. Die Gleichung gilt nur dann, wenn die Verformung des Stabes elastisch ist, man spricht dann von **elastischer Knickung.**

Die Euler-Gleichung für die Knickkraft gilt nur bei elastischer Knickung.

4.7.1.2 Sicherheitszahlen bei Beanspruchung auf Knickung

Ein Ausknicken des Bauteils muß mit Sicherheit vermieden werden. Die das Bauteil belastende Druckkraft F muß kleiner sein als die Knickkraft F_K.

Für die **Druckkraft** gilt:

(26)
$$F \leqq \frac{F_K}{\nu}$$

F Druckkraft in N
F_K Knickkraft in N
ν Sicherheitszahl

Die **Sicherheitszahl** wird verhältnismäßig hoch gewählt.

Die Gründe dafür sind:

1. Der Kraftangriff kann oft außermittig bzw. schräg erfolgen, wodurch noch zusätzliche Biegespannungen auftreten. Auch die Eigengewichtskraft des Stabes kann ein Biegemoment erzeugen.
2. Die Größen der Belastungskräfte sind oft nicht genau zu ermitteln, sie können auch stoßartig auftreten (Massenkräfte).
3. Der Bruch eines auf Knickung beanspruchten Bauteils hat meist schwerwiegende Folgen.

Im Maschinenbau wählt man im allgemeinen bei elastischer Knickung Sicherheitszahlen von $\nu = 4 \ldots 8$, bei nichtelastischer Knickung von $\nu = 3 \ldots 5$, wobei im Einzelfall abzuwägen ist, inwieweit die aufgeführten Gründe zutreffen.

Lehrbeispiel 37:

Eine 500 mm lange Stößelstange aus Vergütungsstahl 34 Cr 4 wird durch eine schwellend wirkende Druckkraft von $F = 2{,}5$ kN belastet.

a) Welchen Durchmesser muß die Stößelstange besitzen?

b) Wie groß ist bei dem ausgeführten Durchmesser die Druckspannung und die Sicherheitszahl bei Berechnung auf Druck?

Lösung:

a) Bei der langen Stößelstange besteht die Gefahr des Ausknickens. Sie muß auf Knickung berechnet werden.

Wie in Abschnitt 4.7.1.3 nachgeprüft werden kann, handelt es sich um elastische Knickung, es gilt also die Euler-Gleichung:

Aus $F \leqq \frac{F_K}{\nu}$ folgt für die Knickkraft bei einer gewählten Sicherheitszahl von $\nu = 6$:

$$F_K \geqq \nu \cdot F = 6 \cdot 2{,}5\,\text{kN} = 15\,\text{kN}$$

Die Lagerung der Stößelstange entspricht näherungsweise dem Belastungsfall II (Grundfall).

Aus $F_K = \frac{\pi^2 \cdot E \cdot I}{l_K^2} = \frac{\pi^2 \cdot E \cdot I}{l^2}$ ergibt sich für das erforderliche axiale Flächenmoment:

$$I \geqq \frac{F_K \cdot l^2}{E \cdot \pi^2} = \frac{15 \cdot 10^3\,\text{N} \cdot (500\,\text{mm})^2}{210\,000\,\frac{\text{N}}{\text{mm}^2} \cdot \pi^2} = 1\,809\,\text{mm}^4$$

Mit $I = \frac{\pi \cdot d^4}{64}$ wird der Stößeldurchmesser:

$$d \geqq \sqrt[4]{\frac{64 \cdot I}{\pi}} = \sqrt[4]{\frac{64 \cdot 1\,809}{\pi}\,\text{mm}^4} = 13{,}9\,\text{mm}$$

ausgeführt: $d = \underline{14\,\text{mm}}$

b) Die Druckspannung beträgt:

$$\sigma_d = \frac{F}{S} = \frac{2\,500\,\text{N}}{154\,\text{mm}^2} = 16{,}2\,\text{N/mm}^2$$

Die Sicherheit beträgt:

$$\nu = \frac{\sigma_{d\,Sch}}{\sigma_d} = \frac{550\,\text{N/mm}^2}{16{,}2\,\text{N/mm}^2} = \underline{34}$$

Es genügt also nicht, die Stößelstange auf Druck zu berechnen, der Durchmesser würde viel zu klein werden, und die Stange würde ausknicken.

4.7.1.3 Grenzen für die elastische Knickung

Die Druckspannung beim Ausknicken des Stabes bezeichnet man als **Knickspannung:**

(27) $$\sigma_K = \frac{F_K}{S}$$

σ_K Knickspannung in N/mm^2
F_K Knickkraft in N
S Querschnittsfläche in mm^2

Mit $F_K = \frac{\pi^2 \cdot E \cdot I}{l_K^2}$ wird die **Knickspannung:**

$$\sigma_K = \frac{F_K}{S} = \frac{\pi^2 \cdot E \cdot I}{l_K^2 \cdot S}$$

Die durch die Baumaße des Stabes gegebenen Faktoren S, I und l_K faßt man zusammen und bezeichnet den Ausdruck $\sqrt{l_K^2 \cdot \frac{S}{I}} = l_K \sqrt{\frac{S}{I}}$ als **Schlankheitsgrad λ:**

$$\lambda = l_K \cdot \sqrt{\frac{S}{I}} \quad \text{oder} \quad \lambda = \frac{l_K}{\sqrt{\frac{I}{S}}}$$

Die Größen I und S sind nur vom Stabquerschnitt abhängig. Man bezeichnet entsprechend dem Ausdruck $\sqrt{\frac{J}{m}}$ in der Kinetik den Ausdruck $\sqrt{\frac{I}{S}}$ als **Trägheitsradius:**

(28) $$i = \sqrt{\frac{I}{S}}$$

i Trägheitsradius in mm
I kleinstes axiales Flächenmoment in mm^4
S Querschnittsfläche in mm^2

Für den Kreisquerschnitt wird mit $I = \frac{\pi \cdot d^4}{64}$ und $S = \frac{\pi \cdot d^2}{4}$ der **Trägheitsradius:**

$$i = \sqrt{\frac{I}{S}} = \sqrt{\frac{\pi \cdot d^4 \cdot 4}{64 \cdot \pi \cdot d^2}} = \sqrt{\frac{d^2}{16}} = \frac{d}{4}$$

Mit dem Trägheitsradius $i = \sqrt{\frac{I}{S}}$ wird der **Schlankheitsgrad:**

(29) $$\lambda = \frac{l_K}{i}$$

λ Schlankheitsgrad
l_K freie Knicklänge in mm
i Trägheitsradius in mm

Je größer der Schlankheitsgrad λ, desto schlanker der Stab.

Mit $\lambda = l_K \cdot \sqrt{\frac{S}{I}}$ ergibt sich für die Knickspannung:

$$\sigma_K = \frac{\pi^2 \cdot E \cdot I}{l_K^2 \cdot S} = \frac{\pi^2 \cdot E}{l_K^2 \cdot \frac{S}{I}} = \frac{\pi^2 \cdot E}{\lambda^2}$$

Damit wird die **Knickspannung:**

(30) $$\sigma_K = \frac{\pi^2 \cdot E}{\lambda^2}$$

σ_K Knickspannung in N/mm^2
E Elastizitätsmodul in N/mm^2
λ Schlankheitsgrad

Die Euler-Gleichung $F_K = \frac{\pi^2 \cdot E \cdot I}{l_K^2}$ gilt nur für die Hookesche Gerade im σ, ε-Diagramm, d. h. nur solange die Druckspannung kleiner als die Druck-Proportionalitätsgrenze σ_{dP} ist.

Um elastische Knickung handelt es sich also, wenn die größte Druckspannung, d. h. die Knickspannung, kleiner als σ_{dP} ist:

$$\sigma_K = \frac{\pi^2 \cdot E}{\lambda^2} \leqq \sigma_{dP}$$

Damit gilt bei elastischer Knickung folgende Forderung für den Schlankheitsgrad:

$$\lambda^2 \geqq \frac{\pi^2 \cdot E}{\sigma_{dP}}$$

$$\lambda \geqq \pi \sqrt{\frac{E}{\sigma_{dP}}}$$

Der Schlankheitsgrad, der die untere Grenze für die elastische Knickung und damit für die Gültigkeit der Euler-Gleichung darstellt, nennt man den **Grenzschlankheitsgrad λ_g.** Es ist:

$$\lambda_g = \pi \sqrt{\frac{E}{\sigma_{dP}}}$$

Die Größe des Grenzschlankheitsgrades hängt von der Werkstoffart (E-Modul) und von der Festigkeit (Proportionalitätsgrenze) ab, ist also für die einzelnen Stahlsorten verschieden groß.

Für St 37 ist $\sigma_{dP} \approx 190\,\text{N/mm}^2$. Damit ergibt sich der Grenzschlankheitsgrad zu:

$$\lambda_g = \pi \sqrt{\frac{E}{\sigma_{dP}}} = \pi \sqrt{\frac{210\,000\,\text{N/mm}^2}{190\,\text{N/mm}^2}} \approx 105$$

Für Stahlsorten mit höherer Proportionalitätsgrenze, also höherer Festigkeit, wird λ_g kleiner, die elastische Knickung tritt also schon bei kleineren Schlankheitsgraden auf.

Da die Proportionalitätsgrenze für denselben Werkstoff schwankt, kann auch der Grenzschlankheitsgrad nur ungefähr angegeben werden. Die Werte für λ_g können aus Tabellen entnommen werden.

Die Euler-Gleichung für die Knickkraft gilt nur bei Schlankheitsgraden, die größer als der Grenzschlankheitsgrad sind ($\lambda > \lambda_g$).

Lehrbeispiel 38:

Die Stange einer Bremsvorrichtung (St 37-2) hat einen Durchmesser von 16 mm und ist 480 mm lang. Die Stange ist an beiden Enden gelenkig gelagert (Belastungsfall II) und hat eine Druckkraft von $F = 4\,000\,\text{N}$ aufzunehmen

Handelt es sich um elastische Knickung?

Lösung:

Ist der tatsächliche Schlankheitsgrad λ größer als der Grenzschlankheitsgrad λ_g, so handelt es sich um elastische Knickung.

Mit $i = \frac{d}{4} = \frac{16\,\text{mm}}{4} = 4\,\text{mm}$ für den Kreisquerschnitt wird der Schlankheitsgrad:

$$\lambda = \frac{l_K}{i} = \frac{480\,\text{mm}}{4\,\text{mm}} = 120$$

Es ist $\lambda = 120 > \lambda_g = 105$, also handelt es sich um elastische Knickung und die **Euler-Gleichung** kann verwendet werden.

4.7.2 Nichtelastische Knickung

Trägt man die Abhängigkeit der Knickspannung σ_K vom Schlankheitsgrad λ, also $\sigma_K = \pi^2 \cdot E \cdot \frac{1}{\lambda^2}$, in einem Diagramm auf, so ergibt sich eine *Hyperbel* (Bild 1); da sie die Euler-Gleichung darstellt, nennt man sie die **Euler-Hyperbel.**

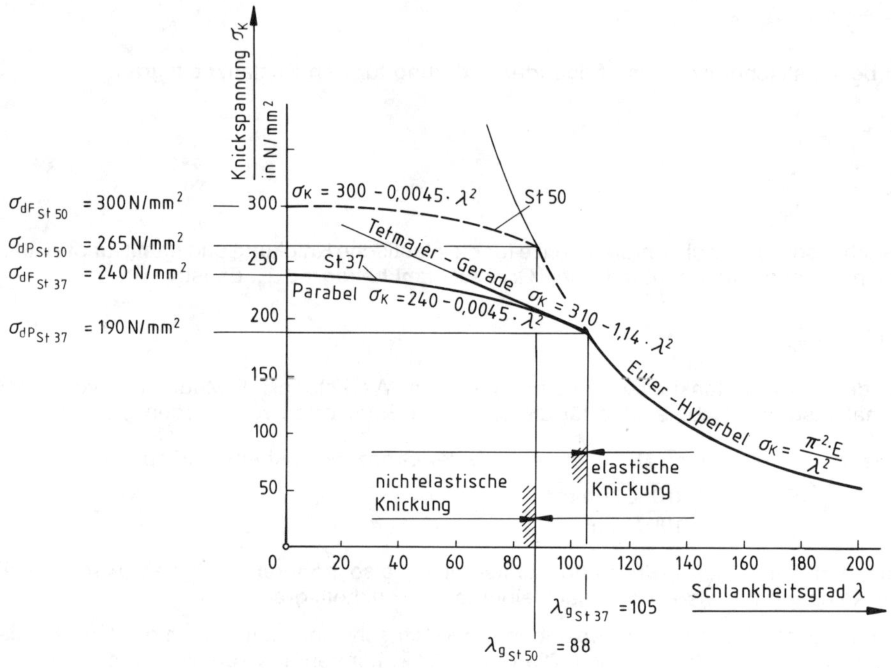

Bild 1 Abhängigkeit der Knickspannung vom Schlankheitsgrad

Aufgabe:

Ein 200 mm langer Stab aus St 50 mit Kreisquerschnitt (d = 12 mm) wird auf Knickung beansprucht (Belastungsfall II).

Bei welcher Knickspannung σ_K knickt der Stab aus?

Lösung:

Mit $i = \frac{d}{4} = \frac{12\,\text{mm}}{4} = 3\,\text{mm}$ und $\lambda = \frac{l_K}{i} = \frac{200\,\text{mm}}{3\,\text{mm}} = 66{,}7$

wird die Knickspannung:

$$\sigma_K = \frac{\pi^2 \cdot E}{\lambda^2} = \frac{\pi^2 \cdot 210\,000\,\text{N/mm}^2}{66{,}7^2} = 466\,\text{N/mm}^2$$

Dieser Wert kann aber unmöglich der Wirklichkeit entsprechen, da der Werkstoff schon bei der Quetschgrenze $\sigma_{dF} = 300\,\text{N/mm}^2$ durch bleibende Verformung versagen würde.

Daß die Gleichung $\sigma_K = \frac{\pi^2 \cdot E}{\lambda^2}$ bei dieser Aufgabe zu einem falschen Ergebnis führt, ist auch daraus ersichtlich, daß die Euler-Gleichung nur für $\lambda > \lambda_g$ gilt, bei dieser Aufgabe aber $\lambda = 67 < \lambda_g = 88$ ist.

Die Euler-Hyperbel nach Bild 1 gilt also bei St 50 nur für $\lambda > \lambda_g = 88$, bei St 37 nur für $\lambda > \lambda_g = 105$. Bei $\lambda < \lambda_g$ ergeben sich mit der Euler-Gleichung zu große Werte für die Knickspannung σ_K.

In Versuchen wurden Werte für die **Knickspannung im nichtelastischen Bereich** ermittelt. Aus diesen Versuchswerten stellte **Tetmajer** eine Gleichung nach der Form

$$\sigma_K = a - b \cdot \lambda$$

zur Berechnung der Knickspannung auf. Die Gleichung stellt eine Gerade dar, die sogenannte **Tetmajer-Gerade** (Bild 1, Seite 248). In der Tabelle sind für St 37 und St 50/St 60 die Gleichungen nach Tetmajer aufgeführt.

Für kleine Schlankheitsgrade ergibt die **Tetmajer-Gleichung** zu große Werte für die Knickspannung σ_K.

Tab.: Grenzschlankheitsgrad λ_g und Gleichungen zur Berechnung der Knickspannung σ_K bei nichtelastischer Knickung.

Werkstoff	$\sigma_{dF} \approx R_e$ in N/mm²	σ_{dP} in N/mm²	λ_g	σ_K in N/mm² Parabel $\sigma_K = \sigma_{dF} - (\sigma_{dF} - \sigma_{dP}) \left(\frac{\lambda}{\lambda_g}\right)^2$	σ_K in N/mm² Tetmajer-Gerade
St 37	240	190	105	$\sigma_K = 240 - 0{,}0045 \cdot \lambda^2$	$\sigma_K = 310 - 1{,}14 \cdot \lambda$
St 50	300	265	88	$\sigma_K = 300 - 0{,}0045 \cdot \lambda^2$	} $\sigma_K = 335 - 0{,}62 \cdot \lambda$ (St 50, St 60)
St 60	340	300	83	$\sigma_K = 340 - 0{,}0058 \cdot \lambda^2$	
St 70	370	320	80	$\sigma_K = 370 - 0{,}0078 \cdot \lambda^2$	

Recht gut mit den in Versuchen ermittelten Knickspannungen stimmen die Werte überein, die nach der Gleichung

$$\sigma_K = \sigma_{dF} - (\sigma_{dF} - \sigma_{dP}) \left(\frac{\lambda}{\lambda_g}\right)^2$$

berechnet werden.

Für verschiedene Werkstoffe sind nach dieser Gleichung vereinfachte Berechnungsformeln ermittelt worden und in der Tabelle zusammengestellt. Wird der Zusammenhang zwischen σ_K und λ nach der Gleichung $\sigma_K = \sigma_{dF} - (\sigma_{dF} - \sigma_{dP}) \left(\frac{\lambda}{\lambda_g}\right)^2$ zeichnerisch dargestellt, so ergibt sich nach Bild 1, Seite 248 eine **Parabel.** Die Parabel beginnt bei $\lambda = 0$ und $\sigma_K = \sigma_{dF}$, sie endet bei $\lambda = \lambda_g$ und $\sigma_K = \sigma_{dP}$.

So wie der Übergang von **nichtelastischer** zu **elastischer Knickung** nicht plötzlich erfolgt, ist auch der Übergang von reiner Druck- zu Knickbeanspruchung nicht genau festzulegen. Bei den in der Tabelle aufgeführten Stahlsorten (St 37 ... St 70) genügt es, bei $\lambda < 20$ auf Druck zu rechnen, weil Ausknicken nicht zu befürchten ist.

Nichtelastische Knickung tritt auf, wenn der Schlankheitsgrad λ kleiner als der Grenzschlankheitsgrad λ_g ist ($\lambda < \lambda_g$).

Die Knickspannung σ_K muß nach der *Parabel-Gleichung*

$$\sigma_K = \sigma_{dF} - (\sigma_{dF} - \sigma_{dP}) \left(\frac{\lambda}{\lambda_g}\right)^2$$

oder nach den *Tetmajer-Gleichungen* ermittelt werden.

Lehrbeispiel 39:

Ein 500 mm langes Rohr aus St 37 ($D = 20$ mm, $d = 16$ mm) wird durch die Druckkraft $F = 6{,}8$ kN belastet (Belastungsfall II).

a) Handelt es sich um elastische oder nichtelastische Knickung?

b) Wie groß ist die Sicherheit gegen Knickung?

Lösung:

a) Die Größe des Schlankheitsgrades entscheidet, ob es sich um elastische oder nichtelastische Knickung handelt.

Mit $I = \frac{\pi}{64}(D^4 - d^4) = \frac{\pi}{64}(20^4 - 16^4)\,\text{mm}^4 = 4\,637\,\text{mm}^4$

und $S = (314 - 201)\,\text{mm}^2 = 113\,\text{mm}^2$ wird der Trägheitsradius:

$$i = \sqrt{\frac{I}{S}} = \sqrt{\frac{4\,637\,\text{mm}^4}{113\,\text{mm}^2}} = 6{,}41\,\text{mm}$$

Damit ist der Schlankheitsgrad:

$$\lambda = \frac{l_K}{i} = \frac{l}{i} = \frac{500\,\text{mm}}{6{,}41\,\text{mm}} \approx 78$$

Da $\lambda = 78 < \lambda_g = 105$ ist, handelt es sich um nichtelastische Knickung.

b) Nach der **Parabelgleichung** ist die Knickspannung:

$$\sigma_K = (240 - 0{,}0045 \cdot \lambda^2)\,\text{N/mm}^2 = (240 - 0{,}0045 \cdot 78^2)\,\text{N/mm}^2$$

$$\sigma_K = 213\,\text{N/mm}^2$$

und damit die Knickkraft:

$$F_K = S \cdot \sigma_K = 113\,\text{mm}^2 \cdot 213\,\text{N/mm}^2 = 24\,020\,\text{N} \approx 24\,\text{kN}$$

Die Sicherheit gegen Ausknicken ist:

$$\nu = \frac{F_K}{F} = \frac{24\,\text{kN}}{6{,}8\,\text{kN}} = \underline{\underline{3{,}5}}$$

Nach **Tetmajer** ist:

$$\sigma_K = (310 - 1{,}14 \cdot \lambda)\,\text{N/mm}^2 = (310 - 1{,}14 \cdot 78)\,\text{N/mm}^2$$

$$\sigma_K = 221\,\text{N/mm}^2$$

$$F_K = S \cdot \sigma_K = 113\,\text{mm}^2 \cdot 221\,\text{N/mm}^2 = 25\,010\,\text{N} \approx 25\,\text{kN}$$

$$\nu = \frac{F_K}{F} = \frac{25\,\text{kN}}{6{,}8\,\text{kN}} = \underline{\underline{3{,}7}}$$

Aufgabe:

Ein 200 mm langer rechteckiger Stab aus St 37 ist auf einer Seite fest eingespannt, auf der anderen eingespannt und in Stabrichtung verschiebbar. Die Druckkraft beträgt $F = 8\,000$ N.

a) Welche Abmessungen muß der Stab bei $b/h \approx 2$ haben, wenn bei elastischer Knickung $\nu = 6$, bei nichtelastischer Knickung $\nu = 4$ sein soll?

b) Kann der Stabquerschnitt verkleinert werden, wenn ein Werkstoff mit höherer Festigkeit verwendet wird?

Wie groß ist die Sicherheit bei dem unter a) ermittelten Querschnitt bei Verwendung von St 70?

Lösung:

a) Da die Abmessungen und damit der Schlankheitsgrad des Stabes nicht bekannt sind, ist es noch unklar, ob es sich um elastische oder nichtelastische Knickung handelt. Da in den Gleichungen für σ_K bei nichtelastischer Knickung der noch nicht bekannte Schlankheitsgrad λ enthalten ist, sind diese Gleichungen nicht zur Dimensionierung des Knickstabes geeignet. Man rechnet deshalb bei jeder Knickaufgabe, bei der die Abmessungen gesucht sind, zuerst so, als ob es sich um elastische Knickung handeln würde.

Aus $F \leqq \frac{F_K}{\nu}$ folgt für die Knickkraft:

$$F_K \geqq F \cdot \nu = 8\,\text{kN} \cdot 6 = 48\,\text{kN}$$

Nach der Aufgabenstellung handelt es sich um den Belastungsfall IV, also ist $l_K = 0{,}5 \cdot l = 0{,}5 \cdot 200\,\text{mm} = 100\,\text{mm}$.

Aus $F_K = \frac{\pi^2 \cdot E \cdot I}{l_K^2}$ folgt für das kleinste axiale Flächenmoment:

$$I \geqq \frac{F_K \cdot l_K^2}{\pi^2 \cdot E} = \frac{48\,000\,\text{N} \cdot (100\,\text{mm})^2}{\pi^2 \cdot 210\,000\,\text{N/mm}^2} = 232\,\text{mm}^4$$

Für den Rechteckquerschnitt ist $I = \frac{b \cdot h^3}{12}$ und für $b = 2 \cdot h$:

$$I = \frac{2h \cdot h^3}{12} = \frac{h^4}{6}$$

Daraus folgt für die Höhe:

$$h \geqq \sqrt[4]{6 \cdot I} = \sqrt[4]{6 \cdot 232\,\text{mm}^4} = 6{,}1\,\text{mm}$$

ausgeführt: $h = 6\,\text{mm}$
$b = 12\,\text{mm}$

War die Rechnung mit der **Euler-Gleichung** richtig?

Mit $I = \frac{b \cdot h^3}{12} = \frac{12\,\text{mm}\,(6\,\text{mm})^3}{12} = 216\,\text{mm}^4$, $S = b \cdot h = 12 \cdot 6\,\text{mm}^2 = 72\,\text{mm}^2$

und $i = \sqrt{\frac{I}{S}} = \sqrt{\frac{216\,\text{mm}^4}{72\,\text{mm}^2}} = \sqrt{3\,\text{mm}^2} = 1{,}73\,\text{mm}$

ist der Schlankheitsgrad des Stabes:

$$\lambda = \frac{l_K}{i} = \frac{100\,\text{mm}}{1{,}73\,\text{mm}} \approx 58$$

Da $\lambda = 58 < \lambda_g = 105$ ist, handelt es sich um nichtelastische Knickung.

Mit dem mit der **Euler-Gleichung** ermittelten Stabquerschnitt wird die Sicherheit nachgeprüft.

Die Knickspannung ist nach der **Parabelgleichung:**

$$\sigma_K = (240 - 0{,}0045 \cdot \lambda^2)\,\text{N/mm}^2 = (240 - 0{,}0045 \cdot 58^2)\,\text{N/mm}^2$$
$$\sigma_K = 225\,\text{N/mm}^2$$

und damit die Knickkraft:

$$F_K = \sigma_K \cdot S = 225\,\frac{\text{N}}{\text{mm}^2} \cdot 72\,\text{mm}^2 = 16\,200\,\text{N}$$

Die vorhandene Sicherheit beträgt:

$$\nu = \frac{F_K}{F} = \frac{16\,200\,\text{N}}{8\,000\,\text{N}} \approx 2{,}0$$

Die Sicherheit ist zu klein, es muß ein größerer Stabquerschnitt gewählt werden.

Mit $h = 10\,\text{mm}$ und $b = 20\,\text{mm}$ wird:

$$I = \frac{b \cdot h^3}{12} = \frac{20\,\text{mm} \cdot (10\,\text{mm})^3}{12} = 1667\,\text{mm}^4$$

$$S = b \cdot h = 20 \cdot 10\,\text{mm}^2 = 200\,\text{mm}^2$$

$$i = \sqrt{\frac{I}{S}} = \sqrt{\frac{1667\,\text{mm}^4}{200\,\text{mm}^2}} = 2{,}89\,\text{mm}$$

$$\lambda = \frac{l_K}{i} = \frac{100\,\text{mm}}{2{,}89\,\text{mm}} = 34{,}6$$

$$\sigma_K = (240 - 0{,}0045 \cdot 34{,}6^2)\,\text{N/mm}^2 = 235\,\text{N/mm}^2$$

$$F_K = \sigma_K \cdot S = 235\,\frac{\text{N}}{\text{mm}^2} \cdot 200\,\text{mm}^2 = 47\,000\,\text{N}$$

$$\nu = \frac{F_K}{F} = \frac{47\,000\,\text{N}}{8\,000\,\text{N}} = 5{,}9$$

Die Sicherheit ist ausreichend, die Querschnittsabmessungen könnten noch etwas verringert werden.

ausgeführt: $\underline{h = 10\,\text{mm}}$

$\underline{b = 20\,\text{mm}}$

b) Im Gegensatz zur elastischen Knickung, bei der ein Stahl mit höherer Festigkeit keine höhere Knicksicherheit ergibt, steigt bei nichtelastischer Knickung mit höherer Festigkeit die Knickspannung und damit die Sicherheit gegen Ausknicken. Bei St 70 ist:

$$\sigma_K = (370 - 0{,}0078 \cdot \lambda^2)\,\text{N/mm}^2 = (370 - 0{,}0078 \cdot 34{,}6^2)\,\text{N/mm}^2$$

$$\sigma_K = 361\,\text{N/mm}^2$$

$$F_K = \sigma_K \cdot S = 361\,\frac{\text{N}}{\text{mm}^2} \cdot 200\,\text{mm}^2 = 72\,200\,\text{N}$$

$$\nu = \frac{F_K}{F} = \frac{72\,200\,\text{N}}{8\,000\,\text{N}} = \underline{9{,}0}$$

Bei der Lösung der vorhergehenden Aufgabe ergeben sich einige Erkenntnisse, auf die noch näher eingegangen werden soll.

Wenn sich bei der ersten Rechnung mit der Euler-Gleichung ergibt, daß es sich um nichtelastische Knikkung handelt, so muß der Querschnitt verstärkt werden. Dabei wird der Schlankheitsgrad λ kleiner; es besteht also nicht die Gefahr, daß durch Vergrößerung des Querschnitts der Bereich der nichtelastischen Knickung wieder verlassen wird und doch mit der Euler-Gleichung gerechnet werden muß.

Die Gleichungen für σ_K bei nichtelastischer Knickung können nur zur Nachprüfung der Knicksicherheit benützt werden, nicht zur Dimensionierung.

Bei nichtelastischer Knickung kann durch Verwendung einer Stahlsorte mit höherer Festigkeit der Stabquerschnitt verkleinert werden. Da mit höherer Festigkeit der Grenzschlankheitsgrad λ_g kleiner wird, durch die Verkleinerung des Querschnitts aber der Schlankheitsgrad des Stabes ansteigt, besteht die Gefahr, daß es sich nun um elastische Knickung handelt und die Sicherheitszahl größer sein muß. Die Materialersparnis ist in diesem Fall gering.

Je kleiner der Schlankheitsgrad λ ist, desto mehr Vorteile bringt die Verwendung einer Stahlsorte mit höherer Festigkeit bei Beanspruchung auf Knickung.

4.7.3 Omega-Verfahren

Im Stahlhochbau, wo oft viele Knickstäbe zu berechnen sind, wäre es zu umständlich, mit der **Euler-Gleichung** bzw. mit den **Gleichungen für nichtelastische Knickung** zu arbeiten. Man hat deshalb ein einfacheres Verfahren, das **Omega-Verfahren (ω-Verfahren)** entwickelt, dessen Anwendung im Stahlhoch-, Kran- und Brückenbau vorgeschrieben ist.

Zwei wichtige Voraussetzungen der genannten Anwendungsgebiete ermöglichen die Anwendung dieser vereinfachten Berechnung auf Knickung:

1. es werden praktisch nur 2 Stahlsorten verwendet: St 37 und St 52,
2. die Größe der Sicherheitszahl kann vorgeschrieben werden, da Art und Größe der Belastungskraft sowie die Art der Lagerung des Stabes meist eindeutig zu bestimmen sind.

Im Stahlhochbau sind nach DIN 1050 bei reiner Druckbeanspruchung ($\lambda < 20$) die zulässigen Druckspannungen:

für St 37 $\sigma_{zul} = 140\,\text{N/mm}^2$,

für St 52 $\sigma_{zul} = 210\,\text{N/mm}^2$.

Bei auf Knickung beanspruchten Stäben ($\lambda > 20$) muß die zulässige Druckspannung σ_{dzul} kleiner als σ_{zul} sein. Das Verhältnis $\sigma_{zul}/\sigma_{dzul}$ wird als **Knickzahl ω** bezeichnet. In DIN 4114 sind die Knickzahlen ω für St 37 und St 52 in Abhängigkeit vom Schlankheitsgrad λ angegeben. Die **Knickzahl** ist:

(31) $$\omega = \frac{\sigma_{zul}}{\sigma_{dzul}}$$

ω Knickzahl nach DIN 4114
σ_{zul} zulässige Druckspannung bei $\lambda < 20$ nach DIN 1050
σ_{dzul} zulässige Druckspannung bei Knickung ($\lambda > 20$)

Aufgabe:

Ein beidseitig gelagerter Stab aus I-Stahl I DIN 1025-80 wird auf Knickung beansprucht. Ermitteln Sie die Knickzahl ω bei einer Sicherheit von $\nu = 2{,}5$ nach der Euler-Gleichung und vergleichen Sie die Werte mit denen aus DIN 4114 für folgende Fälle:

a) $l = 1{,}1$ m, St 37 **b)** $l = 1{,}5$ m, St 37 **c)** $l = 1{,}5$ m, St 52

Lösung:

a) Der Schlankheitsgrad ist:

$$\lambda = \frac{l_K}{i} = \frac{l}{i_{min}} = \frac{l}{i_y} = \frac{1100\,\text{mm}}{9{,}1\,\text{mm}} = 121$$

Nach der **Euler-Gleichung** ist die Knickspannung:

$$\sigma_K = \frac{\pi^2 \cdot E}{\lambda^2} = \frac{\pi^2 \cdot 210\,000\,\text{N/mm}^2}{121^2} = 142\,\text{N/mm}^2$$

und damit die zulässige Druckspannung bei Knickung:

$$\sigma_{dzul} = \frac{\sigma_K}{\nu} = \frac{142\,\text{N/mm}^2}{2{,}5} = 56{,}6\,\text{N/mm}^2$$

Die Knickzahl ist:

$$\omega = \frac{\sigma_{zul}}{\sigma_{dzul}} = \frac{140\,\text{N/mm}^2}{56{,}6\,\text{N/mm}^2} = \underline{2{,}47}$$

Nach DIN 4114 ist für St 37-2 bei $\lambda = 121$ die Knickzahl $\omega = 2{,}47$

b) Für $l = 1{,}5$ m bei St 37 ist:

$$\lambda = \frac{l}{i_y} = \frac{1500\,\text{mm}}{9{,}1\,\text{mm}} = 165$$

$$\sigma_K = \frac{\pi^2 \cdot E}{\lambda^2} = \frac{\pi^2 \cdot 210\,000\,\text{N/mm}^2}{165^2} = 76{,}3\,\text{N/mm}^2$$

$$\sigma_{d\,zul} = \frac{\sigma_K}{\nu} = \frac{76{,}3\,N/mm^2}{2{,}5} = 30{,}5\,N/mm^2$$

$$\omega = \frac{\sigma_{zul}}{\sigma_{d\,zul}} = \frac{140\,N/mm^2}{30{,}5\,N/mm^2} = \underline{4{,}59}$$

Nach DIN 4114 ist: $\omega = 4{,}60$

Bei größerem Schlankheitsgrad λ wird $\sigma_{d\,zul}$ kleiner und damit die Knickzahl ω größer.

c) Für $l = 1{,}5$ m bei St 52 ist:

$$\omega = \frac{\sigma_{zul}}{\sigma_{d\,zul}} = \frac{210\,N/mm^2}{30{,}5\,N/mm^2} = 6{,}88$$

Nach DIN 4114 ist: $\omega = 6{,}9$

Da bei St 52 gegenüber St 37 σ_{zul} größer ist, die zulässige Druckspannung bei Knickung $\sigma_{d\,zul}$ aber gleich groß bleibt, wird auch die Knickzahl ω größer.

Auch für nichtelastische Knickung wurden die Knickzahlen ermittelt (DIN 4114, Blatt 2). Das ω-*Verfahren* gilt also für elastische und nichtelastische Knickung.

Das ω-*Verfahren* ergibt eine einfache Berechnung von Knickstäben. Das Verfahren ist für elastische und nichtelastische Knickung anwendbar.

Beim **ω-Verfahren** wird der Knickstab so berechnet, als ob er nur auf Druck beansprucht würde, allerdings mit einer niedrigeren zulässigen Druckspannung $\sigma_{d\,zul} = \frac{\sigma_{zul}}{\omega}$.

Aus der Gleichung $\sigma_d = \frac{F}{S} \leqq \sigma_{d\,zul}$ folgt bei Knickstäben für die **Druckspannung:**

(32) a
$$\sigma_d = \frac{F}{S} \leqq \frac{\sigma_{zul}}{\omega}$$

(Erläuterung siehe Gleichung (32) b)

Die Gleichung wird mit der Knickzahl ω multipliziert:

$$\sigma_d \cdot \omega = \frac{F \cdot \omega}{S} \leqq \sigma_{zul}$$

Bezeichnet man den Ausdruck $\sigma_d \cdot \omega$ als **Omegaspannung σ_ω**, so ergibt sich die Form der Gleichung, wie sie auch in DIN 4114 enthalten ist:

(32) b
$$\sigma_\omega = \frac{F \cdot \omega}{S} \leqq \sigma_{zul}$$

σ_d Druckspannung in N/mm²
σ_ω Omegaspannung in N/mm²
F Druckkraft in N
ω Knickzahl
S Querschnittsfläche in mm²
σ_{zul} zulässige Spannung für reine Druckbeanspruchung in N/mm²
(für St 37: $\sigma_{zul} = 140\,N/mm^2$, für St 52: $\sigma_{zul} = 210\,N/mm^2$)

Die Gleichung (32) b dient für den Spannungsnachweis. Dabei ist die Omegaspannung σ_ω eine gedachte Spannung (tatsächliche Druckspannung × Knickzahl), sie darf höchstens so groß werden wie die zulässige Spannung für reine Druckbeanspruchung.

Anwendungsbereich des ω-Verfahrens

Beim ω-Verfahren wird mit verhältnismäßig niedrigen Sicherheitszahlen ($\nu < 2{,}5$) gerechnet; diese sind für den Maschinenbau zu niedrig, da hier z. B. die Art der Einspannung und die Größe der Belastungskräfte (z. B. zusätzliche Massenkräfte) oft nur ungefähr ermittelt werden können. Einer Anwendung des ω-Verfahrens im Maschinenbau steht auch entgegen, daß hier eine Vielzahl von Werkstoffen eingesetzt werden, wogegen im Stahlbau praktisch nur St 37 und St 52 vorkommen. Während also im Stahlbau die Anwendung des ω-Verfahrens zwingend vorgeschrieben ist, muß im Maschinenbau mit den Gleichungen für elastische und nichtelastische Knickung **(Euler-, Parabel-, Tetmajer-Gleichung)** gerechnet werden und die Sicherheitszahl ν von Fall zu Fall festgelegt werden.

Das *ω-Verfahren* ist für Stahlhoch-, Kran- und Brückenbau behördlich vorgeschrieben, es darf im Maschinenbau nicht angewendet werden.

Beim **ω-Verfahren** ist zu beachten:

1. Die aufgeführten Gleichungen gelten nur für gerade, mittig gedrückte einteilige Druckstäbe mit gleichbleibendem Querschnitt. (Berechnung von mehrteiligen Druckstäben, von Druckstäben mit veränderlicher Querschnittshöhe, mit veränderlicher Normalkraft usw. siehe DIN 4114.)
2. Zur Berechnung von λ benötigt man die freie Knicklänge l_K. Normalerweise sind die Stabenden als gelenkig festgehalten anzusehen, die freie Knicklänge entspricht der Stablänge l bzw. der Netzlänge s_K (Belastungsfall II).

   (Weitere Einzelheiten zur Ermittlung der freien Knicklänge siehe DIN 4114.)
3. Nähere Angaben über den Geltungsbereich des **ω-Verfahrens,** über höchstzulässige Schlankheitsgrade sowie über Vorschriften und Richtlinien bei den verschiedenen Stab- und Trägerarten sind in DIN 4114, Blatt 1 und 2 zu finden.

   Da bei größer werdendem Schlankheitsgrad die Gefahr des Ausknickens immer größer wird, sind z.B. für den Stahlbau die Bedingung $\lambda \leqq 250$ und für den Brückenbau $\lambda \leqq 150$ vorgeschrieben.

Lehrbeispiel 40:

Ein Winkelstahl L DIN 1028 – USt 37-2-40 × 4 mit 800 mm Länge wird durch die Druckkraft $F = 20$ kN belastet.

Es ist der Spannungsnachweis nach dem ω-Verfahren durchzuführen.

Lösung:

Der Schlankheitsgrad ist:

$$\lambda = \frac{l_K}{i_{min}} = \frac{l}{i_y} = \frac{800\ \text{mm}}{7{,}8\ \text{mm}} = 103$$

Nach DIN 4114 ist $\omega = 1{,}96$ und die gedachte Omegaspannung:

$$\sigma_\omega = \frac{F \cdot \omega}{S} = \frac{20\,000\ \text{N} \cdot 1{,}96}{308\ \text{mm}^2} = \underline{127\ \text{N/mm}^2 < \sigma_{zul} = 140\ \text{N/mm}^2}$$

Die Belastungskraft $F = 20$ kN ist zulässig.

Lehrbeispiel 41:

Ein Drehkran wird durch die Kraft F belastet.

a) Mit welcher Druckkraft F_d darf die waagrechte Strebe des Drehkrans höchstens belastet werden? (Es ist nach dem ω-Verfahren zu rechnen.)

b) Wie groß darf die Belastungskraft F des Krans höchstens werden (Eigengewicht vernachlässigt)?

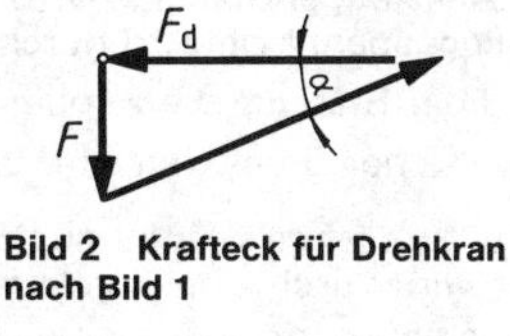

Bild 1 Drehkran

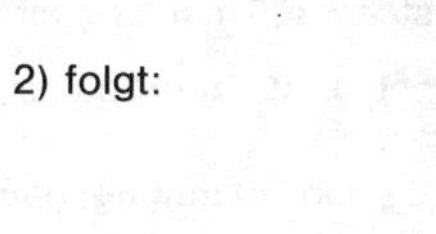

Bild 2 Krafteck für Drehkran nach Bild 1

Lösung:

a) Der Schlankheitsgrad ist:

$$\lambda = \frac{l_K}{i} = \frac{l}{i_y} = \frac{2\,500\ \text{mm}}{25{,}6\ \text{mm}} = 98$$

Mit $\omega = 1{,}86$ folgt aus $\sigma_\omega = \dfrac{F \cdot \omega}{S} \leqq \sigma_{zul}$ für die Druckkraft:

$$F_d \leqq \frac{\sigma_{zul} \cdot S}{\omega} = \frac{140\ \dfrac{\text{N}}{\text{mm}^2} \cdot 6\,900\ \text{mm}^2}{1{,}86} = 519\,000\ \text{N} = \underline{519\ \text{kN}}$$

b) Aus den Abmessungen des Krans und aus der Kraftecksskizze (Bild 2) folgt:

$$\tan \alpha = \frac{1\ \text{m}}{2{,}5\ \text{m}} = \frac{F}{F_d} \qquad F = F_d \frac{1}{2{,}5} = \frac{519\ \text{kN}}{2{,}5} = \underline{208\ \text{kN}}$$

Lehrbeispiel 42:

Eine Stütze mit einer freien Knicklänge von $l_K = 2$ m wird durch eine Druckkraft von $F = 60$ kN belastet. Welches U-Profil nach DIN 1026 aus St 52 ist zu wählen, wenn nach dem ω-Verfahren zu rechnen ist?

Lösung:

Ebenso wie die Gleichungen für nichtelastische Knickung im Maschinenbau ist auch das ω-Verfahren nicht zur Dimensionierung geeignet; es muß also ein bestimmtes Profil gewählt und dann der Spannungsnachweis geführt werden. Zur näherungsweisen Ermittlung des Profils gibt es Gebrauchsformeln, die den entsprechenden Taschenbüchern entnommen werden können.

Nach DIN 1026 ist $i_{min} = i_y = 0{,}42 \ldots 3{,}04$ cm für U 30 × 15 ... U 400.

Wird ein mittlerer Trägheitsradius $i_y = 1{,}7$ cm angenommen, so wird:

$$\lambda = \frac{l_K}{i_v} = \frac{2\,000\text{ mm}}{17\text{ mm}} = 118 \quad \text{und} \quad \omega = 3{,}53$$

Aus $\dfrac{F \cdot \omega}{S} \leqq \sigma_{zul}$ ergibt sich für die Querschnittsfläche:

$$S \geqq \frac{F \cdot \omega}{\sigma_{zul}} = \frac{60\,000\text{ N} \cdot 3{,}53}{210\text{ N/mm}^2} = 1\,009\text{ mm}^2$$

Dies würde ein Profil U 80 mit $S = 11{,}0$ cm² erfordern. Da dann aber $i_y = 1{,}33$ cm und nicht wie angenommen gleich 1,7 cm ist, ändert sich auch ω; also ist mit dem gewählten Profil der Spannungsnachweis zu führen:

$$\lambda = \frac{l_K}{i_v} = \frac{2\,000\text{ mm}}{13{,}3\text{ mm}} = 150 \qquad \omega = 5{,}7$$

$$\sigma_\omega = \frac{F \cdot \omega}{S} = \frac{60\,000\text{ N} \cdot 5{,}7}{1\,100\text{ mm}^2} = 311\text{ N/mm}^2 > \sigma_{zul} = 210\text{ N/mm}^2$$

Es ist also ein stärkeres Profil zu verwenden.

Für Profil U 100 ist:

$$\lambda = \frac{l_K}{i_v} = \frac{2\,000\text{ mm}}{14{,}7\text{ mm}} = 136 \qquad \omega = 4{,}69$$

$$\sigma_\omega = \frac{F \cdot \omega}{S} = \frac{60\,000\text{ N} \cdot 4{,}69}{1\,350\text{ mm}^2} = 208\text{ N/mm}^2 < \sigma_{zul} = 210\text{ N/mm}^2$$

ausgeführt: U DIN 1026 – St 52-100

Übungsaufgaben:

1. Ein 200 mm langer Stab aus St 37 mit rechteckigem Querschnitt, der an einem Ende eingespannt ist, wird durch eine Druckkraft belastet.
   a) Wird der Stab um die x- oder y-Achse ausknicken?
   b) Bei welcher Druckkraft wird der Stab ausknicken?

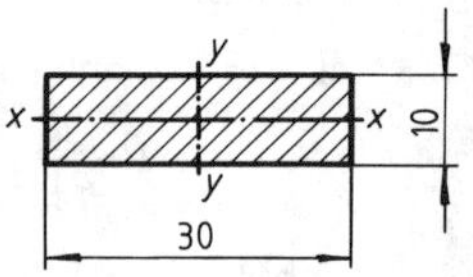

Bild 1

2. Eine 400 mm lange Stange aus St 60, deren Lagerung Belastungsfall II entspricht, wird durch eine Druckkraft von $F = 5$ kN belastet.
   Wie groß ist der Stangendurchmesser auszuführen bei $\nu = 6$?
3. Wie groß ist der Stangendurchmesser der vorhergehenden Übungsaufgabe auszuführen, wenn die Stange aus St 37 besteht, 300 mm lang ist und $\nu = 4$ sein soll?
4. Im Stahlhochbau hat ein 1,5 m langer Druckstab aus U DIN 1026 – St 37-2-65 eine Kraft von $F = 40$ kN aufzunehmen.
   Führen Sie den Spannungsnachweis nach dem ω-Verfahren.

4.8 Zusammengesetzte Beanspruchung

Die meisten Bauteile werden so belastet, daß **gleichzeitig mehrere Grundbeanspruchungsarten** auftreten, so werden z. B. Wellen immer auf Torsion und Biegung beansprucht.

Treten zwei oder mehrere Grundbeanspruchungsarten gleichzeitig auf, bezeichnet man dies als zusammengesetzte Beanspruchung.

Wenn eine Beanspruchungsart die andere weit überragt, so genügt es, das Bauteil allein nach der überwiegenden Beanspruchungsart zu berechnen.

In den anderen Fällen von zusammengesetzter Beanspruchung wird das Bauteil mit der Beanspruchungsart vordimensioniert, die es am stärksten beansprucht. Da bei dieser Entwurfsberechnung die übrigen Beanspruchungsarten vernachlässigt werden, wird die zulässige Spannung niedriger bzw. die Sicherheitszahl ν höher als üblich angesetzt. Auf Biegung und Torsion beanspruchte Wellen werden beim Vordimensionieren nur auf Torsion mit einer hohen Sicherheitszahl von $\nu = 6 \ldots 10$ berechnet. Für das vordimensionierte Bauteil muß anschließend mit den **Gleichungen für zusammengesetzte Beanspruchung** nachgeprüft werden, ob die zulässige Spannung nicht überschritten wird.

Festigkeitsberechnung bei zusammengesetzter Beanspruchung:

1. Vordimensionieren nach der überwiegenden Beanspruchungsart

2. Nachprüfen mit den Gleichungen für zusammengesetzte Beanspruchung.

Folgende zusammengesetzte Beanspruchungen treten häufig auf:

Biegung und Zug oder Druck,
Torsion und Zug oder Druck,
Torsion und Biegung,
Biegung und Schub.

4.8.1 Zusammengesetzte Normalspannungen

Biege- und Zug- oder Druckspannungen $\sigma_b + \sigma_z(\sigma_d)$

Aufgabe:

Ein Bauteil wird durch die Zugfeder mit einer Kraft von $F = 800\,\text{N}$ belastet.

a) Welche Grundbeanspruchungsarten treten im Hebel auf?

b) Wie groß sind die durch die Grundbeanspruchungsarten hervorgerufenen größten Spannungen?

c) Wie groß ist die größte Gesamtspannung und wo tritt sie auf?

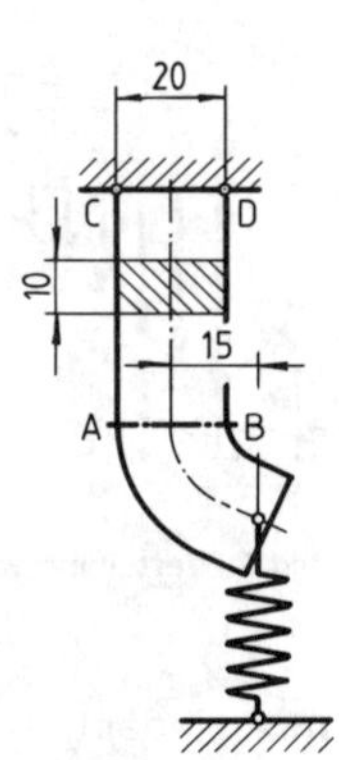

Bild 1 Hebel mit Zugfeder

Lösung:

a) Der Hebel wird durch die außermittig wirkende Zugkraft F belastet. Die Art der Beanspruchung wird mit Hilfe der Schnittmethode ermittelt. Ein Querschnitt an einer beliebigen Stelle zwischen AB und CD muß eine innere Kraft $F_i = F$ übertragen (Bild 1a, Seite 258). F_i ist eine Normalkraft, sie beansprucht den Hebel auf Zug.

F und F_i bilden ein Kräftepaar; der Querschnitt muß also zusätzlich ein dem Kräftepaar entgegenwirkendes Biegemoment M_b übertragen. Der Hebel wird auch auf Biegung beansprucht.

Der Hebel wird auf Zug und Biegung beansprucht.

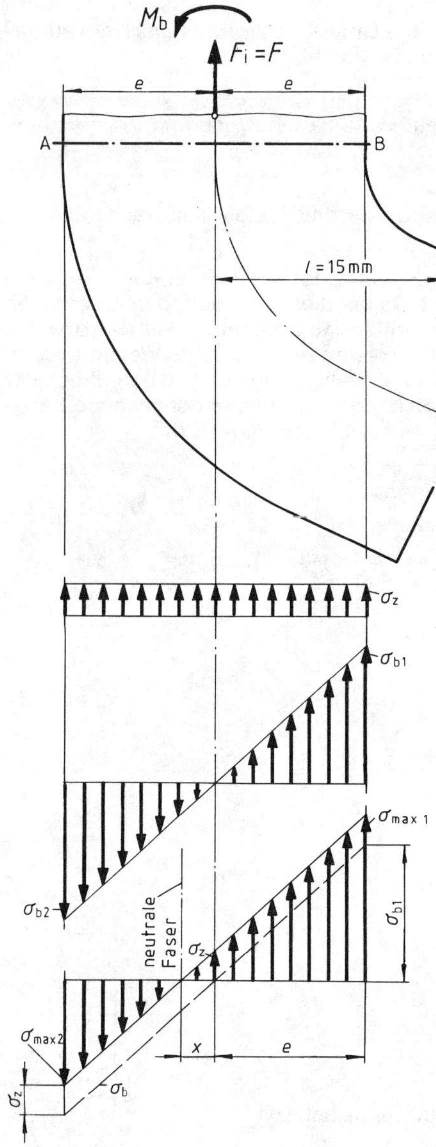

Längenmaßstab LM: 1 cm ≙ 5 mm
Spannungsmaßstab SM: 1 cm ≙ 10 N/mm²

a) freigemachter Hebel

b) Zugspannung

c) Biegespannung

d) Gesamtspannung der zusammengesetzten Beanspruchung aus Biegung und Zug

$$x = 0{,}45\,\text{cm} \cdot 5\,\frac{\text{mm}}{\text{cm}} = 2{,}2\,\text{mm}$$

Bild 1 Verteilung von Zug-, Biege- und Gesamtspannung über den Querschnitt

b) An jeder beliebigen Schnittstelle ist $F_i = F$. Damit ist die Zugspannung überall gleich groß, sie beträgt:

$$\sigma_z = \frac{F}{S} = \frac{800\,\text{N}}{20\,\text{mm} \cdot 10\,\text{mm}} = \underline{4\,\text{N/mm}^2} \qquad \text{(Bild 1b)}$$

Das Biegemoment ist zwischen AB und CD konstant, es ist:

$$M_b = F \cdot l = 800\,\text{N} \cdot 15\,\text{mm} = 12\,000\,\text{Nmm}$$

Mit $W = \frac{b \cdot h^2}{6} = \frac{10\,\text{mm} \cdot (20\,\text{mm})^2}{6} = 667\,\text{mm}^3$ ist die Biegespannung:

$$\sigma_b = \frac{M_b}{W} = \frac{12\,000\,\text{Nmm}}{667\,\text{mm}^3} = \underline{18\,\text{N/mm}^2} \qquad \text{(Bild 1c)}$$

c) Da Biege- und Zugspannungen **gleichartige Spannungen** sind (Normalspannungen), dürfen sie an jedem Punkt **algebraisch addiert bzw. subtrahiert** werden. Die Überlagerung darf auch bei Schubspannungen angewendet werden.

Gleichartige Spannungen – d. h. nur Normalspannungen oder nur Schubspannungen – dürfen algebraisch addiert werden.

Werden Zug- und Biegezugspannungen mit positivem (+), Druck- und Biegedruckspannungen mit negativem Vorzeichen (–) versehen, so wird bei Beanspruchung auf Biegung und Zug oder Druck die **größte Randfaserspannung:**

(33) $$\sigma_{max} = \sigma_b + \sigma_z(\sigma_d) \leqq \sigma_{zul}$$

σ_{max} größte Randfaserspannung der Gesamtbeanspruchung aus Biegung und Zug oder Druck in N/mm²
σ_b Biegespannung in N/mm²
σ_z, σ_d Zug- bzw. Druckspannung in N/mm²
σ_{zul} zulässige Spannung der überwiegenden Beanspruchungsart in N/mm²

Die Randfaserspannungen sind meist verschieden groß. Sie können beide Zug-, beide Druck- oder Zug- und Druckspannungen sein, je nach Art und Größe der Einzelspannungen.

$$\sigma_{max1} = \sigma_{b1} + \sigma_z = (18 + 4)\,\text{N/mm}^2 = \underline{22\,\text{N/mm}^2} \text{ und}$$

$$\sigma_{max2} = \sigma_{b2} + \sigma_z = (-18 + 4)\,\text{N/mm}^2 = \underline{\underline{-14\,\text{N/mm}^2}}$$

σ_{max1} ist eine Zug-, σ_{max2} eine Druckspannung. Die größte Gesamtspannung tritt entlang BD als Zugspannung $\sigma = \sigma_{max1} = 22\,\text{N/mm}^2$ auf (Bild 1d, Seite 258).

Die **neutrale Faser** verläuft nicht durch den Schwerpunkt der Querschnittsfläche. Nach Bild 1d, Seite 258 ist:

$$\frac{x}{\sigma_z} = \frac{e}{\sigma_{b1}} \quad \text{oder} \quad x = e \cdot \frac{\sigma_z}{\sigma_{b1}}$$

Mit $\sigma_z = \dfrac{F}{S}$ und $\sigma_{b1} = \dfrac{M_b}{W} = \dfrac{M_b \cdot e}{I}$ ergibt sich:

$$x = e\,\frac{F/S}{\dfrac{M_b \cdot e}{I}} = \frac{F \cdot I}{M_b \cdot S}$$

Damit beträgt bei zusammengesetzter Beanspruchung die **Verschiebung der neutralen Faser:**

(34) $$x = \frac{F \cdot I}{M_b \cdot S}$$

x Verschiebung der neutralen Faser in mm
F Zug- bzw. Druckkraft in N
I axiales Flächenmoment in mm⁴
M_b Biegemoment in Nmm
S Querschnittsfläche in mm²

Bei dieser Aufgabe ist mit $I = \dfrac{b \cdot h^3}{12} = \dfrac{10\,\text{mm} \cdot (20\,\text{mm})^3}{12} = 6\,667\,\text{mm}^4$

die Verschiebung der neutralen Faser:

$$x = \frac{F \cdot I}{M_b \cdot S} = \frac{800\,\text{N} \cdot 6\,667\,\text{mm}^4}{12\,000\,\text{Nmm} \cdot 200\,\text{mm}^2} = 2{,}22\,\text{mm}$$

Die Verschiebung der Nullinie muß beachtet werden, wenn in der neutralen Faser Bohrungen u. ä. angebracht werden sollen.

Bei zusammengesetzter Beanspruchung aus Biegung und Zug oder Druck geht die neutrale Faser nicht durch den Schwerpunkt der Querschnittsfläche.

Lehrbeispiel 43:

Ein Hebel wird durch einen Hydraulikzylinder mit einer Druckkraft von $F = 800\,\text{N}$ belastet.

Wie groß ist die größte Gesamtspannung und wo tritt sie auf?

Lösung:

Der Hebel wird durch die außermittig wirkende Druckkraft F belastet. Vom Querschnitt des Hebels muß eine Druckkraft F und ein Biegemoment $M_b = F \cdot l$ übertragen werden, es handelt sich also um zusammengesetzte Beanspruchung aus Biegung und Druck (Bild 2a).

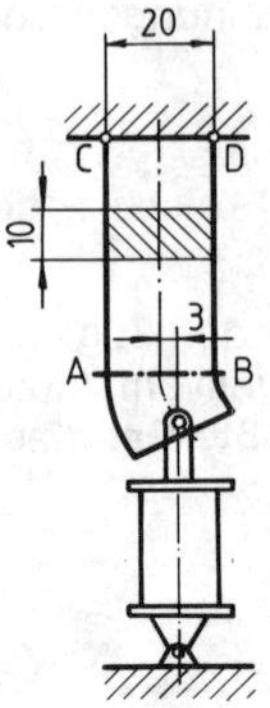

Bild 1 Hebel mit Hydraulikzylinder

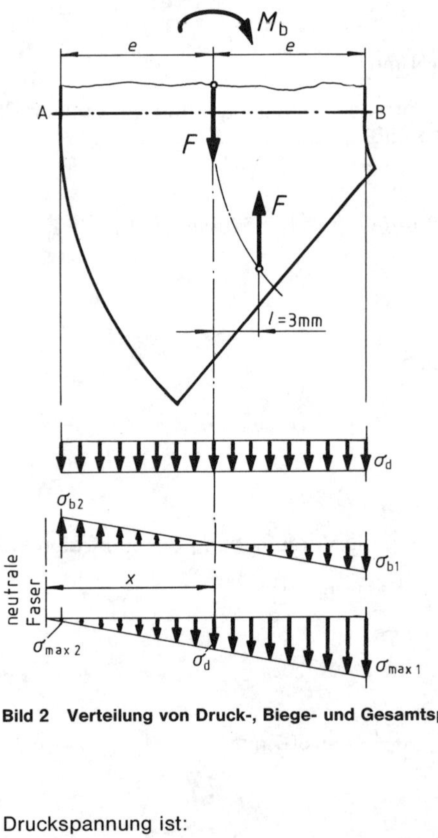

Längenmaßstab LM: 1 cm ≙ 5 mm
Spannungsmaßstab SM: 1 cm ≙ 10 N/mm²

a) freigemachter Hebel

b) Druckspannung

c) Biegespannung

d) Gesamtspannung

Bild 2 Verteilung von Druck-, Biege- und Gesamtspannungen über den Querschnitt

Die Druckspannung ist:

$$\sigma_d = \frac{F}{S} = \frac{800\,\text{N}}{200\,\text{mm}^2} = 4\,\text{N/mm}^2 \qquad \text{(Bild 1b)}$$

Mit $\quad M_b = F \cdot l = 800\,\text{N} \cdot 3\,\text{mm} = 2\,400\,\text{Nmm}$ und $W = \frac{b \cdot h^2}{6} = \frac{10\,\text{mm} \cdot (20\,\text{mm})^2}{6} = 667\,\text{mm}^3$

wird die Biegespannung:

$$\sigma_b = \frac{M_b}{W} = \frac{2\,400\,\text{Nmm}}{667\,\text{mm}^3} = 3{,}6\,\text{N/mm}^2$$

Die Randfaserspannungen der Gesamtbeanspruchung sind:

$$\sigma_{max1} = \sigma_{b1} + \sigma_d = (-3{,}6 - 4)\,N/mm^2 = -7{,}6\,N/mm^2$$

$$\sigma_{max2} = \sigma_{b2} + \sigma_d = (3{,}6 - 4)\,N/mm^2 = -0{,}4\,N/mm^2$$

Die größte Gesamtspannung tritt entlang BD als Druckspannung $\sigma = \sigma_{max1} = -7{,}6\,N/mm^2$ auf. Da $\sigma_d > \sigma_b$ ist, ist auch die Randfaserspannung $\sigma_{max2} = -0{,}4\,N/mm^2$ entlang AC eine Druckspannung. Eine neutrale Faser ist nicht vorhanden bzw. sie liegt außerhalb des Hebelquerschnitts.

Werkstoffe, die nur sehr geringe Zugspannungen übertragen können (z. B. Erdreich, Mauerwerk, Beton), sollen so belastet werden, daß als Gesamtspannungen aus Biegung und Druck nur Druckspannungen auftreten; hier muß also die neutrale Faser wie in diesem Lehrbeispiel außerhalb des Querschnitts liegen.

4.8.2 Zusammengesetzte Normal- und Schubspannungen

4.8.2.1 Torsions- und Zug- oder Druck- oder Biegespannungen $\tau_t + \sigma_z$ (σ_d, σ_b)

Die Spindel einer Presse (Bewegungsschraube) muß eine Längskraft und zusätzlich ein durch die Gewindereibung verursachtes Torsionsmoment aufnehmen, es handelt sich um eine zusammengesetzte Beanspruchung aus Torsions- und Druckspannungen. Torsionsspannungen sind Schubspannungen, Druckspannungen sind Normalspannungen, man darf sie deshalb nicht einfach addieren wie z. B. Biege- und Druckspannungen.

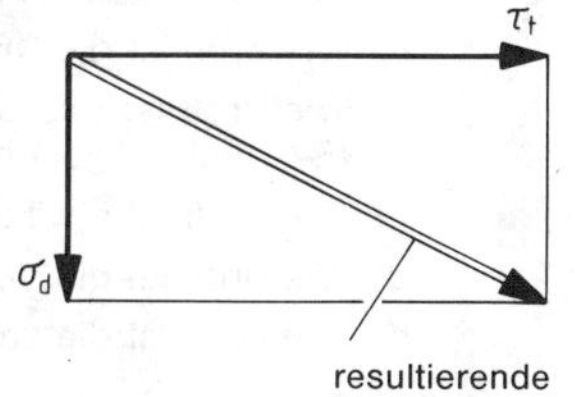

Bild 1 Zusammensetzen von Normal- und Schubspannungen

Normal- und Schubspannungen stehen senkrecht aufeinander. Es liegt nahe, sie geometrisch nach Bild 1 zusammenzusetzen.

Bei gleichzeitigem Auftreten von Torsions- und Druckspannungen wäre die resultierende Spannung =

$$\sqrt{\sigma_d^2 + \tau_t^2}.$$

Da sich Schubspannungen auf das Bauteil stärker auswirken als Normalspannungen, müssen die Schubspannungen noch mit einem Faktor multipliziert werden.

In der Praxis geht man folgenden Weg, wenn gleichzeitig Normal- und Schubspannungen auftreten:

Es wird eine Normalspannung ermittelt, die dieselbe Auswirkung auf das Bauteil hat wie die tatsächlich auftretenden Normal- und Schubspannungen zusammen. Diese gedachte, d. h. in Wirklichkeit nicht vorhandene **Ersatzspannung** wird als **reduzierte Spannung** oder **Vergleichsspannung** σ_v bezeichnet. Diese Vergleichsspannung vergleicht man mit der zulässigen Normalspannung des Bauteils. Es muß also sein $\sigma_v \leqq \sigma_{zul}$.

Bei zusammengesetzter Beanspruchung aus Normal- und Schubspannungen wird eine Normal-Vergleichsspannung ermittelt.

Es gilt die Bedingung: $\sigma_v \leqq \sigma_{zul}$

Über den Zusammenhang von Normal- und Schubspannungen wurden verschiedene **Festigkeitshypothesen** aufgestellt. Am besten stimmt die **Hypothese der größten Gestaltänderungsenergie** mit den Ergebnissen praktischer Versuche überein, besonders bei zähen Werkstoffen wie Stahl.

Nach dieser Hypothese wird die **Vergleichsspannung:**

(35)

$$\sigma_v = \sqrt{\sigma^2 + 3\,(\alpha_0 \cdot \tau)^2} \leqq \sigma_{zul}$$

σ_v Vergleichsspannung in N/mm^2
σ Normalspannung in N/mm^2
τ Schubspannung in N/mm^2
α_0 Anstrengungsverhältnis
σ_{zul} zulässige Normalspannung in N/mm^2

Die Gleichung zeigt, daß die Schubspannungen durch den Faktor 3 ein stärkeres Gewicht erhalten als die Normalspannungen.

Das **Anstrengungsverhältnis** α_0 berücksichtigt, in welchem Belastungsfall Schub- und Normalspannungen auftreten.

Das **Anstrengungsverhältnis** ist:

(36) $$\alpha_0 = \frac{1}{\sqrt{3}} \frac{\sigma_{zul}}{\tau_{zul}}$$

α_0 Anstrengungsverhältnis
σ_{zul} zulässige Normalspannung in N/mm²
τ_{zul} zulässige Schubspannung in N/mm²

Das Anstrengungsverhältnis ist $\alpha_0 \approx 1$, wenn σ und τ im gleichen Belastungsfall wirken.

Lehrbeispiel 44:

Die Gewindespindel Tr 40 × 7 einer Spindelpresse (Werkstoff St 44-2) hat die schwellend wirkende Druckkraft $F = 40$ kN aufzunehmen.

a) Wie groß ist die Druckspannung?

b) Wie groß ist das die Spindel belastende Torsionsmoment bei einem Reibwinkel von $\varrho' = 6{,}3°$ (Bz-Buchse, geschmiert)?

c) Wie groß ist die Torsionsspannung?

d) Wie groß ist die Vergleichsspannung?

e) Wie groß ist die zulässige Spannung?

Lösung:

a) Die Druckspannung beträgt im Kernquerschnitt ($d_3 = 32$ mm):

$$\sigma_d = \frac{F}{S_3} = \frac{40\,000\ \text{N}}{804\ \text{mm}^2} = \underline{49{,}8\ \text{N/mm}^2}$$

b) Der Steigungswinkel des Gewindes ist:

$$\tan \varphi = \frac{p}{d_2 \cdot \pi} = \frac{7\ \text{mm}}{36{,}5\ \text{mm} \cdot \pi} = 0{,}061$$

$$\varphi = 3{,}5°$$

Das Torsionsmoment beträgt:

$$T = F \cdot r_2 \cdot \tan(\varphi + \varrho')$$

$$T = F \cdot r_2 \cdot \tan(3{,}5° + 6{,}3°) = 40\,000\ \text{N} \cdot 18{,}25\ \text{mm} \cdot 0{,}1727$$

$$T = 126\,000\ \text{Nmm} = \underline{126\ \text{Nm}}$$

c) Mit $W_p = \frac{\pi \cdot d^3}{16} = \frac{\pi \cdot (32\ \text{mm})^3}{16} = 6\,434\ \text{mm}^3$

wird die Torsionsspannung:

$$\tau_t = \frac{T}{W_p} = \frac{126\,000\ \text{Nmm}}{6\,434\ \text{mm}^3} = \underline{19{,}6\ \text{N/mm}^2}$$

d) Da Druck- und Torsionsspannungen schwellend auftreten, ist $\alpha_0 = 1{,}0$.

Damit ist die Vergleichsspannung:

$$\sigma_v = \sqrt{\sigma_d^2 + 3\,(\alpha_0 \cdot \tau_t)^2} = \sqrt{48{,}2^2 + 3\,(1{,}0 \cdot 19{,}6)^2}\ \text{N/mm}^2 = 58{,}8\ \text{N/mm}^2$$

e) Die zulässige Druckspannung beträgt:

$$\sigma_{zul} = \frac{\sigma_{dsch}}{\nu} \approx \frac{\sigma_{zSch}}{\nu} = \frac{270\ \text{N/mm}^2}{4} = \underline{67{,}5\ \text{N/mm}^2}$$

$$\sigma_v = 58{,}8\ \text{N/mm}^2 < \sigma_{zul} = 67{,}5\ \text{N/mm}^2$$

Lehrbeispiel 45:

Das freie Ende einer Welle aus St 60-2 wird durch die Riemenkräfte F_1 und F_2 belastet.

Ist der Wellendurchmesser ausreichend dimensioniert?

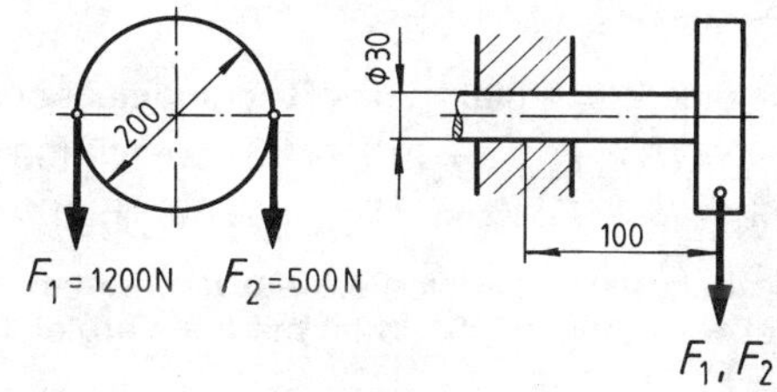

Bild 1 Durch Riemenkräfte belastete Welle

Lösung:

Die Welle wird auf Torsion und Biegung beansprucht.

Mit $T = (F_1 - F_2) \cdot r = (1200 - 500)\ \text{N} \cdot 100\ \text{mm} = 70\,000\ \text{Nmm}$

und $W_p = \dfrac{\pi \cdot d^3}{16} = \dfrac{\pi \cdot (30\ \text{mm})^3}{16} = 5301\ \text{mm}^3$

wird die Torsionsspannung:

$$\tau_t = \frac{T}{W_p} = \frac{70\,000\ \text{Nmm}}{5301\ \text{mm}^3} = 13{,}2\ \text{N/mm}^2$$

Mit $M_{b\,max} = (F_1 + F_2) \cdot l = (1200 + 500)\ \text{N} \cdot 100\ \text{mm} = 170\,000\ \text{Nmm}$

und $W = \dfrac{W_p}{2} = \dfrac{5301\ \text{mm}^3}{2} = 2651\ \text{mm}^3$ wird die Biegespannung in Lagermitte:

$$\sigma_b = \frac{M_b}{W} = \frac{170\,000\ \text{Nmm}}{2651\ \text{mm}^3} = 64{,}1\ \text{N/mm}^2$$

Das zu übertragende Torsionsmoment ändert bei Getriebewellen seine Größe laufend, da z. B. bei einer spanenden Werkzeugmaschine durch veränderliche Schnittkraft F_c oder veränderlichen Werkstück- bzw. Werkzeugdurchmesser sich auch die Größe des Torsionsmomentes ändert. Da die Drehrichtung meist konstant bleibt, wirkt die Torsionsbeanspruchung schwellend.

Die Richtung der Biegekräfte bleibt gleich, aber die Welle dreht sich. Ein Punkt der Welle, der gerade die maximale Biege-Druckspannung aufzunehmen hatte, wird nach einer halben Umdrehung durch die maximale Biege-Zugspannung beansprucht. Die Welle wird wechselnd auf Biegung beansprucht.

Damit ist das Anstrengungsverhältnis:

$$\alpha_0 = \frac{1}{\sqrt{3}} \frac{\sigma_{b\,zul}}{\tau_{t\,zul}} \quad \text{mit} \quad \sigma_{b\,zul} = \frac{\sigma_{bW}}{\nu} \quad \text{und} \quad \tau_{t\,zul} = \frac{\tau_{tSch}}{\nu}$$

Wird die Sicherheitszahl beidemal gleich groß angesetzt, so ist:

$$\alpha_0 = \frac{1}{\sqrt{3}} \frac{\sigma_{bW}}{\tau_{tSch}} = \frac{1}{\sqrt{3}} \frac{280\ \text{N/mm}^2}{220\ \text{N/mm}^2} = 0{,}735$$

Damit wird die Vergleichsspannung:

$$\sigma_v = \sqrt{\sigma_b^2 + 3\,(\alpha_0 \cdot \tau_t)^2} = \sqrt{64{,}1^2 + 3\,(0{,}735 \cdot 13{,}2)^2}\ \text{N/mm}^2 = 66{,}3\ \text{N/mm}^2$$

Die zulässige Normalspannung (Biegespannung) beträgt:

$$\sigma_{b\,zul} = \frac{\sigma_{bW}}{\nu} = \frac{280\ \text{N/mm}^2}{4} = 70\ \text{N/mm}^2$$

Der Wellendurchmesser ist ausreichend dimensioniert, da $\sigma_v = 66{,}3\ \text{N/mm}^2 < \sigma_{zul} = 70\ \text{N/mm}^2$ ist.

Aufgabe:

Die Welle nach Bild 1 hat die Riemenkräfte $F_1 = 2500$ N und $F_2 = 1000$ N zu übertragen.
Wie groß ist der Wellendurchmesser auszuführen?

Lösung:

Torsionsmoment und maximales Biegemoment betragen:

$$T = (F_1 - F_2) \cdot r = (2500 - 1000)\,\text{N} \cdot 100\,\text{mm} = 150000\,\text{Nmm}$$
$$M_b = (F_1 + F_2) \cdot l = (2500 + 1000)\,\text{N} \cdot 100\,\text{mm} = 350000\,\text{Nmm}$$

Die Welle kann vordimensioniert werden, indem mit niedriger zulässiger Spannung nur auf Torsion berechnet wird. Anschließend ist mit der Vergleichsspannung der Spannungsnachweis zu führen.

Der Wellendurchmesser kann auch direkt ermittelt werden.

Mit $\sigma_b = \frac{M_b}{W}$ und $\tau_t = \frac{T}{W_p} = \frac{T}{2\,W}$ ist die **Vergleichsspannung:**

$$\sigma_v = \sqrt{\sigma_b{}^2 + 3\,(\alpha_0 \cdot \tau_t)^2} = \sqrt{\left(\frac{M_b}{W}\right)^2 + 3\left(\alpha_0 \frac{T}{2\,W}\right)^2}$$

$$\sigma_v = \frac{\sqrt{M_b{}^2 + \frac{3}{4}\,(\alpha_0 \cdot T)}}{W}$$

Entsprechend der Gleichung $\sigma_b = \frac{M_b}{W}$ ist der Ausdruck $\sqrt{M_b{}^2 + \frac{3}{4}(\alpha_0 \cdot T)^2}$ ein **ideelles Biegemoment,** das die ideelle **Biegespannung** $\boldsymbol{\sigma_v}$ verursacht. Dieses Biegemoment wird als **Vergleichsmoment** $\mathbf{M_v}$ bezeichnet, es hat dieselbe Auswirkung wie M_b und T zusammen.

Bei zusammengesetzter Beanspruchung auf Torsion und Biegung wird für ein Bauteil mit **kreisförmigem Querschnitt** die **Vergleichsspannung:**

(37) $$\sigma_v = \frac{M_v}{W} \leqq \sigma_{b\,zul}$$

σ_v Vergleichsspannung in N/mm^2
M_v Vergleichsmoment in Nmm
W axiales Widerstandsmoment in mm^3
$\sigma_{b\,zul}$ zulässige Biegespannung in N/mm^2

In Gleichung (37) ist das **Vergleichsmoment:**

(38) $$M_v = \sqrt{M_b{}^2 + \frac{3}{4}\,(\alpha_0 \cdot T)^2}$$

M_v Vergleichsmoment in Nmm
M_b Biegemoment in Nmm
T Torsionsmoment in Nmm
α_0 Anstrengungsverhältnis

Bei dieser Aufgabe ist mit $\alpha_0 = 0{,}735$ und $\sigma_{b\,zul} = 70\,N/mm^2$ (siehe Lehrbeispiel 45):

$$M_v = \sqrt{M_b{}^2 + \frac{3}{4}(\alpha_0 \cdot T)^2} = 10^5 \sqrt{3{,}5^2 + \frac{3}{4}(0{,}87 \cdot 1{,}5)^2}\,\text{Nmm} = 4{,}0 \cdot 10^5\,\text{Nmm}$$

Aus $\frac{M_v}{W} \leqq \sigma_{b\,zul}$ folgt für das Widerstandsmoment:

$$W \geqq \frac{M_v}{\sigma_{b\,zul}} = \frac{400000\,\text{Nmm}}{70\,\text{N/mm}^2} = 5281\,\text{mm}^3$$

Damit wird der Wellendurchmesser:

$$d \geqq \sqrt[3]{\frac{32 \cdot W}{\pi}} = \sqrt[3]{\frac{32 \cdot 5281}{\pi}\text{mm}^3} = 37{,}7\,\text{mm}$$

ausgeführt: $d = \underline{38\,\text{mm}}$

Wellen werden meist schwellend auf Torsion und wechselnd auf Biegung beansprucht.
Der Wellendurchmesser kann direkt über das Vergleichsmoment M_v berechnet werden.

Lehrbeispiel 46:

Eine Getriebewelle aus Einsatzstahl 15Cr3 wird über das Zahnrad z_1 angetrieben und hat eine Leistung von 3 kW bei einer Drehzahl von $n = 500\ \text{min}^{-1}$ zu übertragen.

Wie groß ist der Wellendurchmesser auszuführen?

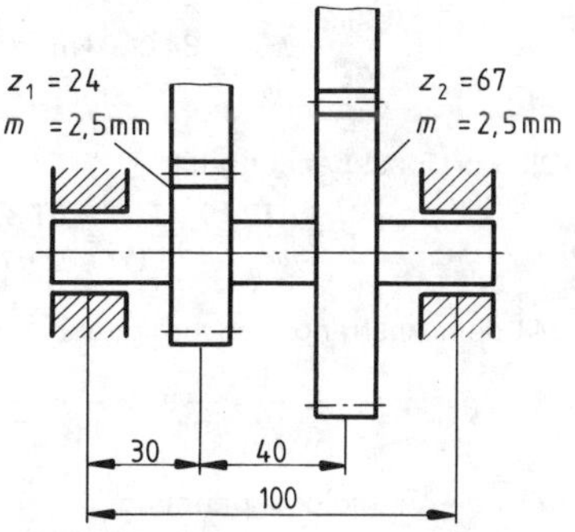

Bild 1 Getriebewelle

Lösung:

Zur Vordimensionierung wird die Welle nur auf Torsion berechnet mit $\nu = 6$.

Das Torsionsmoment beträgt:

$$T = \frac{P}{\omega} = \frac{P}{2\pi \cdot n} = \frac{3\,000\,\frac{\text{Nm}}{\text{s}}}{2\pi \cdot \frac{500}{60}\,\text{s}^{-1}} = 57{,}3\ \text{Nm}$$

Mit $\tau_{\text{tzul}} = \frac{\tau_{\text{tSch}}}{\nu} = \frac{250\ \text{N/mm}^2}{6} = 41{,}7\ \text{N/mm}^2$ wird das Widerstandsmoment:

$$W_p \geqq \frac{T}{\tau_{\text{tzul}}} = \frac{57\,300\ \text{Nmm}}{41{,}7\ \text{N/mm}^2} = 1\,374\ \text{mm}^3$$

und der Wellendurchmesser:

$$d \geqq \sqrt[3]{\frac{16 \cdot W_p}{\pi}} = \sqrt[3]{\frac{16 \cdot 1374}{\pi}\,\text{mm}^3} = 19{,}1\ \text{mm}$$

gewählt: $d = \underline{20\ \text{mm}}$

Für die Nachprüfung mit der Vergleichsspannung muß die Biegespannung ermittelt werden.

Die Zahnkraft zweier miteinander in Eingriff befindlicher Zahnräder kann in eine Umfangskraft F_u und eine Radialkraft zerlegt werden.

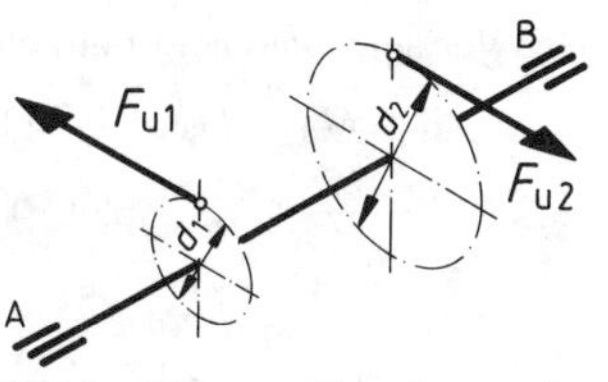

Bild 2 Skizze zur Berechnung der Umfangskräfte

Nach Bild 2 gilt für das Torsionsmoment:

$$T = F_{u1} \cdot \frac{d_1}{2} = F_{u2} \cdot \frac{d_2}{2}$$

Mit $d_1 = m \cdot z_1 = 2{,}5\ \text{mm} \cdot 24 = 60\ \text{mm}$ und
$d_2 = m \cdot z_2 = 2{,}5\ \text{mm} \cdot 67 = 167{,}5\ \text{mm}$

werden die Umfangskräfte:

$$F_{u1} = \frac{T \cdot 2}{d_1} = \frac{57\,300\ \text{Nmm} \cdot 2}{60\ \text{mm}} = 1\,910\ \text{N}$$

$$F_{u2} = \frac{T \cdot 2}{d_2} = \frac{57\,300\ \text{Nmm} \cdot 2}{167{,}5\ \text{mm}} = 684\ \text{N}$$

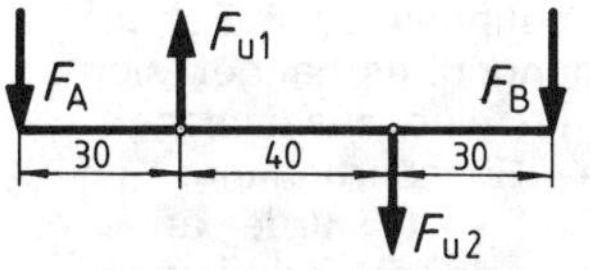

Bild 3 Skizze zur Berechnung von $M_{b\,max}$

Die Biegemomente, die von den Radialkräften verursacht werden, sind erfahrungsgemäß gering und können, zumindest bei einer Entwurfsberechnung, vernachlässigt werden.

Die Lagerkräfte sind (Bild 3):

$$\Sigma M_A = 0$$

$$F_{u1} \cdot 30\ \text{mm} - F_{u2} \cdot 70\ \text{mm} - F_B \cdot 100\ \text{mm} = 0$$

$$F_B = \frac{F_{u1} \cdot 30\ \text{mm} - F_{u2} \cdot 70\ \text{mm}}{100\ \text{mm}} = \frac{1910\ \text{N} \cdot 30\ \text{mm} - 684\ \text{N} \cdot 70\ \text{mm}}{100\ \text{mm}} = 94\ \text{N}$$

$$\Sigma F_y = 0$$

$$F_A + F_B + F_{u2} - F_{u1} = 0$$

$$F_A = F_{u1} - F_B - F_{u2} = 1910\ \text{N} - 94\ \text{N} - 684\ \text{N} = 1132\ \text{N}$$

Das größte Biegemoment tritt eindeutig beim Zahnrad z_1 auf:

$$M_{b\,max} = F_A \cdot 30\text{ mm} = 1132\text{ N} \cdot 30\text{ mm} = 34\,000\text{ Nmm}$$

Mit $W = \frac{\pi \cdot d^3}{32} = \frac{\pi \cdot (20\text{ mm})^3}{32} = 785\text{ mm}^3$ wird die Biegespannung:

$$\sigma_b = \frac{M_b}{W} = \frac{34\,000\text{ Nmm}}{785\text{ mm}^3} = 43{,}3\text{ N/mm}^2$$

Die Torsionsspannung ist:

$$\tau_t = \frac{T}{W_p} = \frac{T}{2 \cdot W} = \frac{57\,300\text{ Nmm}}{2 \cdot 785\text{ mm}^3} = 36{,}5\text{ N/mm}^2$$

Mit dem Anstrengungsverhältnis:

$$\alpha_0 = \frac{1}{\sqrt{3}} \cdot \frac{\sigma_{b\,zul}}{\tau_{t\,zul}} = \frac{1}{\sqrt{3}} \cdot \frac{\sigma_{bW}}{\tau_{tSch}} = \frac{340\text{ N/mm}^2}{\sqrt{3} \cdot 250\text{ N/mm}^2} = 0{,}785$$

wird die Vergleichsspannung:

$$\sigma_v = \sqrt{\sigma_b^2 + 3\,(\alpha_0 \cdot \tau_t)^2} = \sqrt{43{,}3^2 + 3\,(0{,}785 \cdot 36{,}5)^2}\text{ N/mm}^2 = 65{,}9\text{ N/mm}^2$$

Die zulässige Biegespannung beträgt:

$$\sigma_{b\,zul} = \frac{\sigma_{bW}}{\nu} = \frac{340\text{ N/mm}^2}{4} = 85\text{ N/mm}^2$$

Damit ist $\sigma_v < \sigma_{b\,zul}$, der Wellendurchmesser von $d = \underline{20\text{ mm}}$ ist ausreichend (ohne Berücksichtigung einer Paßfedernut o. ä.!).

Einfacher hätte man den Wellendurchmesser über das Vergleichsmoment erhalten.
Das Vergleichsmoment beträgt:

$$M_v = \sqrt{M_b^2 + 0{,}75\,(\alpha_0 \cdot T)^2} = 10^4\sqrt{3{,}4^2 + 0{,}75\,(0{,}785 \cdot 5{,}73)^2}\text{ Nmm} = 51\,700\text{ Nmm}$$

Aus $\frac{M_v}{W} \leqq \sigma_{b\,zul}$ folgt:

$$W \geqq \frac{M_v}{\sigma_{b\,zul}} = \frac{51\,700\text{ Nmm}}{85\text{ N/mm}^2} = 608\text{ mm}^3$$

und aus $W = \frac{\pi \cdot d^3}{32}$ ergibt sich für den Wellendurchmesser:

$$d \geqq \sqrt[3]{\frac{32 \cdot W}{\pi}} = \sqrt[3]{\frac{32 \cdot 608}{\pi}\text{ mm}^3} = 18{,}4\text{ mm}$$

4.8.2.2 Biege- und Schub- sowie Zug- oder Druckspannungen $\sigma_b + \tau + \sigma_z\ (\sigma_d)$

Fast immer wirken neben Biegespannungen auch Schubspannungen, es handelt sich also um eine zusammengesetzte Beanspruchung. Im Abschnitt 4.4 wurde angenommen, daß die Schubspannungen gleichmäßig über den Querschnitt verteilt sind. Tatsächlich ist dies aber nicht der Fall. Bild 1 zeigt die Verteilung der Schubspannungen bei einem Bauteil mit Rechteckquerschnitt.

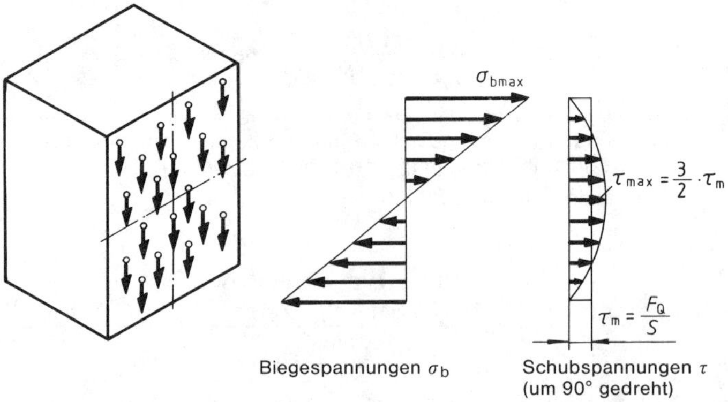

Bild 1 Verteilung von Biege- und Schubspannungen beim Rechteckquerschnitt. Schubspannungen sind nicht gleichmäßig über den Querschnitt verteilt.

Die maximale Schubspannung τ_{max} tritt in der von Biegespannungen freien neutralen Faser auf und ist um 50 % größer als die rechnerische mittlere Schubspannung $\tau_m = \frac{F_Q}{S}$. In den Randfasern, welche die maximale Biegespannungen aufzunehmen haben, ist $\tau = 0$.

Bei Bauteilen mit anderen Querschnittsformen ist die Verteilung der Schubspannungen ähnlich. Beim Kreisquerschnitt ist $\tau_{max} = \frac{4}{3} \cdot \tau_m$, beim Kreisringquerschnitt $\tau_{max} = 2 \cdot \tau_m$.

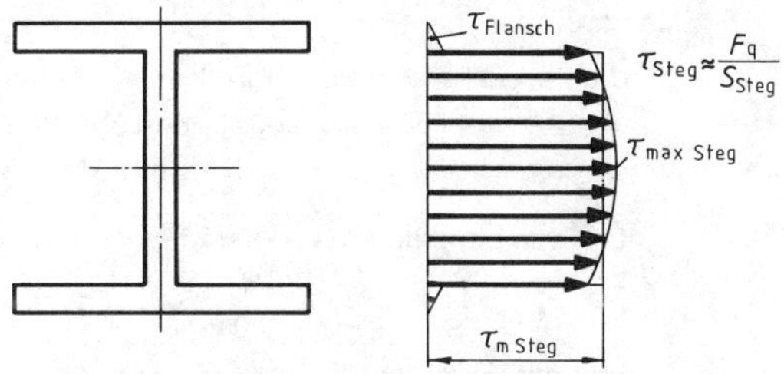

Bild 1 Verteilung der Schubspannungen beim I-Profil

Bei Profilträgern, die im Vergleich zur Höhe nur geringe Wandstärke besitzen, (z. B. I-, U-, L-Profil), sind die Schubspannungen im Steg wesentlich größer als im Flansch (Bild 1), man kann näherungsweise mit einer Schubspannung $\tau_{Steg} = \frac{F_Q}{S_{Steg}}$ rechnen.

Die Verteilung von gleichzeitig auftretenden Biege- und Schubspannungen ist also recht günstig: $\sigma_{b\,max}$ trifft mit $\tau = 0$ und τ_{max} mit $\sigma_b = 0$ zusammen. Da bei Bauteilen, bei denen die Länge l größer als die Höhe h ist, die Schubspannungen die größte Vergleichsspannung σ_v nur wenig beeinflussen, werden diese Bauteile im allgemeinen nur auf Biegung berechnet. Bei Bauteilen mit $l \leqq h$ wird in der Praxis die Schubspannung berücksichtigt, indem die **Vergleichsspannung** $\sigma_v = \sqrt{\sigma_b^2 + \tau^2}$ mit der **zulässigen Biegespannung** verglichen wird. Treten zusätzlich noch Zug- oder Druckspannungen auf, so ist bei $\sigma_b + \tau + \sigma_z\ (\sigma_b)$ die **Vergleichsspannung:**

(39) $$\sigma_v = \sqrt{\sigma_{max}^2 + \tau^2} \leqq \sigma_{zul}$$

σ_v Vergleichsspannung in N/mm²

σ_{max} maximale Normalspannung aus Biege- und Zug- (Druck-)spannungen in N/mm²

τ Schubspannung bei Annahme gleichmäßiger Verteilung $\left(\tau = \frac{F}{S}\right)$ in N/mm²

σ_{zul} zulässige Normalspannung der überwiegenden Beanspruchungsart in N/mm²

Bei Bauteilen, die auf Biegung und Schub beansprucht werden, gilt:
1. bei $l > h$ kann die Schubspannung vernachlässigt werden,
2. bei $l \leqq h$ wird mit der Vergleichsspannung $\sigma_v = \sqrt{\sigma_{max}^2 + \tau^2} \leqq \sigma_{b\,zul}$ gerechnet.

Lehrbeispiel 47:

Ein Hebel wird durch die Zugfeder mit $F = 800$ N belastet.

a) Wie groß ist die maximale Normalspannung?

b) Wie groß ist die Schubspannung im gefährdeten Querschnitt?

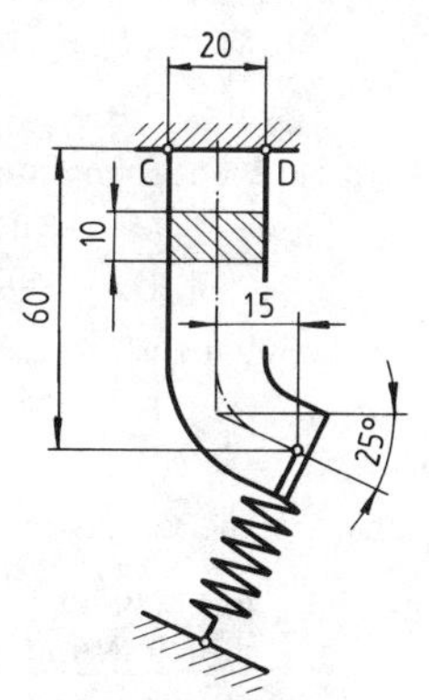

Bild 2 Hebel mit schräg wirkender Zugfeder

Lösung:

a) Die Federkraft F wird in ihre Komponenten F_x und F_y zerlegt (Bild 1).

$F_y = F \cdot \cos\alpha = 800\,\text{N} \cdot \cos 25° = 725\,\text{N}$

$F_x = F \cdot \sin\alpha = 800\,\text{N} \cdot \sin 25° = 338\,\text{N}$

Die Komponente F_y verursacht eine Zugspannung:

$$\sigma_z = \frac{F_y}{S} = \frac{725\,\text{N}}{10\,\text{mm} \cdot 20\,\text{mm}} \approx 3{,}6\,\text{N/mm}^2$$

und mit dem Biegemoment $M_{b1} = F_y \cdot l_1 = 725\,\text{N} \cdot 15\,\text{mm} = 10\,900\,\text{Nmm}$

und dem Widerstandsmoment $W = \frac{b \cdot h^2}{6} = \frac{(10 \cdot 20^2)\,\text{mm}^3}{6} = 667\,\text{mm}^3$ eine

Biegespannung:

$$\sigma_{b1} = \frac{M_{b1}}{W} = \frac{10\,900\,\text{Nmm}}{667\,\text{mm}^3} = 16{,}3\,\text{N/mm}^2$$

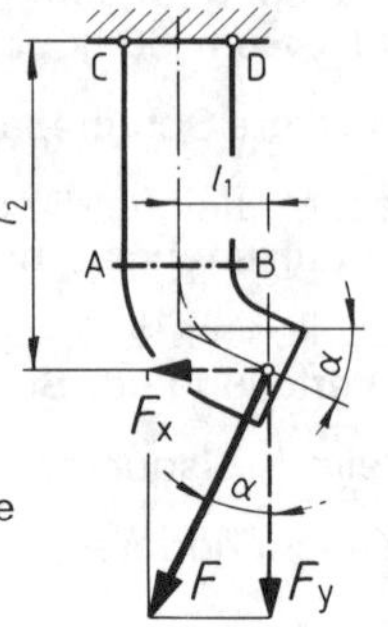

Bild 1 Skizze zur rechnerischen Lösung

Die Komponente F_x verursacht im Einspannquerschnitt CD ein Biegemoment:

$M_{b2} = F_x \cdot l_2 = 338\,\text{N} \cdot 60\,\text{mm} = 20\,300\,\text{Nmm}$

bzw. eine Biegespannung:

$$\sigma_{b2} = \frac{M_{b2}}{W} = \frac{20\,300\,\text{Nmm}}{667\,\text{mm}^3} = 30{,}4\,\text{N/mm}^2$$

σ_z und σ_{b1} verändern ihre Größe zwischen AB und CD nicht. M_{b2} und damit auch σ_{b2} erreichen ihren Maximalwert bei CD, dort wirkt also die größte resultierende Normalspannung. σ_{b1} und σ_{b2} sind bei C negativ (σ_d), bei D positiv (σ_z). Bei D ist die größte resultierende Normalspannung:

$$\sigma_{max} = \sigma_z + \sigma_{b1} + \sigma_{b2} = (3{,}6 + 16{,}3 + 30{,}4)\,\text{N/mm}^2 = \underline{50{,}3\,\text{N/mm}^2}$$

b) Die durch die Komponente F_x verursachte Schubspannung im Querschnitt CD beträgt:

$$\tau = \frac{F_x}{S} = \frac{338\,\text{N}}{200\,\text{mm}^2} = \underline{1{,}7\,\text{N/mm}^2}$$

Da $\tau \ll \sigma_{max}$ ist, kann die Schubspannung vernachlässigt werden.

Lehrbeispiel 48:
Ein Flachstab wird durch die Kraft $F = 40\,\text{kN}$ belastet. Führen Sie den Spannungsnachweis für $\sigma_{zul} = 140\,\text{N/mm}^2$.

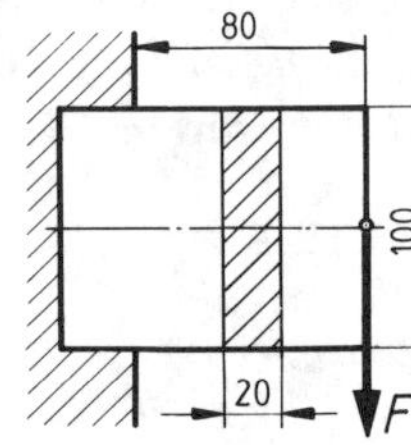

Bild 2 Freiträger mit Einzelkraft

Lösung:

Der gefährdete Querschnitt an der Einspannstelle wird auf Biegung und Schub beansprucht.

Mit $M_b = F \cdot l = 40\,000\,\text{N} \cdot 0{,}08\,\text{m} = 3\,200\,\text{Nm}$ und

$$W = \frac{b \cdot h^2}{6} = \frac{20\,\text{mm}\,(100\,\text{mm})^2}{6} = 33\,330\,\text{mm}^3$$

wird die Biegespannung:

$$\sigma_b = \frac{M_b}{W_x} = \frac{3\,200\,000\,\text{Nmm}}{33\,330\,\text{mm}^3} = 96\,\text{N/mm}^2$$

Die Schubspannung beträgt:

$$\tau = \frac{F}{S} = \frac{F}{b \cdot h} = \frac{40\,000\,\text{N}}{20\,\text{mm} \cdot 100\,\text{mm}} = 20\,\text{N/mm}^2$$

Damit ist die Vergleichsspannung:

$$\sigma_v = \sqrt{\sigma_b^2 + \tau^2} = \sqrt{96^2 + 20^2}\,\text{N/mm}^2$$

$$\sigma_v = \underline{98\,\text{N/mm}^2 < \sigma_{zul} = 140\,\text{N/mm}^2}$$

Übungsaufgaben:

1. Ein Bauteil mit Kreisringquerschnitt aus St 44-2 wird durch die schwellende Kraft $F = 5$ kN belastet (Bild 1).
   a) Welche Beanspruchungsarten wirken in dem Bauteil?
   b) Führen Sie den Spannungsnachweis für den gefährdeten Querschnitt.

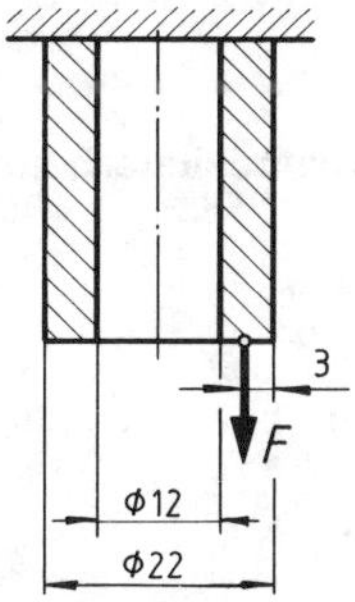

Bild 1

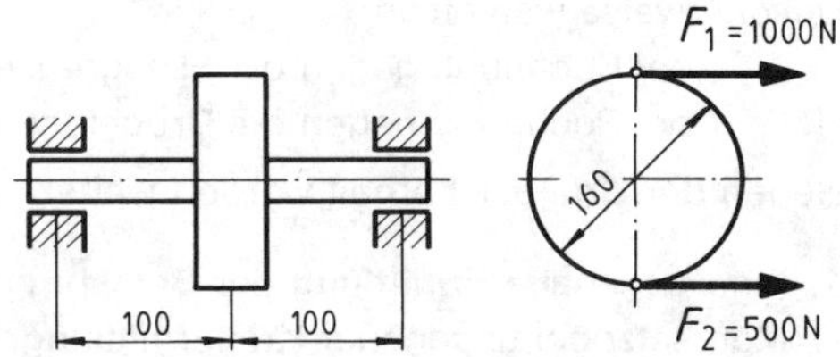

Bild 2

2. An einer Riemenscheibe wirken die Riemenkräfte F_1 und F_2 (Bild 2). Für die Welle aus St 50-2 sind zu ermitteln:
   a) Torsions- und Biegemoment,
   b) Anstrengungsverhältnis α_0,
   c) Wellendurchmesser *d*.

3. Ein mit einer umlaufenden Flachkehlnaht (Dicke $a = 4$ mm) angeschweißter Bolzen wird durch die schwellend wirkende Kraft $F = 4$ kN belastet (Bild 3).
   a) Welche Beanspruchungsarten wirken in der Schweißnaht?
   b) Führen Sie den Spannungsnachweis für die Schweißnaht bei einer zulässigen Schweißnahtspannung von $\sigma_{\text{schw zul}} = 44\ \text{N/mm}^2$.

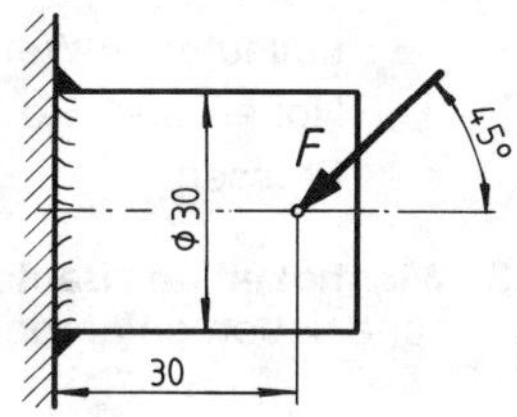

Bild 3

4.9 Festigkeitswerte, zulässige Spannung und Sicherheit

Die zur Festigkeitsberechnung benötigte zulässige Spannung wird nach der Gleichung $\sigma_{\text{zul}}\ (\tau_{\text{zul}}) = \dfrac{\text{Festigkeitswert}}{\text{Sicherheitszahl}}$ ermittelt. Die in den vorhergehenden Kapiteln verwendeten Festigkeitswerte, besonders aber die in der Tabelle, Seite 167 empfohlenen Werte für die Sicherheitszahl ν führen zu zulässigen Spannungen, die nur Anhaltswerte sein können und für eine genaue Berechnung oft nicht genügen.

4.9.1 Statische (ruhende) Belastung

Der maßgebende Festigkeitswert und damit die **zulässige Spannung** hängt von der **Beanspruchungsart** und dem **Belastungsfall** ab.

Statische (ruhende) Belastung tritt vorwiegend im Stahlbau auf, im Maschinenbau dagegen selten. Statisch belastete Bauteile können durch unzulässig große Verformung oder durch Gewaltbruch versagen.

Für den Stahlbau sind die zulässigen Spannungen in DIN-Normen festgelegt.

Im Maschinenbau muß die zulässige Spannung vom Konstrukteur eigenverantwortlich ermittelt werden.

Bei statischer Belastung sind für zähe Werkstoffe (Stahl, Stahlguß, Leichtmetallegierungen) die maßgebenden Festigkeitswerte die der Beanspruchungsart entsprechenden **Fließgrenzen** (R_e, $R_{p0,2}$, σ_{bF}, τ_{tF}). Bei spröden Werkstoffen (Grauguß, Temperguß) sind die maßgebenden Festigkeitswerte die der Beanspruchungsart entsprechenden **Bruchfestigkeiten** (R_m, σ_{dB}, σ_{bB}, τ_{aB}, τ_{tB}).

Als Anhaltswerte für die **Sicherheitszahl** ν sind in der Tabelle, Seite 167 genannt:

bei Rechnung gegen die Fließgrenze $\nu = 1{,}8$
bei Rechnung gegen die Bruchfestigkeit $\nu = 3{,}0$

Bei der genauen Ermittlung der Sicherheitszahl ν geht man von einer **Grundsicherheitszahl** ν_0 aus. Üblicherweise wählt man:

bei Rechnung gegen die Fließgrenze $\nu_0 = 1{,}2$
bei Rechnung gegen die Bruchfestigkeit $\nu_0 = 1{,}5$

Neben der Grundsicherheit werden **weitere Einflußgrößen** durch Faktoren berücksichtigt:

1. Eine **ungenaue Ermittlung der Belastungskräfte** durch den **Faktor f_1.**
   Man setzt bei ungenauer Kraftermittlung: $f_1 \approx 1{,}3$

2. **Stoßartige Belastung,** die rechnerisch nicht genau erfaßt werden kann, durch den **Faktor f_2.** Z. B. sind üblich für:

   umlaufende Werkzeugmaschinen $f_2 \approx 1{,}1$
   Hobel- und Stoßmaschinen $f_2 \approx 1{,}4$
   Pressen: $f_2 \approx 1{,}8$

3. **Wichtigkeit des Bauteils,** d. h. ob bei einem eventuellen Bruch des Bauteils die Maschine oder Menschenleben gefährdet sind, durch den **Faktor f_3** $= 1{,}2 \ldots 1{,}5$.

Bei Berücksichtigung der genannten Faktoren ist die **Sicherheitszahl:**

(40)
$$\nu = \nu_0 \cdot f_1 \cdot f_2 \cdot f_3$$

ν Sicherheitszahl
ν_0 Grundsicherheitszahl
f_1 Faktor für ungenaue Belastungsermittlung
f_2 Faktor für stoßartige Belastung
f_3 Faktor für Wichtigkeit des Bauteils

Diese Faktoren müssen bei **allen Belastungsfällen,** also nicht nur bei ruhender Belastung, berücksichtigt werden.

Sind die Belastungskräfte nicht genau zu ermitteln, erfolgt die Belastung stoßartig und hat ein eventueller Bruch des Bauteils schwerwiegende Folgen, so ist eine hohe Sicherheitszahl ν erforderlich.

Lehrbeispiel 49:

Eine auf Zug beanspruchte Lasche (St 44-2) für eine Gießpfanne wird statisch belastet.
Wie groß ist die zulässige Spannung?

Lösung:

Der maßgebende Festigkeitswert ist die Streckgrenze R_e.
Die Gewichtskraft der Pfanne mit Inhalt kann genau ermittelt werden, also ist $f_1 = 1{,}0$. Beim Einhängen der Pfanne können stoßartige Belastungen auftreten, gewählt wird $f_2 = 1{,}4$. Beim Bruch der Aufhängeeinrichtung sind Menschen gefährdet, also $f_3 = 1{,}5$.

Mit $\nu = \nu_0 \cdot f_1 \cdot f_2 \cdot f_3 = 1{,}2 \cdot 1{,}0 \cdot 1{,}4 \cdot 1{,}5 \approx 2{,}5$ ist die zulässige Spannung:

$$\sigma_{zul} = \frac{R_e}{\nu} = \frac{265\ \text{N/mm}^2}{2{,}5} = \underline{106\ \text{N/mm}^2}$$

4.9.2 Dynamische (schwingende) Belastung

4.9.2.1 Entstehung eines Dauerbruchs

Bei **dynamischer Belastung** kann ein Bauteil bei Spannungen zu Bruch gehen, die weit unterhalb der Bruchgrenze, ja sogar weit unterhalb der Fließgrenze liegen. Der Bruch erfolgt ohne sichtbare Verformungen, man nennt ihn **Dauerschwingbruch** oder kurz **Dauerbruch.** Die Bruchfläche eines Dauerbruchs besteht aus zwei Zonen: einer glatten, feinkörnigen und oft blank gescheuerten **Dauerbruchfläche** und einer grobkörnigen, zerklüfteten Rest- oder **Gewaltbruchfläche.** Sicheres Kennzeichen für einen Dauerbruch sind die sogenannten **Rastlinien,** die durch Beanspruchungspausen in der Dauerbruchfläche entstehen. Eine große Restbruchfläche deutet auf eine große Beanspruchung des Bauteils hin (Bild 1).

Der Dauerbruch beginnt durch kleinste Anrisse an der Stelle des Bauteils, die am stärksten beansprucht wird. Diese Stelle ist immer dort, wo der Querschnitt des Bauteils sich ändert, z. B. an Wellenabsätzen, Nuten, Bohrungen usw. Durch die plötzliche Querschnittsänderung steigt die Spannung an der Kerbe weit über die errechnete Nennspannung an, es entstehen **Spannungsspitzen** (Bild 2).

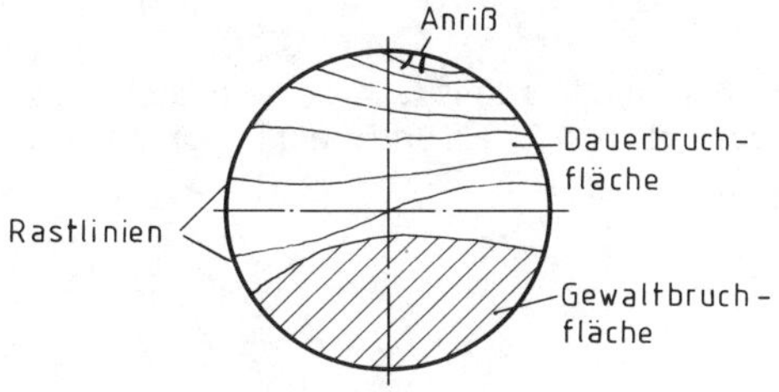

Bild 1 Bruchfläche bei einem Dauerbruch

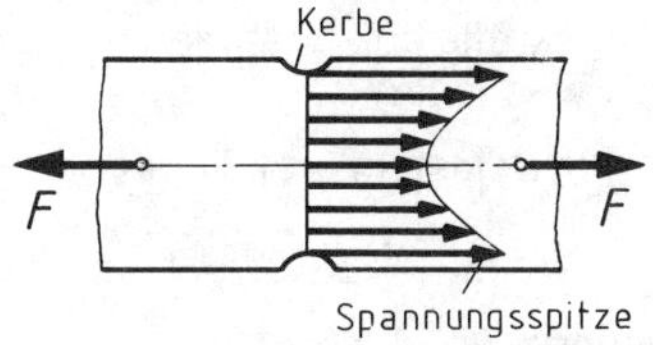

Bild 2 Spannungsverteilung bei einem auf Zug beanspruchten Flachstab mit Kerbe

Diese Spannungserhöhung durch Querschnittsänderungen bezeichnet man als **Kerbwirkung,** wobei eine Kerbwirkung ausgehen kann:

a) von äußeren Kerbstellen wie Wellenabsätzen, Einstichen, Querbohrungen, Oberflächenrauhigkeiten und

b) von inneren Kerbstellen, z. B. Schlackeneinschlüssen, Seigerungen, Lunker, Blasen usw.

Kerbstellen an einem Bauteil verursachen erhöhte Spannungen (Spannungsspitzen); sie sind der Ausgangspunkt für einen Dauerbruch.

Durch die mikroskopisch kleinen Anrisse entstehen neue Kerben, die Kerbwirkung wird verstärkt und das Gefüge zerrüttet. Die entstehende Anrißfläche weitet sich zu der Dauerbruchfläche aus. Die Rastlinien in der Dauerbruchfläche zeigen an, daß bei der dynamischen Beanspruchung Unterbrechungen aufgetreten sind (Stillstandzeiten im Betrieb). Erst wenn die tragende Querschnittsfläche so klein geworden ist, daß in ihr die Spannung den Wert der Bruchfestigkeit erreicht, bricht das Bauteil; es entsteht der grobkörnige Rest- oder Gewaltbruch.

4.9.2.2 Dauerfestigkeit

Nach DIN 50100 werden **Dauerschwingversuche** mit polierten Probestäben von ungefähr 10 mm Durchmesser durchgeführt. Die Stäbe werden bei verschieden großen Spannungen wechselnd oder schwellend belastet und die Anzahl der **Lastwechsel (Lastspiele)** bis zum Bruch gezählt. Die Ergebnisse der Versuche werden im sogenannten **Wöhlerschaubild** festgehalten. Bild 3 zeigt das Beispiel eines Wöhlerschaubildes für wechselnde Belastung bei Biegung.

Bei großer Biegespannung erfolgt der Bruch schon nach verhältnismäßig geringer Lastspielzahl. Die Versuche werden bei immer geringerer

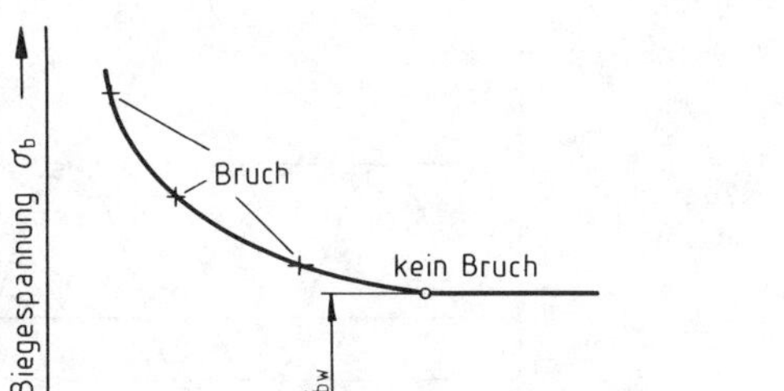

Bild 3 Beispiel eines Wöhlerschaubildes für wechselnde Belastung bei Biegung (Stahl)

Spannung durchgeführt. Ist die Spannung so klein, daß z. B. für Stahl bei 10^7 Lastwechseln noch kein Bruch eintritt, so wird auch bei wesentlich höheren Lastwechseln der Probestab nicht brechen, die Wöhlerkurve geht in eine Gerade über. Die größtmögliche Spannung, die der Probestab ohne Bruch beliebig lang ertragen kann, ist in diesem Fall die **Biegewechselfestigkeit σ_{bW}.**

Je nach Beanspruchungsart und Belastung (schwellend oder wechselnd) erhält man so die verschiedenen Festigkeitswerte. Man bezeichnet sie alle zusammen mit dem Sammelbegriff **Dauerschwingfestigkeit** oder kurz **Dauerfestigkeit σ_D** bzw. τ_D.

Die Dauerfestigkeit σ_D (τ_D) ist die größtmögliche Spannung, die ein Probestab bei dynamischer Belastung ohne Bruch ertragen kann.

Dynamisch belastete Bauteile müssen gegen Dauerbruch berechnet werden.

Aufgabe:

Welcher Dauerfestigkeitswert ist maßgebend, wenn ein Bauteil mit 100 mm² Querschnittsfläche Belastungskräfte aufzunehmen hat, die rasch zwischen einer Zugkraft von 17,5 kN und einer Druckkraft von 7,5 kN wechseln?

Welcher Belastungsfall liegt vor?

Lösung:

Es handelt sich weder um schwellende Belastung (von Null bis zu einer größten Zugkraft), noch um eine wechselnde Belastung (von einer Druckkraft $-F$ bis zu einer gleich großen Zugkraft $+F$). Als Dauerfestigkeitswert kann also weder die Zug-Schwellfestigkeit noch die Zug-Druck-Wechselfestigkeit benützt werden.

Die Spannung schwankt zwischen einer Zugspannung von

$$\sigma = \frac{F}{S} = \frac{17\,500\ \text{N}}{100\ \text{mm}^2} = 175\ \text{N/mm}^2$$ und einer Druckspannung von

$$\sigma = \frac{F}{S} = \frac{-7\,500\ \text{N}}{100\ \text{mm}^2} = -75\ \text{N/mm}^2.$$

Trägt man die Spannungsschwankung nach Bild 1 auf, so kann man sie als eine um die Mittelspannung $\sigma_m = 50\ \text{N/mm}^2$ schwankende Spannung mit dem nach oben und unten gleich großen **Spannungsausschlag σ_a** $= 125\ \text{N/mm}^2$ darstellen. Dabei ist $\sigma_o = +175\ \text{N/mm}^2$ die **Oberspannung**, $\sigma_u = -75\ \text{N/mm}^2$ die **Unterspannung.** Der vorliegende Fall wird als **allgemein dynamische Belastung** bezeichnet.

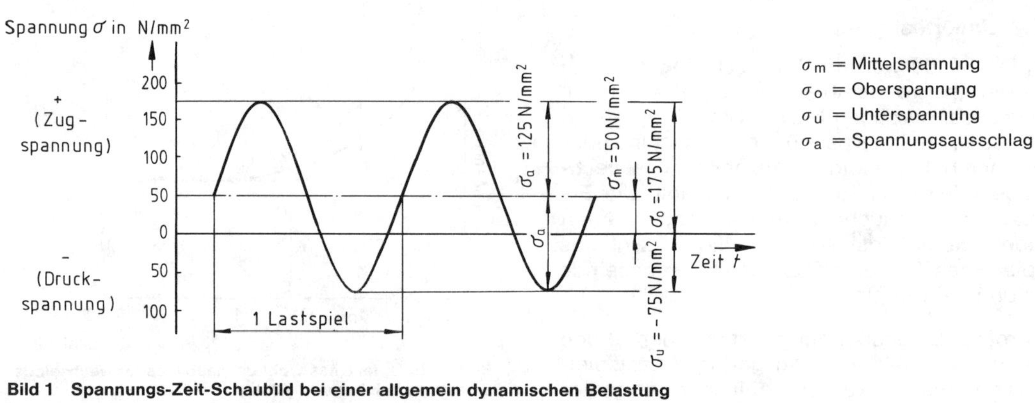

Bild 1 Spannungs-Zeit-Schaubild bei einer allgemein dynamischen Belastung

Bei dynamischer Belastung ist die **Mittelspannung:**

(41)
$$\sigma_m = \frac{\sigma_o + \sigma_u}{2}$$

und der **Spannungsausschlag:**

(42)
$$\sigma_a = \frac{\sigma_o - \sigma_u}{2}$$

σ_m Mittelspannung in N/mm²
σ_o Oberspannung in N/mm²
σ_u Unterspannung in N/mm²
σ_a Spannungsausschlag in N/mm²

In Bild 1 sind verschiedene Möglichkeiten einer allgemein dynamischen Belastung am Beispiel Zug-Druck dargestellt. Der **Belastungsfall II** (schwellende Belastung) ist ein Sonderfall der allgemein dynamischen Belastung, wobei bei Beanspruchung auf Zug $\sigma_u = 0$, $\sigma_o = \sigma$, $\sigma_m = \frac{\sigma_o}{2}$ und $\sigma_a = \frac{\sigma_o}{2}$ ist. Ebenso ist der **Belastungsfall III** (wechselnde Belastung) ein Sonderfall der allgemein dynamischen Belastung ($\sigma_o = \sigma_u$, $\sigma_m = 0$).

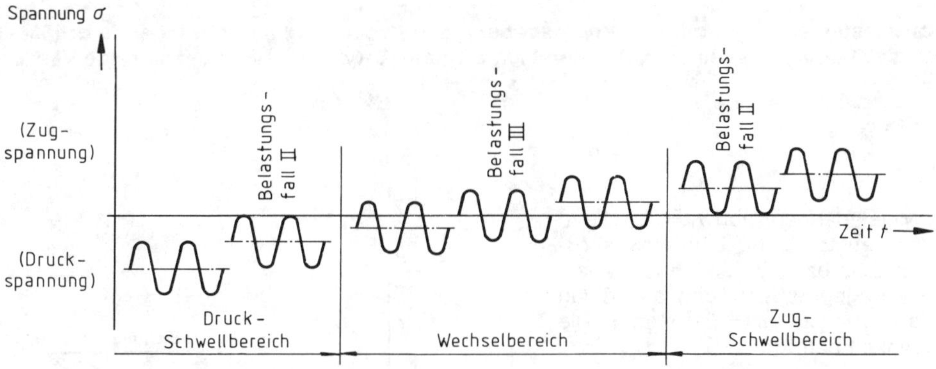

Bild 1 Bereiche der allgemein dynamischen Belastung bei Zug-Druck-Beanspruchung

Der zur Berechnung der zulässigen Spannung maßgebende Dauerfestigkeitswert muß bei derselben Mittelspannung ermittelt werden, die bei der Belastung des Bauteils auftritt. Für $\sigma_o = 175$ N/mm², $\sigma_u = -75$ N/mm² und $\sigma_m = 50$ N/mm² ist also nicht die Wechselfestigkeit σ_{zdW} der maßgebende Festigkeitswert, da dieser nur für $\sigma_m = 0$ gilt.

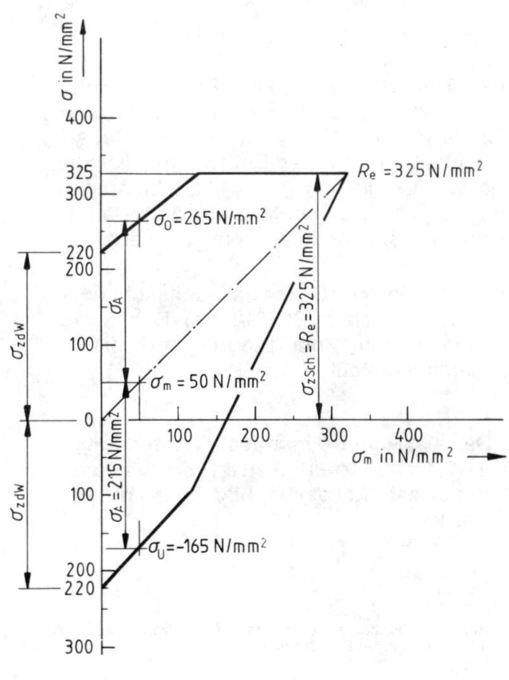

σ_m = Mittelspannung der Dauerfestigkeit
σ_O = Oberspannung der Dauerfestigkeit
σ_U = Unterspannung der Dauerfestigkeit
σ_A = Spannungsausschlag der Dauerfestigkeit

Bild 2 Zug-Druck-Dauerfestigkeitsschaubild nach Smith für St 60-2

Für die wichtigsten Stahl- bzw. Gußwerkstoffe sind **Dauerfestigkeitsschaubilder** nach **Smith** erstellt worden, aus denen die Dauerfestigkeitswerte σ_D (τ_D) für eine bestimmte Mittelspannung σ_m (τ_m) entnommen werden können. Dauerfestigkeitsschaubilder können aus den Werten für Fließgrenze, Schwellfestigkeit und Wechselfestigkeit erstellt werden. In Bild 2, Seite 273 ist ein Dauerfestigkeitsschaubild für auf Zug und Druck beanspruchten Baustahl St 60-2 dargestellt.[1]

Aus dem **Dauerfestigkeitsschaubild** entnimmt man die **Dauerfestigkeit:**

(43) a

$$\sigma_D = \pm\ \sigma_A \text{ für } \sigma_m = \ldots$$

oder kürzer:

(43) b

$$\sigma_D = \sigma_m \pm \sigma_A$$

σ_D Dauerfestigkeit in N/mm²
σ_A Spannungsausschlag der Dauerfestigkeit in N/mm²
σ_m Mittelspannung in N/mm²

Die Dauerfestigkeit σ_D ist der um eine gegebene Mittelspannung σ_m schwingende größte Spannungsausschlag σ_A, den eine Probe unendlich oft ohne Bruch und ohne unzulässige Verformung aushält.

Für eine Mittelspannung von $\sigma_m = 50$ N/mm² ist der von Baustahl St 60-2 bei Beanspruchung auf Zug bzw. Druck ohne Dauerbruch zu ertragende Spannungsausschlag nach Bild 2, Seite 273 $\sigma_A = 215$ N/mm². Die Dauerfestigkeit beträgt:

$\sigma_D = \pm\ 215$ N/mm² für
$\sigma_m = 50$ N/mm² oder
$\sigma_D = +50 \pm 215$ N/mm²

Der Dauerfestigkeitswert für den Belastungsfall III, die Wechselfestigkeit $\sigma_{zdW} = 220$ N/mm² (bei $\sigma_m = 0$), und der Dauerfestigkeitswert für den Belastungsfall II, die Schwellfestigkeit $\sigma_{zSch} = 325$ N/mm² (bei $\sigma_U = 0$), können ebenfalls aus dem Dauerfestigkeitsschaubild entnommen werden.

In Bild 1 sind die Dauerfestigkeitsschaubilder für Baustahl St 60-2 bei Beanspruchung auf Zug-Druck, Biegung und Torsion zusammengefaßt.

Bei allgemein dynamischer Belastung muß die Dauerfestigkeit σ_D (τ_D) aus dem Dauerfestigkeitsschaubild entnommen werden.

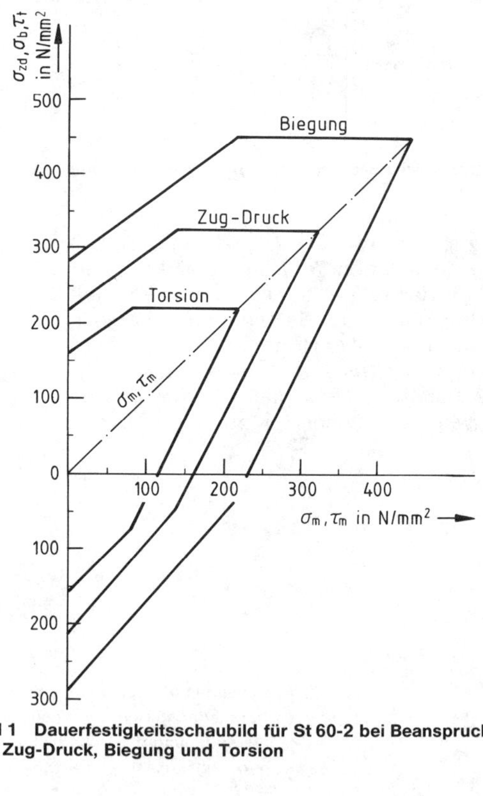

Bild 1 Dauerfestigkeitsschaubild für St 60-2 bei Beanspruchung auf Zug-Druck, Biegung und Torsion

[1] Beanspruchungswerte erhalten kleine, an Proben ermittelte Festigkeitswerte erhalten große Indizes, z. B. σ_a, σ_o, und σ_u in Bild 1, Seite 272, aber σ_A, σ_O und σ_U in Bild 2, Seite 273.

Lehrbeispiel 50:

Eine Zugstange aus St 60-2 mit d = 30 mm wird durch Zugkräfte zwischen 100 kN und 170 kN schwellend belastet.

Wie groß ist die für die Festigkeitsberechnung maßgebende Dauerfestigkeit?

Lösung:

Mit $\sigma_o = \frac{F_o}{S} = \frac{170\,000\,\text{N}}{708\,\text{mm}^2} = 240\,\text{N/mm}^2$ und

$$\sigma_u = \frac{F_u}{S} = \frac{100\,000\,\text{N}}{708\,\text{mm}^2} = 141\,\text{N/mm}^2$$

wird die Mittelspannung:

$$\sigma_m = \frac{\sigma_o + \sigma_u}{2} = \frac{(240 + 141)\,\text{N/mm}^2}{2} = 190\,\text{N/mm}^2$$

Für $\sigma_m = 190\,\text{N/mm}^2$ wird nach dem Dauerfestigkeitsschaubild (Bild 1, Seite 274) die Ausschlagfestigkeit $\sigma_A = \pm\ 135\,\text{N/mm}^2$ und damit die Dauerfestigkeit:

$$\sigma_D = 190 \pm 135\,\text{N/mm}^2$$

Die Oberspannung der Dauerfestigkeit ist $\sigma_O = 325\,\text{N/mm}^2$, die Unterspannung der Dauerfestigkeit $\sigma_U = 55\,\text{N/mm}^2$.

Lehrbeispiel 51:

Eine Achse aus St 60-2 mit 50 mm Durchmesser hat ein statisches Biegemoment von $M_1 = 1\,000\,\text{Nm}$ und zusätzlich ein wechselndes Biegemoment von $M_2 = \pm\ 500\,\text{Nm}$ aufzunehmen.

Welcher Dauerfestigkeitswert ist zur Berechnung von $\sigma_{b\,zul}$ maßgebend?

Lösung:

Der Oberwert des Biegemoments beträgt:

$$M_o = M_1 + M_2 = (1\,000 + 500)\,\text{Nm} = 1\,500\,\text{Nm}$$

Der Unterwert des Biegemoments beträgt:

$$M_u = M_1 - M_2 = (1\,000 - 500)\,\text{Nm} = 500\,\text{Nm}$$

Das Widerstandsmoment ist:

$$W = \frac{\pi \cdot d^3}{32} = \frac{\pi \cdot (50\,\text{mm})^3}{32} = 12\,270\,\text{mm}^3$$

Damit ergibt sich die Oberspannung zu:

$$\sigma_{bo} = \frac{M_o}{W} = \frac{1\,500\,000\,\text{Nmm}}{12\,270\,\text{mm}^3} = 122\,\text{N/mm}^2$$

und die Unterspannung zu:

$$\sigma_{bu} = \frac{M_u}{W} = \frac{500\,000\,\text{Nmm}}{12\,270\,\text{mm}^3} = 41\,\text{N/mm}^2$$

Die Mittelspannung wird:

$$\sigma_{bm} = \frac{\sigma_{bo} + \sigma_{bu}}{2} = \frac{(122 + 41)\,\text{N/mm}^2}{2} = 81{,}5\,\text{N/mm}^2$$

Aus dem Dauerfestigkeitsschaubild (Bild 1, Seite 274) ergibt sich bei $\sigma_m = 81{,}5\,\text{N/mm}^2$ als Dauerfestigkeitswert:

$$\sigma_D = 81{,}5 \pm 270\,\text{N/mm}^2$$

Übungsaufgaben:

1. Eine Zuglasche mit rechteckigem Querschnitt (40 × 10) hat Zugkräfte aufzunehmen, die zwischen 24 000 N und 42 000 N schwanken.

   Wie groß sind:
   a) Oberspannung,
   b) Unterspannung,
   c) Mittelspannung,
   d) Spannungsausschlag?

2. Ein Hebel aus St 60-2 mit $d = 25$ mm hat ein zwischen 220 Nm und 300 Nm schwankendes Biegemoment aufzunehmen.

   Wie groß ist der zur Berechnung von $\sigma_{b\,zul}$ maßgebende Dauerfestigkeitswert?

4.9.2.3 Gestaltfestigkeit

Wird ein polierter zylindrischer Probestab aus St 50-2 durch ein schwellendes Torsionsmoment dynamisch belastet, so versagt er, wenn die Torsionsspannung größer als die Torsionsschwellfestigkeit $\tau_{tSch} = 190\ \text{N/mm}^2$ ist. Wird eine Kurbelwelle aus demselben Werkstoff ebenfalls durch ein schwellendes Torsionsmoment belastet, so versagt sie schon bei einer Torsionsspannung von z. B. $60\ \text{N/mm}^2$; ihre Torsions-Schwellfestigkeit beträgt also nur $60\ \text{N/mm}^2$, d. h. nur $^1/_3$ der Schwellfestigkeit des Probestabes.

Die Dauerfestigkeit eines **beliebig gestalteten Bauteils** bezeichnet man als **Gestaltfestigkeit** $\boldsymbol{\sigma_G}$ (τ_G). Die Größe der Gestaltfestigkeit wird neben den Größen, von denen die Dauerfestigkeit des polierten Probestabes abhängt (Werkstoff, Beanspruchungsart, Belastungsfall, Temperatur), noch durch die konstruktive Gestalt des Bauteils sowie durch seine Bearbeitung beeinflußt. Die Gestaltfestigkeit ist also kein reiner Werkstoffkennwert.

Die Ermittlung der Gestaltfestigkeit durch Versuche ist nur für Bauteile der Mengenfertigung wirtschaftlich. Im Normalfall muß deshalb von den Dauerfestigkeitswerten der polierten Probestäbe ausgegangen und von ihnen auf die Gestaltfestigkeit des zu berechnenden Bauteils geschlossen werden.

Die Gestaltfestigkeit σ_G (τ_G) bezeichnet die Dauerfestigkeit für ein ganz spezielles Bauteil. Ihre Größe hängt u. a. von der Gestalt und der Bearbeitung des Bauteils ab.

Einfluß von Kerben auf die Gestaltfestigkeit

Ein polierter Probestab aus St 50-2 hat eine Biegewechselfestigkeit von $\sigma_{bW} = 240\ \text{N/mm}^2$. Derselbe Probestab mit einer Kerbe, dessen gekerbter Querschnitt S_K gleich groß ist wie der Querschnitt S des ungekerbten Stabes, hat eine Kerb-Biegewechselfestigkeit von $\sigma_{bWK} = 100\ \text{N/mm}^2$ (Bild 1).

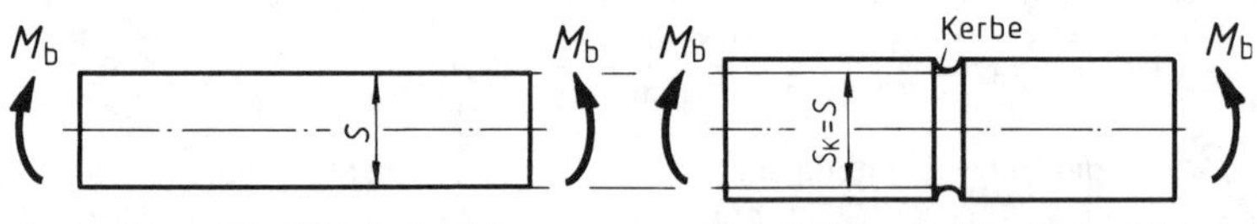

a) polierter, ungekerbter Probestab
$\sigma_{bW} = 240\ \text{N/mm}^2$

b) polierter, gekerbter Probestab
$\sigma_{bWK} = 100\ \text{N/mm}^2$

$$\beta_K = \frac{\sigma_{bW}}{\sigma_{bWK}} = \frac{240\ \text{N/mm}^2}{100\ \text{N/mm}^2} = 2{,}4$$

Bild 1 Kerbwirkung

Die Auswirkung der Kerbe zeigt sich darin, daß die Dauerfestigkeit auf den 2,4ten Teil abfällt. Die Zahl 2,4 bezeichnet man als **Kerbwirkungszahl** $\boldsymbol{\beta_K}$.

Kerben verringern die Dauerfestigkeit eines Bauteils.
Die Kerbwirkungszahl β_K ist das Verhältnis der Dauerfestigkeit eines ungekerbten zu der eines gekerbten Probestabes.

Die **Kerbwirkungszahl** ist:

(44)
$$\beta_K = \frac{\sigma_D\ (\tau_D)}{\sigma_{DK}\ (\tau_{DK})}$$

β_K Kerbwirkungszahl
$\sigma_D\ (\tau_D)$ Dauerfestigkeit des ungekerbten Probestabes in N/mm²
$\sigma_{DK}\ (\tau_{DK})$ Dauerfestigkeit des gekerbten Probestabes in N/mm²

Kerben, die die Dauerfestigkeit eines Bauteils herabsetzen, können Querschnittsänderungen wie z. B. Wellenabsätze, Rillen, Nuten, Querbohrungen, aber auch die Rauhigkeit einer bearbeiteten Oberfläche sein.

In Versuchen wurden für verschiedene Beanspruchungsarten, verschiedene einfache Bauteile und verschiedene Kerbformen Werte für β_K ermittelt, sie können aus Tabellen entnommen werden.[1]

Schärfere Kerben wirken sich nachteiliger auf die Gestaltfestigkeit aus als sanfte Kerben; z. B. ist bei $R_m = 1200$ N/mm² und $r/d = 0{,}025$: $\beta_{K(2)} = 3{,}2$, bei $r/d = 0{,}3$ aber: $\beta_{K(2)} = 1{,}4$. Mit zunehmender Zugfestigkeit des Werkstoffs macht sich die Kerbwirkung stärker bemerkbar; z. B. ist bei $R_m = 400$ N/mm²: $\beta_K = 1{,}2$ bis 2,5, bei $R_m = 1200$ N/mm² aber: $\beta_K = 1{,}4$ bis 4,3. Die **Kerbempfindlichkeit** eines Werkstoffs ist also um so höher, je größer seine Festigkeit ist.

Lehrbeispiel 52:

Eine abgesetzte Welle aus St 60-2 mit $D = 15$ mm, $d = 10$ mm und $r = 0{,}5$ mm wird durch ein Biegemoment belastet.

Wie groß ist die für die Ermittlung von σ_{zul} maßgebende Gestaltfestigkeit, wenn die Einflüsse von Oberflächenrauhigkeit und Bauteilgröße auf σ_G nicht berücksichtigt werden?

Lösung:

Mit $\frac{D}{d} = \frac{15\ \text{mm}}{10\ \text{mm}} = 1{,}5$

wird $b_K = 0{,}78$.

Mit $\frac{r}{d} = \frac{0{,}5\ \text{mm}}{10\ \text{mm}} = 0{,}05$ und $R_m = 570$ N/mm² wird $\beta_{K(2)} = 2{,}0$.

Damit wird die Kerbwirkungszahl:

$$\beta_K = 1 + b_K\ (\beta_{K(2)} - 1) = 1 + 0{,}78\ (2{,}0 - 1) = 1{,}78 \approx 1{,}8$$

und die Gestaltfestigkeit:

$$\sigma_G = \frac{\sigma_{bW}}{\beta_K} = \frac{280\ \text{N/mm}^2}{1{,}8} = \underline{156\ \text{N/mm}^2}$$

Ermittlung von β_K aus der Kerbformzahl α_K und der Kerbempfindlichkeitszahl η_K

Dynamische Versuche zur Ermittlung von β_K sind sehr aufwendig. Man ermittelt deshalb in einfacher durchzuführenden Versuchen bei ruhender Belastung die **Kerbformzahl α_K** und berechnet daraus unter Berücksichtigung der **Kerbempfindlichkeitszahl η_K** die **Kerbwirkungszahl β_K** für dynamische Belastung.

[1] Für die folgenden Erläuterungen, Aufgaben und Lehrbeispiele sind Werte für α_K, β_K usw. entnommen aus: Formel- u. Tabellensammlung, Technische Mechanik und Festigkeitslehre, Mayer, Schwarz, Stanger, Verlag Handwerk und Technik, Hamburg.

Kerbformzahl α_K

Wird ein Zugstab ruhend belastet, so ist die Zugspannung $\sigma = F/S$, wobei angenommen wird, daß sich die Spannung gleichmäßig über den Querschnitt verteilt. Die Spannung $\sigma = F/S$ bezeichnet man als **Nennspannung** $\boldsymbol{\sigma_n}$ (Bild 1).

Tatsächlich verursacht die Kerbe eine ungleiche Spannungsverteilung über den Querschnitt, wobei im Kerbgrund Spannungsspitzen auftreten. Diese maximale Spannung nennt man die **Kerbspannung** $\boldsymbol{\sigma_K}$. Das Verhältnis von Kerbspannung σ_K zu Nennspannung σ_n bezeichnet man bei **statischer Belastung** als **Kerbformzahl** $\boldsymbol{\alpha_K}$:

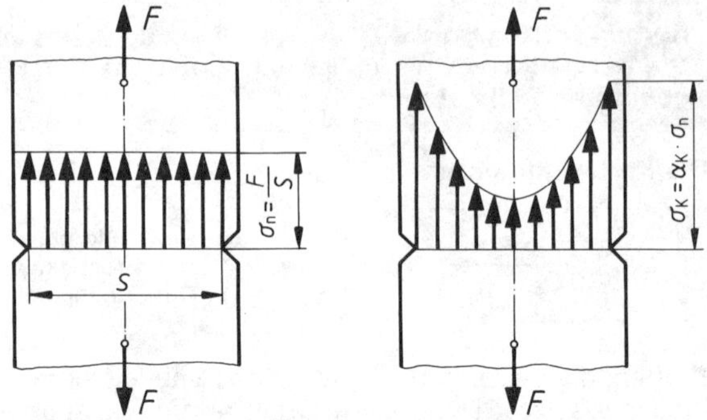

a) Vereinfacht angenommene Spannungsverteilung mit $\sigma_n = \frac{F}{S}$

b) Tatsächliche Spannungsverteilung mit Spannungsspitzen im Kerbgrund $\sigma_K = \alpha_K \cdot \sigma_n$

σ_n Nennspannung $\quad$ σ_K Kerbspannung $\quad$ α_K Kerbformzahl

Bild 1 Spannungsverteilung bei gekerbtem Querschnitt und ruhender Belastung

(45)
$$\alpha_K = \frac{\sigma_K}{\sigma_n}$$

α_K Kerbformzahl
σ_K Kerbspannung in N/mm^2
σ_n Nennspannung in N/mm^2

Je schärfer die Kerbe wirkt, desto größer wird die Kerbspannung σ_K und damit auch die Kerbformzahl α_K bei gleicher Nennspannung (Bild 2).

Die Kerbformzahl α_K ist unabhängig vom Werkstoff. Bei gleicher Belastung und gleichen Bauteilabmessungen ergibt sich also bei allen Werkstoffen dieselbe Spannungsverteilung.

Die in den Bildern 1 und 2 dargestellten Spannungsverteilungen gelten nur bei elastischer Verformung. Die Kerbformzahl α_K gilt also nur, solange die maximale Spannung σ_K unterhalb der Fließgrenze σ_F bleibt.

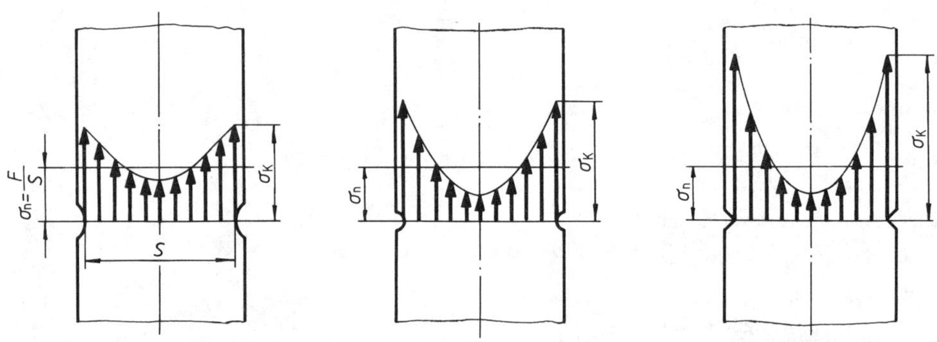

a) sanftere Kerbe: α_K klein $\quad$ **b)** schärfere Kerbe $\quad$ **c)** scharfe Kerbe: α_K groß

Bild 2 Einfluß der Kerbform auf die Größe der Kerbspannung σ_K und damit auf die Größe der Kerbformzahl α_K

Die im Kerbgrund auftretende maximale Spannung wird als Kerbspannung σ_K (τ_K) bezeichnet. Sie ist bei statischer Belastung um den Faktor Kerbformzahl α_K größer als die Nennspannung.

Die Kerbformzahl α_K ist nur von der äußeren Form des Bauteils, der Kerbform und der Beanspruchungsart abhängig. Der Werkstoff ist ohne Einfluß.

In Versuchen wurden Werte für α_K bei verschiedenen Kerbformen und Beanspruchungsarten ermittelt und in Tabellen festgehalten.

Lehrbeispiel 53:

Eine Welle aus St 60-2 wird durch ein Biegemoment von 32 Nm ruhend belastet.

a) Wie groß ist die Nennspannung im gefährdeten Querschnitt (gekerbter Querschnitt)?

b) Wie groß ist die Kerbformzahl α_K?

c) Wie groß ist die Kerbspannung σ_K im Kerbgrund?

d) Skizzieren Sie die ungefähre Spannungsverteilung über den gekerbten Querschnitt.

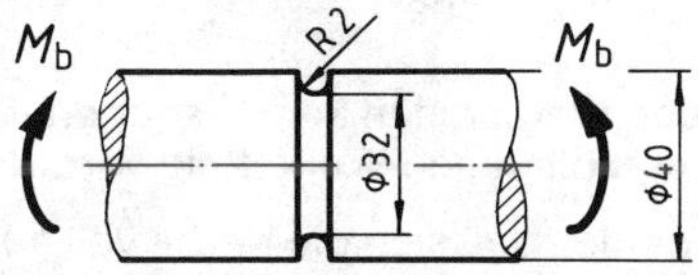

Bild 1 Auf Biegung beanspruchte Welle mit Rundkerbe

Lösung:

a) Mit $W = \frac{\pi \cdot d^3}{32} = \frac{\pi \cdot (32\,\text{mm})^3}{32} = 3\,217\,\text{mm}^3$ wird die Biege-Nennspannung:

$$\sigma_b = \frac{M_b}{W} = \frac{32\,000\,\text{Nmm}}{3\,217\,\text{mm}^3} = 9{,}95\,\text{N/mm}^2$$

b) Mit $d/D = \frac{32\,\text{mm}}{40\,\text{mm}} = 0{,}8$ und $\frac{r_K}{t} = \frac{2\,\text{mm}}{4\,\text{mm}} = 0{,}5$

ergibt sich für die Kerbformzahl:

$$\alpha_K = 2{,}6$$

c) Die Kerbspannung beträgt:

$$\sigma_K = \alpha_K \cdot \sigma_n = 2{,}6 \cdot 9{,}95\,\text{N/mm}^2 = \underline{25{,}9\,\text{N/mm}^2}$$

d)

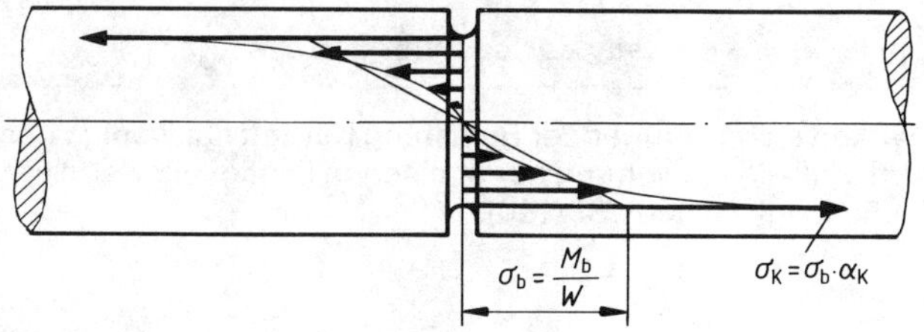

Bild 2 Verteilung der Biegespannung im gekerbten Querschnitt

Kerbempfindlichkeitszahl η_K

Aufgabe:

Wie groß ist die Kerbformzahl α_K und die Kerbwirkungszahl β_K bei einer auf Biegung beanspruchten abgesetzten Welle mit $D = 15\,\text{mm}$, $d = 10\,\text{mm}$ und Übergangsradius $r = 0{,}5\,\text{mm}$?

Lösung:

In Lehrbeispiel 52 ergab sich für $D = 15\,\text{mm}$, $d = 10\,\text{mm}$ und $r = 0{,}5\,\text{mm}$:

$$\beta_K = 1{,}8$$

Mit $d/D = \frac{10\,\text{mm}}{15\,\text{mm}} = 0{,}67$ und $\frac{r_K}{t} = \frac{0{,}5\,\text{mm}}{2{,}5\,\text{mm}} = 0{,}2$ folgt für die Kerbformzahl:

$$\alpha_K = 2{,}3$$

In Versuchen wurde festgestellt, daß vor allem bei zähen Werkstoffen β_K wesentlich kleiner als α_K ist. Bei dynamischer Belastung ist also der Abfall der Dauerfestigkeit der gekerbten gegenüber der nicht gekerbten Welle geringer als die Zunahme der Spannung bei ruhender Belastung,

also: $\beta_K < \alpha_K$ oder $\frac{\sigma_D}{\sigma_{DK}} < \frac{\sigma_K}{\sigma_n}$

Bei spröden Werkstoffen kann dagegen β_K den Wert von α_K erreichen. Dieses unterschiedliche Verhalten der verschiedenen Werkstoffe wird durch die **Kerbempfindlichkeitszahl η_K** ausgedrückt.

$\eta_K = 1$ bedeutet, daß sich die Kerbe voll auswirkt. $\eta_K = 0$ bedeutet, daß eine Kerbe keinen Einfluß auf die Dauerfestigkeit besitzt.

Da für die Kerbempfindlichkeitszahl η_K teilweise große Streubereiche angegeben sind, kann η_K und damit β_K nur näherungsweise ermittelt werden.

Aus Kerbformzahl α_K und Kerbempfindlichkeitszahl η_K kann die Kerbwirkungszahl β_K errechnet werden.[1] Nach **Thum** ist die **Kerbwirkungszahl:**

(46) $$\beta_K = 1 + (\alpha_K - 1) \cdot \eta_K$$

β_K Kerbwirkungszahl
α_K Kerbformzahl
η_K Kerbempfindlichkeitszahl

Bei voll kerbempfindlichen Werkstoffen (z. B. Federstahl) ist $\eta_K = 1$, also

$$\beta_K = 1 + (\alpha_K - 1) \cdot 1 = \alpha_K$$

Bei einem vollkommen kerbunempfindlichen Werkstoff wäre $\eta_K = 0$, also $\beta_K = 1$.

Die Größe von β_K kann also zwischen 1 und α_K schwanken. Man liegt bei der Festigkeitsberechnung auf der sicheren Seite, wenn für β_K der Wert von α_K eingesetzt wird.

Die Kerbwirkungszahl β_K kann aus der Kerbformzahl α_K und der Kerbempfindlichkeitszahl η_K errechnet werden.

η_K ist um so größer, je größer die Festigkeit des Werkstoffes ist.

Bei zähen Werkstoffen wirken sich bei ruhender Belastung Kerben nur wenig oder gar nicht aus. Es kann sogar $\beta_K < 1$ werden, d. h. daß eine Erhöhung der statischen Festigkeitswerte wie z. B. R_e und R_m eintritt (Stützwirkung durch Fließen, vgl. Seiten 185/186).

Lehrbeispiel 54:

Ein Flachstab aus St 37-2 wird schwellend auf Zug beansprucht.
Wie groß ist die Kerbwirkungszahl β_K?

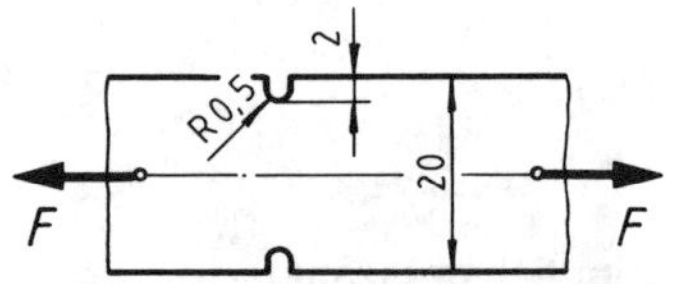

Bild 1 Flachstab mit Außenkerbe

Lösung:

Mit $\frac{t}{b} = \frac{2\,\text{mm}}{20\,\text{mm}} = 0{,}1$ und $\frac{r_K}{t} = \frac{0{,}5\,\text{mm}}{2\,\text{mm}} = 0{,}25$

ergibt sich für die Kerbformzahl

$\alpha_K = 4{,}1$.

Für St 37-2 wird $\eta_K = 0{,}4$ gewählt.

Damit wird die Kerbwirkungszahl:

$$\beta_K = 1 + (\alpha_K - 1) \cdot \eta_K = 1 + (4{,}1 - 1) \cdot 0{,}4$$
$$\beta_K \approx 2{,}2$$

[1] Die Kerbwirkungszahl β_K kann genauer ermittelt werden aus α_K und dem bezogenen Spannungsgefälle (siehe weiterführende Literatur).

Einfluß der Oberflächenrauhigkeit auf die Gestaltfestigkeit

Oberflächenrauhigkeit infolge einer spanenden Bearbeitung oder Gußoberflächen wirken sich auf die Gestaltfestigkeit gleich aus wie äußere Kerben. Da die in Tabellen festgelegten Dauerfestigkeiten an polierten Probestäben ermittelt werden, muß bei Bauteilen mit einer geschliffenen oder gedrehten Oberfläche mit einem geringeren Wert für die Dauerfestigkeit gerechnet werden. Das Verhältnis des Dauerfestigkeitswertes eines Stabes mit technischer Oberfläche zu der eines sonst gleichen Stabes mit polierter Oberfläche wird als **Oberflächenzahl b_2** bezeichnet.

Werte für b_2 können in Abhängigkeit von der Rauhtiefe R_Z und der Zugfestigkeit R_m des Werkstoffes aus Tabellen entnommen werden.

Einfluß der Bauteilgröße auf die Gestaltfestigkeit

Untersuchungen haben gezeigt, daß größere Bauteile bei Beanspruchung auf Biegung und Torsion eine geringere Dauerfestigkeit besitzen als kleinere. Besonders der Durchmesser bzw. die Dicke des Bauteils beeinflussen die Dauerfestigkeit.

Die geringere Dauerfestigkeit von Bauteilen mit Durchmessern bzw. Dicken über 10 mm wird durch die **Größenzahl b_1** berücksichtigt. Werte für b_1 können aus Tabellen entnommen werden.

Bei Beanspruchung auf Zug und Druck wird die Dauerfestigkeit durch die Bauteilgröße nicht beeinflußt, es ist also $b_1 = 1{,}0$ zu setzen.

Großer Durchmesser und rauhe Oberfläche vermindern die Gestaltfestigkeit eines Bauteils. Diese Einflüsse werden bei der Ermittlung der Gestaltfestigkeit durch die Größenzahl b_1 und die Oberflächenzahl b_2 berücksichtigt.

Bei Berücksichtigung von **Kerben, Bauteilgröße und Oberfläche** wird die **Gestaltfestigkeit:**

(47)
$$\sigma_G\ (\tau_G) = \frac{\sigma_D\ (\tau_D) \cdot b_1 \cdot b_2}{\beta_K}$$

$\sigma_G\ (\tau_G)$ Gestaltfestigkeit in N/mm²
$\sigma_D\ (\tau_D)$ Dauerfestigkeit in N/mm²
b_1 Größenzahl
b_2 Oberflächenzahl
β_K Kerbwirkungszahl

Lehrbeispiel 55:

Eine Welle aus Vergütungsstahl 34 CrMo 4 wird durch ein schwellendes Torsionsmoment belastet. Die Welle hat einen Absatz von 60 mm auf 50 mm Durchmesser, der Übergangsradius beträgt 1 mm. Die Oberfläche ist geschliffen, die Rauhtiefe beträgt am Übergangsradius $R_Z \approx 3\,\mu$m.

Wie groß ist die Gestaltfestigkeit der Welle?

Lösung:

Mit $D/d = \frac{60\text{ mm}}{50\text{ mm}} = 1{,}2$ wird $b_K = 0{,}8$.

Für $\frac{r}{d} = \frac{1\text{ mm}}{50\text{ mm}} = 0{,}02$ und $R_m = 880\text{ N/mm}^2$ ist $\beta_{K(1,4)} = 1{,}7$.

Damit wird die Kerbwirkungszahl:

$$\beta_K = 1 + b_K\,(\beta_{K(1,4)} - 1) = 1 + 0{,}8\,(1{,}7 - 1) = 1 + 0{,}56 \approx 1{,}6$$

Die Kerbwirkungszahl kann auch aus Kerbformzahl α_K und der Kerbempfindlichkeitszahl η_K ermittelt werden.

Für $d/D = \frac{50\text{ mm}}{60\text{ mm}} = 0{,}83$ und $\frac{r_K}{t} = \frac{1\text{ mm}}{5\text{ mm}} = 0{,}2$ wird die Kerbformzahl $\alpha_K = 1{,}9$.

34 CrMo 4 ist hinsichtlich der Größe von R_m etwa vergleichbar mit St 70-2, also ist die obere Grenze von $\eta_K = 0{,}4 \ldots 0{,}8$ zu wählen.

gewählt: $\eta_K = 0{,}8$

Damit wird die Kerbwirkungszahl:

$$\beta_K = 1 + (\alpha_K - 1)\,\eta_K = 1 + (1{,}9 - 1) \cdot 0{,}8 = 1{,}72 \approx 1{,}7$$

Die Größenzahl ist bei $d = 50$ mm: $b_1 = 0{,}82$

Für die Oberflächenzahl b_2 ergibt sich bei $R_m = 880\,\text{N/mm}^2$ und $R_Z = 3\,\mu$m: $b_2 = 0{,}95$

Damit wird die Gestaltfestigkeit der Welle:

$$\tau_G = \frac{\tau_{tSch}}{\beta_K} \cdot b_1 \cdot b_2 = \frac{400\,\text{N/mm}^2}{1{,}7} \cdot 0{,}82 \cdot 0{,}95 = \underline{183\,\text{N/mm}^2}$$

Es ist also zu beachten, daß die Dauerfestigkeit der abgesetzten Welle nur ungefähr halb so groß ist wie die eines Probestabes aus demselben Werkstoff.

4.9.2.4 Zulässige Spannungen

Bei dynamischer Belastung ist für ein beliebig gestaltetes Bauteil die **zulässige Spannung:**

(48)
$$\sigma_{zul}\,(\tau_{zul}) = \frac{\sigma_G\,(\tau_G)}{\nu}$$

$\sigma_{zul}\,(\tau_{zul})$	zulässige Spannung in N/mm²
$\sigma_G\,(\tau_G)$	Gestaltfestigkeit in N/mm²
ν	Sicherheitszahl

Wie bei statischer ist auch bei dynamischer Belastung die **Sicherheitszahl** nach der Gleichung (40) $\nu = \nu_0 \cdot f_1 \cdot f_2 \cdot f_3$ zu berechnen.

Die Größe der zu wählenden **Grundsicherheitszahl ν_0** bei dynamischer Belastung hängt hauptsächlich von zwei Größen ab:

1. Von der **Häufigkeit der auftretenden Höchstlast** bzw. Höchstspannung H in %. Den Wert für H erhält man aus Versuchen (Verlauf der Belastung, gemessen über eine bestimmte Zeit) oder als Erfahrungswert. Je seltener die Höchstlast auftritt, desto kleiner kann die Grundsicherheit ν_0 gewählt werden.

2. Von dem **Verhältnis von Mittelspannung zu Oberspannung** $\frac{\sigma_M}{\sigma_O}$ bzw. $\frac{\sigma_m}{\sigma_o}$. Bei schwellender Belastung ist z. B. $\sigma_m = \frac{\sigma_o}{2}$, also $\frac{\sigma_m}{\sigma_o} = 0{,}5$; bei reiner wechselnder Belastung ist $\sigma_m = 0$, also $\frac{\sigma_m}{\sigma_o} = 0$.

Werte für ν_0 sind aus Tabellen zu entnehmen.

Da die Berücksichtigung von Kerbwirkung, Bauteilgröße usw. nur für das Nachrechnen eines im Entwurf vorliegenden Bauteils möglich ist, wird die tatsächliche Sicherheitszahl ν_{eff} errechnet. Diese muß mindestens so groß sein wie die erforderliche Sicherheitszahl $\nu = \nu_0 \cdot f_1 \cdot f_2 \cdot f_3$.

Bei der Entwurfsberechnung von dynamisch beanspruchten Bauteilen mit Kerben rechnet man im allgemeinen mit Sicherheitszahlen von $\nu = 3 \ldots 6$.

Festigkeitsberechnung von dynamisch beanspruchten Bauteilen:

a) Entwurfsberechnung mit $\sigma_{zul} = \frac{\sigma_D}{\nu}$ und $\nu = 3 \ldots 6$,

b) nachrechnen nach den Gesetzen der Gestaltfestigkeit.

Lehrbeispiel 56:

Eine abgesetzte Getriebewelle (St 50-2) einer Drehmaschine hat ein schwellendes Torsionsmoment von $T = 2\,000$ Nm zu übertragen. Die Häufigkeit der Höchstbelastung beträgt $H \approx 75\,\%$.

a) Wie groß ist der Wellendurchmesser nach der Entwurfsberechnung auszuführen?

b) Die Welle ist am Wellenabsatz nachzurechnen, wenn $D = d + 20$ mm beträgt, der Übergangsradius $r = 2$ mm ist und die Welle geschliffen wird.

Lösung:

a) Mit $\nu = 5$ ist die zulässige Torsionsspannung:

$$\tau_{t\,zul} = \frac{\tau_{tSch}}{\nu} = \frac{190\ \text{N/mm}^2}{5} = 38\ \text{N/mm}^2$$

Aus $\tau_t = \dfrac{T}{W_p} \leqq \tau_{t\,zul}$ folgt:

$$W_p \geqq \frac{T}{\tau_{t\,zul}} = \frac{2\,000 \cdot 10^3\ \text{Nmm}}{38\ \text{N/mm}^2} = 52{,}6 \cdot 10^3\ \text{mm}^3$$

Aus $W_p = \dfrac{\pi \cdot d^3}{16}$ folgt für den Wellendurchmesser:

$$d \geqq \sqrt[3]{\frac{16 \cdot W_p}{\pi}} = \sqrt[3]{\frac{16 \cdot 52\,600}{\pi}\ \text{mm}^3} = 64{,}5\ \text{mm}$$

gewählt: $d = \underline{66\ \text{mm}}$

b) Der große Durchmesser ist damit $D = (66 + 20)$ mm $= 86$ mm.

Mit $D/d = \dfrac{86\ \text{mm}}{66\ \text{mm}} = 1{,}3$ wird $b_K = 0{,}95$ und mit

$r/d = \dfrac{2\ \text{mm}}{66\ \text{mm}} \approx 0{,}03$ sowie $R_m = 470\ \text{N/mm}^2$ wird:

$\beta_{K(1,4)} \approx 1{,}5$

Damit wird die Kerbwirkungszahl:

$$\beta_K = 1 + b_K\,(\beta_{K(1,4)} - 1) = 1 + 0{,}95 \cdot 0{,}5 \approx 1{,}5$$

Die Kerbwirkungszahl β_K kann auch über die Kerbformzahl α_K ermittelt werden.

Mit $d/D = \dfrac{66\ \text{mm}}{86\ \text{mm}} = 0{,}77$ und $\dfrac{r_K}{t} = \dfrac{2\ \text{mm}}{10\ \text{mm}} = 0{,}2$

ergibt sich die Kerbformzahl zu $\alpha_K = 1{,}8$.

Mit $\eta_K = 0{,}6$ wird die Kerbwirkungszahl:

$$\beta_K = 1 + (\alpha_K - 1) \cdot \eta_K = 1 + (1{,}8 - 1) \cdot 0{,}6 \approx 1{,}5$$

Die Größenzahl ist $b_1 \approx 0{,}8$ und für eine angenommene Rauhtiefe von 4 μm wird die Oberflächenzahl $b_2 = 0{,}96$.

Damit wird die Gestaltfestigkeit:

$$\tau_{tG} = \frac{\tau_{tSch} \cdot b_1 \cdot b_2}{\beta_K} = \frac{190 \dfrac{N}{mm^2} \cdot 0{,}8 \cdot 0{,}96}{1{,}5} = 97\,N/mm^2$$

Mit $W_p = \dfrac{\pi \cdot d^3}{16} = \dfrac{\pi \cdot (66\,mm)^3}{16} = 56\,450\,mm^3$

und $\tau_t = \dfrac{T}{W_p} = \dfrac{2\,000\,000\,Nmm}{56\,450\,mm^3} = 35{,}4\,N/mm^2$

ist die vorhandene Sicherheit:

$$\nu_{eff} = \frac{\tau_{tG}}{\tau_t} = \frac{97\,N/mm^2}{35{,}4\,N/mm^2} = 2{,}7$$

Die Belastung kann genau ermittelt werden, also ist $f_1 = 1{,}0$. Als Stoßfaktor wird $f_2 = 1{,}2$ angenommen. Menschenleben und auch die gesamte Maschine sind bei Bruch der Getriebewelle nicht gefährdet, also ist $f_3 = 1{,}0$.

Bei $H = 75\,\%$ und $\sigma_m/\sigma_0 = 0{,}5$ muß die Grundsicherheitszahl $\nu_0 \approx 1{,}6$ betragen. Damit ergibt sich eine erforderliche Sicherheitszahl von:

$$\nu = \nu_0 \cdot f_1 \cdot f_2 \cdot f_3 = 1{,}6 \cdot 1{,}0 \cdot 1{,}2 \cdot 1{,}0 = 1{,}92$$

Es ist $\nu_{eff} = 2{,}7 > \nu = 1{,}9$, also ist die Welle ausreichend dimensioniert.

Übungsaufgaben:

1. Eine auf Zug beanspruchte Zugstange aus St 44-2 wird durch eine statisch wirkende Kraft von $F = 12$ kN belastet (Bild 1).
   a) Wie groß ist die Kerbformzahl α_K?
   b) Wie groß ist die Kerbspannung σ_K im Kerbgrund?

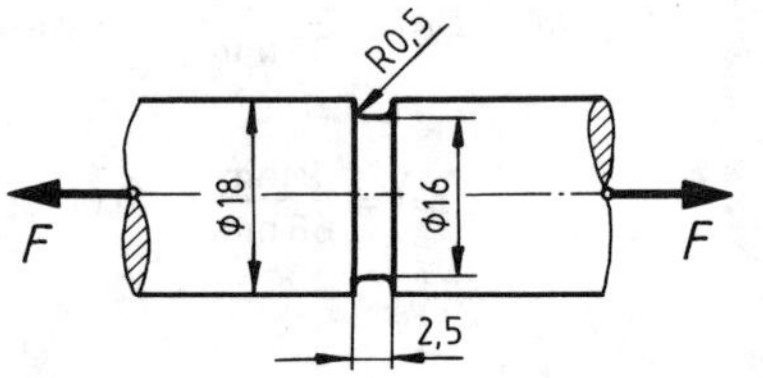

Bild 1

2. Wie groß ist die zulässige Zugspannung für die Zugstange aus der vorhergehenden Übungsaufgabe, wenn die Zugkraft genau ermittelt wird, starke Stöße auftreten können und bei einem Bruch der Zugstange keine weiteren Bauteile oder gar Menschen gefährdet sind?

3. Eine abgesetzte Welle aus Einsatzstahl 18 CrNi 8 wird durch ein schwellendes Torsionsmoment belastet (Bild 2).
   Ermitteln Sie die Kerbwirkungszahl β_K:
   a) direkt aus einem Diagramm für β_K,
   b) über α_K und η_K.

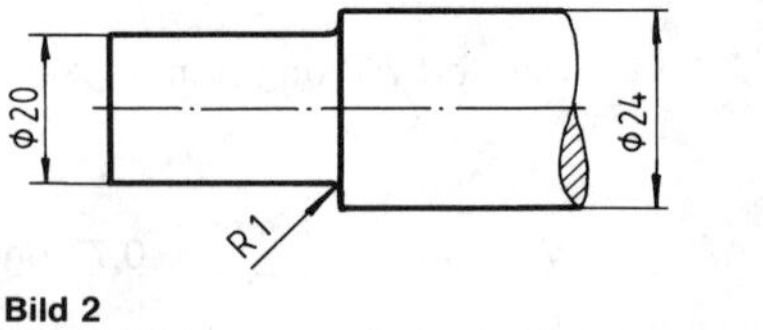

Bild 2

4. Führen Sie den Spannungsnachweis für die Welle aus der vorhergehenden Übungsaufgabe, wenn die Oberfläche der Welle eine Rauhtiefe von $R_Z = 6\,\mu$m besitzt und die Häufigkeit des maximalen Torsionsmomentes $T = 100$ Nm ungefähr 50 % beträgt. Die Größe des Torsionsmomentes kann nur näherungsweise ermittelt werden. Beim Anlauf kann stoßartige Belastung auftreten. Bei Bruch der Welle besteht die Gefahr, daß weitere Teile der Maschine beschädigt werden.

Ergebnisse der Übungsaufgaben

Seite 3:

1. a) $v = 4{,}5\,\text{m/s}$
b) $s = 38{,}25\,\text{m}$
c) $t = 19{,}6\,\text{s}$

2. $t = 1{,}44\,\text{s}$
3. $v = 197\,\text{m/s}$

Seite 5:

1. $v_{fl} = 520\,\text{mm/min}$, $v_{fq} = 300\,\text{mm/min}$

Seite 8:

1. a) $d = 382\,\text{mm}$
b) $v = 15{,}7\,\text{m/s}$
c) $n = 1909\,\text{min}^{-1}$

2. a) $v_f = 105\,\text{mm/min}$
b) $t = 1{,}19\,\text{min}$

3. a) $\omega = 3{,}46\,\text{s}^{-1}$
b) $v_a = 0{,}501\,\text{m/s}$, $v_i = 0{,}216\,\text{m/s}$

Seite 11:

1. a) $z_2 = 69$ ($n_2 = 87{,}5\,\text{min}^{-1}$)
b) $i = 4{,}06:1$

2. a) $n = 70\,\text{min}^{-1}$
b) $i = 20:1$

Seite 16:

1. $l = 1\,400\,\text{m}$ ($s = 1102\,\text{m}$)
3. a) $t = 1{,}3\,\text{s}$
b) $v = 1{,}814\,\text{m/s}$

3. a) $v = 3{,}96\,\text{m/s}$
b) $t = 0{,}404\,\text{s}$

Seite 20:

1. $t = 3{,}45\,\text{s}$, $a = 0{,}347\,\text{m/s}^2$
2. $s = 1\,460\,\text{m}$
3. $v = 76{,}8\,\text{km/h}$

Seite 28:

1.

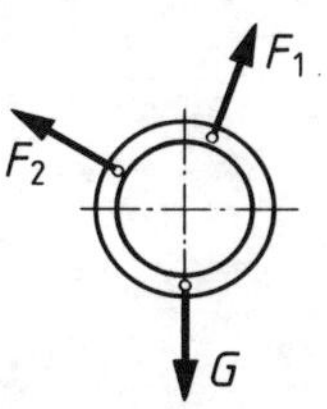

Bild 1

2.

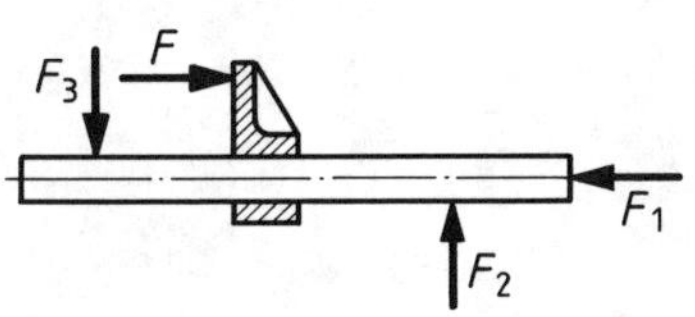

Bild 2

3.

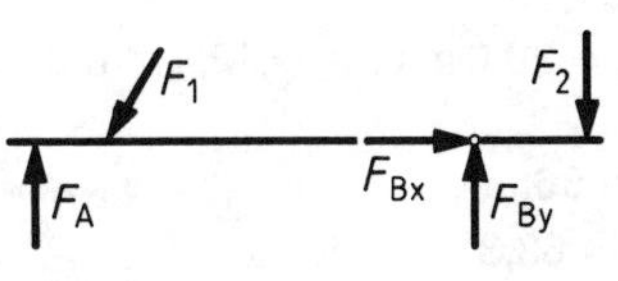

Bild 3

Seite 36:

1. a) $F_r = 300\,\text{N}$
b) $F_r = 0$ Wagen bleibt stehen bzw. fährt mit gleichbleibender Geschwindigkeit weiter
2. a) $F_r = 743\,\text{N}$
b) $\alpha = 40{,}5°$
3. a) $\alpha = 0{,}35°$ **b)** $F_r = 133\,\text{kN}$
4. $F_r = 72{,}8\,\text{kN}$

Seite 41:

1. $F_1 = 1137\,\text{N}$, $F_2 = 1346\,\text{N}$
2. b) $F_A = 0{,}245\,\text{N}$
b) $F_B = 0{,}650\,\text{N}$

3. a) $F_4 = 12{,}6\,\text{kN}$, $F_5 = -4{,}96\,\text{kN}$
b) nein ($F_5 = -4{,}96\,\text{kN}$)
c) nein, Aufgabe wäre statisch unbestimmt

Seite 53:

1. $m = 346{,}6\,\text{kg}$ ($G = 3400\,\text{N}$)

2. a) $F_r = 21{,}4\,\text{kN}$, senkrecht nach unten

b) $l_0 = 3{,}02\,\text{m}$

3. $F_r = 966\,\text{N}$, $\alpha = 75°$, mit $l_0 = -15{,}6\,\text{mm}$ ist $l_0' = -16{,}1\,\text{mm}$ (links vom Lager A)

Seite 57:

1. $F_A = 1446\,\text{N}$, $F_B = 2954\,\text{N}$

2. $F_A = -628\,\text{N}$, also nach unten wirkend (Lager!)
$F_B = 1663\,\text{N}$, $\beta = 51{,}6°$

Seite 59:

1. $F_A = 1190\,\text{N}$, $F_B = 1460\,\text{N}$

2. a) $F_S = 17\,\text{kN}$ **b)** $F_A = 20{,}6\,\text{kN}$

Seite 64:

1. a) $F_V = 6250\,\text{N}$, $F_h = 7380\,\text{N}$ ($G = 13{,}8\,\text{kN}$ und $l_0 = 1480\,\text{mm}$ Schwerpunktsabstand von der Vorderachse)

b) $F_S = 2180\,\text{N}$

2. $F_A = -2{,}56\,\text{kN}$ (nach unten), $F_B = 21{,}7\,\text{kN}$, $F_C = 6{,}55\,\text{kN}$

Seite 76:

1. $F_{s1} = -8{,}13\,\text{kN}$, $F_{s2} = 5{,}75\,\text{kN}$, $F_{s3} = 1{,}06\,\text{kN}$, $F_{s4} = 6{,}50\,\text{kN}$,
$F_{s5} = -1{,}06\,\text{kN}$, $F_{s6} = 7{,}25\,\text{kN}$, $F_{s7} = -10{,}3\,\text{kN}$

Seite 80:

1. $y_0 = 32{,}4\,\text{mm}$

2. $x_0 = 26{,}8\,\text{mm}$, $y_0 = 25\,\text{mm}$

3. $y_0 = 139\,\text{mm}$

Seite 83:

1. $x_0 = 187\,\text{mm}$, $y_0 = 93\,\text{mm}$

2. $x_0 = 28{,}9\,\text{mm}$

Seite 85:

1. $x_0 = 20{,}0\,\text{mm}$, $y_0 = 12{,}4\,\text{mm}$, $z_0 = 6{,}25\,\text{mm}$

Seite 86:

1. $\alpha = 63{,}3°$

Seite 93:

1. $\mu = 0{,}147 \approx 0{,}15$

2. $F = 417\,\text{N}$

3. a) $F_{R\,ges} = 157\,\text{N}$

b) $F_{R\,ges} = 117\,\text{N}$

Seite 106:

1. $\alpha > 35°$ ($\mu_0 = 0{,}7$)

2. a) beschleunigt ($\alpha = 25° > \varrho = 8{,}5°$) **b)** $F = 0{,}56\,\text{N}$

3. $F = 15{,}7\,\text{N}$

4. $F = 3415\,\text{N}$

Seite 110:

1. a) $M_R = 4{,}68\,\text{Nm}$ ($F_{Rs} = 30{,}7\,\text{N}$) **b)** $F = 50{,}3\,\text{N}$

Seite 113:

1. $f = 0{,}0027\,\text{cm}$

2. $F = 2534\,\text{N}$ ($F_F = 362\,\text{N}$, $F_H = 2172\,\text{N}$)

Seite 123/124:

1. a) $c = 167\,N/cm$
b) $W = 9{,}38\,Nm$
2. a) $t = 736\,s$ ($W = 0{,}8175\,kWh$)
b) 0,13 DM
3. a) $W = 17{,}66\,kJ$
b) $i = 4{,}15$ ($M_k = 62{,}5\,Nm$; $M_s = 220{,}7\,Nm$)
c) $z = 53$
4. a) $P = 74{,}1\,W$
b) $M = 2{,}12\,Nm$ ($n = 333{,}3\,min^{-1}$)
c) $F = 10{,}6\,N$
d) $i = 2{,}25$
5. a) $v = 160\,km/h$ ($n_H = 1411\,min^{-1}$)
b) $F_W = 1350\,N$

Seite 130/131:

1. $F = 41\,kN$ ($a = 2{,}56\,m/s^2$)
2. a) $a = 7{,}85\,m/s^2$ ($F_R = 10\,987\,N$)
b) $s = 49{,}2\,m$
3. $a = 3{,}92\,m/s^2$ ($m = 306\,g$)
4. a) $F_W = 1660\,N$
b) $v_{max} = 173\,km/h$
c) $a = 0{,}395\,m/s^2$ ($F_a = 553\,N$)
d) $t = 30{,}2\,s$
e) $s = 1271\,m$
5. $\alpha = 11{,}4°$

Seite 133:

1. $F = 2083\,N$
2. $F = 4900\,N$
3. a) $M = 1390\,Nm$
b) $P = 171\,kW$

Seite 137:

1. a) $W = 463\,kJ$
b) $F = 9260\,N$
3. a) $v = 14{,}5\,m/s$ ($a = 6{,}84°$)
b) $F = 526\,kN$ ($a = 105{,}1\,m/s^2$)
2. a) $W = 1\,J$
b) $c = 0{,}5\,N/cm$
c) $\alpha = 10\,m/s^2$
d) $t = 0{,}2\,s$

Seite 140:

1. $F = 149\,N$ ($\omega = 154\,s^{-1}$)
2. a) $F = 180\,N$ ($\omega = 20\,s^{-1}$)
b) $r = 90\,mm$
3. $v = 33{,}8\,km/h$

Seite 148:

1. a) $J_0 = 0{,}0677\,kgm^2$
b) $i = 0{,}081\,m$
c) $m_{red} = 2{,}64\,kg$
d) $M = 0{,}071\,Nm$
2. a) $J_0 = 0{,}0253\,kgm^2$
b) $i = 0{,}067\,m$
c) $m_{red} = 253\,kg$
d) $M = 0{,}529\,Nm$

Seite 151:

1. $\mu = 0{,}00268$
2. $v = 4{,}1\,m/s$

Seite 159:

1. a) $\sigma_z = 2{,}06\,N/mm^2$
b) Einspannstelle, $\sigma_z = 2{,}52\,N/mm^2$ ($\sigma = 4479\,N$)
c) $\approx$ 18 %
d) $\approx$ 1 %
2. $F = 8960\,N$
3. $D = 110\,mm$

Seite 164:

1. $\Delta L = 0{,}05\,mm$, $\varepsilon = 0{,}063\,\%$
2. $F = 25{,}2\,kN \left(\sigma_z = 84\,\frac{N}{mm^2}\right)$

Seite 168:

1. GG-40: $\sigma_{zul} = 130\,N/mm^2$ (St 37-2: $\sigma_{zul} = 125\,N/mm^2$)

2. a) $\sigma_{zul} = 102\,N/mm^2$ ($\sigma_{zSch} = 410\,N/mm^2$) $\nu = 4{,}0$ **b)** $F = 50{,}3\,kN$

Seite 173:

1. a) ungeschwächt: $\sigma_d = 124\,N/mm^2$
geschwächt: $\sigma_d = 129\,N/mm^2$

b) $\nu_{min} = 1{,}61$, $\nu_{eff} = 1{,}74$

2. a) $\varepsilon = 0{,}035\,\%$

b) St 44-2: $\sigma_d = 73{,}5\,N/mm^2$, GG-20: $\sigma_d = 36{,}8\,N/mm^2$

c) $F_d = 747\,kN$ ($F_{St} = 577\,kN$; $F_{GG} = 170\,kN$)

d) ja, ($\sigma_d = 162\,N/mm^2 < \sigma_{d\,zul} = 200\,N/mm^2$)

Seite 178:

1. a) $l = 200\,mm$

b) $p = 5{,}38\,N/mm^2$

2. a) $\sigma_z = 40{,}7\,N/mm^2$
(Spannungsquerschnitt $A_s = 157\,mm^2$)

b) $p = 21{,}3\,N/mm^2$
($d_2 = 14{,}701\,mm$; $H_1 = 1{,}083\,mm$; $P = 2\,mm$)

3. $l = 114\,mm$

Seite 180:

1. a) $F = 8000\,N$

b) $\tau_a = 51\,N/mm^2$

2. a) $F = 145\,kN$ ($l = 148{,}07\,mm$; $\tau_B = 392\,N/mm^2$).

b) $\sigma_d = 101\,N/mm^2$ ($A = 1439{,}3\,mm^2$)

Seite 190:

1. a) $I_x = 1536\,mm^4$

b) $W_x = 384\,mm^3$

c) $M_b = 15{,}4\,Nm$

2. a) $\sigma_{b\,zul} = 160\,N/mm^2$ ($W_x = 442\,cm^3$)

b) U 240 DIN 1026 mit $W_x = 300\,cm^3$
($W_{erf} = 295\,cm^3$)

c) $\Delta G = 20{,}8\,\%$

Seite 198:

1. $W_x = 23{,}6\,cm^3$ ($y_0 = 5{,}8\,mm$; $I_x = 175\,cm^4$)

2. a) $\sigma_{b\,zul} = 72{,}5\,N/mm^2$
($\sigma_{b\,Sch} = 290\,N/mm^2$)

b) $W_x = 4{,}53\,cm^3$
($y_0 = 17{,}18\,mm$; $I_x = 103{,}4\,cm^4$)

c) $M_b = 329\,Nm$

Seite 204:

1. a) $\sigma_{b\,zul} = 125\,N/mm^2$ ($\sigma_{b\,Sch} = 500\,N/mm^2$)

b) $M_{b\,max} = 160\,Nm$

c) $d = 23{,}5\,mm$; ausgeführt: $d = 24\,mm$
($W = 1280\,mm^3$)

2. $\sigma_b = 152\,N/mm^2$ ($M_{b\,max} = 1950\,Nm$)

Seite 216:

1. a) $M_{b\,max} = 12\,000\,Nm$

b) $\sigma_b = 147\,N/mm^2$ ($W_x = 81{,}9\,cm^3$)

2. a) $\sigma_{b\,zul} = 35\,N/mm^2 \left(\sigma_{bw} = 280\,\frac{N}{mm^2}\right)$

b) $M_{b\,max} = 735\,Nm$ bei F_2

c) $d = 59{,}8\,mm$; ausgeführt: $d = 60\,mm$

3. St 44-2 mit $\sigma_{b\,Sch} = 350\,N/mm^2$
($M_{b\,max} = 219\,Nm$); $\sigma_{b\,Sch\,min} = 330\,N/mm^2$

4. a) $M_{b\,max} = 8085\,Nm$

b) I 120 mit $W_x = 54{,}7\,cm^3$ ($W_{min} = 50{,}5\,cm^3$)

Seite 220:

1. $h_1 = h_7 = 0$ mm ($W = 18\,750$ mm^3)
$h_2 = h_6 = 35{,}4$ mm
$h_3 = h_5 = 50$ mm
$h_4 = 61{,}2$ mm

2. $d_1 = d_7 = 0$ mm
$d_2 = d_6 = 39{,}9$ mm
$d_3 = d_5 = 50{,}3$ mm
$d_4 = 57{,}6$ mm

Seite 230:

1. a) $\sigma_b = 67{,}9$ N/mm^2
b) $f \ = 0{,}072$ mm

2. a) $y = 0{,}251$ mm ($E = 70\,000$ N/mm^2)
$f_F = 0{,}206$ mm
c) $x_f = 89{,}4$ mm
d) $f \ = 0{,}255$ mm

Seite 242:

1. $d = 45$ mm ($d = 46{,}1$ mm bei $\nu = 8$)
2. $P = 64{,}2$ kW ($T = 2726$ Nm)
3. Torsion: $\nu = 11{,}5$, Biegung: $\nu = 7{,}3$
($\tau_{t\,Sch} = 220$ N/mm^2; $\sigma_{bw} = 280$ N/mm^2)

4. a) $D = 75$ mm (74,1 mm) ($T = 1066$ Nm;
$I_p = 271$ cm^4)
b) $\tau_t = 14$ N/mm^2

Seite 256:

1. a) x-Achse
b) $F_K = 32{,}4$ kN
2. $d = 14{,}7$ mm; ausgeführt: $d = 15$ mm
($I = 2316$ mm^4)

3. $d = 12$ mm (nichtelastische Knickung, $\nu = 4{,}4$)
4. $\sigma_\omega = 108$ N/mm^2 $< \sigma_{zul} = 140$ N/mm^2 ($\lambda = 120$)

Seite 269:

1. a) Zug und Biegung
b) $\sigma_{max} = 60{,}7$ N/mm^2 $< \sigma_{zul} = 87{,}5$ N/mm^2 ($\sigma_z = 18{,}7$ N/mm^2; $\sigma_b = 42$ N/mm^2)

2. a) $T = 40$ Nm, $M_b = 75$ Nm
b) $\alpha_0 = 0{,}73$
($\sigma_{b\,zul} = 60$ N/mm^2; $\tau_{t\,zul} = 47{,}5$ N/mm^2)
c) $d = 23{,}8$ mm (ausgeführt: $d = 25$ mm)
($M_v = 79{,}15$ Nm)

3. a) Druck + Biegung + Schub
b) $\sigma_V = 33$ N/mm^2 $< \sigma_{Schw\,zul} = 44$ N/mm^2
($\sigma_d = 6{,}62$ N/mm^2;
$\sigma_b = 25{,}75$ N/mm^2; $\tau_a = 6{,}62$ N/mm^2)

Seite 276:

1. a) $\sigma_0 = 105$ N/mm^2
b) $\sigma_u = \ 60$ N/mm^2
c) $\sigma_m = 82{,}5$ N/mm^2
d) $\sigma_a = 22{,}5$ N/mm^2

2. $\sigma_D = 170 \pm 250$ N/mm^2 ($\sigma_0 = 196$ N/mm^2
$\sigma_u = 143$ N/mm^2)

Seite 284:

1. a) $\alpha_K = 3{,}3$ ($d/D = 0{,}89$; $r_{K/t} = 0{,}5$)
b) $\sigma_K = 197$ N/mm^2
2. $\sigma_{zul} = 123$ N/mm^2
($R_e = 265$ N/mm^2
$\nu_0 = 1{,}2$
$f_1 = f_3 = 1{,}0$
$f_2 = 1{,}8$)

3. a) $\beta_K = 1{,}5$ ($b_u = 0{,}8$; $\beta_{K(1,4)} = 1{,}6$)
b) $\beta_K = 1{,}4$ ($\alpha_K = 1{,}5$; $\eta_K = 0{,}8$)
4. $\nu_{eff} = 4{,}8 > \nu = 2{,}9$ (ausreichend dimensioniert)
($b_2 = 0{,}91$ $\quad \tau_{tG} = 309$ N/mm^2
$b_1 = 0{,}95$
$\nu_0 = 1{,}3$ $\quad \tau_t = 63{,}7$ N/mm^2)
$\nu = 2{,}9$

Sachwortverzeichnis